AF872543

Genética

Problemas y ejercicios resueltos

Genética

Problemas y ejercicios resueltos

JOSÉ LUIS MÉNSUA FERNÁNDEZ

Catedrático de Genética
Universitat de València

Datos de catalogación bibliográfica

GENÉTICA
José Luis Ménsua Fernández

PEARSON EDUCACIÓN, S.A., Madrid, 2003

ISBN: 84-205-3341-6
Materia: Genética 575

Formato 195 × 270 mm Páginas: 400

Todos los derechos reservados.
Queda prohibida, salvo excepción prevista en la Ley, cualquier forma de reproducción, distribución, comunicación pública y transformación de esta obra sin contar con autorización de los titulares de propiedad intelectual. La inflacción de los derechos mencionados puede ser constitutiva de delito contra la propiedad intelectual *(arts. 270 y sgts. Código Penal).*

DERECHOS RESERVADOS
© 2003 por PEARSON EDUCACIÓN, S.A.
Ribera del Loira, 28
28042 MADRID

GENÉTICA. Problemas y ejercicios resueltos
José Luis Ménsua Fernández

ISBN: 84-205-3341-6
Depósito legal: M 30115-2003

PEARSON PRENTICE HALL es un sello editorial autorizado de PEARSON EDUCACIÓN, S.A.

Equipo editorial:
Editora: Isabel Capella
Técnico editorial: Marta Caicoya

Equipo de producción:
Director: José Antonio Clares
Técnico: José Antonio Hernán

Diseño de cubierta: Equipo de diseño de Pearson Educación S.A.

Impreso por: Liber Digital Impresión

IMPRESO EN ESPAÑA - PRINTED IN SPAIN

Este libro ha sido impreso con papel y tintas ecológicos

Tengo que recordar
las sombras de las hojas

Ursula K. LeGuin

INTRODUCCIÓN

Este libro, sobre problemas y ejercicios resueltos de Genética, no pretende ser un texto de Genética inverso, en el que se explica la teoría en forma de problemas. Su objetivo es suministrar al estudiante de Genética general de los primeros cursos de Licenciatura, herramientas conceptuales y lógicas para enfrentar los problemas que plantea la transmisión de la variabilidad hereditaria. En un ambiente científico-cultural predominantemente molecular, se ha querido hacer hincapié en el análisis de la transmisión de marcadores genéticos de todo tipo y en su cartografía, pasos imprescindibles para un posterior análisis molecular.

El libro se ha enfocado, por un lado, con introducciones teóricas a los distintos capítulos, en donde se mencionan aquellos conceptos que permiten al lector solucionar los problemas propuestos. Esta introducción es esquemática y no pretende sustituir a un texto de Genética; se dan por sabidos muchos de los conceptos que se explican en un curso de Genética general, se trata simplemente de una ayuda al lector para que recuerde los aspectos básicos del tema que se va a tratar y para señalarle diversas formas de enfocar la solución de un problema, advirtiéndole en muchos casos de los posibles errores conceptuales que impiden o dificultan llegar a la solución correcta.

Por otro lado, se han redactado enunciados de problemas basados en experimentos reales, publicados en artículos de investigación en revistas científicas. Fundamentalmente se han escogido artículos publicados en dos revistas de reconocido prestigio y de publicación ininterrumpida desde la segunda década del siglo pasado: *Genetics* y *The Journal of Heredity*. Todos los enunciados planteados se han resuelto con cierto detalle, procurando enseñar a leer el texto, es decir, a comprenderlo en profundidad, para poder así enfrentar la solución correcta, desarrollando la lógica de los conceptos planteados en la introducción de cada tema. En este aspecto, en alguno de los problemas resueltos se ha seguido intencionadamente caminos que conducían a un punto sin solución, que obligaba a replantearse de nuevo el problema para buscar la solución correcta por otro camino.

Aproximadamente un 60 % de los enunciados se basan en datos reales; el resto se ha redactado con el fin de proponer preguntas básicas y resolverlas, y así introducir, aclarar o precisar conceptos necesarios para la resolución del resto de problemas. No se han redactado problemas adicionales, con soluciones escuetas, ya que éstos se pueden encontrar fácilmente en textos de Genética general. Para mayor comodidad, la solución de cada problema viene a continuación de su enunciado. No obstante, se sugiere encarecidamente al lector que trate primero de entender todos y cada uno de los datos que les suministra el enunciado y encontrar por sí mismo las respuestas a las cuestiones planteadas. Dos ejemplos de como «leer» un texto de un problema y de como buscar la «solución», se presentan a continuación, en la «anatomía» de dos problemas, uno sobre herencia mendeliana simple y otro sobre herencia mendeliana compleja.

Se ha creído necesaria la inclusión de dos apéndices, uno sobre el código genético y otro sobre la distribución de χ^2, como ayuda para la resolución de algunos de los problemas planteados.

En la redacción de este texto, quisiera agradecer las ayudas próximas que he recibido, especialmente de la Dra. Rosa de Frutos, a la que hago responsable de todo lo bueno que aparece en los capítulos más moleculares del libro, del once al catorce. También quiero mencionar a las Dras. Martínez-Sebastian, Moltó y Najera, que han leído alguno de los capítulos o me han ayudado a buscar información y aclarar dudas. Quisiera también mencionar al Dr. D. Antonio Prevosti, por su ayuda, ya lejana en el tiempo, cuando aprendí de su maestría, tanto como alumno como doctorando, los fundamentos de la genética, y por su ayuda próxima, pues sus enseñanzas me han estado guiando en todo momento. Quiero también agradecer a la *Universitat de València* la concesión de un año sabático, durante el cuál ha sido posible la realización de este libro.

Asumo los errores que seguro se han deslizado a lo largo de la redacción, los errores y las lagunas, voluntarias o no.

Finalmente, quisiera agradecer al equipo editorial de Pearson Educación S.A., por el apoyo y ayuda recibidos durante la confección del presente libro.

Valencia, abril de 2003

ANTOMÍA DE UN PROBLEMA I

Comprensión del enunciado y resolución de un problema de herencia mendeliana simple.

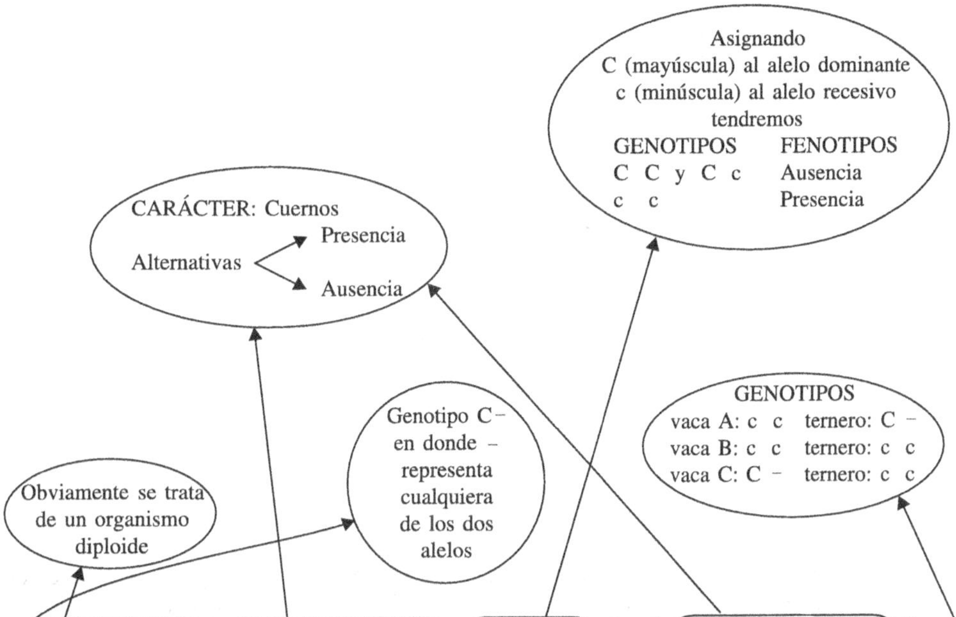

En el ganado vacuno la ausencia de cuernos es dominante sobre la presencia de cuernos. Se cruzó un toro sin cuernos con tres vacas. Con la vaca A, que tenía cuernos, tuvo un ternero sin cuernos; con la vaca B, también con cuernos, tuvo un ternero con cuernos; con la vaca C, que no tenía cuernos, tuvo un ternero con cuernos.

a) ¿Cuáles son los genotipos de los cuatro progenitores?

b) ¿Qué otra descendencia, y en qué proporciones, cabría esperar de estos cruzamientos?

Ya hemos extraído toda la información que nos proporciona el enunciado, basándonos en conocimientos genéticos simples. Ahora, para terminar de contestar a las preguntas, hemos de aplicar la lógica genética.

b) Tanto el cruce con la vaca A como con la vaca B darían lo mismo: La mitad de los terneros sin cuernos (C c) y la otra mitad con cuernos (c c). El cruce con la vaca C es el cruce de dos heterozigotos, luego:

Fenotipos: 3/4 sin cuernos + 1/4 con cuernos

Genotipos: 1/4 C C + 2/4 C c + 1/4 cc

a) El ternero de la vaca A (cuyo genotipo es C –) tiene que ser heterozigoto C c, ya que necesariamente recibirá de su madre el alelo recesivo c.

El ternero de la vaca C es homozigoto recesivo c c, por lo que necesariamente tiene que haber recibido de cada padre dicho alelo, luego tanto el toro como la vaca C tienen que ser heterozigotos C c.

ANATOMÍA DE UN PROBLEMA II

Comprensión del enunciado y resolución de un problema de herencia mendeliana compleja.

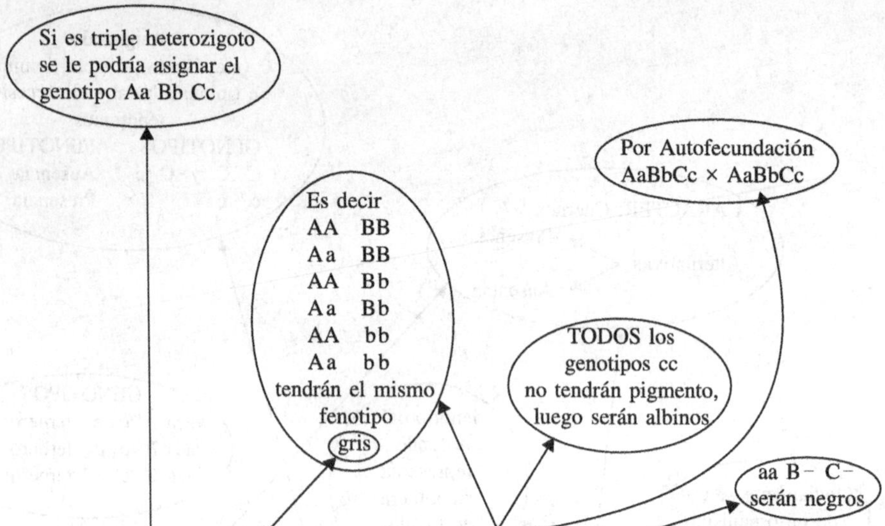

Dado un triple heterozigoto, (a) Hallar las proporciones fenotípicas de la descendencia en caso de autofecundación, sabiendo que el primer gen es epistático dominante sobre el segundo (hipóstatico), y que el alelo recesivo del tercer gen inhibe la formación de pigmento de los otros dos genes. El alelo epistático de coloración gris y su alelo recesivo coloración parda. El alelo dominante del gen hipostático da coloración negra y el recesivo coloración parda. (b) ¿Qué tipo de acción genética realiza el tercer gen?

Por supuesto, para resolver el problema hay que tener claro qué es un gen epistático, luego encontrar los genotipos de un cruce trihíbrido y ver en cada genotipo qué gen actúa y cómo para hallar los fenotipos

a)

	Proporciones GENOTÍPICAS		FENOTÍPICAS	
AaBbCc × AaBbCc →	27/64 A− B− C−	Gris	36/64	(1)
	9/64 A− B− cc			
	9/64 A− bb C−			
	9/64 aa B− C−	Negro	9/64	(2)
	3/64 A− bb cc	Albino	16/64	(3)
	3/64 aa B− cc			
	3/64 aa bb C−	Pardo	3/64	(4)
	1/64 aa bb cc			

(1) Por tener A y no ser cc
(2) Por tener B y no tener A ni ser cc
(3) Por ser cc
(4) Por no tener ni A, ni B ni ser cc

b) Si el homozigoto cc inhibe la formación de pigmento de los otros dos genes, el *locus* C/c será epistático recesivo sobre los otros dos.

CONTENIDO

CAPÍTULO 1

MITOSIS Y MEIOSIS

Para entender la transmisión de la información biológica de padres a hijos, es útil tener presente tanto la base citológica de dicha transmisión como su base estadística.

La molécula que lleva información biológica transmisible, el ADN, en unión con ciertos tipos de proteínas, forma los cromosomas. Estas estructuras, mediante un proceso de duplicación muy preciso, pasan a las células hijas, asegurando así que reciben toda la información biológica que tenía la célula madre y permitiendo la continuidad de la vida.

Además de los cromosomas, las células hijas reciben estructuras preformadas por la célula madre o que ésta adquirió a lo largo de su vida: moléculas, membranas y orgánulos celulares (como las mitocondrias). Todo este proceso recibe el nombre de **división celular**.

Todas las células que forman un organismo pluricelular provienen de una única célula, el zigoto, que se multiplica y da lugar, mediante un proceso de división celular asexual llamado **mitosis**, a todas las células del organismo.

El zigoto se forma por la unión de dos células especiales, los gametos, que se producen por un tipo de división celular sexual llamado **meiosis** (Figura 1.1).

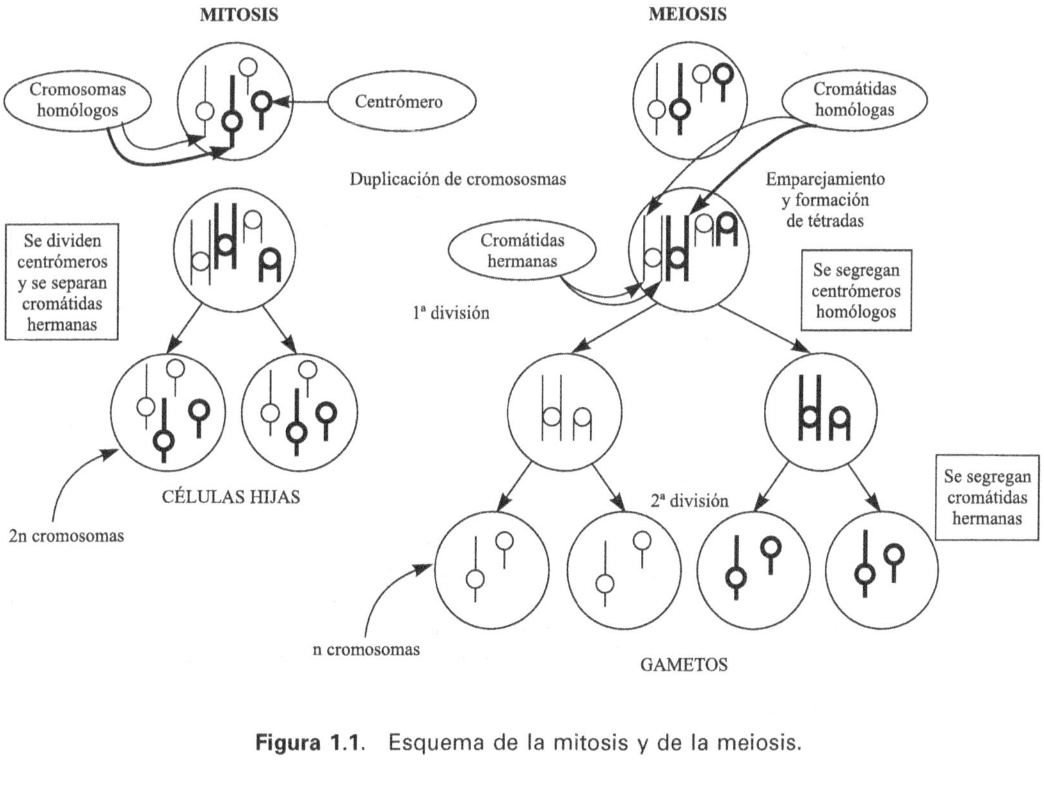

Figura 1.1. Esquema de la mitosis y de la meiosis.

Ya que la separación de los dos centrómeros de cada tétrada hacia las células hijas en la primera división meiótica se realiza al azar, podrá darse, con igual probabilidad, la siguiente segregación (Figura 1.2).

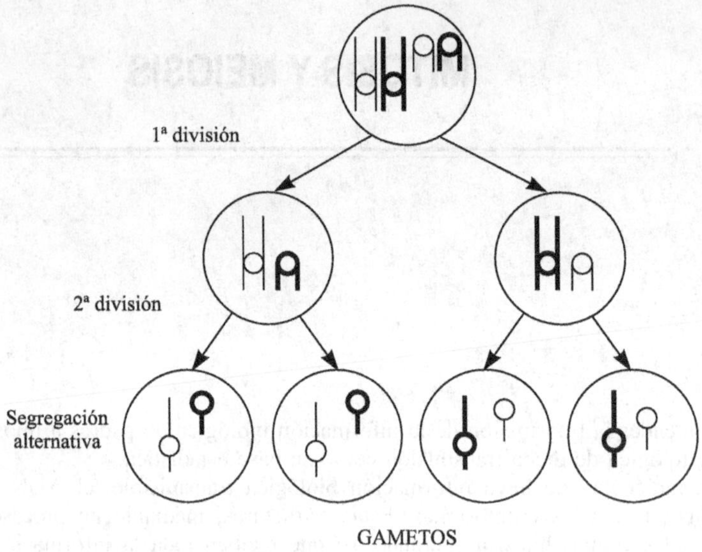

Figura 1.2. Segregación alternativa de los centrómeros en la meiosis.

1.1. MITOSIS

En una división celular por **mitosis**, el ADN nuclear (o lo que es equivalente, cada cromosoma de la célula) se duplica para que las dos células hijas reciban exactamente la misma cantidad de ADN (es decir, el mismo número de cromosomas).

Si la célula, u organismo, es **diploide,** tendrá, de cada tipo de cromosoma, uno de origen paterno (por ejemplo, el de línea fina —) y otro de origen materno (por ejemplo, el de línea gruesa **—**), que serán **homólogos.** Tendrá **n** cromosomas paternos y **n** cromosomas maternos y en total, **2n** cromosomas. Cada uno de ellos se duplicará, formando dos **cromátidas hermanas,** que se separarán hacia las células hijas, con lo que cada célula recibirá exactamente el mismo número y tipo de cromosomas que tenía la célula madre. No obstante, hay que tener presente que en las especies con determinación cromosómica del sexo hay **autosomas**, iguales para los dos sexos, y **cromosomas sexuales**, o **heterocromosomas**, que son distintos (XX, XY o ZW, ZZ; *véase* el Capítulo 4).

Si la célula, u organismo, es **haploide,** tendrá, de cada uno de los tipos de cromosoma, un único representante, es decir, **n** cromosomas. Éstos se duplicarán y cada célula hija recibirá un cromosoma de cada tipo. Para su modo de transmisión *véase* el Capítulo 8.

En ambos casos se da, en esencia, una alternancia de procesos, con duplicación de los cromosomas seguida de una división celular.

1.2. MEIOSIS

En una división celular por **meiosis,** los cromosomas que tiene la célula también se duplican formando cromátidas hermanas. La duplicación de cada cromosoma no finaliza del todo, quedando las réplicas (las cromátidas) unidas por el centrómero (representado en el esquema por el círculo ○). Los cromosomas homólogos se emparejan (sinapsis) formando una **tétrada**.

En la primera división celular se separan los centrómeros maternos de los paternos, arrastrando cada uno de ellos a sus dos cromátidas. Como la separación, o segregación, de los centrómeros de cada pareja de cromosomas es independiente, las células hijas pueden recibir desde todos los centrómeros de origen materno a todos los centrómeros de origen paterno, pasando por todas las combinaciones posibles.

Antes de iniciarse la segunda división celular se completa la duplicación de los cromosomas, que finalmente se reparten a las células hijas. Cada célula (llamada ahora **gameto**) recibirá un único cromosoma de cada tipo. La separación de los centrómeros y finalmente de las cromátidas constituye la base de la segregación mendeliana.

Un gameto recibe uno de los dos cromosomas homólogos de cada una de las parejas, el de origen paterno o el de origen materno. La probabilidad de recibir un cromosoma concreto es de 1/2 para cada uno de los tipos cromosómicos, luego la probabilidad de una combinación dada de cromosomas en un gameto dado será de 1/2 elevado al número de cromosomas distintos (no homólogos). Para ampliar este aspecto de la probabilidad de distintas combinaciones de cromosomas *véase*, en el Capítulo 2, el teorema del binomio (p. 16).

En la meiosis, como en la mitosis, se da también una duplicación de los cromosomas, pero seguida esta vez de dos divisiones celulares consecutivas en lugar de una, reduciéndose a la mitad el número de cromosomas que reciben las células hijas (los gametos).

A todo lo anterior hay que añadir el intercambio de fragmentos de cromosomas entre cromátidas homólogas por entrecruzamiento, lo que da lugar a la recombinación de la información genética procedente del padre y de la madre, de lo que hablaremos en el Capítulo 5.

PROBLEMAS RESUELTOS

1.1. En la especie humana hay 22 parejas de autosomas y una pareja de cromosomas sexuales. Estimando para una mujer una vida fértil máxima de 36 años, con una ovulación regular cada 28 días, ¿qué porcentaje máximo de la variabilidad genética transmitiría?

Nota: no se consideran los entrecruzamientos entre cromosomas.

Solución

Por variabilidad genética se entiende las distintas combinaciones de cromosomas de origen paterno y materno que reciben los gametos en la meiosis. 36 años de vida fértil suponen 27 años de 365 días y 9 (bisiestos) de 366, es decir, un total de 13.149 días, lo que da un máximo de 13.149/28 = 469 ovulaciones.

Como cada pareja de cromosomas está compuesta por un cromosoma de origen materno y otro de origen paterno (incluida la pareja sexual) el número de combinaciones distintas que se pueden formar, con 23 parejas de 2 cromosomas homólogos, es 2^{23} = 8.388.608. Por lo tanto, el porcentaje de variabilidad que se produce es 469/8.388.608 = 0,0056 %.

1.2. En la especie humana hay 46 cromosomas por célula somática. Considerando que lo importante para la movilidad y segregación de los cromosomas homólogos son sus centrómeros,

a) ¿Cuántos centrómeros hay de origen materno en una célula epitelial?
b) ¿Cuántos centrómeros hay en un espermatozoide?
c) ¿Cuántos centrómeros hay en el primer corpúsculo polar de la oogénesis?
d) ¿Y en la anafase de la primera división meiótica?
e) ¿Y en la anafase de una mitosis?

Solución

a) Una célula epitelial proviene de sucesivas mitosis a partir del zigoto, el cual se originó por la fusión de un óvulo, con 23 cromosomas maternos, y un espermatozoide, con 23 cromosomas paternos, luego habrá 23 centrómeros de origen materno.
b) Un espermatozoide, formado por división reduccional meiótica, tendrá 23 cromosomas o centrómeros.
c) El primer corpúsculo polar de la oogénesis recibe, después de la primera división meiótica, 23 centrómeros.
d) En la anafase de la primera división meiótica, cuando los cromosomas se han separado y se dirigen hacia los polos, pero la célula todavía no se ha dividido en dos, habrá 46 centrómeros, con dos cromátidas cada uno.
e) En la anafase de una mitosis, como cada cromosoma no se empareja con su homólogo como en la meiosis, habrá 92 centrómeros.

1.3. El ratón (*Mus musculus*) tiene 40 cromosomas. ¿Cuántas cromátidas habrá en cada célula?

a) En la metafase temprana de la mitosis.
b) En la metafase temprana de la primera división meiótica.
c) Al final de la mitosis.
d) Al final de la primera división meiótica.
e) Al final de la segunda división meiótica.

Razone sus respuestas.

Solución

a) En la metafase temprana de la mitosis los cromosomas ya presentan claramente sus dos cromátidas, luego en cada célula habrá 80 cromátidas.
b) Igual que en la mitosis. Lo diferente es que los cromosomas homólogos están emparejados, formando 20 tétradas.
c) Al final de la mitosis, las dos cromátidas de cada cromosoma ya se han separado, luego no habrá cromátidas, sino cromosomas hijos.
d) Al final de la primera división meiótica los centrómeros homólogos se han separado, cada uno con sus dos cromátidas, luego en cada célula habrá 40 cromátidas.
e) Ninguna, ya que las cromátidas se han convertido en cromosomas hijos.

1.4. Las aves de corral (*Gallus domesticus*) tienen n = 39 cromosomas. ¿Cuántos grupos de cromátidas hermanas habrá en cada célula?

a) En la metafase temprana de la mitosis.
b) En la metafase temprana de la primera división meiótica.
c) Al final de la mitosis.
d) En la metafase temprana de la segunda división meiótica.
e) En un espermatozoide.

Solución

a) En la metafase temprana de la mitosis las cromátidas aún no se han separado, luego habrá 78 pares de cromátidas hermanas.
b) Igual que antes, pero formando 39 tétradas.
c) Ninguno, las cromátidas se han convertido en cromosomas hijos.
d) 39 pares de cromátidas hermanas (sin tener en cuenta los entrecruzamientos habidos entre cromátidas homólogas).
e) No hay cromátidas.

1.5. La cebolla (*Allium cepa*) es un buen material para observar cromosomas. Suponga que se le proporciona una preparación en donde se ve una sola célula. Sabiendo que el número de cromosomas somáticos es 16,

a) ¿Cómo aseguraría que lo que está viendo es la metafase de la mitosis?
b) ¿Cómo aseguraría que lo que ve es la metafase de la primera división meiótica?
c) ¿Y para la metafase de la segunda división meiótica?

Solución

a) En la metafase de la mitosis se verían 16 centrómeros, cada uno con dos cromátidas.
b) En la metafase de la primera división meiótica se verían 8 tétradas (asociación de los dos cromosomas homólogos, cada uno con sus dos cromátidas).
c) En la metafase de la segunda división meiótica se verían 8 centrómeros, cada uno con dos cromátidas.

1.6. La vaca (*Bos taurus*) tiene 30 pares de cromosomas,

a) ¿Cuántos autosomas habrá en un espermatozoide?
b) ¿Cuántos cromosomas sexuales habrá en una célula femenina?
c) ¿Cuántos cromosomas recibirá un ternero de su padre?

Razone sus respuestas.

Solución

a) Un espermatozoide tendrá un cromosoma de cada par. Como uno de ellos será un cromosoma sexual, habrá 29 autosomas.
b) Sea la célula masculina o femenina, habrá 2 cromosomas sexuales.
c) Recibirá 30 cromosomas a través del espermatozoide.

1.7. En la especie humana,

a) ¿Qué probabilidad tiene un varón de que diez de sus cromosomas (o centrómeros) provengan de su abuelo materno?
b) ¿Y de que provengan de su abuelo paterno?

Solución

a) La mitad de los cromosomas de su madre son de origen paterno (de su abuelo). La probabilidad de que su madre le transmita 10 cromosomas paternos de sus 23 parejas se puede obtener aplicando la fórmula del binomio (*véase* el Capítulo 2, p. 16). Para cada pareja de cromosomas, la probabilidad de que se transmita el cromosoma de origen materno es de 1/2 y de que se transmita el de origen paterno es también de 1/2, luego,

$$\left(\frac{1}{2}+\frac{1}{2}\right)^{23}$$

nos dará todas las combinaciones posibles de cromosomas de origen materno y paterno que puede trasmitir la madre a su hijo. El término buscado es,

$$\binom{23}{13}\left(\frac{1}{2}\right)^{13}\left(\frac{1}{2}\right)^{10} = 1.144.066 \times 0{,}000122 \times 0{,}000976 = 0{,}1362$$

b) La mitad de los cromosomas de su padre son de origen paterno (de su abuelo), no obstante, por el hecho de ser varón ha recibido necesariamente el cromosoma Y de su padre (y por tanto de su abuelo paterno), por lo que de las restantes 22 parejas, el término buscado es,

$$\binom{22}{12}\left(\frac{1}{2}\right)^{12}\left(\frac{1}{2}\right)^{10} = 646.646 \times 0{,}000244 \times 0{,}000976 = 0{,}1541$$

1.8. La oveja Dolly fue el resultado de un experimento de clonación. Se transfirió el núcleo de una célula de glándula mamaria de una raza finlandesa a un óvulo enucleado de una raza escocesa y éste se implantó en una hembra de esta última raza.

a) ¿Cuántos cromosomas de la hembra (escocesa) que le dio a luz lleva la oveja Dolly?
b) ¿Cuántos de sus cromosomas tienen un origen paterno?
c) Por el hecho de ser un animal clonado, ¿todos los cromosomas, dentro de cada célula, serán iguales?
d) ¿Todos los cromosomas, entre células, serán iguales?

Razone sus respuestas.

Solución

a) No recibió ningún cromosoma, ya que la madre de Dolly fue una «madre de alquiler».

b) Independientemente del número, la mitad de sus cromosomas son de origen paterno (del padre de la oveja de raza finlandesa de donde se extrajo el núcleo de la célula de glándula mamaria).

c) Serán homólogos dos a dos, uno de origen materno y el otro de origen paterno, pero desde luego no serán idénticos.

d) Cada uno de los cromosomas de una célula de la oveja Dolly tendrá su réplica idéntica en todas y cada una de sus células, ya que se han producido asexualmente (por mitosis), igual que en un organismo generado sexualmente.

1.9. La abeja (*Apis melifera*) tiene 32 cromosomas. Las hijas de una reina (obreras) nacen de óvulos fecundados y los hijos (zánganos) de óvulos sin fecundar.

a) ¿Cuál es la probabilidad de que una obrera reciba todos los cromosomas de su abuelo?

b) ¿Y de que un zángano tenga todos los cromosomas de su abuela?

c) ¿Cuántos tipos distintos de obrera podrá tener una reina?

d) ¿Y cuántos tipos de zángano?

Solución

a) De los 32 cromosomas, 16 serán de origen paterno y 16 de origen materno, luego la probabilidad de que una obrera reciba todos los cromosomas de su abuelo es,

$$\left(\frac{1}{2}+\frac{1}{2}\right)^{16} \quad \Rightarrow \quad \binom{16}{16}\left(\frac{1}{2}\right)^{16}\left(\frac{1}{2}\right)^{0} = 0{,}000015$$

b) La probabilidad de que un zángano tenga todos los cromosomas de su abuela es la misma de antes.

c) Sin considerar entrecruzamientos, y si la reina se cruzara con un único zángano (que por ser haploide le va a suministrar espermatozoides que tendrán los mismos 16 cromosomas), el resultado sería la suma de los números combinatorios de todas las combinaciones posibles de cromosomas que recibieran los óvulos maternos, o bien, de manera más simple, como vimos en el Problema 1.1, $2^{16} = 65.536$.

d) Los mismos que de obreras.

1.10. *Culex pipiens* tiene un número pequeño de cromosomas (n = 3), que podríamos denominar A, B y D (cromosomas de origen paterno), y a, b y d (cromosomas de origen materno). ¿Cuáles de estas combinaciones se podrían encontrar en los gametos producidos en una sola meiosis por un individuo AaBbDd?

a) Aab, ABD, abd, BbD.

b) AbD, aBd.

c) abd, ABD.

d) ABD, ABd, AbD, aBD, Abd, aBd, abD, abd.

Solución

a) Dichas combinaciones no serían posibles, ya que aparecen dos cromosomas homólogos A y a en un gameto, y B y b en otro gameto.

b) y c) Las combinaciones de cromosomas que aparecen serían correctas, si se tratara de los tipos de gameto que se pueden producir en una sola meiosis.

d) Todos estos gametos no se podrían producir en una sola meiosis, pero son las ocho combinaciones posibles (2^3) de cromosomas que se pueden encontrar en el conjunto de los gametos producidos.

1.11. Siguiendo con el organismo del problema anterior, ¿qué tipos de gametos, y en qué frecuencias, producirían los individuos con los siguientes cariotipos?

a) AaBbDd.
b) AabbDD.
c) aaBbDd.
d) aaBBdd.

Solución

a) 1/8 ABD, 1/8 ABd, 1/8 AbD, 1/8 aBD, 1/8 Abd, 1/8 aBd, 1/8 abD, 1/8 abd.
b) 1/2 AbD, 1/2 abD.
c) 1/4 aBD, 1/4 aBd, 1/4 abD, 1/4 abd.
d) Todos aBd.

1.12. Supongamos de nuevo que una hembra de *Culex pipiens*, con el cariotipo AaBbDd, se cruza con un macho del mismo cariotipo.

a) ¿Cuántos genotipos distintos se producirían en la descendencia?
b) ¿Cuántas meiosis distintas se darían en el macho (teniendo en cuenta los cuatro gametos que se producen en cada meiosis)?

Solución

a) Cada sexo producirá $2^3 = 8$ gametos distintos, luego por unión de dichos gametos se podría producir $8 \times 8 = 64$ genotipos diferentes. Se consideran distintos los cromosomas de origen materno de los cromosomas de origen paterno.
b) Como todos los posibles gametos que forma el macho son ocho: ABD, ABd, AbD, aBD, Abd, aBd, abD y abd, y éstos se forman emparejados, es decir, en la meiosis en donde se produce el gameto Abd se produce también el gameto complementario aBD, y sólo éste, el número de meiosis distintas será igual al número de gametos distintos partido por dos, es decir, cuatro.

1.13. En algunas especies, como en el maíz o en los ortópteros, los cromosomas presentan ensanchamientos, o regiones satélite, que permiten su fácil identificación con el microscopio. En el maíz (con n = 10) las diferentes parejas de cromosomas se diferencian por su tamaño. Supongamos que en una variedad hay tres pares de cromosomas cuyos homólogos se diferencian, además, porque los de origen masculino tienen ensanchamientos y los femeninos no los presentan. En función de dicha morfología, ¿cuántos tipos de gametos distintos se formarán?

Solución

Como los homólogos se diferencian morfológicamente entre sí sólo en tres de las diez parejas de cromosomas, se formarán $2^3 = 8$ gametos distintos.

1.14. *Drosophila melanogaster* tiene 8 cromosomas,

a) ¿Cuántos gametos distintos producirá?
b) Si el gameto es un espermatozoide, ¿cuál es la probabilidad de que sus autosomas sean de origen materno?

Solución

a) Si 2n = 8, n = 4, luego producirá $2^4 = 16$ gametos distintos.
b) Los autosomas son 6, formando 3 parejas, cada una con un cromosoma paterno y otro materno, luego la probabilidad de que todos los autosomas de un espermatozoide sean de origen materno es de $(1/2)^3 = 0{,}125$.

1.15. Imagine que en un hipotético organismo diploide, con 8 cromosomas, no hay sinapsis entre los cromosomas homólogos en la meiosis; no obstante, los gametos se producen mediante una duplicación cromosómica seguida de dos divisiones celulares, con el resultado de la reducción del número de cromosomas.

a) ¿Cuántos tipos distintos de gameto se podrán formar?

b) Si la viabilidad de los gametos depende de que lleven un cromosoma de cada tipo, ¿qué porcentaje de dichos gametos será viable?

Solución

a) El organismo tendrá 4 cromosomas de origen paterno, A, B, C y D, y cuatro de origen materno, A′, B′, C′ y D′. La duplicación de cada cromosoma dará lugar a la constitución AA, A′A′, BB, B′B′, CC, C′C′, DD y D′D′. Como los cromosomas no establecen sinapsis, las cromátidas hermanas se separarán y se dirigirán hacia los polos, dando lugar, en la primera división meiótica, a dos células con idéntica constitución cromosómica, A, A′, B, B′, C, C′, D y D′. Si ahora tiene que haber una segunda división celular, cada cromátida, convertida en cromosoma hijo, se dirigirá con igual probabilidad a uno de los polos. La distribución resultante vendrá dada por el binomio: $\left(\frac{1}{2}+\frac{1}{2}\right)^8$, en donde $\left(\frac{1}{2}+\frac{1}{2}\right)$ son las probabilidades de que un cromosoma pase a un polo o al otro, y el exponente indica el número de cromosomas que puede pasar. Esto daría lugar a $2^8 = 256$ tipos distintos de gametos, que recibirían desde cero hasta ocho cromosomas.

b) De los 256 tipos, únicamente los gametos que recibieran cuatro cromosomas, en las combinaciones ABCD o similares (A′BCD, AB′CD, etc.), darían gametos viables. Para encontrar el número que cumpla este requisito, podemos emplear los números combinatorios del binomio $\left(\frac{1}{2}+\frac{1}{2}\right)^4$, en donde $\left(\frac{1}{2}+\frac{1}{2}\right)$ son las probabilidades de que el cromosoma sea A o A′ respectivamente y el exponente 4 indica el número de cromosomas por gameto; es decir, $2^4 = 16$ combinaciones, por lo que sólo el $\left(\frac{16 \times 100}{256}\right) = 6{,}25\ \%$ de los gametos será viable.

1.16. En el maíz (n = 10), el endospermo es un tejido nutricio de la semilla que se forma por fusión de dos núcleos del gametófito femenino y un núcleo del gametófito masculino. Si una planta se autofecunda, ¿cuántos genotipos cromosómicos distintos podrá tener el endospermo?

Solución

El gametófito femenino, a partir de una célula diploide 2n, produce 4 esporas haploides (n), de las que tres degeneran y el núcleo de la cuarta produce 8 núcleos haploides (idénticos), dos de los cuales se fusionan. El gametófito masculino, a partir de una célula diploide, igual a la anterior, da lugar al grano de polen, y uno de sus núcleos haploide se fusiona con los dos del gametófito femenino para dar lugar al tejido triploide (3n) del endospermo. Aunque el tejido es triploide, a efectos genéticos es como si fuera diploide. En el caso de que la planta que se autofecunda se haya producido por el cruce de dos variedades distintas, el gametófito femenino producirá $2^{10} = 1.024$ núcleos distintos, combinaciones de los cromosomas de las dos variedades, lo mismo que el gametófito masculino, luego el resultado final será $1.024 \times 1.024 = 1.048.576$ (2^{20}) genotipos cromosómicos distintos.

1.17. El hongo filamentoso *Neurospora crassa* es un organismo haploide que tiene 7 cromosomas. Si se cruzan dos variedades de este hongo, por ejemplo A y B,

a) ¿Cuál es la probabilidad de que un individuo herede los 7 cromosomas de la variedad A?

b) Conteste a la misma pregunta en el supuesto de que *Neurospora* fuera un organismo diploide.

Nota: no se consideran los entrecruzamientos entre cromosomas.

Solución

a) Por fusión de dos células haploides, se formaría un zigoto con 7 parejas de cromosomas, por lo que la probabilidad de recibir los 7 cromosomas de una de las variedades es de $(1/2)^7 = 0{,}0078125$, después de la meiosis correspondiente.

b) Si fuera diploide, cada variedad, A y B, produciría gametos por meiosis, por lo que un individuo resultante de la fusión de estos gametos recibiría, necesariamente, 7 cromosomas de la variedad A (y también 7 de la variedad B).

1.18. En una preparación, un observador encuentra una célula con 7 cromosomas, todos ellos con distinta morfología. ¿De qué tipo de célula se trata y a qué organismo (diploide o haploide) pertenece dicha célula? Razone su respuesta.

Solución

Si pertenece a un organismo diploide, no puede tratarse de una célula somática, ya que tendría cromosomas, iguales dos a dos, formando parejas. Tiene que ser una célula que haya sufrido reducción meiótica, es decir, un gameto. Si pertenece a un organismo haploide, no puede tratarse de un zigoto, que tendría 7 parejas de cromosomas.

1.19. Después de una clase, un compañero le razona lo siguiente: «Ya que los organismos haploides tienen sexualidad, es decir, producen gametos por meiosis, las células haploides pueden sufrir meiosis». ¿Es correcto el razonamiento? ¿Qué hay de cierto y de falso en la frase?

Solución

El razonamiento no es correcto. Que un *organismo* haploide sufra meiosis no implica que sus *células* haploides la puedan sufrir. En el ciclo de vida de un organismo haploide, la meiosis la sufre la célula diploide (zigoto), que se forma por fusión de dos células haploides de distinto sexo o signo. Es cierta la primera parte de la frase, pero falsa su deducción final.

CAPÍTULO

2

ANÁLISIS MENDELIANO

El aspecto que observamos de un carácter dado es su **fenotipo**, por ejemplo, la *altura* de una planta o el *color* del pelaje de un ratón. Para estudiar cómo se hereda, el carácter debe presentar alternativas, por ejemplo que unas plantas sean altas y otras enanas, que unos ratones tengan pelaje normal (agutí) y otros pelaje albino. Si cada carácter depende de un factor (mendeliano) o **gen**, los fenotipos alternativos dependen de alternativas del gen, llamados genes alelos o simplemente **alelos**. El término alelo es sinónimo de gen y se utiliza para indicar las diferentes alternativas que puede presentar un gen, las cuales, normalmente, darán lugar a fenotipos alternativos del carácter que controla. La constitución alélica de un individuo para un gen dado se denomina su **genotipo**. Este término también se utiliza para indicar el conjunto de los distintos genes que tiene un organismo.

Para conocer el modo de herencia de un carácter y comprobar si está gobernado por uno o varios genes, hay que tener en cuenta una serie de conceptos y las proporciones que aparecen en experimentos de cruce.

Un organismo **diploide** tiene todos sus genes en dosis doble, debido a que es el resultado de la unión de dos gametos, uno masculino (espermatozoide) y otro femenino (óvulo), cada uno con una dosis de genes sencilla, como consecuencia de la reducción de los cromosomas en la división meiótica. Más adelante, en el Capítulo 8, analizaremos la herencia en organismos **haploides**.

El **genotipo** para un carácter puede ser **homozigoto**, cuando los dos alelos son iguales (AA o aa), o **heterozigoto**, cuando los dos alelos son distintos (Aa). En el caso de tener los dos alelos iguales para un gen dado también se habla de **raza** o **línea pura** para el carácter en cuestión y en el caso de tener los dos alelos distintos, también se habla de **híbrido**.

En el heterozigoto se pueden comprobar las distintas relaciones que se establecen entre dos alelos. Estas relaciones se expresan en las proporciones fenotípicas que aparecen en la descendencia de determinados cruces. De momento presentamos la relación que Mendel encontró en sus experimentos. La **dominancia** se da cuando un alelo, llamado **dominante**, expresa su fenotipo estando en heterozigosis con otro alelo, llamado **recesivo.** El alelo recesivo sólo se expresará en homozigosis.

$$\text{Fenotipo de AA} = \text{Fenotipo de Aa} \neq \text{Fenotipo de aa}$$

2.1. EXPERIMENTOS DE CRUCE REFERIDOS A UN CARÁCTER: MONOHIBRIDISMO

Si cruzamos dos razas puras, tendremos:

Generación paterna (P)	Genotipo	♀ AA	×	♂ aa
	Fenotipo	alta		enano
Tipos de gameto		(A)		(a)

Un tipo alternativo de cruce, que da lugar al mismo resultado, es el llamado **cruce recíproco**[1]:

Generación paterna (P)	Genotipo	♀ aa	×	♂ AA
	Fenotipo	enana		alto
Tipos de gameto		ⓐ		Ⓐ

En ambos casos:

Generación filial 1.ª (F_1)	Genotipo	(Aa)	Zigoto
	Fenotipo	alto	

Todos los individuos de la F_1 son iguales, heterozigotos y de fenotipo A (dominante).

Cruce (o autofecundación) de la F_1 — ♀ Aa × ♂ Aa

Fenotipo — alta — alto

Segregación

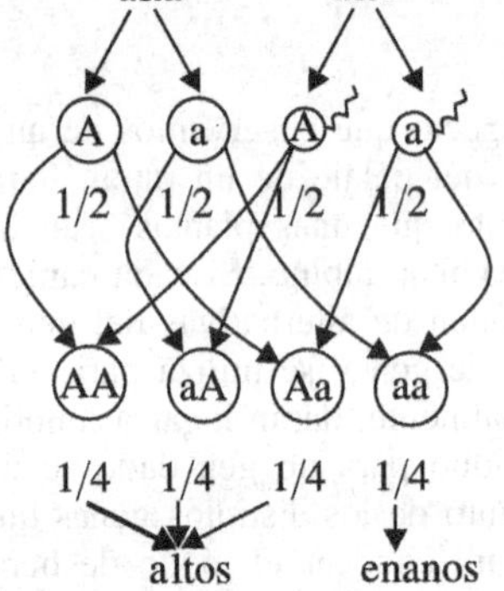

Tipos de gameto de la F_1: Ⓐ ⓐ Ⓐ ⓐ

Frecuencias: 1/2 1/2 1/2 1/2

Unión al azar de gametos

Tipos de zigoto de la F_2: (AA) (aA) (Aa) (aa)

Frecuencias: 1/4 1/4 1/4 1/4

Fenotipos: altos — enanos

Proporciones fenotípicas[2]: 3/4 A– — 1/4 aa

Proporciones genotípicas: 1/4 AA + 2/4 Aa[3] + 1/4 aa

El fenómeno de la **segregación** consiste en que un individuo heterozigoto, por ejemplo una ♀ Aa, produce igual número de gametos con el alelo A que con el alelo a. Por ello, considerando el conjunto de gametos producidos por dicho individuo, la probabilidad de que al tomar uno de ellos al azar sea A es de 1/2 y de que sea a es también de 1/2. El mismo razonamiento es válido para un ♂ Aa. La unión al azar de los gametos producidos por hembras y machos tendrá una probabilidad igual al producto de la probabilidad de cada uno de ellos, es decir: $1/2 \times 1/2 = 1/4$.

En la descripción de un **cruce**, en lugar de utilizar el nombre completo que describa al carácter y a sus alternativas, conviene utilizar abreviaturas. Mendel utilizó letras: *A* (mayúscula) para designar al factor dominante y *a* (minúscula) para el recesivo.

En el caso de *Drosophila*, uno de los organismos mejor estudiados desde el punto de vista genético, se utiliza una terminología que también se puede encontrar en otros organismos. La abreviatura que identifica al gen suele ser la primera letra del nombre que define al fenotipo mutante, por ejemplo, «cuerpo de color oscuro» (b, *black* en inglés). Su alelo normal, el que condiciona el fenotipo que «normalmente» se encuentra en la naturaleza, lleva un signo + como exponente (b^+). En este caso, la letra minúscula indica que el alelo mutante (b) es recesivo respecto de su alelo normal. Si el alelo mutante, o raro, es dominante sobre su alelo normal, como «alas curvadas» (Cy, *Curly*), entonces se pone en mayúscula (Tabla 2.1).

---

[1] No siempre los cruces recíprocos dan el mismo resultado. Lo veremos para genes situados en los cromosomas sexuales o para genes situados en el mismo autosoma, en especies en donde la frecuencia de recombinación no es la misma en los dos sexos.

[2] Con dominancia, en donde el guión (–) indica la presencia de cualquiera de los dos alelos.

[3] Aunque muchas veces se presenta la proporción de los heterozigotos como de 1/2, es conveniente utilizar la de 2/4, ya que así todas las fracciones tendrán el mismo denominador.

Tabla 2.1 Notación para alelos dominantes o recesivos, normales o mutantes

	Normal	Mutante
Dominante	b^+	Cy
Recesivo	Cy^+	b

Debido a las relaciones de dominancia/recesividad entre los alelos de un gen, a veces podemos preguntarnos qué genotipo tiene un individuo con fenotipo dominante. Para averiguarlo hay una técnica de cruce muy sencilla, el **cruce prueba**, que consiste en cruzar nuestro individuo problema con otro que sea homozigoto recesivo para el carácter del que sospechamos que es heterozigoto.

Generación paterna (P)	Genotipo	♀ A–	×	♂ aa
	Fenotipo	alta		enano

(F_1)	**Posibilidad 1**	**Posibilidad 2**
Fenotipo	alto	alto enano
Genotipo	Aa	Aa + aa
Proporciones	TODOS	1/2 1/2
Interpretación	El individuo A– suministra sólo el alelo A, luego es AA	El individuo A– suministra tanto el alelo A como el a, luego es Aa

Antes de continuar, conviene dejar claras las **relaciones biunívocas** que hay entre las proporciones mendelianas y los genotipos que se cruzan,

$$Aa \times Aa \rightleftarrows 3/4 + 1/4$$

$$Aa \times aa \rightleftarrows 1/2 + 1/2$$

En un cruce entre dos heterozigotos esperamos una proporción de 3/4 + 1/4, y ante una proporción de 3/4 + 1/4, suponemos que se ha producido como consecuencia del cruce de dos heterozigotos.

2.2. EXPERIMENTOS DE CRUCE REFERIDOS A DOS O MÁS CARACTERES

Cuando analizamos la herencia simultánea de dos o más caracteres (**dihibridismo**, **trihibridismo** o, en general, **polihibridismo**), hemos de tener muy presente que cada carácter cumplirá cualquiera de las condiciones que hemos indicado anteriormente, es decir, presentará diferentes alternativas controladas por alelos del mismo gen, los cuales podrán establecer entre sí relaciones de dominancia/recesividad, se segregarán en la meiosis, etc.

No obstante, aquí pueden aparecer situaciones nuevas:

- Si los dos genes están situados en cromosomas distintos y cada uno de ellos interviene en un carácter distinto, su comportamiento en la transmisión será **independiente** y seguirá estrictamente las leyes de la probabilidad.
- Si los dos genes afectan al mismo carácter, se da una situación de **interacción**, que trataremos en el Capítulo 3.
- Si los dos genes están situados en el mismo cromosoma, estarán **ligados,** condición que trataremos en el Capítulo 5.

Si consideramos dos genes, cada uno situado en un cromosoma distinto, hemos de diferenciar muy bien lo que es **segregación** de sus alelos, de lo que es **transmisión** de los genes. Veámoslo en el resultado del cruce entre dos razas puras, AABB × aabb. En la F_1 se obtendrá el **dihíbrido** AaBb (*véase* la Figura 2.1).

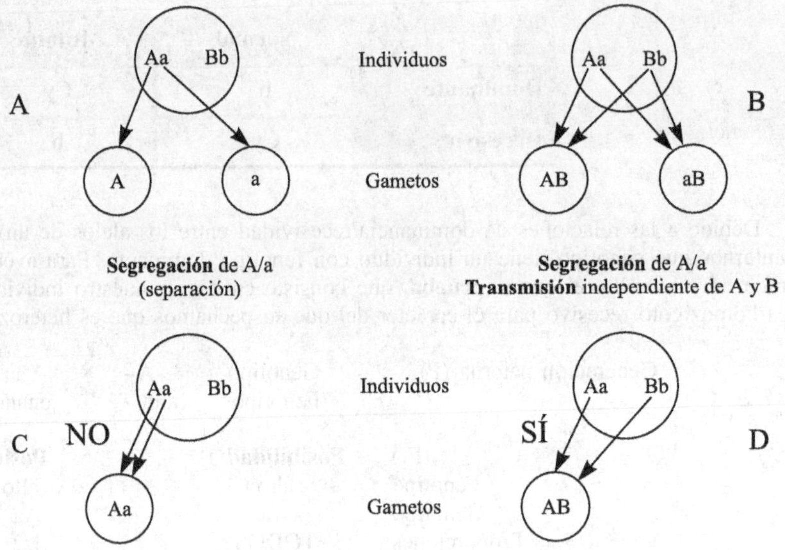

Figura 2.1. Esquema de la segregación de alelos y de la transmisión de genes hacia los gametos.

Un gameto **NO** puede recibir dos alelos del mismo gen. Cada uno de los alelos de un gen, A,a, pasará a un gameto distinto por segregación (**A**) y no al mismo gameto (**C**)

Un gameto **Sí** puede recibir un alelo de cada uno de dos genes distintos: transmisión independiente de A y B, con segregación de A/a (**B**) y (**D**).

Una técnica que simplifica el análisis del resultado de un cruce, cuando intervienen dos o más caracteres, es ver primero qué le ocurre a cada uno de los caracteres por separado. Luego, se podrá combinar lo que ocurre para cada uno de ellos.

Para obtener el resultado del cruzamiento entre individuos que difieren en dos o más caracteres, podemos seguir tres procedimientos.

a) *El tablero de ajedrez o cuadrado de Punnet*

Un individuo heterozigoto para dos caracteres (Aa Bb) dará lugar a cuatro tipos de gameto, resultado de la segregación al azar de los alelos de cada gen, A,a, por un lado y B,b, por otro, y de la combinación al azar de los alelos de dichos genes (transmisión independiente). Lo veremos mejor en un tablero (Tabla 2.2).

Tabla 2.2 **Probabilidad de los gametos que se forman por segregación al azar de los alelos y por transmisión independiente de los genes**

		Gen B/b	
	Segregación	1/2 B	1/2 b
Gen A/a	1/2 A	1/4 AB	1/4 Ab
	1/2 a	1/4 aB	1/4 ab

Estos cuatro tipos de gameto que produce cada sexo, se combinan al azar en un tablero 4 × 4, de 16 casillas (o dieciseisavos) para obtener la proporción de los descendientes (Tabla 2.3).

Tabla 2.3 **Combinación al azar de los gametos producidos por heterozigotos para dos genes**

	1/4 AB	1/4 Ab	1/4 aB	1/4 ab
1/4 AB	1/16 AABB	1/16 AABb	1/16 AaBB	1/16 AaBb
1/4 Ab	1/16 AABb	1/16 AAbb	1/16 AaBb	1/16 Aabb
1/4 aB	1/16 AaBB	1/16 AaBb	1/16 aaBB	1/16 aaBb
1/4 ab	1/16 AaBb	1/16 Aabb	1/16 aaBb	1/16 aabb

De acuerdo con la Tabla 2.3, y reuniendo los genotipos iguales por un lado y los fenotipos iguales (por dominancia) por otro, las proporciones genotípicas y fenotípicas serán las siguientes (Tabla 2.4).

Tabla 2.4 **Proporciones genotípicas y fenotípicas resultantes del cruce entre dos heterozigotos para dos genes**

Proporciones	
Genotípicas	**Fenotípicas**
1/16 AABB 2/16 AaBB 2/16 AABb 4/16 AaBb	9/16 A– B–
1/16 AAbb 2/16 Aabb	3/16 A– bb
1/16 aaBB 2/16 aaBb	3/16 aa B–
1/16 aabb	1/16 aa bb

b) *La bifurcación en línea*

Se basa en el hecho de la segregación de los alelos de cada gen hacia los gametos y de que la transmisión de un gen es independiente de la transmisión del otro gen, por lo que podremos aplicar las leyes de la probabilidad simple, como en el caso anterior. Vamos a poner un ejemplo para obtener los gametos de un heterozigoto cuando se consideran tres genes, con dos alelos cada uno:

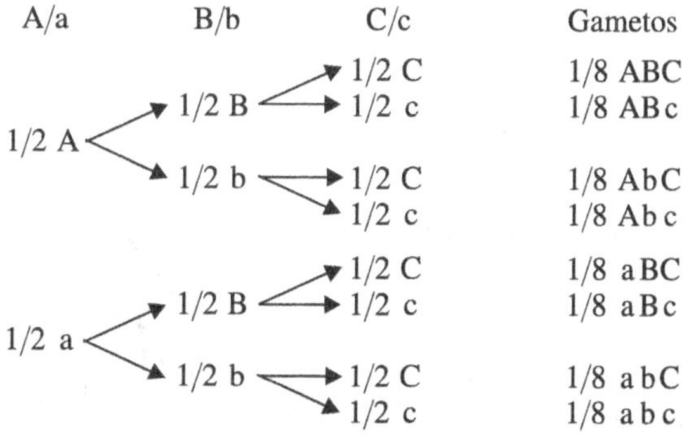

En este esquema, el eje vertical nos indica la segregación de los alelos de cada gen hacia los gametos. El eje horizontal nos indica la transmisión independiente de los tres genes hacia los gametos. El resultado final, p.e. 1/8 ABC, es el producto de la probabilidad de segregación de cada uno de los alelos de los tres genes.

De la misma manera, podremos calcular las proporciones de los distintos fenotipos si los alelos de cada gen presentan relaciones de dominancia/recesividad. En la F_2 del cruce entre dos razas puras, para cada uno de los genes esperaríamos una proporción en la descendencia de 3/4 A– + 1/4 aa, luego para tres genes tendríamos,

A/a	B/b	C/c	Proporciones
3/4 A–	3/4 B–	3/4 C–	27/64 A– B– C–
		1/4 cc	9/64 A– B– cc
	1/4 bb	3/4 C–	9/64 A– bb C–
		1/4 cc	3/64 A– bb cc
1/4 aa	3/4 B–	3/4 C–	9/64 aa B– C–
		1/4 cc	3/64 aa B– cc
	1/4 bb	3/4 C–	3/64 aa bb C–
		1/4 cc	1/64 aa bb cc

Este procedimiento también se puede aplicar para encontrar las proporciones genotípicas de un cruce, por ejemplo las proporciones de la F_2 de un dihibridismo:

A/a	B/b	Proporciones
1/4 AA	1/4 BB	1/16 AA BB
	2/4 Bb	2/16 AA Bb
	1/4 bb	1/16 AA bb
2/4Aa	1/4 BB	2/16 Aa BB
	2/4 Bb	4/16 Aa Bb
	1/4 bb	2/16 Aa bb
1/4 a a	1/4 BB	1/16 a a BB
	2/4 Bb	2/16 a a Bb
	1/4 bb	1/16 a a bb

c) *Teorema del binomio*

Quizá es el método que nos permite una mayor rapidez y precisión a la hora de encontrar una proporción genotípica o fenotípica determinada en un cruce dado. Si conocemos la probabilidad, o la proporción, de dos o más resultados alternativos en un cruce en el que intervienen dos o más genes independientes, o dos o más parejas de cromosomas homólogos, podremos estimar el resultado de una combinación dada.

La expresión del binomio es:

$$(a + b)^n$$

en donde *a* y *b* son los resultados alternativos (por ejemplo, a = 3/4 de fenotipos dominantes y b = 1/4 de fenotipos recesivos) y *n* el número de genes, de caracteres implicados o de descendientes (por ejemplo, 3). Su expansión será:

Número de combinaciones distintas... ... de dos caracteres (*p*) dominantes y un carácter (*q*) recesivo

$$\left(\frac{3}{4}+\frac{1}{4}\right)^3 = \binom{3}{0}\left(\frac{3}{4}\right)^3\left(\frac{1}{4}\right)^0 + \binom{3}{1}\left(\frac{3}{4}\right)^2\left(\frac{1}{4}\right)^1 + \binom{3}{2}\left(\frac{3}{4}\right)^1\left(\frac{1}{4}\right)^2 + \binom{3}{3}\left(\frac{3}{4}\right)^0\left(\frac{1}{4}\right)^3$$

en donde el número de combinaciones distintas (valor del número combinatorio) se obtiene con la fórmula:

$$\binom{3}{2} = \frac{n!}{p!\,q!} = \frac{3!}{2!\,1!} = \frac{1 \times 2 \times 3}{1 \times 2 \times 1} = 3$$

siendo $p + q = n$, y siendo $n!$ (n factorial) $= 1 \times 2 \times 3 \cdots (n-1) \times n$.

Esta fórmula se puede ampliar a más de dos alternativas (polinomio), por ejemplo, si consideramos el sexo de los individuos del cruce anterior, ya que la probabilidad de ser macho o hembra es de 1/2, la probabilidad de ser macho y de fenotipo dominante será de $1/2 \times 3/4 = 3/8$, etc.

La expresión se convierte en: $(3/8 + 3/8 + 1/8 + 1/8)^3$. Como hay cuatro alternativas, el número combinatorio será:

$$\left(\frac{n!}{p!\,q!\,r!\,s!}\right)$$

siendo $p + q + r + s = n$. La probabilidad de que un descendiente sea hembra y presente dos caracteres dominantes y uno recesivo será:

$$\frac{3!}{2!\,0!\,1!\,0!}\left(\frac{3}{8}\right)^2\left(\frac{3}{8}\right)^0\left(\frac{1}{8}\right)^1\left(\frac{1}{8}\right)^0 = 3\left(\frac{9}{512}\right) = \frac{27}{512} = 0{,}0527$$

2.3. PROPORCIONES MENDELIANAS

Para resolver problemas de herencia mendeliana, es importante memorizar ciertas proporciones tipo que aparecen al analizar un número elevado de descendientes de un cruzamiento (Tabla 2.5).

Tabla 2.5 **Proporciones fenotípicas y genotípicas más frecuentes**

Monohibridismo	
3/4:1/4 3:1 /4 (cuartos)	F_2 del cruce de dos líneas puras (homozigóticas) para un gen con dos alelos, con dominancia de uno de ellos. Proporciones fenotípicas
1/4:2/4:1/4 1:2:1	Proporciones genotípicas del caso anterior
1/2:1/2 1:1	Resultado de un cruce prueba, entre homozigoto recesivo y heterozigoto
Dihibridismo	
9/16:3/16:3/16:1/16 9:3:3:1 /16 (dieciseisavos)	F_2 del cruce de dos líneas puras para dos genes, cada uno con dos alelos, con dominancia de uno de ellos. Proporciones fenotípicas
1/16:2/16:2/16:4/16:1/16:2/16:1/16:2/16:1/16 1:2:2:4:1:2:1:2:1	Proporciones genotípicas del caso anterior
1/4:1/4:1/4:1/4 1:1:1:1	Resultado de un cruce prueba, entre homozigoto recesivo y heterozigoto
Trihibridismo	
27/64:9/64:9/64:9/64:3/64:3/64:3/64:1/64 27:9:9:9:3:3:3:1 /64 (sesenta y cuatroavos)	F_2 del cruce de dos líneas puras para tres genes, cada uno con dos alelos, con dominancia de uno de ellos. Proporciones fenotípicas

No siempre se obtendrán las proporciones «tipo» indicadas. En determinados cruces podrán aparecer otras proporciones, por lo que tendremos que deducir el genotipo de los padres que intervinieron.

Supongamos que en un cruce aparecen las proporciones fenotípicas 3/8 + 3/8 + 1/8 + 1/8, un razonamiento a seguir podría ser el siguiente:

a) 1/8 no es ni 1/4 ni 1/16, pero es menor que 1/4, luego NO debe tratarse de la herencia de un solo gen, sino de, al menos, dos genes.

b) Siguiendo la táctica de analizar cada carácter por separado, la proporción 3/8 se puede descomponer en las proporciones 3/4 y 1/2 (cuyo producto es 3/8). Parece lógico pensar que 3/4 vendrá del cruce de dos heterozigotos y 1/2 del cruce de un homozigoto por un heterozigoto, luego los genotipos buscados serán:

AaBb × Aabb = 3/8 A– Bb + 3/8 A– bb + 1/8 aaBb + 1/8 aabb

o

AaBb × aaBb = 3/8 Aa B– + 3/8 aa B– + 1/8 Aabb + 1/8 aabb

2.4. ÁRBOLES GENEALÓGICOS (LINAJES)

En la especie humana, pero también en especies con un número pequeño de descendientes por pareja, es conveniente representar gráficamente las familias en donde se ha detectado un determinado carácter hereditario. Con un conjunto de familias se pueden construir árboles genealógicos, en donde queden indicadas las relaciones de parentesco de los diferentes miembros, así como de los que están afectados o son normales.

En la Figura 2.2 se presenta un ejemplo en el que se describen los símbolos mas corrientes utilizados para la construcción de tales árboles.

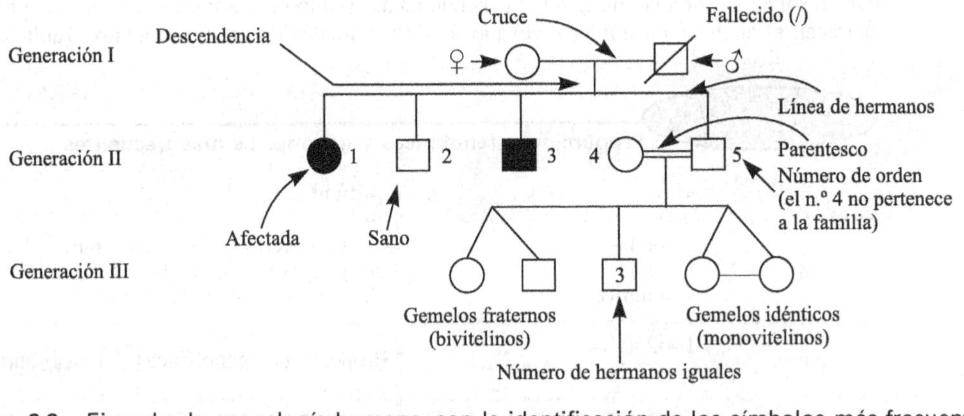

Figura 2.2. Ejemplo de genealogía humana, con la identificación de los símbolos más frecuentes.

El análisis de estas genealogías, que normalmente reúnen a varias familias, nos permitirá deducir el tipo de herencia de que se trate.

En general:

- Si dos individuos sanos tienen algún hijo afectado, el carácter tiene que ser recesivo y los padres heterozigotos para dicho carácter. Un carácter recesivo no suele aparecer en todas las generaciones, lo normal es que haya «saltos» entre generaciones.
- Si dos individuos afectados tienen hijos sanos, el carácter tiene que ser dominante y, por tanto, los padres heterozigotos. Un carácter dominante suele aparecer en todas las generaciones, no hay «saltos» de generación.
- Un individuo extraño a la genealogía (político), que se casa con un afectado o con el hijo/a de un afectado de enfermedad rara, lo lógico es que sea genotípicamente sano (homozigoto normal), a no ser que se indique o se demuestre lo contrario por sus descendientes.
- Debido al reducido número de descendientes por pareja, en una fratría (grupo de hermanos en la especie humana) no cabe esperar proporciones mendelianas. Éstas se pueden obtener reuniendo muchas familias homogéneas en cuanto al genotipo de los padres.

2.5. COMPROBACIÓN ESTADÍSTICA DE LAS PROPORCIONES MENDELIANAS

En organismos con descendencia numerosa, el resultado de un cruce es un conjunto de descendientes, que pertenecen a distintas clases fenotípicas, que tendremos que convertir en proporciones. En ocasiones podremos reconocer dichas proporciones como mendelianas, aunque siempre convendrá comprobarlas estadísticamente respecto de una hipótesis explicativa. El método más utilizado es realizar esta comprobación mediante una prueba de χ^2 (chi cuadrado).

Una prueba de χ^2 siempre hay que realizarla comparando los valores absolutos, es decir, comparando el número de individuos observados con el número de individuos esperado de acuerdo con la hipótesis propuesta. Por ejemplo, si el número total de individuos analizados fue 346 y se espera 3/4 (0,75) de fenotipo dominante, el número esperado de fenotipo dominante será $346 \times 0{,}75 = 259{,}5$. *Nunca se pueden comparar porcentajes o tantos por* 1 (*probabilidades*).

El objetivo de la prueba de χ^2 es ver si las diferencias entre los valores observados y esperados las podemos atribuir al azar o a causas sistemáticas distintas del azar. Para ello obtendremos la diferencia entre los valores observados y los esperados. Esta diferencia, que podrá ser positiva o negativa, la elevaremos al cuadrado, lo que es una manera de eliminar el signo, y la normalizaremos, es decir, la dividiremos por el valor esperado. De esta manera obtendremos valores de χ^2 parciales, cuya suma será el χ^2 total.

La fórmula a aplicar es:

$$\chi^2 = \sum_{i=1}^{n} \frac{(\text{observado} - \text{esperado})^2}{\text{esperado}}$$

en donde $\sum_{i=1}^{n}$ indica la suma de todas las comparaciones (n) entre valores observados y esperados.

Es importante tener en cuenta que el tamaño de la muestra (número de individuos) es un factor que influye mucho en el valor de χ^2. No es lo mismo una muestra de 12 individuos, sobre un total de 160 (lo que representa un 7,5 %), que una muestra de 120 individuos, sobre un total de 1.600 (que también representa un 7,5 %). Respecto de la hipótesis mendeliana de 1/16, en el primer caso el valor de χ^2 parcial será,

$$\frac{(12 - 10)^2}{10} = 0{,}4$$

mientras que en el segundo será,

$$\frac{(120 - 100)^2}{100} = 4$$

que es un orden de magnitud mayor.

Un aspecto también importante es que los valores esperados sean iguales o superiores a 5. Si el valor es inferior, hay peligro de desviaciones que pueden distorsionar los resultados.

Una vez obtenido el valor de χ^2, habrá que comprobar su significación. Para ello hemos de tener en cuenta los grados de libertad de nuestro análisis que, normalmente, es el número de comparaciones (observado − esperado) menos una. Estos dos valores, el de χ^2 y sus grados de libertad, los hemos de buscar en una tabla, en donde se han tabulado los valores de χ^2 en función de los grados de libertad y de la probabilidad de que las diferencias observadas sean debidas a causas aleatorias y no sistemáticas.

El límite de significación admitido universalmente es la probabilidad del 5 %. Si nuestro valor de χ^2 es mayor que el valor correspondiente en la tabla (véase el Apéndice B) a nuestros grados de libertad y probabilidad del 5 %, esto nos indicará que la probabilidad de que las diferencias encontradas sean debidas a causas aleatorias es pequeña y por tanto hemos de sospechar que hay causas no aleatorias que distorsionan nuestros datos, por ejemplo, viabilidad distinta de los diferentes alelos, de tal manera que de algunos genotipos haya menos individuos de los que cabría esperar; muestras de la población no tomadas correctamente; errores sistemáticos al distinguir mal los fenotipos de los descendientes, etc. La causa no aleatoria más importante es, desde luego, que nuestra hipótesis no sea correcta y tengamos que buscar una hipótesis alternativa.

PROBLEMAS RESUELTOS

2.1. El color de la semilla del guisante (cotiledones) puede ser verde o amarillo. Se llevaron a cabo una serie de cruces entre plantas con los siguientes resultados:

	Fenotipo de las semillas de donde provienen los padres	Fenotipo de las semillas resultantes del cruce
1	amarilla × verde	86 amarillas + 81 verdes
2	amarilla × amarilla	todas amarillas
3	verde × verde	todas verdes
4	amarilla × amarilla	108 amarillas + 35 verdes
5	amarilla × verde	todas amarillas

Teniendo en cuenta exclusivamente los datos presentados,

a) ¿Qué relaciones de dominancia/recesividad hay entre los factores que regulan las dos alternativas?

b) ¿Cuáles son los genotipos más probables de los padres y de sus descendientes?

c) En el cruce 5, ¿hay seguridad absoluta de que TODOS los descendientes que se obtengan serán amarillos?

Solución

a) La proporción de descendientes del primer cruce es 1:1, que corresponde al resultado del cruce entre un homozigoto y un heterozigoto. Como el enunciado no nos dice nada acerca de la dominancia de uno u otro carácter, tendremos que resolver esta cuestión analizando el resultado de otros cruces, ya que de momento daría lo mismo que el genotipo de los padres fuera Aa × aa o aa × Aa.

El cruce 4 nos da la pista: dos plantas de fenotipo amarillo producen tres cuartas partes de semillas amarillas [(108 + 35) × 3/4 = 107,25] y una cuarta parte de semillas verdes [(108 + 35) × 1/4 = 35,75], que es lo que se espera del cruce entre dos heterozigotos. El alelo dominante daría amarillo y el recesivo verde (Aa × Aa = 3/4 A– + 1/4 aa).

b) De acuerdo con esto, los genotipos serían:

Cruce 1 Aa × aa = 1/2 Aa + 1/2 aa
Cruce 2 AA × AA = AA, o
Aa × AA = 1/2 AA + 1/2 Aa
Cruce 3 aa × aa = aa
Cruce 4 Aa × Aa = 3/4 A– + 1/4 aa
Cruce 5 AA × aa = Aa

c) No existe una seguridad absoluta de que un suceso dado se produzca o no. Aunque las semillas que se han obtenido son todas amarillas, indicando que se trata muy probablemente del cruce entre un homozigoto dominante y un homozigoto recesivo, hay una probabilidad, aunque pequeña, de que se trate del cruce entre un heterozigoto y un homozigoto recesivo (Aa × aa). El enunciado no nos dice cuántos descendientes se han contado. Si este número fuera pequeño, cabría la posibilidad de que todos los gametos que han fecundado a la planta verde llevarán el alelo para amarillo por azar [la probabilidad sería $(1/2)^n$, siendo n el número de descendientes del cruce]. Por supuesto, también cabría la posibilidad de que se produjese una mutación del alelo dominante al recesivo, y que aparecieran futuros descendientes verdes.

2.2. El color de la vaina del guisante puede ser verde o amarillo. Teniendo en cuenta dicho carácter, se realizaron cruces similares a los del problema anterior con los siguientes resultados:

	Fenotipo de la vaina de donde se tomaron las semillas para obtener a los padres	**Fenotipo de las vainas resultantes del cruce**
1	amarilla × verde	47 amarillas + 51 verdes
2	amarilla × amarilla	todas amarillas
3	verde × verde	todas verdes
4	amarilla × amarilla	fallido
5	amarilla × verde	todas verdes

Por circunstancias ajenas al experimentador, el cruce número 4 falló. Teniendo en cuenta los restantes resultados:

a) Indicar las relaciones de dominancia/recesividad que hay entre los factores que condicionan los fenotipos amarillo y verde de las vainas.

b) ¿La relación de dominancia/recesividad es la misma que en el problema anterior? Explique su respuesta.

c) ¿Cuáles son los genotipos mas probables para los padres y sus descendientes?

d) Si el cruce 4 no hubiera fallado, ¿qué resultado se habría obtenido?

Solución

a) En el problema anterior, el cruce 4 nos dio la pista del tipo de relación entre los alelos, pero en este caso no podemos contar con él. El resultado del cruce 1 plantea la misma duda que antes sobre cuál es el alelo dominante y cuál el recesivo. Sin embargo, si comparamos el resultado del cruce 1 con el del cruce 5 llegaremos a la solución. Si el color amarillo de la vaina depende del alelo dominante, el cruce 1 queda explicado, pero el cruce 5 no, ya que los descendientes son todos verdes. Pero si el color amarillo depende del alelo recesivo y el verde es el dominante, tanto el cruce 1 como el cruce 5 quedan explicados.

b) Las relaciones de dominancia/recesividad no son las mismas que en el caso anterior. En el caso de la semilla, la alternativa verde era recesiva, en el caso de la vaina, la alternativa verde es dominante.

c) Los genotipos más probables serán:

Cruce 1 a a × A a = 1/2 aa + 1/2 Aa
Cruce 2 a a × a a = aa
Cruce 3 AA × AA = AA, o
A a × AA = 1/2 AA + 1/2 Aa
Cruce 4 a a × a a = aa
Cruce 5 a a × AA = Aa

d) Lógicamente el cruce 4 habría dado lo mismo que el cruce 2, es decir, toda la descendencia amarilla.

2.3. En un campo experimental el profesor le pide que coja de una planta de guisante una vaina y la abra. Usted encuentra 7 guisantes, dos están arrugados y 5 turgentes (redondos).

a) ¿Qué podría decir del genotipo de la planta?

b) ¿Y del genotipo de los guisantes?

Solución

a) Independientemente de las relaciones de dominancia entre los alelos que condicionan el fenotipo rugoso y redondo de las semillas y suponiendo que la planta se autofecundó, el resultado nos indica que la planta era heterozigota para los dos alelos, ya que aparecen guisantes con los dos fenotipos. Si la planta se autofecunda, el hecho de que aparezcan 5 redondos y 2 rugosos se aproxima bastante a una proporción de 3/4:1/4 (5,25:1,75). Debido al pequeño número de la muestra, no podemos realizar una prueba de significación respecto de esta u otras hipótesis.

b) Respecto del genotipo de los guisantes, si fuera correcta la deducción sobre el genotipo de la planta, las semillas arrugadas serían homozigotas recesivas y las redondas tanto homozigotas dominantes como heterozigotas.

2.4. El albinismo es un carácter recesivo. Se le suministra un ratón albino y otro de fenotipo agutí (color normal) que, una vez cruzados, tienen diez crías. ¿Qué proporción fenotípica se podría obtener entre los descendientes? Razone su respuesta.

Solución

El ratón albino tiene que ser homozigoto recesivo para el alelo para albinismo, pero el ratón de fenotipo agutí puede ser homozigoto normal o heterozigoto para albino; por ello, en el primer caso, los 10 descendientes tendrían fenotipo agutí, mientras que en el segundo, de acuerdo con la segregación en el ratón heterozigoto, se esperaría, aproximadamente, la mitad de cada fenotipo. Que fueran precisamente 5 ratones albinos y 5 agutí no es ni mucho menos lo más probable. Aplicando el binomio obtendremos la probabilidad de cada uno de los resultados posibles.

	Probabilidad	Agutí/Albino
$(1/2 + 1/2)^{10}$	0,000976	10/0
	0,009766	9/1
	0,043945	8/2
	0,117187	7/3
	0,205078	6/4
	0,246093	5/5
	0,205078	4/6
	0,117187	3/7
	0,043945	2/8
	0,009766	1/9
	0,000976	0/10

Vemos que el caso 5/5 sólo se daría en el 24,6 % de las camadas.

2.5. En un organismo diploide, la situación más simple es que cada gen tenga dos alternativas o alelos. Indique el genotipo de los padres y las relaciones entre los alelos si, como consecuencia de una serie de cruces, aparecen las siguientes proporciones entre los descendientes:

a) Todos con el mismo fenotipo.

b) 3/4 flores rojas y 1/4 flores blancas.

c) Todos con flores blancas.

d) 1/2 flores rojas y 1/2 flores blancas.

e) Todos heterozigotos.

Solución

Indicando los dos alelos del gen como A y a, y siendo la relación de dominancia A > a:

a) Puede darse por una serie de cruces: AA × AA; AA × Aa; AA × aa; aa × aa.

b) Sólo por el cruce Aa × Aa.

c) Sólo por el cruce aa × aa.

d) Sólo por el cruce Aa × aa.

e) Sólo por el cruce AA × aa.

2.6. Mendel polinizó flores de plantas, que se habían desarrollado a partir de semillas redondas, con polen de plantas que se habían desarrollado a partir de semillas rugosas. De las semillas resultantes, todas ellas redondas, sembró 253 y dejó que las plantas adultas se autofecundaran, obteniendo un total de 7.324 semillas, de las que 5.474 fueron redondas y 1.850 rugosas. De las semillas redondas sembró 565 y dejó que las plantas adultas se autofecundaran.

a) En este último caso, ¿cuáles fueron los tipos de semilla que obtuvo y en qué proporción?

b) ¿Cuál fue la proporción de las plantas en función de los tipos de semilla que producían?

Solución

El guisante es una planta anual, por lo que algunos resultados de un cruce se comprueban al año siguiente, cuando la semilla ha dado lugar a la planta adulta (como la altura de la planta y el color o disposición de la flor respecto del tallo), mientras que otros se comprueban de manera mas inmediata, después de la fecundación, en los frutos (como la forma y el color de la semilla y de las vainas). Por ello, vamos a especificar con cierto detalle los cruces que plantea el problema.

Se toma polen de una planta adulta, que actúa como ♂ y que proviene de una semilla redonda, y con él se fecunda a la planta que actúa como ♀, que proviene de una semilla rugosa [también cabría el cruce recíproco, ♀♀ (de semilla redonda) × ♂♂ (de semilla rugosa)]. Estas plantas constituyen la generación paterna (P). El resultado es que todas las semillas que se forman son redondas; estas semillas constituyen la primera generación filial (F_1).

Del resultado de este primer cruce se deducen tres cosas:

- Que el carácter redondo es dominante sobre el rugoso (que es recesivo).
- Que la planta paterna, que se desarrolló de una semilla rugosa, es homozigota recesiva para el carácter.
- Que la planta paterna, que se desarrolló de una semilla redonda, es homozigota dominante para el carácter.

Vamos a utilizar abreviaturas. Llamemos *R* al alelo dominante que condiciona semillas redondas y *r* al alelo recesivo que condiciona semillas rugosas. De acuerdo con las relaciones de dominancia/recesividad, las semillas redondas pueden tener dos genotipos: RR (homozigotas) o Rr (heterozigotas). Las semillas rugosas únicamente pueden ser rr (homozigotas).

Las semillas de la F_1 tendrán genotipo Rr. Se dejó que se autofecundaran los adultos que se desarrollaron de estas semillas, obteniéndose 5.474 semillas redondas + 1.850 semillas rugosas. Estas semillas constituyen la segunda generación filial, o F_2.

De acuerdo con el genotipo de los individuos que se han autofecundado, (Rr), se producirán tres genotipos en las siguientes proporciones:

$$1/4 \text{ RR} + 2/4 \text{ Rr} + 1/4 \text{ rr}$$

y de acuerdo con las relaciones entre los alelos, dos fenotipos:

$$3/4 \text{ R–} + 1/4 \text{ rr}$$

en donde el – indica la presencia de cualquiera de los dos alelos.

Las 5.474 semillas redondas pueden tener genotipo RR o Rr, en unas proporciones ①:②. Es decir, las frecuencias genotípicas quedarán en 1/3 RR + 2/3 Rr. De estas semillas Mendel sembró 565, que de acuerdo con lo anterior cabría esperar que sus proporciones genotípicas fueran las indicadas (la muestra que tomó Mendel es grande y no cabe esperar desviaciones apreciables respecto de las proporciones esperadas), luego la respuesta a la pregunta es que 1/3 de las plantas (188,3) producirán semillas redondas y 2/3 (376,7) producirán tanto semillas redondas como rugosas, éstas en la proporción 3/4 R– + 1/4 rr.

Luego,

a) Se producirán dos tipos de semilla en la proporción:

$$(1/3 + 2/3 \times 3/4) = 10/12 = 5/6 \text{ de semillas redondas}$$
$$(2/3 \times 1/4) = 2/12 = 1/6 \text{ de semillas rugosas}$$

b) Hay dos tipos de plantas en la proporción 1/3 de plantas que producen sólo semillas redondas y 2/3 de plantas que producen los dos tipos de semilla.

2.7. Hajime Uda investigó la herencia del color del capullo del gusano de seda, que puede ser blanco o amarillo. Al cruzar dos razas puras para el color, la F_1 resultó totalmente amarilla y en la F_2 encontró 1.903 capullos amarillos frente a 633 blancos. De las mariposas que nacieron de los capullos amarillos formó nueve parejas, que al año siguiente dieron los siguientes resultados:

	Capullos	
Pareja n.º	**amarillos**	**blancos**
1	192	
2	172	
3	68	
4	244	
5	154	52
6	111	43
7	64	22
8	83	27
9	160	62

a) ¿Por qué Uda no formó parejas con adultos que nacieron de los capullos blancos?

b) ¿En qué sentido están de acuerdo los resultados de los nueve cruces anteriores con los resultados de la F_1 y F_2, y en qué sentido no?

c) ¿Qué experiencias realizaría para completar los resultados de Uda en relación con estos últimos cruces?

Solución

a) Por los resultados de la F_1, todos los capullos son amarillos, y por las proporciones en la F_2, 3/4 (1902) + 1/4 (634), está claro que el color amarillo es dominante sobre el blanco. Las mariposas que nacieron de los capullos blancos en la F_2 tenían que ser homozigotas recesivas.

b) Sin embargo, las mariposas que nacieron de los capullos amarillos podían ser bien homozigotas dominantes, bien heterozigotas, en una proporción de 1/3:2/3 (*véase* el Problema 2.6). Al cruzarlas entre sí, se pudieron formar las siguientes parejas:

Parejas	Proporción	Descendientes
AA × AA	1/3 × 1/3 = 1/9	todos amarillos (AA)
AA × Aa	1/3 × 2/3 = 2/9	todos amarillos (AA + Aa)
Aa × AA	2/3 × 1/3 = 2/9	todos amarillos (AA + Aa)
Aa × Aa	2/3 × 2/3 = 4/9	3/4 amarillos + 1/4 blancos

Es decir, 5/9 de los cruces darán capullos exclusivamente amarillos y 4/9 tanto amarillos como blancos, lo cual está bastante de acuerdo con los resultados observados.

c) Una posible experiencia sería comprobar los genotipos de las mariposas (AA o Aa) que dieron descendencia exclusivamente amarilla dejando, en cada caso, que los descendientes se cruzaran entre sí.

2.8. Una planta alta de guisante, que se desarrolló de una semilla redonda, la cual se encontraba dentro de una vaina amarilla, se polinizó con el polen de una planta enana, que se desarrolló de una semilla redonda, que se encontraba dentro de una vaina verde. Se obtuvieron semillas redondas y rugosas en vainas verdes. Plantadas estas semillas, 3/8 de las plantas fueron altas y 3/8 enanas, todas ellas desarrolladas a partir de semillas redondas, 1/8 de las plantas fueron altas y 1/8 enanas, desarrolladas estas últimas a partir de semillas rugosas.

a) ¿Cuántas generaciones se han estudiado?

b) ¿Cuáles eran los genotipos de los padres?

Solución

a) Únicamente se han estudiado dos generaciones, la paterna y la F_1.

b) Vamos a considerar cada uno de los caracteres por separado:

- Altura de la planta: se cruza una planta alta con otra enana y se obtienen:

$$3/8 + 1/8 = 4/8 = 1/2 \text{ de plantas altas}$$
$$3/8 + 1/8 = 4/8 = 1/2 \text{ de plantas enanas}$$

luego se trata del cruce de un homozigoto con un heterozigoto (Tt × tt o tt × Tt). De momento no tenemos datos suficientes para saber qué alelo es dominante y cuál recesivo.

- Forma de la semilla: se cruzan dos plantas que provienen de semillas redondas y se obtienen semillas tanto redondas como rugosas, luego se trata necesariamente del cruce de dos heterozigotos (Rr × Rr), siendo el alelo para redondo dominante sobre el alelo para rugoso. Además,

$$3/8 + 3/8 = 6/8 = 3/4 \text{ de las semillas eran redondas}$$
$$1/8 + 1/8 = 2/8 = 1/4 \text{ de las semillas eran rugosas}$$

lo que confirma la deducción anterior.

- Color de la vaina: se cruzan dos plantas, una que proviene de vainas amarillas y otra de vainas verdes y se obtienen vainas verdes, luego se trata del cruce de un homozigoto recesivo de vainas amarillas con un homozigoto dominante, de vainas verdes, aa × AA, entonces el genotipo de los padres era, Tt Rr aa × tt Rr AA.

2.9. Caspari estudió la herencia del color de los testículos en *Ephestia kühniella*, que puede ser pardo o rojo, realizando una serie de cruces con los siguientes resultados:

Cruces	Pardo	Rojo
♀♀ rojo* × ♂♂ pardo	101	
♀♀ pardo* × ♂♂ rojo	111	
F_1 × pardo	73	
F_1 × rojo	218	225
$F_1 \times F_1$	502	182

*Hembras de una cepa en donde los machos presentan la coloración correspondiente.

a) ¿Qué hipótesis genética explica estos resultados?

b) ¿Qué resultados obtendríamos si dejasemos que se cruzaran entre si los individuos pardos del último cruce?

Solución

a) Ya que los dos cruces recíprocos dan el mismo resultado, es lógico pensar que se trata de un carácter autosómico, no ligado al sexo. Se trata de la herencia de un gen con dos alelos, siendo el alelo para pardo dominante sobre el alelo para rojo. El dato básico es que al cruzar entre sí individuos de la F_1 aparecen unas proporciones que coinciden bastante con las esperadas: 3/4 (513) pardo y 1/4 (171) rojo, aunque también se puede deducir por los dos cruces prueba.

b) Si se deja que los individuos pardos del último cruce se crucen entre sí, hay que tener en cuenta sus proporciones genotípicas: 1/3 PP + 2/3 Pp. Se obtendrían los siguientes descendientes:

	1/3 PP	**2/3 Pp**
1/3 PP	1/9 PP	1/9 PP + 1/9 Pp
2/3 Pp	1/9 PP + 1/9 Pp	1/9 PP + 2/9 Pp + 1/9 pp

En conjunto,

Genotipos	4/9 PP + 4/9 Pp + 1/9 pp
Fenotipos	8/9 pardo + 1/9 rojo

2.10. Visita a una vecina, recién llegada al barrio. En una cuna ve a un bebé no pigmentado (albino) y usted le pregunta «¿Es su hijo?». Ella, que es pigmentada, le dice «Sí, pero éste es el hijo de mi segundo marido, que es normal, como mi primer marido. Del primero tuve dos hijos normales.»

a) ¿Podría indicar el genotipo de los cuatro personajes de este relato? (Una mujer, dos varones y un bebé.)

b) Si la mujer tuviera otro hijo, ¿cuál sería la probabilidad de que fuera pigmentado?

Solución

a) Si la mujer es pigmentada y su segundo marido también, podemos afirmar que ambos son heterozigotos (Aa) para el alelo recesivo del albinismo, y que su hijo es homozigoto para el alelo albino (aa). Del primer marido, lo único que podemos decir es que, siendo pigmentado y habiendo tenido hijos normales, es A– . No podemos asegurar que sea homozigoto normal (AA), ya que la probabilidad de que siendo Aa transmitiera a sus dos hijos el alelo A es muy elevada: $(1/2)^2 = 0{,}25$. Si consideramos la posibilidad de que los dos padres fueran heterozigotos, la probabilidad de tener dos hijos normales sería de $(3/4)^2 = 0{,}5624$.

b) Si la mujer tuviera otro hijo con este segundo marido, la probabilidad de que fuera pigmentado sería de 3/4.

2.11. En la especie humana y en los chimpancés, hay individuos que pueden gustar concentraciones muy bajas de la sustancia feniltiocarbamida (PTC) (gustadores) e individuos que no pueden gustarla, incluso a concentraciones elevadas (no gustadores). Si dos individuos gustadores tienen un hijo no gustador,

a) ¿Qué podría decir de la herencia de este carácter?

b) ¿Podría tener este hijo no gustador hermanos gustadores?

c) ¿Podría tener este hijo no gustador hijos gustadores?

Solución

a) Si dos individuos gustadores tienen un hijo no gustador, el carácter gustador no puede ser recesivo, ya que si lo fuera, los individuos serían homozigotos recesivos y todos sus hijos serían gustadores.

El carácter gustador tiene que ser dominante, y los dos individuos heterozigotos (Gg), de tal manera que el hijo no gustador puede recibir un alelo recesivo (g) de cada padre.

b) De acuerdo con el genotipo de los padres, desde luego que podría tener hermanos gustadores, GG o Gg.

c) Únicamente si se casa con un individuo gustador, GG o Gg, podría tener hijos gustadores.

2.12. Todas las genealogías que se reseñan a continuación tienen la misma estructura, pero los individuos que manifiestan un carácter hereditario no son los mismos. Indique en cada caso,

a) El tipo de herencia más probable.

b) La probabilidad de que el individuo de la generación IV sea afectado.

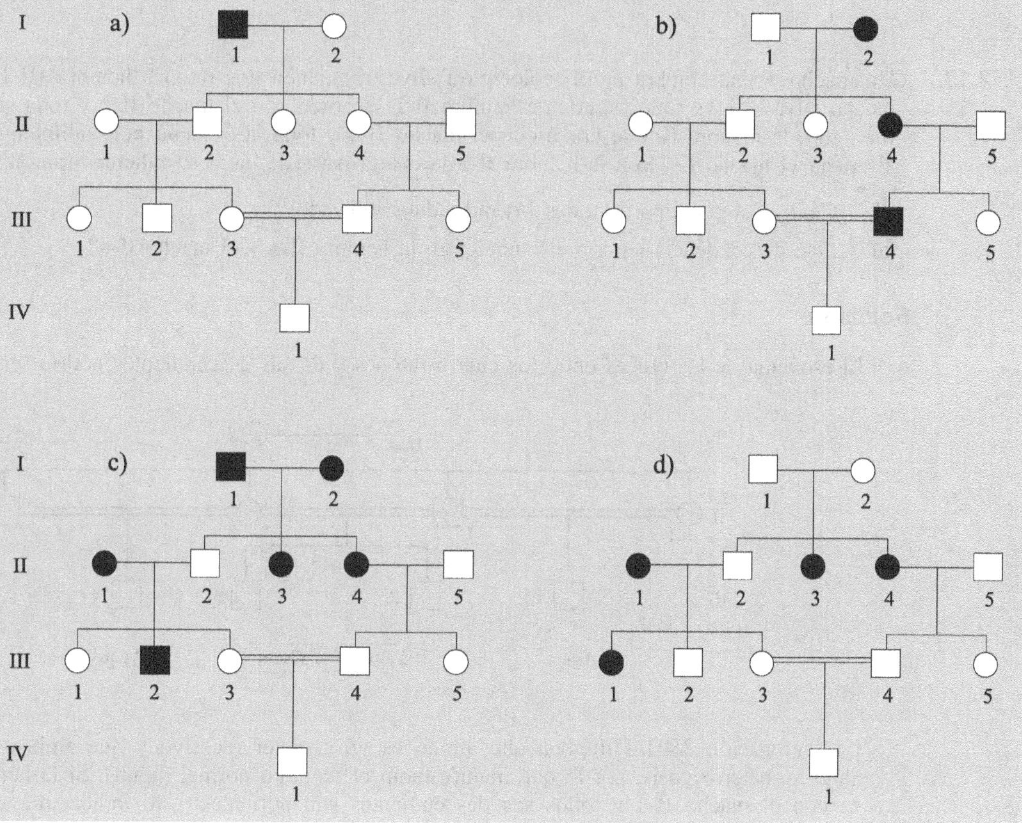

Solución

a) Dado que el carácter es hereditario, tiene que ser recesivo. Siendo normal, II-2 tiene que ser heterozigoto, independientemente de que su madre sea homozigota normal o heterozigota. La probabilidad de que III-3 reciba el alelo mutante de su padre es, por tanto, de 1/2, la misma que la probabilidad de que III-4 reciba el alelo mutante de su abuelo. Luego la probabilidad de que un hijo de la pareja III-3 × III-4 esté afectado es,

$$1/2 \times 1/2 \times 1/4 = 1/16 = 0{,}0625$$

- 1/2: de que sea III-3
- 1/2: de que sea III-4
- 1/4: de que IV-1 reciba de ambos padres el alelo recesivo

b) En este caso sería difícil dar una respuesta concluyente. Por un lado, el carácter aparece en las tres generaciones, por lo que da la impresión de que puede ser dominante. III-4 sería necesariamente heterozigoto, por lo que la probabilidad de que IV-1 reciba el alelo mutante es de 1/2.

Sin embargo, cabe la posibilidad de que el carácter sea recesivo. Para ello, tanto I-1 como II-5 tendrían que ser heterozigotos, lo cual, aunque poco probable, no es imposible. En ese caso, II-2 sería heterozigoto y III-3 tendría una probabilidad de 1/2 de ser heterozigoto, por lo que IV-1 tendría una probabilidad de 1/4 de ser homozigoto recesivo.

c) En esta genealogía está claro que el carácter es dominante. Dos padres afectados, I-1 y I-2, tienen un hijo normal, II-2. Por tanto, la probabilidad de que IV-1 sea afectado sólo depende de la probabilidad de mutación, ya que sus padres, al no manifestar el carácter, serían homozigotos recesivos (normales).

d) Aquí tenemos un ejemplo de carácter recesivo. Dos padres normales (I-1 y I-2) tienen hijos afectados. III-3, siendo normal, tiene que ser necesariamente heterozigoto, ya que su madre II-1 está afectada, y a III-4 le ocurre lo mismo, luego IV-1, hijo de dos heterozigotos, tendría una probabilidad de 1/4 de recibir los alelos recesivos de sus padres.

2.13. Un macho y una hembra agutí (coloración silvestre) tienen dos ratones hembra (II-1 y II-3) y dos macho (II-2 y II-4), todos agutí. La hembra II-1 se cruzó con el macho II-2 y toda su descendencia fue agutí, la hembra II-3 se cruzó con el macho II-4 y toda la descendencia también fue agutí, pero al cruzar el macho II-2 con la hembra II-3 la cuarta parte de los descendientes fueron albinos.

a) ¿Cuál es el genotipo de todos los individuos indicados?

b) ¿Qué descendencia tendría el cruce entre la hembra II-1 y el macho II-4?

Solución

a) El esquema de los cruces entre los cuatro ratones y de sus descendientes podría ser el siguiente:

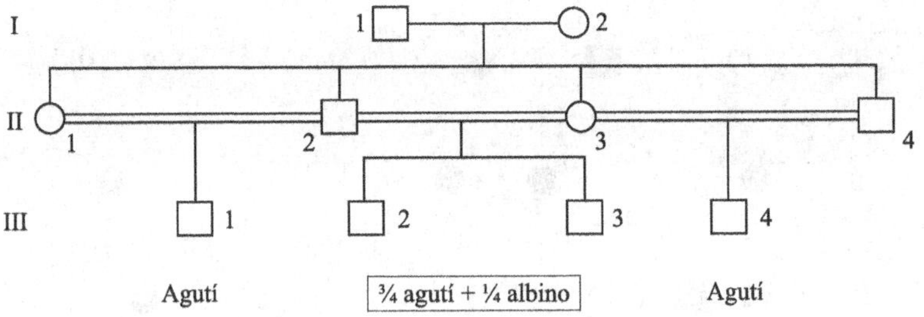

La segregación 3/4:1/4 implica que albino es un carácter recesivo y que ambos padres tienen el alelo en heterozigosis, por lo que manifestarán el fenotipo normal (agutí). Si la hembra II-3 se cruza con el macho II-4 y todos sus descendientes son normales, esto indica que el macho II-4 es homozigoto para el alelo normal (AA), y lo mismo le ocurre a la hembra II-1.

b) Como hemos determinado que la hembra II-1 y el macho II-4 son homozigotos normales, todos los descendientes del cruce serán homozigotos normales (agutí).

2.14. Como genético, se le pide opinión sobre una pareja que quiere saber la probabilidad de que sus hijos presenten alguna anomalía genética. El varón recuerda que una hermana de su padre era de baja estatura, de alrededor de un metro. La mujer, repasando fotos familiares, encuentra que un hermano de su abuela paterna también tenía un fenotipo similar. No reconocen ningún otro caso en ambas familias. Razone su opinión al respecto de:

a) ¿Se trata de una enfermedad genética dominante o recesiva?

b) ¿Cuál es la probabilidad de que esta pareja tenga un hijo con el fenotipo indicado?

Solución

La genealogía de la pareja sería la siguiente:

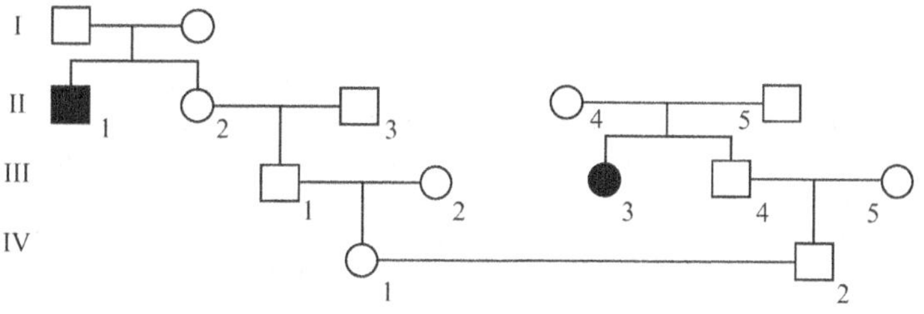

a) En la especie humana se conocen tanto mutaciones dominantes como recesivas que afectan a la estatura. Si el carácter es dominante, ello implica que apareció por mutación, en cada una de las familias, lo cual, aunque no imposible, es poco probable. En este supuesto, al ser los individuos IV-1 y IV-2 normales, el tener un hijo con el carácter dependería sólo de la probabilidad de mutación.

b) Si el carácter es recesivo, tendremos que calcular la probabilidad de que los dos miembros de la pareja reciban el alelo recesivo de sus antecesores. Por otro lado, los individuos II-3, III-2 y III-5, siendo «ajenos» a la familia serán homozigotos normales.

Los dos individuos de la generación **I** tienen que ser heterozigotos, ya que han tenido un hijo afectado, luego la probabilidad de que **II-2,** siendo normal, sea heterozigoto (Aa) es de 2/3.

La probabilidad de que **III-1** reciba el alelo recesivo es igual a la probabilidad de que su madre sea Aa (que es 2/3) por la probabilidad de que el gameto que recibe de su madre lleve a, que es 1/2, es decir, $2/3 \times 1/2 = 2/6 = 1/3$.

La probabilidad de que **IV-1** reciba el alelo a es igual a la probabilidad de que su padre sea Aa (que es 1/3) por la probabilidad de que el gameto que recibe de su padre lleve a, que es 1/2, es decir, $1/3 \times 1/2 = 1/6$.

El individuo **III-4** tiene la misma probabilidad de ser Aa que el individuo **II-2** (2/3).

La probabilidad de que el individuo **IV-2** sea Aa es la misma que para el individuo **III-1** (1/3).

Luego la probabilidad de que **IV-1** y **IV-2** tengan un hijo afectado será igual a la probabilidad de que sean heterozigotos por la probabilidad de que su hijo reciba los dos alelos a, es decir, $1/6 \times 1/3 \times 1/4 = 1/72 = 0{,}0139$.

2.15. ACHOO[4] es un síndrome de la especie humana que se caracteriza porque los individuos que lo padecen estornudan violentamente, al menos dos veces, cuando pasan de la penumbra de una habitación a una zona exterior con sol. Diseñe cómo analizaría la dominancia o recesividad de este síndrome.

Solución

Primero habría que buscar individuos (propósitos) que padeciesen el síndrome. Una vez encontrados, se trataría de construir la mayor genealogía posible (padres, hermanos, hijos, parientes próximos, etc.) buscando otros individuos que también lo presentaran. Si se encuentra en una familia en que los padres no padecen el síndrome y algún hijo sí, el síndrome será, en principio, recesivo. Si en una familia los dos padres manifestaran el síndrome y tuvieran hijos normales, esto indicaría la dominancia del alelo ACHOO, siendo los padres heterozigotos.

2.16. El albinismo es un carácter poco frecuente en la especie humana. En la U.E. aproximadamente 1 de cada 20.000 nacidos vivos es albino. Se realizó un estudio reuniendo familias por el hecho de que, siendo los dos padres normales, al menos uno de los hijos era albino.

Si se casan entre sí individuos normales de dichas familias,

a) ¿Cuál es la probabilidad de que el primer hijo sea albino?

b) ¿Cuál la de que tengan un solo hijo albino, si desean tener una familia de cuatro hijos?

c) ¿Y la de que tengan al menos un hijo pigmentado si desean tener una familia de cuatro hijos?

[4] Autosomal Compelling Helioophthalmic Outburst syndrOme (McKusick, 1990, entrada 100820).

Solución

a) Aunque el enunciado no nos dice si la alternativa albino es dominante o recesiva respecto de la alternativa pigmentado, podemos deducir que, si los dos padres son pigmentados y han tenido un hijo albino, el albinismo tiene que ser un carácter recesivo y que necesariamente los dos padres son heterozigotos para el albinismo.

Los hijos normales de tales familias tendrán un genotipo homozigoto AA o heterozigoto Aa, en las proporciones 1/3 y 2/3 respectivamente. Si dos individuos normales, procedentes de tales familias, se casan, la única posibilidad de que tengan un hijo albino es que ambos sean heterozigotos, luego la probabilidad será:

$$2/3 \times 2/3 \times 1/4 = 4/36 = 1/9$$

de que uno sea heterozigoto | de que el otro también lo sea | de que siendo los dos heterozigotos, tengan un hijo albino

b) Acabamos de calcular que la probabilidad de tener un hijo albino es de 1/9. La probabilidad de tener un hijo pigmentado será lo que resta hasta 1, es decir, 8/9. En una familia de cuatro hijos, la probabilidad de que uno cualquiera de los hermanos sea albino y los otros tres pigmentados se resuelve con el término del binomio,

$$\binom{4}{1}\left(\frac{8}{9}\right)^3\left(\frac{1}{9}\right)^1 = \frac{2.048}{6.561} = 0{,}3121$$

c) La probabilidad de tener al menos un hijo pigmentado es igual a la suma de las probabilidades de tener uno, dos, tres o los cuatro hijos pigmentados, lo que es igual a 1 menos la probabilidad de que ningún hijo sea pigmentado:

$$\binom{4}{3}\left(\frac{8}{9}\right)^1\left(\frac{1}{9}\right)^3 + \binom{4}{2}\left(\frac{8}{9}\right)^2\left(\frac{1}{9}\right)^2 + \binom{4}{1}\left(\frac{8}{9}\right)^3\left(\frac{1}{9}\right)^1 + \binom{4}{0}\left(\frac{8}{9}\right)^4\left(\frac{1}{9}\right)^0 = 1 - \binom{4}{4}\left(\frac{8}{9}\right)^0\left(\frac{1}{9}\right)^4 = 0{,}99985$$

2.17. Las cataratas (opacidad del iris) es un carácter que suele desarrollarse con la edad, pero que en ciertas familias aparece en individuos jóvenes, como consecuencia de la homozigosis de un gen. Se presenta en su consulta (de consejero genético) Antonio y su mujer, que acaban de tener un par de gemelos. Le preguntan si estos gemelos desarrollarán cataratas, ya que la mujer las padece y Antonio tiene un hermano mayor con el mismo problema.

a) En el caso de que los gemelos sean bivitelinos, ¿cual sería la probabilidad de que ambos padecieran cataratas?

b) ¿De que uno las padezca y el otro no?

c) ¿De que los dos sean sanos?

d) Conteste a las preguntas anteriores en el caso de que sean gemelos monovitelinos.

Solución

Las relaciones familiares son las siguientes:

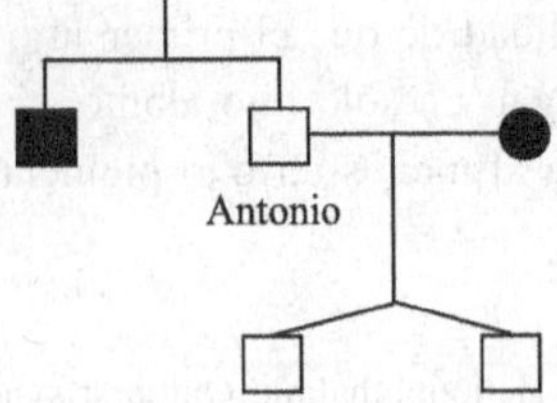

Hay varios aspectos que se pueden deducir: que sean gemelos bivitelinos implica que, genéticamente, son como dos hermanos cualesquiera, aunque gestados al mismo tiempo. La probabilidad de que uno de ellos tenga un genotipo determinado es independiente de la probabilidad de que el otro tenga otro o el mismo genotipo.

Que las cataratas se manifiesten como consecuencia de la homozigosis de un gen implica que el carácter depende de un alelo recesivo.

Por último, que Antonio tenga un hermano con cataratas implica que él tiene una probabilidad elevada de ser heterozigoto para dicho alelo, ya que sus padres (desconocemos sus fenotipos) tienen que ser o los dos heterozigotos, o uno homozigoto recesivo y el otro heterozigoto, para que el hijo afectado reciba el alelo para las cataratas de ambos padres.

Si los dos padres de Antonio son heterozigotos, siendo él normal, tendrá una probabilidad de 2/3 de ser heterozigoto (Cc) y de 1/3 de ser homozigoto normal (CC). La probabilidad de transmitir el alelo para cataratas será de 2/3 × 1/2 = 2/6 = 1/3 y de trasmitir el alelo normal será de 2/3 × 1/2 + 1/3 = 2/3. Como los hijos siempre recibirán de su madre el alelo para cataratas, aplicando el binomio tendremos:

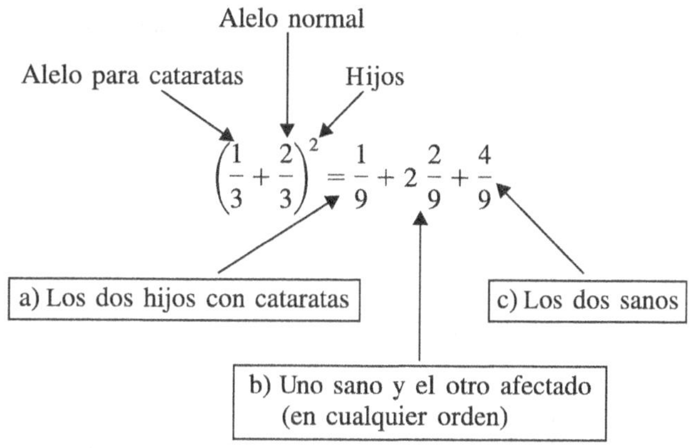

Si uno de los padres de Antonio es homozigoto recesivo y el otro heterozigoto, él será necesariamente heterozigoto. De acuerdo con esto tendríamos:

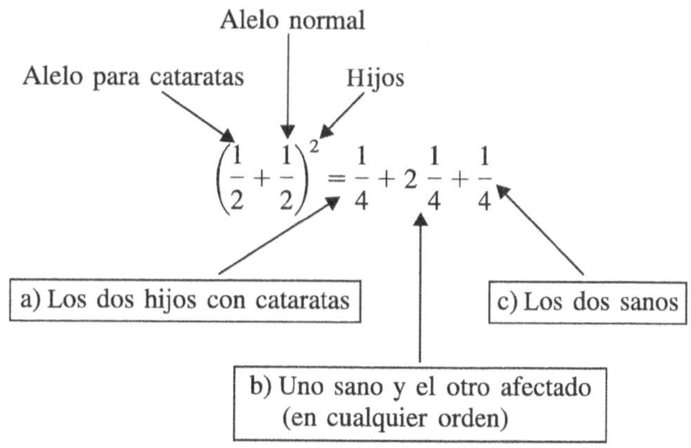

d) Si los gemelos son monovitelinos, ello implica que son genéticamente idénticos, por lo que únicamente consideraremos la probabilidad para un único genotipo. Si sus dos abuelos son heterozigotos, la probabilidad de que manifiesten las cataratas será de 1/3 y la de que no la manifiesten de 2/3. A no ser por mutación somática, no hay posibilidad de que difieran para este carácter, es decir, no puede ser que uno esté afectado y el otro no.

Si uno de sus abuelos es homozigoto recesivo y el otro heterozigoto, la probabilidad de que manifiesten las cataratas será de 1/2 y la de que no las manifiesten, de 1/2.

2.18. En la siguiente genealogía, los individuos afectados padecen el síndrome de Usher. Si los individuos V-1 y V-2 se casan, ¿cuál es la probabilidad de que sus hijos padezcan el síndrome?

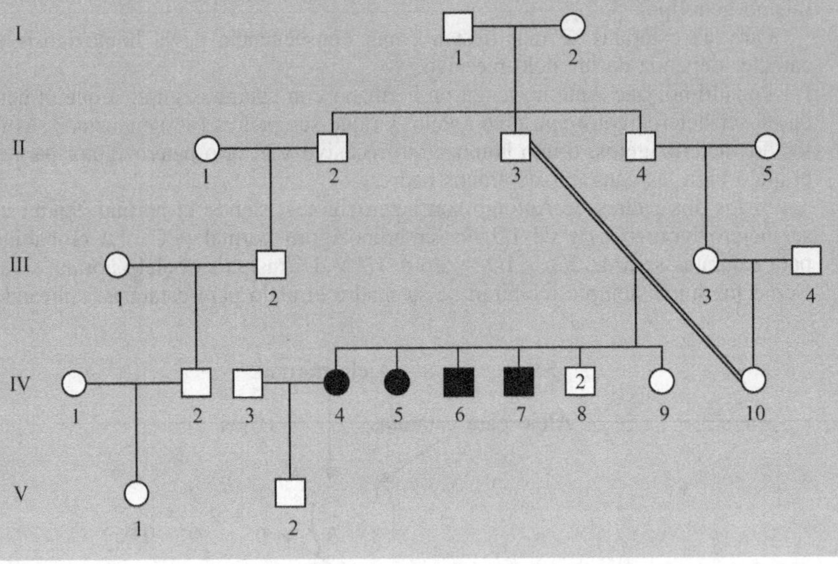

Solución

La probabilidad de que V-1 sea heterozigoto depende de la probabilidad de que II-2 sea heterozigoto. Ahora bien, ya que su hermano (II-3) es necesariamente heterozigoto, pues tiene hijos afectados, al menos uno de sus padres (I-1 o I-2) tiene que ser heterozigoto (sería muy raro que los dos fueran heterozigotos, ya que se trata de una enfermedad muy poco frecuente). Por ello, la probabilidad de que II-2 sea heterozigoto es de 1/2. La probabilidad de que III-2 sea heterozigoto es de 1/2 (de que su padre sea heterozigoto) × 1/2 (de que le transmita el alelo mutante) = 1/4. La probabilidad de que IV-2 sea heterozigoto es, siguiendo el razonamiento anterior,

$$1/4 \times 1/2 = 1/8$$

y la de que V-1 sea heterozigoto es:

$$1/8 \times 1/2 = 1/16$$

V-2 es necesariamente heterozigoto, pues su madre es homozigota recesiva. Luego la probabilidad de que un hijo del matrimonio V-1 × V-2 sea afectado es,

$$1/16 \times 1/4 = 1/64 = 0{,}015625$$

de que V-I sea heterozigota

de que siendo los dos heterozigotos, tengan un hijo con el síndrome

2.19. Un matrimonio, que desea tener hijos, le consulta sobre el riesgo de trasmitir a sus descendientes una sordera sindrómica que padecen algunos de sus parientes. El matrimonio (IV-1 × IV-2) le presenta la genealogía que se muestra a continuación (modificada de Hmani).

a) Indique si la sordera sindrómica es dominante o recesiva.

b) Calcule la probabilidad de que dicho matrimonio tenga un hijo con el síndrome y, de acuerdo con ella, ¿qué consejo le daría?

c) Calcule la probabilidad de que ninguno de los dos hijos que quiere tener el matrimonio IV-6 × IV-7 presenten el síndrome.

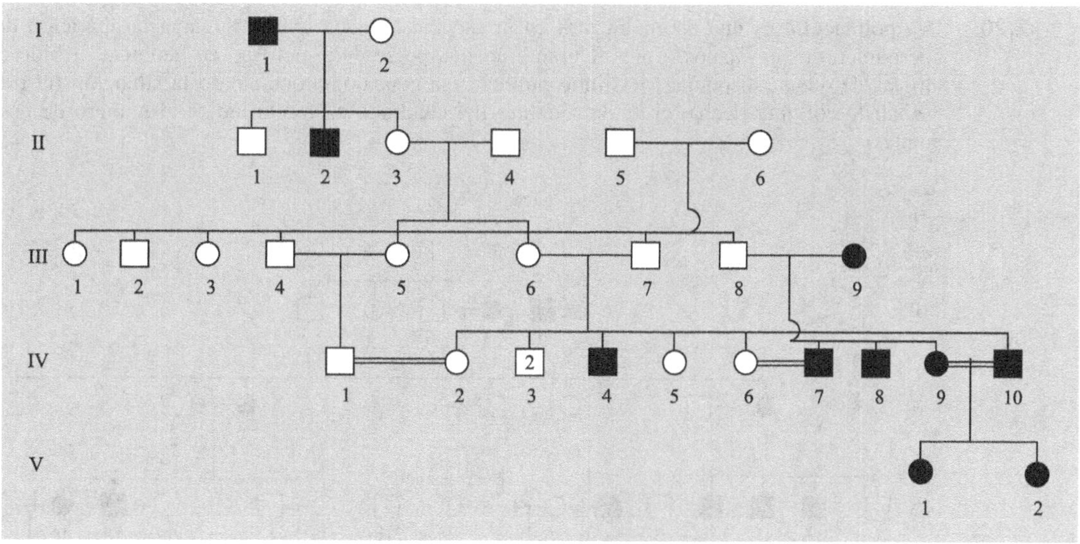

Solución

a) En esta genealogía, la familia clave es la formada por III-6 y III-7, ya que siendo los dos normales, dos de sus siete hijos (IV-4 y IV-10) están afectados, luego se trata de una sordera recesiva.

b) Para calcular la probabilidad de que el matrimonio entre IV-1 y IV-2 tenga un hijo con el síndrome, hemos de tener presente varias alternativas.

La mujer II-3 tiene que ser necesariamente heterozigota. A su marido (II-4) lo suponemos como homozigoto normal, ya que viene de fuera de la familia y la enfermedad es rara. La probabilidad de que III-5 reciba el alelo mutante de II-3 será de 1/2.

Ahora bien, III-4 también tiene probabilidad de recibir el alelo mutante, ya que uno de sus hermanos (III-7) es heterozigoto. Hay que suponer, por ser un síndrome raro, que sólo uno de sus padres (II-5 o II-6) es heterozigoto (además de que tienen seis hijos normales), luego III-4 tendrá una probabilidad de 1/2 de ser heterozigoto. Por tanto, IV-1 tendrá una probabilidad de ser heterozigoto de,

$$1/2 \times 1/2 \times 2/3 = 1/6 = 0{,}167$$

de que sea III-4 — de que sea III-5 — de que siendo IV-1 normal sea heterozigoto

Por otro lado, la mujer IV-2, siendo normal, tienen una probabilidad de ser heterozigota de 2/3, ya que sus padres son heterozigotos, luego la probabilidad de que el matrimonio tenga un hijo afectado es,

$$1/6 \times 2/3 \times 1/4 = 1/36 = 0{,}0278$$

de que sea IV-1 — de que sea IV-2 — de recibir de IV-1 y de IV-2 el alelo mutante

La información a dar sería que tienen una pequeña probabilidad (menor del 3 %) de tener un hijo afectado, lo cual no implica que no puedan tenerlo. De hecho, el caso real, con una genealogía más complicada, es que tuvieron un hijo afectado.

c) La probabilidad de que un hijo del matrimonio IV-6 × IV-7 no presente el síndrome depende de la probabilidad de que reciba de su madre el alelo normal. La probabilidad de que IV-6, siendo normal, sea homozigota normal es de 1/3, de que sea heterozigota es de 2/3, y de que siendo heterozigota le transmita el alelo normal es de $2/3 \times 1/2 = 1/3$, luego la probabilidad de que un hijo reciba el alelo normal será $1/3 + 1/3 = 2/3$. La probabilidad de que dos hijos reciban en alelo normal será de $(2/3)^2 = 4/9$.

2.20. La polidactilia es una anomalía rara en la especie humana que da lugar a la aparición de dedos supernumerarios en manos o pies. Durante un tiempo se dudó del tipo de herencia, debido a las genealogías de que se disponía. McClintic publicó una genealogía que aclaró la situación (el probando está señalado con una flecha; el número dentro del cuadrado o círculo indica el número de hermanos normales).

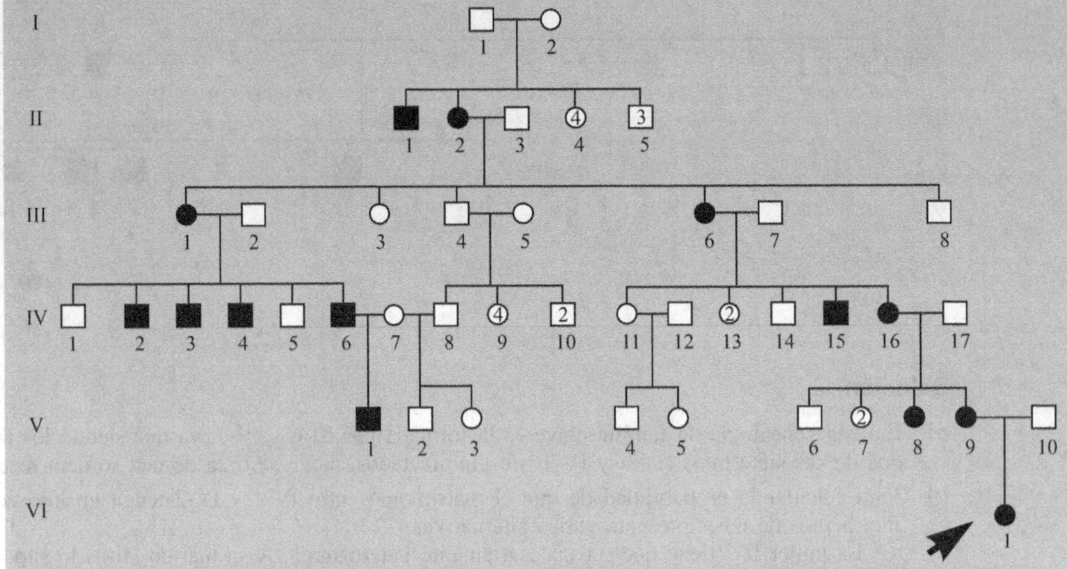

De acuerdo con la genealogía,

a) ¿Cómo se hereda la polidactilia?

b) ¿Proviene esta anomalía de una generación anterior? Explíquelo.

c) Si la mujer probando (VI-1) se casara con el varón afectado de la 5.ª generación (V-1), ¿cuál sería la probabilidad de que, teniendo cinco hijos, todos presentaran la polidactilia?

d) ¿Y cuál sería esta probabilidad si se casara con el individuo V-2?

Solución

a) Supongamos que el carácter depende de un alelo recesivo, entonces, para que en la descendencia aparecieran afectados, los individuos ajenos a la familia (II-3, III-2, III-7, IV-7, IV-17 y V-10) deberían ser todos heterozigotos, lo cual, lógicamente, es muy improbable siendo una anomalía rara. Si el carácter depende de un alelo dominante no se presenta tal problema. Por otro lado, no se observan saltos del carácter entre generaciones, y en aquellos casos en que los dos padres son normales, sus hijos también lo son (excepto en la generación II).

b) Precisamente, la única pega en esta genealogía es que los dos individuos de la generación I son normales y tienen dos hijos afectados. Cabe algunas explicaciones: 1) Que se produjera una mutación «de novo» en el tejido germinal de uno de los padres. 2) Que el carácter no tenga una penetración completa, de tal manera que algunos individuos no manifiesten el genotipo que poseen. 3) Pero cabe también una identificación errónea, teniendo en cuenta que el individuo probando, a partir del cual se detectó a la familia, está muy alejado (seis generaciones) de los individuos de la generación I.

c) De acuerdo con la hipótesis de dominancia, los dos individuos (V-1 y VI-1) tienen que ser heterozigotos, Aa, ya que tienen un padre normal (aa), por lo que la probabilidad de que tengan un hijo A– es de 3/4 y de que cinco hijos sean todos polidactílicos será de $(3/4)^5 = 0{,}237$.

d) Si la mujer VI-1 (Aa) se casara con el individuo V-2 (aa), la probabilidad de tener un hijo polidactílico sería de (1/2) y de que cinco hijos fueran polidactílicos, de $(1/2)^5 = 0{,}031$.

2.21. Un criador sospecha de que entre los perros «pastor alemán» de su granja hay algunos animales con displasia de cadera y quiere erradicar dicha anomalía hereditaria.

a) Por el enunciado del problema, ¿puede deducir la dominancia o recesividad de la anomalía?

b) ¿Cuál sería la mejor estrategia a seguir para erradicar la anomalía? Diseñe la más adecuada.

c) Suponga que el criador no puede importar perros del exterior, ¿dificultaría esto mucho su objetivo?

Solución

a) Si el criador «sospecha», quiere decir que no ve ningún perro de su granja con displasia de cadera, por lo que se puede tratar o bien de una anomalía recesiva, o dominante, pero con expresividad variable o que se manifiesta tardíamente.

b) Si la anomalía es recesiva y quiere erradicarla completamente, lo más sencillo sería realizar cruzamientos prueba entre los perros de su granja con machos, o hembras, depende, que presentaran la anomalía. De esa manera podría detectar y eliminar a los heterozigotos, que se descubrirían por su descendencia. Si se conoce el gen de la displasia y por consiguiente la anomalía molecular responsable, se podrían detectar los heterozigotos sin necesidad de cruzamientos, simplemente con una sonda adecuada y un Southern.

c) Dentro del esquema de cruces, el hecho de no poder importar perros del exterior podría alargar y encarecer el proceso. Tendría que esperar a que le apareciera un perro con displasia para poderlo cruzar con sus otros perros y así eliminar a los heterozigotos, que detectaría normalmente por las camadas.

2.22. En una investigación sobre la herencia de una enfermedad recesiva en la especie humana, se reunió un gran número de familias con dos hijos, en las que uno o los dos manifestaban la enfermedad, pero en las que los padres eran normales.

a) ¿Qué porcentaje de estas familias tendría los dos hijos afectados?

b) Del conjunto de hijos de dichas familias, ¿qué porcentaje manifestará la enfermedad?

Solución

Lo primero es comprobar qué tipos de familia existen con estas características y sus proporciones.

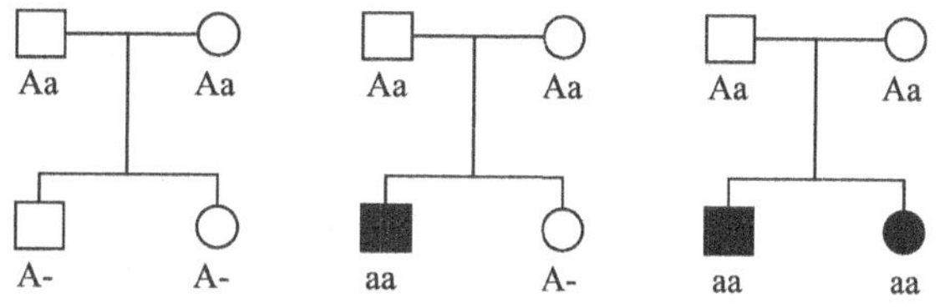

En el esquema anterior se ve que hay tres tipos posibles de familia con dos hijos (no importa de qué sexo), en los que siendo los dos padres normales y heterozigotos (Aa), los dos hijos son normales, o uno normal y el otro afectado, o los dos afectados. En este tipo de matrimonio (Aa × Aa), la probabilidad de que un hijo sea normal es de 3/4 y la de que sea afectado, de 1/4, luego la probabilidad de que dos hijos sean normales es $3/4 \times 3/4 = 9/16$, o lo que es lo mismo, 9 de cada 16 matrimonios en que los dos sean heterozigotos para la enfermedad tendrán los dos hijos normales. La probabilidad de que un hijo sea normal y el otro afectado es $2 \times 3/4 \times 1/4 = 6/16$ (hay dos tipos de familia de dos hermanos en las que el primero es normal y el segundo afectado, o al revés); la probabilidad de que los dos sean afectados es $1/4 \times 1/4 = 1/16$.

a) Como no detectamos las familias con hijos normales, de las familias detectadas 6 tendrán un hijo afectado y 1 los dos hijos afectados, es decir, 1/7 de las familias tendrán los dos hijos afectados.

b) 6/7 de las familias tendrán uno de los dos hijos afectado, es decir, 3/7 de los hijos estarán afectados, lo que sumado al 1/7 del otro tipo de matrimonio totaliza 4/7 = 57,14 %, porcentaje de los hijos de tales familias que estarán afectados.

2.23. En el tomate (*Lycopersicum esculentum*) la variedad Red Cherry (RC) tiene frutos con pulpa roja, y piel amarilla y lisa, mientras que la variedad Yellow Peach (YP) tiene frutos con pulpa amarilla, y piel incolora y pilosa.

Al cruzar ambas variedades la F_1 tenía el mismo fenotipo que el padre RC, y la F_2 presentó la siguiente segregación:

Pulpa	Piel		Número
roja	amarilla	lisa	202
roja	amarilla	pilosa	67
roja	incolora	lisa	72
amarilla	amarilla	lisa	57
roja	incolora	pilosa	23
amarilla	amarilla	pilosa	18
amarilla	incolora	lisa	20
amarilla	incolora	pilosa	6

a) ¿Cuál es el genotipo de las dos variedades?

b) Compruebe su hipótesis estadísticamente.

Solución

a) La mejor manera de averiguarlo es considerar cada carácter por separado.

Pulpa roja o amarilla: por la F_1 deducimos que el alelo para pulpa roja es dominante sobre pulpa amarilla, lo que se confirma en la F_2 con una segregación de 202 + 67 + 72 + 23 = 364 de pulpa roja y de 57 + 18 + 20 + 6 = 101 de pulpa amarilla.

Piel amarilla o incolora: siguiendo el mismo esquema deducimos que el alelo para piel amarilla es dominante sobre piel incolora, siendo la proporción en la F_2 de 344 de piel amarilla y de 121 de piel incolora.

Piel lisa o pilosa: deducimos que el alelo para piel lisa es dominante sobre piel pilosa, siendo la proporción en la F_2 de 351 de piel lisa y de 114 de piel pilosa.

Luego se trata del cruce de un triple homozigoto dominante (variedad Red Cherry) por un triple homozigoto recesivo (variedad Yellow Peach).

b) No obstante, conviene realizar una prueba de significación entre los valores observados y los esperados en un trihibridismo: (27:9:9:9:3:3:3:1).

Pulpa	Piel		Observado	Esperado	χ^2 parcial
roja	amarilla	lisa	202	196,17	0,17
roja	amarilla	pilosa	67	65,39	0,04
roja	incolora	lisa	72	65,39	0,67
amarilla	amarilla	lisa	57	65,39	1,08
roja	incolora	pilosa	23	21,80	0,07
amarilla	amarilla	pilosa	18	21,80	0,66
amarilla	incolora	lisa	20	21,80	0,15
amarilla	incolora	pilosa	6	7,27	0,22

χ^2 total 3,06 para 7 g.l. (0,90 > P > 0,80).

Al no haber diferencias significativas entre los valores observados y los esperados, la hipótesis se acepta.

2.24. Detlefsen y Roberts estudiaron la herencia de tres caracteres en los ratones: la coloración del ojo (oscura o rosa), la coloración del pelo (negra o marrón), y la presencia o no de una banda amarilla en el extremo del pelo (patrón agutí o no agutí). Para ello realizaron un cruce entre dos razas puras y retrocruzaron la F_1 con una de las razas paternas (rosa, marrón y no agutí), obteniendo los siguientes resultados:

Patrón	**Agutí**				**No agutí**			
Pelo	**negro**		**marrón**		**negro**		**marrón**	
Ojos	**oscuro**	**rosa**	**oscuro**	**rosa**	**oscuro**	**rosa**	**oscuro**	**rosa**
Número	256	294	274	294	283	275	314	269

a) ¿Qué puede decirse de la herencia de los tres caracteres?

b) Si cruzáramos dos razas puras, una de fenotipo agutí, negro y oscuro con otra no agutí, marrón y rosa, ¿qué resultados obtendríamos en la F_1, ¿y en la F_2? Indique tanto las proporciones fenotípicas como las genotípicas.

Solución

a) Analicemos primero para cada carácter cuántos descendientes se han obtenido.

Agutí	1.118	No Agutí	1.141
Negro	1.108	Marrón	1.151
Oscuro	1.127	Rosa	1.132

No hace falta realizar prueba alguna de significación para ver que el número de descendientes se acerca mucho a las proporciones esperadas del cruce entre un homozigoto y un heterozigoto (1:1).

A continuación podemos comprobar si hay algún tipo de asociación entre las alternativas de los caracteres tomadas de dos en dos:

Agutí, negro	550
Agutí, marrón	568
Agutí, oscuro	530
Agutí, rosa	588
No agutí, negro	558
No agutí, marrón	583
No agutí, oscuro	597
No agutí, rosa	544

Y valores similares obtendríamos para el resto de las asociaciones posibles. Estos valores son un indicio claro de la libre asociación de los caracteres, o lo que es lo mismo, de que los dos caracteres no están ligados y se transmiten independientemente. Lógicamente se ve lo mismo al comprobar la asociación de los tres caracteres (los datos del enunciado). La conclusión final es que se trata de tres genes que se transmiten independientemente.

Otras cuestiones que podemos deducir del resultado de los cruces son las relaciones de dominancia-recesividad entre las distintas alternativas. Si se realiza un cruce entre dos razas puras (homozigotas para todos sus genes) y cruzamos su F_1 (heterozigota) con una de las razas paternas (no agutí, marrón y rosa), se ve que estas alternativas son recesivas, ya que si fueran dominantes sólo aparecerían descendientes con los caracteres no agutí, marrón y rosa.

b) Para hallar el resultado pedido, indiquemos con letras cada uno de los fenotipos: agutí/no agutí = A/a; negro/marrón = N/n; y oscuro/rosa = R/r. Estas letras indican también los alelos de los genes correspondientes.

Cruce P	**AA NN RR × aa nn rr** **agutí, negro, oscuro × no agutí, marrón, rosa**	
F_1	**Aa Nn Rr** **agutí, negro, oscuro**	
F_2	1/64 AANNRR	27/64 A– N– R–
	2/64 AaNNRR	Agutí, negro, oscuro
	2/64 AANnRR	
	2/64 AANNRr	
	4/64 AaNnRR	
	4/64 AaNNRr	
	4/64 AANnRr	
	8/64 AaNnRr	
	1/64 aaNNRR	9/64 aa N– R–
	2/64 aaNnRR	No agutí, negro, oscuro
	2/64 aaNNRr	
	4/64 aaNnRr	
	1/64 AAnnRR	9/64 A– nn R–
	2/64 AannRR	Agutí, marrón, oscuro
	2/64 AAnnRr	
	4/64 AannRr	
	1/64 AANNrr	9/64 A– N– rr
	2/64 AaNNrr	Agutí, negro, rosa
	2/64 AANnrr	
	4/64 AaNnrr	
	1/64 AAnnrr	3/64 A– nn rr
	2/64 Aannrr	Agutí, marrón, rosa
	1/64 aaNNrr	3/64 aa N– rr
	2/64 aaNnrr	No agutí, negro, rosa
	1/64 aannRR	3/64 aa nn R–
	2/64 aannRr	No agutí, marrón, oscuro
	1/64 aannrr	1/64 aa nn rr No agutí, marrón, rosa

2.25. Considerando tres genes independientes, cada uno de ellos con un alelo dominante y otro recesivo,

a) ¿Cuántos cruces distintos se pueden realizar teniendo en cuenta sus genotipos?

b) ¿Y cuántos teniendo en cuenta sus fenotipos?

Solución

a) Si consideramos un gen con dos alelos, el número de genotipos distintos es 3 y, en general, para n genes, el número de genotipos distintos será 3^n. El número de cruces distintos, siendo $m = 3^n$, será, sin tener en cuenta el sexo,

$$\sum_{m=1}^{m} m$$

Si se tiene en cuenta el sexo de los individuos, el número de cruces distintos es, simplemente, $m^2 = (3^n)^2 = 3^{2n}$.

Una fórmula con resultado similar sin tener en cuenta el sexo es,

$$\frac{m(m+1)}{2}$$

Por ejemplo, para tres genes el número de genotipos distintos es $3^3 = 27$ y el de cruces distintos,

$$1+2+3+4+5+6+7+8+9+10+11+12+13+14+15+16+17+18+19+20+21+22+$$

$$+23+24+25+26+27 = 378, \quad \text{o} \quad (27 \times 28)/2 = 378$$

b) Si consideramos fenotipos, el número de fenotipos distintos para un gen con dos alelos es 2 y para tres genes será $2^3 = 8$, y el número de cruces distintos, aplicando la fórmula anterior, es 36.

2.26. En dos estaciones agrícolas experimentales se realizaron pruebas con dos variedades de tomate que diferían en la forma (redonda o picuda, P/p) y en el color (rojo o amarillo, A/a). En la F_2 se encontraron las siguientes segregaciones fenotípicas:

	P– A–	pp A–	P– aa	pp aa
Estación norte	108	35	18	7
Estación sur	89	30	17	8

a) Se desea comprobar la concordancia con la segregación 9:3:3:1 en cada caso.

b) ¿Son homogéneos los resultados de las dos estaciones?

Solución

a) Mediante una prueba de χ^2 compararemos los valores observados y los esperados de acuerdo con la hipótesis 9:3:3:1.

Estación norte	**P– A–**	**pp A–**	**P– aa**	**pp aa**
Valores observados	108	35	18	7
Valores esperados	94,5	31,5	31,5	10,5
χ^2 parcial	1,93	0,39	5,79	1,17

χ^2 total = 9,28 para 3 g.l. (0,05 > P > 0,01).

Estación sur	P– A–	pp A–	P– aa	pp aa
Valores observados	89	30	17	8
Valores esperados	81	27	27	9
χ^2 parcial	0,79	0,33	3,70	0,11

χ^2 total = 4,93 para 3 g.l. 0,20 > P > 0,10).

En el primer caso, las diferencias son significativas, especialmente debido al menor número de individuos de fenotipo amarillo (aa) respecto de lo esperado. En el segundo caso, hay buena concordancia con la segregación 9:3:3:1.

b) Para ver si los resultados son homogéneos, hemos de considerar dos aspectos:

- La homogeneidad respecto de la hipótesis mendeliana, que en este caso sería respecto de la proporción 9:3:3:1.
- La homogeneidad de los datos brutos, sin considerar hipótesis genética.

No tiene sentido comprobar la homogeneidad respecto de la hipótesis mendeliana, cuando una de las poblaciones se aleja significativamente de las proporciones esperadas. Sin embargo, a título de ejemplo, vamos a operar como si las dos poblaciones se adecuaran a la hipótesis mendeliana.

En primer lugar, hay que comprobar la hipótesis mendeliana en la suma de las dos poblaciones.

	P– A–	pp A–	P– aa	pp aa
Valores suma	197	65	35	15
Valores esperados	175,5	58,5	58,5	19,5
χ^2 parcial	2,63	0,72	9,44	1,04

χ^2 total = 13,83.

Y luego, a la suma de los χ^2 y de los grados de libertad de las dos poblaciones, restarle el χ^2 de la suma y sus grados de libertad.

	χ^2	g.l.
Población norte	9,28	3
Población sur	4,93	3
Suma	4,21	6
Población suma	13,83	3
Diferencia	0,38	3

Hecha la salvedad anterior, la prueba indicaría que los datos de las dos poblaciones son homogéneos respecto de la hipótesis mendeliana.

Para ver si los datos son homogéneos, sin considerar hipótesis genética, hemos de realizar un χ^2 de homogeneidad de la siguiente manera:

Primero obtendremos las sumas de las dos poblaciones, de las clases fenotípicas y del total, como se indica en el cuadro adjunto.

	P– A–	pp A–	P– aa	pp aa	$\sum$
Estación norte	108	35	18	7	168
Estación sur	89	30	17	8	144
$\sum$	197	65	35	15	312

Con estos datos podemos calcular la probabilidad de que un individuo cualquiera (de los 312 contabilizados) sea de la estación norte, 168/312, o de que tenga el fenotipo P– A–, 197/312, por lo que la probabilidad de que un individuo cualquiera sea de la estación norte y tenga el fenotipo P– A– es el producto de ambas probabilidades. Si multiplicamos dicha probabilidad por el número de individuos, obtendremos el número esperado de individuos que pertenecen a la estación norte y tienen además el fenotipo P– A–, que es,

$$\frac{168}{312} \times \frac{197}{312} \times 312 = \frac{168 \times 197}{312} = 106{,}08$$

De la misma manera calcularíamos el número esperado para cada casilla. Con los números observados y esperados podemos calcular un χ^2 para cada casilla, sumar todos los χ^2 parciales y con grados de libertad igual al (número de filas − 1) × (número de columnas − 1) y buscar en las tablas la significación de dicho valor. $\chi^2 = 0{,}47$, con 3 g.l. $(0{,}95 > P > 0{,}90)$, luego las dos poblaciones son homogéneas, aunque una de ellas sea significativamente distinta de la proporción 9:3:3:1.

2.27. Se autofecundó una planta heterozigota para cinco genes independientes (AaBbCcDdEe). Calcular:

a) El número de los distintos gametos que puede producir.

b) Las distintas razas puras que se podrían obtener a partir de dicha planta.

c) La probabilidad de que un descendiente sea heterozigoto para dos de los genes y homozigoto para los otros tres.

d) La probabilidad de que un descendiente sea homozigoto dominante para los genes A y B, y heterozigoto para los otros tres.

Solución

a) Cada gen está en heterozigosis, luego se podrán formar dos gametos distintos; como hay cinco genes, el número de gametos distintos será el producto de cada uno de los gametos distintos que puede formar cada gen, es decir, $2 \times 2 \times 2 \times 2 \times 2 = 2^5 = 32$.

Otra manera es considerar la fórmula del binomio, en donde, para cada gen, la probabilidad de segregar el alelo grande es de 1/2 y la de segregar el alelo pequeño es también de 1/2. Como hay cinco genes, tendremos:

$$(1/2 + 1/2)^5$$

Los números combinatorios de cada uno de los términos del binomio nos indican el número de combinaciones distintas,

$$\binom{5}{0} + \binom{5}{1} + \binom{5}{2} + \binom{5}{3} + \binom{5}{4} + \binom{5}{5} = 32 \text{ gametos distintos}$$

b) Las distintas razas puras que se pueden producir tienen que ser homozigotas para todos los alelos, sean grandes o pequeños. Cada gen, al autofecundarse, produce 1/4 AA + 2/4 Aa + 1/4 aa, es decir, prescindiendo de los heterozigotos, para cada uno de los cinco genes habrá 1/2 de genotipos homozigotos grandes y 1/2 de homozigotos pequeños. Considerando la fórmula del binomio, el número de genotipos homozigotos distintos será 32.

De hecho, como hemos visto antes, si se producen 32 gametos distintos, únicamente la autofecundación de dichos gametos distintos dará lugar a genotipos homozigotos que serán distintos, es decir, 32.

c) Como no nos piden la probabilidad de homozigosis o heterozigosis de genes concretos, calcularemos la probabilidad de que un descendiente sea heterozigoto para dos genes cualesquiera y homozigoto para los tres restantes. La probabilidad de homozigosis es de 1/2 (1/4 AA + 1/4 aa), la misma que de heterozigosis, luego del binomio $(1/2 + 1/2)^5$ nos interesará el término,

$$\binom{5}{3}\left(\frac{1}{2}\right)^3\left(\frac{1}{2}\right)^2 = 10 \times \frac{1}{32} = 0{,}3125$$

d) En este caso se nos pide la homozigosis de genes concretos. La probabilidad de que un individuo sea homozigoto para el gen A es de 1/4 y la de que sea homozigoto para el gen B es también de 1/4, luego la probabilidad de que sea homozigoto para A y B al mismo tiempo es de $1/4 \times 1/4 = 1/16$.

Como la probabilidad de que sea heterozigoto para cada uno de los otros tres es de 1/2, que lo sea para los tres es de $(1/2)^3$, la probabilidad final será $1/16 \times 1/8 = 1/128 = 0{,}0078$.

CAPÍTULO 3

AMPLIACIÓN DEL MENDELISMO

Mendel no supo de la existencia de más de dos alternativas para un factor, es decir, de la existencia de varios alelos para un mismo gen, ni de ciertas relaciones entre éstos, distintas de la dominancia/recesividad, o del hecho de que un carácter pueda estar controlado por más de un gen. Por ello hablamos de éstas y otras situaciones como ampliación o extensión del análisis mendeliano.

3.1. RELACIÓN ENTRE LOS ALELOS DE UN GEN

Entre los dos alelos de un gen, que se encuentran en un individuo heterozigoto, además de la relación de dominancia/recesividad, vista en el tema anterior, se pueden establecer las siguientes relaciones:

Dominancia parcial, cuando la manifestación fenotípica del heterozigoto se encuentra entre los fenotipos de los dos homozigotos, pareciéndose a uno u otro, o incluso siendo exactamente intermedio entre los dos. En este último caso se habla de **herencia intermedia** y las proporciones fenotípicas que aparecen en la F_2 del cruce entre dos razas puras es 1:2:1. En general, $AA \neq Aa \neq aa$.

Codominancia, cuando los dos alelos del heterozigoto se manifiestan en el fenotipo. Fenotipo de Aa = fenotipo de AA + fenotipo de aa. Las proporciones que aparecen en la F_2 son las mismas que antes.

Superdominancia, cuando el fenotipo del heterozigoto es «superior» (más grande, más viable, etc.) a los fenotipos de los dos homozigotos. $Aa > AA, aa$.

Dos alelos dados pueden establecer *todas y cada una* de estas relaciones, sólo tendremos que considerar qué aspecto analizamos en el fenotipo. La anemia falciforme es un buen ejemplo. Es una enfermedad que afecta al transporte de O_2 en la sangre. Los enfermos presentan un tipo especial de hemoglobina, llamada S, que se diferencia de la hemoglobina A, o normal, en que en la cadena polipeptídica β, tiene sustituido el sexto aminoácido, el ácido glutámico (con carga negativa), por valina (neutro). Se pueden dar tres genotipos: AA, AS y SS. Vamos a ver cómo las relaciones de estos dos alelos, A y S, condicionan en el heterozigoto determinados rasgos fenotípicos o se expresan en distintas situaciones ambientales:

- *Anemia*: el heterozigoto no padece la enfermedad, al menos en situaciones «normales», luego el alelo A se puede considerar **dominante** sobre el S.
- *Morfología de los eritrocitos*: en el homozigoto AA se observa la morfología normal, células bicóncavas. En el homozigoto SS se observa eritrocitos muy deformes, en forma de hoz, de ahí el nombre de *falciforme*. En el heterozigoto AS se observan células deformes, pero que se pueden considerar intermedias entre la forma normal y la forma falciforme. Luego respecto de la morfología, la relación entre los alelos A y S se puede considerar como de **herencia intermedia**.
- *Tipos de hemoglobina*: la electroforesis demuestra que los individuos normales AA presentan una sola banda que se desplaza hacia el ánodo. Los SS también presentan una sola banda, pero se desplaza menos (la proteína tiene menos carga negativa). Sin embargo, en los heterozigotos se comprueba la existencia de dos bandas, es decir, de los dos tipos de hemoglobina. Luego respecto de la producción de hemoglobina, los dos alelos se comportan como **codominantes**.

- *Cantidad de hemoglobina*: los heterozigotos presentan una mayor proporción de hemoglobina A (60 %) que de S (40 %), luego el alelo A se comporta como **parcialmente dominante** sobre S.
- *Esperanza de vida*: por último, en zonas endémicas para la malaria, la frecuencia del alelo S es muy elevada, pese a sus efectos perjudiciales en homozigosis. Esto se debe a que los heterozigotos AS son muy resistentes a la malaria, lo que es un caso de **superdominancia**.

3.2. EFECTOS SOBRE LA SUPERVIVENCIA

Las variantes alélicas de un gen no sólo pueden establecer distintos tipos de relación entre sí, sino también reducir (o aumentar) la supervivencia de los individuos, incluso provocando su muerte, en fases tempranas o tardías del desarrollo (**letalidad**). Este efecto sobre la viabilidad complica el análisis mendeliano, ya que modifica en muchos casos las proporciones esperadas.

Veamos, como ejemplo, unos datos tomados de una experiencia con *Drosophila* realizada por estudiantes, que cruzaron hembras vírgenes de una cepa mutante para *radius incompletus* (*ri*) con machos normales (ri^+). La F_1 fue normal, indicando la dominancia del alelo normal, y en la F_2 aparecieron 114 ri^+ y 22 ri. Al realizar la prueba de χ^2 respecto de las proporciones mendelianas esperadas, 3/4 + 1/4, se encontró lo expuesto en la Tabla 3.1.

Tabla 3.1

Resultado en la F_2 de un cruce monohíbrido y su comprobación estadística

Observado	Esperado	χ^2 parcial
114	102	1,4
22	34	4,2
	χ^2 total	5,6

Comprobado el valor del chi cuadrado en las tablas (Apéndice B), con 1 g.l., la probabilidad de que las diferencias fueran debidas al azar resultó muy pequeña (0,02 > P > 0,01). Como la probabilidad fue menor al 5 %, tendremos que rechazar la hipótesis nula de que nuestros datos no se diferencian significativamente de las proporciones mendelianas esperadas.

Pero, hay que tener cuidado, no parece que la hipótesis de que se trata de un monohibridismo sea falsa, ya que las dos cepas son puras, el cruce realizado fue el adecuado y el resultado «se parece» a lo que cabría esperar; podríamos decir que el resultado corresponde «cualitativamente» a un monohibridismo. ¿Qué ha fallado? Ha «fallado» un aspecto «cuantitativo» importante, el número de individuos mutantes es menor del esperado (22 frente a 34), ¿por qué? Probablemente por que la viabilidad de los individuos mutantes es menor que la de los individuos normales, es decir, se han producido menos zigotos mutantes o han llegado a adulto menos zigotos mutantes que normales. Este efecto, que puede incrementarse cuando consideramos la herencia de dos o más mutaciones, distorsiona en muchos casos las proporciones mendelianas esperadas.

El efecto mas drástico sobre la supervivencia se da en el caso de que un alelo dado sea letal para el individuo en donde se encuentra. La letalidad de un gen puede ser *dominante* cuando en heterozigosis provoca la muerte del zigoto. Muchos alelos letales dominantes actúan en fases tempranas del desarrollo, por lo que son eliminados y no pasan a la siguiente generación, pero otros lo hacen tardíamente, como en el caso de la enfermedad de Hutington en la especie humana.

Los alelos letales pueden ser *recesivos:*

- Pueden tener un efecto fenotípico morfológico dominante sobre el alelo normal, como el gen para el pelaje amarillo en los ratones o el gen *Curly* para alas curvadas en *Drosophila.*
- Siempre se encuentran en heterozigosis.
- Al cruzar dos heterozigotos, aparece una proporción especial en la descendencia. Por ejemplo, el pelaje amarillo en los ratones depende del alelo de un gen que es dominante sobre el alelo normal (que condiciona el pelaje agutí). Siempre que se crucen dos ratones de pelaje amarillo, encontraremos en la descendencia ratones de pelaje agutí:

P pelaje amarillo × pelaje amarillo

F_1 2/3 pelaje amarillo + 1/3 pelaje agutí

Siempre que se crucen ratones amarillos y agutí, tendremos:

P	pelaje amarillo × pelaje agutí
F_1	1/2 pelaje amarillo + 1/2 pelaje agutí

Este resultado nos indica que los ratones amarillos deben ser heterozigotos, por lo que deducimos:

- Que el alelo para pelaje amarillo es letal en homozigosis. Al no desarrollarse los zigotos AA, quedan modificadas las proporciones en la descendencia,

P	(genotipo)			Aa	×	Aa
	(fenotipo)			pelaje amarillo		pelaje amarillo
F_1	(genotipo)	~~1/4 AA~~	+	1/4 Aa + 1/4 Aa	+	1/4 aa
	(fenotipo)	MUERE		AMARILLO		AGUTÍ
				2/3 amarillo	+	1/3 agutí

  Una proporción 2/3:1/3 será un indicio de la existencia de un alelo letal.
- Que nunca podremos obtener una raza pura para dicho carácter.
- Que el alelo para pelaje amarillo se comporta como dominante respecto al fenotipo «color del pelaje», pero como recesivo frente al alelo normal en cuanto a sus efectos sobre la viabilidad. De nuevo tenemos aquí una relación distinta entre dos alelos despendiendo del efecto fenotípico considerado.

3.3. EFECTOS SOBRE EL FENOTIPO

Al igual que las variantes alélicas de un gen pueden tener efectos distintos sobre la viabilidad de sus portadores, también pueden tener efectos variables sobre el fenotipo.

Normalmente los genes tienen efectos **pleiotrópicos,** es decir, afectan a varios caracteres al mismo tiempo. Lo que ocurre es que solemos identificar al gen, o mejor, al alelo mutante del gen, por el efecto más importante o más aparente sobre un carácter concreto.

Muchos alelos tienen un efecto constante, manifestando un fenotipo concreto prácticamente en cualquier ambiente o genotipo, pero hay alelos cuya manifestación no es constante y varía de un individuo a otro, así se dice que tienen **expresividad** variable. Otra característica de ciertos alelos es que tienen **penetración** incompleta; no todos los individuos con un genotipo dado manifiestan el fenotipo correspondiente, esto puede alterar las proporciones mendelianas esperadas.

3.4. ALELOS MÚLTIPLES

La existencia de varios alelos para un gen dado viene determinada por la misma estructura del gen: una secuencia de nucleótidos que dirige la síntesis de una secuencie de aminoácidos.

Dos secuencias de nucleótidos del mismo gen en dos individuos, o en el mismo individuo, podrán ser alelos distintos sólo con que se diferencien en un par de nucleótidos, aunque esta mínima diferencia no implique cambios morfológicos ni metabólicos.

La existencia de varios alelos por gen complica el análisis mendeliano, ya que un alelo puede ser dominante, recesivo, o presentar herencia intermedia dependiendo de con qué otro alelo de la serie alélica se encuentre en un individuo dado. No obstante, las proporciones de sus cruces son las típicas de un monohibridismo, ya que cada uno de los individuos que participa en el cruce tendrá sólo dos alelos (iguales o distintos) de la serie alélica del gen considerado.

Los alelos de una serie alélica se identifican, normalmente, utilizando supraíndices, por ejemplo, los alelos de la serie *white* (w, ojos blancos): *white eosine* (w^e, blanco eosina), *white ivory* (w^i, blanco marfil), *white cherry* (w^{ch}, blanco cereza), etc.

3.5. INTERACCIÓN ENTRE GENES

Mendel comprobó qué ocurría al considerar la herencia simultánea de dos factores, y vio que éstos se combinaban en la descendencia dando las proporciones en dieciseisavos que ya conocemos,

9:3:3:1 (*véase* el Capítulo 2). Sin embargo, en ciertos casos, podemos encontrar que dos (o más) genes actúan sobre el mismo carácter, dando lugar a distintas alternativas fenotípicas, en función de las distintas combinaciones de los alelos de cada gen. En este sentido, y como resultado del cruce de dos variedades puras, AABB × aabb, en la F_2 aparecerán las mismas proporciones que en un dihibridismo normal (9:3:3:1), pero relativas a distintas alternativas de un único carácter, no a la combinación de dos caracteres.

El color del ojo de *Drosophila* puede ser un buen ejemplo. Si se cruza una cepa normal de ojos de color rojo ladrillo (fenotipo silvestre) con otra de color rosa claro, se obtienen los siguientes resultados:

P	color normal × color rosa claro
F_1	color normal
F_2	9/16 normal + 3/16 marrón + 3/16 rojo cardenal + 1/16 rosa claro

Por un lado, todos los fenotipos que aparecen en la F_2 se refieren a un único carácter, el color del ojo. No obstante, las cuatro alternativas que aparecen en la F_2 (rojo ladrillo, marrón, rojo cardenal y rosa) se distribuyen en dieciseisavos, lo que nos indica que están interviniendo dos genes.

Las moscas con ojos de color rosa claro de la F_2, que aparecen en una proporción de 1/16, tienen que tener el genotipo doble homozigoto recesivo, mientras que las normales, en una proporción de 9/16, deben llevar un alelo dominante de cada gen. Las proporciones 3/16 se corresponderán con la homozigosis recesiva de uno de ellos y la presencia del alelo dominante en el otro. En este ejemplo, los genes que realmente están interviniendo son el *brown* (bw^+/bw) y el *cardinal* (cd^+/cd), es decir,

F_2	9/16 normal +	3/16 marrón +	3/16 rojo cardenal +	1/16 rosa claro
	$bw^+{-}\ cd^+{-}$	$bwbw\ cd^+{-}$	$bw^+{-}\ cdcd$	bwbw cdcd

3.6. EPISTASIAS

Se trata de interacciones entre dos o más genes, que regulan un mismo carácter, en donde uno de ellos (el gen epistático) inhibe o enmascara la acción del otro (el gen hipostático), dando lugar a proporciones mendelianas (dieciseisavos, sesenta y cuatroavos, etc.) no típicas.

Dependiendo de que el alelo que enmascare sea el dominante o el recesivo, o de que haya más de un gen epistático, se pueden encontrar varios tipos. En todos los ejemplos consideraremos tres fenotipos (rojo, amarillo y blanco) o dos (blanco y color):

3.6.1. Epistasia del alelo recesivo

Se trata de un gen con dos alelos, en donde el alelo dominante A no afecta a la manifestación de otro gen, B/b (B– rojo; bb, amarillo), mientras que el recesivo a (en homozigosis) enmascarará la acción de B/b (Tabla 3.2).

Tabla 3.2
Resultado de una espistasia recesiva

Padres	AA BB × aa bb		
fenotipos	rojo × blanco		
F_1	Aa Bb		
fenotipo	rojo		
F_2	9/16 A– B– +	3/16 A– bb +	3/16 aa B– 1/16 aa bb
fenotipos	9 rojo	3 amarillo	4 blanco

En la F_2 aparece una proporción de **9:3:4**.

Estas mismas proporciones se pueden obtener si los padres son (Tabla 3.3),

Tabla 3.3 **Cruce alternativo con el mismo resultado de la Tabla 3.2**

Padres	**AA bb × aa BB**
fenotipos	amarillo × blanco

3.6.2. Epistasia del alelo dominante

Se trata de un gen con dos alelos, en donde el alelo dominante A enmascarará la manifestación de otro gen, B/b, mientras que el homozigoto aa no afecta a su manifestación (Tabla 3.4).

Tabla 3.4 **Resultado de una epistasia dominante**

Padres	**AA BB × aa bb**
fenotipos	blanco × amarillo
F_1	Aa Bb
fenotipo	blanco
F_2	9/16 A– B– + 3/16 aa B– + 1/16 aa bb 3/16 A– bb
benotipos	12 blanco 3 rojo 1 amarillo

En la F_2 aparece una proporción de **12:3:1**.

Estas mismas proporciones se pueden obtener si los padres son (Tabla 3.5),

Tabla 3.5 **Cruce alternativo con el mismo resultado de la Tabla 3.4**

Padres	**AA bb × aa BB**
fenotipos	blanco × Rojo

3.6.3. Epistasia doble dominante

Se trata de dos genes independientes, que afectan del mismo modo a un carácter dado, de tal manera que bastará la presencia de un alelo dominante de cualquiera de los dos genes para que se manifieste el fenotipo dado. La ausencia de los alelos dominantes (homozigosis recesiva para los dos genes) dará otro fenotipo (Tabla 3.6).

Tabla 3.6 **Resultado de una doble epistasia dominante**

Padres	$\mathbf{A_1A_1\ A_2A_2 \times a_1a_1\ a_2a_2}$
fenotipos	blanco × color
F_1	$A_1a_1\ A_2a_2$
fenotipo	blanco
F_2	9/16 $A_1– A_2–$ + 1/16 $a_1a_1\ a_2a_2$ 3/16 $A_1– a_2a_2$ 3/16 $a_1a_1\ A_2–$
fenotipos	15 blanco 1 color

En la F_2 aparece una proporción de **15:1**.

Este tipo de epistasia, probablemente el resultado de una duplicación génica, también recibe el nombre de **genes duplicados**.

Estas mismas proporciones se pueden obtener si los padres son (Tabla 3.7),

Tabla 3.7 **Cruce alternativo con el mismo resultado de la Tabla 3.6**

Padres	$A_1A_1\ a_2a_2\ a_1a_1\ A_2A_2$
fenotipos	blanco × blanco

3.6.4. Epistasia doble recesiva

Se trata de dos genes independientes que afectan al mismo carácter, de tal manera que siempre que alguno de los dos genes se encuentre en homozigosis recesiva se producirá un fenotipo, siendo necesaria la presencia de un alelo dominante en cada gen para que se produzca otro fenotipo (Tabla 3.8).

Tabla 3.8 **Resultado de una doble epistasia recesiva**

Padres	AA BB × aa bb
fenotipos	color × blanco
F_1	Aa Bb
fenotipo	color
F_2	9/16 A– B– + 3/16 aa B– 3/16 A– bb 1/16 aa bb
fenotipos	9 color 7 blanco

En la F_2 aparece una proporción de **9:7**.

Este tipo de epistasia también recibe el nombre de **genes complementarios**.

Estas mismas proporciones se pueden obtener si los padres son (Tabla 3.9),

Tabla 3.9 **Cruce alternativo con el mismo resultado de la Tabla 3.8**

Padres	AA bb × aa BB
fenotipos	blanco × blanco

3.6.5. Epistasia doble, dominante y recesiva

Se trata de dos genes independientes, uno de ellos actúa como epistático recesivo y el otro como epistático dominante sobre el mismo carácter (Tabla 3.10).

Tabla 3.10 **Resultado de una doble epistasia dominante y recesiva**

Padres	AA BB × aa bb
fenotipos	blanco × blanco
F_1	Aa Bb
fenotipo	blanco
F_2	9/16 A– B– + 3/16 aa B– 3/16 A– bb 1/16 aa bb
fenotipos	13 blanco 3 color

Si sólo se considera el efecto de estos dos genes, en la F_2 aparece una proporción de **13:3**.

Estas mismas proporciones se pueden obtener si los padres son (Tabla 3.11),

Tabla 3.11 **Cruce alternativo con el mismo resultado de la Tabla 3.10**

Padres	AA bb × aa BB
fenotipos	blanco × color

Todos estos tipos de epistasia se dan independientemente de la situación de los genes. Por claridad se ha considerado que se encuentran en cromosomas distintos, para que den lugar a las proporciones mencionadas, pero se pueden encontrar ligados en el mismo cromosoma.

3.7. FENOCOPIAS, ALELISMO Y COMPLEMENTACIÓN

A veces aparecen individuos que manifiestan un fenotipo mutante. Esto nos puede plantear la duda de si se trata de una fenocopia, de una mutación conocida o de una mutación nueva.

Si se trata de una fenocopia, el cruce con un individuo normal nos sacará de dudas. El carácter no volverá a aparecer en la F_2, como cabría esperar en una mutación recesiva.

Si dos individuos manifiestan el mismo fenotipo mutante, puede que tengan la mutación en el mismo gen, o que se trate de la mutación de dos genes distintos que afectan de la misma manera al fenotipo.

Para resolver la duda, se realiza la **prueba de la complementación** o **prueba de alelismo**, que consiste en cruzar los dos individuos mutantes y comprobar el fenotipo de los descendientes. Pueden darse dos resultados (Tabla 3.12):

Tabla 3.12 **Resultados alternativos de una prueba de alelismo**

		Caso A	Caso B
Cruce	**P**	mutante 1 × mutante 2	mutante 1 × mutante 2
Resultado	**F_1**	fenotipo *mutante*	fenotipo *normal*
Interpretación	**P**	aa × aa	aa b^+b^+ × a^+a^+ bb
	F_1	homozigoto mutante aa	doble heterozigoto a^+a b^+b

En el caso A, el resultado nos indica que se trata de mutaciones en el mismo gen y, por tanto, alélicas.

En el caso B, se trata de dos mutaciones en genes distintos; ha habido complementación, es decir, la función (del alelo) normal que le faltaba a un mutante lo aporta el otro mutante y viceversa. No obstante, en este caso es prudente esperar a ver qué ocurre en la F_2 y comprobar la aparición de nuestro mutante problema en la cuarta parte de los descendientes.

PROBLEMAS RESUELTOS

3.1. Detlefsen y Roberts estudiaron la herencia de tres caracteres en los ratones. La coloración del ojo (oscura o rosa), la coloración del pelo (negra o marrón) y la presencia o no de una banda amarilla en el extremo del pelo (patrón agutí o no agutí). Los resultados de las F_2 para cada uno de los caracteres fueron los esperados para un monohibridismo: 3/4 + 1/4, siendo las alternativas oscura, negra y agutí dominantes.

Al realizar cruces prueba en dos condiciones experimentales, con comida suficiente o con comida escasa, obtuvieron los siguientes porcentajes:

Comida suficiente		Comida escasa	
49,9 oscuros	50,1 rosa	50,8 oscuros	49,2 rosa
49,1 negro	50,9 marrón	49,6 negro	50,4 marrón
49,5 agutí	50,5 no agutí	54,7 agutí	45,3 no agutí

a) ¿Están de acuerdo los datos observados con los esperados? Compruébelo estadísticamente.

b) ¿Qué aportan estos resultados a la herencia de estos caracteres?

Solución

a) Si no disponemos del número de individuos a partir de los cuales los autores calcularon los porcentajes, lo único que podemos decir es que parecen coincidir con los esperados en un cruce prueba. No se puede hacer ningún tipo de comprobación estadística con los porcentajes, a lo sumo, con comida escasa, los porcentajes entre agutí y no agutí parecen indicar que los individuos no agutí tienen menos viabilidad en esta situación. No obstante, se tendría que haber contado 440 ratones, o más, para que los valores observados fueran significativamente distintos de los esperados de acuerdo con la hipótesis 1/2:1/2 al nivel del 5 %.

Observados	Esperados
$440 \times 0{,}547 \approx 241$	220
$440 \times 0{,}453 \approx 199$	220

$\chi^2 = 4{,}01$. 1 g.l. $P \approx 0{,}05$

Incluso los porcentajes 50,8:49,2, tan próximos a 1:1, serían significativamente distintos de 1:1 si se hubieran contado 15.000 ratones.

b) Estos datos sugieren que las condiciones ambientales, en este caso la escasez de alimento, influyen en los resultados experimentales y pueden distorsionar las proporciones mendelianas.

3.2. El color de los élitros de cepas silvestres de *Tribolium castaneum* es rojizo. En una población de laboratorio apareció un mutante de color negro, con el que se fundó una cepa pura para dicho carácter. El cruce entre individuos normales (rojizos) y negros dio los siguientes resultados:

		Rojo		Bronce		Negro	
Cruce	Cruzamientos	♂♂	♀♀	♂♂	♀♀	♂♂	♀♀
1	♂ negro × ♀ rojiza	0	0	211	232	0	0
2	♂ rojizo × ♀ negra	0	0	250	240	0	0
3	♂ bronce × ♀ bronce	34	42	72	77	30	28
4	♂ rojizo × ♀ bronce	156	142	128	144	0	0
5	♂ bronce × ♀ negra	0	0	168	179	172	168

a) Interprete genéticamente estos resultados.

b) ¿Se podría obtener una cepa pura para el color bronce?

Solución

a) Los cruces recíprocos 1 y 2 dan resultados similares, por lo que el carácter «color de los élitros» no parece estar relacionado con el sexo. Por otro lado, todos los individuos del cruce presentan una coloración nueva, bronce, con lo que se trataría de un caso de herencia intermedia. El color normal (rojizo) dependería de la homozigosis de un alelo, el color negro, de la homozigosis del otro alelo y los heterozigotos tendrían el color bronce. El cruce 3 (bronce bronce) nos confirma los supuestos anteriores: en primer lugar, no se aprecian diferencias notables entre hembras y machos, lo que nos permite reunir los datos y, en segundo lugar, la proporción fenotípica es la que corresponde al cruce de dos heterozigotos con herencia intermedia (1:2:1):

Fenotipo	Observado	Esperado	χ^2
Rojizo	76	70,75	0,39
Bronce	149	141,50	0,40
Negro	58	70,75	2,30

χ^2 total = 3,09

Realizada la prueba de χ^2, para 2 grados de libertad, la probabilidad de que las diferencias observadas sean debidas al azar se encuentra entre 0,30 y 0,20. Es decir, aceptamos la concordancia entre los valores observados y esperados de acuerdo con la hipótesis.

Los cruces 4 y 5 confirman de nuevo la hipótesis. Los cruces de un heterozigoto (bronce) con un homozigoto rojizo o con un homozigoto negro dan lugar a una proporción de 1:1.

b) No se podría obtener una cepa pura para bronce, ya que los individuos de color bronce son heterozigotos y al cruzarlos darían las proporciones fenotípicas 1:2:1.

3.3. En el ganado vacuno, la raza «White Shorthorns», de pelaje blanco con puntos rojos, se cruzó con la raza «Galloway», de pelaje negro uniforme. La F_1 presentó un pelaje gris azulado (negro ruano) y en la F_2 se encontró la siguiente proporción: 6 negro ruano, 3 blanco con puntos negros, 3 negros, 2 rojo ruano, 1 blanco con puntos rojos y 1 rojo. ¿Cuál es el genotipo de las dos razas?

Solución

En principio, las dos razas, por el hecho de serlo, tienen que ser homozigotas, mientras no se demuestre lo contrario. Las proporciones que aparecen en la F_2 son 6 + 3 + 3 + 2 + 1 + 1 = 16avos. Vamos a ver tres proporciones posibles en dieciseisavos, cuando en la herencia de dos genes con dos alelos se considera herencia intermedia o codominancia en ambos (columna central) lo que se corresponde con las proporciones genotípicas, los dos con dominancia (columna de la izquierda), y cuando en un gen hay dominancia y en el otro herencia intermedia o codominancia (columna de la derecha):

	1/16 AA BB	
	2/16 Aa BB	→ 3/16 A– BB
9/16 A– B– ←	2/16 AA Bb	
	4/16 Aa Bb	→ 6/16 A– Bb
3/16 A– bb ←	1/16 AA bb	
	2/16 Aa bb	→ 3/16 A– bb
3/16 aa B– ←	1/16 aa BB	→ 1/16 aa BB
	2/16 aa Bb	→ 2/16 aa Bb
1/16 aa bb ←	1/16 aa bb	→ 1/16 aa bb

Nuestro caso coincide con las proporciones de la derecha, en donde en un gen habría dominancia entre sus alelos y en el otro, herencia intermedia.

Si analizamos los fenotipos vemos que los tres primeros expresan negro o puntos negros, y los tres segundos rojo o puntos rojos. Las sumas parciales se corresponden con la proporción $6 + 3 + 3 = 12$ y $2 + 1 + 1 = 4$, es decir, 12:4 o 3:1. Se trataría de un gen con dos alelos. El alelo dominante determinaría negro (A–) y el recesivo, rojo (aa).

El otro gen (B/b) presentaría herencia intermedia, de tal manera que BB daría uniformidad de color, en presencia de A– (negro) y en presencia de aa (rojo). El heterozigoto Bb daría ruano, en presencia de A– negro ruano y en presencia de aa rojo ruano y, por último, bb daría un fenotipo punteado, con puntos que serían negros en presencia de A– y rojos en presencia de aa. La raza «White Shorthorns» tendría el genotipo aa bb y la raza «Galloway», AA BB.

3.4. Al realizar dos cruces, en los que apareció gran número de descendientes, las proporciones de los distintos fenotipos fueron, en un caso, 1:2:1:1:2:1 y en el otro, 3:3:1:1.

a) ¿Cuántos genes están segregando en cada caso?

b) Indique el genotipo de los padres en ambos cruces.

c) Indique qué proporción de los descendientes serán raza pura.

Nota: utilice letras mayúsculas para designar los alelos dominantes y minúsculas para los recesivos.

Solución

a) En ambos casos las proporciones son en octavos. Un octavo se puede resolver como el producto de $1/4 \times 1/2$. La primera se correspondería con la proporción genotípica que se esperaría para el genotipo homozigoto recesivo en el cruce entre dos heterozigotos (Aa × Aa), y la segunda sería el resultado del cruce de un homozigoto con un heterozigoto (Bb × bb), luego estarían implicados dos genes con dos alelos.

b) Veamos el resultado del cruce:

Cruce AaBb × Aabb				
Gametos	**AB**	**Ab**	**aB**	**ab**
Ab	AABb	AAbb	AaBb	Aabb
ab	AaBb	Aabb	aaBb	aabb

Reunamos ahora los genotipos iguales y asignemos fenotipos en función de las relaciones entre los alelos,

Proporciones fenotípicas con herencia intermedia: Genotipos	Proporciones fenotípicas con dominancia (A > a y B > b)
AABb 1/8	3/8 A– Bb (AABb + AaBb)
AaBb 2/8	
aaBb 1/8	1/8 aa Bb
Aabb 1/8	3/8 A– bb (Aabb + Aabb)
Aabb 2/8	
aabb 1/8	1/8 aa bb

El resultado sería el mismo si los genotipos de los padres fueran AaBB × AaBb, siempre y cuando la relación entre los alelos B y b fuera de herencia intermedia.

c) Si el cruce fuera AaBb × Aabb, únicamente 2/8 de los descendientes serían razas puras (AAbb y aabb). Si el cruce fuera AaBb × AaBB, 2/8 de los descendientes serían razas puras (AABB y aaBB).

3.5. El gorgojo *Bruchus quadrimaculatus* es plaga de una leguminosa (*Vigna sinensia*) utilizada para el forraje del ganado. Se conocen cuatro cepas, con los siguientes fenotipos:

Cepas	Hembras	Machos
A (silvestre)	canela	canela
B (roja)	rojo	canela rojiza
C (negra)	negro	gris oscuro (élitros negros)
D (blanca)	blanco	gris (élitros canela claro)

Breitenbecher llevó a cabo una serie de cruces entre estas cepas para estudiar la herencia de estos colores, teniendo en cuenta sólo el color de las hembras (por ser más discriminante), con los siguientes resultados,

♀♀	♂♂	F_1	F_2
B (roja)	**A (canela)**	roja	3.633 rojas + 1.218 canela
B (roja)	**C (negro)**	roja	6.992 rojas + 2.335 negras
B (roja)	**D (blanco)**	roja	3.371 rojas + 1.253 blancas
C (negra)	**A (canela)**	negra	3.586 negras + 1.282 canela
C (negra)	**D (blanco)**	negra	1.413 negras + 502 blancas
D (blanca)	**A (canela)**	blanca	594 blancas + 189 canela

a) ¿Cuáles son los genotipos de los individuos implicados?
b) ¿Qué proporciones genotípicas y fenotípicas aparecerían en el cruce entre las F_1 de B × A y de B × D?, ¿y entre las F_1 de C × A y de D × A?

Solución

a) Los resultados de cada una de las seis F_2 están, aproximadamente, en la proporción 3/4 + 1/4, propia de un monohibridismo. Observando los cruces, se comprueba que Breitenbecher realizó todos los posibles entre cepas.

Al cruzar rojo con canela (B × A) la F_1 es roja y la F_2 confirma la dominancia de rojo sobre canela. Se explicaría con un gen con dos alelos, C para rojo y c para canela. La cepa silvestre (canela) sería homozigota recesiva cc.

Al cruzar rojo con negro (B × C) se repite el esquema anterior, con la misma explicación, un gen con dos alelos, N para rojo y n para negro.

En el tercer cruce, rojo con blanco (B × D), vuelve a ocurrir lo mismo, lo que se explicaría con un gen con dos alelos, B para rojo y b para blanco.

En los tres casos anteriores se ha cruzado la misma cepa B (roja) con tres cepas distintas. La F_1 resultó roja y en la F_2 ha habido en los tres casos una proporción típica de monohibridismo, por lo que se puede pensar que se trate, no de tres genes, sino de un gen con cuatro alelos, uno para rojo, dominante sobre los otros tres para canela, para negro y para blanco.

El cuarto cruce, negro con canela (C × A), confirma la hipótesis. Negro y canela depende de dos alelos, siendo negro dominante sobre canela.

El quinto cruce permite la incorporación a la serie alélica del alelo que controla blanco y el sexto permite situarlo correctamente en la relación de dominancia. La notación para esta serie alélica podría ser:

$$\text{rojo}(c^r) > \text{negro}(c^n) > \text{blanco}(c^b) > \text{canela}(c)$$

Los gorgojos implicados en los cruces serían homozigotos para el alelo correspondiente.

b) La F_1 del cruce B × A tendría el genotipo c^rc y la de B × D, c^rc^b, luego entre los descendientes aparecería la proporción,

$$c^rc \times c^rc^b = \underbrace{\boxed{1/4\ c^rc^r + 1/4\ c^rc^b + 1/4\ c^rc}}_{3/4\ \text{rojo}} + \underbrace{1/4\ c^bc}_{1/4\ \text{blanco}}$$

La F_1 del cruce C × A tendría el genotipo c^nc y la de D × A, c^bc, luego entre los descendientes aparecería la proporción,

$$c^nc \times c^bc = \underbrace{\boxed{1/4\ c^nc^b + 1/4\ c^nc}}_{2/4\ \text{negro}} + \underbrace{1/4\ c^bc}_{1/4\ \text{blanco}} + \underbrace{1/4\ cc}_{1/4\ \text{canela}}$$

3.6. Los conejos silvestres presentan un pelaje llamado agutí. Criados en granja pueden aparecer variaciones en la pigmentación: albino (ausencia total de pigmento), Himalaya (ausencia de pigmento en las partes calientes del animal), gris (claro) y chinchilla (gris oscuro). Indique los genotipos más probables de todos los conejos que intervienen en los siguientes cruces:

	Cruces	Agutí	Him	Gris	Albino	Chin
1	agutí × agutí	26	8	—	—	—
2	agutí × agutí	31	—	11	—	—
3	agutí × Him	22	12	—	9	—
4	agutí × Him	17	—	18	—	—
5	agutí × gris	14	6	7	—	—
6	Him × Him	—	35	—	13	—
7	gris × albino	—	15	14	—	—
8	gris × gris	—	20	11	12	

Solución

Lo primero es buscar las proporciones de los distintos fenotipos que aparecen en los cruces:

	Cruces	Agutí	Him	Gris	Albino	Chin
1	agutí × agutí	3/4	1/4	—	—	—
2	agutí × agutí	3/4	—	1/4	—	—
3	agutí × Him	2/4	1/4	—	1/4	—
4	agutí × Him	1/2	—	1/2	—	—
5	agutí × gris	2/4	1/4	1/4	—	—
6	Him × Him	—	3/4	—	1/4	—
7	gris × albino	—	1/2	1/2	—	—
8	gris × gris	—	2/4	1/4	1/4	

Podemos ir resolviendo cada uno de los cruces en función de las proporciones de la descendencia.

1. Corresponde al cruce de dos heterozigotos, con un alelo dominante (agutí) y otro recesivo (Himalaya).
2. La interpretación sería la misma: cruce de dos heterozigotos, con un alelo dominante (agutí) y otro recesivo (gris).
3. Aquí el resultado implica el cruce de dos heterozigotos, cada uno de los cuales llevaría un alelo para albino (1/4). El alelo para Himalaya, recesivo frente al alelo agutí (cruce 1), sería dominante sobre el alelo para albino. Se trataría de tres alelos, con la siguiente relación de dominancia,

$$\text{A (agutí)} > a^H \text{ (Himalaya)} > \text{a (albino)}$$

y el genotipo de los conejos que se cruzan y su descendencia sería,

$$A\ a \times a^H\ a = \boxed{1/4\ A\ a^H + 1/4\ A\ a} + 1/4\ a^H\ a + 1/4\ a\ a$$

agutí Himalaya — 2/4 agutí — 1/4 Himalaya 1/4 albino

4. De acuerdo con el resultado (1:1) podría tratarse del cruce de un heterozigoto con un homozigoto recesivo. El heterozigoto sería agutí, con un alelo para gris (cruce 2), y el homozigoto sería Himalaya.

$$A\ a^g \times a^H\ a^H = 1/2\ A\ a^H + 1/2\ a^g\ a^H$$

agutí Himalaya — agutí — gris

Gris dependería de un alelo recesivo sobre agutí y dominante sobre Himalaya. Al incorporarlo a la serie alélica tendríamos,

$$\text{A (agutí)} > a^g \text{ (gris)} > a^H \text{ (Himalaya)} > \text{a (albino)}$$

5. De acuerdo con las relaciones entre los alelos, definidas hasta el momento, el cruce sería,

$$A\ a^H \times a^g\ a^H = \boxed{1/4\ A\ a^g + 1/4\ A\ a^H} + 1/4\ a^g\ a^H + 1/4\ a^H\ a^H$$

agutí gris — agutí — gris — Himalaya

6. El cruce sería entre dos heterozigotos $a^H\ a \times a^H\ a$.
7. El cruce sería entre un heterozigoto y un homozigoto recesivo,

$$a^g\ a^H \times a\ a = 1/2\ a^g\ a + 1/2\ a^H\ a$$

gris albino — gris — Himalaya

8. Si gris × gris da una proporción 1:2:1, y aparecen tanto conejos albinos como chinchilla (un fenotipo que no ha aparecido hasta el momento), el genotipo para gris tiene que ser heterozigoto, uno de los conejos llevaría un alelo para albino y el otro un alelo para chinchilla,

$$a^g\ a^{cH} \times a^g\ a = \boxed{1/4\ a^g\ a^g + 1/4\ a^g\ a} + 1/4\ a^{ch}\ a + 1/4\ a\ a$$

gris gris — gris — chinchilla — albino

No obstante, no habría necesidad de proponer un nuevo alelo (a^{ch}, chinchilla). La explicación sería igualmente coherente si el homozigoto para gris tuviera fenotipo chinchilla,

$$a^g\ a \times a^g\ a = 1/4\ a^g\ a^g + 2/4\ a^g\ a + 1/4\ a\ a$$

gris gris — chinchilla — gris — albino

Esta explicación requiere rectificar ligeramente la solución propuesta para el cruce 2, aunque será fácil de resolver. Los conejos agutí no podrán ser los dos heterozigotos A a^g, como se sugirió entonces, sino uno heterozigoto para gris y el otro heterozigoto para albino, por ejemplo,

$$A\ a^g \times A\ a = \boxed{1/4\ A\ A + 1/4\ A\ a + 1/4\ A\ a^g} + 1/4\ a^g\ a$$

agutí agutí — agutí — gris

Los relaciones de dominancia entre los alelos de la serie quedarían igual que antes, con la salvedad de que el homozigoto para el alelo gris daría fenotipo chinchilla.

3.7. Antonio, del grupo sanguíneo A, y María, del grupo sanguíneo AB, tienen cinco hijos. El padre de Antonio era del grupo sanguíneo A y la madre, del grupo sanguíneo B.

a) ¿Cuál es la probabilidad de que tres de sus hijos sean del grupo A y dos del AB.

b) ¿Cuál la de que todos los hijos sean del grupo B?

c) ¿Y cuál la de que ninguno sea del grupo A?

Solución

El grupo sanguíneo AB0 depende de un gen con tres alelos, I^A, I^B e i. El alelo I^A es dominante sobre i, de tal manera que los individuos I^AI^A e I^Ai presentan grupo A; el alelo I^B es también dominante sobre el alelo i, de tal manera que los individuos I^BI^B e I^Bi presentan grupo B; los individuos ii tienen fenotipo 0 y los individuos I^AI^B tienen fenotipo AB, por codominancia entre los dos alelos.

Lo primero es aclarar el genotipo de Antonio. Si él tiene fenotipo A y su padre es A, el alelo I^A le ha venido necesariamente de su padre. Su madre, de fenotipo B, puede ser I^BI^B o I^Bi. De su madre tiene que haber recibido, necesariamente, el alelo i, luego Antonio tiene el genotipo I^Ai. A continuación se muestran los gametos y zigotos que puede formar la pareja:

		María: 1/2 I^A	María: 1/2 I^B
Antonio	1/2 I^A	1/4 I^AI^A	1/4 I^AI^B
	1/2 i	1/4 I^A	1/4 I^Bi

Es decir, las proporciones fenotípicas de la descendencia serían: 2/4 A, 1/4 B y 1/4 AB.

a) Pasemos ahora a determinar la probabilidad de los fenotipos de los hijos. Cuando se habla de hijos, sin especificar el sexo, se entiende que pueden ser mujeres o varones. Que tres hijos sean del grupo A y dos del AB no implica un orden, por lo que buscaremos, con una polinomial, todas las combinaciones posibles de cinco hijos en las que tres presenten fenotipo A, ninguno B y dos AB:

$$\left(\frac{2}{4}+\frac{1}{4}+\frac{1}{4}\right)^5 \rightarrow \frac{5!}{3!\,0!\,2!}\left(\frac{2}{4}\right)^3\left(\frac{1}{4}\right)^0\left(\frac{1}{4}\right)^2 = 10 \times \frac{8}{1.024} = 0{,}078125$$

b) Que todos los hijos sean del tipo B será, simplemente, la probabilidad de que un hijo sea B, elevado a 5 (número total de hijos):

$$\left(\frac{1}{4}\right)^5 = \frac{1}{1.024} = 0{,}0009766$$

c) Que ninguno sea del grupo A implica que todos sean AB o B, indistintamente. La mejor manera de encontrar la solución es reducir la pregunta a dos alternativas:

Probabilidad de ser A = 1/2
Probabilidad de NO ser A = 1/2

Luego la probabilidad de que los cinco hijos NO sean A (es decir, que sean AB o B indistintamente) es,

$$\left(\frac{1}{2}\right)^5 = \frac{1}{32} = 0{,}03125$$

3.8. En una población, el 38 % de los individuos con grupo sanguíneo A son heterozigotos y el 47 % de los individuos con grupo sanguíneo Rh^+ son también heterozigotos. Una mujer con los grupos A y Rh^+ se casa con un varón del grupo sanguíneo AB y Rh^-.

a) ¿Cuál es la probabilidad de que el primer hijo sea del grupo A y Rh^-?

b) ¿Cuál la de que sea de grupos sanguíneos distintos de los de la madre?

c) ¿Y de grupos sanguíneos distintos de los del padre?

Solución

Antes de responder a las preguntas, tenemos que calcular las probabilidades de los distintos gametos que pueden producir el padre y la madre. El varón suministra sólo dos tipos de espermatozoide I^A Rh^- e I^B Rh^-, con igual probabilidad. La mujer, con grupos A y Rh^+, puede tener los siguientes genotipos, con las probabilidades de acuerdo con las frecuencias poblacionales indicadas en el enunciado,

Grupo A ↘ ↙ Grupo Rh

$$\begin{aligned} I^AI^A \; Rh^+Rh^+ &= 0{,}62 \times 0{,}53 \approx 0{,}33 \\ I^Ai \; Rh^+Rh^+ &= 0{,}38 \times 0{,}53 \approx 0{,}20 \\ I^AI^A \; Rh^+Rh^- &= 0{,}62 \times 0{,}47 \approx 0{,}29 \\ I^Ai \; Rh^+Rh^- &= 0{,}38 \times 0{,}47 \approx 0{,}18 \end{aligned}$$

La mujer producirá los siguientes tipos de óvulo,

Genotipos	Probabilidad	Gametos producidos
I^AI^A Rh^+ Rh^+	0,33	I^A Rh^+
I^Ai Rh^+ Rh^+	0,20	1/2 I^A Rh^+ + 1/2 i Rh^+
I^AI^A Rh^+ Rh^-	0,29	1/2 I^A Rh^+ + 1/2 I^ARh^-
I^Ai Rh^+ Rh^-	0,18	1/4 I^A Rh^+ + 1/4 I^A Rh^- + 1/4 i Rh^+ + 1/4 i Rh^-

Es decir, reuniendo los gametos con igual genotipo,

$$\begin{aligned} I^A \; Rh^+ &= 0{,}33 + 1/2 \times 0{,}2 + 1/2 \times 0{,}29 + 1/4 \times 0{,}18 = 0{,}62 \\ I^A \; Rh^- &= 1/2 \times 0{,}29 + 1/4 \times 0{,}18 = 0{,}19 \\ i \; Rh^+ &= 1/2 \times 0{,}2 + 1/4 \times 0{,}18 = 0{,}145 \\ i \; Rh^- &= 1/4 \times 0{,}18 = 0{,}045 \end{aligned}$$

a) Por tanto, la probabilidad de que el hijo sea del grupo A y Rh^- es igual a la probabilidad de que se una un espermatozoide I^A Rh^- con un óvulo Rh^- (no importa si el óvulo lleva el alelo I^A o el i, ya que el padre suministra I^A); es:

$$\underset{\text{espermatozoide}}{0{,}5\,(I^A\,Rh^-)} \times \underset{\text{óvulo}}{(0{,}19 + 0{,}045)(Rh^-)} = 0{,}1175$$

b) Para que el hijo tenga grupos sanguíneos distintos de los de la madre (B Rh^- o AB Rh^-), el padre tiene que suministrar un gameto I^B Rh^- y la madre Rh^- (no importa el genotipo del otro grupo, ya que si es I^A dará un hijo AB, y si es i dará un hijo B).

$$\underset{\text{espermatozoide}}{0{,}5\,(I^B\,Rh^-)} \times \underset{\text{óvulo}}{(0{,}19 + 0{,}045)(Rh^-)} = 0{,}1175$$

c) Para que el hijo tenga grupos sanguíneos distintos de los del padre, tendría que ser A Rh^+ o B Rh^+. De acuerdo con los gametos paternos y maternos tendríamos,

Espermatozoides	Óvulos	Probabilidad
0,5 (I^A Rh^-)	(0,62 + 0,145)(I^A Rh^+ + i Rh^+)	0,3825
0,5 (I^B Rh^-)	0,145 (i Rh^+)	0,0725
	Total	0,4550

3.9. En una clínica de maternidad, a la enfermera de turno se le olvidó señalar la procedencia de cada bebé. La clínica había determinado en el momento del parto los grupos sanguíneos ABO, MN y Rh de los bebes y de las cinco madres; las madres no eran primerizas y en los partos no se había dado incompatibilidad Rh. Los datos fueron los siguientes,

	Bebés		Madres
1	AB MN Rh^+	1	0 M Rh^+
2	AB N Rh^-	2	0 N Rh^-
3	B M Rh^-	3	AB N Rh^-
4	0 MN Rh^+	4	A M Rh^+
5	0 MN Rh^-	5	AB MN Rh^-

Se desconocía la identidad de los padres.

a) ¿Podría ayudar a relacionar a cada bebé con su madre?

b) En el caso de que no pueda relacionarlos con certeza, ¿cuáles de estos genotipos paternos aclararían sus dudas: 0 N Rh^+ y B N Rh^-?

Solución

a) El grupo sanguíneo MN tiene dos alelos, M y N, que son codominantes. Para relacionar a los bebés con sus madres, hemos de tener en cuenta que en los partos no se dio incompatibilidad Rh, es decir, no podríamos relacionar un bebe Rh^+ con una madre Rh^-. Otro aspecto a considerar es que una madre 0 no puede tener un bebé AB, y viceversa. Establezcamos con estos criterios qué bebés son compatibles y cuáles no con cada una de las madres.

	Madre	Compatible con los bebés	No compatible con los bebés
1	0 M Rh^+	3, 4, 5	1, 2
2	0 N Rh^-	3, 5	1, 2, 4
3	AB N Rh^-	2, 3	1, 4, 5
4	A M Rh^+	1, 2, 3, 4, 5	
5	AB MN Rh^-	2, 3	1, 4, 5

El bebé 1 sólo es compatible con la madre 4. La madre 1 tuvo que tener al bebé 4 puesto que éste ya no puede ser de la madre 4. El bebé 5 tiene que ser de la madre 2 ya que éste no puede ser ahora ni de la madre 1 ni de la madre 4. Quedan dos bebés (2 y 3) que pueden ser de las madres 3 y 5.

b) Para asignar a los dos bebés que nos quedan, tenemos que establecer la compatibilidad entre los genotipos de los dos varones, de los bebés y de sus madres.

El padre 0 N Rh^+ no pudo engendrar al bebé 2 (que es AB), pero sí al bebé 3 (que puede ser BB o B0). Además, no lo pudo tener con la mujer 3, ya que ambos son del grupo N y el bebé es M. Luego, por exclusión, la madre 5 tuvo al bebé 3 y la madre 3 tuvo al bebé 2. El otro padre, B N Rh^-, es compatible tanto con el bebé 2 como con la madre 3.

3.10. Los ratones pueden tener una cola de longitud normal, corta o no tenerla en absoluto.

1. Al cruzar una hembra normal con un macho sin cola se obtuvieron tanto ratones normales como con cola corta.
2. Al realizar diversos cruces entre dichos ratones normales y los de cola corta, se obtuvieron 354 con cola normal, 202 sin cola y 193 con cola corta. Con estos descendientes se realizaron a su vez varios cruces.

3. Hembras con cola corta con machos de cola normal de una cepa muy consanguínea dieron 51 normales y 40 con cola corta.
4. Hembras sin cola con un macho de cola normal de la cepa consanguínea dieron 63 con cola normal y 51 con cola corta.
5. Hembras con cola normal, resultantes de este último cruce, se cruzaron con un macho de cola corta, y se obtuvieron 164 ratones normales, 84 de cola corta y 87 sin cola. ¿Podría indicar el genotipo que controla la longitud de la cola en los ratones?

Solución

1. Lo primero es determinar los genotipos de los ratones que intervienen en los cruces.

El resultado del primer cruce (hembra normal × macho sin cola) no es uniforme y, aunque el enunciado no lo dice explícitamente, se puede entender que aparece igual proporción de ratones normales que de cola corta. Este resultado (1:1) puede corresponder al cruce entre un homozigoto y un heterozigoto. Un segundo aspecto que podemos considerar es el fenotipo de padres e hijos. Entre los descendientes aparecen ratones con cola corta, cuyo fenotipo no se corresponde con el de los padres. Estos hijos de cola corta reciben un alelo de cada padre, lo mismo que los ratones de cola normal. Luego los cruces:

Fenotipo	ratón normal	×	ratón sin cola
Genotipo	a^+ a		a a
F_1	1/2 a^+ a	+	1/2 a a

siendo el alelo a para ausencia de cola recesivo respecto de a^+ (normal) o

Fenotipo	ratón normal	×	ratón sin cola
Genotipo	a^+ a^+		a^+ a
F_1	1/2 a^+ a^+	+	1/2 a^+ a

siendo el alelo a para ausencia de cola dominante sobre a^+ (normal), no resuelven la aparición de ratones con cola corta.

A pesar de que dijimos que se trataba del cruce de un homozigoto por un heterozigoto, supongamos que los dos ratones que se cruzan son heterozigotos. Tendremos varias alternativas. Supongamos tres alelos, a^+ (normal), a (sin cola) y a^{cc} (cola corta), con relación de dominancia $a^+ > a^{cc} > a$, de tal manera que,

Fenotipo	ratón normal	×	ratón sin cola
Genotipo	a^+ a^{cc}		a a

Esto podría concordar con el primer cruce. En la descendencia de este cruce podrían aparecer tanto ratones normales (a^+ a) como con cola corta (a^{cc} a).

De acuerdo con lo anterior, en el segundo cruce tendríamos:

P	normal (a^+ a) × cola corta (a^{cc} a)		
F_1	1/4 a^+ a^{cc} + 1/4 a^+ a	+ 1/4 a^{cc} a	+ 1/4 a a
	normal	cola corta	sin cola

lo cual concuerda.

Sin embargo, en el tercer cruce, ♀♀ a^{cc} a × ♂♂ a^+ a^+ (los machos de una cepa normal muy consanguínea tienen que ser homozigotos para todos sus genes), todos los descendientes deberían ser normales, luego tampoco nos vale esta hipótesis.

Volvamos a la hipótesis homozigoto × heterozigoto con los mismos tres alelos, sobre todo pensando que la hembra normal tiene que ser normal para sus genes, mientras no se demuestre lo contrario.

Fenotipo	ratón normal	×	ratón sin cola
Genotipo	a^+ a^+		a^{cc} a
F_1	1/2 a^+ a	+	1/2 a^+ a^{cc}
Fenotipo	normal		cola corta

En esta hipótesis la relación de dominancia sería $a^{cc} > a^+ > a$, de tal manera que habría dos alelos mutantes, uno dominante sobre normal y otro recesivo. Los individuos con genotipo (a^{cc} a) no tendrían cola, (a^{cc} a^+) tendrían cola corta, y tanto (a^+ a^+) como (a^+ a) serían normales.

2. Comprobemos la hipótesis anterior en el segundo cruce:

Fenotipo	ratón normal × ratón cola corta		
Genotipo	$a^+ a$	$a^+ a^{cc}$	
F_1	$1/4\ a^+ a^+ + 1/4\ a^+ a$	$+\ 1/4\ a^{cc} a^+$	$+\ 1/4\ a^{cc} a$
Fenotipo	normal	cola corta	sin cola

que concuerda con el resultado.

Nos queda la comprobación estadística de que 354:202:193 no difiere significativamente de la proporción 2:1:1. Un valor de χ^2 de 2,46 con 2 grados de libertad da una probabilidad elevada (30 %) de que las diferencias observadas se deban a causas aleatorias, no sistemáticas; luego aceptamos la hipótesis.

Vamos a ver ahora el resultado de los siguientes cruces:

3. ♀♀ $(a^{cc}\ a^+)$ × ♂♂ $(a^+\ a^+)$ = $1/2\ (a^{cc}\ a^+) + 1/2\ (a^+\ a^+)$
   cola corta — normales — cola corta — normales

4. ♀♀ $(a^{cc}\ a)$ × ♂♂ $(a^+\ a^+)$ = $1/2\ (a^+\ a) + 1/2\ (a^{cc}\ a^+)$
   sin cola — normales — normales — cola corta

5. ♀♀ $(a^+\ a)$ × ♂♂ $(a^{cc}\ a^+)$ = $1/4\ (a^+\ a^+) + 1/4\ (a^+\ a)$ + $1/4\ (a^{cc}\ a^+) + 1/4\ (a^{cc}\ a)$
   (del cruce 4) — cola corta — normales — cola corta — sin cola

lo que coincide con todos los resultados obtenidos.

3.11. En una clase de laboratorio, el profesor le suministra dos grupos de moscas mutantes, las A y las B, ambas con las alas curvadas, y una cepa normal, C. Realizados cruces entre machos y hembras vírgenes, en sus experiencias se obtiene los siguientes resultados,

Cruces		Alas normales	Alas curvadas
1	A × A	0	146
2	A × C	96	0
3	B × B	37	68
4	B × C	80	78
5	A × B	76	77

Sus compañeros encuentran resultados similares a los suyos.

a) ¿Podría explicar las características genéticas de las cepas A y B?

b) Indique qué cruzamientos haría para confirmar su hipótesis y qué resultados esperaría.

Solución

a) Los descendientes del cruce 1 presentan un fenotipo uniforme, alas curvadas, lo que indica que las moscas del tipo A son homozigotas para la mutación. El cruce 2 indica la recesividad del mutante para alas curvadas del tipo A respecto del alelo normal. En el cruce 3 aparecen moscas con alas normales, por lo que las moscas B tienen que ser heterozigotas para un alelo recesivo que condicione el ala normal, lo que implica necesariamente que el alelo mutante, que condiciona la forma curvada del ala en las moscas del tipo B, es dominante. Los cruces 4 y 5 confirman la heterozigosidad de las moscas B.

Para analizar completamente los datos nos queda por comprobar las proporciones del cruce 3. Si se trata del cruce de dos heterozigotos, deberíamos obtener una proporción 3/4:1/4. Comprobemos, mediante un chi cuadrado, si hay diferencias entre el número de moscas observado y el esperado.

	Observado	Esperado	χ^2
Alas normales	37	26,25	4,40
Alas curvadas	68	78,75	1,47

χ^2 total = 5,87

Con un grado de libertad, las diferencias son significativas (0,05 > P > 0,01), luego tendríamos que buscar una hipótesis alternativa. No obstante, la hipótesis mendeliana de que se trata del cruce de dos heterozigotos no la podemos rechazar, pues el resultado así nos lo sugiere claramente. Pero el resultado del cruce también nos indica que se obtienen menos moscas con alas curvadas de las esperadas, luego el alelo para alas curvadas puede estar alterando la viabilidad de sus portadores. Pero, ¿de qué manera? En el cruce 4 no parece que la viabilidad quede alterada. Si llamamos C al alelo mutante para alas curvadas y C^+ a su alelo normal (recesivo), el cruce $C\,C^+ \times C^+\,C^+$ daría $1/2\ C\,C^+ + 1/2\ C^+\,C^+$. Los datos observados coinciden con la hipótesis e indican que el heterozigoto para C presenta la misma viabilidad que el homozigoto normal $C^+\,C^+$.

El cruce de dos heterozigotos daría:

$$C\,C^+ \times C\,C^+$$
$$1/4\ C\,C + 2/4\ C\,C^+ + 1/4\ C^+\,C^+$$

Si es la homozigosis para C lo que altera la viabilidad hasta el punto de provocar la muerte de estos genotipos, la proporción que esperaríamos del cruce sería,

Hipótesis	**2/3 $C\,C^+$**	**1/3 $C^+\,C^+$**
Esperado	70	35
Observado	68	37

no apreciándose diferencias entre los valores observados y esperados.

De acuerdo con el resultado de los cruces, la cepa A sería homozigota para un gen recesivo que condicionaría la curvatura del ala (cc). La cepa B sería heterozigota para un alelo dominante que también condicionaría la curvatura del ala y que en homozigosis sería letal (CC^+). Podría tratarse de un gen con tres alelos, con una relación de dominancia, en cuanto al fenotipo del ala, de $C > C^+ > c$, o de dos genes, cada uno de ellos con dos alelos, con las siguientes relaciones de dominancia, $C > C^+$ y $c^+ > c$, siendo en cualquier caso letal el homozigoto CC.

b) La manera de confirmar la hipótesis es comprobar que los descendientes de alas curvadas que aparecen en el cruce B × B, cuando se cruzan entre sí, vuelven a dar una proporción de 2/3 alas curvadas + 1/3 alas normales.

3.12. Se cruzaron hembras vírgenes con quetas de tamaño reducido («Forkoid», Fo, dominante) con machos con ojos de color sepia (se). Como en la F_1 la mitad de las moscas fueron normales y la otra mitad «Forkoid», para analizar mejor la generación siguiente se hicieron tres tipos de cruces con estas moscas de la F_1: moscas de fenotipo «Forkoid» entre sí (cruce A), moscas de fenotipo normal entre sí (cruce B), y hembras de fenotipo «Forkoid» con machos de fenotipo normal (cruce C), obteniéndose los siguientes resultados,

Fenotipos	**A**	**B**	**C**
«Forkoid», sepia	63	—	47
«Forkoid»	190	—	140
+	95	285	145
sepia	32	95	48

a) Indique el genotipo de todas las moscas implicadas en los cruces y de sus descendientes.
b) ¿Qué resultados se obtendrían si se dejara que la F_1 se cruzara entre sí?

Solución

a) Si el carácter «Forkoid» es dominante y al cruzarlo con sepia aparece una proporción de la mitad de las moscas «Forkoid» y la otra mitad normales, tiene que tratarse del cruce,

$$P\ ♀♀\ FoFo^{+}\ se^{+}se^{+} \times ♂♂\ Fo^{+}Fo^{+}\ sese$$
$$F_1\ 1/2\ FoFo^{+}\ se^{+}se + 1/2\ Fo^{+}Fo^{+}\ se^{+}se$$
«Forkoid» normales

De acuerdo con el genotipo de los padres del **cruce A**, $FoFo^{+}\ se^{+}se \times FoFo^{+}\ se^{+}se$, esperamos una proporción,

$$9/16\ Fo\text{–}\ se^{+}\text{–} + 3/16\ Fo\text{–}\ sese + 3/16\ Fo^{+}Fo^{+}\ se^{+}\text{–} + 1/16\ Fo^{+}Fo^{+}\ sese$$

sin olvidar que el alelo recesivo es el alelo normal Fo^{+}.

Para comprobar el resultado obtenido, tendremos que calcular los números esperados y contrastarlos con los observados.

Esperados	Fenotipos	Observados
213,75	Fo – se^{+} –	190
71,25	Fo – se se	63
71,25	Fo^{+} Fo^{+} se^{+} –	95
23,75	Fo^{+} Fo^{+} se se	32

El valor del χ^2 (14,28) con 3 g.l. tiene una $P < 0{,}001$, por lo que rechazamos la hipótesis de que se trate de la F_2 de un dihibridismo «normal».

Si comparamos en detalle los valores observados y los esperados, vemos que hay menos moscas de las que cabría esperar en las clases que llevan el alelo mutante para «Forkoid» y más moscas en las clases que llevan el alelo normal. Como ocurre con otros alelos mutantes dominantes en *Drosophila*, puede que la homozigosis de Fo sea letal, lo que explicaría la disminución de dichas clases. Vamos a comprobarlo.

Si Fo es letal en homozigosis, una manera sencilla de obtener el resultado del cruce es multiplicar lo que esperamos de cada gen por separado,

$$(2/3\ FoFo^{+} + 1/3\ Fo^{+}Fo^{+}) \times (3/4\ se^{+}\text{–} + 1/4\ se\ se)$$
$$6/12\ FoFo^{+}\ se^{+}\text{–} + 3/12\ Fo^{+}Fo^{+}\ se^{+}\text{–} + 2/12\ FoFo^{+}\ sese + 1/12\ Fo^{+}Fo^{+}\ sese$$

De acuerdo con estas proporciones, los valores observados y esperados coinciden exactamente.

Esperados	Fenotipos	Observados
190	Fo – se^{+} –	190
63,3	Fo – se se	63
95	Fo^{+} Fo^{+} se^{+} –	95
31,7	Fo^{+} Fo^{+} se se	32

En el **cruce B** ($Fo^{+}Fo^{+}\ se^{+}se \times Fo^{+}Fo^{+}\ se^{+}se$) obtendríamos,

$$3/4\ Fo^{+}Fo^{+}\ se^{+}\text{–} + 1/4\ Fo^{+}Fo^{+}\ sese$$
normal sepia

que es lo que de hecho se obtiene.

En el **cruce C** ($Fo^+Fo\ se^+se \times Fo^+Fo^+\ se^+se$) obtendríamos,

$$3/8\ FoFo^+\ se^+se + 3/8\ Fo^+Fo^+\ se^+se + 1/8\ FoFo^+\ sese + 1/8\ Fo^+Fo^+\ sese$$

«Forkoid» normal «Forkoid» sepia sepia

que es precisamente lo que se obtiene.

b) Dejando que la F_1 se cruce entre sí,

$$(1/2\ FoFo^+\ se^+se + 1/2\ Fo^+Fo^+\ se^+se) \times (1/2\ FoFo^+\ se^+se + 1/2\ Fo^+Fo^+\ se^+se)$$

obtendríamos,

$$27/60\ Fo^+Fo^+\ se^+\ - + 18/60\ FoFo^+\ se^+\ - + 9/60\ Fo^+Fo^+\ sese + 6/60\ FoFo^+\ sese$$

Dejo al lector que realice el cruce y compruebe el resultado. Hay que tener en cuenta que los homozigotos FoFo mueren.

3.13. ¿Qué proporciones fenotípicas se esperaría en la descendencia de un cruce entre dos heterozigotos, en los que están segregando dos genes independientes, con alelos de efectos fenotípicos distintos, en donde uno presenta relaciones de dominancia y el otro es letal en homozigosis?

Solución

El cruce sería AaBb × AaBb, en donde el alelo A es dominante sobre a, y B es letal en homozigosis.

Cruce	Genotipos	Fenotipos
AaBb × AaBb	1/16 AA BB	LETAL
	2/16 Aa BB	LETAL
	2/16 AA Bb	A B
	4/16 Aa Bb	A B
	1/16 AA bb	A b
	2/16 Aa bb	A b
	1/16 aa BB	LETAL
	2/16 aa Bb	a B
	1/16 aa bb	a b

Eliminando los genotipos letales y reuniendo fenotipos iguales, tendremos:

6/12 A– Bb, 3/12 A– bb, 2/12 aa Bb y 1/12 aa bb

No haría falta operar como hemos hecho, bastaría con multiplicar las proporciones fenotípicas que se esperarían para los dos genes con el fin de hallar la respuesta:

$$(3/4\ A– + 1/4\ aa) \times (2/3\ Bb + 1/3\ bb)$$

$$\downarrow$$

$$6/12\ A– Bb + 3/12\ A– bb + 2/12\ aa\ Bb + 1/12\ aa\ bb$$

3.14. En 1905 Cuénot encontró un ratón mutante con pelaje amarillo que, al cruzarlo con una cepa normal, resultó que dependía de un alelo dominante sobre el pelaje normal (agutí) y era letal en homozigosis. Dickies encontró, en 1960, una hembra con pelaje amarillo, y la cruzó tanto con machos normales agutí como con machos mutantes no agutí (por ejemplo, albino), obteniendo los siguientes resultados,

	Cruce	Amarillo	Agutí	No agutí
1	♀ amarilla × ♂ agutí	39	0	0
2	♀ amarilla F_1(de 1) × ♂ agutí	25	29	0
3	♀ amarilla × ♂ no agutí	52	0	0
4	♀ amarilla F_1(de 3) × ♂ no agutí	119	0	118

a) Las mutaciones encontradas por Cuénot y por Dickies, ¿son la misma mutación?, ¿son mutaciones que dependen de alelos distintos del mismo gen?

b) Indique qué cruzamientos haría para confirmar su hipótesis y qué resultados esperaría.

Solución

Cuando Dickies cruzó su hembra amarilla, tanto con machos normales (cruce 1) como con mutantes (cruce 3), obtuvo todos los descendientes amarillos, lo que implica varias cosas: 1) que la hembra era homozigota para un alelo para amarillo; 2) que no era letal en homozigosis; 3) que los descendientes del cruce eran heterozigotos; y 4) que, por tanto, el alelo para amarillo sería dominante sobre el alelo normal. Cuando cruzó estas hembras F_1 con machos, la proporción que aparece en los descendientes fue de 1:1, propia del cruce entre un heterozigoto y un homozigoto.

a) No se trata, pues, de la misma mutación encontrada por Cuenot: aunque la mutación de Dickies es también dominante respecto del fenotipo, no es letal en homozigosis.

Normalmente, para saber si dos mutaciones son alélicas habría que cruzarlas. No obstante, en nuestro caso no haría falta. Los resultados que obtuvo Dickies en los cruces 3 y 4 aclaran suficientemente su alelismo. Si se cruza una hembra amarilla con un macho no agutí, por ejemplo albino, y la F_1 se vuelve a cruzar con albino y nos da una proporción de 1:1, el gen para amarillo pertenece necesariamente a la serie alélica agutí. Si fuera el alelo de otro gen distinto, el resultado de los cruces 3 y 4 sería, por ejemplo,

Cruce 3 ♀ amarilla YY AA × ♂ albino yy aa
F_1 ratones amarillos Yy Aa

Cruce 4 ♀ amarilla Yy Aa × ♂ albino yy aa
2/4 Y– – – + 1/4 yy Aa + 1/4 yy aa
amarillos agutí no agutí

Nota: se supone que los dos genes se heredarían independientemente; si estuvieran ligados también aparecerían ratones agutí, aunque en menor proporción.

3.15. Al realizar cruces entre las variedades de cebada «Manchuria» y «Deficiens», se obtuvieron semillas que al sembrarlas germinaron, pero murieron sin desarrollarse. Para comprobar la base genética de esta letalidad, Wiebe cruzó ambas variedades por las variedades «Lion» y «Smyrna», obteniendo semillas F_1 totalmente viables. Luego cruzó plantas F_1 con las dos variedades anteriores, «Manchuria» y «Deficiens», y sembró las semillas producidas con los siguientes resultados,

	Cruces		Semillas	
			Viables	No viables
1	Machuria	× Deficiens		TODAS
2	Lion	× Smyrna	TODAS	
3	F_1(Lion × Manchuria)	× Deficiens	47	41
4	F_1(Smyrna × Manchuria)	× Deficiens	43	44
5	F_1(Lion × Deficiens)	× Manchuria	20	27
6	F_1(Smyrna × Deficiens)	× Manchuria	39	38

a) ¿Cuál es la causa genética de la inviabilidad?

b) ¿Cuáles son los genotipos de todas las variedades implicadas?

c) Si se cruzan las plantas desarrolladas de las semillas viables del cruce 3 por las del cruce 5, ¿qué resultados obtendríamos respecto de la viabilidad de las semillas?

Solución

a) El resultado parece indicar que se produce una interacción letal cuando los genes de las dos variedades se encuentran en el híbrido. Por ello, ya que las variedades «Manchuria» y «Deficiens» son viables, pero el híbrido entre ellas es letal, no parece que pueda tratarse de la acción de un alelo letal recesivo, ya que los padres tendrían que ser heterozigotos y entre las semillas producidas sólo una cuarta parte no se desarrollaría. Obviamente, tampoco puede tratarse de la acción de un alelo letal dominante.

Una posibilidad sería que genes distintos de las dos variedades, cuando se encuentran en el híbrido, produzcan la letalidad. Como hipótesis más simple se puede pensar que son dos los genes que intervienen. Por ejemplo, la variedad «Manchuria» podría ser AAbb y la «Deficiens», aaBB, de tal manera que el híbrido AaBb fuera letal por la acción conjunta de A y de B. Sería un caso de genes complementarios.

b) Vamos a ver cómo funciona esta hipótesis en los otros cruces. Supongamos que las variedades «Lion» y «Smyrna» son normales respecto de los genes que producen la letalidad, es decir, tienen el genotipo aabb. El resultado de los cruces sería el siguiente:

Lion (aabb) × Manchuria (AAbb) = Aabb

F_1 (Aabb) × Deficiens (aaBB) = 1/2 AaBb + 1/2 aaBb
letal viable

Lion (aabb) × Deficiens (aaBB) = aaBb

F_1 (aaBb) × Manchuria (AAbb) = 1/2 AaBb + 1/2 Aabb
letal viable

Los cruces con la variedad «Smyrna» se explican de la misma manera, como era de esperar.

c) Las semillas viables del cruce 3 tendrían el genotipo aaBb y las del cruce 5, Aabb, luego:

aaBb × Aabb = 1/4 AaBb + [1/4 Aabb + 1/4 aaBb + 1/4 aabb]
no viables viables

Es decir, la cuarta parte de las semillas (AaBb) no se desarrollaría.

3.16. *Xiphophorus helleri* es un pequeño ciprinodonto vivíparo que en el inicio de la aleta caudal puede presentar una banda negra (BN) continua, dos manchas (M) o no presentar manchas (+). Kerrigan llevó a cabo una serie de cruces entre un macho BN y cuatro hembras, una BN y tres sin manchas (+), con los siguientes resultados,

♂♂	♀♀	F_1
BN	BN	11 BN + 4 (+)
	(+)	32 BN + 31 (+)
	(+)	5 BN + 10 (+) + 5 M
	(+)	30 BN + 48 (+) + 10 M

a) ¿De que tipo de herencia se trata?

b) ¿Cuál es el genotipo del macho y de las hembras con las que se cruzó?

Solución

a) Vamos a convertir los resultados en proporciones mendelianas:

			F_1	
Cruce	♂♂	♀♀	**Frecuencia probable**	**Número esperado**
1		BN	3/4(BN):1/4(+)	11,25:3,75
2	BN	(+)	1/2(BN):1/2(+)	31,5:31,5
3		(+)	1/4(BN):2/4(+):1/4(M)	5:10:5
4		(+)	3/8(BN):4/8(+):1/8(M)	33:44:11

Las diferencias entre el número observado y el esperado, de acuerdo con las proporciones propuestas, son muy pequeñas, por lo que las aceptamos.

El primer cruce se explicaría por la segregación de un gen con dos alelos (monohibridismo), es decir, Aa × Aa = 3/4 A– + 1/4 aa, siendo A > a y manifestando el fenotipo BN.

En el segundo tendríamos Aa × aa = 1/2 Aa + 1/2 aa.

El tercer cruce no puede explicarse como los anteriores. La solución viene al analizar el cuarto cruce. Una segregación en octavos no proviene de un monohibridismo sino de un dihibridismo, en el que uno de los genes segrega 3/4 + 1/4 (por ejemplo, de un cruce Aa × Aa) y el otro, 1/2 + 1/2 (por ejemplo, de un cruce Bb × bb). Los genotipos serían Aa Bb × Aa bb, lo que daría 3/8 A– Bb + 3/8 A– bb + 1/8 aa Bb + 1/8 aa bb. Para adecuar la proporción observada (3:4:1) a la teórica (3:3:1:1), parece lógico relacionar los fenotipos y genotipos de la siguiente manera:

Fenotipos	Genotipos
3/8 BN	3/8 A– Bb
4/8 (+)	3/8 A– bb + 1/8 aa bb
1/8 M	1/8 a a Bb

El gen B/b sería epistático, de tal manera que cuando está en homozigosis recesiva, inhibe la formación del pigmento, dando lugar a la ausencia de manchas. El gen A/a actuaría sólo en presencia de B–, dando lugar a la formación de una mancha continua (A–) o a una mancha doble (aa). Sería una epistasia 9:3:4.

b) De acuerdo con esta interpretación, el genotipo de todos los cruces sería el siguiente:

Cruce	♂♂	♀♀	F_1
1		A a Bb (BN)	3/4 A– B– (BN) 1/4 A– bb (+)
2		AA bb (+)	1/2 A– Bb (BN) 1/2 A– bb (+)
3	Aa Bb (BN)	a a bb (+)	1/4 Aa Bb (BN) 1/4 Aa bb (+) 1/4 a a bb (+) 1/4 a a Bb (M)
4		A a bb (+)	3/8 A– Bb (BN) 3/8 A– bb (+) 1/8 a a bb (+) 1/8 a a Bb (M)

3.17. El perro labrador puede presentar pelaje negro, marrón (chocolate) o dorado (amarillo). Un criador, interesado en averiguar el modo de herencia del color, se planteó la siguiente estrategia: de una numerosa camada del cruce entre un perro marrón y otro dorado, en la que había cachorros de los tres colores, estableció una serie de parejas entre hermanos, con los siguientes resultados,

1. Negro × marrón = 3/8 negros + 3/8 marrones + 2/8 dorados.
2. Negro × dorado = 3/8 negros + 1/8 marrones + 4/8 dorados.
3. Negro × dorado = 1/4 negros + 1/4 marrones + 2/4 dorados.
4. Marrón × marrón = 3/4 marrones + 1/4 dorados.
5. Marrón × dorado = 1/4 negros + 1/4 marrones + 2/4 dorados.
6. Marrón × dorado = 1/2 marrones + 1/2 dorados.
7. Dorado × dorado = todos dorados.

a) ¿Cuál es el tipo de herencia del color del pelaje en el perro labrador?
b) ¿Cuáles son los genotipos de los padres?
c) ¿Cuál hubiera sido el resultado del cruce entre dos perros negros de dicha camada?
d) El criador, además de averiguar el modo de herencia, estaba interesado en establecer razas puras para el color, ¿pudo aprovechar alguno de los descendientes de estos cruces? Indique para qué fenotipos y de qué cruces.

Solución

a) Examinando los resultados de los cruces, es fácil deducir que si hay tres fenotipos y las proporciones de algunos cruces no recuerdan las proporciones de un monohibridismo, por ejemplo, en los cruces 1 y 2, en donde aparecen proporciones en octavos, tienen que estar implicados como mínimo dos genes.

En segundo lugar, hemos de pensar que los individuos que se cruzan no serán necesariamente razas puras, sino homozigotos o heterozigotos para uno o los dos de estos supuestos genes.

En tercer lugar, no tenemos que seguir el orden, del 1 al 7 que nos marca el problema, sino buscar aquel o aquellos cruces cuyos resultados nos den más información.

Empecemos por el cruce 7: dorado × dorado da todos dorados. Lo más directo es pensar que hay un gen que condiciona dorado, los que se cruzan son homozigotos para dicho gen y por lo tanto todos los cachorros serán dorados. ¿Podemos saber si el alelo para dorado es dominante o recesivo? Sí, ya que en otros cruces, por ejemplo, el 4 marrón × marrón o el 1 negro × marrón, aparecen cachorros dorados, por lo que podemos suponer que dorado depende de la homozigosis de un alelo recesivo, que vamos a llamar *d*.

En el cruce 6 no nos hace falta, de momento, introducir un nuevo gen. Podría tratarse del cruce *Dd* (marrón) × *dd* (dorado), que daría lugar a la proporción 1:1, siendo el alelo para marrón (*D*) dominante sobre dorado (*d*).

En el cruce 5 el resultado se complica, ya que a partir de padres con el mismo fenotipo que en 6 aparece un nuevo fenotipo, negro. Es imposible intentar mantener un monohibridismo; además, ya hemos indicado los indicios de que se trata de al menos dos genes. Los cachorros negros tienen que recibir genes para negro del padre marrón y del padre dorado. Lo mejor, de momento, será mantener el gen para dorado e introducir un nuevo gen con dos alelos, *M* para marrón y *m* para negro, de tal manera que en este cruce marrón sería *Mm Dd* (el perro marrón tiene que suministrar el alelo recesivo para dorado, pero también un alelo *m* para negro; no puede ser *dd*, genotipo que ya hemos asignado a dorado). El genotipo correspondiente para negro podría ser *mm Dd* (no podría ser homozigoto *dd* por la misma razón anterior).

¿Qué genotipo tendría dorado? Ya le hemos asignado el genotipo *dd*, pero, ¿y el gen *M*/*m*? No puede ser homozigoto *MM*, pues no podrían aparecer descendientes negros *mm*. De momento nos quedan los genotipos *Mm dd* y *mm dd*. Probemos qué ocurre en el cruce,

Mm Dd (marrón) × *Mm dd* (dorado)
3/8 *M– D–* + 3/8 *mm D–* + 1/8 *M– dd* + 1/8 *mm dd*

Está claro que no es éste el resultado del cruce 5: Probemos el otro genotipo:

Mm Dd (marrón) × *mm dd* (dorado)

1/4 *Mm Dd*	+ 1/4 *mm Dd*	+ [1/4 *Mm dd* + 1/4 *mm dd*]
marrón	negro	dorado

Tanto las proporciones genotípicas como la asignación de fenotipos, están de acuerdo con los genotipos propuestos para los padres. Por ello, el gen *M*/*m* actuaría en presencia de *D* y quedaría anulado por la acción del homozigoto *dd*, al que se le puede asignar un efecto epistático recesivo.

Revisando el cruce anterior (6), los padres podrían tener cualquiera de los siguientes genotipos,

Marrón (*MMDd*) × dorado *MMdd*
Marrón (*MmDd*) × dorado *MMdd*
Marrón (*MMDd*) × dorado *Mmdd*

que darían todos ellos el mismo resultado.

En el cruce 4 no surgen, en principio, complicaciones,

MM Dd (marrón) × *MM Dd* (marrón)
3/4 *MM D–* (marrón) + 1/4 *MM dd* (dorado)

ni tampoco en el cruce 3,

mm Dd (negro) × *Mm dd* (dorado)
1/4 *mm Dd* (negro) + 1/4 *Mm Dd* (marrón) + 2/4 *–m dd* (dorado)

Pero al intentar explicar el cruce 2 aparece un problema. Si el alelo dominante *M* da marrón y el recesivo *m* da negro, el cruce tendría que ser *mm Dd* × *Mm dd*, pero obtendríamos 1/4 negro + 1/4 marrón + 2/4 dorado, que no coincide con el resultado. Sin embargo, si cambiásemos la asignación de fenotipos para los alelos, *M* para negro y *m* para marrón, tendríamos,

negro (*Mm Dd*) × dorado (*Mm dd*) =
1/8 *MM Dd* (negro)
1/8 *Mm Dd* (negro)
1/8 *mM Dd* (negro) → 3/8 negro
1/8 *mm Dd* (marrón) → 1/8 marrón
1/8 *MM dd* (dorado)
1/8 *Mm dd* (dorado)
1/8 *mM dd* (dorado)
1/8 *mm dd* (dorado) → 4/8 dorado

lo que está de acuerdo con los resultados.

Esto obliga a rectificar los genotipos anteriores, pero sin demasiadas complicaciones, como veremos, ya que los resultados no se alteran:

7. *– – dd* × *– – dd* (Da igual los alelos del gen *M*/*m*).
6. *mm Dd* × *mm dd*.
5. *mm Dd* × *Mm dd*.
4. *mm Dd* × *mm Dd*.
3. *Mm Dd* × *mm dd*.
2. *Mm Dd* × *Mm dd*.

Finalmente, en el cruce 1 tendremos:

negro (*Mm Dd*) × marrón (*mm Dd*) =
1/8 *Mm DD* (negro)
1/8 *Mm Dd* (negro)
1/8 *Mm dD* (negro) → 3/8 negro
1/8 *Mm dd* (dorado)
1/8 *mm DD* (marrón)
1/8 *mm Dd* (marrón)
1/8 *mm dD* (marrón) → 3/8 marrón
1/8 *mm dd* (dorado) → 2/8 dorado

En resumen, el tipo de herencia depende de un gen epistático recesivo (*dd*) para dorado y otro gen hipostático con dos alelos para negro (*M*, dominante) y para marrón (*m*, recesivo).

b) Los hermanos que se cruzaron tenían los siguientes genotipos:

Mm Dd (negro)
mm Dd (marrón)
Mm dd (dorado)
mm dd (dorado)

luego sus padres serían:

marrón (*mm Dd*) × dorado (*Mm dd*)

c) Los perros negros de dicha camada tienen el genotipo *Mm Dd*, luego si se hubieran cruzado, la descendencia sería:

negro (*Mm Dd*) × negro (*Mm Dd*) = 9/16 *M– D–* (negro)
3/16 *mm D–* (marrón)
4/16 *– –* *dd* (dorado)

d) En los cruces 4 y 6 los cachorros dorados son raza pura (*mm dd*), aunque en general todos los dorados pueden constituir estirpes que únicamente den fenotipo dorado, ya que son homozigotos *dd*, pero pueden ser heterozigotos para el otro gen sin que quede afectado el color. Para marrón, la cuarta parte de los descendientes del cruce 4 serán puros (*mm DD*) y la octava parte del cruce 1. Para negro habría que realizar cruces adicionales con el fin de obtener razas puras que tuvieran el genotipo *MMDD*.

3.18. El color del bulbo de la cebolla puede ser blanco, rojo oscuro o amarillo oscuro. Mientras que las variedades blancas son las preferidas comercialmente, las variedades coloreadas son altamente resistentes a hongos del género *Colletotrichum*. Por ello, a Clarke y colaboradores les pareció interesante investigar el modo de herencia del color en distintas variedades comerciales, encontrando los siguientes resultados:

		Fenotipo descendientes		
	Cruces	**rojo**	**amarillo**	**blanco**
1	ROJO × AMARILLO	Todos		
	Autofecundación F_1	2.353	756	
	AMARILLO × F_1	214	226	
2	AMARILLO × BLANCO		Todos	
	Autofecundación F_1		638	216
	BLANCO × F_1		14	14
3	ROJO × BLANCO	Todos		
	Autofecundación F_1	1.019	375	482

a) ¿Cuál es el genotipo de cada una de las variedades?
b) ¿Qué cruce realizaría para confirmar su hipótesis y que resultados esperaría de dicho cruce?

Solución

a) En el cruce **1** todos los descendientes (F_1) son rojos y la autofecundación de estos da, aproximadamente, una proporción de 3:1 (2331,75:777,25), luego la interpretación mas simple es que se trata de la segregación de un gen con dos alelos, R/r, de tal manera que R es dominante y da rojo (RR, Rr) y r es recesivo y da amarillo (rr). Esto viene confirmado por el resultado del cruce del padre amarillo (rr) con la F_1 (Rr).

En el cruce **2** ocurre algo similar, pero en este caso se trataría de la segregación de otro gen con dos alelos, A/a, de tal manera que A es dominante y da amarillo (AA, Aa) y a es recesivo y da blanco (aa), confirmado, como antes, por el cruce entre el padre blanco (aa) con la F_1 (Aa).

En el cruce **3** todos los descendientes son rojos, pero la autofecundación de la F_1 da lugar a bulbos con los tres colores, aproximadamente en la proporción 9:3:4 (1055,25:351,75:469,00. $\chi^2 = 3{,}14$. 2 g.l. $P \approx 0{,}20$). Esto se corresponde con un dihibridismo, que podría explicarse por los genes indicados anteriormente, en donde los alelos del gen R/r determinarían el color, rojo o amarillo como antes, pero el alelo recesivo de otro gen, A/a, sería epistático sobre el primero, inhibiendo la formación de pigmento (9:3:4, epistasia del alelo recesivo).

De acuerdo con esta hipótesis, el genotipo de cada una de las variedades sería:

Roja	RR AA
Amarilla	r r AA
Blanca	r r a a

b) Un posible cruce a realizar para confirmar la hipótesis sería la F_1 del cruce **3** (Rr Aa) por la variedad blanca (rr aa). Este cruce nos tendría que dar 1/4 rojos (Rr Aa) + 2/4 blancos (Rr aa + rr aa) + 1/4 amarillos (rr Aa).

3.19. Se creía que en el gusano de seda el color del capullo dependía del color de la hemolinfa, de tal manera que observando el abdomen de las orugas se deducía cuál iba a ser el color del capullo, blanco o amarillo. No obstante, Uda observó que algunas orugas con hemolinfa amarilla tejían capullos blancos. Cruzando adultos entre sí durante varias generaciones obtuvo una raza pura, con hemolinfa amarilla y capullos blancos. Cruzó esta cepa con otra raza pura que siempre había producido hemolinfa y capullos blancos. En el conjunto de los diversos cruces, obtuvo tres tipos de resultado.

TIPO I: en la F_1 todos las larvas tenían hemolinfa amarilla y tejieron capullos amarillos. En la F_2 encontró 1.944 con hemolinfa y capullos amarillos, 886 con hemolinfa y capullos blancos, y 643 con hemolinfa amarilla y capullos blancos.

TIPO II: en la F_1 todos los individuos tenían hemolinfa amarilla y capullo blanco. En la F_2 encontró 2.140 larvas con hemolinfa amarilla y 736 con hemolinfa blanca, aunque todas ellas tejieron capullos blancos.

TIPO III: en la F_1 todas las larvas presentaban hemolinfa amarilla, pero la mitad tejieron capullos amarillos y la otra mitad capullos blancos. En la F_2, la primera mitad dio proporciones similares a la F_2 del Tipo I, y la segunda mitad dio proporciones similares a la F_2 del Tipo II.

a) ¿Cuál es la explicación genética de estos resultados?

b) ¿En qué sentido el color del capullo depende del color de la hemolinfa?

c) Si las dos cepas utilizadas por Uda eran puras, ya que al cruzarse por sí mismas siempre producían los mismo fenotipos, ¿cómo se explican los tres tipos de resultados que obtuvo?

Solución

a) Vamos a considerar cada carácter por separado.

■ Color de la hemolinfa. Al cruzar hemolinfa amarilla con hemolinfa blanca, en los tres tipos de cruce aparece hemolinfa amarilla en la F_1 y en las correspondientes F_2 las proporciones son de 3/4 hemolinfa amarilla y 1/4 hemolinfa blanca, luego parece que el color de la hemolinfa depende de un gen con dos alelos, con dominancia de amarillo sobre blanco (H > h).

■ Color del capullo. Si se cruzan dos razas puras con capullos blancos y el color del capullo dependiera de un único gen, con dos o más alelos, los resultados no podrían ser tan diversos, con casos en que aparecen capullos amarillos (Tipo I), capullos blancos (Tipo II) o los dos tipos (Tipo III). Lógicamente, el color del capullo tiene que depender de más de un gen.

Fijándonos en la F_2, en el Tipo I aparecen 1.944 amarillos y 1.529 (886 + 643) blancos, en una proporción que se aleja bastante de una hipotética 1:1 (1.736,5:1.736,5); sin necesidad de realizar comprobaciones estadísticas podemos afirmar que es significativamente distinta. Como dijimos que un solo gen no explicaba la enorme diversidad de resultados, vamos a repasar las distintas proporciones que pueden aparecer cuando hay dos genes. Entre las epistasias hay tres proporciones con dos fenotipos en la F_2 (15:1, 13:3 y 9:7). En nuestro caso, aplicando la última proporción tendríamos 1.953,6:1.519,4. Mediante una χ^2 se comprueba que no hay diferencias significativas respecto de la proporción 9:7 ($\chi^2 = 0{,}11$. $0{,}9 > P > 0{,}7$).

Se trataría pues de un caso de genes complementarios o de una doble epistasia recesiva, en donde 9/16 de capullos amarillos tendrían el genotipo A– B–, mientras que 7/16 de capullos blancos tendrían los restantes genotipos (A– bb, aa B– y aa bb). Los individuos de la F_1 serían Aa Bb (con capullos amarillos) y los padres de éstos, AA bb y aa BB (con capullos blancos).

En el Tipo II todos los descendientes presentan capullos blancos, luego siguiendo con la misma hipótesis, la F_1 podría ser Aa bb o aa Bb, y provenir de cruces AA bb × aa bb o aa BB × aa bb. Esto no contradice las hipótesis propuestas para el Tipo I, ya que los individuos de capullo blanco pueden tener cualquiera de estos genotipos: aa bb, aa Bb o aa BB.

En el Tipo III la mitad de la F_1 podría ser Aa Bb (amarillos) y la otra mitad Aa bb (blancos), que darían una F_2 similar a los tipos I y II respectivamente. Los padres de la F_1 tendrían los genotipos AA bb y aa Bb.

Reunamos ahora los dos caracteres con los genotipos indicados. Nos saldría un trihibridismo; en el cruce Tipo I (AabbHH × aaBBhh) la F_1 sería AaBbHh (hemolinfa y capullo amarillo), pero en la F_2 aparecerían unas proporciones fenotípicas que en nada se parecerían a las observadas.

Genotipos	Capullos	Hemolinfa	Proporciones
27 A– B– H–	amarillo	amarilla	27/64
9 A– bb H– 9 aa B– H– 3 aa bb H–	blanco	amarilla	21/64
9 A– B– hh	amarillo	blanca	9/64
3 A– bb hh 3 aa B– hh 1 aa bb hh	blanco	blanca	7/64

Revisando los resultados de la F_2 del Tipo I y teniendo en cuenta los dos caracteres al mismo tiempo, vemos que aparecen sólo tres combinaciones de las cuatro teóricamente posibles: hemolinfa y capullos blancos (886), hemolinfa y capullos amarillos (1.944), y hemolinfa amarilla y capullos blancos (643), y no aparece la combinación capullos amarillos y hemolinfa blanca. Busquemos las proporciones en la que se encuentran estas combinaciones. El número total de descendientes es 1.944 + 886 + 643 = 3.473; un dieciseisavo es 217,06. A partir de este dato, es fácil encontrar la correspondencia con los valores observados:

Número	Capullos	Hemolinfa	Proporción
1.944	amarillos	amarilla	1.953,6 (9/16)
643	blancos	amarilla	651,2 (3/16)
886	blancos	blanca	868,2 (4/16)

que están de acuerdo con una epistasia del recesivo,

	Fenotipos	
Genotipo	Capullos	Hemolinfa
9 C– H–	amarillos	amarilla
3 cc H–	blancos	amarilla
3 C– hh	blancos	blanca
1 cc hh	blancos	blanca

en donde el alelo H daría hemolinfa amarilla y la homozigosis recesiva hh, hemolinfa blanca. En el otro gen, que llamaremos C/c, el alelo C daría capullos amarillos, pero en presencia del homozigoto hh daría capullos blancos. Es decir, el gen H/h condiciona el color de la hemolinfa y es epistático recesivo sobre el color del capullo.

b) El color del capullo depende de un gen con dos alelos, distinto del gen que regula el color de la hemolinfa, pero que es hipostático del alelo recesivo de aquél.

c) Los distintos resultados se explican considerando que el genotipo de la raza pura obtenida por Uda con hemolinfa amarilla y capullos blancos debía ser cc HH, mientras que el genotipo de la raza con hemolinfa y capullos blancos sería hh, pero variable para el gen C/c. Los padres del Tipo I serían CC hh, los padres del Tipo II, cc hh y los padres del Tipo III, Cc hh. Esta variabilidad no se detectó debido a la epistasia del par hh.

3.20. Las hojas de *Ananas comosus* pueden ser lisas (A), espinosas en la punta (B) y espinosas a lo largo de todo el borde (C). Debido a la autoincompatibilidad de esta especie, para poder analizar el genotipo de este carácter, Collins y Kearns realizaron cruces entre diversas plantas que mostraban el carácter liso, encontrando los siguientes tipos de segregación:

	Fenotipos		
Tipo	A liso	B punta	C borde
1	Todos		
2	108	36	
3	402		149
4	548	97	82
5	757	203	62

a) ¿Qué dificultad supone para el análisis mendeliano la autoincompatibilidad?

b) ¿Qué tipo de herencia gobierna el carácter liso/espinoso en las hojas de la piña?

c) ¿Cuál es el genotipo de los padres que dio lugar a los cinco tipos de descendencia?

Solución

a) La primera dificultad que se presenta es que no es posible que una F_1 se autofecunde, ya que es autoestéril hay que realizar cruzamientos entre plantas de distintas F_1, con las consiguientes precauciones para que, a pesar de todo, no se den incompatibilidades por llevar dos plantas uno de los alelos iguales, lo que produciría una esterilidad parcial.

b) Para interpretar los resultados mendelianamente, hemos de ver qué proporciones aparecen en los distintos cruces y comprobar los valores observados con los esperados, de acuerdo con las distintas hipótesis, mediante una prueba de chi cuadrado:

Tipo	A	B	C	χ^2	P
1	Todos				
2	3/4 108	1/4 36		0	1
3	3/4 413,25		1/4 137,75	1,22	0,3 > P > 0,2
4	6/8 545,25	1/8 90,975	1/8 90,875	1,29	0,7 > P > 0,5
5	12/16 766,5	3/16 191,625	1/16 63,875	0,85	0,7 > P > 0,5

En todos los casos hay muy buena concordancia entre los valores observados y las proporciones propuestas.

De todos los tipos de segregación, el que parece más discriminante es el último. Una proporción 12:3:1 se corresponde con un dihibridismo, en donde el alelo dominante de uno de los genes sería epistático y daría lugar a los fenotipos alternativos liso/no liso (L/l). El otro gen, el hipostático, daría lugar a los caracteres alternativos espinoso en la punta/espinoso a lo largo del borde (E/e).

c) El genotipo de los padres lisos sería, en cada caso,

Tipo	Genotipos
1	LL -- × LL --, o LL -- × Ll --[1]
2	Ll EE × Ll EE, o Ll EE × Ll Ee
3	Ll ee × Ll ee
4	Ll Ee × Ll ee
5	Ll Ee × Ll Ee

[1] El genotipo para el gen hipostático, E/e, puede ser cualquiera, ya que la homozigosis del gen epistático (L) impide averiguar nada sobre la constitución genética del otro gen.

3.21. Siguiendo con el tema del Problema 3.18, Clarke encontró una variedad de cebolla con bulbo blanco, que llamaremos BLANCO (2). Al cruzarla con las variedades roja (RR BB) y amarilla (rr BB), cuyos genotipos dedujimos en 3.18, se comportó de manera distinta a la variedad blanca anterior (rr bb), con los siguientes resultados,

	Cruces	Fenotipos			
		rojo	amarillo	blanco	rosa
1	Rojo × BLANCO (2)				Todos
1.1	Autofecundación de rosa de F_1	58		63	156
1.2	Autofecundación de rosa de F_2	321		339	727
1.3	BLANCO (2) × F_1 (rosa)			333	363
1.4	Rojo × F_1 (rosa)	265			297
2	Amarillo × BLANCO (2)			Todos[1]	
2.1	Autofecundación F_1	701	259	2.921[1]	

[1] Aunque el aspecto del bulbo era blanco, se podía apreciar una muy suave tonalidad rosa, difícil de distinguir de los blancos puros.

a) ¿Qué genotipo se le puede asignar a esta nueva variedad blanca?

b) ¿Cuáles son los genotipos de todos los individuos que se cruzan y de sus descendientes?

Solución

a) En el cruce **1** todos los descendientes son rosa, por lo que podríamos pensar en una herencia intermedia. Esto se confirma en los otros cuatro cruces. La autofecundación de bulbos rosa de la F_1 (**1.1**) da una proporción en la F_2 de 1 rojo:2 rosa:1 blanco, aproximadamente. La autofecundación de los bulbos rosa de la F_2 (**1.2**), que de acuerdo con esta primera hipótesis tienen que ser heterozigotos, produce de nuevo una proporción 1 rojo:2 rosa:1 blanco, aproximadamente. Los cruces retrógrados F_1 (rosa) × BLANCO (2) (**1.3**) y F_1 (rosa) × rojo (**1.4**) dan lo que se esperaría de un cruce entre homozigoto y heterozigoto, 1:1.

Por lo tanto, hasta aquí podemos afirmar que la variedad BLANCO (2) tiene que ser homozigota para el alelo de un gen que en heterozigosis con el alelo para rojo da rosa.

Sin embargo, en el cruce **2**, amarillo × BLANCO (2), la F_1 es toda blanca (aunque con cierta tonalidad rosa) pero la autofecundación de esta F_1 da unas proporciones que hemos de analizar con cuidado. Lógicamente aquí no se trata de una herencia intermedia, ya que hay más de cuatro veces bulbos blancos que rojos y casi tres veces más bulbos rojos que amarillos. Además, que aparezcan bulbos rojos nos está indicando la existencia de más de un gen. Para aclararnos, sumemos todos los bulbos resultantes y dividamos por 16:

$$\frac{701 + 259 + 2.921}{16} = \frac{3.881}{16} = 242{,}56$$

Con estos datos podemos establecer, lógicamente, las siguientes correspondencias:

Fenotipos	Observados	Esperados	Proporciones	χ^2 parcial
Blanco	2.921	2.910,75	12/16	0,04
Rojo	701	727,69	3/16	0,98
Amarillo	259	242,56	1/16	1,11

χ^2 total = 2,13

La concordancia entre los datos observados y los esperados de acuerdo con la hipótesis es muy buena, luego debe tratarse de una epistasia dominante (12:3:1).

Si en el Problema 3.18 llegamos a la conclusión de que el genotipo para rojo era RRBB y en este problema aparece rojo en la F_2 (**2.1**), la variedad BLANCO (2) debe llevar, necesariamente, los alelos para rojo, RR. Si en este problema aparece una epistasia dominante (12:3:1), debe de haber un tercer gen, que podemos llamar I/i, que en homozigosis daría blanco y que en heterozigosis daría rosa, y que sería epistático dominante, luego el genotipo de BLANCO (2) sería RRII.

b) De acuerdo con esto, los cruces que plantea el problema tendrían los siguientes genotipos:

Cruce **1**: en el problema anterior llegamos a la conclusión de que el genotipo para rojo era RRBB, no obstante, podemos prescindir del gen B/b (epistático recesivo), ya que no interviene en estos cruces (está siempre en homozigosis dominante), e introducir el tercer gen I/i.

1 Rojo (RR ii) × BLANCO (2) (RR II)
Rosa RR Ii
1.1 y 1.2 rosa RR Ii × rosa RR Ii (autofecundación F_1 y F_2)
1/4 rojo RR ii + 2/4 rosa RR Ii + 1/4 blanco RR II
1.3 blanco (2) RR II × rosa RR Ii
1/2 blanco RR II + 1/2 rosa RR Ii
1.4 rojo RR ii × rosa RR Ii
1/2 rojo RR ii + 1/2 rosa RR Ii

Cruce **2**: en el caso del cruce 2 tendríamos:

2 Amarillo rr ii × BLANCO (2) RRII
Blanco (rosáceo) RrIi
2.1 RrIi × RrIi (autofecundación F_1)
[9/16 R– I– + 3/16 rr I–] + 3/16 R– ii + 1/16 rr ii
12 blanco   3 rojo   1 amarillo

3.22. Lindstrom llevó a acabo en el maíz una serie de cruces para comprobar la herencia del albinismo (ausencia de clorofila) a partir de tres variedades verdes, que se sabía segregaban plantas albinas. Al cruzar las variedades **1** y **2**, las plántulas F_1 resultaron verdes. Dejó que las 53 plantas adultas de esta F_1 se autofecundaran. Las semillas procedentes de 12 de las plantas de la F_1 dieron sólo plántulas verdes, 27 dieron proporciones de 3 plántulas verdes:1 albina y las 14 restantes, proporciones de 9 plántulas verdes:7 albinas. En el cruce entre las variedades **1** y **3**, y entre las variedades **2** y **3** encontró resultados parecidos a los del cruce entre las variedades **1** y **2**.

Finalmente cruzó plantas verdes que segregaban 3:1 (variedad **1**) con plantas verdes que segregaban 9:7 (las resultantes del cruce entre las variedades **2** y **3**), y comprobó las semillas de 72 plantas, de las que las semillas de 8 plantas dieron sólo plantas verdes, 25 dieron una segregación de 3 verdes:1 albinas, 28 dieron 9 verdes:7 albinas y 11 dieron una segregación de 27 verdes:37 albinas.

a) ¿De qué tipo de herencia se trata?
b) ¿Cuál es el genotipo de cada una de las variedades?
c) Al comprobar por autofecundación la descendencia de las 53 semillas del primer cruce y las 72 del último, ¿corresponden los resultados con su hipótesis?

Solución

Vamos a resumir los datos de que disponemos:

Las variedades **1, 2** y **3** son verdes, pero segregan en su descendencia plántulas albinas, luego albino (sin clorofila) es recesivo respecto de verde.

El cruce **1** × **2** da una F_1 verde. Por autofecundación se produce una F_2, en la que aproximadamente 1/4 de las plantas dieron sólo plántulas verdes; 2/4, una proporción de 3 verdes:1 albina; y 1/4, una proporción de 9 verdes:7 albinas. Esta última proporción nos da la pista de que se trata de un dihibridismo (9 + 7 = 16avos).

Para que aparezca por autofecundación una segregación en dieciseisavos, la planta tiene que ser heterozigota para dos genes, por ejemplo: AaBb = 9 A– B– + 3 A– bb + 3 aa B– + 1 aa bb. Las plantas 1n– B– serían verdes y el resto, con homozigosis recesiva para cualquiera de los dos genes, serían albinas. Se trataría de una doble epistasia recesiva (o de genes complementarios).

Las plantas que por autofecundación dan una segregación 3:1 tienen que ser heterozigotas para un solo gen, por ejemplo, AaBB. Las plantas que por autofecundación dan toda la descendencia verde serán homozigotas dominantes, AA BB.

Los padres verdes de estas plantas tienen que ser heterozigotos, ya que segregan plantas albinas, pero cada uno de ellos para un gen distinto, por ejemplo, Aa BB (variedad **1**) × AA Bb (variedad **2**), ya que dicho cruce da lugar a,

Plantas	**Aa BB (1)**		
	Gametos	**1/2 AB**	**1/2 aB**
AA Bb (2)	**1/2 AB**	1/4 AA BB	1/4 Aa BB
	1/2 Ab	1/4 AA Bb	1/4 Aa Bb

que explica que todas las plántulas de la F_1 sean verdes y las proporciones verdes/albinas que aparecen en la F_2 por autofecundación de la F_1. La cuarta parte de los descendientes (AABB) daría sólo plantas verdes, la mitad (1/4 AABb + 1/4 AaBB) daría una proporción de 3/4 de plantas verdes y 1/4 de albinas, y la cuarta parte restante (AaBb) daría una proporción 9:7, lo que está en correspondencia con los números observados:

Al cruzar la variedad **1** × **3** y **2** × **3** y encontrar los mismos resultados que al cruzar **1** × **2**, implica una estructura genética similar, aunque no necesariamente los mismos alelos. Es decir, la cepa **3** sería homozigota para un gen y heterozigota para otro, pero para genes distintos que los de la cepa **1**. Al cruzarla con la cepa **2**, se confirma que también tiene alelos distintos de los de dicha cepa. Resumiendo, tiene que haber tres genes distintos, heterozigotos para un alelo albino, que expliquen tanto la segregación de plántulas albinas en cada una de las cepas como los resultados de los cruces entre ellas. Por ejemplo: variedad **1** (AaBBCC), variedad **2** (AABbCC) y variedad **3** (AABBCc).

Esta hipótesis la podremos confirmar en el último cruce, la variedad **1** × plantas resultantes del cruce entre la variedad **2** y **3** que segregan una proporción 9:7.

Plantas	**AABbCc (2 × 3)**				
	Gametos	1/4 ABC	1/4 AbC	1/4 ABc	1/4 Abc
AaBBCC (1)	1/2 ABC	1/8 AABBCC	1/8 AABbCC	1/8 AABBCc	1/8 AABbCc
	1/2 aBC	1/8 AaBBCC	1/8 AaBbCC	1/8 AaBBCc	1/8 AaBbCc

1/8 (8) daría sólo plantas verdes (AABBCC).
3/8 (25) daría una segregación 3:1 (AaBBCC, AABbCC y AABBCc).
3/8 (28) daría una segregación 9:7 (AaBbCC, AaBBCc y AABbCc).
1/8 (11) daría una segregación 27:37 (AaBbCc).

a) Se trata de una epistasia doble (o triple) recesiva o de genes complementarios.

b) Las variedades tienen tres genes necesarios para la formación de la clorofila. La homozigosis recesiva de cualquiera de ellos da lugar a plántulas albinas. Las tres variedades son heterozigotas para uno de los tres genes, distinto en cada variedad.

c) Lo que se esperaba en el primer cruce era una proporción 1:2:1 y en el segundo cruce, 1:3:3:1.

Primer cruce (53)	
Observados	**Esperados**
12	13,25
27	26,50
14	13,25

Segundo cruce (72)	
Observados	**Esperados**
8	9
25	27
28	27
11	9

No se aprecian diferencias importantes. Los resultados observados están de acuerdo con la hipótesis propuesta.

3.23. Una pareja decide casarse, pero debido a que los dos son sordomudos optan por pedir consejo sobre lo que les ocurrirá a sus hijos. El estudio de la genealogía de ambos indica que su discapacidad se debe a la herencia y que ellos son homozigotos recesivos para un gen que determina la sordomudez, sin embargo, tienen cuatro hijos normales que no padecen la discapacidad. ¿Cómo se podría explicar genéticamente este resultado?

Solución

Si los dos tienen en homozigosis un gen para la sordomudez y sus hijos son normales, la explicación lógica más simple es que ambos son homozigotos para dos genes distintos, no alélicos. Los podemos llamar s_1 y s_2, de tal manera que uno de los padres sería $s_1s_1s_2^+s_2^+$ y el otro $s_1^+s_1^+s_2s_2$, por lo que los hijos serían $s_1^+s_1s_2^+s_2$, con un alelo normal en cada uno de los genes que interviene en el carácter. Se trataría de un caso de genes complementarios o de doble epistasia recesiva (9:7).

3.24. Las semillas del algodón (*Gossypium hirsutum*) quedan normalmente recubiertas por una cubierta pilosa después de desmontar el algodón. Se conocen algunas variedades que quedan totalmente desnudas. Para comprobar la herencia de este carácter, se cruzaron dos variedades de semilla desnuda, la «Arcadian Brown» y la «Acala Mex». Las plantas de la F_1 produjeron semillas desnudas, y en la F_2 se encontraron 41 plantas con semillas desnudas y 8 con cubierta pilosa.

a) ¿Cuál es el control genético de este carácter?

b) ¿Qué descendencia obtendríamos al cruzar las plantas con semillas pilosas de la F_2?

Solución

Al cruzar dos variedades de semilla desnuda, la F_1 presenta también semillas desnudas, pero en la F_2 hay una segregación de semillas desnudas y de semillas pilosas. ¿De dónde viene el gen para semillas pilosas? El análisis de la proporción que aparece en la F_2 nos lo puede aclarar. Aunque aparentemente la F_2 parece el resultado del cruce de dos heterozigotos para un gen dado, si fuera así las semillas de la F_1 tendrían que ser hijas del cruce entre un homozigoto dominante y un homozigoto recesivo, que tendrían que tener un fenotipo distinto, y no es el caso. No hay, pues, ninguna posibilidad de que se trate de la herencia de un gen con dos o más alelos, por lo que la hipótesis siguiente sería considerar un dihibridismo.

Mientras no se diga, o se demuestre, lo contrario, una variedad suele ser una raza pura. Si al cruzar dos razas puras, que difieren en dos genes, aparecen en la F_2 dos fenotipos, ello puede tratarse de las proporciones 9:7, 13:3 o 15:1, tal como vimos en la introducción teórica. Vamos a ver a cuál de ellas puede corresponder:

Proporción teórica	Proporción esperada	Proporción observada	χ^2	P
9:7	27,5625:21,4375	41:8	14,97	$P < 0{,}001$
13:3	39,8125: 9,1875		0,19	$0{,}7 > P > 0{,}5$
15:1	45,9375: 3,0625		¿?	

Aunque a simple vista parece clara la concordancia con la proporción 13:3 (la prueba de chi cuadrado lo confirma), hay que hacer una salvedad con la proporción 15:1. En una prueba de chi cuadrado, cuando el valor esperado es menor de 5 (que es nuestro caso), no hay que aplicarla, ya que los resultados podrían quedar falseados. No podemos pues contrastar estadísticamente si nuestros datos están o no de acuerdo con una proporción 15:1.

Si buscamos argumentos genéticos, éstos tampoco nos ayudan mucho. Si se trata de una segregación 15:1, las variedades paternas tendrían que ser,

$$\text{AA bb} \times \text{aa BB} \longrightarrow \text{Aa Bb}$$

ya que los dos padres y la F_1 podrían tener el mismo fenotipo por presencia de uno o de dos alelos dominantes, y en la F_2 aparecería 1/16 con un fenotipo distinto (aa bb, piloso).

A pesar de todo, por menor diferencia con la segregación 13:3, vamos a responder a la última cuestión bajo este supuesto:

	Acala Mex × Arcadian Brown
Paterna	AABB × aabb
Fenotipo	desnuda × desnuda
F_1	AaBb
Fenotipo	desnuda
F_2	9/16 A– B– + 3/16 A– bb + 1/16 aa bb + 3/16 aa B–
Fenotipo	desnuda + pilosa

a) El alelo dominante A sería epistático, inhibiendo la formación de pilosidad, lo mismo que el alelo recesivo del otro gen (bb).

b) Al cruzar las plantas pilosas de la F_2, hay que tener en cuenta que sus proporciones genotípicas son 1/3 aa BB + 2/3 aa Bb, luego,

Gametos	2/3 a B	1/3 a b
2/3 aB	4/9 aa BB	2/9 aa Bb
1/3 ab	2/9 aa Bb	1/9 aa bb

El resultado sería: 8/9 pilosas + 1/9 desnudas.

Si éste fuera un resultado real, obtenido experimentalmente, podríamos tener resuelta la duda anterior entre las proporciones 13:3 y 15:1. Si se hubiera tratado de una segregación 15:1, las plantas con semillas pilosas de la F_2 tendrían el genotipo aa bb, por lo que el resultado sería que todos los descendientes serían pilosos, no pudiendo aparecer semillas desnudas, como en el supuesto anterior.

3.25. En la soja (*Soja max*) los cotiledones pueden ser amarillos o verdes. Owen cruzó una variedad con cotiledones verdes con otra con cotiledones amarillos (variedad Mandarín), encontrando en la F_2 1.686 semillas con cotiledones amarillos y 118 con cotiledones verdes.

a) ¿Qué genotipo controla el color del cotiledón en la soja?

b) ¿Qué porcentaje de las plantas de la F_2 será raza pura? ¿Qué porcentaje de las plantas de la F_2 no segregará semillas verdes?

c) ¿Se podría obtener una variedad que cruzada con Mandarin diera una segregación de 3/4 amarillo + 1/4 verde en la F_2?

Solución

Aunque el enunciado no lo dice, de la F_2 se deduce que el color amarillo es dominante sobre el verde y, por tanto, la F_1 sería uniformemente amarilla. Aunque hay dos fenotipos en la F_2, las proporciones se alejan bastante de 3:1 (que sería 1352:451). Con toda probabilidad hay más de un gen. Entre las epistasias con dos clases fenotípicas en la F_2, la 15:1 es la que más se aproxima a simple vista (1691,25:112,75), tanto que no vale la pena realizar prueba de significación por las pequeñas diferencias que se observan.

a) Se trataría de dos genes duplicados, que regulan el mismo carácter, de tal manera que la presencia del alelo dominante en cualquiera de los dos genes daría lugar al fenotipo amarillo. Estos dos genes se heredarían independientemente. Denominando estos dos genes como $V1/v_1$ y $V2/v_2$, la variedad verde sería v_1v_1 v_2v_2 y la variedad amarilla, V1V1 V2V2.

b) De acuerdo con el genotipo de las dos variedades, en la F_2 tendríamos:

P	$V1V1\ V2V2 \times v_1v_1\ v_2v_2$	
F_1	$V1v_1\ V2v_2$	
F_2	→ 1/16 $V1V1\ V2V2$ ←	
	→ 2/16 $V1v_1\ V2V2$	
	→ 2/16 $V1V1\ V2v_2$	
7/16 sólo semillas amarillas	4/16 $V1v_1\ V2v_2$	
	→ 1/16 $V1V1\ v_2v_2$ ←	4/16 razas puras
	2/16 $V1v_1\ v_2v_2$	
	→ 1/16 $v_1v_1\ V2V2$ ←	
	2/16 $v_1v_1\ V2v_2$	
	1/16 $v_1v_1\ v_2v_2$ ←	

c) Como la variedad Mandarín tiene el genotipo V1V1 V2V2, el cruce entre ésta y cualquier variedad $V1V1\ v_2v_2$ o $v_1v_1\ V2V2$ daría la segregación pedida en la F_2.

3.26. Al realizar el análisis de moscas capturadas en el campo, se encontró un macho que presentaba ojos de color oscuro. Para comprobar si se trataba de una fenocopia o de una mutación, se cruzó el macho con dos tipos de hembra.

1. Con hembras vírgenes de una cepa normal de laboratorio, con los ojos de color rojo ladrillo. La F_1 resultó normal y en la F_2 se obtuvieron 211 moscas de ojos normales y 14 de ojos oscuros.
2. Con hembras vírgenes de una cepa mutante para el color de los ojos (*sepia*, *sese*). La F_1 resultó de ojos oscuros (como los padres).

a) ¿Cuál es la explicación genética del resultado de estos dos cruces?

b) ¿Cuál es el genotipo del macho capturado en el campo y de las cepas de laboratorio utilizadas?

Solución

a) No se trata de una fenocopia, ya que al cruzar el macho con hembras normales (cruce 1) en la F_2, aparecen moscas de ojos oscuros. Esto se confirma en el cruce con hembras mutantes *sepia*, ya que todos los descendientes tienen ojos ocuros, por lo que nuestro macho mutante debe de ser homozigoto para el alelo del gen *sepia*.

En cuanto a la F_2 del cruce 1, hemos de comprobar de qué tipo de proporción se trata, ya que 211:14 parece muy alejada de la proporción típica de un monohibridismo (3:1), que es lo que cabría esperar en el cruce de hembras normales con el macho mutante, si éste fuera homozigoto recesivo para un solo gen.

Observado	Esperado	χ^2
211	168,75	10,5
14	56,25	31,7

χ^2 total = 42,2

El chi cuadrado, con 1 grado de libertad, da P < < 0,001.

Cabe dos interpretaciones, que los homozigotos para el alelo mutante sean poco viables, y esto distorsione el resultado, o que 211:14 corresponda a otro tipo de segregación que podamos interpretar.

Repasemos de nuevo los tres tipos de proporciones en donde en la F_2 aparecen sólo dos clases: 9:7; 13:3 y 15:1, que en nuestro caso serían,

9:7	126,56:98,44
13:3	182,81:42,19
15:1	210,94:14,06

Sin necesidad de realizar una prueba de χ^2 se ve que nuestros datos corresponden a 15:1 (genes duplicados o doble epistasia dominante). Cabe dos posibilidades, que la cepa normal utilizada tenga dos genes (duplicados) del gen se^+/se en dos cromosomas distintos, y para los dos tendrá que ser homozigoto para el alelo normal, o que sea el macho *sepia* quien tenga los dos genes duplicados, y entonces tendrá que ser homozigoto recesivo para los dos. De acuerdo con esto, tendríamos,

P	se^+se^+ se^+se^+[1] × sese **OO**[2]	se^+se^+ **OO**[2] × sese sese[1]
F_1	se^+se se^+**O**	se^+se se**O**
F_2	1/16 se^+se^+ se^+se^+	1/16 se^+se^+ se se
	1/16 se^+se se^+se^+	2/16 se^+se^+ se **O**
	2/16 se^+se^+ se^+ **O**	2/16 se^+se se se
	4/16 se^+se se^+ **O**	4/16 se^+se se **O**
	1/16 se^+se^+ **O** **O**	1/16 se^+se^+ **O O**
	2/16 se^+se **O** **O**	2/16 se^+se **O O**
	1/16 se se se^+se^+	1/16 se se se se[3]
	2/16 se se se^+ **O**	2/16 se se se **O**[3]
	1/16 se se **O** **O**[3]	1/16 se se **O O**[3]

[1] Cepa normal, o mutante, con dos genes en dos cromosomas distintos (genes duplicados).
[2] Cepa mutante, o normal, en donde **O** se refiere a la ausencia del gen se^+/se en otro autosoma.
[3] Moscas con ojos sepia (oscuros).

b) Si el macho capturado en el campo fuera se se **O O** y la cepa de laboratorio, se^+se^+ se^+se^+ (cruce de la izquierda) el resultado sería 15/16 normal más 1/16 sepia. Si fuera al revés, sese sese y se^+se^+ **O O** (cruce de la derecha) el resultado sería 3/4 normal más 1/4 sepia. Estas cepas tienen que tener una duplicación del gen se^+/se, duplicación translocada a otro cromosoma, siendo ambos genes homozigotos para el alelo normal.

3.27. Las espigas del arroz (*Oryza sativa*) pueden presentar aristas o no presentarlas, y el endospermo puede ser almidonoso o céreo. Chao realizó un cruce entre la variedad 100 (almidonosa, sin aristas) y la variedad 200 (cérea, con aristas), para comprobar si ambos caracteres se heredaban independientemente o se encontraban en el mismo cromosoma (ligados), obteniendo los siguientes resultados en la F_2: 327 céreo, con aristas; 78, almidonoso, con aristas; 22 céreo, sin aristas; y 7 almidonoso, sin aristas.

a) ¿Cuáles son los genotipos de los padres?
b) ¿De qué tipo de herencia se trata?
c) Compruebe estadísticamente su hipótesis.

Solución

Si las dos variedades son razas puras, lo cual es frecuente en variedades comerciales, por los resultados del cruce se deduce que los caracteres almidonoso (78 + 7 = 85) y sin aristas (22 + 7 = 29) son recesivos respecto de los caracteres céreo (327 + 22 = 349) y con aristas (327 + 78 = 405). Como hay dos caracteres que están segregando, lo primero es comprobar si lo observado en la F_2 se corresponde con la proporción 9:3:3:1, a partir de padres aa sasa × AA SaSa.

Observados	Esperados en 16avos
327	244,125 A– Sa–
78	81,375 aa Sa–
22	81,375 A– sasa
7	27,125 aa sasa

Se ve claramente que no hay concordancia entre lo observado y lo esperado de acuerdo con la hipótesis, luego podría sospecharse que los caracteres no se heredan independientemente, que es lo que estaba comprobando Chao.

Si los genes están situados en el mismo cromosoma, en los heterozigotos de la F_1 éstos se encontrarán en fase de acoplamiento, de acuerdo con el cruce que se ha realizado, es decir, los dos alelos dominantes en un cromosoma y los dos recesivos en el homólogo.

$$\frac{A \qquad\qquad Sa}{a \qquad\qquad sa}$$

Las clases que reciban los cromosomas sin recombinar (con los dos dominantes o los dos recesivos) tendrán que estar en exceso en la F_2 respecto de aquéllas que reciban los cromosomas recombinados (con un dominante y un recesivo). Es decir, las clases A– Sa– y aa sasa tendrán que estar en exceso y las clases A– sasa y aa Sa–, en defecto respecto de lo esperado en una transmisión independiente (9:3:3:1), cosa que no ocurre para la clase doble mutante. Además, las clases aa Sa– y A– sasa deberían estar aproximadamente en igual proporción y, sin embargo, una es casi cuatro veces la otra, luego tenemos que buscar otra solución.

Un análisis adicional importante sería comprobar la segregación para cada carácter. Respecto de la hipótesis 3/4:1/4 tendremos,

		Observado	
	Esperado	**A/a**	**Sa/sa**
3/4	325,5	349	405
1/4	108,5	85	29
	χ^2	6,8	77,7
		$P \approx 0{,}01$	$P << 0{,}001$

Queda claro que ninguno de los dos caracteres segrega 3/4:1/4. Supongamos que cada uno de los caracteres depende de dos genes. Como en otros problemas, tendríamos que buscar los casos en donde en un dihibridismo aparecen dos fenotipos.

Proporciones	**Esperadas**	**Observadas**	χ^2	**Probabilidad**
9:7	244,125:189,875			
13:3	352,625: 81,375	349:85 (A/a)	0,20	$0{,}7 > P > 0{,}5$
15:1	406,875: 27,125	405:29 (Sa/sa)	0,14	$P \approx 0{,}7$

La proporción observada para céreo/almidonoso coincide con una doble epistasia dominante y recesiva (13:3) y la observada para con/sin aristas, con una epistasia doble dominante (15:1).

Se trataría de un tretrahibridismo, cuyas proporciones serían,

Genotipos				**Proporciones**	**Fenotipos**
A –	B –	Sa_1 –	Sa_2 –	81/256	1-3
A –	B –	Sa_1 –	$sa_2\ sa_2$	27/256	1-3
A –	B –	$sa_1\ sa_1$	Sa_2 –	27/256	1-3
A –	b b	Sa_1 –	Sa_2 –	27/256	1-3
a a	B –	Sa_1 –	Sa_2 –	27/256	2-3
A –	B –	$sa_1\ sa_1$	$sa_2\ sa_2$	9/925	1-4
A –	b b	Sa_1 –	$sa_2\ sa_2$	9/256	1-3
a a	B –	Sa_1 –	$sa_2\ sa_2$	9/256	2-3
A –	b b	$sa_1\ sa_1$	Sa_2 –	9/256	1-3
a a	B –	$sa_1\ sa_1$	Sa_2 –	9/256	2-3
a a	b b	Sa_1 –	Sa_2 –	9/256	1-3
A –	b b	$sa_1\ sa_1$	$sa_2\ sa_2$	3/256	1-4
a a	B –	$sa_1\ sa_1$	$sa_2\ sa_2$	3/256	2-4
a a	b b	Sa_1 –	$sa_2\ sa_2$	3/256	1-3
a a	b b	$sa_1\ sa_1$	Sa_2 –	3/256	1-3
a a	b b	$sa_1\ sa_1$	$sa_2\ sa_2$	1/256	1-4

Donde la relación entre fenotipos y genotipos sería la siguiente:

Céreo	(1)	A – – – + – – b b	13/16
Almidonoso	(2)	a a B –	3/16
Con aristas	(3)	Sa_1 – – – + – – Sa_2 –	15/16
Sin aristas	(4)	sa_1 sa_1 sa_2 sa_2	1/16

Para obtener las proporciones esperadas, basta con multiplicar las proporciones de cada fenotipo,

Fenotipos	Proporciones	Esperado	Observado
Céreo, con aristas	195/256	330,58	327
Almidonoso, con aristas	45/256	76,29	78
Céreo, sin aristas	13/256	22,04	22
Almidonoso, sin aristas	3/256	5,09	7

La concordancia entre valores observados y esperados es casi perfecta, con una probabilidad altísima ($0,9 > P > 0,7$), sin embargo, el autor (Chao) propone una hipótesis con una segregación de 45:15:3:1 [es decir, 3:1 (céreo/almidonoso) × 15:1 (con aristas/sin aristas)], interpretando las diferencias con los datos observados (véase el análisis de cada carácter por separado más arriba) por una menor viabilidad de las plantas almidonosas, lo cual, sin otro tipo de comprobaciones, puede ser posible. No obstante, en su trabajo hay ocho experimentos en donde segregan las alternativas céreo/almidonoso. En tres de ellos, la concordancia con la proporción 13:3 es muy buena, y en cinco, lo es con la proporción 3:1, sin embargo, en estos cinco casos hay dos en donde las plantas almidonosas están en defecto, pero en otros dos casos están en exceso, y un quinto caso concuerda perfectamente.

a) De acuerdo con la interpretación que se da aquí de los datos, los genotipos de los padres son,

$$a\ a\ B\ B\ sa_1sa_1\ sa_2sa_2 \times A\ A\ b\ b\ Sa_1Sa_1\ Sa_2Sa_2$$

almidonoso sin aristas céreo con aristas

b) Se trata de dos genes duplicados, uno con epistasia doble, dominante/recesiva (13:3, céreo/almidonoso) y el otro con epistasia doble dominante (15:1, con aristas/sin aristas).

c) La comprobación estadística se ha dado más arriba.

3.28. Al cruzar una variedad normal de arroz, muy apreciada en la Guayana Británica (*Demerara Creole*, DC), con variedades americanas normales, apareció en la F_2 una pequeña proporción de semillas que se desarrollaron como albinas (deficientes en clorofila). Wastell investigó la aparición de estas plantas albinas cruzando dicha variedad con tres variedades comerciales, obteniendo los siguientes resultados en la F_2,

Cruces	Verdes	Albinas
Mexican Edith × DC	2.342	43
American 1600 × DC	1.014	17
Blue Rose × DC	2.542	47

a) ¿Son homogéneos los resultados de los tres cruces?

b) ¿Cuál es el genotipo de las cuatro variedades?, ¿cómo podría determinarlo?

Solución

a) El chi cuadrado de homogeneidad da un valor de 0,127, que con dos grados de libertad resulta una probabilidad muy alta ($0,95 < P < 0,90$) de que las pequeñas diferencias sean debidas al azar, por lo que podremos reunir los datos de los tres cruces por ser homogéneos: 5.898 verdes y 107 albinas.

b) Para averiguar el genotipo de la variedad DC hay que comprobar qué proporciones mendelianas aparecen en la F_2:

	Verde	**Albino**
Observado	5.898	107
Cuartos	4.503,75	1.501,25
Dieciseisavos	5.629,69	375,31
Sesenta y cuatroavos	5.887,72	117,28

Aun sin realizar una prueba de significación, queda claro que las proporciones observadas son sesenta y cuatroavos. Es decir, en el cruce entre la variedad DC y las otras tres hay tres genes que están segregando, cuya homozigosis recesiva da lugar a plantas albinas.

Como las plantas que intervienen en los cruces son normales (verdes), que aparezca en la F_2 plantas albinas en una proporción 1/64 (triple homozigotos recesivos), implica que los alelos recesivos no pueden provenir sólo de una de las variedades, que tendría que ser albina, si no de las dos que se cruzan. Por ejemplo, una variedad tendría que ser homozigota recesiva para uno de los genes (AA BB dd) y la otra, homozigota recesiva para los otros dos (aa bb DD). Las tres variedades comerciales deben tener el mismo genotipo, con uno o con dos genes en homozigosis recesiva, ya que dan el mismo resultado cruzadas con la variedad DC pero, por los datos que da el problema, no se puede precisar más.

Para averiguar el genotipo de las variedades hay que tener en cuenta que el arroz no es mixótrofo, por lo que las plántulas albinas, sin clorofila, no pueden cultivarse. Mediante cruces entre las variedades anteriores, sería relativamente laborioso averiguar sus genotipos. Por ejemplo, si cruzamos el triple heterozigoto de la F_1 con cada uno de los padres, los descendientes serán todos normales, pero si dejamos que éstos se crucen entre sí obtendríamos una proporción de plántulas albinas que nos permitiría averiguar el genotipo de las variedades,

AA BB dd × aa bb CC

↓

AA BB dd × Aa Bb Dd × aa bb DD

↓	↓
AA BB Dd	Aa Bb DD
AA BB dd	Aa Bb Dd
AA Bb Dd	Aa bb DD
Aa BB Dd	aa Bb DD
AA Bb dd	Aa bb Dd
Aa BB dd	aa Bb Dd
Aa Bb Dd	aa bb DD
Aa Bb dd	aa bb Dd

Si consideramos cada gen por separado, podremos averiguar las proporciones que se obtendrán en cada caso, por ejemplo, en los descendientes del cruce de la izquierda la mitad son AA y la otra mitad Aa, luego producirán 3/4 de gametos con A y 1/4 de gametos con a, por lo que se obtendrá 1/16 de zigotos aa. Lo mismo ocurrirá para el gen B/b. Para el gen D/d, la mitad son Dd y la otra mitad dd, luego producirán 1/4 de gametos con D y 3/4 de gametos con d, por lo que se obtendrá 9/16 de zigotos dd. Por tanto,

$$1/16(\text{aa}) \times 1/16(\text{bb}) \times 9/16(\text{dd}) = 9/4.096 \text{ aa bb dd (albinas)}$$

Para los descendientes del cruce de la derecha tendremos,

$$9/16(\text{aa}) \times 9/16(\text{bb}) \times 1/16(\text{dd}) = 81/4.096 \text{ aa bb dd (albinas)}$$

lo que nos permitirá averiguar el genotipo de los padres.

Por las proporciones en la F_2, los tres genes A/a, B/b y D/d tienen que estar situados en tres cromosomas distintos, es decir, tienen que transmitirse independientemente. Los tres genes deben intervenir en la síntesis de clorofila, de tal manera que bastaría la presencia de un alelo dominante de cualquiera de los tres para que se sintetizase clorofila. Por ello, parece que se trata de un gen que se duplicó en dos ocasiones y se translocó a cromosomas distintos.

3.29. En el ganado vacuno, Ibsen publicó que la raza «Angus» tiene el pelaje negro y la raza «Jersey» presenta grandes manchas negras y rojas. Al cruzar ambas variedades, la F_1 resultó toda de pelaje negro y en la F_2 aparecieron las siguientes proporciones: 48 negro («Angus»), 9 moteado, 3 con manchas negras y rojas («Jersey»), y 4 rojo (como la raza «Guernsey»).

¿Cuál es el genotipo de estas razas?

Solución

Sumando las proporciones, 48 + 9 + 3 + 4 = 64, vemos que se trata de un trihibridismo (en sesenta y cuatroavos). Los fenotipos que se esperan en un trihibridismo con dominancia y las posibles correspondencias con nuestros datos son los siguientes:

27/64	A– B– C–	→	48/64 A– – – – –
9/64	A– B– c c	→	
9/64	A– bb C–	→	
9/64	a a B– C–	→	9/64 a a B– C –
3/64	A– bb c c	→ (48/64 A– – – – –)	
3/64	a a B– c c	→	3/64 a a B– c c
3/64	a a bb C–	→	
1/64	a a bb c c	→	4/64 a a bb – –

Siempre que está presente el alelo A, se produce pelaje negro. A sería epistático sobre los otros dos genes.

Cuando el alelo a está en homozigosis, B y C producen conjuntamente el fenotipo moteado; B, con la homozigosis recesiva de los otros dos genes, da lugar al fenotipo «Jersey»; y la homozigosis recesiva de a y b dan el fenotipo «Guernsey».

3.30. En el ratón (*Mus musculus*) se conoce la existencia de una mutación, letal en homozigosis, que en heterozigosis (T/+) da lugar al acortamiento de la cola y de una serie de alelos (p.e., t^{W1}), muchos de ellos letales en homozigosis, que en heterozigosis con el alelo normal no tienen efecto, pero que en heterozigosis con el alelo T dan lugar a la ausencia total de la cola. Al cruzar individuos heterozigotos T/t^{W1} con individuos normales +/+, se obtuvieron los siguientes resultados (reuniendo varios cruces):

	Cruce	Normales ($+/t^{W1}$)	Cola corta (+/T)
1	♂♂ T/t^{w1} × ♀♀ +/+	325	38
2	♂♂ +/+ × ♀♀ T/t^{w1}	199	188

Debido a que los dos cruces recíprocos dan resultados distintos,

a) ¿Se trata de herencia ligada al sexo? Razone la respuesta.

b) ¿Se trata de algún efecto letal? Razone la respuesta.

c) ¿Qué efecto genético tiene lugar?

Solución

Lo primero es hacer un pequeño esquema de los genotipos y fenotipos correspondientes, aunque algunos de ellos no nos interesen para buscar la solución:

T T	letal
T +	cola corta
T t^{w1}	sin cola
+ t^{w1}	cola larga
+ +	cola larga

a) Aunque los dos cruces recíprocos dan resultados distintos, las diferencias no se refieren al fenotipo sexual (macho o hembra) sino al fenotipo mutante (cola normal o cola corta), luego no debe tratarse de herencia ligada al cromosoma X.

b) Podría pensarse en un efecto parcialmente letal del alelo T en heterozigosis, pero este efecto debería actuar de la misma manera en los dos cruces, tanto si la hembra es normal como si es heterozigota, luego tampoco parece que se trate de un efecto parcialmente letal.

c) En el cruce 2, la proporción en la F_1 indica una correcta segregación de los alelos de la hembra, ya que aparece aproximadamente la mitad de cada fenotipo. Sin embargo, es posible que en el cruce 1 estemos ante una segregación anormal del macho, en donde los espermatozoides que llevan el alelo t^{w1} tendrían ventaja para fecundar óvulos sobre los espermatozoides que llevan el alelo T, es decir, el cromosoma que lleva el alelo t^{w1} llevaría también un alelo SD (distorsionador de la segregación).

CAPÍTULO 4

HERENCIA EN RELACIÓN CON EL SEXO

Para comprobar si el sexo tiene que ver con la herencia de un carácter, una primera aproximación es ver si la expresión de dicho carácter se da de forma diferencial y/o en distintas proporciones según el sexo, y si los dos cruces recíprocos dan distintos resultados.

En muchas especies animales, y en algunos vegetales, el sexo se hereda siguiendo el esquema de un cruzamiento prueba, entre un heterozigoto (o sexo heterogamético) y un homozigoto (o sexo homogamético), que da lugar a una proporción de 1:1 en la descendencia, aunque hay excepciones. En muchos casos, la herencia del sexo, y en gran medida la proporción 1:1 de los sexos, depende de la existencia de una pareja de heterocromosomas o cromosomas sexuales (*véase* Tabla 4.1).

Tabla 4.1 **Tipos más frecuentes de determinación cromosómica del sexo**

Cromosomas	Organismo	Sexo masculino	Sexo femenino
X e Y	mamíferos	X Y	X X
X	saltamontes	X	X X
Z y W	aves	Z Z	Z W

Por tanto, los individuos homogaméticos pueden ser homozigotos o heterozigotos para los genes situados en el cromosoma X (o Z), mientras que los individuos heterogaméticos son **hemizigotos**, ya que no suele haber genes homólogos en el cromosoma Y (o W).

No obstante, en algunas especies de insectos (mosquitos) no se observa dimorfismo sexual cromosómico, por lo que la diferenciación sexual depende de la homozigosis (hembras) o heterozigosis (machos) de un gen o región cromosómica.

En otros casos, por ejemplo en himenópteros (abejas, hormigas), el sexo viene determinado por la dotación cromosómica del individuo: las hembras son diploides (2n), y provienen de óvulos fecundados, por lo que reciben genes de ambos padres, mientras que los machos son haploides (n) y provienen de óvulos sin fecundar, con genes de origen exclusivamente femenino.

Los cromosomas sexuales (X,Y o Z,W) presentan una zona, más o menos grande, homóloga, lo que les permite emparejarse (establecer sinapsis) en la meiosis y segregarse correctamente hacia las células hijas. Por ejemplo, en la especie humana la región homóloga es muy pequeña (5% de la longitud del cromosoma Y) y se encuentra, fundamentalmente, en los brazos cortos de los cromosomas X e Y (Figura 4.1).

En función de la localización de los genes en las distintas regiones de estos cromosomas, se pueden establecer tres modos de herencia:

1. Herencia ligada al X (o al Z).
2. Herencia ligada al Y (o al W).
3. Herencia parcialmente ligada al sexo.

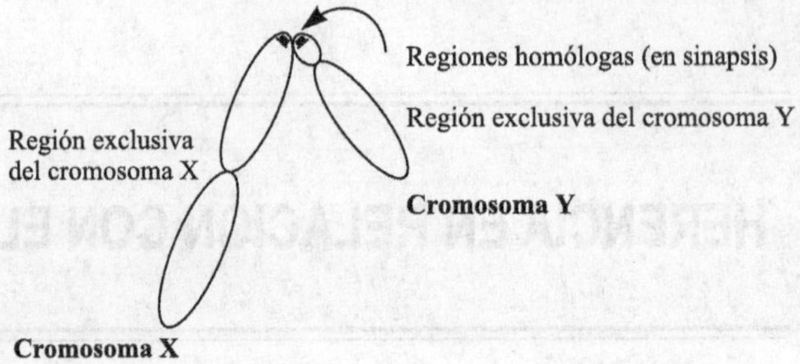

Figura 4.1. Esquema de la sinapsis entre un cromosoma X y otro Y.

Y en función de la influencia del sexo del individuo en la manifestación de genes autosómicos, aparecen dos nuevos tipos de herencia:

4. Herencia influenciada por el sexo.
5. Herencia limitada por el sexo.

4.1. HERENCIA LIGADA EN EXCLUSIVA AL CROMOSOMA X (o W), LLAMADA TRADICIONALMENTE HERENCIA LIGADA AL SEXO

Se da en genes que se encuentran en la región exclusiva del cromosoma X. Por ejemplo, el gen para el color blanco del ojo en *Drosophila* (*white*, w), recesivo respecto del alelo normal para el color del ojo (+), se comporta de la siguiente manera en los cruces recíprocos (Tabla 4.2).

Tabla 4.2 **Resultado de los dos cruces recíprocos entre moscas normales y moscas mutantes de ojos blancos (ligado al cromosoma X)**

	Cruce A				Cruce B			
Padres	♀ X^wX^w × ♂ X^+Y				♀ X^+X^+ × ♂ X^wY			
	♀ blanca × ♂ +				♀ + × ♂ blanco			
Gametos P	X^w		X^+	Y	X^+		X^w	Y
Fecundación								
Adultos F_1	X^+X^w		X^wY		X^+X^w		X^+Y	
Fenotipo	+		blanco		+		+	
Gametos F_1	X^w	X^+	X^w	Y	X^+	X^w	X^+	Y
Fecundación								
Adultos F_2	X^wX^w	X^+X^w	X^wY	X^+Y	X^+X^+	X^+X^w	X^+Y	X^wY
Fenotipo	blanca	+	blanco	+	+		+	blanco
Sexo	hembras		machos		hembras		machos	

En el cruce A, el resultado de la F_1 (hembras normales, como el padre, y machos mutantes, como la madre) nos da la pista de una herencia ligada al cromosoma X.

En el cruce B, la F_1 es normal (a diferencia de lo que ocurre en el cruce A), pero en la F_2, aunque aparecen 3/4 normales + 1/4 mutantes como en un monohibridismo, los mutantes son sólo machos, lo que nos avisa también de su ligamiento al cromosoma X.

En *Abraxas grossulariata*, una polilla con determinación WZ/ZZ, los individuos normales presentan una gran mancha en el ala (L), mientras que en el mutante *lacticolor* (l) esta mancha está muy reducida (Tabla 4.3).

Tabla 4.3

Resultado de los dos cruces recíprocos entre polillas normales y polillas mutantes *lacticolor* (ligado al cromosoma Z)

	Cruce A				Cruce B			
Padres	♀ Z^lW × ♂ Z^LZ^L				♀ Z^LW × ♂ Z^lZ^l			
	♀ mutante × ♂ +				♀ + × ♂ mutante			
Gametos P	Z^l	W	Z^L		Z^L	W	Z^l	
Fecundación								
Adultos F_1	Z^LW		Z^LZ^l		Z^lW		Z^LZ^l	
Fenotipo	+		+		m		+	
Gametos F_1	Z^L	W	Z^L	Z^l	Z^l	W	Z^L	Z^l
Fecundación								
Adultos F_2	Z^LW	Z^lW	Z^LZ^L	Z^LZ^l	Z^LW	Z^lW	Z^LZ^l	Z^lZ^l
Fenotipo	+	m	+		+	m	+	m
Sexo	hembras		machos		hembras		machos	

En el cruce A, la F_1 es normal, pero en la F_2, aunque aparecen 3/4 normales + 1/4 mutantes como en un monohibridismo, los mutantes son sólo hembras, lo que nos avisa de su ligamiento al cromosoma Z.

En el cruce B, el resultado de la F_1 (hembras mutantes, como el padre, y machos normales, como la madre) nos indica que se trata de una herencia ligada al cromosoma Z.

En el caso de genealogías, humanas o de grandes animales, no hay que buscar que se cumplan las proporciones mendelianas en las familias, compuestas normalmente por pocos individuos. Tampoco hay que pensar que si el carácter se expresa tanto en hembras como en machos, éste no está ligado al sexo, por la falsa creencia de que para estos caracteres en la especie humana las mujeres son sólo portadoras y no padecen la enfermedad.

4.2. HERENCIAS HOLÁNDRICA/HOLOGÍNICA

La herencia holándrica se da en genes situados en la región exclusiva del cromosoma Y, por lo que se transmitirá sólo por vía masculina.

La herencia hologínica se da en genes situados exclusivamente en el cromosoma W, por lo que se transmitirá sólo por vía femenina. No hay que confundirla con la herencia de caracteres que depende de genes situados en el ADN mitocondrial, que se transmiten casi exclusivamente por vía femenina.

4.3. HERENCIA PARCIALMENTE LIGADA AL SEXO

Se da en genes situados en la región homóloga entre el X y el Y, o entre el Z y el W. Por el hecho de que tanto las hembras como los machos pueden ser homozigotos o heterozigotos, a esta región se le llama frecuentemente *pseudoautosómica*. Veamos el caso de la herencia del gen *bobbed* (bb), situado en la región homóloga entre el X y el Y de *Drosophila*, que da lugar a quetas más cortas de lo normal (Tabla 4.4).

Tabla 4.4 **Resultado de los dos cruces recíprocos entre moscas normales y moscas mutantes *bobbed* (ligado a la región homóloga entre el cromosoma X y el Y)**

	Cruce A				Cruce B			
Padres	♀ $X^{bb}X^{bb}$ × ♂ $X^{+}Y^{+}$				♀ $X^{+}X^{+}$ × ♂ $X^{bb}Y^{bb}$			
	♀ mutante × ♂ +				♀ + × ♂ mutante			
Gametos P	X^{bb}		X^{+}	Y^{+}	X^{+}		X^{bb}	Y^{bb}
Adultos F_1	$X^{bb}X^{+}$		$X^{bb}Y^{+}$		$X^{+}X^{bb}$		$X^{+}Y^{bb}$	
Gametos F_1	X^{bb}	X^{+}	X^{bb}	Y^{+}	X^{+}	X^{bb}	X^{+}	Y^{bb}
Adultos F_2	$X^{bb}X^{bb}$	$X^{+}X^{bb}$	$X^{bb}Y^{+}$	$X^{+}Y^{+}$	$X^{+}X^{+}$	$X^{+}X^{bb}$	$X^{+}Y^{bb}$	$X^{bb}Y^{bb}$
Fenotipo	bb	+	+		+		+	bb
Sexo	hembras		machos		hembras		machos	

En el cruce de hembra mutante con macho normal, la F_2 da una proporción de 3/4 normales + 1/4 mutantes, pero éstos son exclusivamente hembras.

En el cruce recíproco, de hembra normal con macho mutante, ocurre lo contrario, la cuarta parte de los individuos de la F_2 son mutantes y machos. Hay que tener cuidado con los resultados de este último cruce, ya que se pueden confundir con herencia ligada al cromosoma X.

Además de los tipos de herencia anteriores, genes situados en los autosomas pueden estar condicionados en su manifestación fenotípica por el sexo del individuo portador, por lo que aparecen dos nuevos modos de herencia.

4.4. HERENCIA INFLUENCIADA POR EL SEXO

Se da en genes autosómicos cuyos alelos invierten su relación de dominancia/recesividad según el sexo.

Por ejemplo, la presencia de cuernos en ciertas razas de ovinos depende de un gen con dos alelos, C, c, de tal manera que el heterozigoto Cc tendrá cuernos si es macho y no los tendrá si es hembra (Tabla 4.5).

Tabla 4.5 **Fenotipos de hembras y machos para un carácter influenciado por el sexo**

Genotipo	CC	Cc	cc
♀	cuernos	mocha	mocha
♂	cuernos	cuernos	mocho

4.5. HERENCIA LIMITADA POR EL SEXO

Se da en genes que expresan su variabilidad sólo en uno de los sexos, mientras que en el otro, independientemente del genotipo, el fenotipo siempre es el mismo. Por ejemplo, el plumaje de gallo en las aves de corral, depende de un alelo recesivo en donde sólo los machos homozigotos lo expresan.

PROBLEMAS RESUELTOS

4.1. La deficiencia en la actividad de la enzima glucosa seis fosfato deshidrogenasa (G6PD) provoca en la especie humana una condición patológica recesiva llamada *favismo* (hemolisis de glóbulos rojos después de comer habas, sensibilidad al antimalárico primaquina) y anemia. El gen correspondiente está situado en la región exclusiva del cromosoma X.

a) ¿Qué genotipos tendrán los hijos de una mujer normal, cuyo padre presentaba favismo?

b) ¿En qué casos podrá tener dicha mujer hijas con favismo, aunque ella no manifieste la condición?

c) Si una mujer con favismo se casa con un varón normal, ¿qué tipos de descendiente podrá tener y con qué probabilidades?, ¿y en el cruce recíproco?

Solución

En el enunciado no se habla de la dominancia o recesividad de la condición patológica, pero esto se aclara en la primera cuestión.

a) Denominemos al cromosoma X que lleva el alelo patológico, X^f, y al que lleva el alelo normal, X^+. Si la mujer es normal tiene que llevar un cromosoma X normal (que habrá recibido de su madre) y siendo hija de quien es, tiene que haber recibido el cromosoma X con el alelo para favismo de su padre. Luego ella es heterozigota, es decir, se deduce que el alelo normal es dominante sobre el patológico ($X^+ > X^f$). Si esta mujer se casa con un varón normal tendrá la mitad de sus hijos varones con favismo (X^fY), la otra mitad normales (X^+Y), y todas sus hijas normales, aunque la mitad de ellas serán homozigotas (X^+X^+) y la otra mitad heterozigotas (portadoras, X^+X^f).

b) Únicamente si se casa con un varón con favismo podrá tener hijas con favismo, no obstante, si es heterozigota para favismo y tiene una hija con síndrome de Turner (X0), dicha hija podrá heredar de su madre el cromosoma X con el alelo mutante y, por tanto, manifestar la deficiencia.

c) Si una mujer con favismo se casa con un varón normal,

$$♀♀\ X^fX^f \times ♂♂\ X^+Y = ♀♀\ X^fX^+ + ♂♂\ X^fY$$

favismo normal normal favismo

y en el caso del cruce recíproco,

$$♀♀\ X^+X^+ \times ♂♂\ X^fY = ♀♀\ X^+X^f + ♂♂\ X^+Y$$

normal favismo normal normal

4.2. En *Drosophila*, la mutación «yellow» (cuerpo amarillo) es recesiva y ligada al X. Considerando los posibles genotipos de los participantes,

a) ¿Cuántos tipos distintos de cruzamiento se pueden dar?

b) ¿Cuál sería la descendencia en cada caso?

Indique en cada caso el genotipo y el fenotipo correspondiente.

Solución

a) Denominemos X^y al cuerpo amarillo y X^+ al cuerpo normal.

Las hembras pueden tener tres genotipos, ser homozigotas para el cromosoma normal o para el cromosoma «yellow» y heterozigotas, mientras que los machos sólo pueden ser hemizigotos para el cromosoma normal o para el cromosoma «yellow», luego el número de cruces distintos será $3 \times 2 = 6$.

b) De acuerdo con esto tendremos los siguientes resultados:

1. ♀♀ X^yX^y × ♂♂ X^yY = X^yX^y, X^yY, todos con cuerpo amarillo,
   amarillas amarillos
2. ♀♀ X^yX^y × ♂♂ X^+Y = 1/2 X^yX^+ ♀♀, con cuerpo normal (portadoras),
   amarillas normales 1/2 X^yY ♂♂, con cuerpo amarillo.

3. ♀♀ X^yX^+ × ♂♂ X^yY = 1/4 X^yX^y ♀♀, con cuerpo amarillo,
normales amarillos 1/4 X^+X^y ♀♀, con cuerpo normal (portadoras),
1/4 X^yY ♂♂, con cuerpo amarillo,
1/4 X^+Y ♂♂, con cuerpo normal.
4. ♀♀ X^yX^+ × ♂♂ X^+Y = 1/4 X^yX^+ ♀♀, con cuerpo normal (portadoras),
normales normales 1/4 X^+X^+ ♀♀, con cuerpo normal,
1/4 X^yY ♂♂, con cuerpo amarillo,
1/4 X^+Y ♂♂, con cuerpo normal.
5. ♀♀ X^+X^+ × ♂♂ X^yY = 1/2 X^+X^y ♀♀, con cuerpo normal (portadoras),
normales amarillos 1/2 X^+Y ♂♂, con cuerpo normal.
6. ♀♀ X^+X^+ × ♂♂ X^+Y = X^+X^+, X^+Y, todos con cuerpo normal.
normales normales

4.3. En la especie humana, cada persona tiene cuatro abuelos.

a) ¿Cuál es la probabilidad de que una mujer reciba sus dos cromosomas X de sus abuelos y no de sus abuelas?, ¿y de lo contrario?

b) ¿Cuál es la probabilidad de que un varón reciba su cromosoma X de la abuela paterna?

c) ¿Y de que lo reciba el abuelo materno?

Solución

a) Es imposible que la mujer reciba sus dos cromosomas X de sus abuelos, ya que el padre de la mujer le transmitirá el cromosoma X que recibe de su madre (la abuela paterna de la mujer), puesto que de su padre (el abuelo paterno de la mujer) ha recibido necesariamente el cromosoma Y.

De su abuela paterna recibe, necesariamente, un cromosoma X y de su abuela materna la probabilidad será de 1/2, ya que su madre tendrá un cromosoma X materno (de la abuela) y otro paterno.

b) También es imposible, ya que el padre le transmite necesariamente el cromosoma Y.

c) La madre del varón recibe de su padre (el abuelo) un cromosoma X y de su madre, el otro cromosoma X, luego la probabilidad de transmitir a su hijo el cromosoma X del abuelo es de 1/2.

4.4. La atrofia del nervio óptico es una enfermedad hereditaria rara de la especie humana que provoca la ceguera normalmente en el comienzo de la adolescencia. Davenport transcribió (Hancock, 1908) la siguiente genealogía, en donde los símbolos en negro indican la condición patológica.

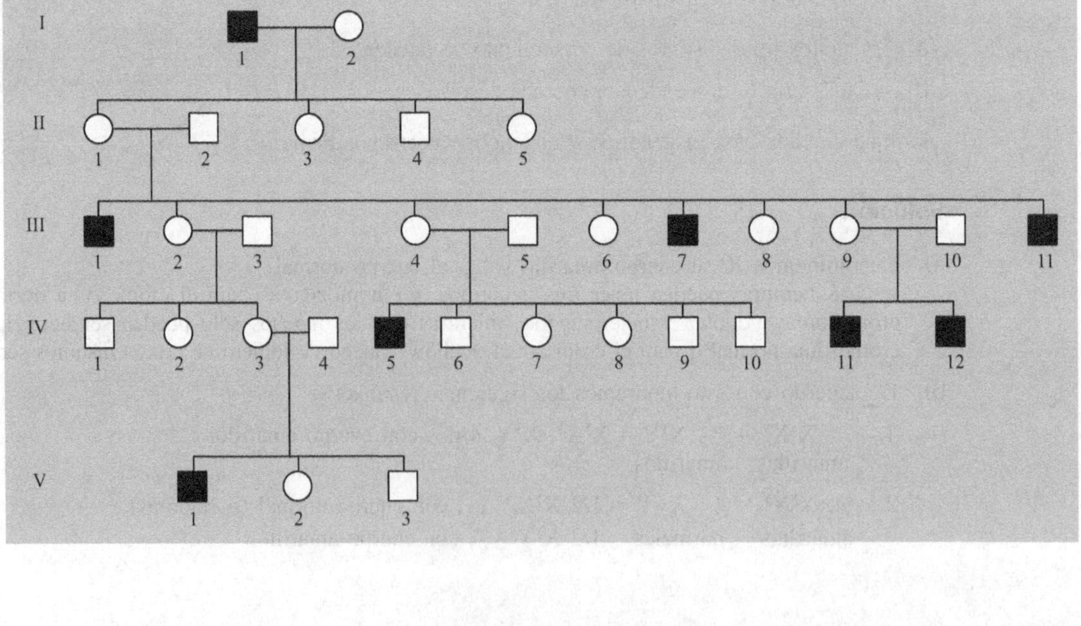

a) ¿Cómo se hereda esta enfermedad?

b) Utilizando sus propios símbolos, indique el genotipo de cada uno de los individuos de la genealogía.

c) Si V-2 y IV-9 se casan, ¿cuál es la probabilidad de que tengan un hijo afectado.

Solución

a) Hay que buscar familias informativas, de las que afortunadamente hay muchas en esta genealogía: II-1 × II-2, III-4 × III-5, III-9 × III-10 y IV-3 × IV-4 son parejas normales que tienen hijos afectados, luego podemos concluir que se trata de un carácter recesivo.

Por otro lado hay que destacar dos aspectos: 1) Todos los individuos afectados son varones, pero no se trata de herencia holándrica, ya que la transmiten mujeres. 2) El texto indica que es una enfermedad rara; si se tratara de un gen autosómico, todos los individuos que no pertenecen a la familia, y especialmente II-2, III-5, III-10 y IV-4, deberían ser heterozigotos para la enfermedad. La probabilidad de que los cuatro sean heterozigotos tiene que ser bajísima, luego no parece probable que sea herencia autosómica.

Esto nos lleva a pensar en un gen situado en el cromosoma X, que cumpliría los requerimientos de la genealogía. La mujer II-1 recibiría un cromosoma X, con el gen afectado, de su padre y lo transmitiría a sus hijos afectados y a sus hijas III-2, III-4 y III-9, que no padecerían la enfermedad por ser heterozigotas. Éstas, a su vez, transmitirían el alelo para la enfermedad a su descendencia.

b) Utilicemos la siguiente nomenclatura:

- X^A = cromosoma X con el alelo normal.
- X^a = cromosoma X con el alelo mutante.
- – = se desconoce qué cromosoma llevará (X^A o X^a).
- Y = cromosoma Y.

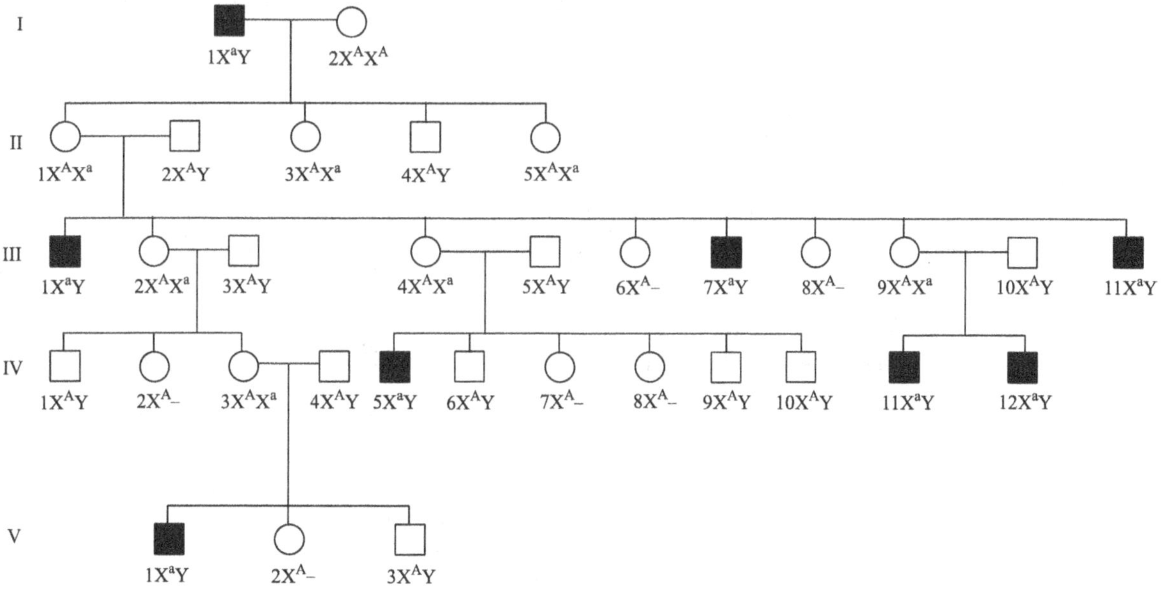

c) La mujer V-2, además de ser normal, ha recibido necesariamente el cromosoma X^A de su padre. De su madre pudo haber recibido cualquiera de los dos cromosomas X, con igual probabilidad, luego la probabilidad de que sea X^AX^a es de 1/2. El varón IV-9 es normal, X^A. La probabilidad de que tengan un hijo afectado es de 1/2 (de que la mujer sea heterozigota) × 1/2 (de que siendo heterozigota le transmita el cromosoma X^a) = 1/4.

4.5. En la siguiente genealogía, publicada por Davenport, la marca negra a la izquierda indica ceguera para los colores (daltonismo) y la marca negra inferior a hemofilia; ambas están ligadas al cromosoma X.

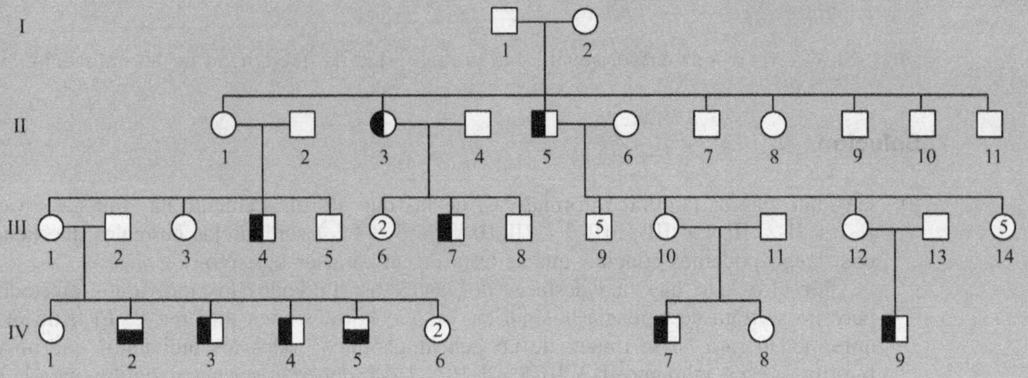

a) Indique el genotipo de todos los individuos de la genealogía.

b) ¿Le parece que los datos reseñados por Davenport son todos coherentes?

c) ¿Cuál es la probabilidad de que el matrimonio de IV-1 por IV-7 tenga un hijo hemofílico?, ¿y una hija con ceguera para los colores?

d) Ya que del matrimonio III-1 por III-2 han nacido tanto hijos hemofílicos como daltónicos, ¿podría nacer algún hijo con las dos enfermedades? Razone la respuesta.

Solución

a) Teniendo en cuenta que se trata de genes ligados al cromosoma X, podemos utilizar la nomenclatura: D/d para normal/daltónico y H/h para normal/hemofílico. Los genotipos indicados se han atribuido en función del fenotipo o de la lógica de la transmisión: por ejemplo, la mujer III-1 tiene que ser heterozigota para los dos genes, ya que tiene hijos con los dos fenotipos. Los grupos de hermanos normales, cuyo número se indica en el interior del círculo o cuadrado, no se detallan.

No obstante, hay dos individuos (señalados con *) a los que es difícil asignar un genotipo.

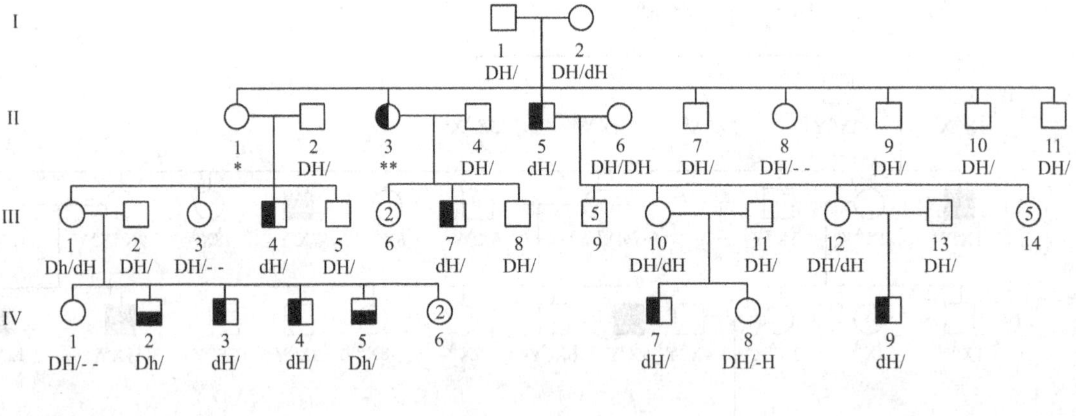

b) Si la mujer III-1 tiene que ser heterozigota, ya que tiene hijos daltónicos y hemofílicos, su madre (* II-1) tendría que serlo también; por ello, la mujer III-1 tendría que haber sido DH/dh y haber transmitido a cada uno de sus hijos varones un cromosoma X recombinado, bien Dh, bien dH. El dilema se puede solucionar mejor suponiendo que II-1 es heterozigota sólo para el daltonismo (ya que tiene un hijo daltónico) y es homozigota normal para la hemofilia, y que en la familia III-1 × III-2 apareció la hemofilia por mutación en el tejido germinal de la mujer III-1, en el cromosoma normal para el Daltonismo.

El caso de la mujer II-3 (**) es más complicado. Si es daltónica tendría que ser homozigota y trasmitir a sus dos hijos la condición, sin embargo, uno de ellos es normal. Además, tendría que haber recibido de ambos padres el cromosoma X con el alelo para daltonismo y, sin embargo, su padre es normal. Podría tratarse de un diagnóstico erróneo.

c) De acuerdo con el genotipo asignado a los padres, la mujer IV-1 puede tener los siguientes genotipos: 1/2 DH/dH, 1/2 DH/Dh. El varón IV-7 es daltónico y normal para la hemofilia, luego la probabilidad de que aparezca un hijo hemofílico es de 1/2 y la de que aparezca una hija con ceguera para los colores es también de 1/2.

d) La posibilidad de que aparezca algún hijo con las dos enfermedades, siendo la madre heterozigota, depende de la distancia a la que se encuentren los dos genes en el cromosoma X, es decir, de la probabilidad de entrecruzamiento.

4.6. Tanto la ceguera para los colores como la hemofilia son anomalías recesivas ligadas al cromosoma X.

a) Un matrimonio entre personas normales, ¿podría tener un hijo hemofílico?, ¿y una hija ciega para los colores?

b) Supongamos que entre los ascendientes del padre normal hay tanto individuos hemofílicos como ciegos para los colores, ¿modifica dicha información la respuesta que dio en a)?

c) Y si quien tiene ascendientes hemofílicos o ciegos para los colores es la mujer, ¿modificaría eso la respuesta de a)?

Solución

a) Aunque las dos personas son normales, la mujer puede ser heterozigota y por ello transmitir la hemofilia a la mitad de sus hijos varones, que recibirán el cromosoma Y del padre. No podrán tener una hija ciega para los colores, ya que se precisa que el padre suministre un cromosoma X mutante, lo cual no es posible, ya que el padre es normal y le transmitirá un cromosoma X normal.

b) Que el padre tenga ascendientes afectados no modifica la respuesta, ya que el padre sólo puede tener un cromosoma X y éste, por su fenotipo, tiene los alelos normales.

c) Dicha información tampoco modificaría la respuesta de a), a lo sumo, podría permitir el cálculo de la probabilidad de que la madre fuera heterozigota.

4.7. El grupo sanguíneo Xg depende de un gen ligado al cromosoma X con dos alelos, el Xg^a (+) y el Xg (–), que se detectan por la reacción del anticuerpo correspondiente, positiva, o la ausencia de reacción, negativa, ante la presencia del antígeno. Los dos alelos son muy frecuentes en las poblaciones humanas. Una mujer, que presentaba reacción positiva, se casa con un varón que también dio reacción positiva. Si el primer hijo varón no dio reacción,

a) ¿Qué tipos de hijo y en qué proporciones cabe esperar que tenga dicha pareja respecto del grupo sanguíneo Xg?

b) ¿Cuál es la relación de los dos alelos: dominancia, herencia intermedia, codominancia? Razone su respuesta.

Solución

a) Si la mujer presentaba reacción positiva, podría ser Xg^aXg^a o Xg^aXg. Si el varón da reacción positiva tiene que ser necesariamente Xg^aY. Si el primer hijo varón no dio reacción, tendría que tener el genotipo XgY; como el cromosoma Y le vino del padre, la madre le tuvo que transmitir el cromosoma Xg, luego podemos descartar el genotipo Xg^aXg^a de los dos posibles de la madre; esto indica, además, que el genotipo Xg^aXg da reacción positiva. De acuerdo con los genotipos confirmados de los padres, los hijos podrán ser los siguientes:

1/4 Xg^aXg^a ♀♀ con reacción positiva.

1/4 Xg^aXg ♀♀ con reacción positiva.

1/4 Xg^aY ♂♂ con reacción positiva.

1/4 Xg Y ♂♂ sin reacción.

b) De acuerdo con lo anterior, la relación de estos dos alelos es de dominancia/recesividad, ya que la madre heterozigota Xg^aXg presenta reacción positiva. El alelo Xg^a es dominante sobre el alelo Xg en cuanto a su manifestación en el fenotipo.

4.8. En un matrimonio nació una hija con albinismo ocular, anomalía recesiva ligada al cromosoma X. El marido solicita el divorcio alegando infidelidad de la mujer, ya que tanto ella como él son normales.

a) Imagine que es usted consejero genético del marido, ¿qué argumentos aportaría?

b) Imagine que es usted consejero genético de la mujer, ¿qué argumentos aportaría?

Solución

a) El argumento que podría aportar como consejero del marido es que se trata de una característica recesiva, ligada al cromosoma X. Para que la hija la manifieste tendría que haber recibido de ambos padres el cromosoma X con el alelo mutante. Como el marido es normal, el padre tiene que ser otro.

b) Como consejero de la mujer sugeriría en primer lugar, aunque la probabilidad es baja, que el marido podría haber sufrido mutación en su tejido germinal y haber suministrado un espermatozoide con una mutación para dicho gen. En segundo lugar, aunque habría que comprobarlo, podría tratarse de un fenómeno de impronta genómica, en el que el gen que viene de la madre se expresa en la hija, «silenciando» el alelo normal del padre; la madre tendría que ser heterozigota para el albinismo ocular. Un tercer aspecto sería confirmar la dotación cromosómica de la hija. Si la hija tuviera el síndrome de Turner (X0), que se suele producir por fecundación de un espermatozoide sin cromosoma X, podría manifestar la característica recibida a través del cromosoma X de la madre. En cuarto lugar, sugeriría un análisis exhaustivo de la paternidad mediante la huella genética del ADN.

4.9. Le suministran una hembra virgen de *Drosophila* para su análisis genético, con un fenotipo que afecta a las venas alares, más gruesas de lo normal. Usted la cruza con machos de una cepa normal y obtiene las siguientes proporciones en la descendencia,

1/3 ♀♀ normales.

1/3 ♀♀ con venas alares gruesas.

1/3 ♂♂ normales.

Al cruzar de nuevo ♀♀ con venas alares gruesas, con ♂♂ normales de la F_1, el resultado fue idéntico al anterior. ¿Qué explicación genética podría dar?

Solución

Por los descendientes podemos deducir que el fenotipo «venas alares gruesas» depende de un alelo mutante, que es dominante sobre su alelo normal. Si fuera recesivo, la hembra tendría que ser homozigota y al cruzarla con machos normales, toda la descendencia sería heterozigota (+/m) de fenotipo normal.

Si el alelo mutante es dominante, la hembra no puede ser homozigota, ya que si lo fuera, todos los descendientes presentarían el fenotipo mutante. De acuerdo con esto, la mitad de las hijas reciben el alelo mutante y la otra mitad, el alelo normal. Sin embargo, no aparecen hijos con venas alares gruesas, es más, hay la mitad de hijos (1/3) que de hijas (2/3), luego se puede deducir que el alelo mutante para venas gruesas es letal en los machos. La explicación más simple es pensar que el gen para venas alares gruesas se encuentra en el cromosoma X; de esta manera, la letalidad no se manifestaría en las hembras, pero sí en los machos, por no tener la contrapartida de un alelo normal en el cromosoma Y.

Nota: existe un mutante («*Bag*», 1:51,6), ligado al cromosoma X, que presenta las características mencionadas en el problema.

4.10. *Platypoecilus maculatus*, un pequeño ciprinodonto, puede presentar una coloración dorada uniforme (DU) o roja con manchas negras (RM), debidas éstas a la presencia de macromelanóforos. Al realizar los cruces recíprocos, se encontraron los siguientes resultados:

♀♀	♂♂		Rojo con manchas	Dorado uniforme
DU	RM	F_1	18 ♀♀ + 22 ♂♂	
		F_2	33 ♀♀ + 47 ♂♂	34 ♀♀

♀♀	♂♂		Rojo con manchas	Dorado uniforme
RM	DU	F_1	47 ♂♂	51 ♀♀
		F_2	14 ♀♀ + 13 ♂♂	13 ♀♀ + 9 ♂♂

a) Indique el modo de herencia del color.

b) Indique el genotipo de todos los individuos que intervienen en los cruces.

Solución

a) El resultado de los dos cruces recíprocos es distinto; en el primer caso, todos los descendientes presentan coloración roja con machas, como el padre, mientras que en el segundo, todos los machos son como la madre y las hembras como el padre, luego se trata de un carácter en el que interviene el sexo. Como no nos dicen nada del tipo de determinación del sexo de este pez, tendremos que probar los tipos conocidos.

Aunque no sabemos las relaciones de dominancia entre los alelos que controlan la coloración, sí que sabemos que en un sistema XX/XY, uno de los cruces producirá todos los descendientes **como la madre** y el recíproco presentará la típica herencia cruzada: hijos como la madre e hijas como el padre. Pero éste no es nuestro caso: en el segundo cruce sí que se da la herencia cruzada, pero en el primer cruce todos los descendientes son **como el padre**. Esto es precisamente lo que ocurre en el tipo de determinación ZW/ZZ. Además, este resultado nos indica que el alelo que condiciona el carácter rojo con manchas es dominante sobre dorado uniforme, como se verá a continuación.

b) Los genotipos serán:

P ♀♀ $Z^{DU}W$ × ♂♂ $Z^{RM}Z^{RM}$
doradas rojos

F_1 1/2 ♀♀ $Z^{RM}W$ + 1/2 ♂♂ $Z^{RM}Z^{DU}$
rojas rojos

F_2 1/4 ♀♀ $Z^{RM}W$ + 1/4 ♀♀ $Z^{DU}W$ + [1/4 ♂♂ $Z^{RM}Z^{RM}$ + 1/4 ♂♂ $Z^{RM}Z^{DU}$]
rojas doradas rojos

En el cruce recíproco tendremos,

P ♀♀ $Z^{RM}W$ × ♂♂ $Z^{DU}Z^{DU}$
rojas dorados

F_1 1/2 ♀♀ $Z^{DU}W$ + 1/2 ♂♂ $Z^{RM}Z^{DU}$
doradas rojos

F_2 1/4 ♀♀ $Z^{RM}W$ + 1/4 ♀♀ $Z^{DU}W$ + 1/4 ♂♂ $Z^{RM}Z^{DU}$ + 1/4 ♂♂ $Z^{DU}Z^{DU}$
rojas doradas rojos dorados

4.11. Hutt analizó en una cepa de gallinas la herencia de un tamaño claramente inferior al normal (enanas), aproximadamente con la mitad de peso, y la cruzó con cepas normales, encontrando los siguientes resultados:

	Cruce	♂♂		♀♀	
		normal	enano	normal	enana
1	♂ enano × ♀ enana	0	82	0	99
2	♂ enano × ♀ normal	147	0	0	127
3	♂ normal × ♀ enana	84	0	91	0
4	♂ normal (F_1 de 3) × ♀ enana	126	103	118	111

a) Indique el modo de herencia del fenotipo enano.

b) ¿Confirma el cruce 4 sus conclusiones?

Solución

a) Los cruces 2 y 3 (cruces recíprocos) dan resultados distintos, indicando una relación con el sexo. Aun sin saber el tipo de determinación del sexo en las aves, el hecho de que el cruce ♂ normal × ♀ enana dé todo normal indica que el carácter enano es recesivo respecto de normal, y que el resultado del cruce ♂ enano × ♀ normal dé hembras como el padre y machos como la madre, indica que el sexo homogamético es el macho (Z^eZ^e) y el heterogamético, la hembra (Z^+W).

b) Aunque parezca lo contrario, el cruce 4 no confirma la hipótesis. De acuerdo con la hipótesis, el macho normal (F_1 de 3) tiene que ser heterozigoto, con un cromosoma Z^e de la madre y otro Z^+ del padre, y el resultado estaría de acuerdo con el siguiente cruce,

♂ normal Z^+Z^e × ♀ enana (Z^eW)

1/4 ♂ Z^+Z^e + 1/4 ♂ Z^eZ^e + 1/4 ♀ Z^+W + 1/4 ♀ Z^eW
normal enano normal enana

pero sin tener en cuenta lo que ocurre en el cruce 2, el cruce 4 daría el mismo resultado si el carácter fuera autosómico. En el cruce 3 se obtendrían descendientes heterozigotos (Ee), y en el cruce 4 (Ee × ee) la mitad de los descendientes serían normales (heterozigotos) y la otra mitad enanos (homozigotos recesivos), que es lo que fenotípicamente se detecta en este cruce, tanto si consideramos el sexo de los descendientes como si no.

Nota: las proporciones del cruce anterior se pueden expresar como que la cuarta parte de los descendientes son machos normales, etc., o como que la mitad de los machos son normales, etc.

4.12. Hyde analizó una mutación que afecta al color de los ojos de *Drosophila*, denominada *blood* (color rojo oscuro), realizando una serie de cruces, tanto con una cepa normal (color rojo ladrillo) como con el mutante *white* (ojos blancos), ligado al cromosoma X, con los siguientes resultados en la F_2:

	Padres		F_2	
	♀♀	♂♂	♀♀	♂♂
1	normales	*blood*	308 normales	133 normales 118 *blood*
2	*blood*	normales	617 normales 604 *blood*	502 normales 549 *blood*
3	*white*	*blood*	864 *white* 865 *blood* claro	892 *white* 837 *blood*
4	*blood*	*white*	249 tanto *blood* como *blood* claro	130 *white* 117 *blood*

a) ¿Cuáles serían los fenotipos de las moscas de la F_1?

b) ¿Qué conclusiones se pueden deducir de estos resultados?

Solución

Al cruzar el mutante *blood* con moscas normales, los dos cruces recíprocos dan resultados distintos en la F_2, sugiriendo herencia en relación con el sexo. Ya que *Drosophila* tiene una determinación XX/XY, supongamos que los genotipos de los individuos del cruce 1 son:

Cruce P (1) ♀♀ X^+X^+ × ♂♂ X^bY
normal *blood*
F_1 ♀♀ X^+X^b + ♂♂ X^+Y
normal normal

Al cruzar los individuos de la F_1 tendremos:

F_2 [1/4 ♀♀ X^+X^+ + 1/4 ♀♀ X^+X^b] + 1/4 ♂♂ X^+Y + 1/4 ♂♂ X^bY
normales normales *blood*

que es aproximadamente el resultado de la F_2 del cruce 1. Si se realiza una prueba de chi cuadrado, con dos grados de libertad, la probabilidad de que las diferencias entre los valores observados y esperados sean debidas al azar es algo menor del 5%. Lógicamente, estas diferencias significativas deben atribuirse a la menor viabilidad de los machos mutantes, al menor número de machos o a otras causas que no afectan a la hipótesis de transmisión de genes ligados al cromosoma X.

Siguiendo el mismo esquema, para el cruce 2 tendremos:

Cruce P (2) ♀♀ X^bX^b × ♂♂ X^+Y
blood normal
F_1 ♀♀ X^+X^b + ♂♂ X^bY
normal *blood*
F_2 1/4 ♀♀ X^+X^b + 1/4 ♀♀ X^bX^b + 1/4 ♂♂ X^+Y + 1/4 ♂♂ X^bY
normal *blood* normal *blood*

lo que confirma la hipótesis. No obstante, igual que antes, el chi cuadrado da diferencias significativas entre los valores observados y esperados.

En el resultado de los cruces 3 y 4, entre el mutante *blood* y el mutante *white*, se pueden destacar tres aspectos: 1) Los cruces recíprocos dan distintos resultados en la F_2, indicando, como antes, herencia en relación con el sexo. 2) El fenotipo de todos los individuos de la F_2 es mutante, indicando que ambas mutaciones son alélicas. 3) El hecho de que aparezca un fenotipo *blood* claro indica una probable relación de herencia intermedia entre los dos alelos en el heterozigoto (X^wX^b).

Cruce P (3) ♀♀ X^wX^w × ♂♂ X^bY
white *blood*
F_1 ♀♀ X^wX^b + ♂♂ X^wY
blood claro *white*
F_2 1/4 ♀♀ X^wX^w + 1/4 ♀♀ X^wX^b + 1/4 ♂♂ X^wY + 1/4 ♂♂ X^bY
white *blood* claro *white* *blood*

Cruce P (4) ♀♀ X^bX^b × ♂♂ X^wY
blood *white*
F_1 ♀♀ X^wX^b + ♂♂ X^bY
blood claro *blood*
F_2 1/4 ♀♀ X^bX^b + 1/4 ♀♀ X^wX^b + 1/4 ♂♂ X^wY + 1/4 ♂♂ X^bY
blood *blood* claro *white* *blood*

a) De acuerdo con todo lo anterior, los fenotipos de las moscas de la F_1 serían:

Cruce	F_1		
1	♀♀ X^+X^b normal	+	♂♂ X^+Y normal
2	♀♀ X^+X^b normal	+	♂♂ X^bY *blood*
3	♀♀ X^wX^b *blood* claro	+	♂♂ X^wY *white*
4	♀♀ X^wX^b *blood* claro	+	♂♂ X^bY *blood*

b) Se trataría de un gen ligado al cromosoma X con tres alelos, normal, *white* y *blood*, siendo el alelo normal dominante sobre los otros dos. Los alelos *white* y *blood* establecerían entre ellos relaciones de herencia intermedia.

4.13. En *Drosophila*, el gen *white* (ojos blancos), ligado al cromosoma X, es un ejemplo de gen complejo, con una serie alélica numerosa. Imagine que le suministran el resultado del cruce de cuatro hembras vírgenes, heterozigotas para distintos alelos de la serie, con machos normales:

F_1	♀♀	♂♂
1	todas normales	1/2 normales + 1/2 blancos
2	todas normales	todos normales
3	1/2 normales + 1/2 rojo oscuro	1/2 normales + 1/2 rojo oscuro
4	todas normales	variegados

a) ¿Cuáles son las características de estos alelos? ¿Cuál es el fenotipo y el genotipo de las hembras heterozigotas?

b) ¿Qué experimentos adicionales haría para confirmar sus hipótesis?

Solución

a) El resultado del **cruce 1** indica que la hembra era heterozigota para alguno de los muchos alelos *white* que dan ojos desde blanco a rojo oscuro. La mitad de los machos reciben un cromosoma X con el alelo normal y la otra mitad con el alelo *white*. Si todas las hembras de la F_1 son normales, el alelo para *white* es recesivo respecto del alelo normal. La hembra sería heterozigota w^+/w y de fenotipo normal.

El enunciado nos dice que la hembra es heterozigota para un alelo de la serie *white* y, sin embargo, todos los descendientes del **cruce 2** son normales. Como la mitad de los machos tienen que recibir el cromosoma X con el alelo de la serie *white*, una explicación podría ser que dicho alelo no se expresara en los machos (p.ej., w^{zmzrb}), o que el alelo fuera letal, ya fuera por sí mismo (p.ej., w^{40aH1}) o por un letal situado en el mismo cromosoma X. En este caso sólo se desarrollarían los machos que recibieran el cromosoma X normal de la hembra. La hembra sería heterozigota para uno de los alelos mencionados y tendría fenotipo normal.

Una manera de interpretar el resultado del **cruce 3** sería suponer que existe un alelo de la serie *white* que es dominante sobre el alelo normal (p.ej., w^{DZL}), ya que tanto la mitad de las hembras como de los machos es mutante. El cruce podría ser: ♀♀ w^+w^D × ♂♂ w^+Y (en donde X^D representa el cromosoma X con un alelo dominante de la serie *white*). De acuerdo con esta hipótesis, la hembra sería heterozigota w^+w^D y de fenotipo mutante.

En el **cruce 4** se trataría de un alelo de la serie *white* que produce variegación en el color del ojo, con facetas blancas y facetas rojas, normales (p.ej., w^{13G2}).

b) Para confirmar las explicaciones anteriores se podrían realizar cruces, por parejas, entre las moscas de la F_1 del **cruce 1**, para comprobar que la mitad de las hembras son heterozigotas para la mutación de ojos blancos. Una ulterior confirmación es cruzar las moscas de ojos blancos con una cepa *white* solicitada a otro laboratorio o a los centros de conservación de cepas de *Drosophila*.

En el **cruce 2**, se podrían forman parejas entre los descendientes, de tal manera que la cuarta parte estaría formada por hembras $w^{zmzrb}w^+$, y machos w^{zmzrb} Y, con lo que la mitad de las hijas presentarían ojos blancos.

Si la hipótesis de la letalidad es cierta, el número de machos de la descendencia será, aproximadamente, la mitad del número de hembras. Como los datos no nos dicen nada del número de moscas de cada sexo, esto se podría comprobar formando parejas de hembras y machos de la F_1. Como la mitad de las hembras serán heterozigotas para el cromosoma con el gen letal, en la mitad de los cruces la proporción de sexos estará distorsionada, con un número de machos la mitad que de hembras.

Otro aspecto a considerar es si el alelo de la serie *white* es el responsable de dicha letalidad o si se trata de un alelo letal en otro gen del cromosoma X. En principio no parece que se trate de esto último, ya que una hembra heterozigota para un alelo de la serie *white* y un letal podría haber producido por recombinación cromosomas X tanto con el alelo de la serie *white* como con el alelo letal, y entonces habrían aparecido en la descendencia algunos machos *white*.

La manera de comprobar si en el **cruce 3** interviene un alelo dominante de la serie *white*, sería cruzando las hembras de ojos rojo oscuro de la F_1, que tienen que ser heterozigotas, con machos normales. El resultado sería el mismo de antes, la mitad de los descendientes, hembras y machos, tendrían ojos rojo oscuro y la otra mitad ojos normales.

La variegación puede depender directamente del efecto de un alelo mutante como el mencionado anteriormente, o de la posición de un alelo normal cerca de una región heterocromática. Si se trata de esto último, es lógico pensar que la situación anormal del alelo normal se haya producido como consecuencia de una inversión o de una transposición. En estos casos, podrá detectarse en hembras heterozigotas, observando los cromosomas politénicos, ya que se apreciarán lazos de inversión por el emparejamiento de las zonas homólogas.

4.14. Se cruzaron ♀♀ de fenotipo normal (raza pura) con ♂♂ con ojos oscuros (oo) y quetas retorcidas (rr). Todos los individuos de la F_1 fueron normales. Al cruzar entre sí los descendientes de la F_1 se obtuvo el siguiente resultado:

Fenotipo	♀♀	♂♂
o^+- r^+-	126	62
o^+- rr	0	61
oo r^+-	41	22
oo rr	0	23

Interprete genéticamente estos resultados.

Solución

El análisis de los datos indica que se produce igual número de ♀♀ (167) que de ♂♂ (168), por lo que la ausencia de las ♀♀ de fenotipo «quetas retorcidas» no puede deberse a un hipotético gen letal, o a una disminución de la viabilidad que afecte a éstas.

Analicemos cada fenotipo por separado. El color del ojo segrega en la F_2 igual que un gen autosómico (3/4 normal + 1/4 ojos oscuros), tanto en las hembras (126:41), como en los machos (123:45), luego el cruce realizado tiene que ser el siguiente:

♀♀ o^+o^+ × ♂♂ oo

F_1 ♀♀ o^+o × ♂♂ o^+o

F_2 3/4 o^+- + 1/4 oo

En cuanto a la forma de las quetas, todas las hembras son normales y la proporción en los machos es 1:1 (84:84). Una forma de explicar esta proporción es que el gen r^+/r se encuentre en el cromosoma X, de tal manera que el cruce sea el siguiente:

♀♀ r^+r^+ × ♂♂ r/Y

F_1 ♀♀ r^+/r × ♂♂ r^+/Y

F_2 ♀♀ $r^+/-$ + ♂♂ (1/2 r^+/Y + 1/2 r/Y)

La combinación independiente de la segregación del gen autosómico para ojos oscuros y del gen ligado al cromosoma X, «quetas retorcidas», explica el resultado obtenido.

4.15. Se cruzó una hembra virgen de *Drosophila* con ojos de color naranja, con un macho con ojos de color rojo ladrillo (normal), ambos procedentes de cepas puras. Todas las hembras de la F_1 fueron normales y todos los machos presentaron un color rojo brillante. En la F_2 se encontró una proporción igual para los dos sexos: 3/8 color mormal, 4/8 rojo brillante y 1/8 naranja, como la abuela.

a) ¿Cuál es el genotipo de la hembra de ojos color naranja?

b) ¿Qué tipo de herencia cabe atribuir a estos colores de ojos?

Solución

a) El macho normal que se cruzó con la hembra problema proviene de una cepa pura, luego es homozigoto para todos sus genes, cuyos alelos serán normales. La hembra también será homozigota para el gen o genes que condicionan su fenotipo naranja.

En la F_1 aparecen hembras normales, como el padre, y machos con ojos rojo brillante, de fenotipo distinto al de la madre, pero al menos de color mutante (no silvestre). Esto sería un caso de herencia cruzada, es decir, de herencia ligada al cromosoma X.

Del análisis de los padres y de la F_1 podemos deducir tres cosas:

- Que en el cromosoma X de la hembra problema hay un gen para un color distinto del normal, que pasa a los machos.
- Que este gen (el alelo mutante) es recesivo respecto del alelo normal, ya que las hijas, que son normales, reciben este mismo alelo de su madre, pero también reciben el alelo normal de su padre.
- Que además de dicho gen del cromosoma X, debe de haber al menos otro gen que intervenga en el color de los ojos de la hembra de la generación paterna, ya que el fenotipo mutante de ésta es distinto del fenotipo del hijo. Parece lógico pensar que este gen no se encuentre en el cromosoma X. El análisis de la F_2 nos aclarará su ubicación.

En la F_2, la proporción 3/8 de descendientes normales la podemos descomponer en 3/4 × 1/2.

3/4 es la proporción de fenotipos dominantes en un monohibridismo para genes autosómicos en la F_2, es decir, ambos padres de la F_1 tienen que ser heterozigotos para un alelo normal (alelo que, en nuestro caso, viene del macho de la generación paterna) y un alelo mutante (que viene de la hembra de la generación paterna).

1/2 es la proporción en la descendencia de un 50% de homozigotos recesivos y un 50% de heterozigotos normales. En nuestro caso, saldría del cruce entre una hembra de la F_1, heterozigota para un cromosoma X normal (que vendrá del macho de la generación paterna) y un X mutante (que vendrá de la hembra de la generación paterna), con un macho que llevara un cromosoma X mutante (que viene de la hembra de la generación paterna).

De igual manera, 1/8 naranja lo podemos descomponer en 1/4 × 1/2.

1/4 corresponderá a la proporción en la F_2 de los fenotipos recesivos en un monohibridismo para genes autosómicos, es decir, ambos miembros de la F_1, como dijimos antes, tienen que ser heterozigotos para un alelo normal y un alelo mutante.

1/2 corresponde a la proporción de un cruzamiento entre un homozigoto recesivo y un heterozigoto. Esta proporción vendría de una hembra de la F_1, heterozigota para un cromosoma X normal y un X mutante, y un macho con un cromosoma X mutante.

De acuerdo con todo lo anterior, el cruce paterno, el de la F_1 y los genotipos resultantes en la F_2 serían:

P	**♀ X^mX^m aa × ♂ X^+Y a^+a^+** **naranja silvestre**	
F_1	**♀ X^mX^+ a^+a × ♂ X^mY a^+a** **silvestre rojo brillante**	
F_2	1/16 ♀ X^+X^m a^+a^+	1/16 ♂ X^+Y a^+a^+
	1/16 ♀ X^+X^m a^+a	1/16 ♂ X^+Y a^+a
	1/16 ♀ X^+X^m aa^+	1/16 ♂ X^+Y aa^+
	1/16 ♀ X^+X^m aa	1/16 ♂ X^+Y aa
	1/16 ♀ X^mX^m a^+a^+	1/16 ♂ X^mY a^+a^+
	1/16 ♀ X^mX^m a^+a	1/16 ♂ X^mY a^+a
	1/16 ♀ X^mX^m aa^+	1/16 ♂ X^mY aa^+
	1/16 ♀ X^mX^m aa	1/16 ♂ X^mY aa

b) El genotipo propuesto para la hembra problema se confirma en los resultados, asumiendo que las moscas normales son aquéllas con cromosoma X y autosomas normales (las tres primeras filas de la F_2; 6/16 = 3/8), las moscas naranja son el resultado de la interacción de un gen mutante del cromosoma X y otro autosómico (la última fila de la F_2; 2/16 = 1/8) y el resto, homozigotas o hemizigotos mutantes para el cromosoma X u homozigotos aa para un gen autosómico, tendrá color rojo brillante (8/16 = 4/8).

Nota: hay mutaciones en *Drosophila* que dan lugar a un color de los ojos rojo brillante, por ausencia de pigmentos marrones (omocromos), como el gen *vermillion* (*v*), ligado al cromosoma X, y el gen *cinnabar* (*cn*), que se encuentra en un autosoma.

4.16. *Aplocheilus latipes*, un pequeño pez ornamental de agua dulce, presenta seis patrones de coloración: rojo (R), rojo variegado con manchas negras (RV), blanco (B), blanco variegado con manchas negras (BV), azul (A) y marrón (M, tipo silvestre). Para averiguar el tipo de herencia del color, Aida realizó una serie de cruces entre cuatro cepas puras (R, RV, B y M), con los siguientes resultados:

Cruce	♀♀	♂♂	F_1	F_2
1	R	M	M	865 M + 292 R
2	M	RV	M	229 M + 77 RV
3	RV	R	RV	457 RV + 161 R
4	B	R	R	217 R + 76 B
5	B	RV	RV	279 RV + 95 BV + 96 R + 30 B
6	B	M	M	248 M + 57 A + 53 R + 21 B
7	M	B	M	477 M + 150 A + 208 R + 69 B

No obstante, en los cuatro últimos cruces observó diferencias en relación con el sexo, por lo que analizó cierto número de individuos, obteniendo los siguientes resultados:

Cruce	Individuos analizados	Sexo
4	117 R	41 ♀♀ + 76 ♂♂
	43 B	43 ♀♀
5	136 RV	46 ♀♀ + 90 ♂♂
	59 BV	59 ♀♀
	54 R	17 ♀♀ + 37 ♂♂
	17 B	17 ♀♀
6	224 M	77 ♀♀ + 147 ♂♂
	56 A	56 ♀♀
	46 R	9 ♀♀ + 37 ♂♂
	19 B	19 ♀♀
7	261 M	173 ♀♀ + 88 ♂♂
	79 A	79 ♂♂
	112 R	78 ♀♀ + 34 ♂♂
	31 B	31 ♂♂

a) Indique cuántos genes y/o alelos están implicados en la coloración de este pez.
b) Qué tipo de herencia presentan y cuáles son las relaciones que hay entre ellos.
c) De acuerdo con los resultados publicados, diseñe una experiencia para obtener una raza pura de peces azules.

Nota: un problema relacionado, con estos mismos datos, es el 5.15.

Solución

Si las cepas utilizadas fueron puras, todos los individuos paternos con un determinado fenotipo tendrán el mismo genotipo. Por los datos de los cuatro últimos cruces, está claro que tiene que haber algún gen situado en un cromosoma sexual. Sin tener en cuenta el sexo, las proporciones observadas y esperadas no difieren significativamente de un monohibridismo (4 primeros cruces) o un dihibridismo (5.º cruce), sin embargo, en los dos últimos cruces se aprecian diferencias significativas con respecto a la proporción 9:3:3:1, con una probabilidad menor del 1%. No obstante, teniendo en cuenta el conjunto de cruces, estas diferencias pueden atribuirse a diferencias en viabilidad o a las condiciones experimentales, y no a la hipótesis mendeliana en sí misma.

Para seguir profundizando habrá que transformar los números en porcentaje, teniendo en cuenta todos los datos.

				Fenotipos F_2						
Cruce	**♀**	**♂♂**	**F_1**	**Sexo**	**M**	**R**	**RV**	**A**	**BV**	**B**
1	R	M	M		3/4	1/4				
2	M	RV	M		3/4		1/4			
3	RV	R	RV			1/4	3/4			
4	B	R	R	♀♀		1/4				1/4
				♂♂		2/4				
5	B	RV	RV	♀♀		1/16	3/6		3/16	1/16
				♂♂		2/16	6/16			
6	B	M	M	♀♀	3/16	1/16		3/16		1/16
				♂♂	6/16	2/16				
7	M	B	M	♀♀	6/16	2/16				
				♂♂	3/16	1/16		3/16		1/16

Los colores marrón y rojo parecen depender de un gen con dos alelos, siendo marrón dominante (R) sobre rojo (r) (cruce 1).

El color rojo variegado podría ser un alelo del gen anterior, ya que al cruzarlo con marrón segrega 3/4 + 1/4 (cruce 2) y al cruzarlo con rojo también segrega 3/4 + 1/4 (cruce 3), siendo el alelo para rojo variegado (r^V) recesivo respecto de marrón y dominante respecto de rojo. Esta serie alélica estaría situada en los autosomas y presentaría la siguiente relación de dominancia: $R > r^V > r$.

A partir del cruce 4 se observan diferencias en cuanto al sexo, y en todos los casos intervienen individuos de color blanco, luego es muy probable que el gen para blanco esté situado en un cromosoma sexual.

Sin conocer el tipo de determinación del sexo en este pez, una primera hipótesis sería suponer que las hembras sean el sexo homogamético (XX) y los machos el heterogamético (XY), y una segunda hipótesis sería que el gen que determina blanco esté situado en el cromosoma X.

Consideremos en el cruce 4 el gen b para blanco en el cromosoma X (que llamaremos X^b). El cruce podría ser:

$$P \text{ ♀♀ blancas } (rr\, X^bX^b) \times \text{ ♂♂ rojos } (rr\, X^BY)$$

La hembra sería blanca por la homozigosis del alelo b, pero lógicamente también tendría en los autosomas el gen R/r, y en éste tiene que llevar el alelo para rojo (r) en homozigosis, ya que la F_1 es roja. El macho tendría que llevar un alelo normal del gen para blanco, que llamaríamos B y que no afectaría a la manifestación de los alelos del gen autosómico. El resultado en la F_1 sería:

$$F_1 \ ♀♀ \text{ rojas } (rr\ X^BX^b) + ♂♂ \text{ blancos } (rr\ X^bY)$$

Esta primera hipótesis no concuerda con los resultados del cruce, ya que los machos de la F_1, al igual que las hembras, son rojos y no blancos. Por lo tanto, tenemos que rechazar la hipótesis de la determinación sexual XX/XY.

Una hipótesis alternativa sería que la hembra fuera el sexo heterogamético (ZW) y el macho el sexo homogamético (ZZ). De acuerdo con esto, el cruce 4 sería:

$$P \ ♀♀ \text{ blancas } (rr\ Z^bW) \times ♂♂ \text{ rojos } (rr\ Z^BZ^B)$$

$$F_1 \text{ todos rojos: } ♀♀\ rr\ Z^BW + ♂♂\ rr\ Z^BZ^b$$

Lo que sí concuerda con los resultados, y que se confirma en la F_2:

$$\underset{\text{rojas}}{1/4\ ♀♀\ (rr\ Z^BW)} + \underset{\text{blancas}}{1/4\ ♀♀\ (rr\ Z^bW)} + \underset{\text{rojos}}{\boxed{1/4\ ♂♂\ (rr\ Z^BZ^B) + 1/4\ ♂♂\ (rr\ Z^BZ^b)}}$$

Dejo al lector que confirme esta hipótesis en los cruces 5 (♀♀ rr $Z^bW \times$ ♂♂ r^Vr^V Z^BZ^B) y 6 (♀♀ rr $Z^bW \times$ ♂♂ RR Z^BZ^B). En el cruce 6 aparece un nuevo fenotipo, azul, que se puede explicar por la interacción entre un alelo dominante R y la homozigosis recesiva del alelo b. Hasta ese cruce tendríamos las siguientes relaciones entre genotipo y fenotipo:

Fenotipo	♀♀	♂♂
Marrón	R– Z^BW	R– Z^B–
Rojo variegado	r^V– Z^BW	r^V– Z^B–
Rojo	rr Z^BW	rr Z^B–
Blanco	rr Z^bW	rr Z^bZ^b
Blanco variegado	r^V– Z^bW	r^V– Z^bZ^b
Azul	R– Z^bW	R– Z^bZ^b

Sin embargo, al analizar el cruce 7 surgen discordancias:

$$P \ ♀♀ \text{ marrones } (RR\ Z^BW) \times ♂♂ \text{ blancos } (rr\ Z^bZ^b)$$

$$F_1\text{: } ♀♀ \text{ azules } (Rr\ Z^bW)\text{; } ♂♂ \text{ marrones } (Rr\ Z^BZ^b)$$

Las hembras deberían ser azules y sin embargo son marrones, como los machos. De nuevo tenemos que rechazar esta segunda hipótesis de determinación sexual (ZZ, ZW). No obstante, como por los resultados no hay duda de la intervención del sexo en la herencia, vamos a probar una tercera hipótesis. Volvamos a la determinación sexual X e Y, pero en donde el gen para blanco se encuentre en los dos cromosomas sexuales (gen parcialmente ligado al sexo).

Comencemos de nuevo en el cruce 4:

$$P \ ♀♀ \text{ blancas } (rr\ X^bX^b) \times ♂♂ \text{ rojos } (rr\ X^BY^B)$$

$$F_1 \ ♀♀ \text{ rojas } (rr\ X^BX^b) + ♂♂ \text{ rojos } (rr\ X^bY^B)$$

$$F_2 \ ♀♀ \ 1/2 \text{ rojas } (rr\ X^BX^b) + 1/2 \text{ blancas } (rr\ X^bX^b) + ♂♂ \text{ rojos } (rr\ X^BY^B \text{ y } rr\ X^bY^B)$$

Se comprueba que las relaciones entre los alelos de cada gen y entre los genes no varían. Dejo al lector que confirme, esta vez sí, la hipótesis en los restantes cruces[1].

[1] 1. rr $X^BX^B \times$ RR X^BY^B. 2. RR $X^BX^B \times r^vr^v$ X^BY^B. 3. r^vr^v $X^BX^B \times$ rr X^BY^B.
5. rr $X^bX^b \times r^vr^v$ X^BY^B. 6. rr $X^bX^b \times$ RR X^BY^B. 7. RR $X^BX^B \times$ rr X^bY^b.

Resumiendo y para contestar a las preguntas del enunciado,

Fenotipo	♀♀	♂♂
Marrón	R– X^B–	R– –Y^B
Rojo variegado	r^V– X^B–	r^V– –Y^B
Rojo	rr X^B–	rr –Y^B
Blanco	rr X^bX^b	rr X^bY^b
Blanco variegado	r^V– X^bX^b	r^V– X^bY^b
Azul	R– X^bX^b	R– X^bY^b

a y b) Hay dos genes, uno autosómico con tres alelos, con una relación de dominancia entre ellos, R > r^V > r, y otro parcialmente ligado al sexo, con dos alelos, X^B/X^b, en donde X^B– (o –Y^B) da fenotipo marrón con el alelo R, rojo variegado con el r^v y rojo con el r, y X^bX^b (o X^bY^b) da fenotipo azul con el alelo R, blanco variegado con r^v– y blanco con rr.

c) Para obtener una cepa pura de peces azules, en el cruce 6 aparecen hembras azules (1/3 RR X^bX^b + 2/3 Rr X^bX^b) y en el cruce 7 aparecen machos azules (1/3 RR X^bY^b + 2/3 Rr X^bY^b). Un método sería formar al azar varias parejas de hembras y machos azules de los cruces 6 y 7. Teniendo en cuenta la probabilidad de los dos genotipos que dan azul, la probabilidad de que una pareja esté formada por una hembra RR X^bX^b y un macho RR X^bY^b es de 1/9, y de que no lo esté, de 8/9, luego,

$$0{,}05 = (8/9)^n$$

en donde 0,05 es la probabilidad (5%) de que las *n* parejas que se formen no sean del tipo buscado. Resolviendo con logaritmos, tendremos,

$$n = \frac{\log 0{,}05}{\log 0{,}89} \approx 26$$

luego formando 26 parejas tendremos una elevada probabilidad (95%) de que alguna de las parejas formadas sea del tipo buscado. No obstante, habrá que confirmar en una segunda generación las parejas que no segreguen el alelo r, ya que estas parejas pueden ser RR × RR o RR × Rr, que daría en ambos casos fenotipo azul en la F_1.

Otro método es comprobar, mediante un cruce retrógrado (hembras, o machos azules × machos o hembras blancos), si los individuos azules son homozigotos o heterozigotos para el gen R/r, para así poder utilizarlos en la fundación de una cepa azul.

4.17. En los gatos el pelaje puede ser de color negro o naranja, entre otros. Al cruzar gatos con estos colores los cruces recíprocos dan resultados diferentes, apareciendo animales con un fenotipo en mosaico llamado «carey», formado por pelos negros y naranjas distribuidos aleatoriamente por el cuerpo.

	♀♀	♂♂	♀♀ F_1			♂♂ F_1	
			Negro	**Naranja**	**«Carey»**	**Negro**	**Naranja**
1	**Negro**	**Naranja**			48	46	
2	**Naranja**	**Negro**			16		20
3	**«Carey»**	**Naranja**		47	43	38	54
4	**«Carey»**	**Negro**	12		21	29	35

Datos de Doncaster, modificados, tomados de Ibsen.

a) ¿De qué tipo de herencia se trata?

b) ¿Por qué sólo aparecen hembras «carey» y no machos?

c) ¿Cuál es la relación entre los genes que condicionan estos colores?

Solución

a) Que los dos cruces recíprocos den resultados diferentes indica, en principio, herencia en relación con el sexo. Fijándonos en los machos de la F_1, su fenotipo es igual al de su madre, típico de herencia cruzada. Los hijos reciben el cromosoma X de la madre con el alelo para negro o para naranja, sin embargo, las hijas presentan el mismo fenotipo «carey» en ambos cruces. De acuerdo con la hipótesis de herencia ligada al sexo, las hijas del primer cruce tienen que ser heterozigotas, con un cromosoma X materno portador del alelo para negro y un cromosoma X paterno con un alelo para naranja. En las hembras heterozigotas se expresarían los dos alelos, produciendo dicho fenotipo en mosaico. Esto se debe al fenómeno de inactivación aleatoria de uno de los dos cromosomas X de la hembra, que se produce en fases tempranas del desarrollo (Lionización).

b) El resultado de los cruces 3 y 4 nos ayudará a confirmar la hipótesis. Una hembra «carey», será heterozigota para negro y naranja ($X^{ne}X^{na}$), y tendrá hijos tanto negros ($X^{ne}Y$) como naranjas ($X^{na}Y$), que es lo que ocurre en los dos cruces. Una hembra «carey» cruzada con un macho naranja tendrá hijas tanto «carey» como naranja:

$$\underset{\text{«carey»}}{♀♀\ X^{ne}X^{na}} \times \underset{\text{naranja}}{♂♂\ X^{na}Y} = \underset{\text{«carey»}}{♀♀\ X^{ne}X^{na}} + \underset{\text{naranja}}{♀♀\ X^{na}X^{na}} + \underset{\text{naranja}}{♂♂\ X^{na}Y} + \underset{\text{negro}}{♂♂\ X^{ne}Y}$$

En el cruce hembra «carey» con macho negro la diferencia es que en lugar de hijas naranjas aparecen, lógicamente, hijas negras, siendo todo lo demás igual.

Los machos, al ser hemizigotos, serán siempre $X^{na}Y$ (naranjas) o $X^{ne}Y$ (negros), pero nunca podrán ser «carey».

c) Aunque negro y naranja son alelos del mismo gen, no se puede hablar de dominancia/recesividad, de herencia intermedia o de codominancia, ya que en cada célula que produce pelo se manifiesta uno u otro alelo, en los machos debido a la hemizigosis y en las hembras heterozigotas debido a la inactivación de uno de ellos.

4.18. Gersheson realizó una serie de capturas de *Drosophila obscura*, y aisló 19 hembras, fecundadas en la naturaleza, en botellas de cultivo. Todas las F_1 fueron normales en cuanto a la proporción de sexos en sus hijos. Con cada una de las 19 F_1 formó diez parejas y comprobó la proporción de sexos en la descendencia (en la F_2). En 17 de los grupos formados por parejas de moscas de la F_1 la proporción de sexos en la F_2 fue normal, pero en 2 de los grupos, dos parejas tuvieron una proporción sexual en la F_2 que se alejaba mucho de la habitual 1:1 (28 ♀♀/1 ♂♂, 38 ♀♀/0 ♂♂, 87 ♀♀/7 ♂♂ y 47 ♀♀/7 ♂♂) y las ocho restantes segregaron normalmente. Con los descendientes de estas parejas fundó una cepa de «sólo hembras», con la que poder hacer experiencias. Al cruzar machos normales con hembras de esta cepa de «sólo hembras», la proporción de sexos era normal. Sin embargo, al realizar el cruce recíproco, machos de esta cepa de «sólo hembras» con hembras normales, la descendencia siempre presentaba fuertes desviaciones en la proporción de sexos (p.ej., 27:1).

Explique genéticamente los resultados.

Solución

El esquema de los cruces se podría representar de la siguientes manera:

P 19 ♀♀ silvestres fecundadas

19 familias F_1 1/2 ♀♀ + 1/2 ♂♂ (en todas)

diez parejas ♀ × ♂ de las F_1

En 17 grupos	En 2 grupos
F_2 1/2 ♀♀ + 1/2 ♂♂ (todas)	A: 95% ♀♀ + 5% ♂♂ (dos parejas)
	B: 1/2 ♀♀ + 1/2 ♂♂ (ocho parejas)
♀♀ (de la línea A) × ♂♂ (+)	♀♀ (+) × ♂♂ (de la línea A)
1/2 ♀♀ + 1/2 ♂♂	95% ♀♀ + 5% ♂♂

La interpretación más simple sería:

1. No puede tratarse de una infección transmitida vía materna (vía citoplasma del óvulo) ya que ni las hembras de la F_1 ni las de la F_2 de los cruces con exceso de hembras transmiten dicha característica.

2. No puede tratarse de un cromosoma Y anormal, o mutante, ya que todos los machos de un grupo de parejas llevan el mismo cromosoma Y, que viene del macho que fecundó a la correspondiente hembra silvestre y, sin embargo, hay parejas que segregan 1:1 y otras que segregan anormalmente.
3. Alguna de las hembras, o de los machos que las fecundaron, que dieron una segregación anormal en la F_2, podría ser heterozigoto para un hipotético gen que ocasionara dicha segregación anormal. Este hipotético gen podría estar bien en los autosomas, bien en el cromosoma X:
   3.1. Si dicho gen fuera autosómico dominante, prácticamente letal sólo en los machos, esto podría explicar las segregaciones tan anormales. Una pega menor es que se esperaría que recibieran dicho gen aproximadamente la mitad de las moscas de la F_1 en aquellas familias que luego segregarían anormalmente y, por tanto, se esperaría que la mitad de las parejas manifestara una segregación anormal en la F_2. Pero lo más importante es que tanto las hembras como los machos de la cepa «sólo hembras» deberían de transmitir el alelo dominante a sus hijos y, por tanto, provocar la mortalidad de los mismos, lo cual no ocurre.
   3.2. Si fuera autosómico recesivo, entonces hasta la F_2 no aparecerían individuos homozigotos para dicho alelo, por lo que el efecto sobre la proporción sexual no aparecería en la F_2 sino en la F_3, y no es el caso.
   3.3. Sólo nos queda comprobar si fuera un gen ligado al cromosoma X. Podría tratarse de un gen distosionador de la segregación, de tal manera que forzara la segregación del cromosoma X hacia los gametos, haciendo que prácticamente no recibieran el cromosoma Y, con el consiguiente resultado de una segregación anormal. Lógicamente, el efecto sólo se manifestaría en los descendientes de los machos, no de las hembras. Como el sexo lo determina el espermatozoide que lleva X o Y, la segregación preferencial en las hembras de uno u otro cromosoma X no tendría ningún efecto sobre la proporción de sexos. En los cromosomas X no hay marcadores genéticos que nos permitan comprobar el efecto de dicho gen sobre la segregación preferencial de uno u otro cromosoma X en las hembras.

4.19. Un matrimonio, que ya tiene dos hijos varones, desea tener una niña, pero el siguiente hijo también es varón.

a) Si la mujer se queda embarazada por cuarta vez, ¿tendrá mas probabilidad de tener una hija o un hijo?
b) ¿Cuál sería la probabilidad de que sus próximos cuatro hijos fueran varones?
c) ¿Y la probabilidad de tener dos hijos varones y dos hijas?
d) ¿Y la de que el primero y segundo sean niños, y la tercera y cuarta, niñas?

Solución

a) A no ser que se trate de un caso raro, con desviación de la proporción sexual, independientemente del sexo de los tres primeros hijos, la probabilidad de que en el cuarto embarazo nazca una niña es de 1/2.
b) La probabilidad de que sus próximos cuatro hijos sean varones es la probabilidad de que uno lo sea, que es de 1/2 elevado al número de hijos: $(1/2)^4 = 1/16 = 0{,}0625$.
c) Ya que no nos dan el orden de nacimiento, buscaremos en familias de cuatro hijos donde se cumpla la condición del enunciado. Aplicando el binomio $(1/2 + 1/2)^4$, el término que nos da la solución es,

$$\binom{4}{2}(1/2)^2(1/2)^2 = 6/16 = 0{,}375$$

d) La solución a esta pregunta es un caso particular de la anterior, e igual que la del apartado b): $(1/2)^4 = 0{,}0625$.

4.20. En un pequeño pueblo de Castilla, la población está dividida en dos colectivos bien diferenciados, que se suelen casar entre ellos, los pelones y los que no lo son. Doña Manolita (II-2) viene a su consulta de consejero genético y le confiesa que es calva (pelona), que siempre ha tenido que llevar peluca, como sus padres y sus tres hermanos, y que esta preocupada porque una hija suya, que no lo es, se ha casado con un primo hermano y quiere saber qué probabilidad hay de que su futura nieta manifieste calvicie. Al reconstruir la genealogía, sus investigaciones le llevan a la conclusión de que I-1, I-2 y los antepasados de ambos pertenecen a la comunidad pelona, por otro lado, II-1 y II-6, que son forasteros, no tienen antecedentes de dicho tipo de calvicie en sus familias.

a) ¿Cuál es el modo de herencia de esta anomalía, autosómica, ligada al sexo o influenciada por el sexo?
b) ¿Cuál es la probabilidad de que la nieta herede la calvicie?

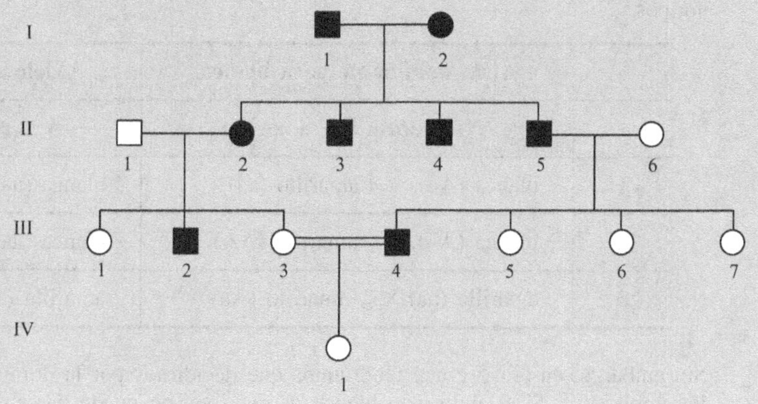

Solución

a) Vamos a discutir las distintas posibilidades para explicar la herencia de este carácter.

- Gen autosómico dominante: si suponemos que I-1 y I-2 son homozigotos, lo que viene apoyado por su ascendencia y por los cuatro hijos pelones que tienen, todos los hijos de la tercera generación deberían de ser pelones, y no lo son. No es probable que sea un gen autosómico dominante.
- Gen autosómico recesivo: si II-1 y II-6 tienen pelo y no tienen antecedentes en sus familias, lo lógico es pensar que son homozigotos normales, por lo que ningún individuo de la generación III debería ser pelón, luego tampoco parece que pueda depender de un gen autosómico recesivo.
- Gen ligado al sexo: si el gen responsable estuviera en el cromosoma X, el individuo III-4 debería ser normal, ya que de su madre (II-6), que suponemos homozigota normal, recibe el cromosoma X y de su padre, el cromosoma Y, luego tampoco concuerda este tipo de herencia.
- Gen influenciado por el sexo: supongamos que el sexo condicione las relaciones de dominancia/recesividad de los alelos, de tal manera que la calvicie sea dominante en los varones y recesiva en las mujeres. Las mujeres heterozigotas serán normales y los varones, pelones, así, II-2 y II-5 tienen que ser homozigotos y todos sus hijos heterozigotos, pero sólo manifestarán el carácter los varones (III-2 y III-4), lo que encaja con una herencia influenciada por el sexo.

b) Tanto III-3 como III-4 serían heterozigotos, luego la probabilidad de que IV-1 sea homozigota para la calvicie es de 1/4.

4.21. Taku Komai estudió la herencia del color en una mariposa muy común en Japón, *Colias hyale poliographus*. Como en otras especies de Piéridos, los machos son siempre amarillos, mientras que las hembras pueden ser blancas o amarillas. En distintos cruces obtuvo los siguientes resultados:

	Cruces	♀♀ blancas	♀♀ amarillas	♂♂ amarillos
1	♀ blanca × ♂ amarillo	161	149	291
2	♀ blanca × ♂ amarillo	270		308
3	♀ amarilla × ♂ amarillo	78	83	159
4	♀ amarilla × ♂ amarillo	161		160
5	♀ amarilla × ♂ amarillo		203	222

a) ¿Cuál es el genotipo de todos los individuos implicados?
b) ¿De qué tipo de herencia se trata?

Solución

a) Teniendo en cuenta que los machos son siempre amarillos independientemente del cruce de donde provengan, los tres primeros cruces se podrían resolver suponiendo cualquiera de los siguientes genotipos:

	Alelo dominante para blanco	Alelo recesivo para blanco
	A = blanco, a = amarillo	**A = amarillo, a = blanco**
1	♀ blanca (Aa) × ♂ amarillo (aa)	♀ blanca (aa) × ♂ amarillo (Aa)
2	♀ blanca (A–) × ♂ amarillo (AA)	♀ blanca (aa) × ♂ amarillo (aa)
3	♀ amarilla (aa) × ♂ amarillo (Aa)	♀ amarilla (Aa) × ♂ amarillo (aa)

Sin embargo, en el 4.º cruce tendríamos que decidirnos por la dominancia o recesividad de los alelos implicados. Si el alelo para blanco es recesivo, no puede darse este resultado, ya que aunque la hembra amarilla fuera heterozigota y el macho homozigoto recesivo, deberían tener descendencia femenina tanto amarilla como blanca. La solución es que el alelo para blanco sea dominante (columna de la izquierda del cuadro anterior). Veamos qué ocurre en el cruce 4:

♀ amarilla (aa) × ♂ amarillo (AA)

daría descendencia femenina blanca (Aa), y el cruce 5 sería:

♀ amarilla (aa) × ♂ amarillo (aa)

b) Como el fenotipo de los machos es independiente de su genotipo, se trataría de una herencia limitada por el sexo, en donde, independientemente del genotipo que tenga, el macho siempre manifiesta el fenotipo amarillo.

4.22. En las abejas, las reinas y las obreras son hembras diploides, y los zánganos machos haploides que se desarrollan a partir de gametos femeninos no fecundados. Mediante técnicas de inseminación artificial, Laidlaw y colegas estudiaron la herencia de ciertas mutaciones del color de los ojos, que en las abejas normales es negro. Para fecundar a distintas reinas normales, se utilizaron zánganos mutantes con los ojos color «chartreuse» y con los ojos color pardo. De las reinas F_1 resultantes se analizó el fenotipo de los zánganos, obteniéndose los siguientes resultados:

	Reina × zángano	Reina F_1	Zánganos descendientes		
			Negro	**«Chartreuse»**	**Pardo**
1	negra × «chartreuse»	negra	80	81	
2	negra × «chartreuse»	negra	1.242	601	603
3	negra × pardo	negra	140		142
4	negra × pardo	negra	498	272	230

a) ¿Cuántos genes están implicados en la herencia del color?

b) ¿Qué genotipos tienen los padres de los cuatro cruces?

Solución

a) Las reinas que se cruzan son diploides y los zánganos haploides, luego las reinas de la F_1 tienen que ser heterozigotas, con un alelo que condiciona color negro (silvestre) que viene de la madre y un alelo que condiciona color mutante que viene del padre, de lo que se deduce la dominancia del alelo para negro.

La reina F_1 del cruce 1 produce la mitad de los zánganos negros y la otra mitad de color «chartreuse», luego tiene que ser ch^+/ch, siendo el alelo para negro (ch^+) dominante sobre «chartreuse» (ch).

La reina F_1 del cruce 3 produce la mitad de los zánganos negros y la otra mitad pardos, luego tiene que ser p^+/p.

La reina F_1 del cruce 2 produce 2/4 negro, 1/4 «chartreuse» y 1/4 pardo, luego tiene que ser heterozigótica para dos genes que se transmiten independientemente, uno que condicione «chartreuse» y otro que condicione pardo, por ejemplo, $ch^+/ch\ p^+/p$, lo que daría lugar a 1/4 $ch^+\ p^+$ + 1/4 $ch^+\ p$ (que serían negros) + 1/4 ch p^+ («chartreuse») + 1/4 ch p (pardo). El gen para pardo no se manifiesta en presencia del alelo normal del gen «chartreuse» y es epistático sobre el alelo recesivo del gen «chartreuse».

La reina F_1 del cruce 4 tendría que tener el mismo genotipo de la reina del cruce 2.

b) De acuerdo con la anterior hipótesis, el genotipo de los padres debería ser,

	Reina		Zángano		Reina F_1
Cruce 1:	$ch^+/ch^+\ p^+/p^+$	×	ch p^+	=	$ch^+/ch\ p^+/p^+$
Cruce 2:	$ch^+/ch^+\ p/p$	×	ch p^+	=	$ch^+/ch\ p^+/p$

Los cruces 3 y 4 confirman la hipótesis anterior. Para obtener los resultados observados, los genotipos tienen que ser,

	Reina		Zángano		Reina F_1
Cruce 3:	$ch^+/ch^+\ p/p$	×	ch p	=	$ch^+/ch\ p/p$
Cruce 4:	$ch^+/ch^+\ p^+/p^+$	×	ch p	=	$ch^+/ch\ p^+/p$

Siempre que esté el alelo ch^+ el color será negro (silvestre). El color «chartreuse» dependería de la homozigosis (o hemizigosis) del alelo ch, y el color pardo, del doble homozigoto chch pp (o hemizigoto ch p).

4.23. Laidlaw y colaboradores encontraron nuevas mutaciones que afectaban al color del ojo en las abejas. Una de ellas, la mutación café claro (*tan*, t^+/t), da lugar en los zánganos a ojos blancos que oscurecen hasta café claro a los tres días de nacer. Para ver la relación de dicha mutación con otras dos ya conocidas, «chartreuse» (ch^+/ch) (*véase* Problema 4.22) y marfil (*ivory*, i^+/i, que se oscurece ligeramente con la edad), realizaron los siguientes cruces y analizaron la descendencia de reinas normales, obteniendo los siguientes resultados:

	Reina × zángano	Reina F_1	Zánganos F_2	
			Negro	Otros colores
1	negra × «chartreuse»	negra	562	585 «chartreuse»
2	negra × café claro	negra	275	232 café claro
3	negra × marfil	negra	1.396	1.384 marfil
4	negra × marfil	negra	198	421 marfil + 205 café claro
5	negra × marfil	negra	343	711 marfil + 378 «chartreuse»
6	negra × blanco	negra	549	978 blanco[1] + 487 «chartreuse»

[1] La mitad de los zánganos se oscurecieron con la edad hasta adquirir un color café claro (*tan*).

a) ¿Cuáles son las relaciones entre estos genes?
b) ¿Cuál es el genotipo de las reinas y los zánganos que se cruzaron?

Solución

a) Las tres mutaciones analizadas, «chartreuse» (ch), café claro (t) y marfil (i), se comportan como recesivas respecto de sus alelos normales (negro) en los cruces 1, 2 y 3.

En el cruce 4, el zángano tiene que ser hemizigoto tanto para el gen marfil (i) como para el café claro (t), ya que la reina descendiente produce zánganos,

$$1/4 \text{ negros } (i^+\ t^+) + 2/4 \text{ marfil } (i\ t^+ + i\ t) + 1/4 \text{ café claro } (i^+\ t)$$

El gen marfil (i) inhibiría la acción del alelo para café claro (t).

En el cruce 5, el zángano sería hemizigoto para los genes marfil (i) y «chartreuse» (ch), ya que la reina F_1 produce zánganos,

$$1/4 \text{ negros } (ch^+\ i^+) + 2/4 \text{ marfil } (i\ ch^+ + i\ ch) + 1/4 \text{ «chartreuse» } (ch\ i^+)$$

El gen marfil (i) también inhibiría la acción del alelo para «chartreuse» (ch).

En el cruce 6, el zángano sería hemizigoto para los genes «chartreuse» (ch) y café claro (t), ya que la reina F_1 produce zánganos,

$$1/4 \text{ negros } (ch^+\ t^+) + 2/4 \text{ blanco } (ch\ t + ch^+\ t) + 1/4 \text{ «chartreuse» } (ch\ t^+)$$

En donde el 50% de los fenotipos blancos se oscurecen con la edad (ch^+ t), mientras que el otro 50% permanece blanco (ch t), es decir, los alelos ch y t interaccionan para dar blanco.

b) Los genotipos de todas las reinas son normales: $ch^+ch^+\ t^+t^+\ i^+i^+$. Los genotipos de los zánganos son:

1. ch t^+ i^+	3. ch^+ t^+ i	5. ch t^+ i
2. ch^+ t i^+	4. ch^+ t i	6. ch t i^+

CAPÍTULO

5

GENES LIGADOS

Dos genes (sus alelos) están ligados cuando se encuentran en el mismo cromosoma, sea autosómico o sexual. Su situación en el cromosoma se denomina ***locus*** (en plural ***loci***), término que puede reemplazar al de gen (gen del antígeno Rh o *locus* Rh).

Aunque dos genes ligados tienden a transmitirse juntos, pueden también transmitirse separados debido a que en la profase de la meiosis ocurre el fenómeno del **entrecruzamiento** (o sobrecruzamiento) entre las cromátidas de cromosomas homólogos. Este entrecruzamiento se visualiza al microscopio óptico como un punto de contacto entre los cromosomas (**quiasma**). El entrecruzamiento tiene como consecuencia el intercambio de segmentos y la formación de cromosomas recombinados, es decir, la **recombinación** de los genes. Por ejemplo, el alelo A de un gen que se encontraba en el mismo cromosoma que el alelo B de otro gen, pueden separarse, quedando uno en un cromosoma y el otro en el otro cromosoma homólogo (lógicamente, para los otros dos alelos ocurrirá lo mismo).

La manera de indicar que dos genes, con sus correspondientes alelos, el A/a y el B/b, están ligados, es ponerlos en forma de quebrado:

$$\frac{\text{A B}}{\text{a b}} \quad \text{o} \quad \frac{\text{A b}}{\text{a B}}$$

Acoplamiento **Repulsión**

En el primer caso el individuo tiene los dos alelos dominantes en un cromosoma y los dos recesivos en el homólogo, esta situación se denomina de **acoplamiento** (posición cis) y la contraria de **repulsión** (posición trans).

Un entrecruzamiento dado se produce sólo entre dos de las cuatro cromátidas, por ello, cuando en una meiosis hay un entrecruzamiento entre dos *locus* dados, se producirán cuatro tipos de gametos (Figura 5.1).

Los porcentajes máximo y mínimo de gametos recombinados van desde el 50 %, cuando entre dos genes dados siempre hay entrecruzamiento en la meiosis, hasta el 0 %, cuando nunca hay entrecruzamiento, por ello, la frecuencia de entrecruzamiento (y la frecuencia de quiasmas) entre dos genes dados es el doble de su frecuencia de recombinación.

Por ejemplo, cuando entre dos genes dados detectamos quiasmas en el 80 % de las meiosis, es decir, entrecruzamiento, la frecuencia de recombinación será la mitad, el 40 %.

En general, la mayor o menor probabilidad de que se produzca entrecruzamiento entre dos genes dados es medida de la mayor o menor distancia a la que se encuentran éstos en el cromosoma. Este hecho tiene una enorme importancia en el análisis genético, ya que se utiliza como una herramienta básica para la construcción de mapas. No obstante, a medida que los genes estén mas separados aumentará la probabilidad de entrecruzamientos dobles, triples, etc., y la consecuencia será una disminución aparente de su distancia, ya que dos o más entrecruzamientos entre dos genes dados se resuelven como si fuera un solo entrecruzamiento (véase el Problema 5.6).

Si dos genes se encuentran lo suficientemente alejados como para que entre ellos haya siempre entrecruzamiento en la meiosis, su frecuencia de recombinación será la máxima, el 50 % y, por tanto, no podremos diferenciar el ligamiento de la transmisión independiente (Figura 5.2).

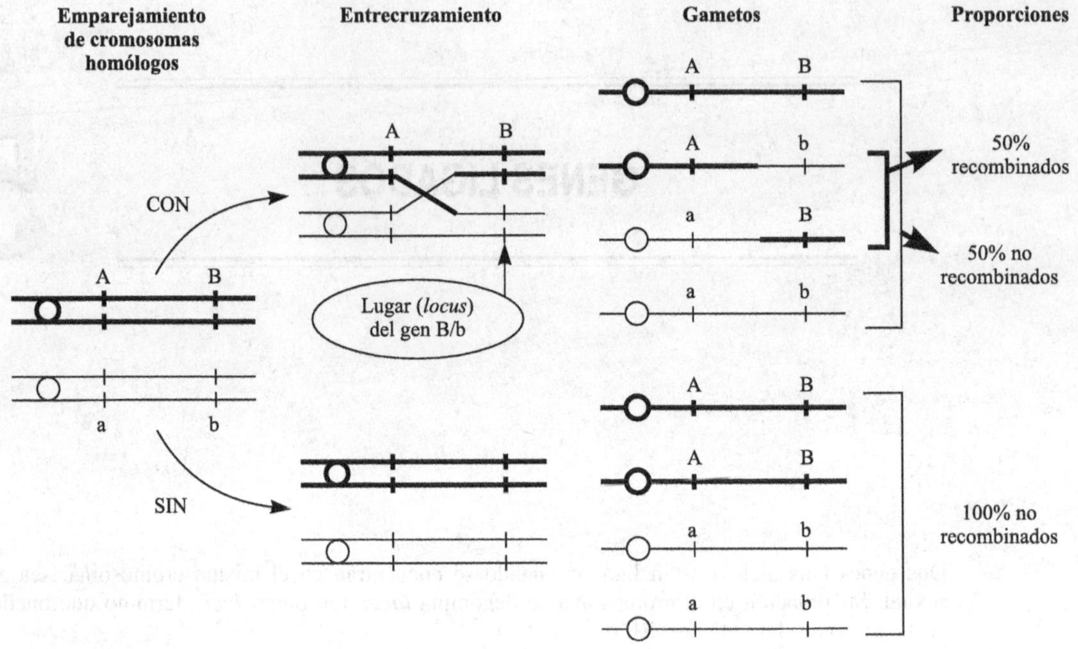

Figura 5.1. Consecuencias del entrecruzamiento o de la ausencia de entrecruzamiento entre dos genes ligados.

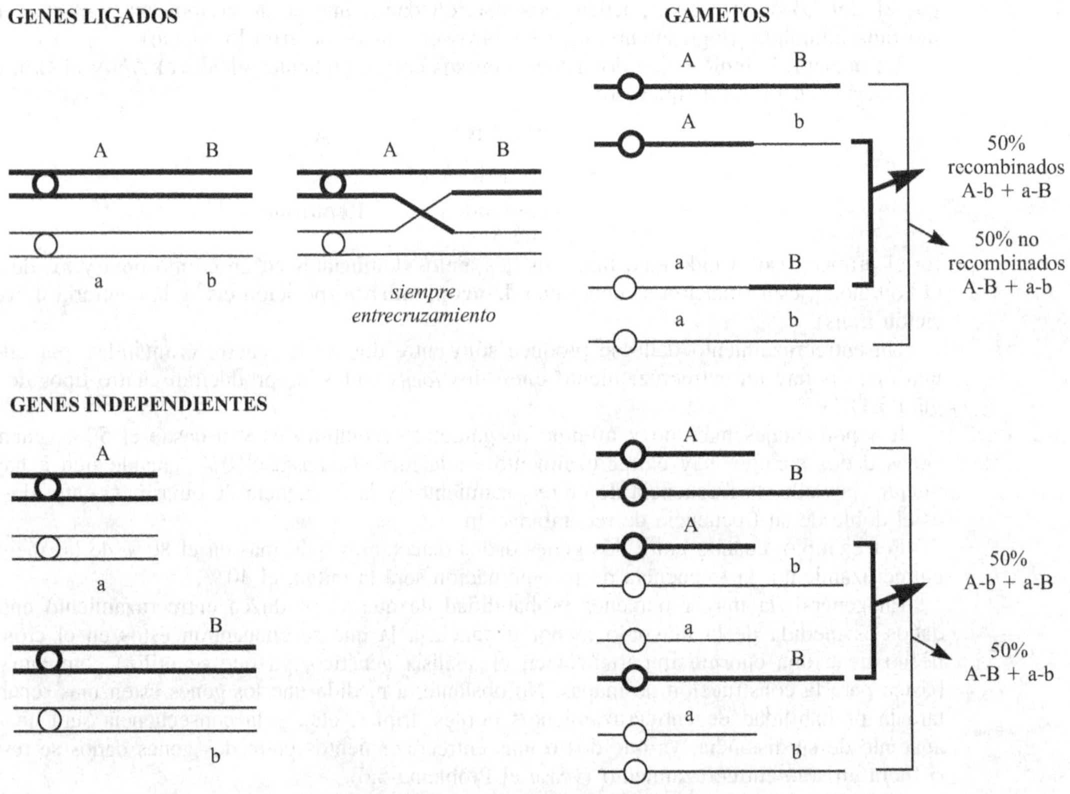

Figura 5.2. Producción de gametos cuando dos genes ligados sufren siempre entrecruzamiento o cuando dos genes se sitúan en cromosomas distintos (se transmiten independientemente).

5.1. CÁLCULO DE LA FRECUENCIA DE RECOMBINACIÓN A PARTIR DE UN CRUCE PRUEBA

La mejor manera de medir la frecuencia de recombinación entre dos genes dados es realizar un cruzamiento prueba entre el doble heterozigoto y el doble homozigoto recesivo:

$$\frac{a^+ \ b^+}{a \ \ b} \times \frac{a\ b}{a\ b}$$

Los individuos resultantes de dicho cruce presentarán los cuatro fenotipos posibles (que coinciden con los cuatro genotipos posibles). Debido al tipo especial de cruce, el fenotipo de los descendientes coincide con el genotipo de cada gameto producido por el heterozigoto (Tabla 5.1).

Tabla 5.1 **Individuos resultantes de un cruce prueba entre un doble heterozigoto y un doble homozigoto recesivo**

Clases	Origen	Genotipo
Totalmente normales	Provienen de gametos no recombinados	$\frac{a^+ \ b^+}{a \ \ b}$
Dobles mutantes		$\frac{a\ b}{a\ b}$
Mutantes para a Normales para b	Provienen de gametos recombinados	$\frac{a\ b^+}{a\ b}$
Normales para a Mutantes para b		$\frac{a^+\ b}{a\ \ b}$

Si los dos genes NO estuvieran ligados, esperaríamos una proporción igual para las cuatro clases, por lo que una prueba de chi cuadrado respecto de esta hipótesis (1:1:1:1) nos permitirá decidir en muchos casos si los dos genes se transmiten independientemente o están ligados. No obstante, habrá que comprobar previamente que cada uno de los genes segregue correctamente de manera mendeliana.

La **frecuencia de recombinación** entre *a* y *b* viene dada por la proporción de gametos recombinados respecto del total de gametos, que en un cruzamiento prueba coincide con la proporción de estas dos últimas clases de individuos referidas al total de individuos.

$$\frac{ab^+ + a^+b}{a^+b^+ + ab + ab^+ + a^+b} = \text{frecuencia de recombinación entre } a \text{ y } b$$

Aunque la frecuencia de recombinación se suele expresar en porcentaje, por ejemplo, 22 %, es conveniente expresarla en probabilidad (en tantos por 1), por ejemplo, 0,22, ya que esto nos permite operar con estos valores, como se verá más adelante, para el cálculo de dobles recombinantes esperados, por ejemplo.

La distancia entre dos genes también se puede indicar en **unidades de mapa (u.m.)**. Una unidad de mapa equivale a un 1 % de recombinación (0,01). Un 1 % de recombinación también se denomina 1 **centiMorgan (cM)**. En resumen, tendríamos las siguientes equivalencias:

22 u.m. = 22 cM = 22 % de recombinación = probabilidad del 0,22

5.2. CÁLCULO DE LA FRECUENCIA DE RECOMBINACIÓN A PARTIR DE UNA F_2

También es posible deducir si dos genes están ligados y estimar su frecuencia de recombinación cuando se dispone del resultado de una F_2. No obstante, hay que tener presente que la frecuencia de recombinación puede ser distinta en los dos sexos, por ejemplo, en insectos, en el sexo heterogamético no se producen entrecruzamientos, por lo que el macho proporciona gametos sin recombinar; en mamíferos, la frecuencia de recombinación es menor en el sexo heterogamético.

Para estimar si hay ligamiento habrá que comprobar, mediante una prueba de chi cuadrado, si el resultado de dicha F_2 está de acuerdo con la proporción esperada 9:3:3:1. Igual que en el cruce entre heterozigoto y homozigoto recesivo, habrá que comprobar si cada uno de los genes segrega correctamente (*véase* el Problema 5.11).

Para estimar la frecuencia de recombinación se han propuesto varios métodos a lo largo de la Historia de la Genética. En todos ellos hay que tener en cuenta si los genes se encuentran en fase de acoplamiento o en fase de repulsión (Tabla 5.2).

Tabla 5.2

Resultados en la F_1 cuando dos genes se encuentran en fase de acoplamiento o de repulsión

Cruce	$aa\ b^+b^+ \times a^+a^+\ bb$	$aa\ bb \times a^+a^+\ b^+b^+$
Ligados	$\frac{a\ b^+}{a\ b^+} \times \frac{a^+\ b}{a^+\ b}$	$\frac{a\ b}{a\ b} \times \frac{a^+\ b^+}{a^+\ b^+}$
F_1	$\frac{a\ b^+}{a^+\ b}$	$\frac{a\ b}{a^+\ b^+}$
Fase	Repulsión	Acoplamiento

Al cruzar los individuos de la F_1 en fase de repulsión, obtendremos lo referido en la Tabla 5.3.

Tabla 5.3

Resultados en la F_2 de un dihibridismo cuando dos genes se encuentran en fase de repulsión

		No recombinados		Recombinados	
	Gametos	$a\ b^+$	$a^+\ b$	$a^+\ b^+$	$a\ b$
SIN entrecruzamiento	$a\ b^+$	$\frac{a\ b^+}{a\ b^+}$	$\frac{a^+\ b}{a\ b^+}$	$\frac{a^+\ b^+}{a\ b^+}$	$\frac{a\ b}{a\ b^+}$
	$a^+\ b$	$\frac{a\ b^+}{a^+\ b}$	$\frac{a^+\ b}{a^+\ b}$	$\frac{a^+\ b^+}{a^+\ b}$	$\frac{a\ b}{a^+\ b}$
CON entrecruzamiento	$a^+\ b^+$	$\frac{a\ b^+}{a^+\ b^+}$	$\frac{a^+\ b}{a^+\ b^+}$	$\frac{a^+\ b^+}{a^+\ b^+}$	$\frac{a\ b}{a^+\ b^+}$
	$a\ b$	$\frac{a\ b^+}{a\ b}$	$\frac{a^+\ b}{a\ b}$	$\frac{a^+\ b^+}{a\ b}$	$\frac{a\ b}{a\ b}$

Siendo r la frecuencia de los gametos recombinados y $(1 - r)$ la frecuencia de los gametos no recombinados, cada gameto recombinado tendrá una frecuencia $(r/2)$ y cada gameto no recombinado, una frecuencia $(1 - r/2)$. Teniendo en cuenta las relaciones de dominancia de los alelos, en la F_2 sólo hay una clase homogénea, cuyo fenotipo depende de un único genotipo, que es el doble homozigoto recesivo aa bb. La frecuencia de dicha clase será igual al producto de la frecuencia de los gametos que la forman, $(r/2)^2$, luego despejando r, tendremos que:

$$r = \sqrt{4 \times \text{frecuencia } aabb}$$

Para el caso en que en el cruce inicial los genes estén en fase de acoplamiento, siguiendo el mismo razonamiento, se llega a la fórmula:

$$r = 1 - \sqrt{4 \times \text{frecuencia } aabb}$$

que es la forma más rápida, pero no muy aconsejable, de estimar la frecuencia de recombinación. Hay que tener en cuenta varios aspectos,

- La frecuencia de aabb tiene que darse en tantos por 1 (probabilidad).
- Cuando el número de individuos *aabb* es pequeño, puede haber desviaciones importantes al calcular el valor de *r*.
- Sólo se tiene en cuenta uno de los cuatro fenotipos experimentales, por lo que son frecuentes desviaciones respecto del valor real.

Una forma más exacta de encontrar la frecuencia de recombinación es el método del producto, relativamente fácil de aplicar. Si el número de los cuatro fenotipos es:

$$\text{A– B–} = x; \qquad \text{A– bb} = y; \qquad \text{aa B–} = z; \qquad \text{aa bb} = w \qquad \textbf{(6.1)}$$

la frecuencia de recombinación para genes en fase de acoplamiento se estima por la fórmula,

$$\frac{y \times z}{x \times w} = \frac{1 - 2(1 - r)^2 + (1 - r)^4}{2(1 - r)^2 + (1 - r)^4} \qquad \textbf{(6.2)}$$

en donde, manteniendo $(1 - r)$ como incógnita, se obtendrá una ecuación cuadrática que, una vez resuelta[1], nos dará el valor de $(1 - r)$. Despejando, obtendremos el valor de *r*.

En el caso de que los genes se encuentren en fase de repulsión, la frecuencia de recombinación se estimará por la fórmula,

$$\frac{x \times w}{y \times z} = \frac{2r^2 + r^4}{1 - 2r^2 + r^4} \qquad \textbf{(6.3)}$$

Despejando *r* se obtendrá una ecuación cuadrática que, una vez resuelta, nos dará el valor de *r*.

El método más exacto para calcular la frecuencia de recombinación es el de máxima verosimilitud propuesto por Fisher. Existen programas informáticos para calcular la frecuencia de recombinación. Si no se dispone de ellos, Allard ha deducido ecuaciones máximo-verosímiles para estimar la frecuencia de *r* para casi cualquier tipo de proporción en la F_2. Indicaremos las fórmulas para las proporciones más frecuentes (Tabla 5.4), cuando los genes se encuentran en fase de repulsión, en donde *x*, *y*, *z* y *w* están definidos más arriba (6.1).

Tabla 5.4 **Fórmulas para encontrar la frecuencia de recombinación, *r*, cuando en la F_2 aparecen diversos tipos de proporciones**

1:1:1:1	$(x + w)\left(\frac{1}{r}\right) + (y + z)\left(\frac{1}{r - 1}\right) = 0$
9:3:3:1	$x\left(\frac{2r}{2 + r^2}\right) + (y + z)\left(\frac{-2r}{1 - r^2}\right) + w\left(\frac{2}{r}\right) = 0$
9:3:4	$x\left(\frac{2r}{2 + r^2}\right) + y\left(\frac{-2r}{1 - r^2}\right) = 0$
12:3:1	$z\left(\frac{-2r}{1 - r^2}\right) + w\left(\frac{2}{r}\right) = 0$
9:7	$x\left(\frac{2r}{2 + r^2}\right) + (y + z + w)\left(\frac{-2r}{2 - r^2}\right) = 0$
13:3	$(x + y + w)\left(\frac{2r}{3 + r^2}\right) + z\left(\frac{-2r}{1 - r^2}\right) = 0$
15:1	$(x + y + z)\left(\frac{-2r}{4 - r^2}\right) + w\left(\frac{2}{r}\right) = 0$

[1] Hay que tener cuidado en su resolución. Existen tablas para obtener directamente la frecuencia de recombinación y sus correspondientes errores a partir del valor del primer término de las ecuaciones 6.2 y 6.3 [*véase* Immer (1930) y Stansfield (1992)].

Si los genes se encuentran en fase de acoplamiento se pueden utilizar las mismas ecuaciones, y restar de 1 para obtener el valor de r.

La forma de resolver estas ecuaciones disponiendo de ordenador personal, una hoja de cálculo por ejemplo, o calculadora de bolsillo programable, es sencilla, basta con iterar valores de r (entre 0,1 y 0,5 para genes en fase de repulsión, o entre 0,5 y 1 para genes en fase de acoplamiento) para buscar aquel valor de r que dé a la ecuación un valor más próximo a cero.

5.3. GRUPOS DE LIGAMIENTO

Se denomina *grupo de ligamiento* al conjunto de genes que se encuentra en el mismo cromosoma y, por ello, ligados en mayor o menor medida.

Para ver si dos genes se encuentran en el mismo grupo de ligamiento, muchas veces basta con comprobar que no se comportan independientemente en experimentos de cruce. No obstante, si están muy lejos, se puede llegar a conclusiones erróneas y considerarlos independientes. En este caso, vale la frase de que «si dos genes están ligados a un tercero, están ligados entre sí».

PROBLEMAS RESUELTOS

5.1. MacCarthur, siguiendo con sus experiencias con el tomate (*véanse* los problemas 5.16 y 6.2) realizó un cruce entre una variedad de fruto periforme y otra variedad de porte enano. Con la F_1, que resultó normal (fruto redondo y porte alto), realizó los dos cruzamientos recíprocos con una variedad enana de fruto periforme, publicando los siguientes resultados:

	Alta		Enana	
♀♀ × ♂♂	**Redondo**	**Periforme**	**Redondo**	**Periforme**
Enana, periforme × F_1	5	28	18	2
F_1 × enana, periforme	12	97	83	12

Interprete genéticamente estos resultados.

Solución

Por los resultados de la F_1, queda clara la dominancia del alelo para fruto redondo (Pr) sobre periforme (pr) y del alelo para planta alta (D) sobre enana (d). En los cruces recíprocos, realizados entre un heterozigoto y un homozigoto recesivo, no se aprecian diferencias porcentuales notables, por lo que podremos reunir los datos de los dos cruces. Para cada carácter cabe esperar una segregación de 1:1,

	Alta	Enana	Total
Redondo	17	101	118
Periforme	125	14	139
Total	142	115	257

Los valores de χ^2 (2,83 para las alternativas alta-enana y 1,71 para redondo-periforme) con un grado de libertad, respecto de la proporción 1:1, nos confirman la correcta segregación de los alelos de los dos genes.

Lo que se observa «distorsionado» es la asociación entre las alternativas de cada carácter: hay muy pocas plantas altas con fruto redondo o enanas con fruto periforme, encontrándose en exceso las otras dos combinaciones. Las combinaciones en exceso son precisamente fruto redondo y porte enano, fenotipo de una de las variedades paternas utilizadas, y fruto periforme y porte alto, el fenotipo de la otra variedad paterna. Esto indicaría herencia no independiente entre estos genes, por ligamiento de los dos genes en el mismo cromosoma; por ello, la F_1 tendría el siguiente genotipo,

$$\frac{\mathrm{D\ pr}}{\mathrm{d\ Pr}}$$

que daría lugar a cuatro tipos de gameto. Las combinaciones paternas (D pr; d Pr) serían más frecuentes y las combinaciones nuevas o recombinadas (D Pr, d pr) menos frecuentes. La frecuencia de estas combinaciones nuevas [(17 + 14)/257 = 0,121] nos indica la frecuencia de recombinación entre los dos genes.

5.2. Se dispone de dos cepas puras, una con el fenotipo recesivo del *locus* a^+/a y otra con el fenotipo recesivo del *locus* b^+/b. Ambos *loci* se encuentran en el mismo cromosoma.

a) ¿Cuál es el genotipo de estas dos cepas?

b) Si las cruzamos, ¿cuál será el genotipo de los descendientes? ¿En qué fase se encontrarán los alelos, en acoplamiento o en repulsión?

c) Si sólo se dispusiera de estas dos cepas, ¿sería posible obtener individuos en la fase contraria a la anterior? Indique el modo.

d) ¿Cómo podría estimar la frecuencia de recombinación entre a y b?

Solución

a) La cepa con el fenotipo recesivo para el *locus* a^+/a, por ser cepa pura, también será homozigota para el alelo normal del *locus* b^+/b y viceversa. Ya que ambos *loci* están ligados, sus genotipos serán:

$$\frac{a\ b^+}{a\ b^+} \quad \mathrm{y} \quad \frac{a^+\ b}{a^+\ b}$$

b) $\dfrac{a\ b^+}{a\ b^+} \times \dfrac{a^+\ b}{a^+\ b} = \dfrac{a\ \ b^+}{a^+\ b}$ (F_1). Los alelos se encuentran en fase de repulsión.

c) La fase contraria es la fase de acoplamiento, $\dfrac{a^+\ b^+}{a\ \ b}$, la cual se podría conseguir recuperando recombinantes en la F_2 del cruce de ambas cepas que serían de fenotipo normal.

d) La frecuencia de recombinación entre a y b se podría obtener mediante un cruzamiento retrógrado, entre el doble heterozigoto de la F_1 y un individuo doble homozigoto recesivo, o a partir de los datos de una F_2, aplicando el método de Allard explicado en la parte teórica.

5.3. En una planta de maíz, heterozigota para dos genes (A/a y B/b) en fase de repulsión,

a) Si la probabilidad de recombinación entre ellos es de 0,3, ¿qué tipo de gametos se producirán, y en qué frecuencia?

b) Si dejamos que esta planta se autofecunde, ¿cuál sería la probabilidad de que un descendiente tuviera el genotipo aaBb?, ¿y la de que tuviera un fenotipo a, B?

Solución

a) Una planta heterozigota en fase de repulsión tendría el genotipo:

$$\frac{A\ b}{a\ B}$$

teniendo en cuenta que la probabilidad de recombinación es 0,3 (es decir, presenta una frecuencia de recombinación del 30 % o están alejados 30 u.m.), producirá los siguientes gametos y frecuencias:

70 % de gametos sin recombinar (35 % *A b* y 35 % *a B*)
30 % de gametos recombinados (15 % *A B* y 15 % *a b*)

b) Si dicha planta se autofecundara, la probabilidad de que se formara un gameto *a B* sería de 0,35 y un gameto *a b*, de 0,15, luego la probabilidad de obtener un genotipo $\frac{a\ B}{a\ b}$ es 0,35 × 0,15 = 0,0525.

La probabilidad de tener un fenotipo *a B* sería igual a la probabilidad de recibir un gameto masculino *a B* (0,35) × la probabilidad de recibir un gameto femenino *a B* (0,35) + la probabilidad de recibir un gameto masculino (o femenino) *a B* (0,15) × la probabilidad de recibir un gameto femenino (o masculino) *a B* (0,35) × 2 (los cruces recíprocos), es decir, 0,35 × 0,35 + 0,15 × 0,35 × 2 = 0,2275 (22,75 %).

5.4. Se autofecunda una planta heterozigota para los *loci* A/a y B/b, uno de cuyos padres era AAbb. Sabiendo que estos dos genes se encuentran ligados a una distancia de 10 unidades de mapa, ¿cuáles serán las proporciones fenotípicas y genotípicas de los descendientes?

Solución

Uno de los gametos que ha dado origen a la planta heterozigota llevará los alelos A y b, ya que viene de un padre AAbb, por ello, el genotipo de la planta heterozigota será,

$$\frac{A\ b}{a\ B}$$

con los genes en fase de repulsión.

De acuerdo con la distancia entre los genes, dicha planta producirá cuatro tipos de gameto, dos no recombinantes, A b y a B, cada uno en un 45 %, y dos recombinantes, A B y a b, cada uno en un 5 %. La unión de estos gametos dará lugar a los siguientes genotipos:

	A b (0,45)	**a B (0,45)**	**A B (0,05)**	**a b (0,05)**
A b (0,45)	AA bb (0,2025)	Aa Bb (0,2025)	AA Bb (0,0225)	Aa bb (0,0225)
a B (0,45)	Aa Bb (0,2025)	aa BB (0,2025)	Aa BB (0,0225)	aa Bb (0,0225)
A B (0,05)	AA Bb (0,0225)	Aa BB (0,0225)	AA BB (0,0025)	Aa Bb (0,0025)
a b (0,05)	Aa bb (0,0225)	aa Bb (0,0225)	Aa Bb (0,0025)	aa bb (0,0025)

Genotipo	Frecuencia	Frecuencia	Fenotipo
AA BB	0,0025	0,5025	A– B–
AA Bb	0,045		
Aa BB	0,045		
Aa Bb	0,41		
AA bb	0,2025	0,2475	A– bb
Aa bb	0,045		
aa BB	0,2025	0,2475	aa B–
aa Bb	0,045		
aa bb	0,0025	0,0025	aa bb

5.5. Suponga que en un organismo, como el maíz, con cromosomas grandes y marcas visibles de identificación al microscopio óptico, se conoce la posición cromosómica de dos genes (A/a y B/b) en el cromosoma 9, siendo su distancia de 20 unidades de mapa.

a) ¿En qué porcentaje de meiosis se detectará un quiasma entre estos dos genes?

b) ¿En qué porcentaje de meiosis no habrá entrecruzamiento?

Solución

a) Si la distancia entre A/a y B/b es de 20 unidades de mapa, es decir, la frecuencia de recombinación es del 20 %, hemos de tener en cuenta que en cada entrecruzamiento entre A/a y B/b (en cada meiosis) se detecta un quiasma y que de las cuatro cromátidas, dos intercambian genes y las otras dos:

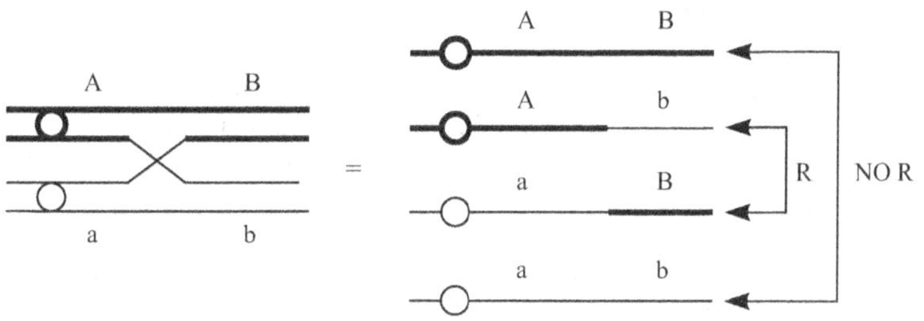

Por ello, en una meiosis en donde se detecte un quiasma, la mitad de las cromátidas serán recombinadas, luego un 20 % de recombinación equivaldrá a un 40 % de meiosis con quiasmas.

b) En el 60% de las meiosis no se detectaran quiasmas, es decir, no habrá entrecruzamiento entre ambos *loci*.

5.6. En una planta de maíz, heterozigota para dos genes ligados (A/a y B/b), se detecta entre sus posiciones en el cromosoma dos quiasmas en el 80 % de las meiosis.

a) ¿Qué porcentaje de meiosis dará lugar a gametos no recombinados?
b) ¿Qué porcentaje de gametos recombinados se producirá en el conjunto de las meiosis?
c) ¿Qué consecuencias genéticas deduce de su contestación a las dos preguntas anteriores?
d) Responda a las mismas cuestiones en el caso de que se detectaran tres quiasmas por meiosis.

Solución

Un quiasma, que se observa al microscopio óptico durante la meiosis, está reflejando un entrecruzamiento entre dos de las cuatro cromátidas de los dos cromosomas homólogos que se han emparejado. La consecuencia será la producción de dos gametos recombinados y dos sin recombinar, como vimos anteriormente.

Si en lugar de un entrecruzamiento se producen dos, éstos pueden implicar a dos, a tres o a las cuatro cromátidas, lo cual tendrá consecuencias distintas:

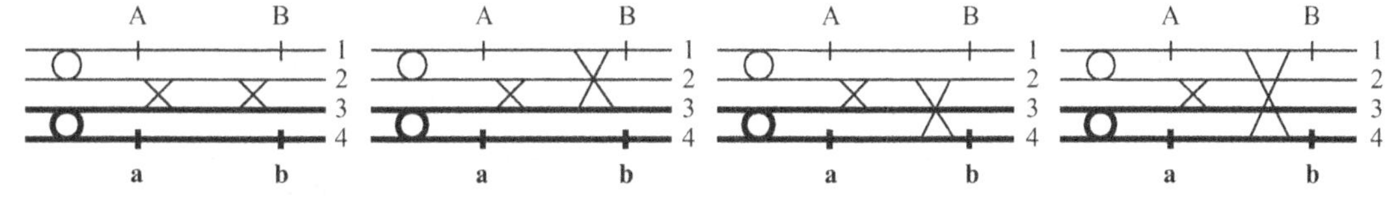

En el tipo **2-2**, con dos entrecruzamientos entre dos cromátidas, el resultado será que ninguna cromátida quedará recombinada, la mitad seguirán siendo AB y la otra mitad, ab.

En el tipo **2-3a**, con dos entrecruzamientos entre tres cromátidas, una cromátida del cromosoma grueso recombina con las dos cromátidas del cromosoma fino; el resultado será dos cromátidas recombinadas (la 1 y la 3) y dos sin recombinar. La cromátida 2, que sufre entrecruzamientos con la cromátida 3, debido a que ésta a su vez sufre entrecruzamiento con la cromátida 1, queda sin recombinar.

En el tipo **2-3b**, con dos entrecruzamientos entre tres cromátidas, una cromátida del cromosoma fino recombina con las dos cromátidas del cromosoma grueso; el resultado será dos cromátidas recombinadas (la 2 y la 4) y dos sin recombinar. La cromátida 3 sufre entrecruzamientos, pero queda finalmente sin recombinar.

El tipo **2-4**, con dos entrecruzamientos entre las cuatro cromátidas; el resultado es que las cuatro cromátidas quedan recombinadas.

Si los entrecruzamientos se producen totalmente al azar, se darán los cuatro tipos en igual proporción (25 % de cada) y el porcentaje de cromátidas recombinadas (0 % + 50 % + 50 % + 100 %) será igual al de no recombinadas (100 % + 50 % + 50 % + 0 %), es decir, del 50 %.

a) De acuerdo con lo anterior, en el 80 % de las meiosis, en donde se han detectado quiasmas, se produce un 50 % de gametos recombinados y un 50 % sin recombinar, luego en el 100 % de las meiosis se producen gametos no recombinados.

b) En el 20 % de las meiosis en donde no se han detectado quiasmas se producirá un 20 % de los gametos sin recombinar, que con el 40 % de gametos no recombinados de las meiosis en donde se detectó entrecruzamiento totalizan un 60 % de gametos sin recombinar (los mismos que se hubieran producida con un entrecruzamiento) luego el 40 % de los gametos serán recombinados.

c) Una consecuencia obvia es que dos entrecruzamientos tiene el mismo efecto que un entrecruzamiento. Otra es que como la probabilidad de entrecruzamiento aumenta en función de la distancia, dos genes muy alejados estarán aparentemente más próximos, de hecho, la máxima distancia entre dos genes, medida en frecuencia de recombinación, es el 50 %.

d) La visualización de lo que ocurre cuando hay tres entrecruzamientos es laboriosa. Mientras que con dos entrecruzamientos sólo hay cuatro posibilidades distintas (las indicadas arriba), para tres habrá entrecruzamiento entre cuatro cromátidas en tres puntos, es decir, $4^3 = 64$ posibilidades distintas.
La proporción de gametos recombinados y no recombinados que se produce sigue siendo la misma que con un entrecruzamiento, 60:40, pero el porcentaje de meiosis que sufrirá entrecruzamientos y dará lugar sólo a gametos no recombinados es del 10 %, en lugar del 20 %. En todos estos casos, de los tres puntos de entrecruzamiento, los puntos extremos implican las mismas dos cromátidas, mientras que el intercambio central implica una de las dos anteriores y la cromátida del otro cromosoma.

5.7. Se cruzaron dos cepas de *Drosophila melanogaster*, una homozigota para los genes *extra machrochaetae* (*emc*, macroquetas extra) y *sepia* (*se*, ojos de color sepia), que se encuentran en el 3.er cromosoma, a una distancia de 26 unidades de mapa, y otra homozigota para los genes *black* (*b*, cuerpo negro) y *curved* (*c*, alas curvadas), que se encuentran en el 2.º cromosoma, a 27 u.m.

a) ¿Qué proporciones fenotípicas y genotípicas se obtendrían al cruzar hembras de la F_1 con machos cuádruplo homozigotos recesivos?

b) ¿Qué proporciones fenotípicas y genotípicas se obtendrían si se dejara que los descendientes de la F_1 se cruzaran entre sí?

Solución

El genotipo de las dos cepas que se cruzan y el de sus descendientes sería el siguiente:

$$\text{P} \; \frac{b^+ \; c^+}{b^+ \; c^+} \frac{emc \;\; se}{emc \;\; se} \times \frac{b \; c}{b \; c} \frac{emc^+ \;\; se^+}{emc^+ \;\; se^+} \qquad \text{F}_1 \; \frac{b^+ \; c^+}{b \quad c} \frac{emc^+ \;\; se^+}{emc \quad se}$$

a) Teniendo en cuenta que en la meiosis los dos cromosomas se transmiten independientemente, y las distancias de cada par de genes, las hembras de la F_1 producirán los siguientes gametos:

Gametos	**emc$^+$ se$^+$ (0,37)**	**emc$^+$ se (0,13)**	**emc se$^+$ (0,13)**	**emc se (0,37)**
b$^+$ c$^+$ (0,365)	+ ++ + (0,13505)	+ + + se (0,04745)	+ + emc + (0,04745)	+ + emc se (0,13505)
b$^+$ c$^+$ (0,135)	+ c + + (0,04995)	+ c + se (0,01755)	+ c emc + (0,01755)	+ c emc se (0,04995)
b c$^+$ (0,135)	b + + + (0,04995)	b + + se (0,01755)	b + emc + (0,01755)	b + emc se (0,04995)
b c (0,365)	b c + + (0,13505)	b c + se (0,04745)	b c emc + (0,04745)	b c emc se (0,13505)

El macho de *Drosophila* aportará gametos con los cuatro alelos recesivos, por lo que la frecuencia de los gametos de la hembra nos da directamente la frecuencia fenotípica y genotípica en los descendientes.

b) Si dejamos que hembras y machos de la F_1 se crucen entre sí, las hembras producirán los gametos indicados en el apartado a) y los machos, al no producirse entrecruzamiento entre sus cromosomas, producirán sólo cuatro tipos de gameto, en igual proporción:

♀♀ \ ♂♂	$b^+ c^+ emc^+ se^+$ (0,25)	$b^+ c^+$ emc se (0,25)	b c $emc^+ se^+$ (0,25)	b c emc se (0,25)
+ + + + (0,13505)	+ + + +	+ + + +	+ + + +	+ + + +
+ + + se (0,04745)	+ + + +	+ + + se	+ + + +	+ + + se
+ + emc + (0,04745)	+ + + +	+ + emc +	+ + + +	+ + emc +
+ + emc se (0,13505)	+ + + +	+ + emc se	+ + + +	+ + emc se
+ c + + (0,04995)	+ + + +	+ + + +	+ c + +	+ c + +
+ c + se (0,01755)	+ + + +	+ + + se	+ c + +	+ c + se
+ c emc + (0,01755)	+ + + +	+ + emc +	+ c + +	+ c emc +
+ c emc se (0,04995)	+ + + +	+ + emc se	+ c + +	+ c emc se
b + + + (0,04995)	+ + + +	+ + + +	b + + +	b + + +
b + + se (0,01755)	+ + + +	+ + + se	b + + +	b + + se
b + emc + (0,01755)	+ + + +	+ + emc +	b + + +	b + emc +
b + emc se (0,04995)	+ + + +	+ + emc se	b + + +	b + emc se
b c + + (0,13505)	+ + + +	+ + + +	b c + +	b c + +
b c + se (0,04745)	+ + + +	+ + + se	b c + +	b c + se
b c emc + (0,04745)	+ + + +	+ + emc +	b c + +	b c emc +
b c emc se (0,13505)	+ + + +	+ + emc se	b c + +	b c emc se

Las frecuencias fenotípicas serán:

b	c	emc	se	Frecuencia
+	+	+	+	0,4675125
b	+	+	+	0,0462375
+	c	+	+	0,0462375
+	+	emc	+	0,0443625
+	+	+	se	0,0443625
b	c	+	+	0,1250125
b	+	emc	+	0,0043875
b	+	+	se	0.0043875
+	c	emc	+	0,0043875
+	c	+	se	0,0043875
+	+	emc	+	0,1262625
b	c	emc	+	0,0118625
b	c	+	se	0,0118625
b	+	emc	se	0,0124875
+	c	emc	se	0,0124875
b	c	emc	se	0,0337625

5.8. Se cruzó una hembra heterozigota para tres *loci* autosómicos con un macho homozigoto recesivo, obteniéndose los siguientes resultados fenotípicos:

a	b	d	42	a	B	D	46
a	b	D	6	A	b	D	5
a	B	d	4	A	B	d	4
A	b	d	44	A	B	D	39

a) Dos de estos genes están ligados, ¿cuáles son? Intente responder a esta cuestión simplemente observando el cuadro.

b) ¿En qué fase se encontraban los genes ligados en la hembra heterozigota?

c) ¿Cuál es la distancia entre los genes ligados?

Solución

a) Para responder «a simple vista» hay que darse cuenta de que determinadas combinaciones de *loci* son similares, mientras que otras son muy distintas. Por ejemplo, los dos alelos recesivos **a b** (42 + 6 = 48) y los dos alelos dominantes **A B** (39 + 4 = 43) están en igual número (aproximadamente), lo mismo que la combinación recíproca, un alelo recesivo y otro dominante, **a B** (4 + 46 = 50) y **A b** (44 + 5 = 49), sin embargo, con el par B/b y D/d no ocurre lo mismo: **b d** (42 + 44 = 86) y **B D** (46 + 39 = 85) son muy parecidos entre sí, pero muy diferentes de las combinaciones **b D** (4 + 4 = 8) y **B d** (6 + 5 = 11). Los *loci* **A/a** y **B/b** se transmiten independientemente, no están ligados, mientras que **B/b** y **D/d** se encuentran ligados.

b) De acuerdo con lo anterior, el genotipo de esta hembra sería,

$$\frac{B\ D}{b\ d} \quad \frac{A}{a}$$

estando los genes ligados en fase de acoplamiento (exceso de combinaciones **b d** y **B D** respecto de las combinaciones **b D** y **B d**).

c) La distancia se puede medir sumando todas las clases en las que **B/b** y **D/d** han recombinado y dividirla por el total: (6 + 4 + 5 + 4)/190 = 0,10.

5.9. Al cruzar palomos, heterozigotos para los genes negro/azul, ajedrezado/barrado, con palomas de una cepa silvestre (azules, barradas), de 51 pichones descendientes, 28 presentaban la combinación de fenotipos bien del padre, bien de la madre, y 23 presentaban combinaciones distintas (negro-barrado, azul-ajedrezado). Al realizar el cruce recíproco, machos silvestres con hembras de fenotipo negro y ajedrezado, de 96 descendientes, 83 presentaban los fenotipos paternos y 13 combinaciones de éstos.

a) ¿Podría determinar si estos genes están ligados o se transmiten independientemente? ¿Cuál será su razonamiento?

b) Si se encontraran ligados, ¿cuál sería su distancia?

Solución

a) Por los resultados de los dos cruces recíprocos, se deduce que el carácter azul (a) es recesivo respecto del negro (A), y el carácter barrado (b), recesivo respecto del ajedrezado (B). Admitiendo independencia entre estos *loci*, el resultado teórico de los cruces sería:

$$\text{P } ♂♂ \text{ A/a, B/b} \times ♀♀ \text{ a/a, b/b}$$
$$\text{F}_1 \text{ 1/4 A/a B/b} + \text{1/4 A/a b/b} + \text{1/4 a/a B/b} + \text{1/4 a/a b/b}$$

Es decir, resulta igual proporción de fenotipos paternos A B y a b que de combinaciones A b y a B. Esto es lo que ocurre, aproximadamente, en el primer cruce: ♂♂ heterozigotos × ♀♀ silvestres (0,549:0,451), pero no en el cruce recíproco: ♂♂ silvestres × ♀♀ heterozigotas (0,864:0,136), en donde se observa un claro exceso de fenotipos paternos. Esto implica que la hembra heterozigota transmite las combinaciones A–B y a–b en exceso y las combinaciones A–b y a–B en defecto, lo que indicaría que los dos genes están ligados.

Pero, ¿por qué en el primer cruce no aparece esta diferencia? El que no aparezca esta diferencia tiene que ver con el hecho de que los dos cruces recíprocos no dan lo mismo, lo cual puede tener que ver con la herencia ligada al sexo.

En las aves el sexo heterogamético es el femenino, luego los cruces que se han realizado se podrían anotar de la siguiente manera:

$$♂♂\ \frac{A\ B}{a\ b} \times ♀♀\ \frac{a\ b}{\neg} \qquad\qquad ♂♂\ \frac{a\ b}{a\ b} \times ♀♀\ \frac{A\ B}{\neg}$$

Pero inmediatamente surge un nuevo problema, el segundo cruce daría todas las hembras como el padre (a, b) y todos los machos como la madre (A, B), y no aparecerían combinaciones distintas de las paternas. Luego la solución no parece que venga por aquí.

No obstante, hay que insistir en que los dos cruces recíprocos dan distinto resultado. La diferencia entre ambos cruces es que en unos casos el sexo heterozigoto es el macho y en otros la hembra,

$$♂♂\ \frac{A\ B}{a\ b} \times ♀♀\ \frac{a\ b}{a\ b} \qquad\qquad ♂♂\ \frac{a\ b}{a\ b} \times ♀♀\ \frac{A\ B}{a\ b}$$

b) Una posible explicación es que la frecuencia de recombinación en los dos sexos sea distinta, mucho menor en las hembras (13/96 = 0,135), que es el sexo heterogamético, que en los machos (23/51 = 0,451), que es el sexo homogamético.

5.10. Se realizó un cruce entre dos cepas de *Drosophila melanogaster*, una homozigota para la mutación recesiva *extra machrochaetae* (*emc*, macroquetas extra) y otra homozigota para la mutación *sepia* (*se*, ojos de color sepia). La F_1, de fenotipo normal, se cruzó con machos mutantes para estos dos genes situados en el 3.er cromosoma. En el 48 % de las meiosis no se detectaron quiasmas entre dichos genes.

a) ¿Cuál es la distancia entre los dos genes?

b) ¿Cuál sería el porcentaje de descendientes con los ojos de color sepia?

c) Estos descendientes con ojos color sepia, ¿serían genéticamente uniformes? Indique qué genotipos tendrían y en qué proporciones.

Solución

a) De acuerdo con el enunciado, las cepas paternas y la F_1 resultante tendrían los siguientes genotipos:

$$\frac{emc\ se^{+}}{emc\ se^{+}} \times \frac{emc^{+}\ se}{emc^{+}\ se} = \frac{emc^{+}\ se}{emc\ \ se^{+}}\ (F_1)$$

$$♀♀\ \frac{emc^{+}\ se}{emc\ \ se^{+}} \times ♂♂\ \frac{emc\ se}{emc\ se}$$

Si en un 48 % de las meiosis no se detectaron quiasmas, ello implica que en un 52 % sí que se produjeron. El 50 % de los gametos producidos en estas meiosis serán recombinantes, es decir, la frecuencia de recombinación entre los dos genes será 0,52 × 0,5 = 0,26, es decir, se encuentran a una distancia de 26 u.m.

b) El padre es homozigoto para sepia y la hembra heterozigota, por lo que el 50 % de los descendientes tendrán fenotipo sepia. El hecho de que los genes *se* y *emc* estén ligados, no afecta a la segregación de los alelos de cada gen.

c) Estos descendientes con ojos de color sepia no serán genéticamente uniformes, ya que recibirán gametos de la hembra sin recombinar (emc^{+} *se*) y recombinados (*emc se*). De acuerdo con la distancia de los genes, el 13 % de los gametos serán *emc se* (recombinados) y el 37 %, emc^{+} *se* (no recombinados), luego el 26 % (13/50) de los descendientes con ojos de color sepia serán genéticamente uniformes.

5.11. Chao estudió la herencia de varios caracteres en el arroz, como el color de las glumas, que en la madurez puede ser pardo o incoloro, y el endospermo, que puede ser céreo o almidonoso. Al cruzar la variedad «100» (incoloro, almidonoso) con la variedad «200» (pardo, céreo), encontró en la F_2 los siguientes resultados,

Fenotipos	N
Céreo, pardo	309
Céreo, incoloro	43
Almidonoso, pardo	30
Almidonoso, incoloro	58

¿Cómo se pueden interpretar estos resultados?

Solución

Por lo resultados de la F_2 se comprueba fácilmente que el carácter céreo (309 + 43 = 352) es dominante sobre almidonoso (30 + 58 = 88), y pardo (309 + 30 = 339) sobre incoloro (43 + 58 = 101).

Si los dos genes fueran independientes, el número esperado en la F_2 correspondería al de un dihibridismo, con 9:3:3:1,

Fenotipos	Observados	Esperados
Céreo, pardo	309	247,5
Céreo, incoloro	43	82,5
Almidonoso, pardo	30	82,5
Almidonoso, incoloro	58	27,5

Comparando los valores observados y esperados, a simple vista se comprueba un exceso para las clases paternas, es decir, para la combinación de caracteres tal como estaban en los padres (céreo más pardo y almidonoso más incoloro) y un menor número para las combinaciones cruzadas.

La comprobación estadística respecto de la hipótesis 9:3:3:1 se realiza de la siguiente manera: al valor de χ^2 y a los grados de libertad respecto de la hipótesis 9:3:3:1, se le restan los valores de χ^2 y los grados de libertad respecto de las hipótesis 3:1 de cada uno de los genes,

Hipótesis	χ^2	g.l.	P
9:3:3:1	101,43	3	$P << 0{,}001$
3:1 para C/c	5,87	1	$0{,}02 > P > 0{,}01$
3:1 para P/p	0,98	1	$0{,}4 > P > 0{,}3$
Diferencia	95,71	1	$P << 0{,}001$

Como se ve en los resultados tabulados, se detectan diferencias significativas respecto de la hipótesis 3:1 para el gen C/c, por lo que el método no podría ser «legalmente» utilizado. No obstante, la diferencia de los datos respecto de la hipótesis 9:3:3:1 es tan grande, que no ofrece dudas en cuanto al ligamiento de los genes.

La interpretación más lógica es que se trata de genes ligados, cuyos alelos se encuentran en fase de acoplamiento en la F_1,

$$\frac{C\ P}{C\ P} \times \frac{c\ p}{c\ p} = \frac{C\ P}{c\ p}$$

Una manera de estimar la frecuencia de entrecruzamiento entre estos genes es aplicar el método de Allard, que da $r = 0{,}196$. A fin de comparar con el método alternativo, vamos a calcular cuál sería la frecuencia de recombinación, teniendo en cuenta que los genes están en fase de acoplamiento,

$$r = 1 - \sqrt{4 \times \frac{58}{440}} = 0{,}274$$

Se obtiene un valor mas alto, una sobreestima del valor real.

5.12. Robertson llevo a cabo una serie de cruces en la cebada con los siguientes caracteres: color de la gluma negra o blanca (B/b), plantas encapuchadas o con arista (K/k) y semillas cubiertas o desnudas (N/n), obteniendo los siguientes resultados en distintas F_2:

Cruces	F_2			
1	B–K–	B–kk	bbK–	bbkk
	603	182	194	61
2	K–N–	K–nn	kkN–	kknn
	1.969	681	737	250
3	B–N–	B–nn	bbN–	bbnn
	2.679	852	914	279

¿Se puede averiguar con estos datos si estos genes están ligados o se transmiten independientemente?

Solución

Para ver si los caracteres están ligados, hay que comprobar si la F_2 está o no de acuerdo con una transmisión independiente (9:3:3:1). Para ello, construiremos una tabla con los datos observados y esperados:

Cruces	F_2			
1	**B– K–**	**B– kk**	**bb K–**	**bb kk**
Observados	603	182	194	61
Esperados	585	195	195	65
2	**K– N–**	**K– nn**	**kk N–**	**kk nn**
Observados	1969	681	737	250
Esperados	2045,8	681,9	681,9	227,3
3	**B– N–**	**B– nn**	**bb N–**	**bb nn**
Observados	2.679	852	914	279
Esperados	2.657,25	885,75	885,75	295,25

A simple vista, las diferencias entre los valores observados y los esperados son pequeñas y no parece que estos pares de genes se encuentren ligados. Realizadas las pruebas de χ^2 correspondientes, tenemos:

	Cruce 1			Cruce 2			Cruce 3		
	χ^2	g.l.	P	χ^2	g.l.	P	χ^2	g.l.	P
Total	1,67	3	n.s.	9,6	3	<0,05	3,26	3	n.s.
1.er par	0,13	1	n.s.	8,86	1	<0,05	0,16	1	n.s.
2.º par	1,48	1	n.s.	0,69	1	n.s	2,82	1	n.s.
Ligamiento	0,06	1	n.s.				0,28	1	n.s.

Los resultados de los cruces 1 y 3 indicarían independencia de los genes correspondientes. En el cruce 2, el primer par de alelos (K/k) da diferencias significativas respecto de una segregación 3:1, por lo que no se puede asegurar ni la independencia, ni el ligamiento de los genes, no obstante, dicho par de alelos segrega correctamente en el cruce 1. Si calculamos la frecuencia de recombinación con el método de Allard, las dudas se resuelven, ya que resulta una $r = 0{,}498$, un valor tan próximo a 0,5 que apoya claramente la independencia de ambos genes. Los tres genes se comportan como no ligados (independientes).

5.13. En la cucaracha (*Blatella germanica*) se realizó un cruzamiento que implicaba las mutaciones *ocelliless* (oc) y *ballon wing* (ba), ambas recesivas respecto de sus alelos normales. El cruce entre dos dobles heterozigotos dio el siguiente resultado:

ba^+ oc^+	ba oc^+	ba^+ oc	ba oc
498	206	227	24

Ante estos resultados, se comprobó qué pasaba con otros dos mutantes, *glossy wing* (gl) y *red eye* (r), ambos recesivos respecto de sus alelos normales. Los resultados fueron los siguientes:

	Cruces	+ +	+ m	m +	m m
1	ba^+/ba gl^+/gl × ba^+/ba gl^+/gl	328	97	84	36
2	gl^+/gl r^+/r × gl^+/gl r^+/r	418	144	138	49
3	r^+/r oc^+/oc × r^+/r oc^+/oc	491	168	187	56

a) ¿Cómo se podrían interpretar los resultados del cruce entre *ocelliless* y *ballon wing*?

b) ¿Qué aportan los cruces con los mutantes *glossy wing* y *red eye*?

Solución

a) Para interpretar el resultado tendremos que comprobar si el resultado del cruce está de acuerdo con las proporciones esperadas de un dihibridismo (9:3:3:1):

	χ^2	g.l.	P
Total	41,08	3	<0,001
Par ba+/ba	0,43	1	0,50
Par oc+/oc	0,84	1	0,30
Diferencia	39,81	1	<0,001

Queda claro que cada gen por separado segrega correctamente, y que los dos genes están ligados en fase de repulsión, ya que hay un exceso de las clases ba oc^+ y ba^+ oc respecto de lo esperado.

Fenotipos	Observado	Esperado
ba^+ oc^+	**498**	537,19
ba^+ oc^+	**206**	179,06
ba^+ oc	**227**	179,06
ba oc	**24**	56,69

Aplicando el método de Allard, la frecuencia de recombinación entre estos dos genes es $r = 0{,}314$. Comprobando con el método alternativo para el cálculo de la frecuencia de recombinación, se obtiene,

$$r = \sqrt{4 \times \frac{24}{955}} = 0{,}317$$

un valor muy parecido al anterior.

b) Con respecto al resultado del cruce entre estos dos genes y los genes *glossy wing* y *red eye*, las pruebas de significación respecto de una transmisión independiente indican que estos dos genes no están ligados entre sí ni ligados a los genes ba y oc:

	Cruces	χ^2	g.l.	P
1	**ba^+/ba gl^+/gl × ba^+/ba gl^+/gl**	5,12	3	0,2 > P > 0,1
2	**gl^+/gl r^+/r × gl^+/gl r^+/r**	0,26	3	0,99 > P > 0,95
3	**r^+/r oc^+/oc × r^+/r oc^+/oc**	2,43	3	P ≈ 0,50

Ninguna de las pruebas de significación de las parejas alélicas resultó significativamente distinta de una segregación normal.

5.14. En el Problema 4.16 se presentaron datos sobre la herencia del color en el pez *Aplocheilus latipes*. Uno de los experimentos que hicieron los autores fue un cruce retrógrado entre un macho, descendiente del cruce 4 (hembras blancas × machos rojos), con hembras blancas, en el que se obtuvo la siguiente descendencia:

	Rojo	Blanco
♀♀	2	197
♂♂	251	1

¿Qué puede deducirse de este resultado?

Solución

Los genotipos que finalmente se asignaron a los individuos del cruce 4 del problema 4.16 y, por consiguiente, a los descendientes de la F_1 fueron:

P ♀♀ blancas (rr X^bX^b) × ♂♂ rojos (rr X^BY^B)
F_1 ♀♀ rojas (rr X^BX^b) + ♂♂ rojos (rr X^bY^B)

Al cruzar los machos de esta F_1 con hembras blancas como la madre (cruce retrógrado), lo que cabe esperar es:

$$♀♀ \text{ blancas (rr } X^bX^b) \times ♂♂ \text{ rojos (rr } X^bY^B)$$
$$\downarrow$$
$$♀♀ \text{ blancas (rr } X^bX^b) + ♂♂ \text{ rojos (rr } X^bY^B)$$

La aparición de las dos hembras rojas y de un macho blanco no parece que pueda explicarse por mutación. Haría falta dos mutaciones, de X^b a X^B y de Y^B a Y^b, y además a una tasa elevada. Cabe una interpretación más coherente con la situación de estos genes. El macho de la F_1 es heterozigoto para el *locus* B/b, situado en la región homóloga entre el X e Y, región en la que puede haber recombinación entre ambos cromosomas. Esto permite a los machos producir, en una proporción muy baja, gametos recombinantes portadores de un cromosoma X^B o de un cromosoma Y^b, que serían los responsables de esta descendencia «anómala».

Tomando los datos del problema, la frecuencia de recombinación (es decir, la distancia) entre el *locus* B/b, y el extremo de la región homologa entre el cromosoma X y el Y será 3/451 = 0,0066 (0,66 u.m.).

5.15. *Platypoecilus maculatus*, un pequeño ciprinodonto, puede presentar una coloración dorado uniforme o una coloración roja con manchas negras. Estos caracteres, como vimos en el Problema 4.10, están ligados al cromosoma sexual Z (♀♀ ZW, ♂♂ ZZ). Al realizar el cruzamiento entre hembras dorado uniforme y machos rojos con manchas, toda la F_1 fue roja con manchas. Al retrocruzar hembras de la F_1 con machos dorado uniforme, aparecieron, como cabía esperar, machos rojos con manchas (41) y hembras dorado uniforme (43), pero también apareció una hembra excepcional, con fenotipo rojo con manchas. Dicha hembra excepcional se cruzó tanto con sus hermanos como con machos dorado uniforme, dando los siguientes resultados:

Cruce		F_1	
♀	♂♂	♀♀	♂♂
excepcional roja manchas	hermanos	8 rojas manchas	6 dorado uniforme 8 rojos manchas
excepcional roja manchas	dorado uniforme	15 rojas manchas	17 dorado uniforme 1 rojos manchas

a) ¿Cuál era el genotipo de esta hembra excepcional?

b) Hasta qué punto modifica este resultado la explicación dada en el Problema 4.10.

Solución

a) En el Problema 4.10. se llegó a la conclusión de que los genotipos de dicho cruce eran:

$$P\ ♀♀\ Z^{DU}W \times ♂♂\ Z^{RM}Z^{RM}$$
$$F_1\ 1/2\ ♀♀\ Z^{RM}W + 1/2\ ♂♂\ Z^{RM}Z^{DU}$$

Al retrocruzar ♀♀ de la F1 con ♂♂ dorado uniforme, se obtiene,

$$♀♀\ F_1\ Z^{RM}W \times ♂♂\ Z^{DU}Z^{DU} = 43\ ♀♀\ Z^{DU}W + 41\ ♂♂\ Z^{RM}Z^{DU} + 1\ ♀♀\ Z^{RM}W$$

excepcional

Aunque no sabemos, de momento, cómo se ha producido dicha hembra excepcional, supongamos que tiene el genotipo propuesto, $Z^{RM}W$. Vamos a ver qué resultados se obtendrían en los distintos cruces y cuáles se obtienen realmente:

Cruce		F$_1$	
♀	♂	♀♀	♂♂
excepcional $Z^{RM}W$	hermano $Z^{RM}Z^{DU}$	$Z^{RM}W$ (8) rojo manchas **$Z^{DU}W$** **no aparecen**	**$Z^{DU}Z^{DU}$** (6) **no deberían aparecer** $Z^{RM}Z^{DU}$ (8) rojo con manchas

Si aparece un número de machos dorado uniforme similar al de machos rojo con manchas, y el padre suministra Z^{RM} o Z^{DU}, la madre debería de suministrar necesariamente un cromosoma Z^{DU} a sus hijos.

En cuanto a las hijas, deberían de tener el genotipo $Z^{DU}W$; el hecho de que no presenten fenotipo dorado uniforme implica que, independiente del cromosoma Z que reciben del padre, la madre tiene que suministrarles un cromosoma W^{RM}. Para que se produzca esta descendencia, el genotipo de la madre tendría que ser $Z^{DU}W^{RM}$, lo cual estaría de acuerdo con su fenotipo y con el resultado de este cruce.

La aparición de esta hembra se puede explicar admitiendo que el gen en cuestión se encuentra en una región homologa entre los cromosomas Z y W, y que en esa zona se dio recombinación.

Vamos a ver si se confirma esta hipótesis en el segundo cruce:

Cruce		F$_1$	
♀	♂	♀♀	♂♂
excepcional $Z^{DU}W^{RM}$	dorado uniforme $Z^{DU}Z^{DU}$	15 rojo manchas $Z^{DU}W^{RM}$	17 dorado uniforme $Z^{DU}Z^{DU}$ 1 rojo manchas $Z^{RM}Z^{DU}$

El resultado está de acuerdo con los genotipos propuestos, apareciendo un macho rojo manchado como consecuencia de la recombinación en la madre entre los cromosomas Z y W.

b) Esta nueva información no modifica la solución propuesta en el Problema 4.10. Basta con comprobar que si el cromosoma W tiene el genotipo W^{DU}, los resultados no se modifican en absoluto. El cromosoma W^{RM} aparece, precisamente, a partir de una hembra $X^{RM}W^{DU}$ por recombinación; esto si que añade una nueva información: se trata de un gen parcialmente ligado al sexo.

5.16. MacArthur llevó a cabo una serie de cruces entre las variedades de tomate «Dwarf Aristocrat» (**DA**) (planta enana, fruto liso, rojo y redondo), «Pink Peach» (**PP**) (planta alta, fruto piloso, rojo y redondo), «Yellow Pear» (**YP**) (planta alta, fruto liso, amarillo y en forma de pera), obteniendo los siguientes resultados:

	Cruces	F$_2$			
1	DA × PP	251 alta-liso	110 alta-piloso	107 enana-liso	
2	PP × YP[1]	247 liso-redondo	125 liso-pera	122 piloso-redondo	4 piloso-pera
3	DA × YP[2]	231 alta-rojo	96 alta-amarillo	83 enana-rojo	31 enana-amarillo

[1] No se tuvo en cuenta el color del fruto.
[2] No se tuvo en cuenta la forma del fruto.

a) ¿Se puede determinar qué genes están interviniendo y cuáles son las relaciones entre sus alelos?
b) ¿Qué relaciones de ligamiento existen entre estos genes?
c) ¿Cuál es el genotipo de las tres variedades?
d) Si en el segundo cruce se hubiera tenido en cuenta el color del fruto, ¿qué tipo de descendencia se hubiera obtenido y en qué proporciones en la F_2?, ¿y en el tercer cruce para la forma del fruto?

Solución

a) Agrupemos primero en cada cruce las alternativas para cada carácter, con el fin de comprobar su segregación. En la columna «Padres» se indican los fenotipos que se consideran en los descendientes:

	Padres	Alto/enano	Liso/piloso	Redondo/pera	Rojo/amarillo
1	Enana-liso (**DA**) × Alta-piloso (**PP**)	361:107	358:110		
2	Piloso-redondo (**PP**) × Liso-pera (**YP**)		372:126	369:129	
3	Enana-rojo (**DA**) × Alta-amarillo (**YP**)	327:114			314:127

En todos los casos, las proporciones que aparecen son próximas a 3/4:1/4 y ninguna es significativamente distinta de dicha proporción. Luego interviene un total de cuatro genes con dos alelos cada uno, siendo el alelo para planta alta (D) dominante sobre enana (d); el alelo para fruto liso (P), dominante sobre piloso (p); el alelo para fruto redondo (Pr), dominante sobre periforme (pr); y el alelo para fruto rojo (A), dominante sobre amarillo (a).

b) Para entender la relación entre los genes, tenemos que comprobar si se transmiten o no independientemente, es decir, si se combinan aleatoriamente o hay algún exceso/defecto de algunas combinaciones frente a otras. Para ello comparemos los resultados obtenidos con los que cabría esperar en un dihibridismo (entre paréntesis):

	Cruces	F_2			
1	**DA × PP**	251 alta-liso (263,25)	110 alta-piloso (87,75)	107 enana-liso (87,75)	0 enana-piloso (29,25)
2	**PP × YP**	247 liso-redondo (280,125)	125 liso-pera (93,375)	122 piloso-redondo (93,375)	4 piloso-pera (31,125)
3	**DA × YP**	231 alta-rojo (248,0625)	96 alta-amarillo (82,6875)	83 enana-rojo (82,6875)	31 enana-amarillo (27,5625)

El hecho de que no aparezcan dobles mutantes recesivos (enana-piloso) implicaría que este par de caracteres alta/enana y liso/piloso están íntimamente ligados. Las proporciones en la F_2 serían las siguientes:

$$\text{P} \quad \frac{d\ L}{d\ L} \times \frac{D\ l}{D\ l}$$

$$\text{F}_1 \quad \frac{d\ L}{D\ l} \times \frac{d\ L}{D\ l}$$

Alta = D; enana = d; Liso = L; piloso = l

Como los genes D/d y L/l segregan juntos, no se separan, tendremos,

$$1/4 \frac{d\ L}{d\ L} + \boxed{1/4 \frac{d\ L}{D\ l} + 1/4 \frac{D\ l}{d\ L}} + 1/4 \frac{D\ l}{D\ l}$$

enana	alta	alta
liso	liso	piloso

es decir, una proporción 2:1:1. Realizado un chi cuadrado respecto de dicha segregación, no resulta significativamente diferente ($\chi^2 = 2{,}51$; g.l. = 2; P $\approx$ 0,30).

El par de caracteres liso/piloso y redondo/periforme también se encuentra ligados ya que se detecta un menor número de individuos con los dos caracteres dominantes o los dos caracteres recesivos, y un exceso de las otras dos combinaciones, con una frecuencia de recombinación de $r = 0{,}173$.

El par de caracteres alta/enana y rojo/amarillo no se encuentra ligado, ya que los datos observados y esperados no difieren significativamente de una proporción 9:3:3:1.

c) De acuerdo con lo anterior, podemos determinar el genotipo de las tres variedades,

«Dwarf Aristocrat»: $\frac{\text{d L Pr}}{\text{d L Pr}}\ \frac{\text{A}}{\text{A}}$

«Pink Peach»: $\frac{\text{D l Pr}}{\text{D l Pr}}\ \frac{\text{A}}{\text{A}}$

«Yellow Pear»: $\frac{\text{D L pr}}{\text{D L pr}}\ \frac{\text{a}}{\text{a}}$

d) Si en el segundo cruce se hubiera tenido en cuenta el color del fruto, como **PP** tiene fruto rojo y **YP** amarillo, como dicho gen se trasmite independientemente de los otros tres y rojo es dominante sobre amarillo, las tres cuartas partes de cada uno de los fenotipos anteriores tendrían frutos rojos y la cuarta parte, amarillos:

Liso, redondo, rojo	185,25
Liso, redondo, amarillo	61,75
Liso, periforme, rojo	93,75
Liso, periforme, amarillo	31,25
Piloso, redondo, rojo	91,5
Piloso, redondo, amarillo	30,5
Piloso, periforme, rojo	3
Piloso, periforme, amarillo	1

En cuanto al tercer cruce, si se hubiera tenido en cuenta la forma del fruto, habría que considerar el ligamiento de los genes D/d y Pr/pr. Por los datos del problema podemos decir que los genes D/d y L/l están íntimamente ligados, por lo que la distancia de Pr/pr a D/d es la misma que a L/l, que calculamos en $r = 0{,}173$. Los gametos que producirán los individuos de la F_1 serían: 82,7 % sin recombinar (d Pr y D pr, 41,35 % cada uno) y el 17,3 % recombinados (D Pr y d pr, 8,65 % cada uno). De cada uno de ellos, la mitad llevará el alelo A y la otra mitad el a, luego tendremos:

Frecuencias gaméticas	Gametos y fenotipos de F_2	Frecuencias F_2	Número esperado
0,20675	d Pr A	0,1819	80,22
0,20675	d Pr a	0,0606	26,72
0,20675	D pr A	0,1819	80,22
0,20675	D pr a	0,0606	26,72
0,04325	D Pr A	0,3806	167,84
0,04325	D Pr a	0,1269	55,96
0,04325	d pr A	0,0056	2,47
0,04325	d pr a	0,0019	0,84

5.17. Dunn realizó un cruce entre hembras de ratón con pelaje blanco (albinas), y machos con pelaje normal y los ojos de color rosa, ambos procedentes de dos razas genéticamente puras. Los ratones de la F_1 tenían pelaje normal y ojos normales (oscuros). Al dejar que la F_1 se cruzara entre sí, obtuvo la siguiente F_2: 129 con ojos color rosa, 295 normales y 156 albinos. Suponiendo que los ratones tienen igual viabilidad, independientemente del fenotipo que presenten,

¿Podría plantear una hipótesis que explique estos resultados?

Nota: los individuos albinos, por carecer de pigmento melánico, también tienen el iris del ojo no pigmentado, por lo que el color del ojo se ve rosa.

Solución

Éste puede ser un ejemplo de lo que no se debe hacer y a veces se hace: forzar una solución aparentemente lógica, pero sin mucho sentido biológico. Mirando sólo los datos de la F_2, 129:295:156, se podría pensar que se trata de la F_2 de un monohibridismo, en donde un homozigoto tendría el pelaje blanco, el otro homozigoto tendría los ojos rosa y el heterozigoto sería normal, en las proporciones 1/4:2/4:1/4 (145:290:145). La prueba de significación entre los datos observados y los esperados de acuerdo con esta hipótesis no presenta diferencias significativas ($\chi^2 = 2{,}6$, con 2 g.l., $P \approx 0{,}3$). Yendo hacia atrás, la F_1 sería normal y heterozigota, y los padres serían homozigotos, cada uno para un alelo distinto del mismo gen.

El error es el poco sentido biológico que tiene esta interpretación. Que el heterozigoto de dos alelos, cada uno de los cuales produce un fenotipo mutante en homozigosis, tenga fenotipo normal es, al menos, raro (aunque podría pensarse en una rara complementación intraalélica).

Como alternativa, consideremos dos genes, uno para el color del pelaje, con dos alelos (A/a), y otro para el color de los ojos, también con dos alelos (B/b); así, tendríamos:

P aa BB × AA bb
albino ojos rosa
F_1 Aa Bb
normal

F_2 9/16 A– B– + 3/16 A– bb + [3/16 aa B– + 1/16 aa bb]
normales ojos rosa albinos

La proporción teórica que nos aparece, 9:3:4, tiene mas visos de realidad, ya que a los individuos doble mutantes, aa bb, no los podremos distinguir de los individuos albinos aa B-, puesto que ambos tendrán los ojos rosa (sin pigmentación).

No obstante, si realizamos una prueba de significación para comprobar las proporciones de esta hipótesis con los valores observados, tendremos:

	9/16	3/16	4/16
Observados	295	129	156
Esperados	326,25	108,75	145

La probabilidad de que las diferencias se deban al azar es muy pequeña ($\chi^2 = 7{,}6$, con 2 g.l., P $\approx$ 0,023) y tendríamos que rechazarla.

Podríamos pensar en diferencias en viabilidad de los individuos con distintas mutaciones, pero si comparamos el número de individuos observado y esperado, se ve que los individuos normales son los que están en menor número respecto del esperado y los mutantes, en exceso. ¿A qué puede deberse? El ligamiento entre genes puede distorsionar los resultados de esta manera, los genes ligados se transmitirían en exceso y los recombinantes en menor número. Podríamos tener la siguiente situación,

$$\text{P} \quad \frac{aB}{aB} \times \frac{Ab}{Ab} = \frac{aB}{Ab}$$

De acuerdo con esta hipótesis, tanto los alelos a,B como los A,b se transmitirían juntos en exceso respecto de una transmisión independiente, y los recombinantes A,B y a,b se transmitirían en menor número, lo cual explicaría la discordancia entre el número observado y el esperado. Utilizando el método de Allard, nos sale una frecuencia de recombinación de $r = 0{,}295$.

5.18. Tice encontró en *Drosophila* una mutación dominante, ligada al cromosoma X, que denominó *Bar* (reducción del número de facetas del ojo) y que localizó en la posición 1:57,0. Zeleny comprobó que dicha mutación revertía a normal con una frecuencia de 1 en 1.600 descendientes y también que aparecía un alelo de efecto mas extremo (mayor reducción del número de facetas del ojo) que llamó «ultra-*Bar*». Para analizar en detalle esta mutación, Sturtevant y Morgan obtuvieron una cepa homozigota para la mutación *Bar* y mutaciones situadas a ambos lados (*forked*, *f*, 1:56,7 y *fused*, *fu*, 1:59,5), y la cruzaron con una cepa *Bar*, normal para los otros dos *loci*. Las hembras heterozigotas resultantes las retrocruzaron con machos *f*, *B*, *fu* o *f*, B^+, *fu*, obteniendo los siguientes resultados:

Clase	Fenotipos	Hembras	Machos
1	*Bar*	5.787	5.570
2	*Bar-forked*	146	131
3	*Bar-fused*	100	103
4	*Bar-forked-fused*	4.108	4.484
5	Tipo silvestre	0	1
6	*forked*	2	1
7	*fused*	1	3
8	«ultra-*Bar*»-*forked*	1	1

a) ¿Por qué era indiferente utilizar en el retrocruzamiento machos *f*, *B*, *fu* o *f*, B^+, *fu*?

b) ¿Están de acuerdo las posiciones de los tres genes con los datos obtenidos?

c) ¿Qué conclusiones se pueden deducir de estos resultados?

d) Dé una explicación de cómo pudo aparecer un macho silvestre.

Solución

a) El genotipo de las moscas que participaron en el retrocruzamiento fue el siguiente,

$$\frac{f^+ \; B \; fu^+}{f \; B \; fu} \times \frac{f \; B \; fu}{Y} \quad \text{o} \quad \frac{f \; B^+ \; fu}{Y}$$

Como la mutación *Bar* es dominante sobre su alelo normal, es indiferente qué cromosoma suministre el macho, ya que lo que importa es detectar los entrecruzamientos en la hembra heterozigota para los genes a ambos lados del gen *Bar*.

b) Para interpretar los datos hay que tener en cuenta que se observa un número similar de machos que de hembras, por lo que pueden reunirse para cálculos posteriores.

En segundo lugar, las clases 1 y 4 corresponden a moscas que reciben de su madre el cromosoma X sin recombinar (probablemente hay menos moscas de la clase 4 que de la clase 1 debido a que la clase 4 expresa tres mutaciones, lo que debe afectar a la viabilidad de los individuos portadores). Las clases complementarias 2 y 3 son recombinantes entre *f* y *fu* (no hay manera de distinguir si el entrecruzamiento ha tenido lugar entre *f* y *B*, o entre *B* y *fu*). Además de estas cuatro clases, aparecen tres clases en donde el mutante *Bar* ha desaparecido y una clase con un *Bar* extremo («ultra-*Bar*»). Todas ellas se pueden entender como clases recombinantes «raras», cuya explicación dejaremos para más adelante.

Como el número de recombinantes entre *f* y *fu* es 100 + 103 + 146 + 131 = 480, la frecuencia de recombinación será 480/20.439 = 0,0235. Hay una correspondencia aceptable entre la distancia *forked-fused*, medida por las posiciones de ambos genes, 59,5 − 56,7 = 2,8 unidades de mapa y la que hemos obtenido de los datos, 0,0235, que equivale a 2,35 unidades de mapa.

Teniendo en cuenta el cruzamiento realizado, no es posible contrastar la distancia de *Bar* con los otros dos genes.

c) Para explicar la aparición de las cuatro clases recombinantes «raras» hay que tener en cuenta que la mutación *Bar* no es una mutación puntual, sino una pequeña duplicación.

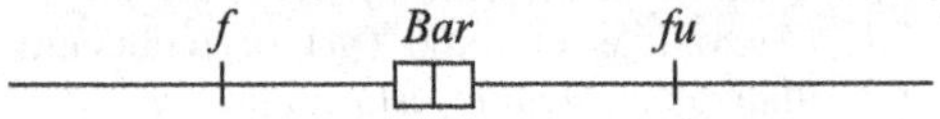

El emparejamiento en la meiosis de dos cromosomas con la duplicación puede desplazarse ocasionalmente de la siguiente manera:

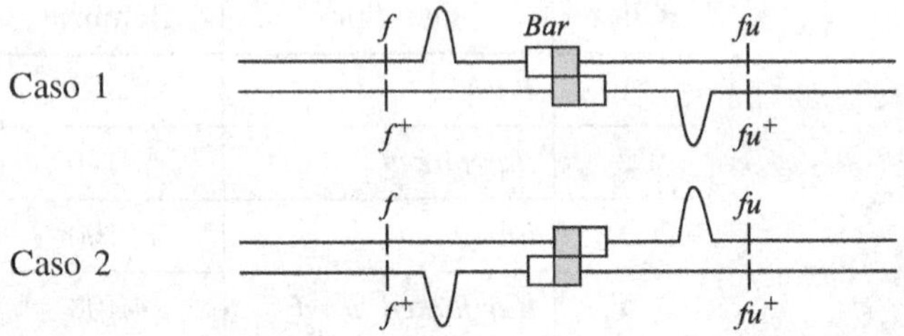

a base de formarse pequeños bucles a ambos lados de la duplicación. Un entrecruzamiento dentro de las zonas duplicadas en sinapsis (indicadas en gris) dará lugar a un gameto normal, sin la duplicación, y a otro con la zona triplicada con la siguiente composición:

Caso 1 f □■□ fu^+ y f^+ □ fu

Caso 2 f □ fu^+ y f^+ □■□ fu

Como los machos aportan los cromosomas f □ fu o f □□ fu, la unión de ambos tipos de gameto explica la aparición de tres de las cuatro clases recombinantes raras.

Uno de los productos del caso 1 (f^+ □ fu) explica la aparición de la clase 7, y el otro producto (f □■□ fu^+), de la clase 8. El primer producto del caso 2 explica la aparición de la clase 6.

d) En cuanto a la clase 5, ésta tuvo que aparecer necesariamente por un doble entrecruzamiento, uno dentro de las zonas duplicadas en sinapsis desplazada, y otro entre la zona duplicada y el otro gen,

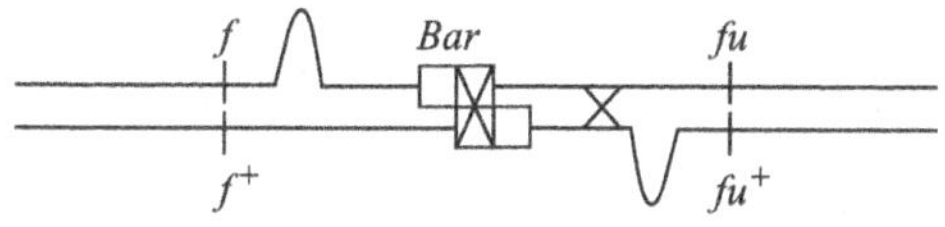

Este doble entrecruzamiento daría un gameto f^+ □ fu^+, que explica la aparición de la clase 5, y un gameto *f* □□□ *fu*, «ultra-*Bar*», *forked*, *fused*, que no apareció en esta experiencia. También podría haber ocurrido algo similar en el caso 2.

5.19. En una cepa de ratón de pelaje normal (agutí), apareció la mutación recesiva «braquípoda» (bp), que acorta la longitud de los huesos largos de manos y pies. Para determinar las relaciones entre ambos *loci* se cruzaron machos braquípodos con hembras de pelaje amarillo (letal en homozigosis). Las hembras de pelaje amarillo de la F_1 se cruzaron con machos de la cepa braquípoda, obteniéndose los siguientes resultados:

		Fenotipo de los descendientes			
Cruce	**Padres**	bp	amarillo	bp y amarillo	agutí
1	♂ bp × ♀ amarilla	0	34	0	39
2	♂ bp × ♀ amarilla de F_1	83	82	1	0

a) Indique el genotipo de todos los individuos (padres y descendientes).

b) ¿Por qué no aparecen individuos agutí en el cruce 2? ¿Por qué aparece un solo individuo amarillo y braquípodo?

c) ¿Cuál hubiera sido el resultado si se hubieran cruzado las hembras agutí de la F_1 con machos de la cepa braquípoda?

Solución

a) Los machos braquípodos sólo son mutantes para el gen bp, luego tienen que tener pelaje normal (agutí), y tendrán el genotipo bpbp A^+A^+. Las hembras amarillas, tanto por el hecho de que el pelaje amarillo es letal en homozigosis, como por el resultado del cruce 1 (1/2 amarillos + 1/2 agutí), tendrán un genotipo bp^+bp^+ A^yA^+, por tanto, las hembras F_1 resultantes del cruce tendrán los genotipos bp^+bp A^yA^+ (1/2) y bp^+bp A^+A^+ (1/2). Finalmente, del cruce ♂ bpbp A^+A^+ × ♀ bp^+bp A^yA^+ tendría que derivar teóricamente el siguiente resultado:

	Genotipo	Fenotipo
1	bp^+bp A^+A^+	normal + agutí
2	bp^+bp A^+A^y	normal + amarillo
3	bp bp A^+A^+	braquípodo + agutí
4	bp bp A^+A^y	braquípodo + amarillo

b) En realidad, de acuerdo con el resultado teórico del cruce, sí que aparecen individuos agutí: son los braquípodos que tienen pelaje normal. Los que no aparecen son los ratones exclusivamente agutí. En ocasiones, hay que saber leer lo que no se expresa explícitamente. Que aparezca un solo ratón amarillo y braquípodo es un indicio de que ambos genes se encuentran estrechamente ligados, por lo que tendríamos que indicar el cruce de la siguiente manera:

$$\frac{bp\ A^+}{bp\ A^+} \times \frac{bp^+\ A^y}{bp\ \ A^+}$$

en donde el recombinante $bp^+\ A^+$, que daría ratones exclusivamente agutí, no se recupera entre los decendientes, y el complementario, bp A^y, aparece en bajísima frecuencia (1/166). Esto permite estimar la distancia entre los dos genes en 1/166 = 0,6 unidades de mapa.

c) Las hembras agutí de la F_1 tendrían un genotipo $bp^+bp\ A^+A^+$, luego al cruzarlas con machos braquípodos (bpbp A^+A^+) darían una descendencia toda ella agutí, 1/2 bpbp (braquípoda) + 1/2 bp^+bp (normal).

5.20. Los cromosomas del maíz presentan a veces porciones engrosadas («knobs») que permiten su identificación citológica. Kikudome quiso comprobar el efecto de la presencia o ausencia en el cromosoma 9 del maíz de un cromómero gigante (KN9) y en el cromosoma 10, de un acúmulo anormal de heterocromatina (KN10). Para ello cruzó una cepa con cromosomas normales (kn9, kn10), pero de fenotipo albino (wd wd) y con el endospermo céreo (wx wx) (genes ligados situados en el cromosoma 9), con dos cepas de fenotipo normal (+ +), una con los dos cromosomas anormales, KN9 y KN10, y otra sólo con el cromosoma anormal KN9. En ambos casos obtuvo individuos F_1 de fenotipo normal. De la fecundación de dichas F_1 con polen de plantas kn9 wd wx/kn9 wd wx; kn10/kn10, obtuvo los siguientes resultados:

		Resultado del cruce			
	Plantas F_1	+ +	+ wx	wd +	wd wx
1	KN9 + +/kn9 wd wx; KN10/kn10	854	380	163	396
2	KN9 + +/kn9 wd wx; kn10/kn10	1.555	213	225	1.456

a) Compare el resultado de ambos cruces y diga todo lo que pueda deducir.

b) ¿Cuál es la situación de los genes wd y wx?

Solución

a) Lo primero es comprobar qué ocurre con la segregación de los marcadores fenotípicos wd y wx. Ya que ambas plantas F_1 son heterozigotas para los genes albino (+/wd) y céreo (+/wx), y la planta que aporta el polen suministra los genes wd y wx, se esperaría en la descendencia que el 50% de las plantas fueran normales y el 50% albinas (o céreas). Sin embargo, en el cruce 1 se detecta un exceso de plantas normales, exceso que no se presenta tan acusado en el cruce 2,

Cruce 1	1.234 +/wd	559 wd/wd
	1.017 +/wx	776 wx/wx
Cruce 2	1.768 +/wd	1.681 wd/wd
	1.780 +/wx	1.669 wx/wx

El resultado del cruce 2 no difiere significativamente de una segregación 1:1 para cada uno de los marcadores, mientras que en el cruce 1 las diferencias son muy claras. La única diferencia entre los cruces es que, en el cruce 1, la planta femenina es heterozigota (KN10/kn10), mientras que en el cruce 2, es homozigota (kn10/kn10). Se puede sospechar, con toda razón, que el acúmulo anormal de heterocromatina (KN10), única diferencia entre los dos cruces, provoca una segregación preferencial del cromosoma que lleva KN9 con los alelos normales.

b) De los resultados del cruce 1 se puede deducir que el gen wd se encuentra entre el gen wx y el cromómero gigante KN9,

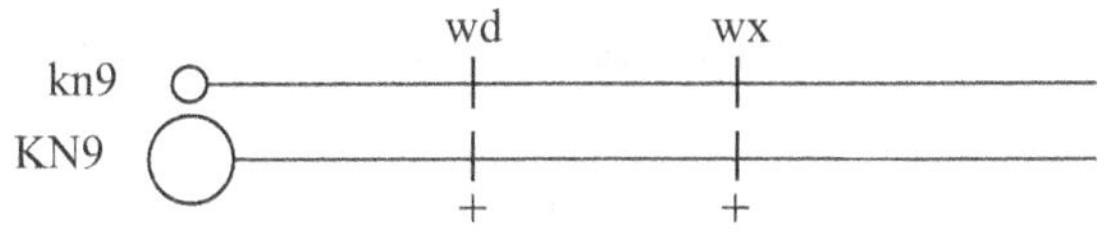

ya que una recombinación entre wd y wx dará lugar a dos tipos cromosómicos: KN9 + wx y kn9 wd+. El primero segregará preferencialmente frente al segundo, explicando el mayor número de descendientes + wx en dicho cruce (380) respecto de wd + (163).

La frecuencia de recombinación entre ambos marcadores se puede calcular a partir de los datos del cruce 2:

$$\frac{213 + 225}{1.555 + 213 + 225 + 1.456} = 0{,}127$$

5.21. Los experimentos que realizó Mendel, con una serie de marcadores genéticos del guisante, le llevaron a la conclusión de que los caracteres se transmitían independientemente unos de otros. Sin embargo, se sabe ahora que tres de ellos se encuentran en el cromosoma 4, en las posiciones (en unidades morgan respecto del inicio del cromosoma), 78 (fa, vainas axiales/terminales), 199 (le, altura de planta normal/enana) y 211 (v, vainas hinchadas/arrugadas).

a) ¿Qué conclusiones puede deducir de estos datos?

b) ¿Qué resultados hubiera obtenido Mendel en la F_1 y en la F_2 si hubiera cruzado dos variedades puras, una de plantas altas y vainas hinchadas, y otra de plantas enanas y vainas arrugadas (¡en sus cuadernos no figura este cruce!)?

Solución

a) La distancia entre estos genes en unidades mapa es de 199 − 78 = 121 (fa-le) y de 211 − 199 = 12 (le-v). Debido a la enorme distancia que separa al gen fa de los otros dos, en un experimento de cruce se hubieran comportado como independientes, sin embargo, el cruce le × v hubiera dado resultados muy alejados de la independencia.

b) Vamos a ver qué resultados hubiera obtenido Mendel de haber cruzado le y v:

$$\frac{le^+ \; v}{le^+ \; v} \times \frac{le \; v^+}{le \; v^+} = \frac{le^+ \; v}{le \; v^+}$$

De acuerdo con la distancia a la que se encuentran estos dos genes y suponiendo igual frecuencia de recombinación en la formación de los gametos en los dos sexos, tendríamos:

	0,44 le^+ v	**0,44 le v^+**	**0,06 le^+ v^+**	**0,06 le v**
0,44 le^+ v	0,1936 + v	0,1936 + +	0,0264 + +	0,0264 + v
0,44 le v^+	0,1936 + +	0,1936 le +	0,0264 + +	0,0264 le +
0,06 le^+ v^+	0,0264 + +	0,0264 + +	0,0036 + +	0,0036 + +
0,06 le v	0,0264 + v	0,0264 le +	0,0036 + +	0,0036 le v

es decir,

	+ +	le +	+ v	le v
Observado	0,5036	0,2464	0,2464	0,0036
Esperado	0,5625	0,1875	0,1875	0,0625

Mendel, en su trabajo sobre hibridación en plantas, indica que se hicieron varios experimentos uniendo caracteres de dos en dos o de tres en tres. Si hubiera realizado el cruce anterior contando unas 160 plantas (número de plantas que contó en uno de sus experimentos de dihibridismo), habría obtenido el siguiente resultado,

	Lo que Mendel hubiera esperado	**Lo que Mendel hubiera encontrado**
le^+ v^+	90	81
le^+ v	30	39
le v^+	30	39
le v	10	1

CAPÍTULO 6

CARTOGRAFÍA EN ORGANISMOS DIPLOIDES

Para conocer el orden y la distancia de los genes en el cromosoma, es decir, para cartografiar la posición de los genes, hay que calcular sus frecuencias de recombinación como una estima de sus distancias relativas. El método más eficaz es realizar un cruce prueba de tres puntos (para tres *loci*), entre un triple heterozigoto y el triple homozigoto recesivo.

6.1. SI CONOCEMOS LOS GENOTIPOS DE LOS PADRES

Supongamos que los padres del triple heterozigoto son,

$$\frac{ABD}{ABD} \times \frac{abd}{abd} = \frac{ABD}{a\,b\,d}$$

en donde el orden de los genes es el dado, siendo B el gen central. En el triple heterozigoto resultante, los genes estarán en fase de acoplamiento.

Puede haber tanto entrecruzamientos sencillos entre A y B, y entre B y D, como entrecruzamientos dobles entre A y B, y entre B y D al mismo tiempo. Al cruzar el triple heterozigoto, que conviene siempre que sea del sexo homogamético, con el triple homozigoto recesivo,

$$\frac{ABD}{a\,b\,d} \times \frac{abd}{abd}$$

cabe esperar los siguientes gametos, genotipos y fenotipos:

/Gametos del triple heterozigoto = fenotipos descendientes
/Gametos del triple homozigoto recesivo
/Agrupaciones complementarias
/Abreviatura

A B D/a b d a b d/a b d	Clases no recombinantes	*(NR)*
A b d/a b d a B D/a b d	Clases recombinantes sencillas entre A/a y B/b	*(RSI)*
A B d/a b d a b D/a b d	Clases recombinantes sencillas entre B/b y D/d	*(RSII)*
A b D/a b d a B d/a b d	Clases doble recombinantes	*(DR)*

Se producirán 8 clases fenotípicas, complementarias dos a dos. A la clase *NR* también se le denomina clase *P* (clase paterna).

La frecuencia de recombinación entre A y B la calcularemos sumando todas las clases en donde hayamos detectado recombinación, es decir, aquellas clases en donde se asocien de manera distinta a como estaban en el padre heterozigoto, que en nuestro caso serán Ab y aB:

$$\frac{RSI + DR}{total} = \textit{frecuencia de recombinación entre A y B}$$

Lo mismo haremos para B y D:

$$\frac{RSII + DR}{total} = \textit{frecuencia de recombinación entre B y D}$$

Advierta que a la clase doble recombinante (*DR*) hay que tenerla en cuenta en los dos casos, ya que se ha formado como consecuencia del entrecruzamiento tanto entre A y B como entre B y D.

6.2. SI NO CONOCEMOS LOS GENOTIPOS DE LOS PADRES

En este caso habrá que identificar primero las clases no recombinantes (o paternas) y doble recombinantes para deducir tanto la fase en la que se encontraba cada par de genes, como para averiguar cuál de los genes es el central.

- Igual que antes, tendremos 8 clases fenotípicas, complementarias dos a dos. Las dos clases complementarias más numerosas corresponden a las clases no recombinantes (*NR*) o paternas (*P*), ya que éstas se forman con los gametos no recombinados (la mitad de los gametos producidos en todas las meiosis más la mitad de los gametos producidos en las meiosis en donde ha habido entrecruzamiento). Esto hace que la clase *NR* sea siempre la más numerosa, con más de la mitad del total.
- Una vez reconocida la clase *NR*, hemos de identificar a las clases doble recombinantes (*DR*). Como la probabilidad de una doble recombinación es igual al producto de las probabilidades de las recombinaciones sencillas (RSI × RSII), los dobles recombinantes se corresponderán con las clases fenotípicas menos frecuentes.

/Gametos del triple heterozigoto = fenotipos descendientes	/Gametos del triple homozigoto	/Agrupaciones complementarias	/Abreviatura
A b d	a b d	**Clases más frecuentes** = no recombinantes	(*NR*)
a B D	a b d		
A B D	a b d	Clases recombinantes sencillas entre ¿?	(*RSI*)
a b d	a b d		
A B d	a b d	Clases recombinantes sencillas entre ¿?	(*RSII*)
a b D	a b d		
A b D	a b d	**Clases menos frecuentes** = doble recombinantes	(*DR*)
a B d	a b d		

En este ejemplo, lo único que sabemos con certeza es que las dos clases más frecuentes son las paternas (o *NR*) y las dos menos frecuentes, las doble recombinantes (*DR*), pero desconocemos el orden de los genes y entre qué genes se ha producido el entrecruzamiento para dar lugar a los recombinantes sencillos (*RSI* y *RSII*), de aquí los interrogantes.

- La comparación de las clases no recombinantes (*NR*) y doble recombinantes (*DR*), nos permitirá deducir en qué fase se encontraban los genes en los padres.

  Las clases más frecuentes nos indican que los genes B y D se encontraban en fase de acoplamiento, y que el gen A estaba en fase de repulsión respecto de B y D, luego los padres y el heterozigoto resultante tendrían los genotipos,

$$\frac{a\;B\;D}{a\;B\;D} \times \frac{A\;b\;d}{A\;b\;d} = \frac{a\;B\;D}{A\;b\;d}$$

en donde aún desconocemos el orden real de los genes.

■ Para averiguar el orden de los genes hay que operar de la siguiente manera:

Supongamos que el orden de los genes fuera el que arbitrariamente hemos indicado antes, con el gen B/b central (Figura 6.1).

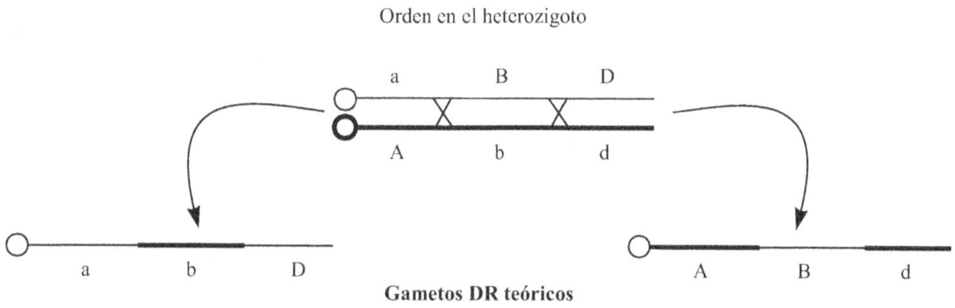

Figura 6.1. Gametos resultantes de un doble entrecruzamiento si el gen B/b es el central.

Sin embargo, por lo que vimos anteriormente (segundo punto), las clases menos frecuentes han recibido los siguientes gametos doble recombinantes, en los que situamos el gen B/b en el centro (Figura 6.2).

Figura 6.2. Gametos de las clases menos frecuentes, con el gen B/b en el centro.

¿Se corresponden éstos con los gametos producidos teóricamente por doble recombinación? No, luego el gen B/b no puede ser el gen central.

Probemos otro orden, esta vez con el gen A entre los otros dos (Figura 6.3).

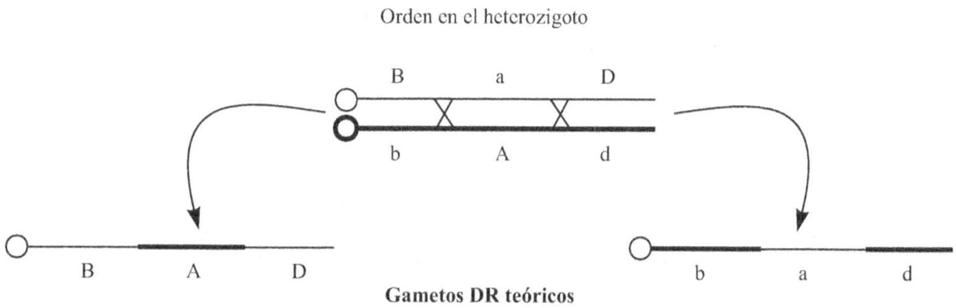

Figura 6.3. Gametos resultantes de un doble entrecruzamiento si el gen A/a es el central.

En este caso, situando el gen A/a en el centro, tampoco hay correspondencia entre los gametos DR teóricos y los gametos DR que reciben las clases menos frecuentes (Figura 6.4).

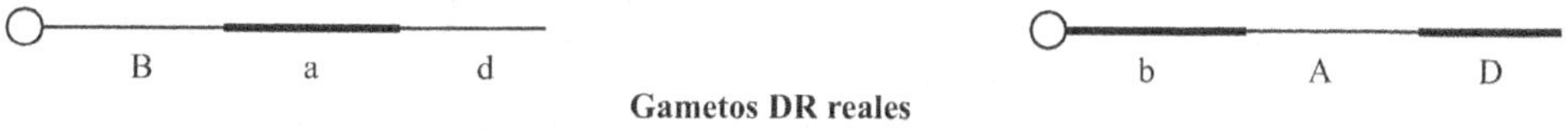

Figura 6.4. Gametos de las clases menos frecuentes, con el gen A/a en el centro.

Aunque lógicamente el tercer gen, el D/d, tiene que ser el central, vamos a comprobarlo (Figura 6.5).

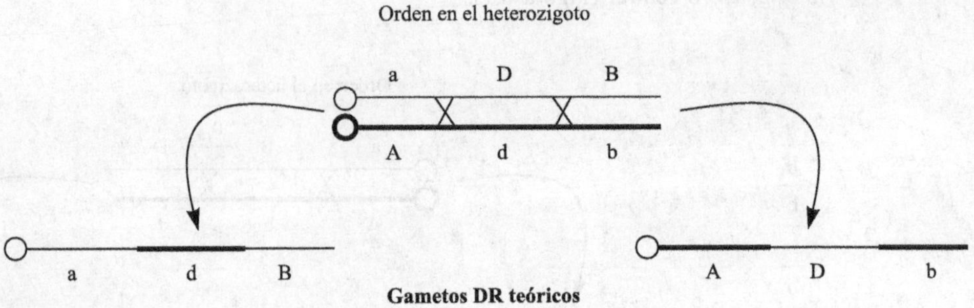

Figura 6.5. Gametos resultantes de un doble entrecruzamiento si el gen D/d es el central.

En este caso, con el gen D/d en el centro, sí que coinciden exactamente con los gametos recombinados que reciben las clases menos frecuentes (Figura 6.6).

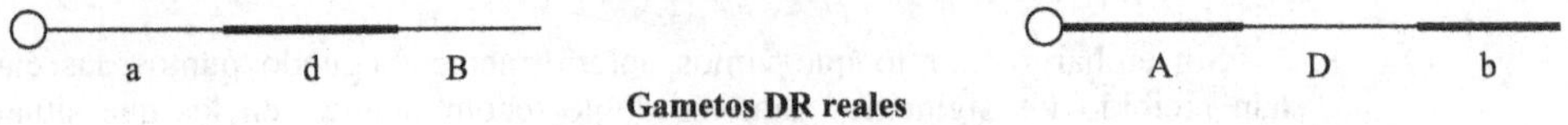

Figura 6.6. Gametos de las clases menos frecuentes, con el gen D/d en el centro.

Es conveniente realizar siempre esta operación para encontrar el orden de los genes y no fiarse de reglas como la de que el alelo recesivo que queda aislado es el central.

■ Una vez determinado el orden de los genes, es aconsejable, para mayor claridad en la resolución del problema, volver a escribir las distintas clases de individuos con el orden correcto,

/Gametos del triple heterozigoto = fenotipos descendientes
/Gametos del triple homozigoto
/Agrupaciones complementarias
/Abreviatura

Gametos del triple heterozigoto / Gametos del triple homozigoto	Agrupaciones complementarias	Abreviatura
A d b/a d b a D B/a d b	Clases no recombinantes	(*NR*)
A D B/a d b a d b/a d b	Clases recombinantes entre A/a y D/d	(*RSI*)
A d B/a d b a D b/a d b	Clases recombinantes entre D/d y B/b	(*RSII*)
A D b/a d b a d B/a d b	Clases doble recombinantes	(*DR*)

De esta manera quedarán identificadas sin error todas las clases.

■ El cálculo de la distancia entre los genes se realizará como antes, sumando todas las clases en donde detectemos recombinación entre dos genes dados, de acuerdo con las clases identificadas,

$$\frac{RSI + DR}{total} = \textit{frecuencia de recombinación entre A y D}$$

Lo mismo haremos para D y B:

$$\frac{RSII + DR}{total} = \textit{frecuencia de recombinación entre D y B}$$

Un aspecto importante a tener en cuenta es que la distancia entre dos genes nunca puede ser mayor de 0,5 (50 %; 50 cM; 50 u.m.). Si salen valores mayores de 0,5, será porque se ha deducido mal el orden de los genes.

Antes de pasar al siguiente punto, indicar que para confeccionar un mapa hay métodos más elaborados, como el de Kosambi (1944).

6.3. CÁLCULO DE LA INTERFERENCIA Y DEL COEFICIENTE DE COINCIDENCIA

Al realizar el cruzamiento prueba de tres puntos, podemos estimar la frecuencia de dobles recombinantes, ya que entre los dos genes extremos tenemos un gen intermedio que nos lo permite. Con los datos de las distancias entre los genes extremos y el central, podemos comprobar si se han producido todos los dobles recombinantes que cabría esperar, o bien ha habido algún tipo de interferencia entre los dos sucesos de entrecruzamiento.

La distancia entre dos genes dados se mide por el porcentaje de sucesos recombinantes entre éstos, dicho de otra manera, la distancia expresa la probabilidad de que dichos genes recombinen. En nuestro ejemplo, si multiplicamos la probabilidad de que haya recombinación entre A/a y D/d por la probabilidad de que haya recombinación entre D/d y B/b, obtendremos la probabilidad «teórica» de los doble recombinantes. Multiplicando dicha probabilidad por el número total de individuos, obtendremos el número esperado de doble recombinantes. Si comparamos con el número real, puede ocurrir dos cosas,

- Que haya menos doble recombinantes de los que cabría esperar por azar (en este caso hablamos de *interferencia positiva*).
- Que haya más doble recombinantes de los que cabría esperar por azar (en este caso hablamos de *interferencia negativa*).

Podemos expresar la interferencia numéricamente por el coeficiente de coincidencia (CC), que es:

$$CC = \frac{\text{número de doble recombinantes } \textit{observados}}{\text{número de doble recombinantes } \textit{esperados}}$$

Si el valor del coeficiente de coincidencia es menor que 1, la interferencia será positiva ($I = 1 - CC$). Si el valor del coeficiente de coincidencia es mayor que 1, la interferencia será negativa, y si es igual a 1, no habrá interferencia ($I = 0$).

En resumen, se puede decir que para cartografiar tres genes, conviene seguir las siguientes pautas:

- Ordenar las clases por parejas complementarias, que suelen tener tamaños parecidos.
- Si el enunciado no nos lo indica, identificar las clases paternas o no recombinantes, que serán las más numerosas. Esto nos indicará en qué fase se encontraban los genes en el triple heterozigoto (acoplamiento o repulsión).
- Identificar los doble recombinantes, que serán las dos clases complementarias menos frecuentes.
- Encontrar cuál es el gen central, comparando las clases paternas con las doble recombinantes.
- Identificar las clases recombinantes sencillas y calcular la distancia entre los genes. La distancia entre dos genes NUNCA puede ser mayor de 0,5 (50 cM; 50 u.m.).
- Comprobar si hay interferencia y calcular el índice de coincidencia.

6.4. ESTIMA DE LAS FRECUENCIAS DE RECOMBINACIÓN A PARTIR DE LAS DISTANCIAS DE MAPA

El problema puede plantearse de forma inversa: conociendo la posición de los genes y sus distancias relativas, estimar cual será la frecuencia de determinadas combinaciones fenotípicas entre los descendientes.

Supongamos que en *Drosophila* conocemos la posición de tres genes del cromosoma 2 en unidades de mapa, respecto del origen: gen A/a (2:13), gen B/b (2:25) y gen C/c (2:46) (Figura 6.7).

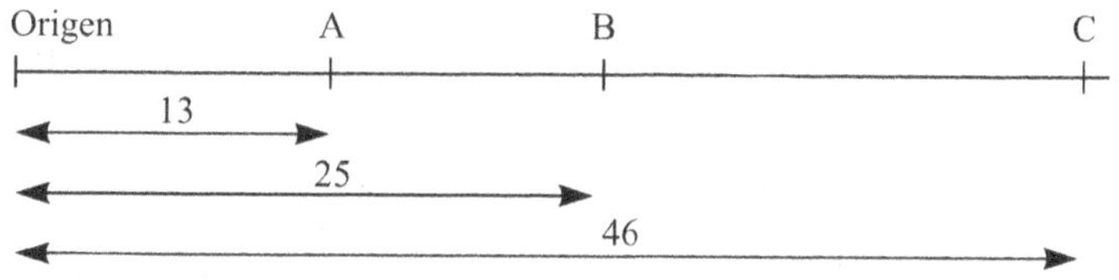

Figura 6.7. Distancia de los genes A, B y C respecto del origen del cromosoma en unidadades de mapa.

Sus distancias, en tantos por uno (en probabilidad) serán las indicadas en la Figura 6.8.

Figura 6.8. Mapa de los genes A, B y C de acuerdo con sus distancias respecto del origen del cromosoma.

Supongamos ahora que el coeficiente de coincidencia es 0,5. A partir de estos datos podremos operar de forma inversa:

$$CC = \frac{\text{frecuencia de doble recombinantes observados}}{\text{frecuencia de doble recombinantes esperados}} = 0{,}5$$

La frecuencia de doble recombinantes esperados será $0{,}12 \times 0{,}21 = 0{,}0252$. Si dicho valor lo multiplicamos por el coeficiente de coincidencia, tendremos la frecuencia de doble recombinantes que se observaría, $0{,}0252 \times 0{,}5 = 0{,}0126$.

Como la distancia entre dos genes dados se calcula a partir de la frecuencia de recombinantes sencillos más la frecuencia de los recombinantes dobles, tendremos que la distancia entre A y B (0,12) = frecuencia de recombinantes A-B + frecuencia de doble recombinantes (0,0126), luego despejando, tendremos,

$$\text{Frecuencia de recombinantes entre A-B}: 0{,}12 - 0{,}0126 = 0{,}1074$$

y del mismo modo:

$$\text{Frecuencia de recombinantes entre B-C}: 0{,}21 - 0{,}0126 = 0{,}1974$$

Es decir, el 10,74 % de los descendientes serán recombinantes entre A − B (con fenotipos A-B, a-b, si los genes estaban en fase de acoplamiento, o A-b, a-B, si los genes estaban en fase de repulsión), y el 19,74 % serán recombinantes entre B-C; el 1,26 %, doble recombinantes, y lo que resta hasta 100 ($100 - 10{,}74 - 19{,}74 - 1{,}26 = 68{,}26$) corresponde al porcentaje de las clases paternas. Es decir, se puede reconstruir la frecuencia en la que aparecerían las ocho clases de un cruzamiento de tres puntos (Tabla 6.1).

Tabla 6.1

Frecuencias esperadas en un cruzamiento de tres puntos, de acuerdo con la distancia entre los genes y el coeficiente de coincidencia

Gametos o fenotipos	Frecuencia
A B C	34,13
a b c	34,13
A b c	5,37
a B C	5,37
A B c	9,87
a b C	9,87
A b C	0,63
a B c	0,63

Si se desconoce el CC, éste se puede suponer igual a 1 (ausencia de interferencia), por lo que el porcentaje de doble recombinantes que se observaría en este ejemplo sería de 2,52 %. Con este valor calcularíamos, igual que antes, las frecuencias de las demás clases fenotípicas.

PROBLEMAS RESUELTOS

6.1. Bridges reunió una serie de datos sobre la frecuencia de recombinación entre diversos mutantes de *Drosophila melanogaster* ligados al cromosoma X: *Bar* (*B*), *forked* (*f*), *fused* (*fu*), *miniature* (*m*), *rudimentary* (*r*), *vermillion* (*v*) y *white* (*w*). Los resultados se presentan para cada par de genes, indicando el número de descendientes del cruce y el número de éstos que eran recombinantes:

Genes	Descendientes	Recombinantes	Genes	Descendientes	Recombinantes
B f	980	5	***f m***	211	64
B fu	1.401	46	***f w***	174	78
B m	211	64	***fu r***	1.953	83
B r	1.453	25	***m v***	211	6
B v	211	66	***m w***	110	41
B w	174	78	***v w***	110	39

a) ¿Cuáles fueron los cruces que se realizaron para obtener estos datos? Basta con que indique uno de ellos.

b) ¿Podría construir un mapa de estos genes con los datos suministrados?

c) Compare el mapa que surge de estos datos con la posición de los genes en el cromosoma, tal como se admite actualmente, y coméntelo. La posición de los genes se da en unidades de mapa: extremo distal del cromosoma X (0,0); w (*white*: 1,5); v (*vermilion*: 33,0); m (*miniature*: 36,1); r (*rudimentary*: 54,5); f (*forked*: 56,7); B (*Bar*: 57,0); fu (*fused*: 59,5).

Solución

a) Los cruces para obtener los primeros datos pudieron haber sido los siguientes,

$$\text{P} \quad ♀♀\ \frac{w\ v^+}{w\ v^+} \times ♂♂\ \frac{w^+\ v}{\neg} = ♀♀\ \frac{w\ v^+}{w^+\ v} + ♂♂\ \frac{w\ v^+}{\neg}$$

$$\text{F}_1 \quad ♀♀\ \frac{w\ v^+}{w^+\ v} \times ♂♂\ \frac{w\ v^+}{\neg} = ♀♀\ \frac{w\ v^+}{w\ v^+};\ \frac{w^+\ v}{w\ v^+};\ \frac{w\ v}{w\ v^+};\ \frac{w^+\ v^+}{w\ v^+}$$

$$♂♂\ \underbrace{\frac{w\ v^+}{\neg};\ \frac{w^+\ v}{\neg}}_{71};\ \underbrace{\boxed{\frac{w^+\ v^+}{\neg};\ \frac{w\ v}{\neg}}}_{39}$$

en donde se obtendrían sólo dos tipos de hembra, *white* y normal, pero de los 110 ♂♂ descendientes había cuatro tipos, dos de los cuales (encuadrados, 39) recibirían gametos recombinados de su madre de la F_1, y los restantes 71 recibirían gametos no recombinados.

b) Las frecuencias de recombinación se obtienen simplemente dividiendo el número de recombinantes por el número total de descendientes de cada cruce,

Genes	% recombinación	Genes	% recombinación
B f	0,51 (1°)	***f m***	30,33 (6°)
B fu	3,28 (2°)	***f w***	44,83 (9°)
B m	30,33 (5°)	***fu r***	4,25 (4°)
B r	1,72 (3°)	***m v***	2,84 (8°)
B v	31,28 (7°)	***m w***	37,27 (11°)
B w	44,83 (10°)	***v w***	35,45 (12°)

Con estos datos podemos representar su situación relativa. El número entre paréntesis en la columna [% recombinación] indica el orden en que se fueron utilizando los datos para dibujar el mapa, lo que puede ayudar a seguir la lógica de su construcción.

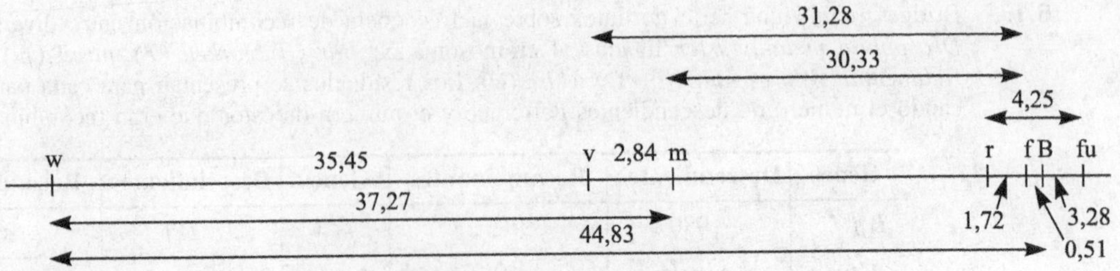

Los datos 1º, 2º, 3º y 4º nos permiten situar a los genes *forked* y *Bar* entre los genes *rudimentary* y *fused*, quedando indeterminado si *forked* está mas cerca de *fused* que de *rudimentary*. Los datos 5º, 6º y 7º nos permiten situar a *miniature* mas alejado de *Bar* que de *vermilion*. El dato 8º confirma la proximidad de *miniature* y *vermilion*, y los datos 9º, 10º, 11º y 12º confirman la lejanía de *white*. En el mapa quedan posiciones indeterminadas, la del gen *forked*, pero también la de los genes *rudimentary* y *fused*; no hay datos para confirmar la posición de estos dos genes, la representada o en posición invertida, *fused* a la izquierda y *rudimentary* a la derecha.

c) La comparación con los datos admitidos actualmente nos confirma el orden en el que los hemos situado. Las distancias del problema, en paréntesis, concuerdan bastante bien con las admitidas, excepto entre los genes *miniature* y *Bar*.

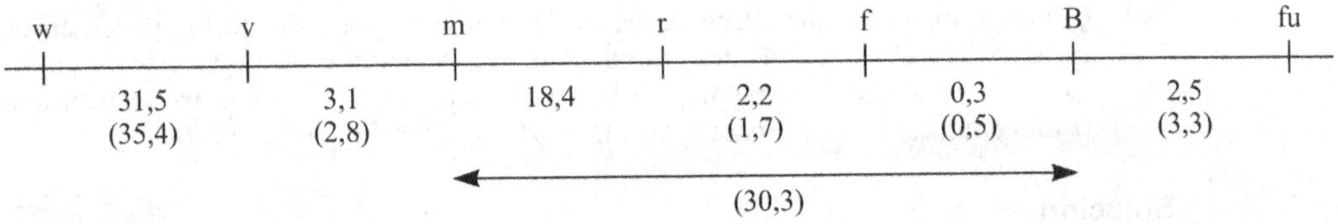

6.2. En el tomate (*Lycopersicum esculentum*), la variedad «Dwarf Aristocrat» (**DA**) es una planta enana, de fruto liso y redondo, la variedad «Pink Peach» (**PP**) es alta, de fruto piloso y redondo, y la variedad «Yellow Pear» (**YP**) es alta, de fruto liso y en forma de pera. MacArthur cruzó las tres variedades obteniendo unas F_1 con fenotipo alto, y de fruto liso y redondo en todos los casos, y unas F_2 con las siguientes descendencias:

1 DA × PP

116 alta/liso + 58 alta/piloso + 53 enana/liso

2 DA × YP

106 alta/redondo + 58 alta/pera + 57 enana/redondo + 1 enana/pera

3 PP × Yp

145 liso/redondo + 74 liso/pera + 72 piloso/redondo + 3 piloso/pera

a) ¿Cuál es el genotipo de las tres variedades?

b) ¿Qué explicación puede darse para estos resultados?

Solución

a) Por los resultados de la F_1, el carácter alto (*D*) tiene que ser dominante sobre el carácter enano (*d*), el carácter liso (*L*) sobre el carácter piloso (*l*) y la forma redonda (*Pr*) sobre la periforme (*pr*). Como son variedades, deben ser homozigotos, luego los genotipos serán:

«Dwarf Aristocrat» (*dd LL PrPr*)
«Pink Peach» (*DD ll PrPr*)
«Yellow Pear» (*DD LL prpr*)

b) Si los tres genes fueran independientes, en las F_2 se esperaría una proporción 9:3:3:1 para los dos caracteres que segregan (altura y carácter piloso, en el primer cruce; altura y forma del fruto, en el segundo; carácter piloso y forma del fruto, en el tercero), sin embargo, en el primer cruce no aparece ninguna planta doble recesiva (*ddpp*, enana, piloso) y en los otros dos, los dobles mutantes aparecen claramente en menor número de lo esperado:

	D– Pr–	D– prpr	dd Pr–	dd prpr	
2.º cruce	106	58	57	1	**Observado**
	124,875	41,625	41,625	13,875	**Esperado**

	L– Pr–	L– prpr	ll Pr–	ll prpr	
3.er cruce	145	74	72	3	**Observado**
	165,375	55,125	55,125	18,375	**Esperado**

Al comparar los valores observados y esperados, lo que se aprecia es un exceso de plantas de las clases **D– prpr** y **dd Pr–**, en el 2.º cruce y **L– prpr ll Pr–**, en el 3.er cruce (combinación de un fenotipo dominante y uno recesivo), y un correspondiente menor número de las otras dos clases (dos dominantes o dos recesivos). Las clases que se presentan en exceso se corresponden con la situación de los distintos alelos en las plantas paternas: por ejemplo, **DA** es enana (**dd**, recesivo) y redonda (**Pr–**, dominante), y **YP** es alta (**D–**, dominante) y periforme (**prpr**, recesivo). Esto implicaría que estos genes se encuentran ligados en el mismo cromosoma. De acuerdo con ello, los genotipos serían:

2.º cruce «Dwarf Aristrocat» $\frac{d\ Pr}{d\ Pr}$, «Yellow Pear» $\frac{D\ pr}{D\ pr}$,

3.er cruce «Pink Peach» $\frac{l\ Pr}{l\ Pr}$, «Yellow Pear» $\frac{L\ pr}{L\ pr}$

De estos datos y de la ausencia de dobles mutantes en el primer cruce se deduce, lógicamente, que los genes D/d y L/l están ligados.

Aplicando el método de Allard, la frecuencia de recombinación entre D/d y Pr/pr es r = 0,125, y entre L/l y Pr/pr es r = 0,193. De los datos del primer cruce no podemos calcular la distancia entre L/l y D/d, ya que una de las clases es cero. No obstante, de la distancia de L/l al gen Pr/pr se puede deducir la posición central del gen D/d y obtener una distancia por la diferencia entre ambas distancias (0,193 − 0,125 = 0,068).

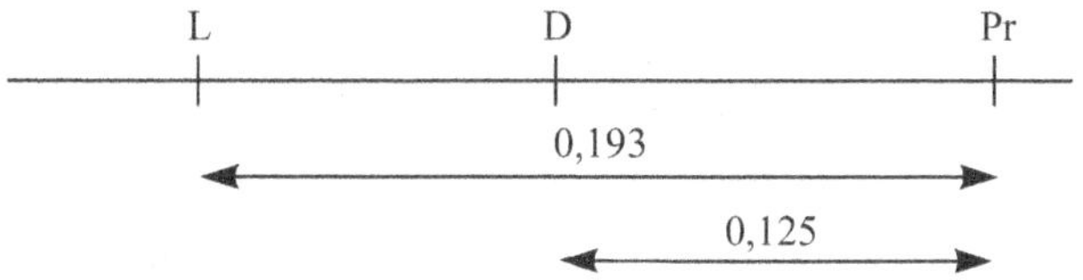

Por supuesto, habría que obtener mayor cantidad de datos para tener la seguridad de los resultados.

6.3. El estilo de la flor de *Primula sinensis* puede ser corto (L) o largo, (l), el estigma, verde (S) o rojo (s) y la flor, magenta (R) o rosa (r). Altenburg realizó un cruce entre una planta homozigota recesiva y otra triple heterozigota para estos caracteres, obteniendo los siguientes resultados:

Clase	Estilo	Estigma	Flor	N.º
1	corto	verde	magenta	1.063
2	corto	verde	rosa	39
3	corto	rojo	magenta	634
4	largo	verde	magenta	180
5	corto	rojo	rosa	156
6	largo	verde	rosa	526
7	largo	rojo	magenta	54
8	largo	rojo	rosa	1.032

a) ¿Cuál es el gen central?
b) Indique las distancias que los separan.
c) ¿Por qué la distancia entre los genes mas alejados es menor que la suma de las distancias de éstos con respecto al gen central?
d) Indique si hay interferencia y calcule el coeficiente de coincidencia.

Solución

a) Por los símbolos de los caracteres (mayúscula o minúscula) sabemos las relaciones de dominancia entre alelos. El enunciado nos indica que se ha realizado un cruzamiento prueba entre un homozigoto recesivo y un heterozigoto, pero no nos dice nada sobre cómo estaban situados los genes en el heterozigoto. Las clases más numerosas, la 1 y la 8, son las que han recibido los cromosomas no recombinados, es decir, han recibido los genes tal como se encontraban en cada padre, por lo que se deduce que los genes se encontraban en fase de acoplamiento en el triple heterozigoto,

$$\frac{l\ s\ r}{L\ S\ R}$$

Las clases menos numerosas han recibido los cromosomas que han sufrido un doble entrecruzamiento, lo que nos permitirá averiguar cuál es el orden de los genes.

Si el orden fuera el que figura en el enunciado, con el gen *S*/*s* en medio, un doble entrecruzamiento daría lugar a,

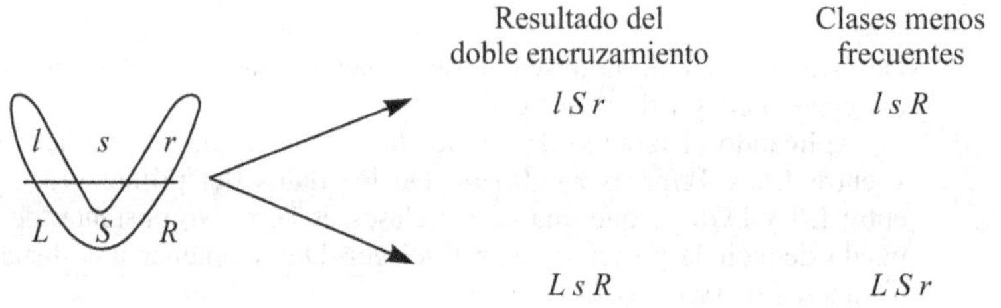

que no se corresponde con lo esperado. Hemos de buscar otra ordenación, por ejemplo, con el gen *L*/*l* como central. En este caso un doble entrecruzamiento daría,

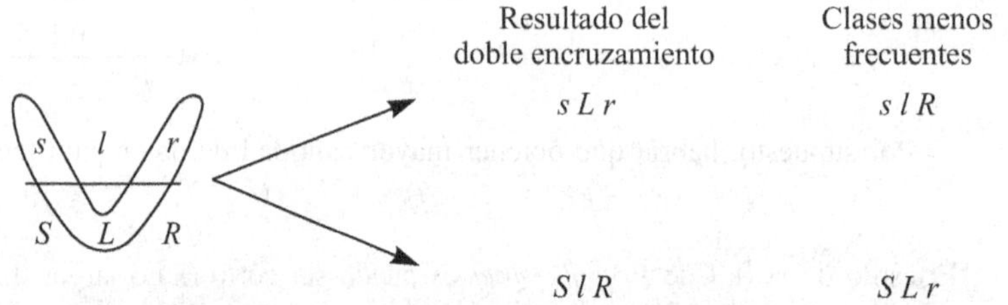

que tampoco coincide con las clases menos frecuentes. Finalmente, si el gen central fuera el *R*/*r*, un doble entrecruzamiento daría:

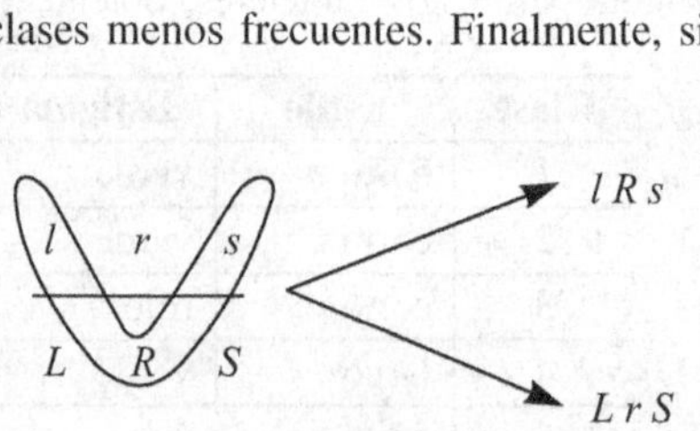

que coincide con las clases menos frecuentes, lo que confirma la situación central del gen R/r.

b) El siguiente paso sería reordenar los datos de acuerdo con esta nueva información, con el carácter relativo al color de la flor en el centro, situando las clases complementarias juntas e identificándolas:

Clase	Estilo	Flor	Estigma	n.º	Totales
NR	corto	magenta	verde	1.063	2.095
	largo	rosa	rojo	1.032	
Rec L−R	corto	rosa	rojo	156	336
	largo	magenta	verde	180	
Rec R−S	corto	magenta	rojo	634	1.160
	largo	rosa	verde	526	
DR	corto	rosa	verde	39	93
	largo	magenta	rojo	54	
				Total	3.684

Donde:

NR reúne las clases que reciben gametos sin recombinar.
DR reúne las clases doble recombinantes.
Rec L-R reúne los recombinantes entre el gen L/l y el gen R/r.
Rec R-S reúne los recombinantes entre el gen R/r y el gen S/s.

Pasemos ahora a calcular la frecuencia de recombinación entre pares de genes:

Frecuencia entre L y R, (336 + 93)/3684 = 0,116.
Frecuencia entre R y S, (1160 + 93)/3684 = 0,340.
Frecuencia entre L y S, (156 + 180 + 634 + 526)/3684 = 0,406.

Con el método de Allard hubiéramos llegado exactamente a los mismos valores de r.

c) Efectivamente, la distancia entre L y S es menor que la suma de las distancias entre L y R, y entre R y S (0,406 < 0,116 + 0,34). Para calcular la distancia entre L y S no se cuentan los doble recombinantes, ya que no alteran la situación relativa de acoplamiento o de repulsión de los genes implicados. A los doble recombinantes los detectamos porque tenemos un marcador central. A mayor distancia habrá mayor probabilidad de que se produzcan dobles entrecruzamientos y por ello se contabilizará un menor número de entrecruzamiento para estimar la distancia. La consecuencia será esa menor distancia relativa entre dos genes alejados.

d) El siguiente paso es comprobar si hay interferencia (I) y, si la hay, calcular el coeficiente de coincidencia (CC). Se puede operar de dos modos:

d1) Se calcula la frecuencia de los doble recombinantes observados, es decir, el número de doble recombinantes partido por el total: 93/3684 = 0,025, y la frecuencia de los doble recombinantes esperados, es decir, el producto de las recombinaciones sencillas: 0,116 × 0,34 = 0,039.

Hay interferencia positiva, ya que hay menor frecuencia de doble recombinantes observados que la que esperaríamos si se hubieran producido por azar.

El cociente, 0,025/0,039 = 0,64, nos indica que se ha producido sólo un 64 % de los doble recombinantes esperados. Éste es el coeficiente de coincidencia. El valor de la interferencia sería 1 − 0,64 = 0,36.

d2) Una forma alternativa es calcular el número esperado de doble recombinantes: 0,116 × × 0,34 × 3.684 = 145,3. El cociente entre el número observado y el esperado nos proporciona igualmente el CC: 93/145,3 = 0,64.

6.4. En el ratón, la mutación autosómica recesiva «whirler» (wi), del grupo de ligamiento VIII, provoca un comportamiento anormal, con giros del cuerpo y sacudidas bruscas de la cabeza. Dicha mutación apareció en una cepa con múltiples marcadores, obteniéndose, entre otras, las cepas *whirler* (*wiwi*) y *whirler, brown* (*wiwi, bb*). Para situar dicha mutación, se disponía de una cepa normal para los loci *whirler* y *brown*, y homozigota para la mutación dominante *Pintail* (*Pt*), situada en el mismo grupo de ligamiento. Se cruzaron las cepas *Pt* y *wiwi, bb* y la F_1 se cruzó de nuevo con la cepa *wiwi, bb*, obteniéndose los siguientes resultados:

Pt	wi	b	16	Pt	wi	+	14	Pt	+	+	362	Pt	+	b	1
+	+	+	6	+	+	b	27	+	wi	b	302	+	wi	+	0

a) Explique la lógica de los cruces realizados.

b) Indique cuál es el gen central y calcule la distancia entre los tres genes así como la interferencia.

Solución

a) Lo que tenía que conseguir el investigador eran ratones triple heterozigotos para cruzarlos con ratones triple homozigotos recesivos. Como la mutación *Pt* es dominante, los cruces tuvieron que ser los siguientes:

$$\frac{\text{Pt wi}^+ \text{ b}^+}{\text{Pt wi}^+ \text{ b}^+} \times \frac{\text{Pt}^+ \text{ wi b}}{\text{Pt}^+ \text{ wi b}} = \frac{\text{Pt}^+ \text{ wi b}}{\text{Pt wi}^+ \text{ b}^+}$$

$$\frac{\text{Pt}^+ \text{ wi b}}{\text{Pt wi}^+ \text{ b}} \times \frac{\text{Pt}^+ \text{ b wi}}{\text{Pt}^+ \text{ b wi}}$$

b) Ordenemos primero las clases complementarias:

Pt	wi	b	16	
+	+	+	6	
Pt	wi	+	14	
+	+	b	27	
Pt	+	b	1	Clases menos
+	wi	+	0	numerosas
+	wi	b	302	Clases paternas
Pt	+	+	362	(más numerosas)

Comparando las clases paternas con las menos numerosas podremos averiguar qué gen es el central. Si el orden es el indicado, con el gen *wi* en el centro, un doble entrecruzamiento no daría lugar a las clases DR, sin embargo, si el gen *b* está en medio, un doble entrecruzamiento sí que daría lugar a la clase DR.

De acuerdo con esta información, vamos a reordenar los datos e identificar las cuatro clases:

+	b	wi	302	NR
Pt	+	+	362	
Pt	b	wi	16	recombinantes
+	+	+	6	Pt-b
Pt	+	wi	14	recombinantes
+	b	+	27	b-wi
Pt	b	+	1	DR
+	+	wi	0	

$$\text{Distancia entre Pt-b} = \frac{16 + 6 + 1}{728} = 0{,}0316.$$

$$\text{Distancia entre b-wi} = \frac{14 + 27 + 1}{728} = 0{,}0577.$$

$$\text{DR observados} = \frac{1}{728} = 0{,}00137.$$

$$\text{DR esperados} = 0{,}0316 \times 0{,}0577 = 0{,}00182.$$

$$\text{CC} = \frac{0{,}00137}{0{,}00182} = 0{,}75. \qquad \text{I} = 1 - 0{,}75 = 0{,}25.$$

6.5. En los ratones los genes bp (braquípodo) y agutí se encuentran muy próximos (0.6 u.m., *véase* el Problema 5.19). Para establecer la posición de estos dos genes en el mapa del ratón, se cruzaron hembras de pelaje amarillo, resultantes del cruce entre una hembra amarilla (A^y) y braquípoda (bp) con un macho de pelaje ondulado (un), y machos braquípodos y ondulados, obteniéndose los siguientes resultados:

Fenotipo	Número
Normales (agutí)	18
Amarillos	1
Ondulados	326
Braquípodos	0
Amarillos, ondulados	0
Amarillos, braquípodos	315
Ondulados, braquípodos	1
Amarillos, ondulados, braquípodos	14

a) Indique el orden y la distancia entre estos tres genes.

b) ¿Cuál es el grado de interferencia?

Solución

a) Por lo que dice el enunciado del problema podemos deducir que la mutación de pelaje amarillo (A^Y) es dominante frente a pelaje normal. Aunque sabemos que es letal en homozigosis por la solución del Problema 5.19, este enunciado no aclara si se trata o no de una mutación letal en homozigosis. No obstante, veremos que esta información no tiene relevancia en la solución del problema. El cruce que se realiza puede ser el siguiente:

$$♀\ \frac{A^y\ bp\ un^+}{A^+\ bp\ un^+} \times ♂\ \frac{A^+\ bp^+\ un}{A^+\ bp^+\ un} = \frac{A^y\ bp\quad un^+}{A^+\ bp^+\quad un} + \frac{A^+\ bp\quad un^+}{A^+\ bp^+\quad un}$$

$$♀♀\ \frac{A^y\ bp\quad un^+}{A^+\ bp^+\quad un} \times ♂♂\ \frac{A^+\ bp\ un}{A^+\ bp\ un}$$

Las hembras heterozigotas darán lugar a ocho gametos, tanto recombinados como sin recombinar, que corresponden a los ocho fenotipos posibles de los descendientes (ya que los machos suministran gametos triple recesivos), que son los siguientes:

Genotipo	Fenotipo	N.º	Clase
A^y bp un^+	Braquípodo, amarillo	315	NR
A^+ bp^+ un	Ondulado	326	
A^y bp^+ un	Amarillo, ondulado	0	DR
A^+ bp un^+	Braquípodo	0	
A^y bp un	Amarillo, braquípodo, ondulado	14	
A^+ bp^+ un^+	Normal	18	
A^y bp^+ un^+	Amarillo	1	
A^+ bp un	Braquípodo, ondulado	1	

Por el número de descendientes, podemos señalar tanto las clases paternas (NR) como las clases doble recombinantes (DR) y de la comparación de éstas deducir el orden de los genes.

Si A^y/A^+ está en medio, entonces una doble recombinación daría ratones bp^+ A^y un, que coincide con uno de los doble recombinantes. Podemos ahora reordenar los datos:

Genotipo	Fenotipo	N.º	Clase
bp A^y un^+	Braquípodo, amarillo	315	NR
bp^+ A^+ un	Ondulado	326	
bp^+ A^y un	Amarillo, ondulado	0	DR
bp A^+ un^+	Braquípodo	0	
bp^+ A^+ un	Amarillo	1	Rec bp-A
bp A^+ un	Braquípodo, ondulado	1	
bp A^y un	Amarillo, braquípodo, ondulado	14	Rec A-un
bp^+ A^+ un^+	Normal	18	

La distancia bp-A será 2/675 = 0,003 = 0,3 u.m.
La distancia A-un será 32/675 = 0,047 = 4,7 u.m.

b) El número de doble recombinantes esperados es 0,003 × 0,047 × 675 = 0,095. Realmente no podemos calcular el valor de la interferencia, ya que no se observan doble recombinantes, por lo que el CC nos saldría cero. Pero además, para llegar a un número esperado de uno o superior, el tamaño de la muestra tendría que ser al menos unas diez veces mayor. Podemos concluir que con estos datos no podemos responder a esta cuestión.

6.6. En el pimiento, el color del fruto puede ser verde amarillento (G–) o amarillo (gg), puede presentar una tonalidad púrpura (A–) o no (aa), y la forma del fruto puede ser redonda (O–) o alargada (oo). Peterson realizó un cruce entre una planta triple heterozigota para dicho genes y otra triple homozigota recesiva, obteniendo los siguientes resultados:

AOG	AOg	AoG	aOG	Aog	aOg	aoG	aog
119	17	2	11	5	5	33	104

a) ¿Segrega de acuerdo con lo esperado cada uno de los genes?

b) Indique cuál es el gen central y la distancia entre ellos.

c) ¿Hay interferencia?

Solución

a) Como se ha realizado un cruce entre un homozigoto recesivo y un heterozigoto, lo que esperamos en la descendencia es una proporción 1:1 para cada carácter. Para comprobarlo, hemos de reunir para cada gen los fenotipos correspondientes:

A	119 + 17 + 2 + 5 = 143	a	11 + 5 + 33 + 104 = 153
O	119 + 17 + 11 + 5 = 152	o	2 + 5 + 33 + 104 = 144
G	119 + 2 + 11 + 33 = 165	g	17 + 5 + 5 + 104 = 131

Respecto de una proporción esperada, 148:148, no parece que los *loci* A/a y O/o difieran significativamente. Con el último *loci* puede haber dudas, por lo que haremos un χ^2. El valor del χ^2 es de 3,9, que con 1 g.l. da P ≈ 0,05. Es decir, sólo tenemos un 5 % de probabilidad de que las desviaciones respecto de lo esperado se deban a causas no sistemáticas (al azar). Probablemente el alelo recesivo g en homozigosis afecte a la viabilidad. Esto alterará algo los datos de la distancia entre los genes.

b) Las clases mas numerosas, AOG, 119 y aog, 104, nos indican que las clases paternas (NR) se encuentran en fase de acoplamiento.

El par de clases complementarias menos numerosas, AoG, 2 y aOg, 5, corresponden a los doble recombinantes (DR). Por comparación de los NR y los DR deducimos que el *locus* O/o está en medio.

Los recombinantes entre A/a y O/o son las clases:

Aog (5) + aOG (11) + AoG (2) + aOg (5) = 23; 23/296 = 0,078

Las dos últimas clases son DR, y aunque recombinan entre O/o y G/g, también lo hacen entre A/a y O/o.

Los recombinantes entre O/o y G/g son las clases:

AOg (17) + aoG (33) + AoG (2) + aOg (5) = 57; 57/296 = 0,193

c) Para calcular la interferencia calcularemos las frecuencias de doble recombinantes observados y esperados, y las compararemos:

$$\text{DR observados } \frac{2+5}{296} = 0{,}0236; \qquad \text{DR esperados } 0{,}078 \times 0{,}193 = 0{,}0150$$

Esto da un CC = 0,0236/0,015 = 1,57. Como sale un CC superior a 1, tenemos que concluir que hay interferencia negativa, es decir, se producen más doble recombinantes de los que cabría esperar por azar. Esto es raro en eucariotas y podría influir la menor viabilidad de g.

6.7. Hyde comprobó el ligamiento de una mutación recesiva para el color de los ojos de *Drosophila*, denominada *blood*, respecto de dos mutaciones recesivas ligadas al cromosoma X, *yellow* (cuerpo amarillo) y *miniature* (alas reducidas), encontrando los siguientes resultados:

Padres		F₂	
♀♀	♂♂	♀♀	♂♂
yellow	***blood***	504 normal 390 ***yellow***	411 *yellow* 421 *blood* 4 normal 5 *yellow, blood*
blood	***yellow***	962 normal 1.288 *blood*	720 *yellow* 1.108 *blood* 33 normal 24 *yellow, blood*
miniature	***blood***	719 normal 707 *miniature*	431 *miniature* 377 *blood* 244 normal 241 *miniature, blood*
blood	***miniature***	847 normal 790 *blood*	527 *miniature* 495 *blood* 291 normal 270 *miniature, blood*

a) ¿Cuál es la frecuencia de recombinación entre estos mutantes?

b) ¿Se podría construir un mapa para estos tres genes?

Solución

a) Debido a que se trata de mutaciones ligadas al cromosoma X, el esquema del cruzamiento entre los padres y entre la F_1 es similar en todos los casos, lo único que cambiará será el genotipo de los que intervienen:

$$\text{Padres} \quad ♀♀ \; \frac{y \; blood^+}{y \; blood^+} \times ♂♂ \; \frac{y^+ \; blood}{\neg}$$

$$\downarrow$$

$$F_1 \quad ♀♀ \; \frac{y \; blood^+}{y^+ \; blood} \times ♂♂ \; \frac{y \; blood^+}{\neg}$$

Los fenotipos de la F_2 se formarán por la unión de gametos recombinados y no recombinados de las hembras, y gametos de los machos:

F₂	**Gametos ♀♀**			
Gametos ♂♂	***y blood⁺***	***y⁺ blood***	***y blood***	***y⁺ blood⁺***
y blood⁺	*y*	+	*y*	+
¬	*y*	*blood*	*y blood*	+

De acuerdo con los gametos que reciben los decendientes, las hembras son normales o son *yellow*, es decir, ambos fenotipos están en la misma proporción. En los machos detectamos la recombinación habida en las hembras entre sus dos cromosomas X. Los machos doble mutantes y normales reciben gametos recombinados, luego la frecuencia de recombinación entre estos dos genes será:

$$\frac{4 + 5}{421 + 411 + 4 + 5} = 0{,}0107$$

Siguiendo el mismo esquema en los otros tres cruces, tendremos los siguientes resultados:

Cruce 1	0,0107
Cruce 2	0,0302
Cruce 3	0,3751
Cruce 4	0,3544

Debido a que los cruces 1 y 2 son recíprocos, igual que los 3 y 4 entre sí, podremos hallar un valor medio (0,0204 para *y-blood*, y 0,3647 para *miniature y blood*).

b) No podremos construir un mapa, ya que no sabemos cuál de los genes es el central. Lo que nos dicen los resultados experimentales es que *miniature* no puede estar entre *yellow* y *blood*, y por lo tanto cabría dos posibilidades:

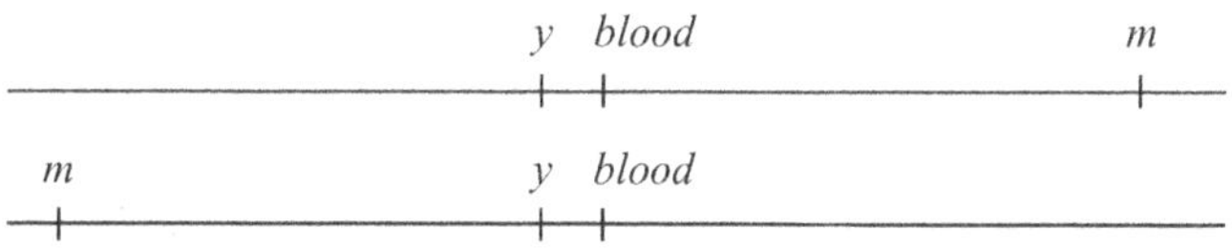

6.8. Phillips analizó el ligamiento de un gen recesivo en el ratón, letal en homozigosis en fase embrionaria, que produce hidrocefalia (*ch*). Para ello realizó los cruces adecuados con una cepa de ratones homozigota para los genes *f* (anemia siderocítica) y *cr* (*crinkled*, arrugado), del cromosoma XIV. Los ratones resultantes presentaban los siguientes fenotipos:

Fenotipo	+ + +	*cr* + +	+ *f* +	+ + *ch*	*cr f* +	*cr* + *ch*	+ *f ch*	*cr f ch*
Número	1	4	1	18	10	2	6	0

Datos de Phillips ligeramente modificados.

a) Si el gen *ch* es letal en homozigosis y no tiene efectos fenotípicos en heterozigosis, ¿cómo se puede averiguar si un ratón es heterozigoto para *ch*?

b) ¿Qué cruzamientos realizó Phillips para llegar a los resultados presentados? Indique el genotipo de todos los individuos implicados.

c) ¿Cuál es el orden de los genes en el cromosoma y sus distancias?

Solución

a) La única manera de averiguar si un ratón, hembra o macho, es heterozigoto para el gen *ch* es cruzarlo con otros ratones de la cepa en donde segrega dicho gen. Si se cruzan dos heterozigotos, la cuarta parte de los descendientes presentarán hidrocefalia en fase embrionaria; para comprobarlo, habrá que sacrificar las hembras en gestación. El macho que las montó será heterozigoto, y es el que se utilizará para cruzarlo con la cepa *ff*, *crcr*.

b) Una vez averiguado el genotipo del macho, tuvo que realizar el siguiente cruce,

$$♂\,\frac{+\ \ +\ \ ch}{+\ \ +\ \ +} \times ♀\,\frac{cr\ f\ +}{cr\ f\ +}$$

Igual que antes, habrá que comprobar entre los machos descendientes cuáles son heterozigotos para el gen *ch*, para luego poder realizar el siguiente cruce,

$$\male\male \frac{+\ +\ ch}{cr\ f\ +} \times \female\female \frac{cr\ f\ +}{cr\ f\ +}$$

E igualmente, entre los descendientes de este cruce, habrá que comprobar cuáles son heterozigotos para el gen *ch*.

c) Siguiendo con el procedimiento habitual, tendremos:

Clases paternas NR: $(cr\ f\ +)$ y $(+\ +\ ch) = 28$ (las más numerosas)
Clases DR: $(+\ +\ +)$ y $(cr\ f\ ch) = 1$ (las menos numerosas)

De aquí deducimos que el gen *ch* es el gen central. Ordenando los datos, tendremos:

Fenotipo	Número	Clase
+ **ch** +	18	NR
cr + **f**	10	
cr **ch** +	2	Rec *cr-ch*
+ + **f**	1	
cr + +	4	Rec *ch-f*
+ **ch** **f**	6	
+ + +	1	DR
cr **ch** **f**	0	

Frecuencia de recombinación *cr-ch*: (2 + 1 + 1)/42 = 0,095.
Frecuencia de recombinación *ch-f*: (4 + 6 + 1)/42 = 0,262.
Número esperado de doble recombinantes: 0,095 × 0,262 × 42 = 1,04.

Debido a que hemos detectado un DR, podríamos decir que no hay interferencia. No obstante, el número de ratones es tan pequeño, que nada se podría decir al respecto.

6.9. Al cruzar un macho de *Drosophila* de una cepa mutante con las alas arrugadas longitudinalmente con una hembra de una cepa con ojos castaños y rugosos, las hembras de la F_1 resultaron normales, pero los machos tenían ojos castaños y rugosos. Al cruzar estos individuos de la F_1 entre sí, se obtuvo la siguiente descendencia:

Fenotipo	♂♂	♀♀
silvestre	1	191
ojos castaños	13	60
alas arrugadas	190	0
ojos rugosos	53	65
castaños + alas arrugadas	45	0
castaños + rugosos	187	188
alas arrugadas + rugosos	10	0
castaños + alas arrugadas + rugosos	1	0

¿Cuáles son las relaciones de estas mutaciones?

Solución

Al leer el enunciado deprisa, se podría entender que hay dos mutaciones, una que afecta a los ojos, castaños y rugosos y otra a la forma del ala. Sin embargo, en la descendencia se separan claramente los dos fenotipos, castaño y rugoso, indicando que se trata de tres mutaciones, dos que afectan al ojo de manera distinta y otra, al ala.

Si los machos de la F_1 son mutantes, como la madre, esto es una indicación de que ambos genes están situados en el cromosoma X. Supongamos, de momento, que la otra mutación está situada en los autosomas, el cruce sería,

$$\text{P} \quad ♂♂ \; \frac{cast^+ \; rug^+}{\neg} \; \frac{alas}{alas} \times ♀♀ \; \frac{cast \; rug}{cast \; rug} \; \frac{alas^+}{alas^+}$$

$$\text{F}_1 \quad ♂ \; \frac{cast \; rug}{\neg} \; \frac{alas^+}{alas} + ♀♀ \; \frac{cast^+ \; rug^+}{cast \; rug} \; \frac{alas^+}{alas}$$

Ahora bien, de acuerdo con esta hipótesis, en la F_2 deberíamos encontrar tres cuartas partes de moscas normales para las alas y una cuarta parte de moscas mutantes, con alas arrugadas, sin embargo, en la F_2 no hay ninguna hembra con las alas arrugadas, y entre los machos hay 252 normales y 246 con alas arrugadas, es decir, una proporción de 1:1.

Que no aparezcan hembras con alas arrugadas en la F_2, ¿podría deberse a que este gen es letal en las hembras? Probablemente no, ya que el número de hembras, 504, es similar al de machos, 500, y no parece que «falten» hembras.

Si esta primera hipótesis no es correcta, la mutación no está en los autosomas, ¿podría situarse también en el cromosoma X? Probemos esta segunda hipótesis,

$$\text{P} \quad ♂♂ \; \frac{cast^+ \; rug^+ \; alas}{\neg} \times ♀♀ \; \frac{cast \; rug \; alas^+}{cast \; rug \; alas^+}$$

$$\text{F}_1 \quad ♂ \; \frac{cast \; rug \; alas^+}{\neg} + ♀♀ \; \frac{cast^+ \; rug^+ \; alas}{cast \; rug \; alas^+}$$

En la F_2 todas las hembras recibirán el cromosoma X del macho con el alelo silvestre para las alas, luego todas serán normales. Para comprobar los resultados, vamos a ver qué fenotipos tendrían las moscas de la F_2,

	Gametos ♂♂			
Gametos ♀♀	***cast rug alas***$^+$		$\neg$	
cast$^+$ ***rug***$^+$ ***alas***	+	191	alas	190
cast$^+$ ***rug***$^+$ ***alas***$^+$			+	1
cast rug alas	castaños rugosos	188	cast rug alas	1
cast rug alas$^+$			cast rug	187
cast$^+$ ***rug alas***	rugosos	65	rug alas	10
cast$^+$ ***rug alas***$^+$			rug	53
cast rug$^+$ ***alas***	castaños	60	cast alas	45
cast rug$^+$ ***alas***$^+$			cast	13
	Hembras de la F_2		Machos de la F_2	

lo que coinciden con los datos del enunciado.

Los datos de los machos nos pueden servir para realizar el mapa de estos tres genes. Ordenándolos por clases complementarias tendremos,

cast$^+$ rug$^+$ alas	190	NR
cast rug alas$^+$	187	
cast$^+$ rug alas$^+$	53	
cast rug$^+$ alas	45	
cast$^+$ rug alas	10	
cast rug$^+$ alas$^+$	13	
cast$^+$ rug$^+$ alas$^+$	1	DR
cast rug alas	1	

Por los DR deducimos que el gen para las alas es el central.

Distancia castaños-alas: (53 + 45 + 1 + 1)/500 = 0,20.

Distancia alas-rugosos: (10 + 13 + 1 + 1)/500 = 0,05.

Número de DR esperados: 0,2 × 0,05 × 500 = 5.

CC = 2/5 = 0,4. Interferencia = 0,6.

6.10. En *Drosophila melanogaster*, las mutaciones cv (vena transversa interrumpida), sn (quetas cortas) y v (ojos color bermellón) son recesivas, están ligadas al cromosoma X, y se encuentran en las posiciones 13,7, 21,0 y 33,0, respectivamente. Calcular el porcentaje de las distintas clases fenotípicas que se obtendrían al cruzar hembras heterozigotas en fase de acoplamiento con machos hemizigotos recesivos,

a) Suponiendo que no hubiera interferencia.

b) Suponiendo una interferencia de 0,6.

Solución

a) Éste es un ejemplo de problema inverso. A partir de las distancias entre los genes, habría que calcular el porcentaje de las distintas clases que se obtendrán de acuerdo con el cruce,

$$♀♀ \ \frac{cv^+ \quad sn^+ \quad v^+}{cv \quad sn \quad v} \times ♂♂ \ \frac{cv \ sn \ v}{\neg}$$

Las posiciones de los genes se refieren a su distancia respecto del inicio del cromosoma. Para obtener la distancia entre ellos, bastara restar sus posiciones,

$$\text{cv-sn} = 0{,}137 - 0{,}21 = 0{,}073$$
$$\text{sn-v} = 0{,}21 - 0{,}33 = 0{,}12$$

Como esas distancias se calcularon teniendo en cuenta tanto la frecuencia de las clases fenotípicas que indicaban recombinación sencilla entre los genes, como la de las clases doble recombinantes, tendremos que calcular la frecuencia de doble recombinantes para restarla de la distancia entre los genes.

La frecuencia de doble recombinantes es: 0,073 × 0,12 = 0,00876.

La frecuencia de recombinantes entre cv-cn será: 0,073 − 0,00876 = 0,06424.

La frecuencia de recombinantes entre cn-v será: 0,12 − 0,00876 = 0,11124.

La frecuencia de individuos no recombinantes será: 1 − 0,11124 − 0,06424 − 0,00876 = 0,81576.

Luego las clases fenotípicas que obtendríamos tendrían las siguientes frecuencias:

cv^+ sn^+ v^+	0,40788
cv sn v	0,40788
cv^+ sn v	0,03212
cv sn^+ v^+	0,03212
cv^+ sn^+ v	0,05562
cv sn v^+	0,05562
cv^+ sn v^+	0,00438
cv sn^+ v	0,00438

b) En el caso de que la interferencia fuera de 0,6 esto implicaría un coeficiente de coincidencia de 0,4, es decir, se produciría un 40 % de los doble recombinantes esperados, luego:

La frecuencia de doble recombinantes sería: $0,073 \times 0,12 \times 0,4 = 0,003504$.
La frecuencia de recombinantes entre cv-cn sería: $0,073 - 0,003504 = 0,069496$.
La frecuencia de recombinantes entre cn-v sería: $0,12 - 0,003504 = 0,116496$.
La frecuencia de individuos no recombinantes sería: $1 - 0,116496 - 0,069496 - 0,003504 = 0,810504$.

Luego las clases fenotípicas que obtendríamos tendrían las siguientes frecuencias:

cv^+ sn^+ v^+	0,405252
cv sn v	0,405252
cv^+ sn v	0,034748
cv sn^+ v^+	0,034748
cv^+ sn^+ v	0,058248
cv sn v^+	0,058248
cv^+ sn v^+	0,001752
cv sn^+ v	0,001752

6.11. En el cromosoma I del tomate se encuentran cuatro genes recesivos, muy bien caracterizados, que dan lugar a plantas enanas (D,d), fruto piloso (L,l), fruto en forma de pera (Pr,pr) e inflorescencias compuestas (S,s), y cuyo orden en el cromosoma es el dado. Currence llevo a cabo un cruce entre plantas heterozigotas en fase de acoplamiento con plantas homozigotas recesivas, encontrado las siguientes clases fenotípicas,

D L Pr S	502	d L Pr S	16	D l pr S	5	d L pr s	1
D L Pr s	89	D L pr s	33	d L pr S	0	d l Pr s	4
D L pr S	8	D l Pr s	0	d l Pr S	55	d l pr S	110
D l Pr S	0	d L Pr s	2	D l pr s	17	d l pr s	248

a) Construya un mapa con las distancias entre estos cuatro genes.

b) Indique si hay interferencia.

c) ¿A que cree que se debe el número de individuos diferente encontrado con fenotipos D L Pr S y d l pr s? ¿Modifica esto de alguna manera la solución?

Solución

a) Primero ordenaremos las clases complementarias, indicando qué es lo que ha dado lugar a cada una de ellas:

D L Pr S	502	No Rec	d **L** pr s	1	Dobles
d l pr s	248		**D** l **Pr S**	0	D-L, L-Pr
D l pr s	17	Rec D-L	**D** l pr **S**	5	Dobles
d **L Pr S**	16		d **L Pr** s	2	D-L, Pr-S
D L pr s	33	Rec L-Pr	d l **Pr** s	4	Dobles
d l **Pr S**	55		**D L** pr **S**	8	L-Pr, Pr-S
D L Pr s	89	Rec Pr-S	d **L** pr **S**	0	Triples
d l pr **S**	110		**D** l **Pr** s	0	

Dado que se conoce el orden de los genes en el cromosoma, tomaremos pares de genes para calcular sus distancias:

$$\text{Frecuencia entre D-L} = \frac{17 + 16 + 1 + 5 + 2}{1.090} = 0{,}0376$$

$$\text{Frecuencia entre L-Pr} = \frac{33 + 55 + 1 + 4 + 8}{1.090} = 0{,}0927$$

$$\text{Frecuencia entre Pr-S} = \frac{89 + 110 + 5 + 2 + 4 + 8}{1.090} = 0{,}2$$

b) Como la interferencia se mide por el número de doble recombinantes, respecto del que cabría esperar por azar, entre tres marcadores dados, lo primero que habrá que hacer es calcular las distancias, no calculadas anteriormente, entre los genes D-Pr y L-S,

$$\text{Frecuencia entre D-Pr} = \frac{17 + 16 + 33 + 55 + 5 + 2 + 4 + 8}{1.090} = 0{,}1284$$

$$\text{Frecuencia entre L-S} = \frac{33 + 55 + 89 + 110 + 1 + 5 + 2}{1.090} = 0{,}2706$$

Con todos estos datos podemos dibujar el siguiente mapa,

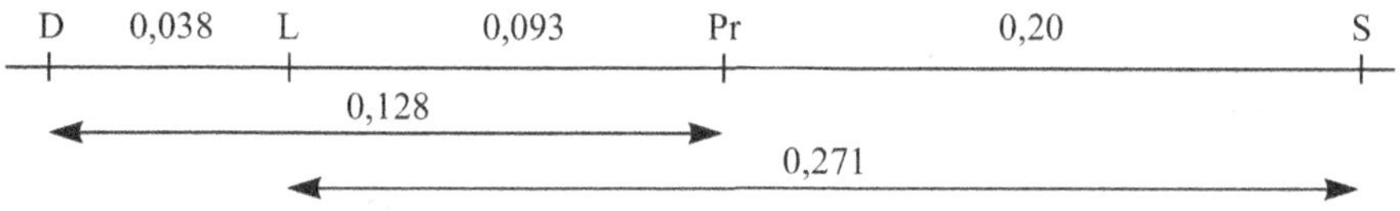

A partir de estos datos podremos calcular el número esperado de doble recombinantes, las interferencias y los coeficientes de coincidencia entre grupos de tres genes:

Grupo	N.º observado	N.º esperado	CC	I
DLP	1	3,85	0,26	0,74
DLS	5 + 2 + 1	11,22	0,71	0,29
DPS	5 + 2 + 4 + 8	27,9	0,68	0,32
LPS	4 + 8	20,27	0,59	0,41

c) Es frecuente que los individuos que manifiestan una mutación sean menos viables que los individuos normales. En este caso es particularmente evidente al comparar el número de descendientes totalmente normales y el de los cuádruplo mutantes. En principio no hay métodos para «arreglar» los datos. Los efectos de las mutaciones y de sus interacciones son bastante imprevisibles y dependen de muchos factores ambientales y de cultivo.

Es lógico pensar que si la viabilidad de los individuos no viniera afectada por las mutaciones, los resultados de los cruces podrían ser otros.

6.12. Los datos de los problemas 5.1, 5.16, 6.2 y 6.11 se refieren al mismo material biológico, el tomate, y en muchos casos a las mismas mutaciones, aunque obtenidos por distintos autores, MacArthur (1925) y Currence (1937). ¿Podría reunirlos y comentarlos en relación con la elaboración de mapas y el fenómeno de recombinación?

Solución

Son tres las mutaciones que figuran en estos problemas, de las que hay diversos datos sobre sus frecuencias de recombinación,

	Distancia	n.º	Problema
Alta/enana (D/d) – Redondo/periforme (Pr/pr)	0,121	257	5.1
	0,125	222	6.2
	0,128	1.090	6.11
Alta/enana (D/d) – Liso/piloso (L/l)	NR	468	5.16
	NR	228	6.2
	0,068 (deducida)		6.2
	0,038	1.090	6.11
Liso/piloso (L/l) – Redondo/periforme (Pr/pr)	0,173	498	5.16
	0,193	294	6.2
	0,093	1.090	6.11

- Genes D/d y Pr/pr: los tres valores de recombinación son muy similares y consistentes, debido al elevado número de tomates utilizados en el cálculo.
- Genes D/d y L/l: se aprecian diferencias notables. En dos experiencias no se detecta recombinación, aunque en una de ellas se puede deducir por la distancia a un tercer gen. En una tercera experiencia da un valor bajo (3,8 %), pero no tan bajo como para que no aparezcan algunos tomates recombinantes: $0{,}038 \times 468 \approx 17$, en el primer caso y $0{,}038 \times 228 \approx 8$, en el segundo.
- Genes L/l y Pr/pr: también aquí aparecen valores discordantes. En dos experiencias los valores son razonablemente parecidos, pero en la tercera el valor es la mitad de los anteriores.

A la hora de confeccionar el mapa, reuniendo todos los datos, lo razonable sería pensar que el gen D/d es el central entre L/l y Pr/pr, pero con los datos del Problema 6.11. se llega a una solución contradictoria, con el gen L/l en el centro.

6.13. Se cruzaron dos plantas que diferían en cuatro caracteres, AABBCCDD aabbccdd. La F_1 resultante se cruzó con el cuádruple homozigoto recesivo, obteniéndose los siguientes fenotipos:

abcd	255	**Abcd**	95	**aBCd**	80	**AbCD**	20
abcD	275	**abCD**	145	**AbCd**	10	**ABcD**	130
abCd	125	**aBcD**	5	**ABcd**	140	**ABCd**	270
aBcd	25	**AbcD**	75	**aBCD**	90	**ABCD**	260

a) Indicar qué genes están ligados.

b) Para aquellos genes ligados, indicar todos los parámetros propios: orden, distancia, índice de coincidencia e interferencia.

Solución

a) Primero veremos qué pasa con la segregación de cada gen:

A	95 + 20 + 10 + 130 + 140 + 270 + 75 + 260 = 1.000	**a**	255 + 80 + 275 + 145 + 125 + 5 + 25 + 90 = 1.000
B	80 + 130 + 5 + 140 + 270 + 25 + 90 + 260 = 1.000	**b**	255 + 95 + 20 + 275 + 145 + 10 + 125 + 75 = 1.000
C	80 + 20 + 145 + 10 + 125 + 270 + 90 + 260 = 1.000	**c**	255 + 95 + 275 + 130 + 5 + 140 + 25 + 75 = 1.000
D	20 + 275 + 145 + 130 + 5 + 75 + 90 + 260 = 1.000	**d**	255 + 95 + 80 + 10 + 125 + 140 + 270 + 25 = 1.000

lo que está de acuerdo con el cruce realizado.

Vamos ahora a asociar los genes dos a dos. Lo que esperamos encontrar son proporciones similares para todas las combinaciones (AB, Ab, aB, ab), si los genes se transmiten independientemente, y proporciones distintas, si hay ligamiento.

AB	130 + 140 + 270 + 260 = 800	**ab**	255 + 275 + 145 + 125 = 800
Ab	95 + 20 + 10 + 75 = 200	**aB**	80 + 5 + 25 + 90 = 200

Queda claro que los genes A/a y B/b están ligados.

AC	20 + 10 + 270 + 260 = 560	**ac**	255 + 275 + 5 + 25 = 560
Ac	95 + 130 + 140 + 75 = 440	**aC**	80 + 145 + 125 + 90 = 440

De momento detectamos un exceso de combinaciones AC, ac. Tendremos que esperar a ver qué pasa con otros pares.

AD	20 + 130 + 75 + 260 = 485	**ad**	255 + 80 + 125 + 25 = 485
Ad	95 + 10 + 140 + 270 = 515	**aD**	275 + 145 + 5 + 90 = 515

Aquí las diferencias son pequeñas, por lo que cabe esperar que A/a y D/d se transmitan independientemente.

BC	80 + 270 + 90 + 260 = 700	**bc**	255 + 95 + 275 + 75 = 700
Bc	130 + 5 + 140 + 25 = 300	**bC**	20 + 145 + 10 + 125 = 300

Aquí las diferencias son grandes, luego B/b y C/c tienen que estár ligados. Si ahora retomamos lo que ocurría entre A/a y C/c, podemos confirmar que estos dos *loci* también están ligados, ya que A/a y B/b están ligados, y B/b y C/c también lo están.

De momento tenemos que A, B y C están ligados. Falta por confirmar qué pasa con D, aunque ya tenemos un dato que nos indica independencia. Veamos que le pasa a B/b y D/d:

BD	130 + 5 + 90 + 260 = 485	**bd**	255 + 95 + 10 + 125 = 485
Bd	80 + 140 + 270 + 25 = 515	**bD**	20 + 275 + 145 + 75 = 515

y a C/c y D/d,

CD	20 + 145 + 90 + 260 = 515	**cd**	255 + 95 + 140 + 25 = 515
Cd	80 + 10 + 125 + 270 = 485	**cD**	275 + 130 + 5 + 75 = 485

lo que confirma la independencia de D/d respecto de los otros tres *loci*.

b) Para los genes en los que se ha demostrado ligamiento vamos a calcular los parámetros. Primero tendremos que reagrupar clases, sin tener en cuenta el gen D/d, y ordenarlas por clases complementarias.

abc	530	NR
ABC	530	
AbC	30	DR
aBc	30	
aBC	170	RI
Abc	170	
abC	270	RII
ABc	270	

Clase NR (o paternas): abc + ABC = 1.060
Clase DR : AbC + aBc = 60, luego B/b es el gen central.

Clase R (entre A/a y B/b): 170 + 170 + 30 + 30 = 400; 400/2000 = 0,2.
Clase R (entre B/b y C/c): 270 + 270 + 30 + 30 = 600; 600/2000 = 0,3.

DR observados: (30 + 30)/2.000 = 0,06.
DR esperados: 0,2 × 0,3 = 0,06, luego no hay interferencia.

CAPÍTULO 7

VARIACIONES CROMOSÓMICAS

El número y la morfología de los cromosomas de un organismo (de una especie) es constante, sin embargo, se pueden encontrar individuos que no cumplan la norma y que presenten variaciones cromosómicas (también llamadas *mutaciones* o *aberraciones cromosómicas*), que en muchos casos tienen efectos fenotípicos y modifican los patrones de herencia de los genes. Existen dos tipos de variaciones: **estructurales** y **numéricas**.

Las **variaciones estructurales** se clasifican a su vez en:

- Deleciones de fragmentos de material genético en un cromosoma dado.
- Duplicaciones de fragmentos más o menos grandes de material genético en un cromosoma dado.
- Translocaciones de segmentos de un cromosoma a otras localizaciones cromosómicas.
- Inversiones de segmentos, que mantienen su localización, pero que están invertidos respecto de su orientación anterior.

Las **variaciones numéricas** se clasifican en variaciones no múltiples del número haploide de cromosomas de la especie, o *aneuploidías*, y en variaciones múltiples, o *euploidías*.

7.1. VARIACIONES ESTRUCTURALES

- **Deleciones:** pequeñas deleciones en homozigosis pueden manifestar el fenotipo mutante correspondiente de los genes delecionados. En heterozigosis permitirán la manifestación de los alelos mutantes correspondientes que se encuentren en el fragmento no delecionado del cromosoma homólogo. Esto facilitó en su momento la localización física de genes en los cromosomas de ciertas especies (por ejemplo, en *Drosophila* y en el maíz). Las grandes deleciones suelen ser letales, incluso en heterozigosis.
- **Duplicaciones:** estrictamente se trata de la duplicación de un fragmento cromosómico, quedando original y duplicado uno al lado del otro (en tándem). En la meiosis, las duplicaciones en tándem, debido a que cada segmento duplicado es homólogo de cualquier otro, pueden emparejarse de modo desplazado (Figura 7.1).

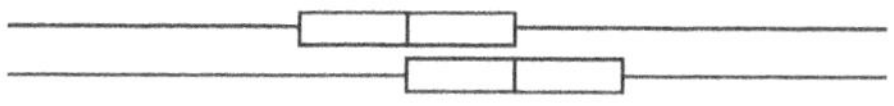

Figura 7.1. Sinapsis desplazada de dos cromosomas con una duplicación en tándem.

Si ocurre un entrecruzamiento dentro de los segmentos emparejados, se producirá un aumento de los segmentos duplicados en un cromosoma y una disminución en el otro.

Si la duplicación se ubica en otras posiciones, intervendrá además un fenómeno de translocación.

■ **Inversiones:** suponen el cambio de orientación de un segmento cromosómico, por ejemplo, si el orden normal de las regiones de un cromosoma es:

ABCDEFG●HIJK

(en donde ● indica la posición del centrómero), una inversión podría consistir en:

A***FEDCB***G●HIJK

en donde la región invertida (en itálica y negrita) no abarca el centrómero (llamada *inversión paracéntrica*), y también:

AB***IH●GFEDC***JK

en donde la región invertida (en itálica y negrita) abarca el centrómero (llamada *inversión pericéntrica*).

Su efecto sobre la herencia se puede manifestar en individuos que son heterozigotos para una inversión. Cualquier entrecruzamiento que se produzca dentro de la zona invertida dará lugar a que el 50% de los gametos presenten cromosomas con duplicaciones y/o deficiencias, lo que normalmente hará inviables a dichos gametos. El otro 50% recibirá cromosomas no recombinados, con y sin la zona invertida.

El efecto final es que el segmento invertido, en donde puede haber muchos genes, se conserva y se transmite como si fuera un solo gen (*supergen*). Además, en cepas homozigotas para la inversión, el orden y la distancia de los genes quedan alterados.

■ **Translocaciones:** un segmento de un cromosoma se sitúa en otro cromosoma (translocación no recíproca),

ABCDEFG●HIJK → ABCDEFG●H

LM●NOPQRS → LM●NOPQRS***IJK***

o dos cromosomas no homólogos intercambian fragmentos (translocación recíproca):

ABCDEFG●HIJK → ABCDEFG●H***QRS***

LM●NOPQRS → LM●NOP***IJK***

El efecto inmediato de una translocación es que cambia el grupo de ligamiento de los genes que se encuentran en el segmento translocado. Además, si un individuo es heterozigoto para una translocación, se producirá cierta esterilidad por formación de gametos inviables.

En la meiosis de los individuos con translocación, se producirá sinapsis entre las zonas homólogas, dando lugar a las configuraciones indicadas en la Figura 7.2.

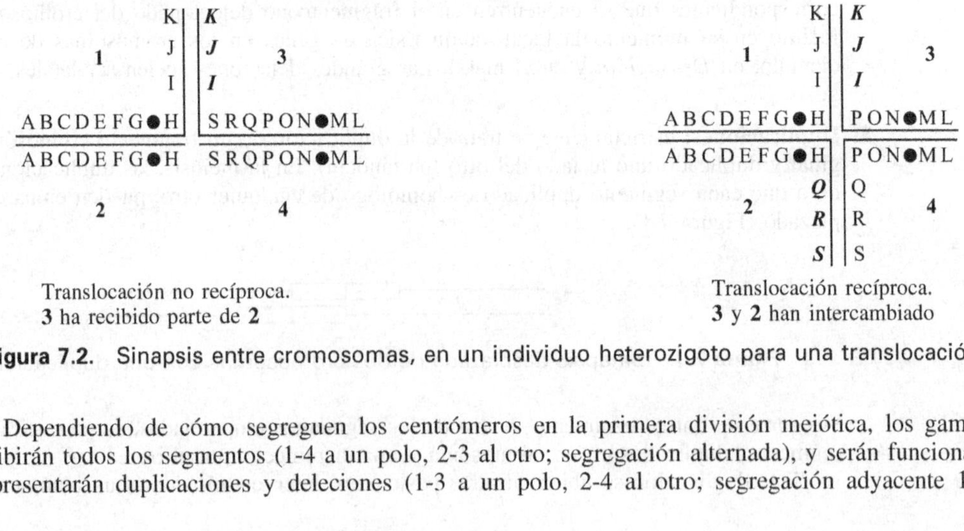

Translocación no recíproca.
3 ha recibido parte de **2**

Translocación recíproca.
3 y **2** han intercambiado

Figura 7.2. Sinapsis entre cromosomas, en un individuo heterozigoto para una translocación.

Dependiendo de cómo segreguen los centrómeros en la primera división meiótica, los gametos recibirán todos los segmentos (1-4 a un polo, 2-3 al otro; segregación alternada), y serán funcionales, o presentarán duplicaciones y deleciones (1-3 a un polo, 2-4 al otro; segregación adyacente 1), y serán no funcionales. También es posible una segregación de 1-2 a un polo y de 3-4 al otro (segregación adyacente 2), pero es muy poco frecuente debido a que se segrega centrómeros homólogos al mismo polo.

Una translocación especial (Robertsoniana) implica a dos cromosomas no homólogos que se fusionan por los centrómeros (fusión céntrica) y pierden pequeños fragmentos acéntricos (los brazos cortos de cada uno de los dos cromosomas implicados), dando lugar a una reducción en el número de cromosomas (aneuploidía).

El fenómeno contrario también es posible: una fisión céntrica en un cromosoma con brazos largos, metacéntrico, dará lugar a dos cromosomas telocéntricos, aumentando el número de cromosomas del organismo.

7.2. VARIACIONES NUMÉRICAS

- **Aneuploidías.** Consisten en la ausencia o en la presencia en exceso de uno o más cromosomas de la dotación normal de la especie.

  Una segregación anormal en la meiosis, que dé lugar a que dos cromosomas homólogos vayan a un polo (no disyunción) y ninguno al otro polo, originará gametos $n - 1$ y $n + 1$.

  Normalmente las aneuploidías afectan a la viabilidad de los gametos y en el caso de superar dicha barrera, afectan al fenotipo y a la viabilidad de sus portadores.

  Una nulisomía ($2n - 2$) consiste en la pérdida de una de las parejas de la dotación normal.

  En una monosomía ($2n - 1$) el cromosoma que no tiene pareja suele perderse y la mayoría de los gametos recibirán $n - 1$ cromosomas.

  En una trisomía ($2n + 1$) los tres cromosomas homólogos podrán emparejarse y segregar en la meiosis, formando gametos ($n + 1$) y (n), o el cromosoma extra puede perderse, produciéndose fundamentalmente gametos normales (n).

- **Euploidías.** El individuo, o la especie, tiene mas dotaciones cromosómicas, o menos, de las que le corresponde por su número haploide (n), por ejemplo, en una especie diploide ($2n$), un adulto con una sola dotación cromosómica (n) se denomina monoploide (no confundir con haploide), y con tres dotaciones cromosómicas ($3n$), triploide.

  Aparte de los efectos sobre la viabilidad del adulto, muy drásticos en los animales, la formación de gametos es irregular, afectando a la viabilidad de éstos.

  Cuando la euploidía está constituida por un número par de dotaciones haploides ($4n$, $6n$, etc.), suele haber regularidad en la formación de los gametos.

  Las euploidías se pueden originar por duplicación de los cromosomas de una especie, autopoliploidía, o por fecundación de dos gametos de especies distintas ($n \times n'$) y posterior duplicación de los cromosomas ($2n + 2n'$), lo que recibe el nombre de alopoliploidía.

  En los autopoliploides, al tener series de cromosomas homólogos, éstos tenderán a emparejarse en la meiosis todos juntos, formando tetravalentes, hexavalentes, etc., por lo que la segregación puede no ser muy regular.

  En los alopoliploides, cada par de cromosomas homólogos se emparejará independientemente, lo que facilitará una segregación muy regular.

PROBLEMAS RESUELTOS

7.1. Dobzhansky y Sturtevant estudiaron el sistema de inversiones del 3.er cromosoma de *Drosophila pseudoobscura*. Entre otras muchas, encontraron cuatro inversiones paracéntricas con las siguientes ordenaciones:

Orden normal	ABCDEFGHI
Ordenación 1	AEDCBFGHI
Ordenación 2	AEDCBFHGI
Ordenación 3	AECDBFGHI
Ordenación 4	AEHGFBCDI

a) ¿Cuáles son las zonas invertidas y la probable secuencia de su formación, teniendo en cuenta que hay ordenaciones con dos inversiones?

b) ¿Cuál sería la configuración de apareamiento, en heterozigosis, entre cada una de ellas y la ordenación normal?

c) ¿Qué gametos se producirían si en el heterozigoto entre la ordenación normal y la Inversión 1 hubiera un entrecruzamiento entre las regiones B y C?, ¿qué consecuencias tendría esto?

Solución

a) Se dice que la inversión es paracéntrica cuando el centrómero queda fuera de la inversión.

Ordenación 1: se trata de una inversión sencilla, que abarca el segmento BCDE, y que pudo originarse directamente a partir de la ordenación normal.

Ordenación 2: hay dos inversiones, no solapadas. Una es la descrita anteriormente y la otra abarca el segmento GH. Puede que la inversión del segmento GH se haya producido en moscas con la ordenación 1.

Ordenación 3: se trata de dos inversiones, incluida una dentro de la otra. La más grande es la ordenación 1, BCDE, y luego, sobre ésta se ha invertido el segmento CD. Es muy probable que esta ordenación se haya producido a partir de moscas con la ordenación 1.

Ordenación 4: se trata de dos inversiones solapadas, la primera abarca el segmento BCDE, dando lugar a la Ordenación 1, y en ésta se ha producido otra inversión que abarca al segmento DCBFGH, dando lugar a la ordenación 4.

b) Configuración del apareamiento en heterozigosis:

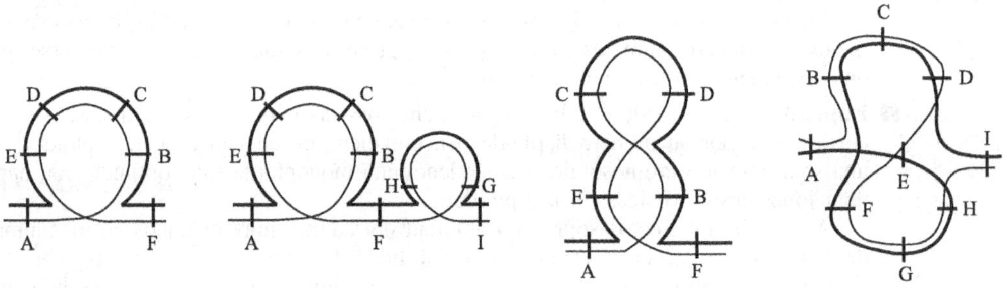

Ordenación normal: línea fina.
Ordenación invertida: línea gruesa.

c) Si se produce un entrecruzamiento entre las regiones B y C en la ordenación 1, y debido a que el entrecruzamiento tiene lugar entre dos de las cuatro cromátidas, se formarán cuatro tipos de producto: cromátidas que no se han entrecruzado, ABCDEFGHI (normal) y AEDCBFGHI (invertida), y fragmentos anormales, uno acéntrico, por ejemplo el ABCDEA, si el centrómero se encuentra mas allá del *locus I*, y otro dicéntrico, ..⊗IHGFEDCBFGHI⊗.., (en donde ⊗ indica la hipotética situación del centrómero).

Las consecuencias consistirían en que el fragmento acéntrico se perdería y el fragmento dicéntrico formaría un puente anafásico en la división celular entre los dos centriolos, rompiéndose finalmente para dar lugar a gametos con muchas deleciones y duplicaciones y, por ello, muy probablemente inviables. Es decir, en las meiosis en donde se produjera entrecruzamiento en dicha región, el 50 % de los gametos serían inviables o darían zigotos inviables, y del otro 50 % de gametos, la mitad tendría la ordenación normal y la otra mitad, la ordenación invertida.

7.2. *Drosophila subobscura* tiene un rico polimorfismo de inversiones. En la fotografía adjunta se presenta la inversión E_{1+2} en heterozigosis con la ordenación normal (E_{st}), en dos configuraciones posibles. El cromosoma E abarca de la sección 54 a la 74, incluyendo ambas. La inversión E_1 va desde la sección 59 a la 62, ambas inclusive, y la inversión E_2 se produjo sobre la anterior, de la sección 62 a la 64, ambas inclusive.

a) ¿Cómo quedarían las secciones en la ordenación E_{1+2}?

b) Haga un esquema que explique las dos configuraciones de la fotografía, indicando como están emparejadas las secciones de los dos cromosomas.

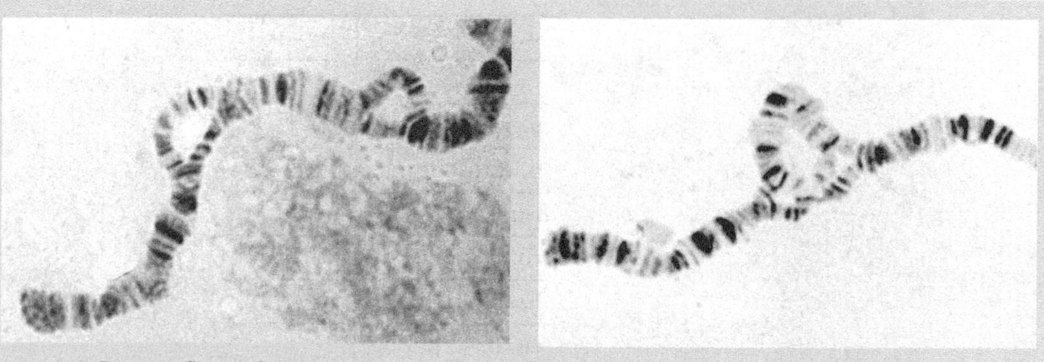

Dos configuraciones posibles de la ordenación E_{1+2} de *Drosophila subobscura.*

Solución

a) Primero hay que dibujar la ordenación normal y las ordenaciones que se producen como consecuencia de las inversiones E_1 sobre E_{st} y E_2 sobre E_1.

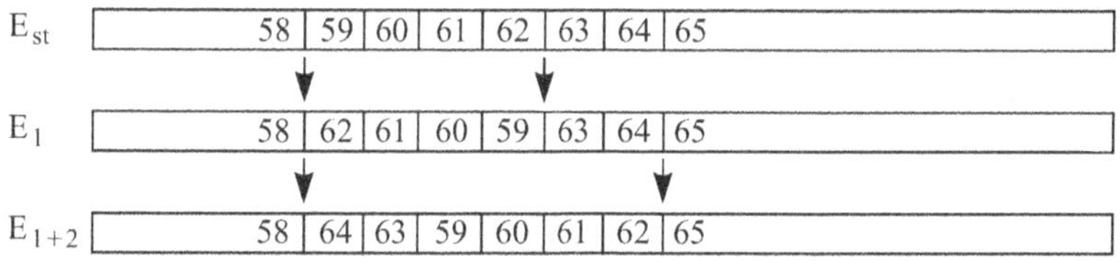

b) Las dos configuraciones se explicarían como indican los siguientes dibujos. En el primer caso, los segmentos 63-64 no se emparejarían, dando lugar a dos bucles, mientras que lo harían en el segundo caso, dando lugar a un solo bucle con dos pequeños triángulos.

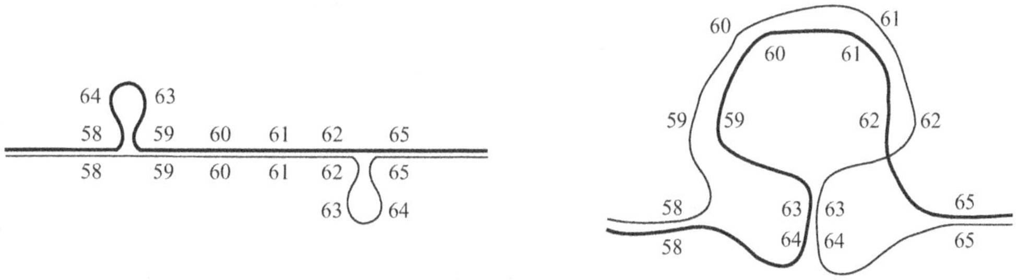

La línea fina corresponde a la ordenación estándar (E_{st}) y la línea gruesa, a la inversión E_{1+2}.

7.3. Payne cruzó hembras normales de *Drosophila melanogaster*, con machos homozigotos para los siguientes marcadores del cromosoma 3: *roughoid* (ru, 3:0,0), *hairy* (h, 3:26,5), *scarlet* (st, 3:44,0), *pink* (p, 3:48,0), *spineless* (ss, 3:58,5) y *ebony sooty* (e^s, 3:70,7). A las hembras de la F_1 las retrocruzó con machos paternos, obteniendo los siguientes resultados:

Normales	15.151
ru,h,st,p,ss, e^s	12.261
ru	1
e^s	1
ru, h	2
ru, st	1

ss, e^s	43
ru, h, st	26
p, ss, e^s	34
h, st, p	1
ru, h, st, p	19
ru, h, st, e^s	4
h, st, p, e^s	1
ru, h, st, p, e^s	4
ru, h, st, ss, e^s	1

a) Construya el mapa para estos seis marcadores de acuerdo con los resultados obtenidos en el cruce.

b) Compare el mapa obtenido con la posición real de los *loci*, ¿cómo pueden explicarse las diferencias que observó Payne?

c) ¿Qué experimentos propondría para confirmar su hipótesis?

Solución

a) Lo primero será clasificar a los individuos de acuerdo con el número de entrecruzamientos habidos entre los distintos pares de genes en orden a su posición en el cromosoma, ya que hay individuos resultantes de uno, dos y hasta tres entrecruzamientos, para poder calcular las frecuencias de recombinación:

		ru-h	h-st	st-p	p-ss	ss-e^s
Normales	15.151					
ru, h, st, p, ss, e^s	12.261					
ru	1	1				
e^s	1					1
ru, h	2		2			
ru, st	1	1	1	1		
ss, e^s	43				43	
ru, h, st	26			26		
p, ss, e^s	34			34		
h st, p	1	1			1	
ru, h, st, p	19				19	
ru, h, st, e^s	4			4		4
h, st, p, e^s	1	1			1	1
ru, h, st, p, e^s	4				4	4
ru, h, st, ss, e^s	1			1	1	
Totales	27.550	4	3	66	69	10
Fr. observadas		0,014	0,011	0,239	0,25	0,036
Fr. esperadas		26,5	17,5	4,0	10,5	12,2
Razón esp/obs		1.828	1.491	16,7	41,9	336,1

b) Al comparar las frecuencias de recombinación observadas por Payne con las esperadas (en unidades de mapa), se ve que son enormemente distintas. Probablemente hay algo que está impidiendo que los dos cromosomas homólogos recombinen y ese algo puede ser una inversión.

Una manera de analizar en mayor profundidad los datos es hallando la razón entre las frecuencias esperadas y las observadas (cuánto mayores son aquéllas respecto de éstas) y lo que se ve es que la región central, entre los *loci st* y *ss*, está claramente menos impedida que las regiones extremas. Probablemente la cepa normal llevaba en el cromosoma 3 dos inversiones, una que abarcaba la zona *ru-h-st*, y otra en la región e^s, impidiendo la recombinación. La zona central entre las dos inversiones puede recombinar, aunque con menor frecuencia. De hecho, Payne habla en su trabajo de «dos modificadores del entrecruzamiento», uno en el brazo izquierdo del cromosoma 3 y otro en el brazo derecho, inversiones que luego llevaron su nombre.

c) Una manera sencilla de confirmar esta hipótesis consiste en analizar preparaciones de cromosomas politénicos de larvas del cruce entre las hembras normales y los machos mutantes. En el cromosoma 3º aparecerían dos bucles, uno probablemente más grande que el otro.

7.4. En el segundo cromosoma de *Drosophila melanogaster* se encuentran dos mutaciones recesivas, *aristaless* (*al*, 2:4,0), que da lugar a una antena sin ramificaciones, y *abrupt* (*ab*, 2:44,0), que impide la terminación de la vena longitudinal 5.ª (L5). Un estudiante, que desconocía la posición de estos genes, cruzó dos cepas puras, una homozigota para *al* y otra homozigota para *ab*.

a) ¿Qué proporciones fenotípicas y genotípicas cabe esperar en la F_1 y en la F_2?

b) El estudiante, después de contar un gran número de moscas, encontró exactamente el mismo resultado en la F_3 que en la F_2. ¿Cómo se puede explicar genéticamente este resultado? ¿Qué proporción teórica cabría esperar en la F_3?

Solución

a) El cruce paterno y la F_1 sería:

$$\underset{aristaless}{\frac{al\ ab^+}{al\ ab^+}} \times \underset{abrupt}{\frac{al^+\ ab}{al^+\ ab}} = \underset{\text{silvestre}}{\frac{al^+\ ab}{al\ \ ab^+}}$$

Para obtener la F_2, hemos de tener en cuenta que las hembras heterozigotas de la F_1 producirán cuatro tipos de gameto, dos con cromosomas recombinados y dos con cromosomas sin recombinar, mientras que los machos de *Drosophila* no recombinan, por lo que sólo producirán dos tipos de gameto, sin recombinar. De acuerdo con la distancia a la que se encuentran estos genes (40 unidades de mapa o 0,4), se obtendrán los siguientes gametos y descendientes:

		♂♂	
	Gametos	$al^+\ ab$ 0,50	$al\ ab^+$ 0,50
♀♀	$al^+\ ab$ 0,30	$\frac{al^+\ ab}{al^+\ ab}$ 0,15 *abrupt*	$\frac{al\ \ ab^+}{al^+\ ab}$ 0,15 silvestre
	$al\ ab^+$ 0,30	$\frac{al^+\ ab}{al\ \ ab^+}$ 0,15 silvestre	$\frac{al\ ab^+}{al\ ab^+}$ 0,15 *aristaless*
	$al^+\ ab^+$ 0,20	$\frac{al^+\ ab}{al^+\ ab^+}$ 0,10 silvestre	$\frac{al\ \ ab^+}{al^+\ ab^+}$ 0,10 silvestre
	$al\ ab$ 0,20	$\frac{al^+\ ab}{al\ \ ab}$ 0.10 *aristaless*	$\frac{al\ ab^+}{al\ ab}$ 0,10 *abrupt*

Independientemente de la frecuencia de recombinación entre estos genes, el resultado fenotípico será 0,50 silvestre + 0,25 *aristaless* + 0,25 *abrupt*, es decir, una proporción de 2:1:1.

b) Para obtener el resultado de la F_3, lo mejor es calcular los gametos que producen los machos y las hembras de la F_2, y luego unirlos al azar para obtener los zigotos de la siguiente generación:

	Gametos producidos por las moscas F_2							
	al ab$^+$		**al$^+$ ab**		**al$^+$ ab$^+$**		**al ab**	
Moscas F_2	♀♀	♂♂	♀♀	♂♂	♀♀	♂♂	♀♀	♂♂
$\frac{al^+\ ab}{al^+\ ab}$ **(0,15)**	–	–	0,15	0,15	–	–	–	–
$\frac{al\ ab^+}{al^+\ ab}$ **(0,15)**	0,045	0,075	0,045	0,075	0,03	–	0,03	–
$\frac{al^+\ ab}{al\ ab^+}$ **(0,15)**	0,045	0,075	0,045	0,075	0,03	–	0,03	–
$\frac{al\ ab^+}{al\ ab^+}$ **(0,15)**	0,15	0,15	–	–	–	–	–	–
$\frac{al^+\ ab}{al^+\ ab^+}$ **(0,10)**	–	–	0,05	0,05	0,05	0,05	–	–
$\frac{al\ ab^+}{al^+\ ab^+}$ **(0,10)**	0,05	0,05	–	–	0,05	0,05	–	–
$\frac{al^+\ ab}{al\ ab}$ **(0,10)**	–	–	0,05	0,05	–	–	0,05	0,05
$\frac{al\ ab^+}{al\ ab}$ **(0,10)**	0,05	0,05	–	–	–	–	0,05	0,05
Total ♀♀	0,34		0,34		0,16		0,16	
Total ♂♂		0,40		0,40		0,10		0,10

Uniendo gametos masculinos y femeninos obtendríamos las siguientes proporciones: 0,516 silvestres + 0,234 *aristalee* + 0,234 *abrupt* + 0,016 dobles mutantes.

Si a pesar de contar un elevado número de moscas, el resultado de la F_3 es igual al de la F_2, es decir, básicamente, que no se encuentran dobles mutantes, esto es un claro indicio de que una de las cepas presente una inversión (probablemente la cepa *abrupt*) que abarca a uno de los genes, impidiendo la recombinación entre ellos.

En efecto, el resultado de la F_2 será el mismo que antes. Al no haber recombinación en las hembras por la presencia de la inversión, éstas producirán los mismos gametos viables que los machos, llegándose a una proporción fenotípica de 2:1:1. Las moscas de la F_2 producirán de nuevo gametos en igual proporción: 50 % al^+ ab y 50 % al ab^+, por lo que se mantendrá la proporción 2:1:1 en sucesivas generaciones.

7.5. En el tomate, el color del fruto, rojo o amarillo, depende de un gen (R/r) y la forma del fruto, normal o en forme de pera, depende de otro (Pr/pr). En una empresa de semillas, interesada en reunir en una planta el carácter amarillo y el de forma de pera, se cruzaron diversas variedades con fruto en forma de pera (VARIEDAD 1) con otras variedades de fruto amarillo (VARIEDAD 2). En todos los casos, las F_1 resultaron normales (fruto rojo y redondo) pero en las F_2 se encontraron dos tipos de resultado. En unos casos apareció una proporción 9:3:3:1 y en otros, bastantes semillas no germinaron y entre las que lo hicieron, aproximadamente la mitad dio lugar a plantas normales (fruto rojo y redondo), una cuarta parte a plantas con fruto rojo en forma de pera, y otra cuarta parte, a plantas con fruto amarillo y redondo. ¿Podría explicar genéticamente estos resultados?

Solución

Los casos en donde el resultado es 9:3:3:1, indican que los dos genes se encuentran en cromosomas distintos y se trasmiten independientemente (VARIEDAD 1A × VARIEDAD 2). Pero si en otros casos aparece una proporción de 2:1:1, acompañada de semillas que no germinan, esto parece indicar que alguna de las variedades presentaba una translocación del segmento en donde se encuentra uno de los genes al cromosoma en donde se encuentra el otro gen (VARIEDAD 1B × VARIEDAD 2).

La situación podría ser como sigue:

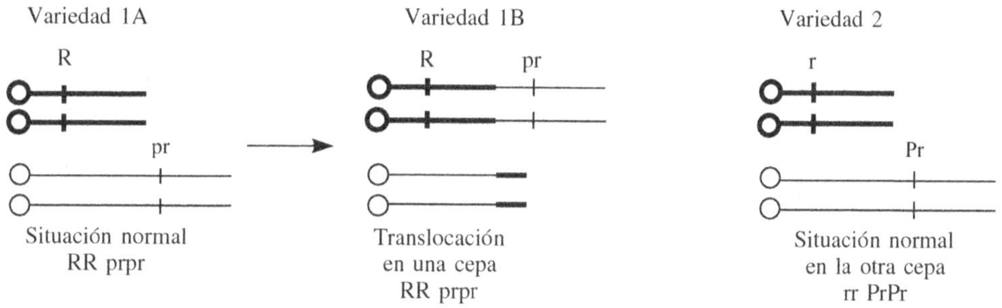

Se trataría de una translocación recíproca en homozigosis. Las plantas con translocación son normales, ya que tienen todos sus genes, aunque en localizaciones distintas.

Si se cruza una planta RR prpr con translocación (VARIEDAD 1B), con una rr PrPr sin translocación (VARIEDAD 2), se obtendrán en la F_1 heterozigotos normales, sin embargo, aproximadamente la mitad de los gametos que producirán estos heterozigotos, debido a duplicaciones o deficiencias de material genético, no serán funcionales.

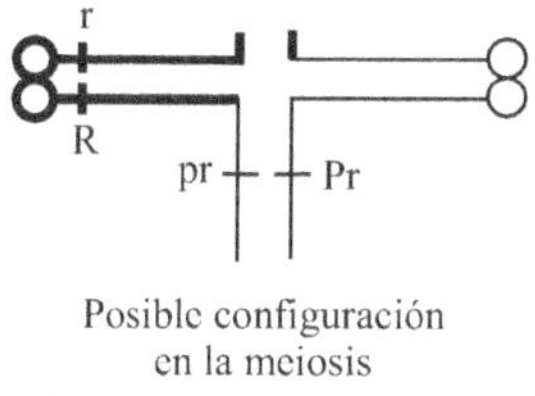

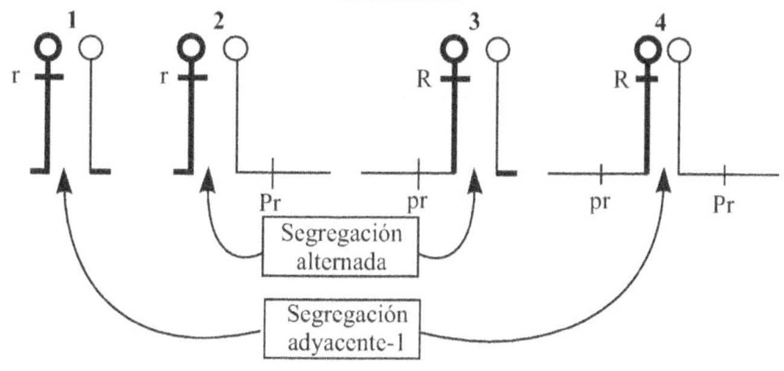

El gameto **1** es deficiente para parte del cromosoma fino y presenta una pequeña duplicación del cromosoma grueso. El gameto **4** tiene una zona duplicada del cromosoma fino y una pequeña deficiencia del cromosoma grueso. Normalmente, estos gametos, que se producen como consecuencia del tipo de segregación adyacente-1, serán inviables o darán lugar a zigotos inviables.

El gameto **2** recibe los dos cromosomas normales, sin translocación, y el gameto **3** presenta una translocación equilibrada, con todo el material genético. Ambos gametos se han producido como consecuencia de una segregación alternada. Únicamente la unión de estos gametos dará lugar a zigotos viables, en las siguientes proporciones: 1/4 rr PrPr (**2** × **2**) + 1/4 rR Prpr (**2** × **3**) + 1/4 Rr prPr (**3** × **2**) + 1/4 RR prpr (**3** × **3**), es decir, 2/4 con fruto rojo y redondo + 1/4 con fruto rojo y periforme + 1/4 con fruto amarillo y redondo.

7.6. Snell analizó los resultados de un cruce en el ratón en el que estaban implicados los genes *pa* (palido) y *a* (negro), que se encuentran en el cromosoma 5, a una distancia de 21,2 u.m. para las hembras y de 19,6 u.m. para los machos, y el gen *b* (marrón), que se encuentra en el cromosoma 8,

$$♀♀ \ \frac{pa \ +}{+ \ a} \ \frac{b}{+} \times ♂♂ \ \frac{pa \ a}{pa \ a} \ \frac{b}{b}$$

	Hembras	Machos
+ **a** +	39	48
pa + **b**	27	42
pa a +	3	8
+ + **b**	11	11
+ **a b**	8	16
pa + +	19	17
pa a b	4	2
+ + +	5	2

a) ¿Qué interpretación genética se puede dar para estos resultados?

b) ¿Le ayudaría en su interpretación saber que, en este y en otros cruces similares, se producía cierto grado de esterilidad?

Solución

El sexo de los descendientes no es relevante en este contexto. Aunque el enunciado informa de una distinta distancia entre los genes en hembras y machos, lo que importa son los gametos producidos por la hembra, ya que los machos suministran un gameto triple recesivo.

a) Analizaremos los datos comprobando primero la segregación de los alelos de cada locus:

	pa^+	pa		a^+	a		b^+	b	Total
♀♀	63	53	♀♀	62	54	♀♀	66	50	116
♂♂	77	69	♂♂	72	74	♂♂	75	71	146
Total	140	122	Total	134	128	Total	141	121	262

A simple vista, no parece que haya mucha divergencia respecto de una segregación 1:1 para cada par de alelos. El caso mas extremo, 141:121, da un valor de χ^2 de 1,5 que, con 1 g.l., no es significativamente diferente de la segregación 1:1.

Vamos a ver cómo se transmiten los genes por parejas, reuniendo sexos,

+ **a**	111	+ +	94	**a** +	98
pa +	105	**pa b**	78	+ **b**	91
+ +	29	+ **b**	46	**a b**	30
pa a	17	**pa** +	47	+ +	43
Total	262		262		262

- **Pareja pa-a:** teniendo en cuenta la fase en la que se encuentran los genes en la hembra (repulsión) y los datos observados, la frecuencia de recombinación entre pa y a es de:

$$\frac{29 + 17}{262} = 17{,}56\,\%$$

valor que no difiere mucho de la frecuencia de recombinación esperada.

- **Parejas pa-b y a-b:** como el gen *b* esta situado en el cromosoma 8, y los genes *pa* y *a* se encuentran en el cromosoma 5, éstos deberían combinarse aleatoriamente, sin embargo, hay un exceso de combinaciones (+ +) y (pa b) frente a combinaciones (+ b) y (pa +) (169:93). Algo similar ocurre entre los genes a y b, con un exceso de combinaciones (a +) y (+ b) frente a combinaciones (a b) y (+ +) (189:73). La diferencia con una segregación 1:1, que es lo que cabría esperar, es muy significativa en todos los casos, es decir, el gen b no se transmite independientemente de los otros dos.

b) Podría ser que el fragmento que lleva el gen b se hubiera translocado al cromosoma 5, de hecho, la aparición de esterilidad parcial puede deberse a la producción de gametos no equilibrados, con duplicaciones y deleciones de fragmentos de cromosoma, precisamente debido a la presencia de la translocación.

Por los datos disponibles, podemos precisar más. No se trata de una translocación recíproca entre los cromosomas 8 y 5, ya que si lo fuera, los gametos estarían equilibrados (tendrían todo su material genético) por lo que no quedaría afectada la fertilidad, al menos en esta F_1.

De acuerdo con el cruce realizado, el segmento translocado del cromosoma 8, con el gen b, puede estar unido al cromosoma 5, que lleva los alelos pa y a^+ **(A)**, o al homólogo, con los alelos pa^+ y a **(B)**. En ambos casos se producirá tanto gametos viables como inviables. Para decidirnos por una de las dos alternativas, bastará con comprobar el número de ratones que reciben los gametos no recombinados, que lógicamente serán los más frecuentes:

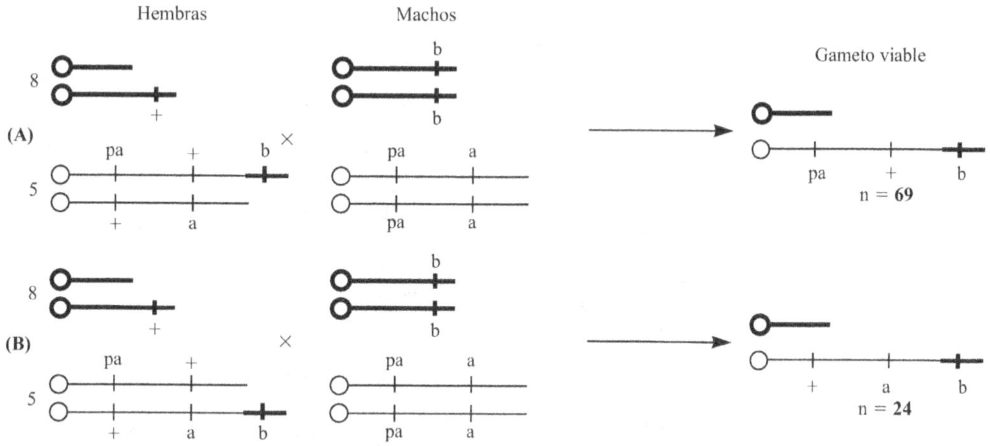

Así, la opción **(A)** es la correcta.

Otros aspectos que se pueden concretar son la frecuencia de recombinación entre el gen +/a y el segmento translocado, y la frecuencia de dobles recombinantes, para así poder estimar si la translocación ha afectado a la frecuencia de recombinación. De acuerdo con la situación del segmento translocado (alternativa **A**), la distancia entre el locus +/a y el segmento translocado se puede estimar sumando todos los ratones que reciban gametos a-b o +-+, como consecuencia del entrecruzamiento, es decir 8 + 16 + 19 + 17 + 4 + 2 + 5 + 2 = 73.

Distancia entre +/a y el segmento translocado: 73/262 = 0,2786

Una doble recombinación dará lugar a gametos pa a b y + + +, es decir, 4 + 2 + 5 + 2 = 13.

Frecuencia de doble recombinantes: 13/262 = 0,0496

Como ya disponemos de la distancia entre los *loci* pa-a, podemos calcular la coincidencia,

$$CC = 0{,}0496/(0{,}1756 \times 0{,}2786) = 1{,}01$$

Este valor del CC nos indica que la translocación no ha afectado a la frecuencia de recombinación entre los genes.

7.7 En *Drosophila*, el gen *yellow* (y), recesivo y ligado al cromosoma X, da lugar a coloración amarilla del cuerpo. Se cruzó una hembra homozigota normal ($y^+ y^+$) con un macho amarillo (y ¬), y en su numerosa descendencia apareció un macho amarillo.

a) ¿Cómo pudo aparecer dicho macho?

b) ¿Qué otro tipo de descendencia podría haber aparecido en el cruce?

Solución

a) Una posibilidad, dentro del contexto de este tema, es que la hembra sufriera un proceso de «no disyunción» de los cromosomas X en la oogénesis (formación de los óvulos). En una meiosis en donde se produjera una «no disyunción» se podría formar bien un óvulo con dos cromosomas X, bien un óvulo sin cromosoma X. Si este último fuera fecundado por un espermatozoide con el cromosoma X, daría lugar a un zigoto XO, de fenotipo amarillo y masculino, aunque estéril. La frecuencia espontánea de una «no disyunción» es baja (de 0,05 a 0,1 %) y preferentemente da lugar a óvulos sin cromosoma X.

Una segunda posibilidad es que se produjera una mutación en el tejido germinal de la hembra de $y^+ \rightarrow y$. Esto tiene una probabilidad menor que el caso anterior.

Claro, que también cabe una contaminación del cultivo, por haberse introducido un macho amarillo.

b) Si el macho apareció por un fenómeno de «no disyunción», también podrían haber aparecido ♀♀ XXY o XXX. Las primeras serían hembras de fenotipo normal, por la unión de un óvulo XX, por no disyunción, y un espermatozoide ¬; y las segundas, metahembras, menos viables, con desequilibrio entre la dotación autosómica y los cromosomas X, por la unión de un óvulo XX y un espermatozoide X.

7.8. En la especie humana hay 46 cromosomas, mientras que en el chimpancé hay 48. Al comparar el patrón de bandas de los cromosomas humanos (H) 2, 5 y 6 con cromosomas de chimpancé (Ch), se encontró lo siguiente (las flechas indican la situación del centrómero en cada caso, se trata de una representación parcial de ciertas zonas de estos cromosomas en las dos especies):

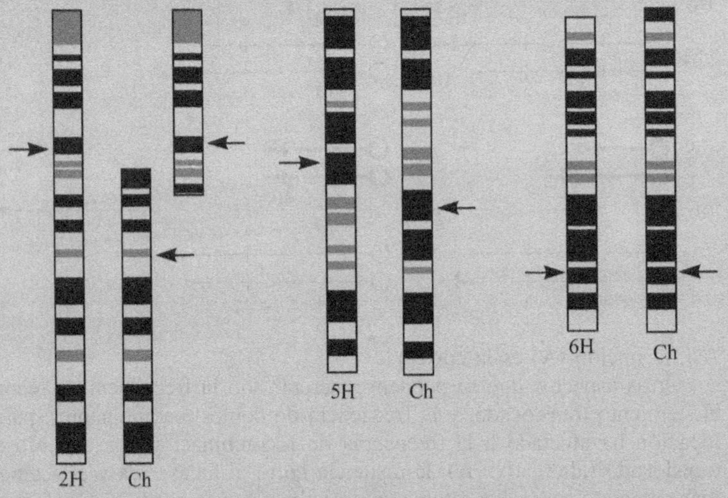

¿Podría señalar las diferencias que se observan? Comente, en cada caso, las posibles causas de estas diferencias.

Solución

Por la semejanza del bandeado entre el cromosoma 2 humano y otros dos cromosomas del chimpancé, parece claro que pudo ocurrir, bien una translocación robertosoniana entre los dos cromosomas del chimpancé, bien una fisión céntrica del cromosoma 2 humano, para dar lugar a los dos cromosomas del chimpancé. En el caso más probable de la translocación robertsoniana, se han perdido dos pequeñas bandas, conservándose una de las regiones con función centromérica y dando lugar al cromosoma 2 humano.

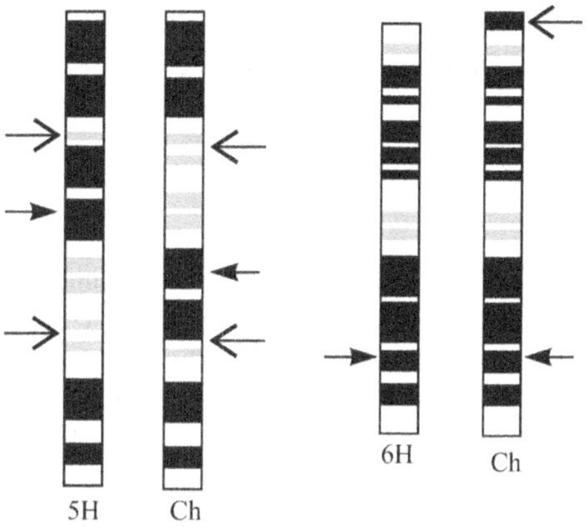

En el cromosoma 5, la diferencia que se observa es la inversión de un pequeño segmento, que se indica con flechas finas. En el caso del cromosoma 6, la única diferencia apreciable es la pérdida de una banda en el extremo superior del cromosoma 6 humano (o la ganancia de dicha banda en el cromosoma del chimpancé).

7.9. En la selva ecuatorial brasileña, una expedición científica encuentra una nueva especie vegetal. Analizadas «in situ» células meristemáticas de raíz, se observan en anafase temprana 36 cromosomas.

a) ¿Cuántos cromosomas tendrán los gametos?
b) ¿Y una planta trisómica?
c) ¿Y una planta triploide?

Solución

El tejido meristemático es un tejido somático, en rápido crecimiento, con profusión de mitosis. En la anafase temprana los cromosomas, que ya se han duplicado, acaban de separarse y se dirigen a los centriolos hijos, por lo que de los 36 cromosomas que se observan, la mitad (18) irá a cada una de las células hijas (2n).

a) Siendo 2n = 18, un gameto tendrá 9 cromosomas.
b) Una planta trisómica tendrá triplicado uno de los cromosomas, luego tendrá 19 cromosomas (2n + 1).
c) Una planta triploide tendrá triplicada la dotación haploide, luego tendrá 27 cromosomas (3n).

7.10. El guisante (*Pisum sativum*) tiene 14 cromosomas.

a) ¿Cuántos cromosomas tendría una planta triploide?
b) ¿Y una planta hexaploide?
c) ¿Y una planta tetrasómica?
d) ¿Cuántas plantas trisómicas diferentes se podrían obtener?

Solución

a) Siendo n = 7, una planta triploide tendría 21 cromosomas (3n).
b) Una planta hexaploide tendría 42 cromosomas (6n).
c) Una planta tetrasómica tendría 16 cromosomas (2n + 2).
d) Trisomías simples, de un solo cromosoma, se podrían obtener 7, tantas como cromosomas distintos.

7.11. *Nicotiana glutinosa* tiene 24 cromosomas y *Nicotiana tabaccum* tiene 48.

a) ¿Cómo se pudo originar esta última a partir de la primera?

b) ¿Qué tipo de ploidía tiene cada una de estas especies?
c) ¿Cuántos cromosomas tendrán sus gametos?
d) El híbrido entre estas dos especies es viable, ¿cómo será en relación al número de sus cromosomas?, ¿será fértil?

Solución

a) Por el número de cromosomas, bastaría con la unión de dos gametos que no hayan sufrido disyunción (con 24 cromosomas) o una no disyunción completa de los cromosomas en alguna célula somática que posteriormente diera lugar a tejido floral.
b) *N. glutinosa* es diploide (2n) y *N. tabaccum* tetraploide (4n), siempre y cuando no se demuestre la existencia de una especie de *Nicotiana* con 12 cromosomas, de la que podrían haber derivado.
c) *N. glutinosa* tendrá gametos con n = 12 y *N. tabaccum* con n = 24.
d) El híbrido tendrá 12 + 24 = 36 cromosomas y será triploide. Su fertilidad dependerá de la segregación 2:1 de los 12 trivalentes que podrían formarse, lo cual, lógicamente, es muy poco probable.
Para que el híbrido triploide sea fértil con *N. glutinosa*, deberá formar gametos con n = 12. Teóricamente, cada trivalente del híbrido segregará en la meiosis un cromosoma hacia un polo y dos hacia el otro polo, con una probabilidad 1/2:1/2, por lo que la probabilidad de que uno de los polos reciba siempre un cromosoma de cada trivalente será $(1/2)^{12} = 0{,}00024$. Para que sea fértil con *N. tabaccum*, o por autofecundación, tendremos la misma probabilidad.

7.12. Un investigador trata con colchicina una planta diploide, heterozigótica para el gen A/a, y obtiene una planta tetraploide. Con respecto al gen A/a,
a) ¿Qué tipos de gameto producirá dicha planta, y en qué proporciones, suponiendo que no hay entrecruzamiento entre el gen y el centrómero?
b) ¿Qué proporciones genotípicas y fenotípicas, con dominancia, dará lugar el cruce entre dichas plantas tetraploides?

Solución

a) Si se forma una planta tetraploide, tendrá cuatro cromosomas homólogos, dos con el alelo A y dos con el alelo a. De acuerdo con una segregación aleatoria (los gametos recibirían dos de los cuatro cromosomas), se podrán formar los siguientes gametos en las proporciones 1/6 AA, 4/6 Aa y 1/6 aa.
b) La unión de dichos gametos dará lugar a,

$$1/36\ AAAA + 8/36\ AAAa + 18/36\ Aaaa + 8/36\ Aaaa + 1/36\ aaaa$$

Si el alelo A es dominante las proporciones fenotípicas serán,

$$35/36\ A + 1/36\ a$$

7.13. King y Bamford llevaron a cabo un análisis de los cromosomas de células de tejido meristemático de diversas especies del genéro *Ipomoea* y del género *Quamoclit* mediante cámara clara, algunos de cuyos dibujos se reproducen a continuación,

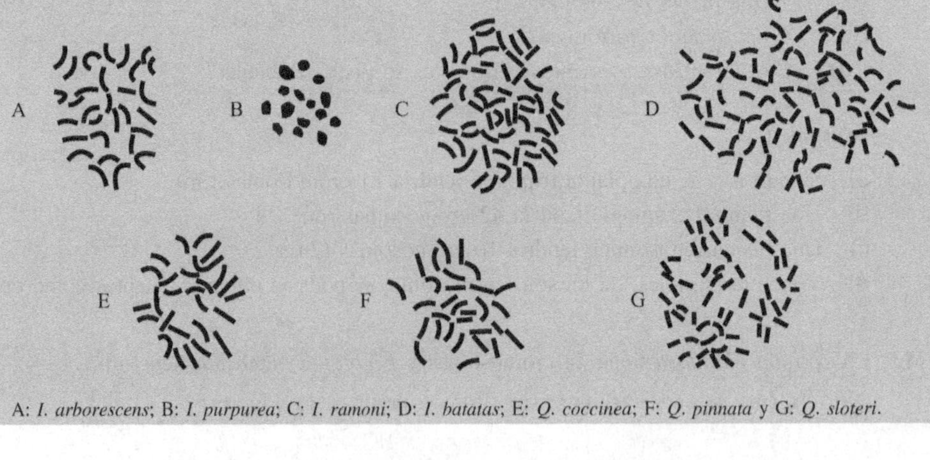

A: *I. arborescens*; B: *I. purpurea*; C: *I. ramoni*; D: *I. batatas*; E: *Q. coccinea*; F: *Q. pinnata* y G: *Q. sloteri*.

a) Indique qué tipos de variación cromosómica se presentan en estas especies, considerando los grupos de especies dentro de cada género y cómo se podrían haber originado éstos.

b) ¿Qué relaciones se pueden establecer entre las distintas especies dentro del género *Ipomoea*?, ¿y dentro del género *Quamoclit*?

Solución

a) El número de cromosomas que se pueden contar para las especies del género *Ipomoea* es: A = 30, B = 15, C = 60 y D = 90; y para el género *Quamoclit*: E = 28, F = 30 y G = 58.

En las especies del género *Ipomoea* se aprecian números múltiplos de cromosomas y, por tanto, fenómenos de poliploidía como posible origen de estas especies. A partir de 2n = 15 (B), una no reducción de todos los cromosomas (autopoliploidía) daría 2n = 30 (A), y lo mismo para pasar de 2n = 30 (A) a 2n = 60 (C). Sin embargo, la especie con 2n = 90 tuvo que originarse, lógicamente, por un proceso de alopoliploidía, por ejemplo, por la unión de gametos de A (n = 15) y C (n = 30) para dar lugar a una planta con 45 cromosomas que, mediante una no reducción completa, daría lugar a D (2n = 90).

En las especies del género *Quamoclit* se aprecian diferencias no multiples del número de los cromosomas (aneuploidías). La especie E tiene 2n = 28, mientras que la especie F tiene 2n = 30. Probablemente una translocación robertsoniana o una fisión céntrica explicaría el paso de una a otra. El número de cromosomas de la especie G es, precisamente, la suma de las otras dos. Pudo originarse, como en el caso de la especie D anterior, por la unión de dos gametos n = 14 (E) y n = 15 (F) y una posterior no disyunción.

b) Como ocurre en muchas «series» poliploides de especie de fanerógamas, en las especies del género *Ipomoea* la serie pudo darse de la siguiente forma: $B \Rightarrow A \Rightarrow C$; $B \times C \Rightarrow D$. En el caso de *Quamoclit*, $E \Leftrightarrow F$, $E \times F \Rightarrow G$.

7.14. Ocasionalmente, con una frecuencia baja (aunque aumentando con la edad de la madre), nace un bebé con el síndrome de Down (trisomía del cromosoma 21). Al analizar el cariotipo de un bebé que presentaba las características del síndrome, se comprobó que tenía 46 cromosomas. Investigando la familia, se encontró que otro de los hijos de la mujer, un hermano de ésta y dos de sus sobrinos, hijos de dos hermanas, padecían el síndrome de Down.

a) ¿Cuántos cromosomas suelen tener los afectados por el síndrome de Down?

b) ¿A qué se debe que este bebé tuviera 46 cromosomas?

c) ¿Cuál sería la constitución cromosómica de la madre?

Solución

a) El síndrome de Down es consecuencia de la presencia de un cromosoma 21 extra completo, o de parte del mismo. Si el síndrome ha aparecido como consecuencia de una no disyunción en la oogénesis, el hijo tendrá 47 cromosomas (2n + 1).

b) No obstante, el síndrome también puede aparecer por una translocación recíproca entre el cromosoma 21 y el cromosoma 14. Si la translocación está equilibrada, es decir, parte del cromosoma 21 se encuentra en el cromosoma 14 y parte del 14 en el 21, el individuo será totalmente normal, pero dicho individuo puede dar lugar a gametos desequilibrados:

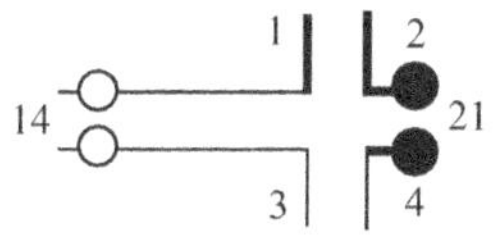

Posible configuración en la meiosis de un individuo con una translocación recíproca heterozigota entre el cromosoma 14 y el 21

La segregación puede dar lugar a tres tipos de gameto:

- 1-2, 3-4: gametos desequilibrados, con pequeñas duplicaciones y deleciones para ambos cromosomas (adyacente-1).
- 1-3, 2-4: es raro que esto ocurra, pues se segregan al mismo polo centrómeros homólogos, pero si sucede da lugar a gametos, o zigotos, inviables por grandes duplicaciones o deleciones (adyacente-2).

- 1-4, 2-3: gametos equilibrados. El gameto 2-3 es totalmente normal, mientras que el 1-4 presenta una translocación equilibrada (el fragmento que le falta al 14 lo tiene el 21, y viceversa). El zigoto resultante será normal (alternada).

  Si el hijo recibe el gameto 1-2 de uno de los padres y un gameto normal del otro padre (con la combinación 2-3), aquél tendrá una zona del cromosoma 21 triplicada, pero como este fragmento se encuentra en el cromosoma 14, se observarán 46 cromosomas.

c) Si la madre de este bebé es normal, tendrá la translocación equilibrada en heterozigosis, es decir, tendrá los cromosomas indicados en la figura anterior.

Si la translocación recíproca fuera homozigótica, todos los gametos estarían equilibrados en cuanto a su dotación genética, y todos los descendientes serían normales, pero con la constitución indicada en el esquema, con una translocación recíproca en heterozigosis.

7.15. Entre los vegetales no es rara la formación de individuos triploides (3n). La reproducción sexual de estos individuos es difícil. En una planta hermafrodita, triploide, con n = 4, ¿qué posibilidades hay de que se forme lo siguiente?

a) ¿Gametos haploides?

b) ¿Plantas triploides 3n?

c) ¿Plantas sexualmente estables?

Solución

a) En la meiosis de esta planta, los tríos de cromosomas homólogos se emparejarán, formando trivalentes y segregarán dos a un polo y uno al otro. Para que se forme un gameto haploide (n) es necesario que reciba un solo cromosoma de cada trío. La probabilidad de que uno de los tres cromosomas de un trío pase a un polo es de 1/2, elevado al número de casos, es decir $(1/2)^4 = 1/16$.

b) Para calcular la probabilidad de que, por autofecundación, esta planta tenga descendientes triploides, hemos de tener en cuenta los distintos tipos de gameto que se pueden formar, suponiendo que la segregación de cada trío de cromosomas sea 2 + 1. De acuerdo con el apartado a), tendremos,

$(1/2 + 1/2)^4$	$\binom{4}{0}(1/2)^4$	1/16	Gametos 2n (o n + 4)
	$\binom{4}{1}(1/2)^3(1/2)^1$	4 × 1/16	Gametos 2n − 1 (o n + 3)
	$\binom{4}{2}(1/2)^2(1/2)^2$	6 × 1/16	Gametos 2n − 2 (o n + 2)
	$\binom{4}{3}(1/2)^1(1/2)^3$	4 × 1/16	Gametos 2n − 3 (o n + 1)
	$\binom{4}{4}(1/2)^4$	1/16	Gametos 2n − 4 (o n)

Si un gameto 2n se une a un gameto n, se formará una planta triploide; pero también se formará una planta triploide si un gameto 2n − 1, diploide para los cromosomas 2.º, 3.º y 4.º (2.º término de la expansión del binomio), se une a un gameto n + 1, diploide sólo para el 1.º cromosoma (4.º término). Como el gametófito femenino puede formar 16 gametos distintos, igual que el gametófito masculino, únicamente se producirán 16 fecundaciones que darán lugar a plantas triploides, de las 16 × 16 posibles. Es decir, 16/256 = 1/16 = 0,0625 (6,25 % de las fecundaciones darán lugar a plantas triploides).

c) Un posible origen de plantas sexualmente estables sería la no disyunción de la dotación triploide, que daría lugar a una planta hexaploide.

7.16. En la especia humana son relativamente frecuentes ciertos síndromes que implican variación en el número de cromosomas sexuales.

a) Indique los síndromes que conoce

b) ¿Cómo podrían originarse éstos en la meiosis?

Solución

a) Los síndromes en la especie humana que implican variación en el número de los cromosomas sexuales son:

X	Turner
XXY	Klinefelter
XXX	triplo X
XYY	doble Y

además de una serie de mosaicos diversos: XX/X, XX/XXX, XXY/XXXY, etc.

b) Como en la mayoría de las aneuploidías, el origen tiene que ser una no disyunción de los cromosomas sexuales en la meiosis. En la oogénesis, los óvulos reciben un cromosoma X, pero si hay un proceso de no disyunción, se pueden formar óvulos con dos cromosomas (XX) o sin cromosomas sexuales (0). En la espermatogénesis se forman normalmente gametos con un cromosoma X o con un cromosoma Y, pero una no disyunción puede dar lugar a una diversidad de casos: gametos XX, XY, YY y 0. La unión de estos gametos, tanto normales como anormales, entre sí dará lugar a:

	X	**Y**	**XX**	**XY**	**YY**	**0**
X	XX (♀♀) normal	XY (♂♂) normal	XXX (♀♀) triplo X	XXY (♂♂) Klinefelter	XYY (♂♂) doble Y	X0 (♀♀) Turner
XX	XXX (♀♀) triplo X	XXY (♂♂) Klinefelter	XXXX (♀♀) cuádruplo X	XXXY (♂♂) Klinefelter	XXYY (♂♂) Klinefelter	XX (♀♀) normal
0	X0 (♀♀) Turner	— no viable	XX (♀♀) normal	XY (♂♂) normal	— no viable	— no viable

7.17. Si una mujer tiene favismo (*véase* el Problema 4.1), ¿cuál será el fenotipo de una hija con el síndrome de Turner y de un hijo con el síndrome de Klinefelter?

Solución

En el caso de que la madre tenga favismo (X^fX^f), una hija con el síndrome de Turner (X0) probablemente tendrá favismo, ya que esta condición se produce en más del 80 % de los casos por fecundación del óvulo por un espermatozoide sin cromosoma sexual.

En cuanto a un hijo con síndrome de Klinefelter (XXY), en el 50 % de los casos tendrá favismo, como su madre, que es el porcentaje de casos en que el síndrome se produce por fecundación de un óvulo no reducido (XX) por un espermatozoide (Y).

7.18. Al realizar ciertos cruces entre mosquitos heterozigotos para el gen dominante D (Delta) y homozigotos normales (D^+) procedentes de dos cepas, A y B, de la especie *Culex tritaeniorhynchus*, Baker y Sakai encontraron los siguiente resultados,

Cruce 1

♀(A) $D\,D^+$ × ♂ (A) $D^+\,D^+$

♀ (A) $D^+\,D^+$ × ♂ (F_1) $D\,D^+$

↓

	$D\,D^+$	$D^+\,D^+$
♀♀	146	4
♂	2	139

Cruce 2

♀ (A) $D^+\,D^+$ × ♂ (A) $D\,D^+$

♀ (A) $D^+\,D^+$ × ♂ (F_1) $D\,D^+$

↓

	$D\,D^+$	$D^+\,D^+$
♀♀	2	622
♂	582	0

Cruce 3

♀ (B) $D\,D^+$ × ♂ (B) $D^+\,D^+$

♀ (A) $D^+\,D^+$ × ♂ (F_1) $D\,D^+$

↓

	$D\,D^+$	$D^+\,D^+$
♀♀	103	111
♂♂	110	112

Cruce 4

♀ (B) $D^+\,D^+$ × ♂ (B) $D\,D^+$

♀ (A) $D^+\,D^+$ × ♂ (F_1) $D\,D^+$

↓

	$D\,D^+$	$D^+\,D^+$
♀♀	36	45
♂♂	35	28

Las únicas diferencias entre los insectos que se cruzaron son el fenotipo, normal o Delta, y su pertenencia a las cepas A o B.

¿Podría explicar genéticamente estos resultados?

Solución

Tanto en el cruce 1 como en el 2 se seleccionaron machos F_1 de fenotipo Delta, heterozigotos D^+/D para cruzarlos con hembras (A) D^+D^+.

En la siguiente generación, en el cruce 1 el macho trasmite el alelo D fundamentalmente a las hembras y el D^+ a los machos, mientras que en el cruce 2 ocurre lo contrario, el macho trasmite el alelo D fundamentalmente a los machos y el D^+ a las hembras. Aquí da la impresión de que el sexo está interviniendo.

En los cruces 3 y 4, en donde los machos heterozigotos son de la cepa B, no aparece este modo extraño de herencia. Cuando estos machos se cruzan con hembras de la cepa A, el resultado es regular, con un proporción de 1:1, que es lo que cabría esperar del cruce entre un homozigoto y un heterozigoto.

Volvamos a los primeros cruces. En el cruce 1, los machos transmiten el gen D, que recibieron de su madre, fundamentalmente a sus hijas, mientras que en el cruce 2, los machos transmiten el gen D, que recibieron de su padre, fundamentalmente a sus hijos. En ambos casos es como si el macho trasladara a sus descendientes no sólo el gen D, sino también el sexo de quien ha recibido el gen D. No puede tratarse de un gen ligado al cromosoma X (o Z), ya que X^DX^{D+} × $X^{D+}Y$ (cruce 1) daría machos mutantes, pero $X^{D+}X^{D+}$ × X^DY (cruce 2) sólo daría machos normales. Probemos qué ocurre si este gen está parcialmente ligado al sexo (tanto en el X como en el Y),

Cruce 1

♀(A) $X^{D+}X^D$ × ♂ (A) $X^{D+}Y^{D+}$

♀ (A) $X^{D+}X^{D+}$ × ♂ X^DY^{D+}

↓

♀♀	146 $X^{D+}X^D$	4
♂♂	2	139 $X^{D+}Y^D$

Cruce 2

♀ (A) $X^{D+}X^{D+}$ × ♂ (A) $X^{D+}Y^D$

♀ (A) $X^{D+}X^{D+}$ × ♂ $X^{D+}Y^D$

↓

♀♀	2	622 $X^{D+}X^{D+}$
♂♂	582 $X^{D+}Y^D$	0

Los casos muy poco frecuentes se podrían explicar considerando que, como el gen D^+/D se encuentra en la región homóloga entre el X e Y, pudo haber entrecruzamiento. El macho $X^D\,Y^{D+}$ podría producir gametos recombinados X^{D+} y Y^D. Algo equivalente le podría ocurrir al macho del cruce 2.

Sin embargo, en los otros dos cruces, en donde interviene una cepa distinta, la B, el gen D^+/D puede estar situado en un autosoma, por ejemplo, por translocación. Comprobémoslo,

Cruce 3

♀ (B) XX DD^+ × ♂ (B) XY D^+D^+

♀ (A) $X^{D+}X^{D+}$**00**[1] × ♂ XY DD^+

↓

♀♀	103 X^{D+}X D**0**	111 X^{D+}X D^+**0**
♂♂	110 X^{D+}Y D**0**	112 X^{D+}Y D^+**0**

Cruce 4

♀ (B) XX D^+D^+ × ♂ (B) XY DD^+

♀ (A) $X^{D+}X^{D+}$**00** × ♂ XY DD^+

↓

♀♀	45 X^{D+}X D**0**	36 X^{D+}X D^+**0**
♂♂	28 X^{D+}Y D**0**	35 X^{D+}Y D^+**0**

[1] En donde **0** indica X la pareja de autosomas de la cepa A donde no se encuentra el gen D, translocado a la pareja X/Y.

Los mosquitos serían homozigotos o heterozigotos para los alelos de un gen, situados en un cromosoma X y en un autosoma. El otro cromosoma X y el autosoma homólogo no llevarían dicho gen. Esto encaja con los resultados.

Sin embargo, la información de que se dispone sobre la determinación del sexo en los mosquitos (véase el Capítulo 4) es que no presentan heterocromosomas, que el sexo depende de una pequeña región, con uno o unos pocos genes, de tal manera que las hembras son homozigotas y los machos heterozigotos. Esta información, aunque modifica algo la interpretación dada, no lo hace sustancialmente.

En lugar de un par de heterocromosomas XY, en la cepa A habría un par de autosomas, en donde el gen (o región) que determina el sexo, M/m, estaría íntimamente ligado al gen D^+/D, de tal manera que si denominamos al genotipo sexual de la hembra mm y al del macho Mm, la situación sería la siguiente,

Cruce 1

$$♀\ (A)\ \frac{m\ D}{m\ D^+} \times ♂\ (A)\ \frac{M\ D^+}{m\ D^+} \rightarrow ♂♂\ \frac{M\ D^+}{m\ D}$$

Cruce 2

$$♀\ (A)\ \frac{m\ D^+}{m\ D^+} \times ♂\ (A)\ \frac{M\ D}{m\ D} \rightarrow ♂♂\ \frac{M\ D}{m\ D^+}$$

Cruzados estos machos con hembras (A) mD^+/mD^+, se obtendrán los resultados indicados en el enunciado, simplemente suponiendo que los genes M/m y D/D^+, íntimamente ligados, presentan una baja frecuencia de entrecruzamiento entre ellos.

Por el contrario, en la cepa B, los genes D^+/D y M/m se situarían en cromosomas distintos, debido a la translocación de uno de ellos.

Cruce 3

♀ (B) mm DD^+ × ♂ (B) Mm D^+D^+ → ♂♂ Mm DD^+

Cruce 4

♀ (B) mm D^+D^+ × ♂ (B) Mm DD^+ → ♂♂ Mm DD^+

Cruzados estos machos con hembras (A) mD^+/mD^+, se obtendrán los resultados indicados en el enunciado.

CAPÍTULO 8

HERENCIA Y CARTOGRAFÍA EN ORGANISMOS HAPLOIDES

Son organismos haploides aquéllos que están formados por células haploides (con un único cromosoma de cada tipo) excepto la célula resultante de la fusión de dos células haploides de tipo de apareamiento opuesto, el zigoto, que será diploide. Los zigotos sufren normalmente meiosis, dando lugar a cuatro células haploides, llamadas esporas, que cierran el ciclo.

La importancia de estos organismos para la Genética es que permiten un análisis individualizado y directo de los productos de cada meiosis y, por tanto, de la segregación de los alelos, lo que en organismos diploides no es posible; también permiten un análisis detallado del entrecruzamiento.

Los organismos haploides tipo que se utilizan en el análisis genético son algas unicelulares del género *Chlamydomonas*, y hongos ascomicetes de los géneros *Neurospora*, *Sordaria* o *Aspergillus*.

8.1. ANÁLISIS DE LA TRANSMISIÓN DE UN GEN

En *Chlamydomonas*, la fusión de dos células de signo sexual opuesto (+ × −) da lugar a una célula diploide que sufre meiosis y produce cuatro células haploides, que quedan englobadas dentro de un asca. Estas ascas se pueden manipular, rompiendo su cubierta y separando las cuatro células resultantes de la meiosis para su análisis (Figura 8.1).

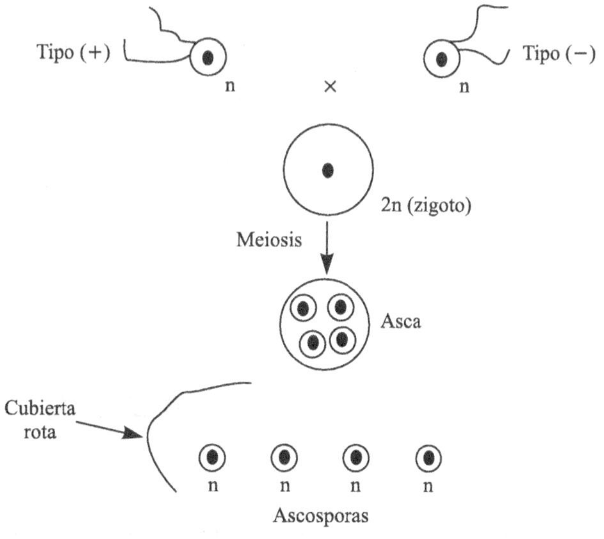

Figura 8.1. Esquema de la reproducción sexual de *Chlamydomonas*.

La mitad de las esporas serán del tipo (+) y la otra mitad del tipo (−), que cerrarán el ciclo. Por tanto, la proporción que se espera del cruce es 1:1.

Debido a que se pueden analizar los cuatro productos de la meiosis, se habla de **análisis de tétradas**. En el caso de *Chlamydomonas*, y debido a que desconocemos en qué orden se han formado las distintas ascosporas, se habla de **análisis de tétradas desordenadas**.

Como alternativa, el zigoto puede reproducirse asexualmente y dar lugar a una descendencia diploide.

En *Neurospora*, el asca resultante de la fusión de dos células haploides, de tipo de apareamiento opuesto (A × a), crece longitudinalmente, manteniendo ordenadas las ascosporas dentro del asca conforme se van produciendo las dos divisiones meióticas. En algunos hongos, como en *Neurospora*, una vez concluida la meiosis tiene lugar una división mitótica que da lugar a ocho ascosporas, iguales dos a dos (Figura 8.2).

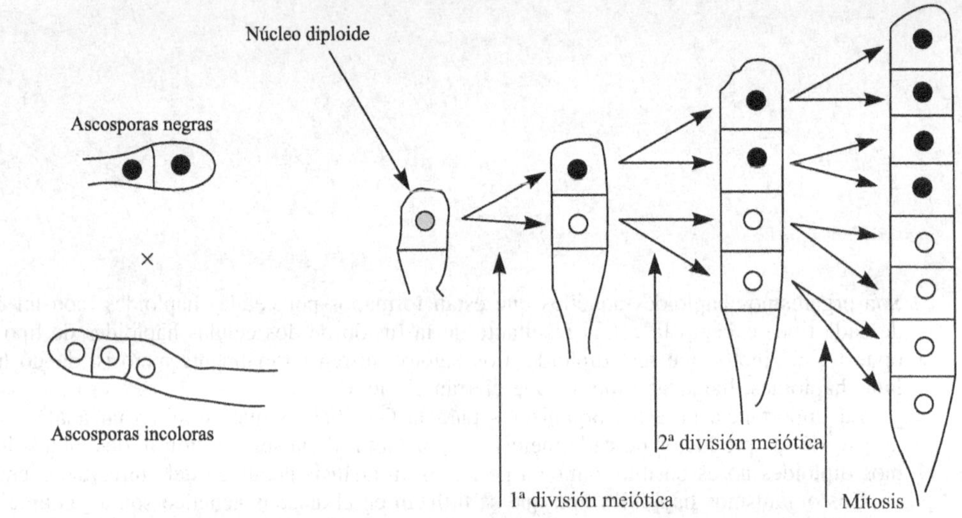

Figura 8.2. Esquema de la reproducción sexual de *Neurospora*.

El resultado será equivalente al de *Chlamydomonas*: la mitad de las ascosporas recibirán el alelo para negro y la otra mitad el alelo para incoloro, es decir, se dará la proporción 1:1. La ventaja de *Neurospora* es que podemos analizar los productos de la meiosis tal como se han producido y, por ello, se habla de **análisis de tétradas ordenadas**.

Lo importante en este análisis es tener en cuenta que en la primera división meiótica se separan centrómeros paternos y maternos, es decir, los alelos que vienen de cada padre se segregan. En la segunda división meiótica se separan las cromátidas hermanas.

Si se dan fenómenos de entrecruzamiento entre el gen y el centrómero, los alelos que vienen de cada padre se segregarán en la segunda división meiótica. Esta segregación la podremos detectar en el cruce de un gen con dos alelos sólo en el caso de tétradas ordenadas. Vamos a verlo en el cruce anterior, entre una cepa con ascosporas negras y otra con incoloras. Cada cepa suministra un cromosoma con el alelo correspondiente, situado en un lugar (*locus*) concreto del mismo **(1)**. Si entre la posición del gen y el centrómero se produce un entrecruzamiento **(2)**, que como sabemos afecta sólo a dos de las cuatro cromátidas, el resultado **(3)** dará lugar finalmente a 8 ascosporas **(4)**, en donde ▬ indica el eje que separa las ascosporas en función de la segregación de los centrómeros ocurrida en la primera división meiótica (Figura 8.3).

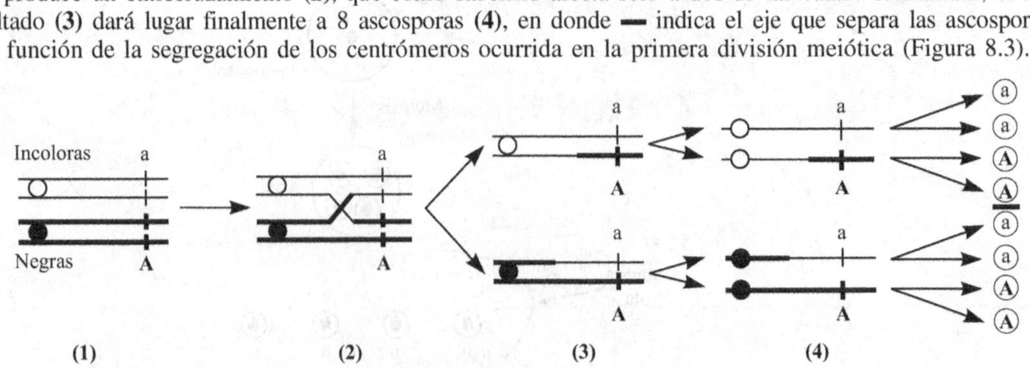

Figura 8.3. Esquema del entrecruzamiento entre gen y centrómero, que da lugar a una segregación 2:2:2:2.

Ahora bien, como la segregación de los cromosomas homólogos (es decir, de sus centrómeros) se da al azar, se pueden producir cuatro combinaciones totalmente equivalentes, que se diferenciarán muy bien de las combinaciones que se producen cuando no hay entrecruzamiento, y que indicarán la recombinación habida entre el gen y el centrómero (Figura 8.4).

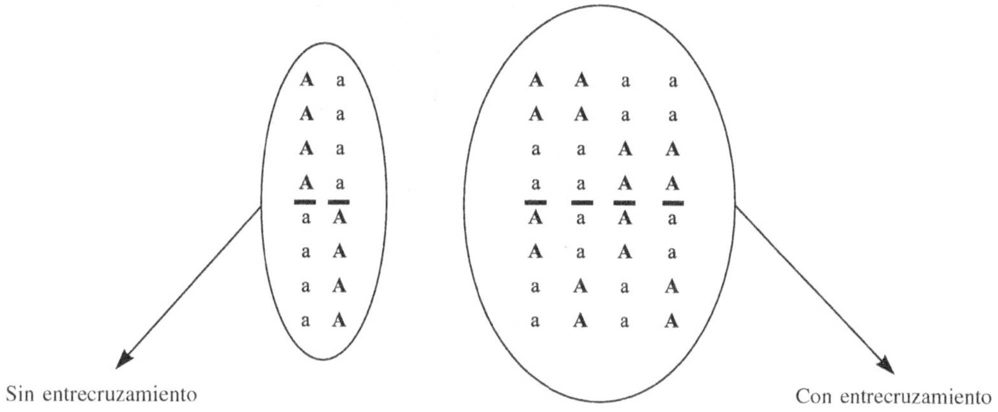

Figura 8.4. Tipos de asca que se producen en *Neurospora*, con y sin entrecruzamiento entre un gen y el centrómero.

Por tanto, como comprobaremos enseguida, hay que analizar los datos no sólo ascospora por ascospora, sino también observando la distribución de los alelos de un gen dado respecto del eje (imaginario) que separa las cuatro ascosporas de la izquierda (o de arriba) de las cuatro ascosporas de la derecha (o de abajo).

Este eje imaginario nos ayudará a averiguar la distancia de cada *locus* a su centrómero. Bastará con contabilizar, independientemente para cada *locus*, las ascas en donde no se detecte recombinación (en donde los cuatro alelos iguales de un gen se encuentran juntos al mismo lado del eje imaginario, arriba o abajo),

(**A A** | a a)
o
(**A A A A** | a a a a)

y las ascas en donde se detecte recombinación (en donde los cuatro alelos iguales de un gen se encuentran separados por el eje imaginario, dos a un lado y dos al otro), por ejemplo:

(**A** a | **A** a)
o
(**A A** a a | **A A** a a)

La distancia entre gen y centrómero vendrá indica por el cociente,

$$\frac{1/2 \text{ ascas recombinantes}}{\text{número total}}$$

Se cuenta la mitad de las ascas recombinantes, ya que en cada entrecruzamiento se forman dos cromátidas recombinadas y otras dos sin recombinar.

En ciertos hongos, como *Neurospora*, se pueden formar **heterocariontes**, células con dos núcleos haploides de distinta procedencia, en donde se puede estudiar relaciones de dominancia o de complementación entre mutantes alélicos.

8.2. ANÁLISIS DE LA TRANSMISIÓN DE DOS GENES EN *NEUROSPORA*: GENES INDEPENDIENTES

Cuando analizamos la transmisión de dos genes, A/a y B/b, que se encuentran en cromosomas distintos, cada uno con alelos diferentes en las dos cepas que se cruzan, podremos encontrar lo expuesto en la Figura 8.5.

Como consecuencia de la meiosis, recuperamos dos tipos de célula, **AB** y ab, y como estos tipos son iguales a los paternos, se denominan **ditipos parentales (DP).**

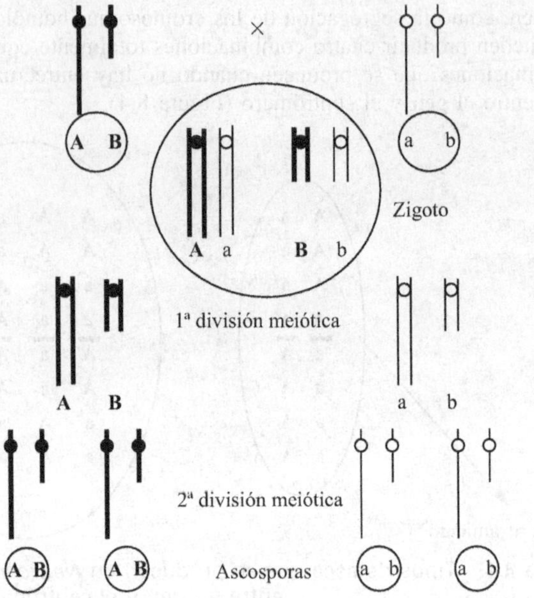

Figura 8.5. Transmisión independiente de dos genes, que da lugar a ditipos parentales (DP).

Debido a que la segregación de los cromosomas homólogos (es decir, de sus centrómeros) en la primera división meiótica se produce al azar, también se obtiene, con igual probabilidad, la siguiente distribución (Figura 8.6) que, por dar lugar a dos tipos distintos de los paternos, se denominan **ditipos no parentales (DNP).**

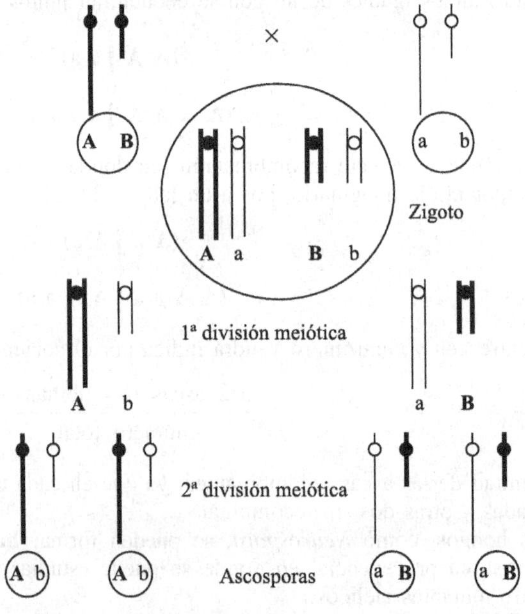

Figura 8.6. Transmisión independiente de dos genes, que da lugar a ditipos no parentales (DNP).

Al considerar al mismo tiempo la transmisión de dos genes, hemos visto que se producen dos tipos de resultado, **DP** y **DNP**, que dependen únicamente de la transmisión independiente de los cromosomas en la primera división meiótica y de la segregación al azar de los alelos de cada gen. Lógicamente, si el número de ascas analizadas no es muy pequeño, el número de ditipos parentales será aproximadamente igual al de ditipos no parentales. Dicha igualdad nos indicará que los dos genes están situados en cromosomas distintos, es decir, que se transmiten independientemente.

Pero si además hay entrecruzamiento, por ejemplo entre el gen A y su centrómero, tendremos lo mostrado en la Figura 8.7.

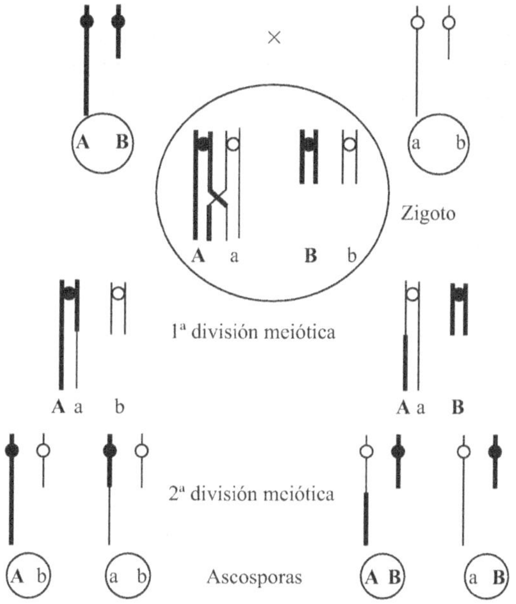

Figura 8.7. Transmisión independiente de dos genes, con entrecruzamiento entre uno de ellos y su centrómero, que da lugar a tetratipos (T).

Esto dará lugar a cuatro tipos de gametos distinto, por lo que este resultado se denomina **tetratipo (T)**.

Par ver las consecuencias en todos los casos posibles para dos genes independientes, cuando ninguno recombina con su centrómero, cuando sólo uno lo hace o cuando lo hacen los dos, confeccionamos el siguiente tablero:

	A A | a a	A a | A a	A a | a A	a A | A a	a A | a A
B B | b b	AB AB ab ab **DP**	AB aB Ab ab **T**	AB aB ab Ab **T**	aB AB Ab ab **T**	aB AB ab Ab **T**
B b | B b	AB Ab aB ab **T**	AB ab AB ab **DP**	AB ab aB Ab **T**	aB Ab AB ab **T**	aB Ab aB Ab **DNP**
B b | b B	AB Ab ab aB **T**	AB ab Ab aB **T**	AB ab ab AB **DP**	aB Ab Ab aB **DNP**	aB Ab ab AB **T**
b B | B b	Ab AB aB ab **T**	Ab aB AB ab **T**	Ab aB aB Ab **DNP**	ab AB AB ab **DP**	ab AB aB Ab **T**
b B | b B	Ab AB ab aB **T**	Ab aB Ab aB **DNP**	Ab aB ab AB **T**	ab AB Ab aB **T**	ab AB ab AB **DP**

(recuadro discontinuo)	Sin recombinación entre gen y centrómero	= ditipos parentales	**(DP)**
(recuadro grueso)	Un gen recombina y el otro no	= tetratipos	**(T)**
(recuadro fino)	Los dos genes recombinan	= 1/4 ditipos parentales	**(DP)**
		2/4 tetratipos	**(T)**
		1/4 ditipos no parentales	**(DNP)**

Una vez clasificados los resultados de un cruce en DP, DNP y T, podremos calcular la frecuencia de recombinación entre los dos genes sumando la mitad de los tetratipos (ya que en cada entrecruzamiento se forman dos cromátidas recombinadas y otras dos sin recombinar), y todos los ditipos no parentales (en donde las cuatro cromátidas quedan recombinadas), y dividiendo por el número total de ascas analizadas:

$$\text{Distancia entre } \mathbf{A}/a \text{ y } \mathbf{B}/b = \frac{1/2\ T + DNP}{\text{total}}$$

Para estimar la distancia de cada gen a su centrómero, operaremos como en el caso del análisis de la transmisión de un gen (ver problema 8.7).

8.3. ANÁLISIS DE LA TRANSMISIÓN DE DOS GENES EN *NEUROSPORA*: GENES LIGADOS

Si los genes están ligados, los resultados serán diferentes dependiendo de que en la Meiosis haya o no haya entrecruzamiento, de que haya uno o varios entrecruzamientos, y de la situación del centrómero en un extremo, que es el caso que analizamos aquí, o entre los dos genes (véanse, por ejemplo, los prolemas 8.7, 8.8 y 8.10).

Sin entrecruzamiento

Como consecuencia de la meiosis, recuperaremos dos tipos de ascosporas, **AB** y ab, es decir, **ditipos parentales (DP)** (Figura 8.8).

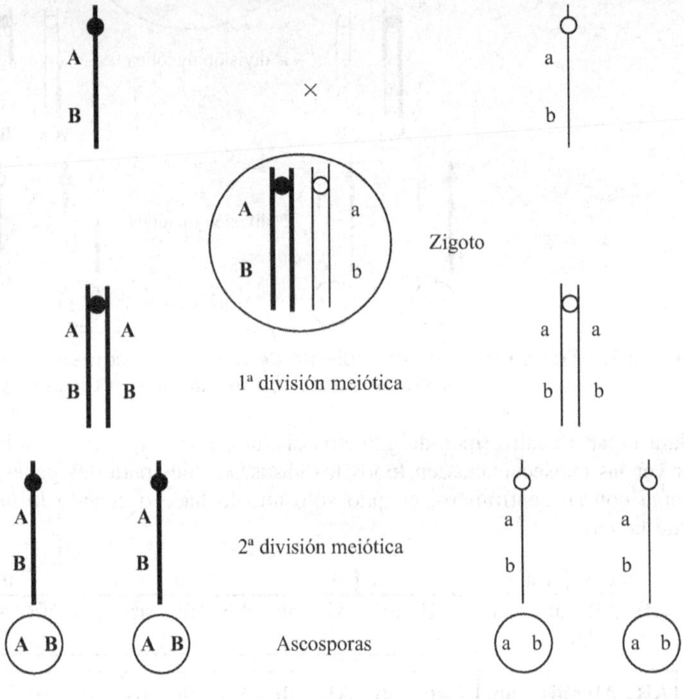

Figura 8.8. Transmisión de dos genes ligados, que da lugar a ditipos parentales (DP).

Entrecruzamiento sencillo entre A/a y B/b

El resultado será un **tetratipo** (Figura 8.9).

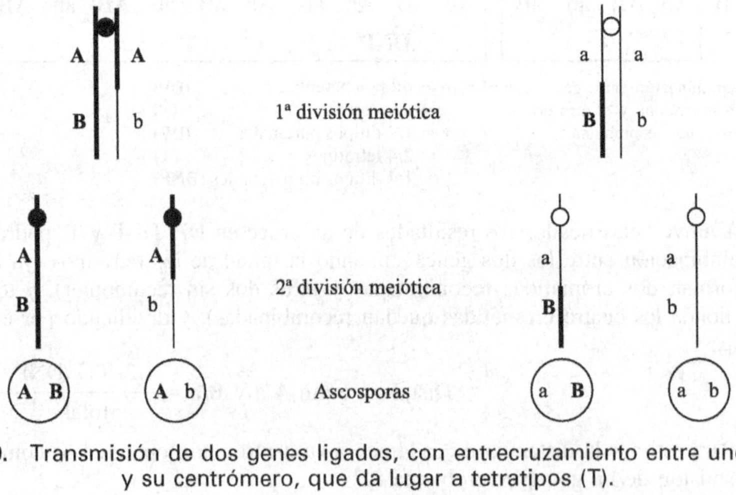

Figura 8.9. Transmisión de dos genes ligados, con entrecruzamiento entre uno de ellos y su centrómero, que da lugar a tetratipos (T).

Entrecruzamiento sencillo entre el gen A/a y su centrómero

El resultado será un **ditipo parental**, no obstante se puede ver que es consecuencia de un entrecruzamiento, ya que tanto los alelos **A**/a como los alelos **B**/b están separados a ambos lados del eje imaginario (Figura 8.10).

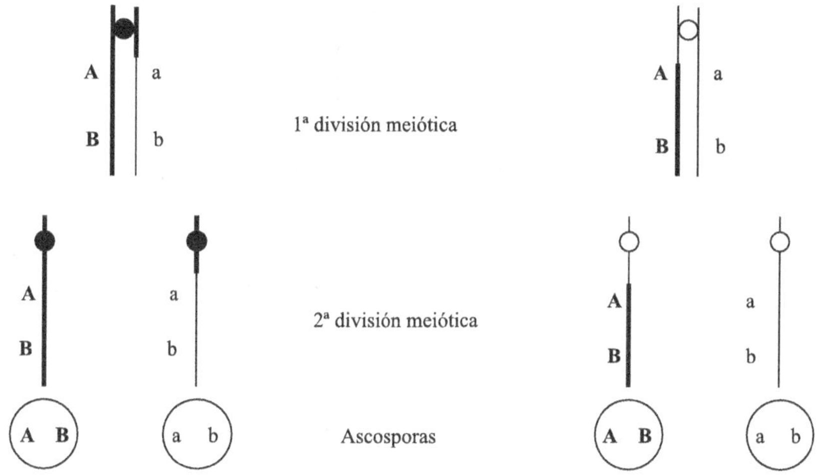

Figura 8.10. Transmisión de dos genes ligados, con entrecruzamiento entre cada uno de ellos y su centrómero, que da lugar a ditipos no parentales (DNP).

Entrecruzamientos dobles

Mientras que un entrecruzamiento sencillo afecta a dos de las cuatro cromátidas, dos entrecruzamientos pueden afectar a dos, a tres o a las cuatro cromátidas, con las consecuencias que se indican a continuación.

Entrecruzamiento doble entre A/a y B/b, entre dos cromátidas

El resultado será un **ditipo parental** (**AB, AB,** ab, ab), como si no hubiera habido entrecruzamientos. Este tipo no se puede distinguir de un DP sin entrecruzamiento (Figura 8.11).

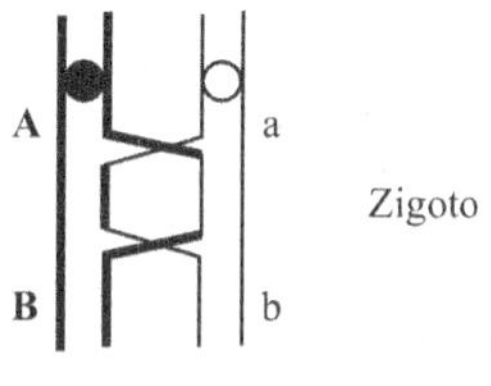

Figura 8.11. Entrecruzamiento doble entre A/a y B/b, entre dos cromátidas.

Entrecruzamiento doble entre A/a y B/b, entre tres cromátidas

El resultado será un **tetratipo** (**AB, A**b, ab, a**B**), tanto si están implicadas las dos cromátidas finas con una de las gruesas, como si fuera al revés, dos alternativas igualmente probables (Figura 8.12).

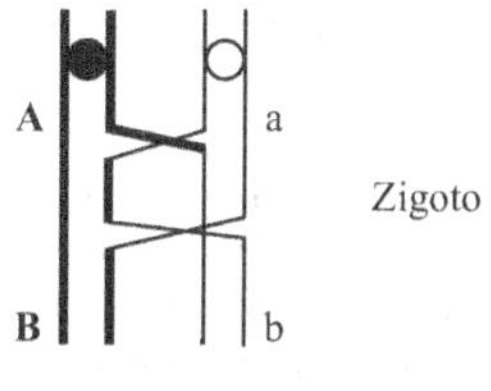

Figura 8.12. Entrecruzamiento doble entre A/a y B/b, entre tres cromátidas.

Entrecruamiento doble entre A/a y B/b, entre las cuatro cromátidas

Se producirán **ditipos no parentales** (Ab, Ab, aB, aB).

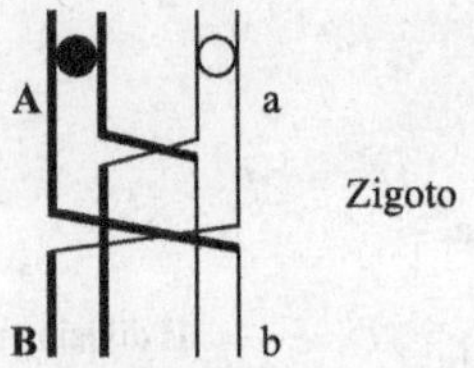

Figura 8.13. Entrecruzamiento doble entre A/a y B/b, entre las cuatro cromátidas.

Si no hay interferencia cromatídica, es decir, si los entrecruzamientos se producen totalmente al azar entre las cromátidas, se obtendrá en conjunto 1/4 de **DP**, 2/4 de **T** y 1/4 de **DNP**.

*Entrecruzamiento doble entre el centrómero y **A**/a y entre **A**/a y **B**/b*

Como en el caso anterior, los dos entrecruzamientos pueden afectar a dos, a tres o a las cuatro cromátidas. Los esquemas son similares a los vistos, aunque los resultados son algo distintos, ya que siempre se producen Tetratipos, como se indica a continuación.

Entrecruzamiento doble entre dos cromátidas:

Se producirán **tetratipos**, por ejemplo (**AB**, a**B**, **A**b, ab).

Entrecruzamiento doble entre tres cromátidas:

Se producirán **tetratipos**, por ejemplo (**AB**, ab, **A**b, a**B**).

Entrecruzamiento doble entre las cuatro cromátidas:

Se producirán **tetratipos**, idénticos a los que se producen en un entrecruzamiento doble entre dos cromátidas.

Se puede comprobar que estos Tetratipos no son todos iguales, y de su análisis podremos deducir qué cromátidas se han visto implicadas en los entrecruzamientos.

De todo lo anterior, lo discriminante es que *únicamente* se producen **ditipos no parentales** cuando hay doble entrecruzamiento entre los dos genes y además están implicadas las cuatro cromátidas, lo cual, lógicamente, tiene una probabilidad muy pequeña (la cuarta parte de la probabilidad de entrecruzamiento entre A y B elevada al cuadrado). Es decir, el número de **ditipos no parentales** será mucho menor que el de **ditipos parentales,**

$$\mathbf{DP} \gg \mathbf{DNP}$$

lo que nos indicará que los dos genes están ligados (recuerde que cuando los dos genes son independientes, los DP y los DNP se producen aproximadamente en igual frecuencia).

Para calcular la distancia entre los genes operaremos como en el caso de genes independientes:

$$\text{Distancia entre } \mathbf{A}/\text{a y } \mathbf{B}/\text{b} = \frac{1/2\ \text{T} + \text{DNP}}{\text{total}}$$

Esto nos da sólo una estima aproximada de su distancia, ya que hay casos en donde están implicadas tres cromátidas y los contabilizamos como si sólo estuvieran implicadas dos, y casos que no detectamos, como algunos doble recombinantes entre dos cromátidas.

La mayor o menor distancia entre cada gen y el centrómero nos permitirá ordenar los genes entre sí y respecto del centrómero.

8.4. ANÁLISIS DE LA TRANSMISIÓN DE DOS GENES EN *CHLAMYDOMONAS*

Los aspectos fundamentales que hemos visto sobre la transmisión de dos genes en el análisis de **tétradas ordenadas** son aplicables en el caso de **tétradas desordenadas**, excepto ciertas precisiones sobre lo sucedido en la meiosis.

Como antes, un número de ascas similar para **DP** y **DNP** nos indicará independencia de los genes analizados. Los **T** nos indicarán que ha habido entrecruzamiento entre gen y centrómero, aunque no siempre podremos precisar cuál de los genes ha sufrido entrecruzamiento con su centrómero. Además, como ya vimos, si hay entrecruzamiento entre cada uno de los genes y sus centrómeros, se produce tanto **DP**, **DNP**, como **T.**

Cuando el número de ascas de **DP** es muy superior al de **DNP,** esto nos indicará ligamiento de los genes analizados. En este caso, el número de **T** y el de **DNP** nos permitirá calcular la distancia entre los dos genes con la fórmula que ya vimos para *Neurospora.*

8.5. ANÁLISIS DE LA TRANSMISIÓN DE TRES O MÁS GENES EN *NEUROSPORA* O EN *CHLAMYDOMONAS*

Cuando se trate de cruces entre cepas que difieren en tres o más genes, por ejemplo, el cruce A, B, C × a b c, el modo de análisis es comprobar los **DP, DNP** y **T** considerando pares de genes: A/a y B/b, A/a y C/c y B/b y C/c, siguiendo los protocolos explicados anteriormente. De esta manera podremos averiguar si dos genes dados están ligados (DP ≫ DNP) o son independientes (DP ≈ DNP) y, en su caso, podremos calcular sus distancias. Si los tres genes de nuestro ejemplo estuvieran ligados, su orden en el cromosoma vendría dado por sus distancias.

8.6. ESTIMA DE LAS FRECUENCIAS DE TÉTRADAS A PARTIR DE LAS DISTANCIAS

En organismos haploides, al igual que en diploides, es posible realizar el cálculo inverso, es decir, conociendo la distancia entre cada gen y su centrómero, calcular el número de **DP, DNP** y **T** que se formarán.

Por ejemplo, en el caso de genes independientes, supongamos que el gen A/a presenta una distancia de 20 cM a su centrómero y el gen B/b, de 10 cM. Como los 20 cM se han calculado teniendo en cuenta que en el 40 % de las meiosis ha habido entrecruzamiento entre el gen y el centrómero, esto implica que en el 60 % de las meiosis no ha habido entrecruzamiento. En cuanto al gen B/b, en el 80 % de las meiosis no ha habido entrecruzamiento entre el gen B/b y su centrómero (recuerde que la distancia se ha calculado teniendo en cuenta *la mitad* de las ascas en donde ha habido entrecruzamiento).

Por tanto, el porcentaje de meiosis en donde no ha habido entrecruzamientos será,

$$0{,}6 \times 0{,}8 = 0{,}48$$

De éstas, y de acuerdo con la transmisión independiente de los genes, la mitad darán lugar a **DP** y la otra mitad, a **DNP**.

El porcentaje de meiosis en donde ha habido entrecruzamiento entre uno de los genes y su centrómero será igual a la probabilidad de que haya habido recombinación en un gen por la probabilidad de que no haya habido recombinación en el otro gen:

Para el gen A/a: $0{,}4 \times 0{,}8 = 0{,}32$
Para el gen B/b: $0{,}2 \times 0{,}6 = 0{,}12$

todas estas ascas serán tetratipos.

Finalmente, el porcentaje de meiosis en donde los dos genes han recombinado con el centrómero será,

$$0{,}4 \times 0{,}2 = 0{,}08$$

de las cuales la cuarta parte dará lugar a **DP**, la cuarta parte a **DNP**, y la mitad a **T** (véase Apartado 8.2).

En resumen, tendremos:

DP	$1/2\ (0{,}48) + 1/4\ (0{,}08) = 0{,}26$
DNP	$1/2\ (0{,}48) + 1/4\ (0{,}08) = 0{,}26$
T	$0{,}32 + 0{,}12 + 1/2\ (0{,}08) = 0{,}48$

PROBLEMAS RESUELTOS

8.1. Para estudiar el modo de herencia de una mutación de *Neurospora* incapaz de sintetizar triptófano (trp), Houlahan la cruzó con una cepa normal, y encontró que de 33 ascas analizadas, 27 presentaban segregación en la primera división meiótica y 6 en la segunda división meiótica.

a) ¿Qué tipos de ascosporas tendrían dichas ascas?

b) Considerando que *Neurospora* presenta tétradas ordenadas, ¿se podría encontrar algo similar en un hongo con tétradas desordenadas? Razone su respuesta.

Solución

a) El zigoto resultante sería heterozigoto trp^+/trp. Una segregación (separación) en la primera división meiótica implica que cada una de las dos células que se forman recibe uno u otro alelo, por lo que en la segunda división meiótica se formarán las siguientes combinaciones de ascosporas:

trp^+, trp^+, trp, trp
trp, trp, trp^+, trp^+

Si la segregación ocurre en la segunda división meiótica, implica que ha habido recombinación entre el gen y su centrómero. Por ello, en la primera división meiótica cada una de las dos células que se forman recibe los dos alelos y en la segunda división meiótica cada una de las cuatro células resultantes recibirá uno u otro alelo, pudiéndose formar las siguientes combinaciones de ascosporas,

trp^+, trp, trp^+, trp
trp, trp^+, trp^+, trp
trp^+, trp, trp, trp^+
trp, trp^+, trp, trp^+

todas ellas equivalentes, igualmente probables, pero distinguibles de las que se segregan en la primera división meiótica.

b) Si el hongo u organismo haploide no produce tétradas ordenadas, lo que se obtendrá será, simplemente, la mitad de las ascosporas trp^+ y la otra mitad trp. No será posible distinguir los tipos de tétradas anteriores.

8.2. *Ascobolus inmersus* es un hongo filamentoso, con tétradas desordenadas, interesante para estudios genéticos. Yu-Sun llevó a cabo una serie de análisis con los mutantes morfológicos clo-3, w-2 y wa-1, y el mutante bioquímico lys, obteniendo los siguientes resultados:

	DP	DNP	T
wa-1 + × + w-2	96	0	25
wa-1 + × + lys	37	0	6
w-2 + × + lys	81	0	9
clo-3 + × + w-2	44	0	1

Indicar las relaciones entre estos genes.

Solución

En ninguno de los cruces aparecen ditipos no parentales, luego parece claro que los cuatro genes están ligados en el mismo cromosoma. Sus distancias serán:

wa-1 y w-2	1/2(25)/121 = 0,103
wa-1 y lys	1/2(6)/43 = 0,070
w-2 y lys	1/2(9)/90 = 0,050
clo-3 y w-2	1/2(1)/45 = 0,011

Nos faltan datos para poder obtener el mapa completo del cromosoma. Mientras que de los genes wa-1, w-2 y lys tenemos los tres cruces posibles, del clo-3 tenemos únicamente un cruce. El mapa podría quedar de la siguiente manera:

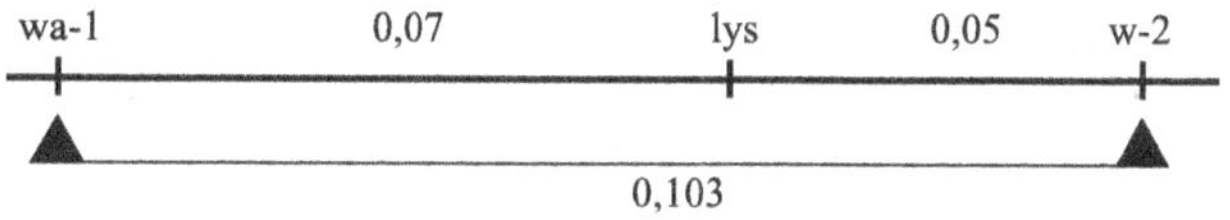

El gen clo-3 estaría próximo a w-2 (a 0,011), entre w-2 y lys, o a la derecha de w-2, pero no hay datos para concretarlo.

8.3. En *Sordaria brevicollis* las ascosporas de tipo silvestre son negras. La mutación *buff* (b) da lugar a ascosporas de color marrón claro y la mutación *yellow* (y), a ascosporas de color amarillo; ambas mutaciones se encuentran ligadas en el mismo cromosoma. Al realizar un cruzamiento entre una cepa marrón claro y otra amarilla los descendientes presentaban, entre otros, estos cuatro tipos de asca, con ocho ascosporas iguales dos a dos:

	Tipos de asca			
Ascosporas	**1**	**2**	**3**	**4**
1.er par	marrones	marrones	marrones	incoloras
2.º par	marrones	amarillas	incoloras	incoloras
3.er par	amarillas	marrones	negras	negras
4.º par	amarillas	amarillas	amarillas	negras
Cantidad	muchas	pocas	pocas	escasas

a) ¿Podría explicar genéticamente estos resultados?

b) ¿A qué se debe la aparición de las ascosporas incoloras?

c) ¿Podrían aparecer ascas con la siguiente composición?

1.er par	marrones
2.º par	incoloras
3.er par	incoloras
4.º par	negras

Solución

a) La cepa marrón claro y la cepa amarilla tendrán los siguientes genotipos:

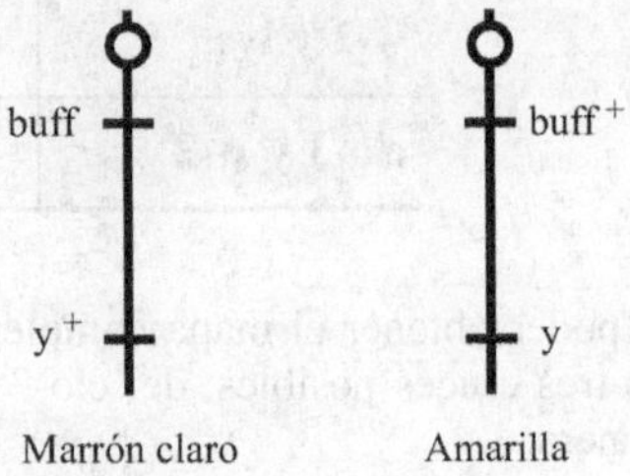

La cepa marrón claro llevará el alelo normal del *locus yellow* y la cepa amarilla llevará el alelo normal del *locus buff*. Dependiendo de los entrecruzamientos que tengan lugar en la meiosis, se podrán producir las siguientes ascas:

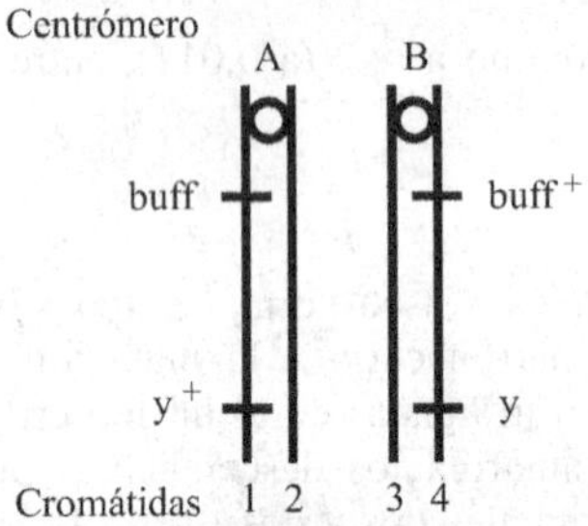

Sin entrecruzamiento entre los cromosomas, la segregación dará las ascas del tipo 1.

Si hay entrecruzamiento entre las cromátidas 2 y 3, entre el *locus buff* y el centrómero, se formarán las ascas de tipo 2, que lógicamente serán menos frecuentes que las anteriores.

En las ascas de tipo 3 aparecen dos fenotipos, el silvestre (ascas negras) y uno «nuevo», ascas incoloras. Lógicamente el fenotipo silvestre (negro) tiene que darse debido a que la ascospora reciba un cromosoma totalmente normal (buff$^+$, y$^+$), el cual se puede producir si hay entrecruzamiento entre las cromátida 2 y la 3 entre el *locus buff* y el *yellow*, lo que daría cuatro tipos de células:

buff	y$^+$	marrón claro.
buff	y	doble mutante, que daría lugar a la ascospora incolora.
buff$^+$	y$^+$	negra (silvestre).
buff$^+$	y	amarilla.

Por último, un doble entrecruzamiento entre las cuatro cromátidas entre los dos *locus* (1 con 4 y 2 con 3, por ejemplo) daría lugar al último tipo de asca.

b) La aparición de las ascosporas incoloras se debe a una interacción entre las dos mutaciones, *buff* y *yellow*. Probablemente cada una de estas mutaciones impide la síntesis de ciertos pigmentos, de tal manera que el color en lugar de ser negro es marrón o amarillo. La doble mutación impediría la síntesis de todo tipo de pigmento, dando lugar a ascas incoloras.

c) En una segregación normal no podría aparecer un asca con la composición indicada, ya que la mutación *buff* se tendría que encontrar en los tres primeros pares de esporas y el alelo normal, sólo en el último. Ahora bien, una «conversión génica» podría dar lugar a esta segregación especial.

8.4. Se cruzaron dos cepas del hongo *Aspergillus nidulans*, una de ellas de pigmentación verde (normal) y deficiente para la síntesis de adenina (ad), y la otra de pigmentación amarilla (y) y deficiente para la síntesis de fenilalanina (phe). Los tipos de ascosporas que se obtuvieron fueron los siguientes:

Color	Deficiente para	Número
verde	ad	140
amarillo	phe	148
amarillo	ad	7
verde	phe	12
verde	ad + phe	136
amarillo	no deficiente	144
verde	no deficiente	6
amarillo	ad + phe	7

Explique genéticamente estos resultados.

Solución

Aspergillus es un hongo haploide, cuyos productos meióticos no quedan englobados dentro de ascas (como en *Neurospora* o *Sordaria*) sino como esporas libres, cada una de las cuales, cuando crece en un medio adecuado, da lugar a los fenotipos correspondientes. Las esporas no deficientes llevarán los alelos normales ad^+ y phe^+.

Primero veremos qué pasa con la segregación de los alelos de cada carácter:

Verde	140 + 12 + 136 + 6 = 294
Amarillo	148 + 7 + 144 + 7 = 306
+	148 + 12 + 144 + 6 = 310
ad	140 + 7 + 136 + 7 = 290
+	140 + 7 + 144 + 6 = 297
phe	148 + 12 + 136 + 7 = 303

No parece que haya diferencias respecto de la proporción esperada en cada caso, 1:1.

Consideraremos ahora la transmisión conjunta de grupos de dos caracteres:

+ **ad**	140 + 136 = 276	+ **phe**	148 + 7 = 155	+ **ad**	140 + 7 = 147
y +	148 + 144 = 292	**y** +	144 + 7 = 151	**phe** +	148 + 12 = 160
+ +	12 + 6 = 18	+ +	140 + 6 = 146	+ +	144 + 6 = 150
y ad	7 + 7 = 14	**y phe**	148 + 7 = 155	**phe ad**	136 + 7 = 143

Por lo datos queda claro que los genes verde/amarillo y +/ad están ligados, ya que hay un exceso de combinaciones paternas y muy pocas combinaciones no paternas. Estas últimas, 18 + 14 = 32, nos indican los entrecruzamientos habidos y nos permiten calcular la distancia entre estos dos genes: 32/600 = 0,053. En cuanto a las parejas verde/amarillo y +/phe, por un lado, y +/ad y +/phe, por otro, se transmiten independientemente, ya que dan lugar, como corresponde, a una proporción de 1:1:1:1.

La situación de los genes quedaría de la siguiente manera:

8.5. Mitchell cruzó dos mutaciones de *Neurospora crassa*, que afectaban a la formación de las colonias, *cot* (sensible a la temperatura) y *sn* (*snowflake*, copo de nieve), encontrando, entre otros, los siguientes resultados. Tuvo en cuenta las ocho ascosporas, de la más proximal (1.ª) a la más distal (8.ª):

		1	2	3	4	5	6
	1.ª	sn +	+ cot	sn cot	+ +	sn cot	+ +
	2.ª	sn +	+ cot	sn cot	+ +	sn cot	+ +
	3.ª	sn +	+ cot	sn cot	+ +	sn +	+ cot
	4.ª	sn +	+ cot	sn cot	+ +	sn +	+ cot
1	5.ª	+ cot	sn +	+ +	sn cot	+ cot	sn +
	6.ª	+ cot	sn +	+ +	sn cot	+ cot	sn +
	7.ª	+ cot	sn +	+ +	sn cot	+ +	sn cot
	8ª	+ cot	sn +	+ +	sn cot	+ +	sn cot
	n	9	7	9	16	4	7
	1.ª	sn cot	+ +	sn +	+ cot	sn +	+ cot
	2.ª	sn cot	+ +	sn +	+ cot	sn +	+ cot
	3.ª	sn +	+ cot	sn cot	+ +	sn cot	+ +
	4.ª	sn +	+ cot	sn cot	+ +	sn cot	+ +
2	5.ª	+ +	sn cot	+ cot	sn +	+ +	sn cot
	6.ª	+ +	sn cot	+ cot	sn +	+ +	sn cot
	7.ª	+ cot	sn +	+ +	sn cot	+ cot	sn +
	8.ª	+ cot	sn +	+ +	sn cot	+ cot	sn +
	n	6	3	5	6	2	6

a) ¿Podría presentar los datos más abreviados?
b) ¿Están ligados los genes o se transmiten independientemente?
c) ¿Podría indicar la distancia de cada gen a su centrómero?

Solución

a) Un primer paso para abreviar la presentación de los datos es considerar que dos ascosporas contiguas, 1.ª y 2.ª, 3.ª y 4.ª, etc., son el resultado de una mitosis posterior a la meiosis, luego en este caso es suficiente representar una de las dos ascosporas.

Un segundo paso es considerar los ditipos parentales (DP), ditipos no parentales (DNP) y tetratipos (T). Las ascas 1-1 y 1-2 son DP que pueden reunirse, ya que la distinta disposición proximal de las ascosporas, sn + arriba (1.ª a 4.ª), o distal, sn + abajo (5.ª a 8.ª), depende exclusivamente de la segregación en la primera división meiótica. Terminaremos con este punto después de resolver las cuestiones b) y c).

b) Considerando el conjunto de las 12 ascas, se aprecian los tres tipos: DP (1-1 y 1-2), DNP (1-3 y 1-4) y T (de 1-5 a 2-6). De acuerdo con el número de DP (9 + 7 = 16) y DNP (9 + 16 = 25) podemos afirmar con bastante seguridad que ambos genes se transmiten independientemente, ya que si estuviesen ligados los DNP se presentarían en un número mucho menor que los DP.

c) Para calcular la distancia de cada gen con su centrómero hemos de fijarnos en los tetratipos. De acuerdo con el eje que separa las cuatro ascosporas superiores (1.ª a 4.ª) de las cuatro inferiores (5.ª a 8.ª), parece claro que el par de alelos +/sn siempre segrega con su centrómero (siempre están en las cuatro posiciones superiores o en las cuatro inferiores), por lo que debe situarse muy próximo o ligado a su centrómero, mientras que esto no ocurre con el par +/cot, que recombina con su centrómero. La distancia entre el gen +/cot y su centrómero sería:

$$\frac{1/2(4 + 7 + 6 + 3 + 5 + 6 + 2 + 6)}{80} = 0{,}244$$

Volvamos ahora a la cuestión a). Al igual que podíamos reunir las ascas 1-1 y 1-2, las ascas 1-3 y 1-4 también se pueden reunir como DNP, así como las restantes como T, ya que las diferencias entre ellas dependen exclusivamente de la segregación en la segunda división meiótica y son idénticas (sn/+ nunca recombina con su centrómero y cot/+ recombina siempre). De esta manera, sólo quedarían tres tipos de ascas:

	DP	DNP	T
1	sn +	+ +	sn cot
2	sn +	+ +	sn +
3	+ cot	sn cot	+ cot
4	+ cot	sn cot	+ +
n	16	25	39

8.6. *Neurospora* produce ocho ascosporas dentro de un asca a partir de una célula diploide, y de una meiosis y una mitosis consecutivas. Supongamos que se han cruzado dos cepas, una que produce ascosporas negras y otra incoloras, ¿cuál de estas siete ascas esperaría encontrar normalmente en un cruce entre una cepa negra y otra incolora? Razone su pronóstico.

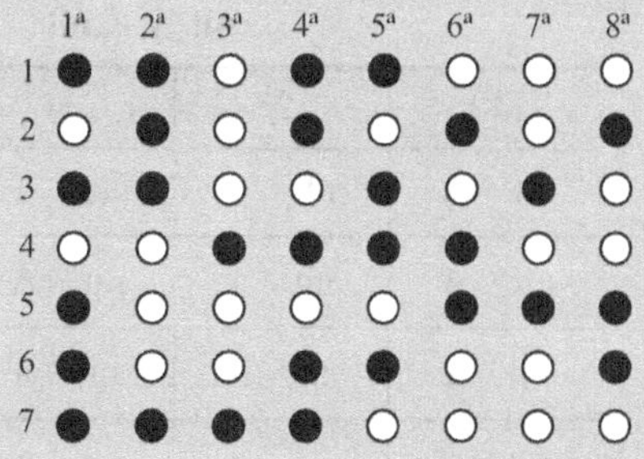

Solución

De acuerdo con el modo de segregación en la meiosis, las ascas que encontraríamos normalmente serían la 4, como consecuencia del entrecruzamiento entre el gen y el centrómero, y la 7, segregación sin entrecruzamiento. Todas las demás ascas, aunque presentan cuatro ascosporas negras y cuatro incoloras, no se pueden explicar por una segregación normal.

8.7. Houlahan *et al.* realizaron cruzamientos entre una cepa de *Neurospora* silvestre (+) con el tipo de apareamiento a y dos cepas con el tipo de apareamiento A, una de ellas incapaz de utilizar nitrato (nit) y otra auxótrofa para el triptófano (trp), obteniendo las siguientes tétradas:

a) nit A × nit^+ a

nit A	nit a	nit^+ a	nit A	nit a
nit A	nit^+ a	nit^+ A	nit^+ a	nit^+ A
nit^+ a	nit A	nit a	nit A	nit a
nit^+ a	nit^+ A	nit A	nit^+ a	nit^+ A
18	19	1	1	1

b) trp A × trp^+ a

trp A	trp a	trp a	trp A	trp a
trp A	trp a	trp^+ a	trp^+ a	trp^+ A
trp^+ a	trp^+ A	trp^+ A	trp A	trp a
trp^+ a	trp^+ A	trp A	trp^+ a	trp^+ A
12	16	4	1	1

Describa en cada caso la relación genética entre el tipo de apareamiento y cada uno de los genes (nit y trp), y los entrecruzamientos que hicieron posible cada tipo de asca.

Solución

Teniendo en cuenta cómo se encuentran asociados los genes en cada una de las cepas que se cruzan, indicaremos cuáles son los DP (ditipos parentales), es decir, aquellas ascas que presentan las mismas combinaciones que se encuentran en los padres, los DNP (ditipos no parentales), o combinaciones de un gen de un padre con un gen del otro padre, y T (tetratipos), con las cuatro combinaciones posibles de los alelos implicados en el cruce:

nit A × nit^+ a

1	2	3	4	5
nit A	nit^+ a	nit^+ a	nit^+ a	nit a
nit A	nit a	nit^+ A	nit A	nit^+ A
nit^+ a	nit^+ A	nit a	nit^+ a	nit a
nit^+ a	nit A	nit A	nit A	nit^+ A
18	19	1	1	1
DP	**T**	**T**	**DP**	**DNP**

trp A × trp$^+$ a

1	2	3	4	5
trp A	trp a	trp a	trp A	trp a
trp A	trp a	trp$^+$ a	trp$^+$ a	trp$^+$ A
trp$^+$ a	trp$^+$ A	trp$^+$ A	trp A	trp a
trp$^+$ a	trp$^+$ A	trp A	trp$^+$ a	trp$^+$ A
12	16	4	1	1
DP	**DNP**	**T**	**DP**	**DNP**

Los datos del cruce (**nit A** × **nit$^+$ a**) indican que ambos genes están ligados, ya que hay 19 DP (tétradas **1** y **4**) frente a 1 DNP (tétrada **5**), y esta desigualdad indica ligamiento. Los T nos indican la recombinación entre los dos genes. Para averiguar la distancia entre cada gen y su centrómero hay que tener en cuenta si los alelos de cada gen se separan (se segregan en la primera división meiótica), o quedan juntos (se segregan en la segunda división meiótica). Así, en la tétrada **2**, los alelos nit$^+$/nit se segregan en la segunda división meiótica, mientras que los alelos A/a quedan juntos (A y a se separan en la primera división meiótica), esto nos dice que el gen A/a está cerca del centrómero, lo que no sabemos es si ocupa la posición central, entre el gen nit$^+$/nit y el centrómero, o si es el centrómero el central. Para decidir entre estas dos alternativas lo mejor es estimar la distancia entre los dos genes, y entre estos y el centrómero:

La distancia entre nit$^+$/nit y A/a es $\dfrac{1/2(19 + 1) + 1}{40} = 0{,}275.$

La distancia entre nit$^+$/nit y el centrómero es $\dfrac{1/2(19 + 1 + 1)}{40} = 0{,}2625.$

La distancia de A/a al centrómero es $\dfrac{1/2(1 + 1 + 1)}{40} = 0{,}0375.$

Luego la posición del centrómero es central (más alejado de nit$^+$/nit que del gen A/a).

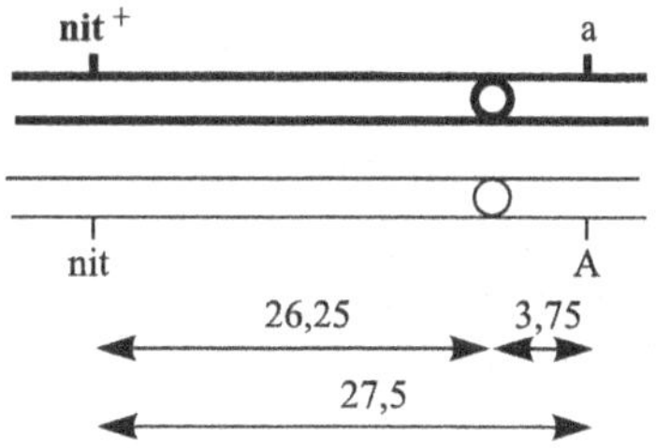

De acuerdo con esto, en la tétrada **2** ha tenido lugar un entrecruzamiento entre el gen nit$^+$/nit y el centrómero,

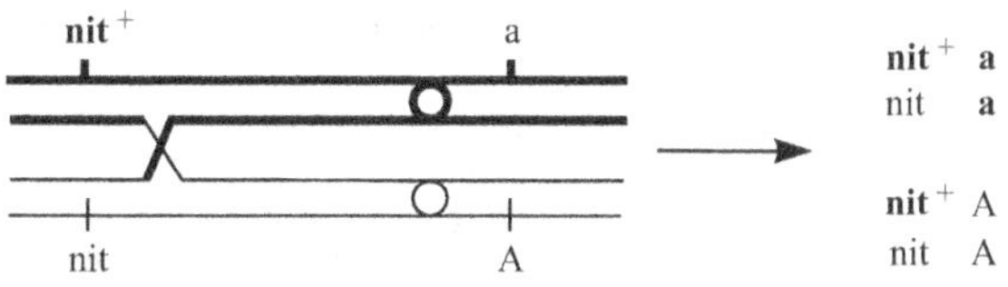

En la tétrada **3**, que también es un tetratipo, el entrecruzamiento se produce entre el centrómero y el gen A/a,

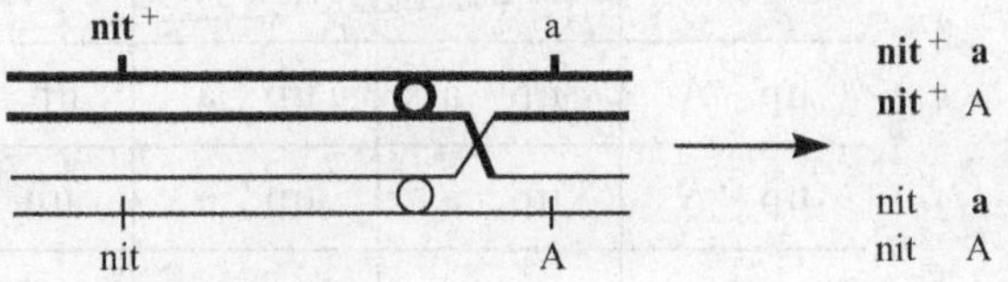

Para que se produzca la tétrada **4** tiene que haber tenido lugar dos entrecruzamientos, entre cada gen y el centrómero, implicando a dos cromátidas:

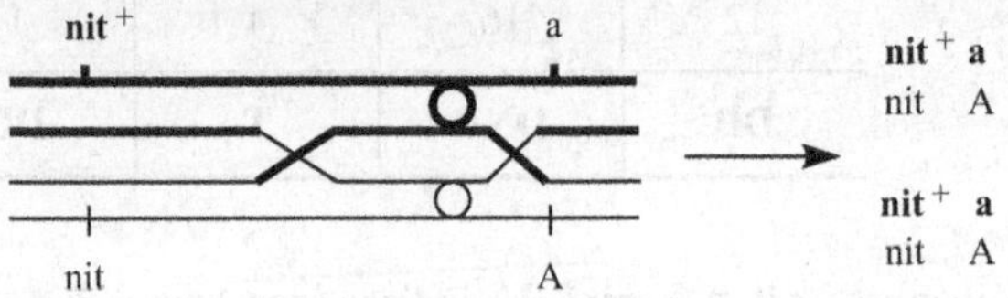

Por último, en la tétrada **5** tiene que haber tenido lugar también dos entrecruzamientos, entre cada gen y el centrómero, pero implicando a las cuatro cromátidas,

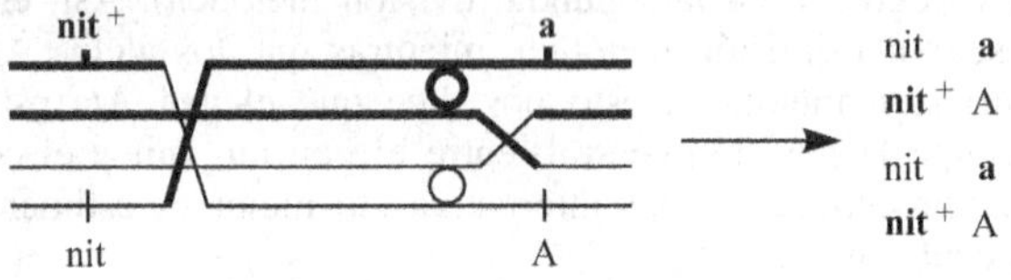

En cuanto a los datos del cruce (**trp A** × **trp**$^+$ **a**), éstos indican que ambos genes se transmiten independientemente, ya que los ditipos parentales (tétradas **1** y **4**) y los no parentales (tétrada **2** y **5**) son similares en número (13:17).

Los tetratipos (tétrada **3**) indican recombinación entre uno de los genes y su centrómero, concretamente entre el gen trp$^+$/trp y el centrómero (fíjese en que los alelos trp$^+$ y trp han segregado —se han separado— en la segunda división meiótica). Las tétradas **4** y **5** también indican entrecruzamiento entre cada gen y el centrómero, segregándose de manera distinta en la segunda división meiótica para dar lugar a estos dos tipos de tétradas, que son perfectamente equivalentes.

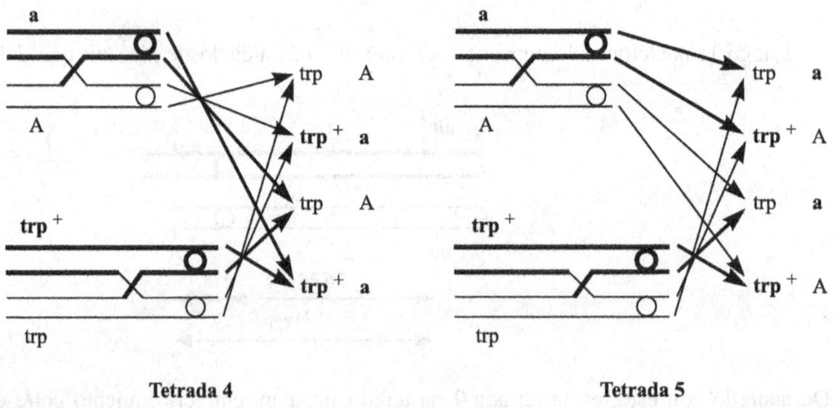

Tetrada 4 **Tetrada 5**

En el caso de la tétrada 4 (izquierda) los centrómeros finos pasan al mismo polo, mientras que en el caso de la tétrada 5 (derecha) los centrómeros finos pasan a distinto polo. Lo contrario le ocurre a los centrómeros gruesos.

La distancia de cada gen y su centrómero es, para el gen trp,

$$\frac{1/2(4 + 1 + 1)}{34} = 0{,}088$$

y para el gen A,

$$\frac{1/2(1 + 1)}{34} = 0{,}029$$

8.8. Houlahan *et al.* llevaron a cabo multitud de cruces entre parejas de mutantes de *Neurospora* para determinar su ligamiento y su posición en el cromosoma. Los tipos de asca que encontró fueron los siguientes:

1	2	3	4	5	6	7
ml m2	ml +	ml m2	ml m2	ml m2	ml m2	ml +
ml m2	ml +	+ m2	ml +	+ +	+ +	+ m2
+ +	+ m2	ml +	+ m2	ml m2	ml +	ml +
+ +	+ m2	+ +	+ +	+ +	+ m2	+ m2
DP	DNP	T	T	DP	T	DNP

y los resultados numéricos en diez cruces fueron los siguientes:

	Tipos de asca						
Cruce	**1**	**2**	**3**	**4**	**5**	**6**	**7**
1.º	5	6	2	7	—	1	—
2.º	5	—	9	—	1	2	1
3.º	4	5	20	1	1	1	1
4.º	18	—	19	1	1	—	1
5.º	16	—	—	1	2	1	—
6.º	3	4	—	1	1	1	1
7.º	4	2	23	36	19	22	16
8.º	3	5	3	9	1	4	3
9.º	1	1	6	6	2	2	2
10.º	8	8	—	—	—	—	—

a) Además de los siete tipos distintos de asca encontrados por Houlahan *et al.*, ¿podría haber algún tipo más? Razone su respuesta explicando, para genes independientes y para genes ligados, cómo se pueden producir cada una de las ascas.

b) Indique en cada uno de los diez cruces si los dos genes están ligados o se transmiten independientemente.

c) Calcule la distancia entre los *loci* ligados.

d) Calcule la distancia, en su caso, entre cada gen y su centrómero.

Solución

a) Para ver si los tipos de ascas son más de las siete indicadas por Houlahan, lo mejor es comprobar cómo han surgido estos tipos, tanto en el caso de genes independientes como en el de genes ligados. Para los genes ligados vamos a considerar que el gen +/m1 está situado entre el centrómero y el gen +/m2, siendo R1 y R2 las probabilidades de entrecruzamiento en las regiones correspondientes, o bien que el centrómero está en medio de los dos.

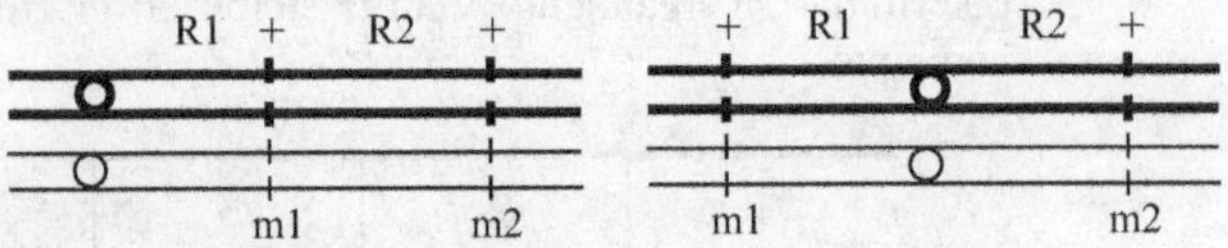

Tipo de asca	Genes independientes	Genes ligados	Genes ligados
1 (DP)	1/2 sin recombinar	sin recombinar 1/2 (R1 × R1)[1] 1/4 (R2 × R2) 1/8 (R1 × R1 × R2 × R2)	sin recombinar 1/4 (R1 × R1) 1/4 (R2 × R2) 1/8 (R1 × R1 × R2 × R2)
2 (DNP)	1/2 sin recombinar	1/4 (R2 × R2) 1/8 (R1 × R1 × R2 × R2)	1/4 (R1 × R1) 1/4 (R2 × R2) 1/8 (R1 × R1 × R2 × R2)
3 (T)	recombinación entre m1-centrómero	1/2 (R1 × R2) 1/4 (R1 × R1 × R2) 1/4 (R1 × R2 × R2)	R1 1/2 (R1 × R1) 1/2 (R1 × R2 × R2) 1/4 (R1 × R1 × R2 × R2)
4 (T)	recombinación entre m2-centrómero	R2 1/2 (R2 × R2) 1/2 (R1 × R1 × R2) 1/4 (R1 × R1 × R2 × R2)	R2 1/2 (R2 × R2) 1/2 (R1 × R1 × R2) 1/4 (R1 × R1 × R2 × R2)
5 (DP)	recombinación de m1 y m2 con sus centrómeros	R1 1/2 (R1 × R1) 1/4 (R1 × R2 × R2) 1/8 (R1 × R1 × R2 × R2)	1/4 (R1 × R2) 1/8 (R1 × R1 × R2) 1/8 (R1 × R2 × R2)
6 (T)	recombinación de m1 y m2 con sus centrómeros	1/2 (R1 × R2) 1/4 (R1 × R1 × R2) 1/4 (R1 × R2 × R2) 1/4 (R1 × R1 × R2 × R2)	1/2 (R1 × R2) 1/4 (R1 × R1 × R2) 1/4 (R1 × R2 × R2) 1/4 (R1 × R1 × R2 × R2)
7 (DNP)	recombinación de m1 y m2 con sus centrómeros	1/4 (R1 × R2 × R2) 1/8 (R1 × R1 × R2 × R2)	1/4 (R1 × R2) 1/8 (R1 × R2 × R2) 1/8 (R1 × R1 × R2)

[1] Por ejemplo, en la región 1 (R1) se pueden dar entrecruzamientos dobles, los cuales implicarán a dos, a tres o a las cuatro cromátidas. La mitad de ellos, entre dos y entre cuatro cromátidas, darán lugar a DP sin recombinar, la otra mitad, entre las tres cromátidas, darán lugar también a DP (tipo 5), pero en este caso se detectará recombinación entre m1 y el centrómero.

Para genes independientes, los resultados de las ascas 5, 6 y 7 son equivalentes en cuanto al entrecruzamiento entre cada gen y su centrómero, y se podrían reunir, ya que sus diferencias dependen exclusivamente de la segregación aleatoria de las cromátidas en la segunda división meiótica. Por tanto, el número de tipos de asca diferente (informativas) sería sólo cinco.

Para genes ligados están todas las que puede haber, con la complicación que supone su cálculo. La situación del centrómero modifica algo el resultado final de algunos tipos de asca.

b) Aunque el número de ascas en muchos cruces es escaso, por la desproporción de DP:DNP en los cruces 2 (6:1), 4 (19:1) y 5 (18:0), estaríamos ante cruzamientos de dos mutantes ligados, mientras que los otros siete cruces se referirían a genes independientes.

c) La distancia entre los *loci* ligados es:

Cruce 2: [1/2(11) + 1]/18 = 0,36.
Cruce 4: [1/2(20) + 1]/40 = 0,275.
Cruce 5: [1/2(2)]/20 = 0,05.

d) La distancia entre cada gen y su centrómero es:

Cruce 1: m1 [1/2(3)/21] = 0,07;
m2 [1/2(8)/21] = 0,19.
Cruce 2: m1 [1/2(13)/18] = 0,36;
m2 [1/2(4)/18] = 0,11.
Cruce 3: m1 [1/2(23)/33] = 0,35;
m2 [1/2(4)/33] = 0,06.
Cruce 4: m1 [1/2(21)/40] = 0,26;
m2 [1/2(3)/40] = 0,04.
Cruce 5: m1 [1/2(3)/20] = 0,07;
m2 [1/2(4)/20] = 0,10.
Cruce 6: m1 [1/2(3)/11] = 0,14;
m2 [1/2(4)/11] = 0,18.
Cruce 7: m1 [1/2(80)/122] = 0,33;
m2 [1/2(93)/122] = 0,38.
Cruce 8: m1 [1/2(11)/25] = 0,22;
m2 [1/2(17)/25] = 0,34.
Cruce 9: m1 [1/2(12)/14] = 0,43;
m2 [1/2(12)/14] = 0.43.

En el cruce 10 sólo se detectan DP y DNP, por lo que los dos genes deben situarse muy cerca de sus centrómeros.

8.9. Considere los entrecruzamientos que se han producido en una de las meiosis del cruce A, b, D × a, B, d. Indique las ascosporas que se producirían y el orden de éstas en el asca correspondiente, teniendo en cuenta que el centrómero que va al polo distal (arriba) es el grueso y el que va al polo proximal (abajo) es el fino.

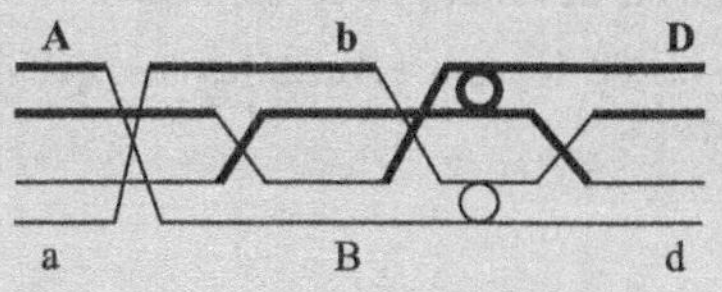

Solución

Teniendo en cuenta la segregación en la primera división meiótica (separación de centrómeros) y en la segunda (separación de cromátidas), se producirían los siguientes tipos de asca:

A B **D**	a **b** d	**A** B **D**	a **b** d
a **b** d	**A** B **D**	a **b** d	**A** B **D**
a **b** **D**	a **b** **D**	**A** B d	**A** B d
A B d	**A** B d	a **b** **D**	a **b** **D**

todos ellos igualmente probables.

8.10. Lindegren y Lindegren llevaron a cabo un experimento en *Neurospora*, cruzando dos cepas con tres genes ligados, una cepa del tipo de apareamiento (A) con el mutante «gap-pale» (g) y la otra del tipo de apareamiento (a) con el mutante «crisp» (c). Del cruce analizaron 1.575 tétradas, obteniendo los siguientes resultados:

	1	2	3	4	5	6	7
	A g c^+	A g c^+	A g c^+	A g c^+	A g c^+	A g c^+	A g c^+
	A g c^+	a g c^+	a g^+ c^+	A g c	A g^+ c^+	a g c	a g^+ c
1	a g^+ c	A g^+ c	A g c	a g^+ c^+	a g c	A g^+ c^+	A g c^+
	a g^+ c	a g^+ c	a g^+ c	a g^+ c	a g^+ c	a g^+ c	a g^+ c
	1.256	125	76	81	1	2	12
	A g c^+	A g c	A g c	a g c^+	A g c	A g c	A g c^+
	a g c	a g c^+	a g^+ c^+	A g^+ c^+	a g^+ c^+	A g c	A g^+ c
2	A g^+ c	A g^+ c^+	A g c^+	a g c	A g c	a g^+ c^+	a g c^+
	a g^+ c^+	a g^+ c	a g^+ c	A g^+ c	a g^+ c^+	a g^+ c^+	a g^+ c
	3	1	2	2	1	1	6
	A g c^+	A g c	a g c^+	A g^+ c^+	a g c^+	a g c^+	
	a g^+ c	a g c^+	a g c^+	a g c	a g^+ c^+	A g^+ c	
3	A g^+ c	A g^+ c	A g^+ c	A g c^+	A g c	a g c^+	
	a g c^+	a g^+ c^+	A g^+ c	a g^+ c	A g^+ c	A g^+ c	
	1	1	1	1	1	1	

a) Calcular el orden de los genes y sus frecuencias de recombinación.

b) Calcular la distancia de cada gen al centrómero.

c) Hacer un esquema de los entrecruzamientos que han tenido lugar entre las cromátidas en cada una de las tétradas.

Solución

a) De acuerdo con el cruce realizado (A g c^+ × a g^+ c), lo primero es contabilizar el número de ditipos parentales (DP), ditipos no parentales (DNP) y tetratipos (T) para cada par de genes, y así poder calcular las frecuencias de recombinación:

	Par + g	Total	Distancia
DP	1.256 + 76 + 81 + 12 + 2 + 1 + 1	1.429	
DNP	2 + 1 + 1	4	$\frac{1/2(142) + 4}{1.575} = 0{,}0476$
T	125 + 1 + 2 + 3 + 1 + 6 + 1 + 1 + 1 + 1	142	

	Par A c	Total	Distancia
DP	1.256 + 1 + 2 + 12 + 1	1.272	$\frac{1/2(297) + 6}{1.575} = 0{,}0981$
DNP	1 + 1 + 1 + 1 + 1 + 1	6	
T	125 + 76 + 81 + 3 + 1 + 2 + 2 + 6 + 1	297	

	Par g c	Total	Distancia
DP	1.256 + 125 + 12 + 6 + 1 + 1 + 1	1.402	$\frac{1/2(171) + 2}{1.575} = 0{,}0556$
DNP	1 + 1	2	
T	76 + 81 + 1 + 2 + 3 + 1 + 2 + 2 + 1 + 1 + 1	171	

De acuerdo con las distancias entre los genes, el mapa, de momento, tendría este aspecto,

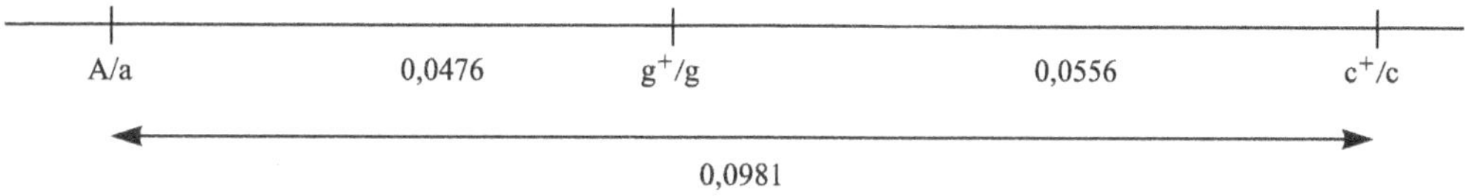

con el gen g^+/g en el centro.

b) Pasemos a calcular la distancia entre cada gen y su centrómero. Para cada gen hay que contabilizar, simplemente, el número de ascas en donde dos alelos iguales están uno al lado del otro (en primera y segunda posición, o en tercera y cuarta), o en donde los dos alelos iguales están separados (un alelo en primera o segunda posición, y el otro en tercera o cuarta).

	Gen A/a	Total	Distancia
Juntos	1.256 + 81 + 1 + 1 + 6 + 1 + 1	1.347	$\frac{1/2(228)}{1.575} = 0{,}0723$
Separados	125 + 76 + 2 + 12 + 3 + 1 + 2 + 2 + 1 + 1 + 1 + 1 + 1	228	

	Gen g^+/g	Total	Distancia
Juntos	1.256 + 125 + 81 + 2 + 3 + 1 + 1 + 1 + 1	1.471	$\frac{1/2(104)}{1.575} = 0{,}0330$
Separados	76 + 1 + 12 + 2 + 2 + 1 + 6 + 1 + 1 + 1 + 1	104	

	Gen c^+/c	Total	Distancia
Juntos	1.256 + 125 + 76 + 1 + 2 + 1 + 1 + 1	1.463	$\frac{1/2(112)}{1.575} = 0{,}0355$
Separados	81 + 2 + 12 + 3 + 1 + 2 + 1 + 6 + 1 + 1 + 1 + 1	112	

Encajando estas distancias en el esquema del mapa anterior, el centrómero se situaría entre los genes g/g^+ y c^+/c:

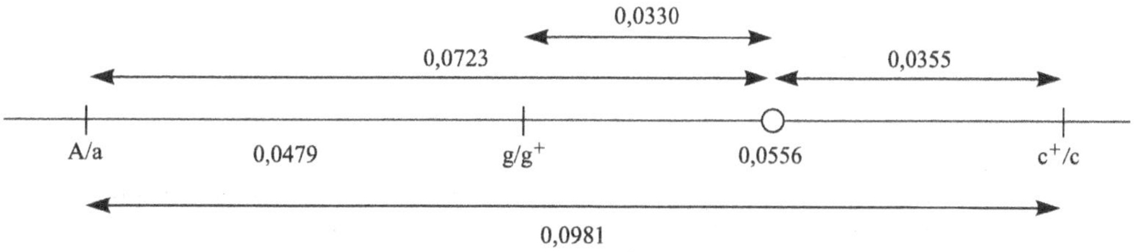

c) Dibujemos ahora los entrecruzamientos entre las cromátidas siguiendo el orden de izquierda a derecha (columnas 1 a 7) y de arriba abajo (filas 1 a 3). Lo importante para dibujar correctamente los entrecruzamientos es visualizar que las combinaciones superiores, primera y segunda, son arrastradas por el centrómero grueso hacia arriba, y la tercera y cuarta, por el centrómero fino hacia abajo.

1-1 Se trata de tétradas que no han sufrido entrecruzamiento, de acuerdo con el cruce:

1-2 Entrecruzamiento sencillo entre A/a y g/g$^+$.

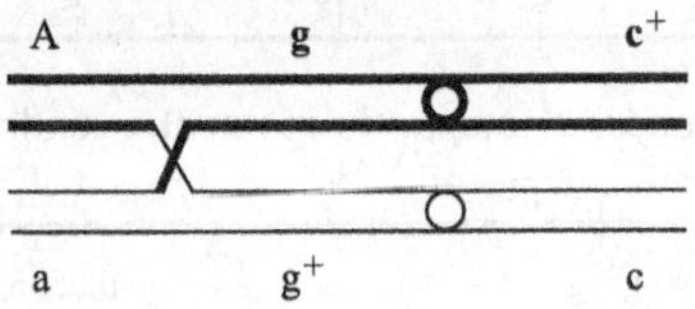

1-3 Entrecruzamiento sencillo entre g/g$^+$ y el centrómero.

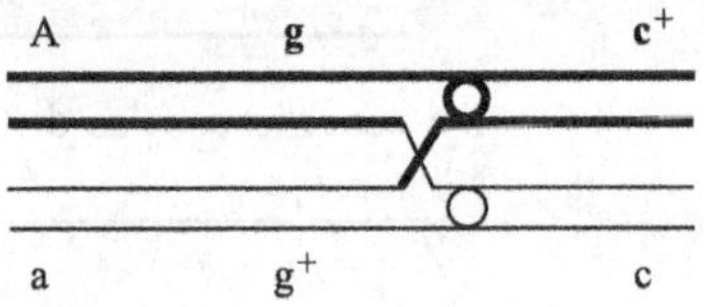

1-4 Entrecruzamiento sencillo entre el centrómero y c$^+$/c.

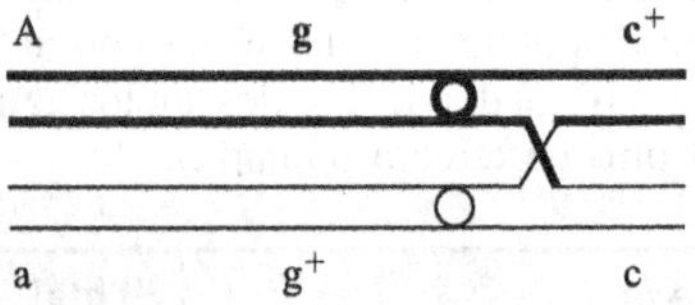

1-5 Entrecruzamiento doble entre dos cromátidas: entre A/a y g/g$^+$, y entre g/g$^+$ y el centrómero.

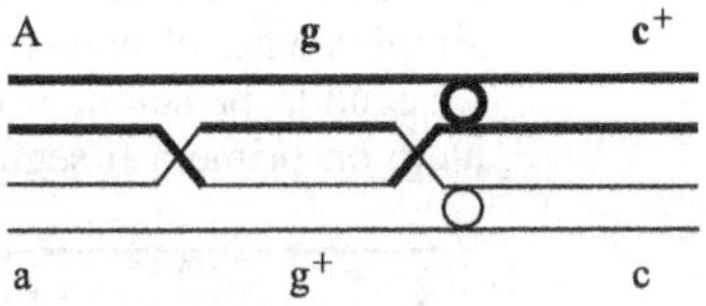

1-6 Entrecruzamiento doble entre dos cromátidas: entre A/a y g/g$^+$, y entre el centrómero y c$^+$/c.

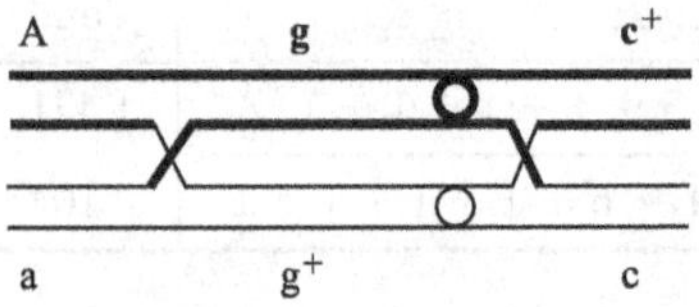

1-7 Entrecruzamiento doble, entre dos cromátidas: entre g/g$^+$ y el centrómero, y entre el centrómero y c$^+$/c.

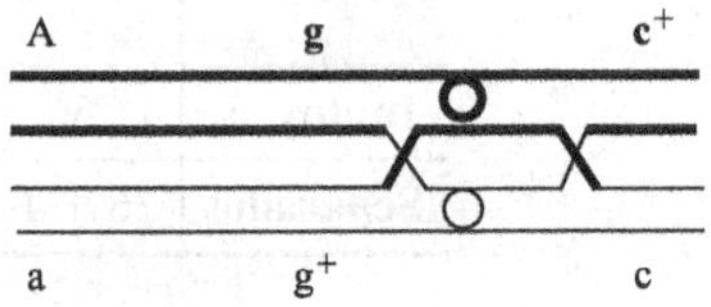

2-1 Entrecruzamiento doble entre tres cromátidas: entre A/a y g/g$^+$, y entre el centrómero y c$^+$/c.

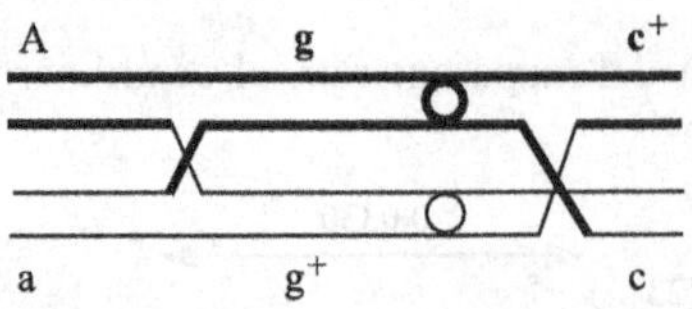

2-2 Entrecruzamiento doble entre tres cromátidas: entre A/a y g/g$^+$, y entre el centrómero y c$^+$/c[1].

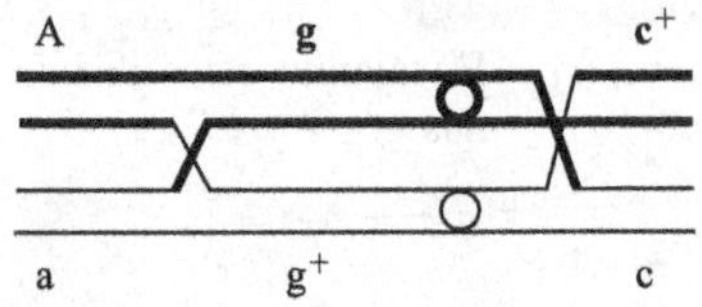

[1] Advierta que los entrecruzamientos que se producen en este caso son distintos de los del caso anterior. En 2.2 la cromátida implicada en dos entrecruzamientos es la tercera (fina), con la primera y la segunda, mientras que en el caso 2.1 fue la segunda (gruesa), con la tercera y la cuarta, con un resultado bien distinto.

2-3 Entrecruzamiento doble entre tres cromátidas: entre g/g^+ y el centrómero, y entre el centrómero y c^+/c.

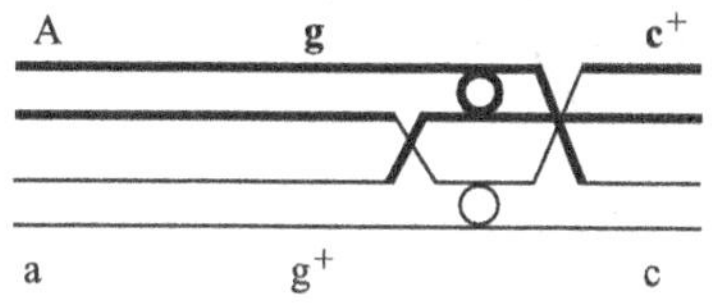

2-4 Entrecruzamiento triple entre las cuatro cromátidas: dos entre A/a y g/g^+, y otro entre g/g^+ y el centrómero.

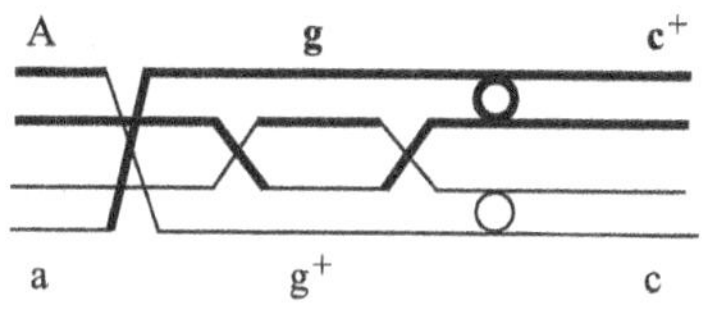

2-5 Entrecruzamiento doble entre las cuatro cromátidas: entre g/g^+ y el centrómero, y entre el centrómero y c^+/c.

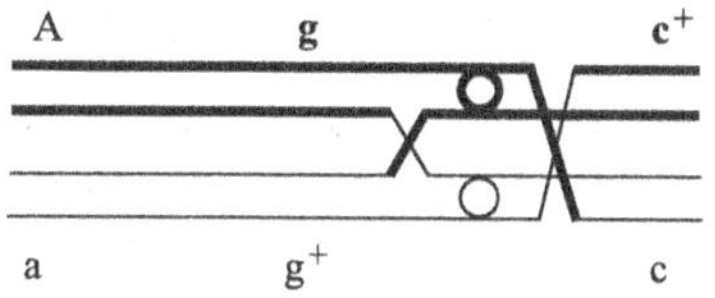

2-6 Entrecruzamiento doble entre las cuatro cromátidas, entre el centrómero y c^+/c.

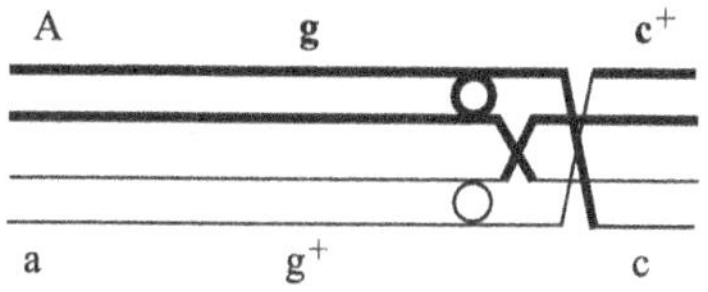

2-7 Entrecruzamiento triple entre dos cromátidas: entre A/a y g/g^+, entre g/g^+ y el centrómero, y entre el centrómero y c^+/c.

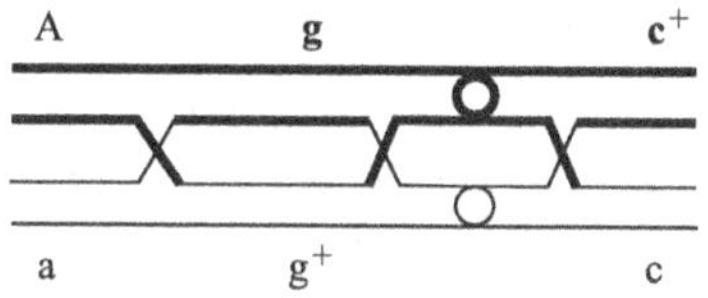

3-1 Entrecruzamiento triple entre tres cromátidas: entre A/a y g/g^+, entre g/g^+ y el centrómero, y entre el centrómero y c^+/c.

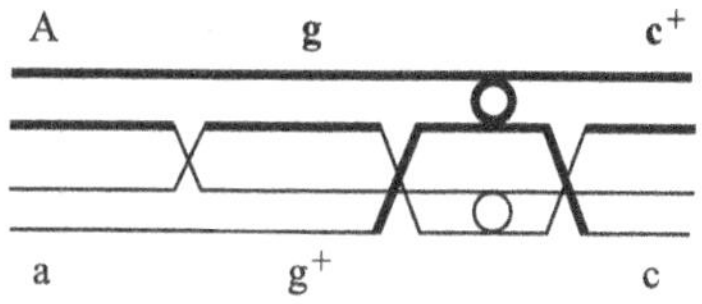

3-2 Entrecruzamiento triple entre tres cromátidas: entre A/a y g/g^+, entre g/g^+ y el centrómero, y entre el centrómero y c^+/c.

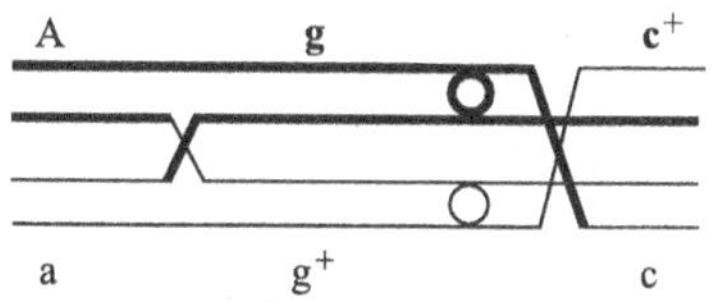

3-3 Entrecruzamiento doble entre las cuatro cromátidas: entre A/a y g/g^+.

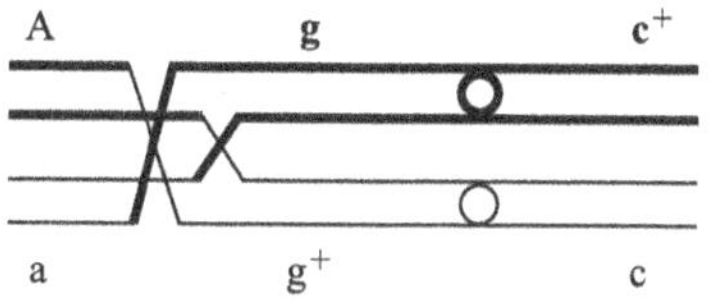

3-4 Entrecruzamiento triple entre tres cromátidas: dos entre A/a y g/g^+, y otro entre el centrómero y c^+/c.

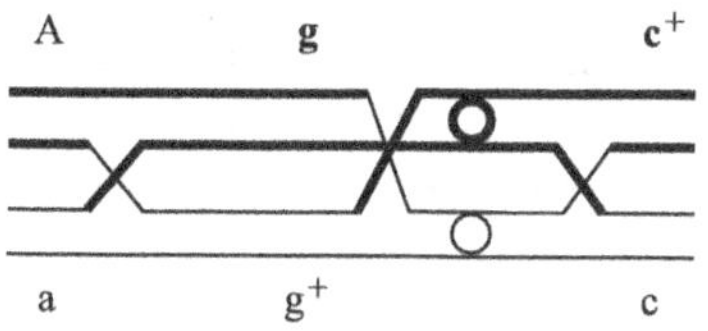

3-5 Entrecruzamiento doble entre las cuatro cromátidas: entre A/a y g/g^+, y entre g/g^+ y el centrómero.

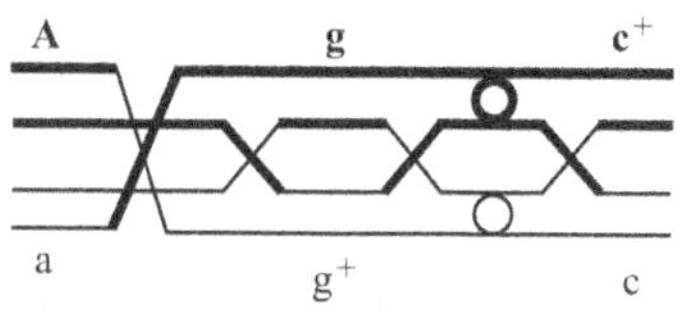

3-6 Entrecruzamiento cuádruplo entre las cuatro cromátidas: dos entre A/a y g/g$^+$, otro entre g/g$^+$ y el centrómero, y el último entre el centrómero y c$^+$/c.

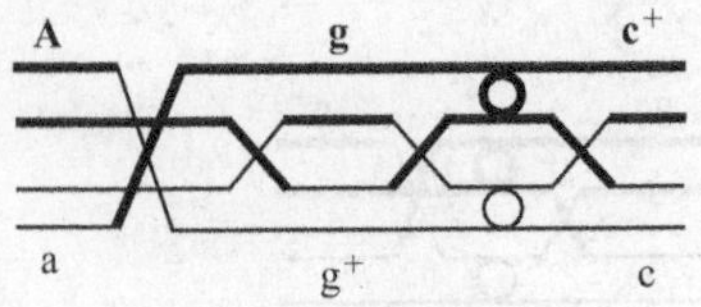

8.11. Howe realizó un cruce entre dos cepas de *Neurospora* con los siguientes genotipos: A, ad, v, r × a, +, +, + (A/a, tipo de apareamiento; ad/+, requerimiento parcial de adenina; v/+, mutación morfológica; y rib/+, requerimiento de riboflavina), obteniendo los siguientes resultados:

A ad v +	A ad v r	A ad v r	A ad v +	A ad v +	A ad v r
A ad v +	A ad v r	A ad + r	A ad + +	a ad v +	a ad v r
a + + r	a + + +	a + v +	a + v r	A + + r	A + + +
a + + r	a + + +	a + + +	a + + r	a + + r	a + + +
461	407	66	59	43	39
A ad + r	A ad v r	A ad v r	A ad v r	A ad v r	A ad + r
a + + r	A + v r	A ad v +	a ad + r	a ad v +	a + v r
A ad v +	a ad + +	a + + r	a + v +	A + + r	A ad + +
a + v +	a + + +	a + + +	A + + +	a + + +	a + v +
23	20	20	3	2	2
A ad v r	A ad v r	A ad v r	A ad v +	a ad v r	a ad v +
a ad + r	a + + r	a + + r	a ad + +	A ad + r	A ad + +
A + v +	A ad + +	A ad v +	a + v r	A + v +	A + v r
a + + +	a + v +	a + + +	A + + r	a + + +	a + + r
2	2	2	2	2	1
A ad v r	A ad v r	a ad v r	a ad v +	A ad v +	
A ad + +	a ad v +	a + v r	A ad + +	a ad + +	
a + + r	A + + +	A ad + +	a + v r	A + v r	
a + v +	a + + r	A + + +	A + + r	a + + r	
1	1	1	1	1	

Indicar las relaciones entre estos genes.

Solución

Calculemos los DP, DNP y T para los distintos pares de genes:

Par A/a, ad/+

DP	461 + 407 + 66 + 59 + 23 + 20 + 2 + 2 + 2 + 1	1.043
DNP	0	0
T	43 + 39 + 20 + 3 + 2 + 2 + 2 + 2 + 1 + 1 + 1 + 1 + 1	118

Par A/a, v/+

DP	461 + 407 + 20 + 20 + 2 + 2 + 1	913
DNP	2 + 1 + 1	4
T	66 + 59 + 43 + 39 + 23 + 3 + 2 + 2 + 2 + 2 + 1 + 1 + 1	244

Par A/a, r/+

DP	407 + 66 + 20 + 2	495
DNP	461 + 59 + 1	521
T	43+39+23+20+3+2+2+2+2+2+2+1+1+1+1+1	145

Aunque aún quedan tres pares por analizar, de momento sabemos que los genes A/a, ad/+ y v/+ están ligados y que r/+ es independiente de los otros tres, por lo que nos podemos ahorrar el análisis de los pares ad/+, r/+ y v/+, r/+. Sólo nos quedaría el par ad/+, v/+, necesario para saber la distancia entre estos genes,

Par ad/+, v/+

DP	461 + 407 + 43 + 39 + 20 + 2 + 2 + 1	975
DNP	2	2
T	66 + 59 + 23 + 20 + 3 + 2 + 2 + 2 + 2 + 1 + 1 + 1 + 1 + 1	184

Con estos datos podemos estimar distancias:

Distancia entre A/a y ad/+: $\frac{1/2\ (118)}{1.161} = 0{,}0508.$

Distancia entre A/a y v/+: $\frac{1/2\ (244) + 4}{1.161} = 0{,}1085.$

Distancia entre ad/+ y v/+: $\frac{1/2\ (184) + 2}{1.161} = 0{,}081.$

El mapa de estos tres genes podría quedar como sigue:

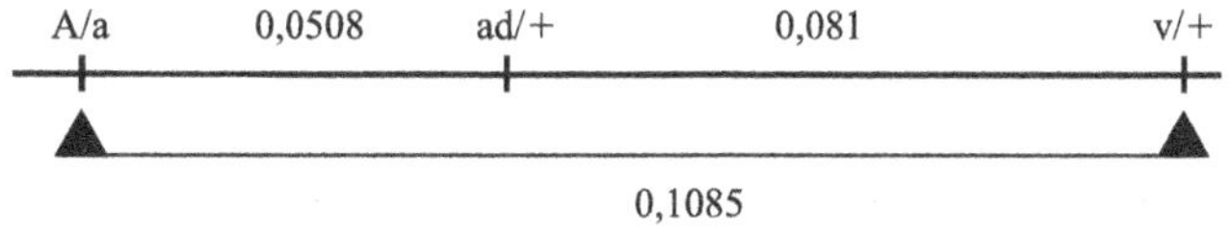

Para situar el centrómero utilizaremos la regla de que los dos alelos iguales de un gen se encuentran juntos a un lado del eje imaginario, o a ambos lados, separados.

Gen A/a

Juntos	461 + 407 + 66 + 59 + 20 + 20 + 1 + 1	1.035
Separados	43 + 39 + 23 + 3 + 2 + 2 + 2 + 2 + 2 + 2 + 2 + 1 + 1 + 1 + 1	126

Gen ad/+

Juntos	461 + 407 + 66 + 59 + 43 + 39 + 20 + 2 + 2 + 2 + 2 + 1 + 1 + 1 + 1 + 1	1.111
Separados	23 + 20 + 2 + 2 + 2 + 1	50

Gen v/+

Juntos	461 + 407 + 43 + 39 + 23 + 20 + 20 + 2 + 1 + 1	1.017
Separados	66 + 59 + 3 + 2 + 2 + 2 + 2 + 2 + 2 + 1 + 1 + 1 + 1	144

Gen r/+

Juntos	461 + 407 + 66 + 59 + 43 + 39 + 23 + 20 + 3 + 2 + 2 + 2 + 2 + 2 + 2 + 1 + 1 + 1 + 1	1.137
Separados	20 + 2 + 1 + 1	24

De acuerdo con los datos, las distancias entre gen y centrómero serán:

Gen	Distancia
A/a	1/2(126)/1161 = 0,0543
ad/+	1/2(50)/1161 = 0,0215
v/+	1/2(144)/1161 = 0,0620
r/+	1/2(24)/1161 = 0,0103

Por lo que el mapa de los cuatro genes quedaría como sigue:

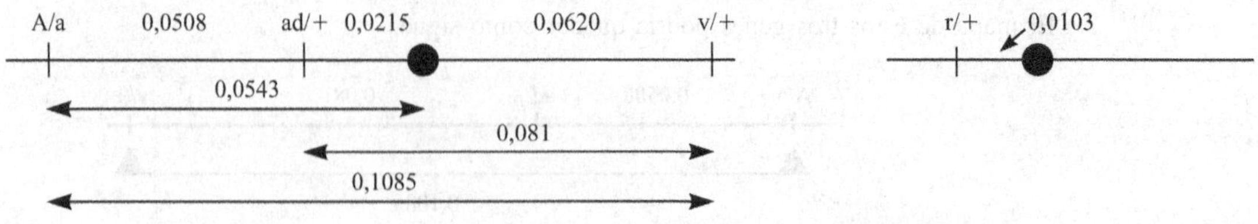

8.12. Al recuperar mutaciones en *Neurospora* de diversos orígenes para su análisis de ligamiento, Houlahan *et al.* encontraron en muchas ocasiones cepas auxótrofas para el mismo producto. Por ejemplo, las cepas 17084, 18558 y 50005, entre otras, eran mutantes para la vitamina B_1 (tiamina, thi). Al cruzarlas obtuvieron los siguientes resultados:

17084 × 18558
17 ascas, todas thi

17084 × 50005

thi	thi	thi
thi	thi	thi
thi	thi	thi^+
thi	thi^+	thi^+
6	20	3

18558 × 50005

thi	thi	thi
thi	thi	thi
thi	thi	thi^+
thi	thi^+	thi^+
5	10	5

¿Podría explicar la relación entre estas tres cepas auxótrofas para la tiamina, de acuerdo con los resultados obtenidos?

Solución

Estas tres mutaciones que impiden la síntesis de la tiamina pueden ser alélicas, es decir, pueden ser mutaciones que afecten al mismo gen que interviene en la síntesis de la tiamina, o pueden ser mutaciones de distintos genes de la ruta de síntesis. El resultado del cruce entre la cepa 17084 y la 18558 indica que las dos mutaciones son alélicas, ya que todos los descendientes son deficientes para la tiamina.

Sin embargo, el resultado de los otros dos cruces indica que la mutación de la cepa 50005 no es alélica de las otras dos, ya que aparecen ascosporas tanto normales como mutantes.

Puede haber dos alternativas: que sean genes que están ligados en el mismo cromosoma o que se transmitan de forma independiente. Vamos a ver qué ocurre en cada una de estas dos alternativas:

Supongamos que los genes no están situados en el mismo cromosoma. Denominemos t1 y t2 a las dos mutaciones y ● a su centrómero, tendríamos:

● ● ● ●
$t1^+$ t2 × t1 $t2^+$
Cruce
↓
$t1^+$●$t1^+$ t1●t1 $t2^+$●$t2^+$ t2●t2
Fase diploide (zigoto)

Si no hay entrecruzamiento entre estos genes y sus centrómeros, la transmisión independiente de los cromosomas y la segregación de las cromátidas dará dos resultados posibles:

Primera división meiótica

$t1^+$●$t1^+$ $t2^+$●$t2^+$ t1●t1 t2●t2

Segunda división meiótica

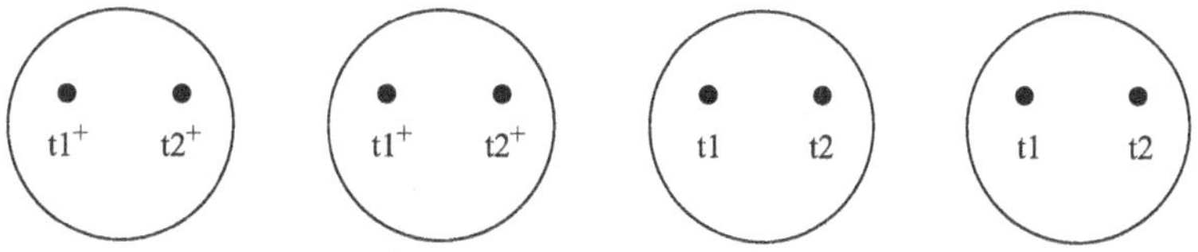

El resultado final, después de la mitosis, será de cuatro ascosporas normales y cuatro mutantes.

El segundo resultado, igualmente posible, es:

Primera división meiótica

$t1^{+}\bullet t1^{+}$ $t2\bullet t2$ $t1\bullet t1$ $t2^{+}\bullet t2^{+}$

Segunda división meiótica

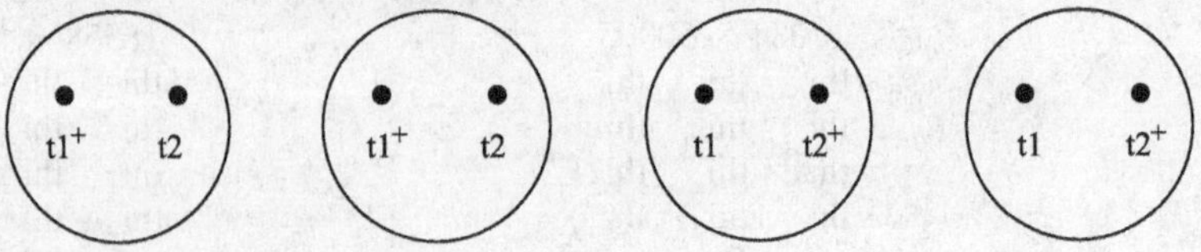

El resultado final será que todas las ascosporas serán mutantes. Estos dos resultados, al ser igualmente probables, aparecerán aproximadamente en igual número.

Si uno de los genes recombina con su centrómero, tendremos:

$t1^{+}\bullet t1$ $t1^{+}\bullet t1$ $t2^{+}\bullet t2^{+}$ $t2\bullet t2$

Fase diploide (zigoto)

$t1^{+}$ y t1 han recombinado

Primera división meiótica

$t1^{+}\bullet t1$ $t2^{+}\bullet t2^{+}$ $t1^{+}\bullet t1$ $t2\bullet t2$

Segunda división meiótica

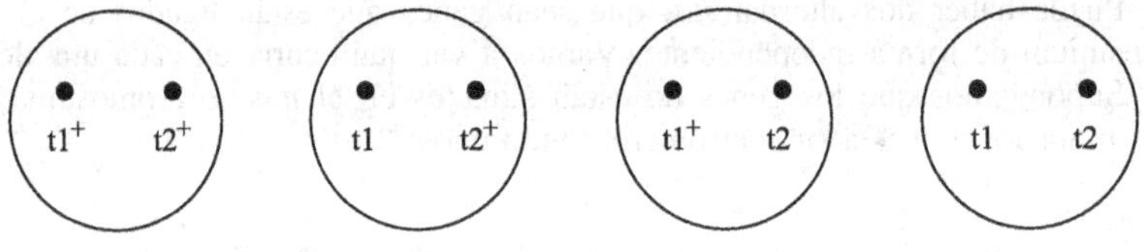

El resultado final será de dos ascosporas normales y seis mutantes. Precisamente estos tres tipos de resultados son los que se presentan en los cruces entre las cepas 17084 y 18558, y la cepa 50005, indicando que están situadas en cromosomas distintos.

Supongamos ahora el caso de genes ligados:

$$\begin{matrix} \bullet & & \bullet \\ t1^{+} & \times & t1 \\ t2 & & t2^{+} \end{matrix}$$

$$\downarrow$$

$$\begin{matrix} \bullet & & & \bullet & \\ t1^{+} & t1^{+} & & t1 & t1 \\ t2 & t2 & & t2^{+} & t2^{+} \end{matrix}$$

Fase diploide (zigoto)

Si no hay entrecruzamientos, el resultado es que todas las ascosporas serán mutantes. Si hay entrecruzamiento entre los genes,

$$\begin{matrix} \bullet & & & \bullet & \\ t1^{+} & t1^{+} & & t1 & t1 \\ t2 & t2^{+} & & t2 & t2^{+} \end{matrix}$$

el resultado será 6 ascosporas mutantes y 2 normales. Para que aparezcan cuatro ascosporas normales y cuatro mutantes tiene que haber un doble entrecruzamiento entre las cuatro cromátidas entre los dos genes, lo cual se dará en una frecuencia muy baja. Esto diferencia los cruces en los que los dos genes están ligados respecto de los cruces en los que los dos genes se transmiten independientemente.

8.13. Se le suministran los siguientes datos de ascas obtenidas a partir del cruce a b × a^+ b^+:

1		2		3		4		5		6	
+	+	+	+	a	+	a	b	a	b	a	b
+	+	a	b	a	+	a	+	+	+	+	b
a	b	+	+	+	b	+	b	+	b	a	+
a	b	a	b	+	b	+	+	a	+	+	+
41		3		5		20		1		2	

a) Indique si se trata de datos obtenidos de *Chlamydomonas* o de *Neurospora*. Independientemente de que los datos provengan de un organismo dado, ¿se podrían presentar como datos del otro organismo?, ¿de qué manera?

b) Indique si los genes son independientes o están ligados.

c) En su caso, calcule la distancia entre los genes, y entre éstos y el centrómero.

Solución

a) Si los datos fueran de *Chlamydomonas*, como las tétradas no están ordenadas, las ascas 1 y 2 no tendrían sentido, ya que no se las podría diferenciar y se habrían contabilizado juntas. Lo mismo ocurre con las ascas 4, 5 y 6. Lógicamente se trata de datos de *Neurospora* o de algún hongo con tétradas ordenadas.

Si los datos fueran de *Chlamydomonas*, su presentación sería:

1		2		3	
+	+	a	+	a	b
+	+	a	+	a	+
a	b	+	b	+	b
a	b	+	b	+	+
44		5		23	

b) Los genes están ligados, ya que los DP (44) son muchos más que los DNP (5).

c) En el caso de *Chlamydomonas* el cálculo de la distancia entre los genes sería:

$$\frac{1/2\ (23) + 5}{72} = 0{,}229$$

En el caso de *Neurospora* podríamos, además, calcular la distancia entre cada gen y el centrómero:

$$\frac{1/2\ (3 + 1 + 2)}{72} = 0{,}042 \qquad \frac{1/2\ (3 + 20 + 1)}{72} = 0{,}167$$

a-centrómero   b-centrómero

con lo que podemos construir el mapa de estos genes y su centrómero, el cual se situaría entre los dos genes.

8.14. En *Neurospora crassa*, el gen A/a, que determina el tipo de apareamiento, y el gen de la leucina (leu^+/leu) se encuentran en cromosomas distintos.

a) Suponiendo que no hay entrecruzamientos entre cada gen y su centrómero, ¿qué tipos de tétradas y en qué proporciones se esperarían en el cruce entre una cepa A, leu^+ y otra a, leu.

b) Sabiendo que la distancia del gen A/a a su centrómero es de 6 u.m. y del gen leu^+/leu a su centrómero es de 9 u.m., ¿cuál sería el resultado del cruce anterior?

Solución

a) De acuerdo con la transmisión independiente de los dos cromosomas y la segregación de los dos alelos de cada gen, encontraríamos dos tipos de tétradas, DP y DNP, en proporciones iguales,

A leu^+	A leu
A leu^+	A leu
a leu	a leu^+
a leu	a leu^+
DP	DNP

b) Si la distancia del gen A/a a su centrómero es de 6 u.m., esto significa que en el 12 % de las meiosis ha habido entrecruzamiento en esa zona, o lo que es lo mismo, que en el 88 % de las meiosis no ha habido entrecruzamiento en dicha zona. Para el gen leu^+/leu y su centrómero, el porcentaje de meiosis sin entrecruzamiento es del 82 %. Teniendo en cuenta estos porcentajes,

- El porcentaje de meiosis en donde no ha habido entrecruzamiento es,

$$0{,}88 \times 0{,}82 = 0{,}7216$$

del que la mitad será ditipos parentales (0,3608) y la otra mitad ditipos no parentales (0,3608).

- El porcentaje de meiosis en donde ha habido entrecruzamiento entre el gen A/a y su centrómero, pero no entre el gen leu^+/leu y su centrómero, es:

$$0{,}12 \times 0{,}82 = 0{,}0984$$

que dará lugar a tetratipos.

- El porcentaje de meiosis en donde ha habido entrecruzamiento entre el gen leu^+/leu y su centrómero, pero no entre el gen A/a y su centrómero, es:

$$0{,}18 \times 0{,}88 = 0{,}1584$$

que también serán tetratipos.

- Por último, el porcentaje de meiosis en donde ha habido entrecruzamiento entre cada gen y su centrómero es,

$$0{,}12 \times 0{,}18 = 0{,}0216$$

del que una cuarta parte dará lugar a ditipos parentales (0,0054), otra cuarta parte, a ditipos no parentales (0,0054) y la mitad, a tetratipos (0,0108) (*véase* Apartado 8.2).

Es decir, las tétradas que se obtendrían serían:

1(DP)	2(DNP)	3(T)	4(T)	5(DP)	6(T)	7(DNP)
A leu^+	A leu	A leu^+	A leu^+	A leu^+	A leu^+	A leu
A leu^+	A leu	a leu^+	A leu	a leu	a leu	a leu^+
a leu	a leu^+	A leu	a leu^+	A leu^+	A leu	A leu
a leu	a leu^+	a leu	a leu	a leu	a leu^+	a leu^+
0,3608	0,3608	0,0984	0,1584	0,0054	0,0108	0,0054

8.15. En *Neurospora crassa* el gen A/a se encuentra ligado a su centrómero (no hay entrecruzamiento) y el gen B/b se encuentra en el mismo cromosoma, a una distancia de 20 unidades de mapa. ¿Sería posible reconstruir los tipos de ascas y sus frecuencias, a partir de los cuales se dedujo la distancia de los dos genes, es decir, los DP, DNP y T?

Solución

La posición de los genes sería la siguiente:

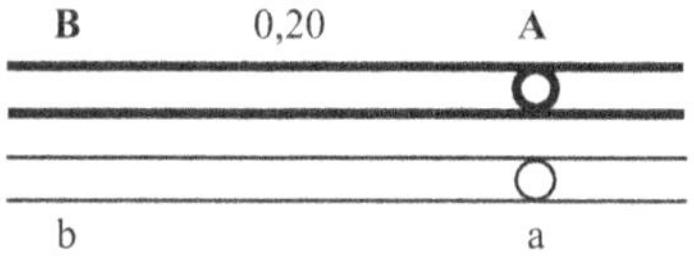

La distancia entre A y B se ha calculado teniendo en cuenta la mitad de los tetratipos (T) y todos los ditipos no parentales (DNP). Como los genes están ligados, los DNP sólo pueden haber aparecido como consecuencia de un doble entrecruzamiento entre las cuatro cromátidas. La frecuencia de dobles entrecruzamientos es $0,2 \times 0,2 = 0,04$. De este 4%, la mitad son T, la cuarta parte DP y la otra cuarta parte DNP.

Para obtener 20 u.m. se necesita un 38% de T, ya que,

$$1/2(0,38)(T) + 0,01\ (DNP) = 0,20 \text{ u.m.}$$

Como de los 0,38 T ya tenemos 0,02 que salen de los dobles entrecruzamientos, nos quedarán 0,36 T producidos por entrecruzamiento sencillo entre los dos genes.

En conjunto tendremos,

DP	T	DNP
B A	B A	b A
B A	b A	b A
b a	B a	B a
b a	b a	B a
0,61	0,38	0,01

8.16. Suponga que dispone de dos cepas de *Chlamydomonas*, cada una auxótrofa para una mutación de la tiamina distinta (thi1 y thi2), que están ligadas en el mismo cromosoma, a una distancia de 10 u.m.

a) Al cruzar ambas cepas, ¿qué tipos de asca se producirían?

b) Si recuperáramos una cepa doble mutante (thi1, thi2), ¿cuál sería el resultado de su cruce con una cepa silvestre?

Solución

a) El cruce que se efectúa es,

$$\frac{\text{thi1}^+}{\text{thi2}} \times \frac{\text{thi1}}{\text{thi2}^+}$$

Si la distancia entre los dos genes es de 10 u.m., ésta se ha calculado a partir de 0,18 tetratipos + 0,01 DNP, es decir,

$$1/2(0{,}18) + 0{,}01 = 0{,}1$$

luego,

DP	T	DNP
thi1$^+$ thi2	thi1$^+$ thi2	thi1$^+$ thi2$^+$
thi1$^+$ thi2	thi1 thi2$^+$	thi1$^+$ thi2$^+$
thi1 thi2$^+$	thi1 thi2	thi1 thi2
thi1 thi2$^+$	thi1$^+$ thi2$^+$	thi1 thi2
0,81	0,18	0,01

El 5 % de las ascosporas podrá crecer en un medio mínimo (1/4 0,18 + 1/2 0,01), mientras que el 95% restante será incapaz de sintetizar tiamina.

b) Al cruzar una cepa thi1, thi2 por una silvestre thi1$^+$, th2$^+$, obtendremos los siguientes tipos de asca,

81 % de DP, con el 50 % de ascosporas silvestre.
18 % de T, con el 25 % de ascosporas silvestres.
1 % de DNP, con el 0 % de ascosporas silvestres.

Es decir, un total de 45 % de ascosporas silvestres.

8.17. Al cruzar una cepa de *Neurospora* del tipo de apareamiento a, auxótrofa para la adenina, y una cepa A, silvestre, se aislaron 20 ascas, obteniéndose los siguientes resultados:

1.º	2.º	3.º	4.º	5.º
A +	a +	A ad	A ad	A ad
A +	a +	A +	a +	a +
a ad	A ad	a ad	a ad	A ad
a ad	A ad	a +	A +	a +
1	2	12	3	1

Se sospecha que el asca que no se pudo analizar no es de ninguno de los tipos anteriores, ¿de qué tipo de segregación podría tratarse?

Solución

Analicemos primero los tipos de ascas que tenemos. El primero, el segundo y el quinto son ditipos, y podrían ser muy bien el primero DP y el segundo y el quinto DNP. Si esto es así, los genes deben ser independientes. El tipo tercero es un tetratipo, resultado de la recombinación entre el gen ad/+ y el centrómero. El tipo cuarto es también un tetratipo, en donde los dos genes, A/a y ad/+, han recombinado con sus centrómeros. El tipo quinto es un DNP, en donde los dos genes, A/a y ad/+, también han recombinado con sus centrómeros. Si se sospecha que el asca que no se pudo analizar no es de ninguno de los tipos mostrados, podría tratarse bien de un tetratipo en donde el gen A/a ha recombinado con su centrómero, pero no el ad/+, o de un asca en donde los dos genes han recombinado con sus centrómeros, dando lugar a un DP. Como esta última posibilidad es menos frecuente, parece lógico pensar que el asca que falta es el tetratipo,

A	ad
a	ad
A	+
a	+

CAPÍTULO

HERENCIA Y CARTOGRAFÍA EN PROCARIOTAS Y FAGOS

9

Los organismos procariotas difieren de los eucariotas, entre otras muchas cosas, porque su ADN no se encuentra dentro de una membrana nuclear y no forman las estructuras, visibles al microscopio óptico, que en los eucariotas llamamos cromosomas. Su información hereditaria, codificada en una o en varias moléculas de ADN, se transmite bien asexualmente, durante el proceso de bipartición, bien mediante mecanismos llamados parasexuales, que implican recombinación genética.

9.1. TRANSMISIÓN ASEXUAL

El modo de transmisión asexual es similar, molecularmente, a lo que ocurre en los eucariotas: la molécula de ADN de la célula «madre» se duplica y cuando la célula se divida en dos células hijas, cada una recibirá la misma información que tenía la célula «madre». Se trata de un tipo de transmisión vertical, en donde la única variación que puede surgir es por mutación en el ADN. La transmisión asexual da lugar a **clones** de células idénticas.

9.2. TRANSMISIÓN PARASEXUAL

El modo de transmisión parasexual es **horizontal**, entre individuos contemporáneos. Normalmente, una bacteria dadora transfiere réplica de parte de su ADN a la receptora, con integración de éste en el ADN de la receptora mediante entrecruzamiento homólogo. Es una transferencia **no recíproca**, ya que la bacteria dadora no recibe nada a cambio. El fragmento de ADN transferido que no se integra en el ADN de la bacteria receptora termina degradándose.

Se conocen tres modos de transmisión parasexaul:

1. Por **transformación**, donde un fragmento de ADN, libre en el medio, pasa a través de la pared bacteriana y, por entrecruzamiento, una de las cadenas de dicho fragmento de ADN de la bacteria dadora se integra en el ADN de la receptora, sustituyendo a la cadena del fragmento homólogo de ésta (se produce una molécula de ADN híbrida). La receptora adquirirá la información codificada en el ADN que se ha integrado y lo transmitirá a la mitad de sus descendientes.
2. Por **conjugación**, donde una bacteria establece un puente citoplasmático con otra bacteria y le transfiere parte de la réplica de su ADN. La bacteria dadora puede establecer dicho puente gracias al plásmido F integrado en su cromosoma (llamada bacteria Hfr), careciendo la receptora (llamada bacteria F^-) de dicho plásmido. La integración de dicho ADN en la bacteria receptora sigue los mismos pasos que en la transformación.

   Hay dos variantes en este proceso:

   2.1. Si la bacteria dadora tiene el plásmido F libre en su citoplasma (llamada bacteria F^+), entonces lo que pasa a la bacteria receptora es sólo una réplica del plásmido, convirtiendo a la bacteria receptora en F^+.

   2.2 Si la bacteria dadora (llamada bacteria F′) tiene integrado en su plásmido un fragmento de ADN bacteriano, este se transferirá a la receptora, convirtiéndola en F′ y en diploide parcial (merozigoto) para aquellos genes de la bacteria que le han sido transferidos a través del plásmido. Este proceso se denomina **sexducción**.

3. Por **transducción**, en donde un bacteriófago es el vehículo que transfiere un fragmento de ADN de una bacteria a otra. Existen dos tipos, la generalizada y la especializada.

3.1. En la **transducción generalizada**, un fago (virulento o lítico) lisa una bacteria y, durante la construcción de nuevas partículas víricas, se empaqueta accidentalmente un fragmento del ADN de la bacteria lisada, el cual es inyectado en la bacteria (lisogénica) receptora.

3.2. En la **transducción especializada**, el fago (lisogénico) no lisa inmediatamente la bacteria que infecta, sino que se integra en su cromosoma por entrecruzamiento homólogo. Cuando finalmente se separe, puede llevarse un pequeño fragmento de la bacteria de la zona en donde se insertó, que transferirá a la bacteria receptora que infecte.

En todos los casos, la transferencia tendrá éxito siempre que el ADN extraño se integre en el cromosoma de la bacteria receptora. Esto permitirá medir frecuencias de entrecruzamiento entre genes bacterianos próximos y cartografiar sus posiciones en el cromosoma.

9.3. CARTOGRAFIADO DE GENES

Aunque las mutaciones de algunos genes se pueden identificar por sus efectos morfológicos, la gran mayoría se identifica por su intervención en el metabolismo bacteriano: capacidad de metabolizar o no ciertas sustancias, de sintetizar o no ciertas vitaminas, aminoácidos, etc., o de resistir a virus o antibióticos. La manera de cartografiar dichos genes, se basa en los modos de transmisión de la información genética entre bacterias.

- Por **transformación**: como la molécula de ADN que se introduce no puede ser muy grande (una media de 20.000 pb), no contendrá muchos genes. Esto permite establecer ligamiento entre genes que se encuentren en el mismo fragmento (cotransformación) y además medir la distancia en frecuencia de recombinación entre estos genes ligados.

Cartografía de dos genes.

Supongamos que obtenemos el ADN de una bacteria, que es resistente a la estreptomicina y es capaz de fermentar el manitol (srt^r mtl^+). Con este ADN transformamos otra bacteria sensible a la estreptomicina y que no puede fermentar el manitol (srt^s mtl^-) (Figura 9.1).

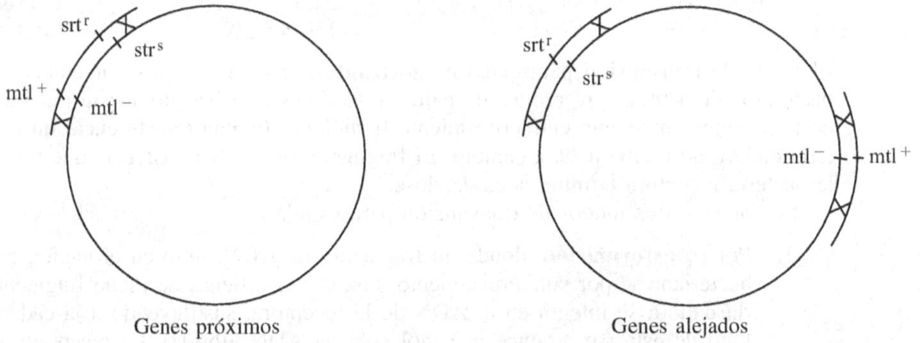

Figura 9.1. Integración en el cromosoma bacteriano si los genes se encuentran próximos, en el mismo fragmento, o si los genes se encuentran alejados, en fragmentos distintos.

La integración de dos genes próximos, situados en el mismo fragmento, requerirá dos entrecruzamientos (X), mientras que si estos genes se encuentran en dos fragmentos distintos su integración requerirá cuatro entrecruzamientos en la misma célula, dos por cada fragmento. La probabilidad de este último suceso será muchísimo menor, lo que nos indicará su ligamiento o lejanía.

Una vez determinada la situación de los dos genes en un fragmento por la mayor frecuencia de su cotransformación, la frecuencia de recombinanción se obtiene sumando los sucesos de integración de uno u otro gen en la bacteria receptora (los cuales serán consecuencia del entrecruzamiento entre los dos genes), y dividiendo por el número total de sucesos de transformación (sencillos y dobles) en donde han intervenido dichos genes.

Cartografía de tres o más genes.

Una vez determinada la proximidad de tres genes por cotransformación, se puede establecer sus distancias relativas como antes por parejas y a partir de éstas establecer el orden en el que se encuentran en el cromosoma.

- Por **conjugación**: en este caso, el modo de transferencia permite establecer el orden secuencial de entrada en la bacteria receptora, en función de los minutos que tarda cada gen en entrar y en integrarse desde el inicio de la conjugación. En *Escherichia coli* el tiempo que tarda en pasar el cromosoma completo de una bacteria Hfr a una F^- es de 90 minutos. El inicio de la transferencia coincide con el punto de integración del factor F en el cromosoma de la cepa dadora Hfr.

  La conjugación permite también averiguar la frecuencia de recombinación entre genes, una medida más precisa de establecer la distancia entre los genes. Por ejemplo, dados tres genes, a^+, b^+ y c^+, de los que sabemos por conjugación que entran en el orden dado, la técnica consiste en seleccionar aquellas colonias en donde se haya integrado el último de ellos, el c^+ en este caso. Esto nos asegura el análisis de todos los casos en donde los tres genes de la bacteria dadora han tenido ocasión de recombinar y sustituir los genes de la bacteria receptora. Se pueden dar cuatro situaciones (Figura 9.2).

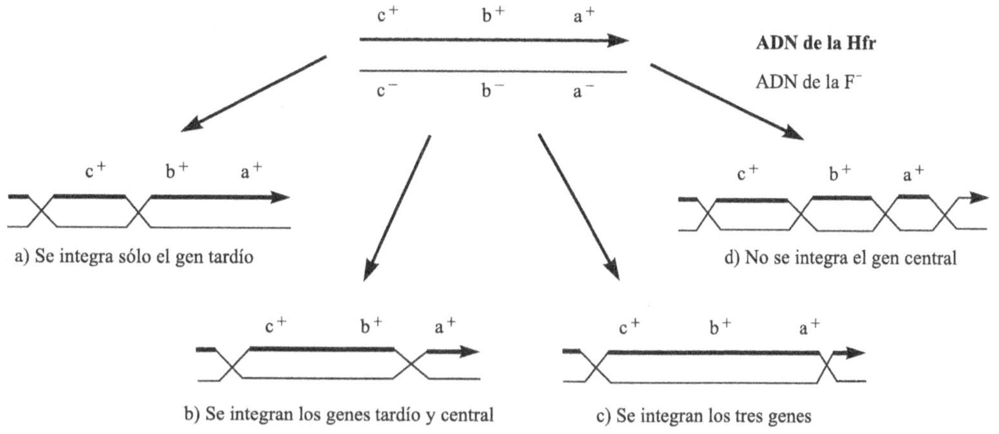

Figura 9.2. Integración de genes transferidos por una cepa Hfr en una cepa F^-.

La situación mas frecuente será la c), ya que se trata de dos entrecruzamientos alejados. Cuanto mas próximos se produzcan los entrecruzamientos, como en las situaciones b) y a), menor será su probabilidad. La situación menos probable será la integración del primero y del último gen, pero no la del central (d), lo que implicará cuatro entrecruzamientos, por ello, el caso menos frecuente nos indicará cuál de los genes es el central. Todo esto es aplicable a la integración de un ADN libre por transformación.

- Por **transducción**: como en la transformación, el tamaño de la molécula de ADN que el fago puede transducir nos limitará los genes que se pueden cotransducir. Al igual que en la transformación y en la conjugación, podremos calcular la frecuencia de cotransducción y posteriormente la de recombinación.

9.4. HERENCIA Y CARTOGRAFÍA EN FAGOS

Para el estudio de la herencia de los virus que parasitan bacterias, hay que tener en cuenta la existencia de **fagos líticos** y **fagos lisogénicos**.

El principal efecto de un fago lítico al replicarse en el interior de la bacteria es dar lugar a una calva de lisis en un cultivo bacteriano. Se conocen muchas mutaciones que producen distintos tipos de calva. Para estudiar la herencia de estas mutaciones se realizan infecciones mixtas de fagos con características diferentes, lo que en parte equivale al cruce en organismos eucariotas, pero con notables diferencias. Normalmente, una célula es infectada por más de una partícula vírica, y éstas, al multiplicarse en su interior, pueden sufrir entrecruzamiento un número variable de veces. Esto da lugar a valores de interferencia negativos.

Con estas infecciones mixtas se puede estudiar la complementación entre mutaciones. Como vimos en el Capítulo 3, dos mutaciones complementan si afectan a genes distintos, lo que dará lugar a que la función lítica de los fagos se realice como en los fagos silvestres. Si no complementan es que las mutaciones afectan al mismo gen, por lo que la función de los dos fagos que intervienen en la infección mixta seguirá siendo mutante.

Además, en una infección mixta se puede estudiar el entrecruzamiento entre las moléculas hereditarias de los dos fagos, lo que nos llevará a estimar frecuencias de recombinación y a cartografiar sus genes. Curiosamente, salvando los aspectos técnicos de cultivo, la elaboración de un mapa de tres genes en fagos es muy similar a como se realiza en eucariotas.

PROBLEMAS RESUELTOS

9.1. En una experiencia de conjugación se cruzaron las cepas prototrofas Hfr (P4X-6) y Hfr (AB735) con una cepa (AB1157) auxotrofa para prolina (pro), treonina (thr), leucina (leu), arginina (arg) e histidina (his), encontrándose los siguientes tiempos de transferencia (en minutos):

	Hfr (P4X-6) × AB1157	Hfr (AB735) × AB1157
pro$^+$	4	9
thr$^+$/leu$^+$	12	18
arg$^+$	40	35
his$^+$	65	5

Independientemente de los valores absolutos de transferencia, que pueden variar de un experimento a otro,

a) ¿Qué diferencia encuentra entre las dos cepas Hfr?

b) ¿Podría dar una explicación genética a estos resultados?

Solución

a) El gen de la histidina, que entra el último en el cruce con P4X-6, entra el primero en el cruce con AB735, pero la secuencia de entrada de los otros genes no se corresponde con una integración del factor F en dirección opuesta antes del gen his$^+$, ya que si fuera así debería entrar primero arg$^+$, luego thr$^+$/leu$^+$ y luego pro$^+$.

b) La explicación podría ser una transposición del gen de la histidina. El fragmento de ADN en donde se encuentra dicho gen habría cambiado de lugar y se habría situado «delante» del gen de la prolina.

9.2. En un experimento de conjugación interrumpida, se puso en contacto una cepa silvestre Hfr de *Escherichia coli* con una F$^-$, auxotrofa para los genes argG, lysA, metC y serA. La conjugación se interrumpió 15 minutos después. Analizado el resultado, el 70 % de las colonias eran lys$^+$; el 55 %, ser$^+$; el 30 %, met$^+$; y ninguna, arg$^+$.

a) Para que el análisis del resultado de la conjugación pueda realizarse, es necesario que las dos bacterias que intervienen lleven algún otro marcador genético, ¿podría indicar cuál?

b) ¿Qué gen está situado mas lejos del factor F?

c) Indique el genotipo completo de las bacterias recuperadas al interrumpir la conjugación.

Solución

a) La bacteria dadora (Hfr) tiene que llevar un marcador sensible a algún antibiótico, por ejemplo a la estreptomicina (Str^s), mientras que la receptora tiene que llevar el marcador resistente (Str^r). De esta manera, después de interrumpir la conjugación, al sembrar las bacterias en un medio completo que tenga estreptomicina, únicamente podrán formar colonias las bacterias resistentes, las F$^-$.

b) Si después de 15 minutos en contacto las bacterias receptoras no se han transformado para la argG, ello indicaría que dicho gen es el mas alejado del factor F y no ha tenido tiempo de entrar en la bacteria receptora e integrarse.

c) Para indicar el genotipo de las colonias, lo mejor es entender cómo se puede determinar su genotipo. Una vez interrumpida la conjugación, realizada en un medio líquido, se siembran las bacterias, con la dilución adecuada, en un medio sólido mínimo, suplementado con los cuatro aminoácidos (o medio completo) y estreptomicina. De esta manera sólo crecerán las bacterias F^-, transformadas o no, pero no las Hfr. Posteriormente se replicarán las colonias en placas de cultivo de la manera que indica el dibujo.

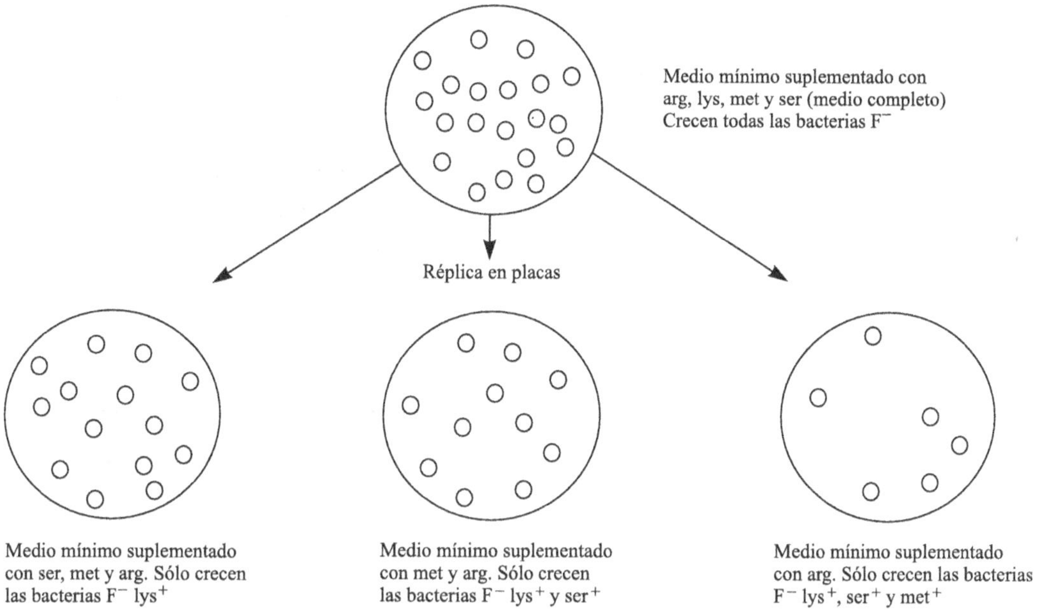

La frecuencia de transformación depende tanto del tiempo transcurrido desde la entrada del gen en la bacteria receptora hasta el momento de la interrupción, como de la probabilidad de integración del fragmento que ha entrado. Por ello, los genotipos posibles de las bacterias F^-, una vez interrumpida la conjugación, serán los siguientes:

	lys	ser	met	arg	Frecuencia	Suplemento
1	+	–	–	–	las más frecuentes	ser met arg
2	+	+	–	–	menos frecuentes que 1	met arg
3	+	+	+	–	poco frecuentes	arg
4	+	–	+	–	muy poco frecuentes	aparecen con 1
5	–	+	+	–	muy poco frecentes	
6	–	+	–	–	muy poco frecuentes	se encuentran entre las no transformadas
7	–	–	+	–	muy poco frecuentes	
8	–	–	–	–	no transformadas	

Por ejemplo, la clase 4, que detectaríamos suplementando las F^- con ser y arg, es muy poco frecuente porque, además del tiempo que tarda el gen met en transferirse, los entrecruzamientos necesarios para la no integración del gen de la serina serían cuatro.

9.3. Se dispone de cuatro cepas Hfr de *Escheridia coli*, que pueden crecer en un medio mínimo. Para averiguar el orden de los genes en el cromosoma, se realizaron experimentos de conjugación interrumpida utilizando una cepa F^-, auxotrofa para diversos aminoácidos. El orden de transferencia de los genes (del 1.º al 4.º) fue el siguiente:

		Cepas Hfr			
		1	2	3	4
Orden de entrada	1.º	J	G	B	G
	2.º	K	H	C	F
	3.º	A	I	D	E
	4.º	B	J	F	D

a) ¿Cuál es el orden de estos genes en el cromosoma bacteriano?

b) Si en lugar de realizar interrupciones periódicas, se hubiera interrumpido el proceso una vez transferidos todos los genes, ¿qué técnicas de cultivo permitirían conocer el orden de transferencia?

c) Suponga ahora que al imprimir los datos del cuadro anterior, las columnas se han considerado filas y las filas columnas, resultando lo siguiente:

		Cepas Hfr			
		1	2	3	4
Orden de entrada	1.º	J	K	A	B
	2.º	G	H	I	J
	3.º	B	C	D	F
	4.º	G	F	E	D

De acuerdo con su respuesta anterior sobre el orden de los genes, ¿podría sacar alguna conclusión de estos datos?

Solución

a) Ordenando los genes en función de su entrada, en un cromosoma circular, tendríamos:

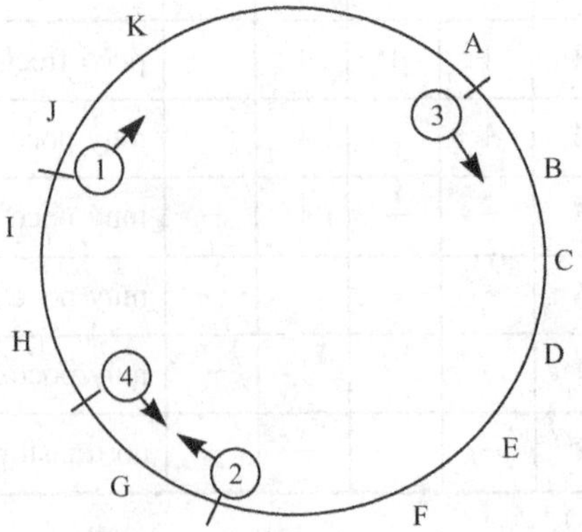

En donde los números dentro de círculos indican el factor F de las distintas cepas Hfr y su punto de integración, y las flechas, la dirección de transferencia de los genes.

b) Una vez interrumpida la transferencia, y eliminadas las bacterias Hfr (que tendrían que ser sensibles, por ejemplo, a la estreptomicina), las bacterias F^- (que tendrían que ser resistentes) se sembrarían, con la adecuada dilución, en un medio completo, en donde crecerían todas. Posteriormente, mediante el método de la réplica en placas (*véase* el Problema 9.2), se observaría lo siguiente: en un medio mínimo sólo crecerían las pocas bacterias que hubieran integrado los cuatro genes transferidos, en medios mínimos con suplementos sencillos, dobles o triples, podríamos averiguar cuál ha sido el orden de transferencia, por ejemplo, utilizando la cepa 1 y los siguientes medios mínimos suplementados, detectaríamos un mayor o menor número de colonias:

J	K	A	B	J + K	J + A	J + B	K + A	K + B	A + B	J + K + A	J + K + B	K + A + B
+	+	+	+ +	+	+	+	+	+	+ + +	+	+	+ + + +

En donde hay un signo + detectaríamos, aproximadamente, el mismo número de colonias que aquellas bacterias que hubieran integrado los cuatro genes.

El número de colonias sería mayor al suplementar el medio mínimo sólo con B, ya que crecerían tanto aquellas bacterias que hubieran integrado los cuatro genes, como las que hubieran integrado sólo J, K y A; esto implica que el gen B ha entrado el último. En el medio suplementado con A + B detectaríamos un mayor número de colonias, lo que indicaría que el gen A ha entrado antes que B, pero después que J y K (al entrar antes ha tenido mayor oportunidad de integrarse y de transformar las bacterias F^-). Finalmente, al suplementar con K + A + B detectaríamos aún mas colonias, lo que indicaría que el gen K ha entrado antes que A, luego el gen J habría entrado el primero.

c) Detectaríamos varias incongruencias, por ejemplo, la cepa 1 transferiría dos genes G como 2.º y 4.º gen, lo cual es imposible; la cepa 2 podría explicarse por una inversión de la zona con los genes K y H; la cepa 3 requeriría la posición invertida del factor F, y la transposición de los genes D y E; por último, la cepa 4 tendría que transferir más de una vuelta completa, o una transposición de los genes F y D detrás del J. Realmente los datos resultarían bastante incoherentes.

9.4. En un experimento de conjugación interrumpida, se utilizaron cuatro cepas Hfr, cada una de las cuales transfería distintos marcadores genéticos a cepas F^- en los minutos que se señalan a continuación (no se cuenta el tiempo previo a la integración del primer marcador):

Cepas	**Marcadores y tiempos**									
PK19	uvr C	1	serC	23	lacA	35	pyrB	47		
J4	pyrB	5	lacS	15	ser C	29	trp	36	pheS	47
KL98	lysA	10	argR	19	dnaA	31	metB	37	pil	47
Hfr6	lacA	1	tonA	5	pil	10	pyrB	12	lysA	47

Indicar,

a) La secuencia génica tal como se encuentra en el cromosoma.

b) Los puntos de inserción y la orientación de los factores F.

c) En las cuatro cepas el tiempo de transferencia dura 47 minutos, ¿tiene esto algún significado? Explíquelo.

Solución

a) Lo primero es calcular el tiempo que hay entre cada gen, simplemente restando su tiempo de entrada respecto del tiempo de entrada del gen anterior,

PK19	(1)	uvr C	(22)	ser C	(12)	lacA	(12)	pyrB		
J4	(5)	pyrB	(10)	lacS	(14)	ser C	(7)	trp	(11)	pheS
KL98	(10)	lysA	(9)	arg	(12)	dnaA	(6)	metB	(10)	pil
Hfr6	(1)	lacA	(4)	tonA	(5)	pil	(2)	pyrB	(35)	lysA

A continuación hay que ordenar las secuencias, alineando los mismos genes transferidos por las distintas bacterias (señalados en cursiva y negrita), lo cual dos dará el orden de entrada y su orientación (hacia la derecha o hacia la izquierda). La posición de los genes que se han transferido por una sola cepa quedará, de momento, algo indeterminada.

PK19 (1)uvrC(22)***serC***(12)***lacA***(12)		***pyrB***			
Hfr6		(1)***lacA***(4)tonA(5)***pil***(2)***pyrB***(35)		***lysA***	
		pil(10)	metB(6)dnaA(12)arg(9)***lysA***(10)**KL98**		
phes(11)trp(7)	***serC***(14)	lacS(10)	***pyrB***(5)		**J4**

b) Finalmente, hay que ir ordenando los genes de las cuatro experiencias, teniendo en cuenta sus distancias. Por ejemplo, en la cepa PK19, la distancia entre uvrC y serC es de 22 minutos. En la cepa J4, trp está a 7 minutos de serC y pheS a 18 (7 + 11), luego estos dos genes «caben» entre los genes uvrC y serC, y aún sobran 4 minutos (22 − 18), que sería la distancia entre pheS y uvrC. De esta manera compondríamos el siguiente mapa,

PK19 **Hfr6** **J4** **KL98**

➤ uvr C pheS trp ser C ➤ lacA lacS tonA pil pyrB ◀ metB dnaA arg lysA ◀

(1) (4) (11) (7) (12) (1) (1) (3) (5) (2) (5) (3) (6) (12) (9) (10)

Las flechas indican el punto en donde estaba integrado el factor F en las distintas cepas Hfr, así como el sentido de la transferencia de los genes.

c) El único significado que tiene es que la interrupción de la conjugación en estas cuatro experiencias se realizó después de 47 minutos de iniciada la transferencia.

9.5. En un experimento de conjugación, se puso en contacto una cepa Hfr, prototrofa y sensible a la estreptomicina (str^s), con una cepa F$^-$, auxotrofa para metA$^-$, lysA$^-$ y thyA$^-$, y resistente a la estreptomina (srt^r); una vez pasado un tiempo prudencial, se interrumpió la conjugación y se sembraron las bacterias en un medio mínimo, suplementado con metionina (met), al que se le añadió estreptomicina.

a) ¿Cuáles de estas cepas crecerán en dicho medio?

1. metA$^-$, lysA$^-$, thyA$^-$.
2. metA$^+$, lysA$^-$, thyA$^-$.
3. metA$^-$, lysA$^+$, thyA$^-$.
4. metA$^-$, lysA$^-$, thyA$^+$.
5. metA$^+$, lysA$^+$, thyA$^-$.
6. metA$^+$, lysA$^-$, thyA$^+$.
7. metA$^-$, lysA$^+$, thyA$^+$.
8. metA$^+$, lysA$^+$, thyA$^+$.

b) ¿Aparecerán muchas colonias?, ¿qué tipo de ellos será el más frecuente?

Solución

a) Crecerá sólo la cepa 7, que es prototrofa para lys y thy, y la cepa 8, prototrofa para los tres metabolitos.

b) Como la estreptomicina habrá eliminado a las bacterias Hfr, las bacterias F$^-$ sobrevivirán en dicho medio mínimo suplementado con metionina si han integrado los genes lys$^+$ y thy$^+$, esto dependerá de cómo se ha transferido el ADN de la cepa Hfr a las bacterias F$^-$. Supongamos que los genes lys y thy se encuentran muy próximos, y que el gen met está alejado de éstos. Si la transferencia se inicia por el gen met y ha transcurrido el tiempo suficiente para que también entren lys y thy, se detectarán pocas colonias, de las cuales habrá muchas del tipo 8. Si la orientación de la transferencia es la contraria, como los primeros genes que entrarán serán thy y lys, se detectarán muchas colonias (que serán del tipo 7), de las que muy pocas serán del tipo 8.

9.6. Se conocen al menos cuatro genes que intervienen en la síntesis de la metionina, situados en distintos puntos del cromosoma de *E. coli*. Si se le suministra una cepa auxotrofa para la metionina, ¿cómo podría averiguar el alelismo de dicho gen con alguno de los otros cuatro?

a) Utilizando el sistema de transferencia de genes por conjugación.

b) Utilizando el ADN en un proceso de transformación.

c) En un experimento de transducción generalizada con el fago P1.

d) En un experimento de transducción especializada con el fago lambda.

Razone en cada caso su respuesta e indique cuál de los métodos escogería como más adecuado.

Solución

Lo primero a tener en cuenta es que los cuatro genes que intervienen en la síntesis de la metionina, lo hacen en distintos puntos de la vía metabólica y que nuestro mutante puede ser alelo de cualquiera de ellos. Estos cuatro genes tendrán su localización definida en el mapa de *E. coli*.

a) Para utilizar el proceso de la conjugación, tendríamos que disponer de una cepa Hfr, prototrofa, sensible a la estreptomicina, de la que tendríamos que saber la situación de los distintos genes met^+. La cepa auxotrofa para la metionina suministrada tendría que ser F^-, y resistente a la estreptomicina (o disponer de algún otro sistema selectivo que permitiera eliminar a las bacterias Hfr).

Mediante el sistema de conjugación interrumpida, habría un momento en que el gen met^+ introducido fuera alelo del gen met^- de la bacteria receptora, integrándose de manera homóloga y transformándola en prototrofa. En cada una de las interrupciones, se sembrarían las bacterias en un medio mínimo, con estreptomicina. Únicamente habría crecimiento coincidiendo con la entrada del alelo normal del gen de la metionina.

b) Mediante un proceso normal de transformación sería complicado conocer el alelismo de nuestro mutante con uno de los cuatro genes met^+. Trocear el ADN de una bacteria prototrofa para transformar nuestra bacteria met^- no nos resolvería nada, no sabríamos cuál de los fragmentos habría transformado nuestra bacteria y, por ello, para cuál de los genes met^+ sería alelo.

Una posibilidad sería disponer de cuatro cepas, prototrofas para cada uno de los cuatro genes met y auxotrofas para los tres restantes. Mediante un proceso de transformación, aquella cepa que suministrara el ADN capaz de transformar a nuestra cepa nos daría la clave de para qué gen podría ser alelo.

c) Con una transducción generalizada nos ocurriría lo mismo que con la transformación, no sabríamos qué fragmento ha transducido el fago, y por ello no podríamos conocer el alelismo de nuestro mutante. Existiría la misma posibilidad que con la transformación, que ya hemos comentado.

d) Una transducción especializada solamente transduce los genes próximos al lugar de integración del fago, luego en nuestro caso no nos sería útil en absoluto.

Probablemente, el método más adecuado fuera el segundo. Disponer de cuatro cepas mutantes triples para los genes de la metionina sería posible solicitándolas a otros laboratorios o centros de conservación de variedades. El experimento de transformación es sencillo de realizar.

9.7. Se dispone de ocho cepas de *E. coli*, cuatro auxotrofas para la prolina (pro), que denominamos a, b, c y d, y cuatro auxotrofas para la arginina (arg), que denominamos, e, f, g y h. Las mezclamos en un tubo de ensayo con medio nutritivo, en las 16 combinaciones posibles, y luego de incubarlas las sembramos en placas de petri con medio mínimo para determinar las colonias prototrofas (pro^+ y arg^+). El resultado es que en algunos casos no aparecen colonias (0) y en otros, el número es variable.

	a	b	c	d
e	0	0	0	12
f	0	0	0	4.800
g	295	8	10	0
h	0	0	0	302

Determine de qué tipo son (Hfr, F^+, F′ o F^-) cada una de las cepas.

Solución

Para solucionar este problema hay que tener en cuenta las características de cada una de las cepas. Si se ponen en contacto dos cepas con el plásmido F (Hfr, F^+ o F′) no habrá transferencia de información entre ellas. Si una cepa Hfr y una F^- se ponen en contacto, la cepa Hfr transferirá genes a la F^- con una frecuencia elevada. Si una F^+ se pone en contacto con una F^-, únicamente en el caso de que el factor F libre en el citoplasma de la F^+ se integre en el cromosoma, lo que en un conjunto de bacterias ocurrirá en alguna de ellas, podrá haber, con baja frecuencia, transferencia de información y transformación. Sin embargo, si la cepa es F′, y en el plásmido se encuentra uno de los genes normales que no se encuentra en la cepa receptora, al entrar en contacto y transferir el plásmido, éste convertirá a todas las que lo reciban en diploide parcial, por lo que podrán crecer en un medio mínimo.

Por otro lado, hay que tener en cuenta que las cepas prototrofas para la prolina serán auxotrofas para la arginina y viceversa.

En resumen, tendremos que las cepas **d** y **g** serán F^-, ya que son las únicas que aceptan la transferencia de genes y además entre ellas (**d** × **g**) no hay transferencia; la cepa **f** probablemente será F′, ya que si lleva el gen pro^+ en el factor F, al establecer contacto con bacterias F^- les transferirá en frecuencia muy elevada el gen normal y las convertirá en prototrofas; las cepas **b**, **c** y **e** serán F^+, ya que transfieren a la receptora el gen correspondiente en baja frecuencia; finalmente, las cepas **a** y **h** serán Hfr, ya que transfieren el gen en mayor frecuencia que **b, c** y **e,** que son F^+.

9.8. Nester y colaboradores llevaron a cabo un experimento de transformación en *Bacillus subtilis* utilizando como cepa dadora una cepa silvestre, prototrofa, y como receptora una cepa mutante, auxotrofa para los aminoácidos triptófano (trp^-), histidina (his^-) y tirosina (tyr^-). El número de colonias que se desarrollaron en los diferentes medios selectivos fue el siguiente:

n.º	trp	his	tyr
11.940	+	+	+
3.660	−	+	+
2.600	+	−	−
1.180	+	+	−
685	−	−	+
418	−	+	−
107	+	−	+

a) ¿Por qué en los datos no aparece la clase (− − −)?

b) ¿Qué medios selectivos emplearon?, o dicho de otra manera, ¿cómo averiguaron el número de colonias de cada tipo?

c) ¿Cuál es la frecuencia a la que el gen trp se cotransforma con el gen his?

d) ¿Cuál es la distancia entre los genes?

Solución

a) La cepa (− − −) es precisamente la receptora, que no aparece en los datos al menos por dos razones: todas las colonias no transformadas serán (− − −), lo que dependerá de factores distintos del fenómeno de la recombinación, que es lo que ha ocurrido con el resto de colonias que se han detectado; por otro lado, el número de bacterias, y por tanto de colonias, que han integrado uno, dos o los tres genes, son datos cuantitativos precisos (crece un número dado de colonias en el medio adecuado), datos difíciles de conseguir para las bacterias no transformadas (crecerán todas en un medio completo).

b) Los medios selectivos empleados serían varios. Primero se sembrarían bacterias, con la dilución adecuada para que las colonias que se formaran provinieran de una sola bacteria, en tres medios mínimos, suplementados cada uno de ellos con dos de los tres aminoácidos, por lo que detectaríamos bacterias prototrofas para cada uno de los tres aminoácidos no añadidos al medio mínimo:

	Medio mínimo		
Suplemento doble	**trp + his**	**trp + tyr**	**his + tyr**
Prototrofa para	**tyr**	**his**	**trp**
Número de colonias	11.940 3.660 685 107	11.940 3.660 1.180 418	11.940 2.600 1.180 107
Total	16.392	17.198	15.827

Las colonias que ya sabemos son prototrofas para cada uno de estos aminoácidos, ya que han crecido en el medio mínimo suplementado correspondiente, se siembran por el método de réplica en placa en medios mínimos, no suplementados o suplementados con un solo aminoácido:

	Medio mínimo								
Prototrofa	**tyr**			**his**			**trp**		
Suplemento	**NO**	**his**	**trp**	**NO**	**trp**	**tyr**	**NO**	**his**	**tyr**
Colonias	11.940	12.047	15.600	11.940	15.600	13.120	11.940	12.047	13.120
Auxotrofas sólo para		107	3.660		3.660	1.180		107	1.180

Las 11.940 colonias que crecen en medio mínimo, no suplementado, son prototrofas para los tres aminoácidos. Las colonias que son auxotrofas para un solo aminoácido son las indicadas en la tabla anterior (por ejemplo, 11.940 + 107 = 12.047, etc.). Sólo nos queda averiguar, mediante una simple resta, las que son auxotrofas para dos aminoácidos, por ejemplo, el número de colonias que son auxotrofas para trp e his lo obtendremos restando:

16.392	colonias suplementadas con trp e his
−11.940	colonias que son prototrofas para trp e his
−107	colonias que son auxotrofas sólo para his
−3.660	colonias que son auxotrofas sólo para trp
685	colonias auxotrofas tanto para his como para trp

y haremos lo mismo para las otras dos parejas de auxotrofas.

c) El número total de colonias trp transformadas es 11.940 + 2.600 + 1.180 + 107 = 15.827. De éstas, ha habido 11.940 + 1.180 = 13.120 cotransformadas trp-his, luego la frecuencia de cotransformación será:

$$\frac{13.120}{15.827} \times 100 = 82{,}9\,\%$$

d) Para hallar la distancia entre dos genes tendremos en cuenta el número de entrecruzamientos habidos entre ellos, es decir, los recombinantes (+ −) y (− +), dividido por el total de colonias transformadas por dichos genes, es decir, (+ +), (+ −) y (− +). No se tiene en cuenta, lógicamente, las colonias (− −) no transformadas.

Distancia entre	N.º de colonias recombinantes	N.º de colonias transformadas	Distancia
trp-his	3.660 + 2.600 + 418 + 107 = 6.785	19.905	0,341
trp-tyr	3.660 + 2.600 + 1.180 + 685 = 8.125	20.172	0,403
his-tyr	1.180 + 685 + 418 + 107 = 2.390	17.990	0,133

Los genes mas alejados son trp y tyr, luego el gen para la histidina está en medio:

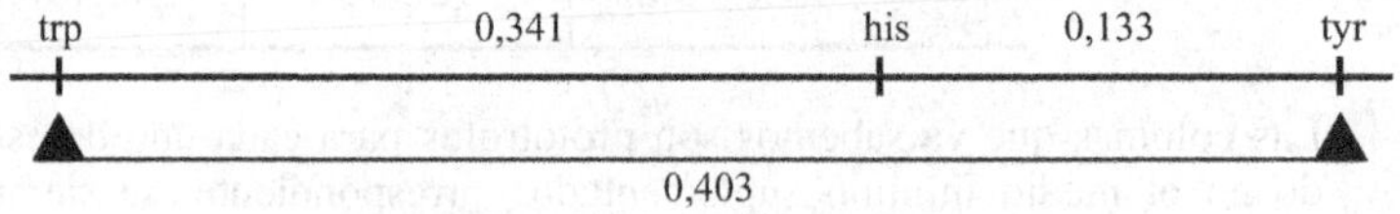

9.9. En un experimento, se utilizó el ADN de una bacteria prototrofa para $metA^+$, $lysA^+$ y $thyA^+$, con el fin de transformar una cepa auxotrofa para estos mismo genes; se sabe que el gen metA está muy alejado de los otros dos, lysA y thyA, los cuales se encuentran íntimamente ligados. ¿Podría ordenar las siguientes clases de la más frecuente a la menos frecuente, suponiendo que el gen lysA se encuentra entre los otros dos?

1. $metA^+$, $lysA^-$, $thyA^-$.
2. $metA^-$, $lysA^+$, $thyA^-$.
3. $metA^-$, $lysA^-$, $thyA^+$.
4. $metA^+$, $lysA^+$, $thyA^-$.
5. $metA^+$, $lysA^-$, $thyA^+$.
6. $metA^-$, $lysA^+$, $thyA^+$.
7. $metA^+$, $lysA^+$, $thyA^+$.

Razone su respuesta.

Solución

Si el gen metA está muy alejado de los otros dos, seguro que se encuentra en un fragmento de ADN transformante distinto del fragmento en donde, por estar íntimamente ligados, podemos suponer que se encuentran los otros dos genes. No sabemos el tamaño de los dos fragmentos transformantes, pero los podemos suponer aproximadamente iguales; supongamos también que el tamaño de los genes es similar. En la multitud de fragmentos de ADN transformante generados al azar, tendremos,

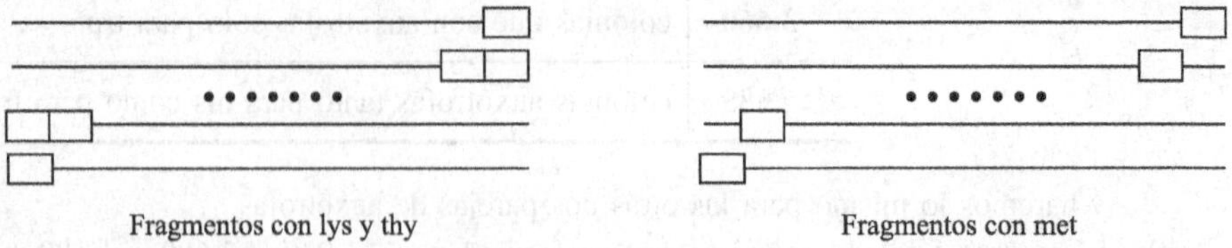

La clase más frecuente será aquélla en la que se haya integrado el gen met^+ y también aquélla en la que se hayan integrado los fragmentos con lys y thy. A continuación vendrán las clases en donde se haya integrado uno de los dos genes ligados, lys o thy, lo que requerirá también dos entrecruzamientos, mas próximos, ya que uno de ellos se tendrá que producir entre los dos genes, y por ello con menor probabilidad. Con menor frecuencia se dará la clase en la que se hayan integrado los dos fragmentos, ya que requerirá cuatro entrecruzamientos, siendo la clase menos frecuente la que integre sólo uno de los dos genes ligados y el gen met.

1. $metA^+$, $lysA^-$, $thyA^-$;	1.º La más frecuente.
2. $metA^-$, $lysA^+$, $thyA^-$;	3.º Poco frecuente.
3. $metA^-$, $lysA^-$, $thyA^+$;	4.º Poco frecuente (similar a la 3.ª).
4. $metA^+$, $lysA^+$, $thyA^-$;	6.º La menos frecuente.
5. $metA^+$, $lysA^-$, $thyA^+$;	7.º La menos frecuente (similar a la 6.ª).
6. $metA^-$, $lysA^+$, $thyA^+$;	2.º Muy frecuente (casi igual que la 1.ª).
7. $metA^+$, $lysA^+$, $thyA^+$;	5.º Muy poco frecuente.

9.10. En un experimento, se utiliza el ADN de una bacteria auxotrofa para $metA^-$, $lysA^-$ y $thyA^-$, con el fin de transformar una cepa prototrofa para estos mismo genes. ¿Cómo podría averiguar que se ha realizado la integración del ADN donante, total o parcialmente, en la bacteria receptora?

Solución

En este caso, una bacteria silvestre va a ser transformada a mutante, lo contrario del problema anterior. En un cultivo en medio líquido de bacterias normales, añadiríamos ADN troceado procedente de una bacteria $metA^-$, $lysA^-$ y $thyA^-$. Para comprobar la transformación sembraríamos en un medio sólido completo las bacterias que se han sometido a la transformación, en donde todas darían lugar a colonias, y luego, mediante réplica en placas resembraríamos en una serie de medios.

En un medio mínimo crecerían sólo las bacterias que no se hubieran transformado. En un medio mínimo suplementado con met crecerían, además, las que hubieran integrado el gen met^-, y así sucesivamente.

Sería complicado llevar a cabo una experiencia en negativo, es decir, preparar medios completos a los que les faltara un determinado aminoácido, en donde no crecieran las bacterias que hubieran integrado el gen mutante correspondiente.

9.11. Levinthal y Visconti llevaron a cabo una infección mixta de fagos T2, mutantes para la amplitud de huésped (h) y para lisis rápida (r), y de fagos normales (h^+ r^+), recuperando los siguientes tipos de fagos:

h^+ r^+	736
h^+ r	19
h r^+	20
h r	702

Interprete genéticamente estos resultados.

Solución

Dado el genotipo de los fagos que se utilizaron en la infección mixta, h^+ r^+ y h r, los fagos que aparecen con una sola mutación h^+ r y h r^+, tienen que haber surgido por entrecruzamiento entre las moléculas «paternas» dando lugar a los fagos recombinantes. La frecuencia será simplemente,

$$\frac{19 + 20}{736 + 19 + 20 + 702} = 0{,}026$$

9.12. Hershey y Rotman utilizaron la infección mixta del fago T2 en *E. coli* para demostrar la recombinación entre cromosomas víricos. Las cepas utilizadas fueron una que presentaba variación en cuanto a la amplitud de huésped (h^+/h) y una serie de mutantes que tenían en común provocar lisis rápida (r^+/r), y que llamaron r1, r7 y r13. Al cruzar virus doble mutantes con fagos normales, aproximadamente en proporciones similares, los resultados que obtuvieron fueron los siguientes (en porcentajes):

Cruce	$h^+ r^+$	$h r^+$	$h^+ r$	$h r$
h r1 × $h^+ r^+$	44	14	13	29
h r7 × $h^+ r^+$	42	7,8	7,1	43
h r13 × $h^+ r^+$	50	0,83	0,76	48

a) Interprete genéticamente estos resultados.

b) ¿Podría construir con estos datos un mapa de estos cuatro mutantes?

c) En la cuestión b) se pueden proponer diversas alternativas, ¿por cuál se inclinaría sabiendo que los fagos T2 tienen un cromosoma circular?

Solución

a) Teniendo en cuenta el cruce realizado y los fagos resultantes, podemos estimar la frecuencia de recombinación en cada caso. Como se trata de porcentajes de calvas, bastará con sumar las que correspondan a fagos recombinantes:

Frecuencia entre h y r1: $14 + 13 = 27\,\%$
Frecuencia entre h y r7: $7{,}8 + 7{,}1 = 14{,}9\,\%$
Frecuencia entre h y r13: $0{,}83 + 0{,}76 = 1{,}59\,\%$

b) Con estos datos podríamos construir cuatro mapas posibles: dos en donde r7 esté entre h y r1, con dos alternativas para r13, y otros dos en donde h esté entre r7 y r1, también con dos alternativas para r13 (obviamente, de acuerdo con la distancia entre los genes, r1 no puede estar entre h y r7, o entre h y r13).

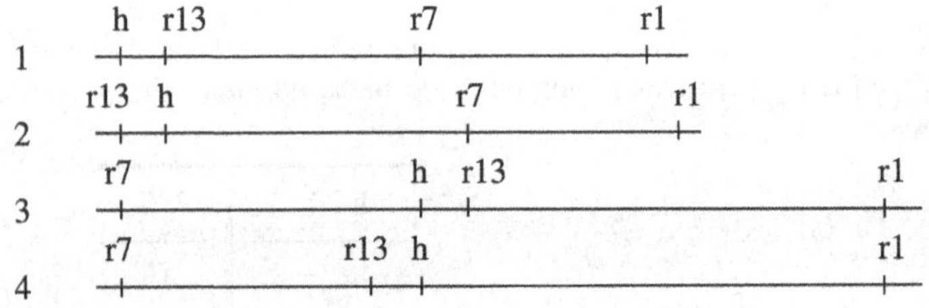

c) Sabiendo que el fago T2 tiene un cromosoma circular, las cuatro alternativas se reducen a dos, ya que la 1 y la 4 explicarían lo mismo en un mapa circular:

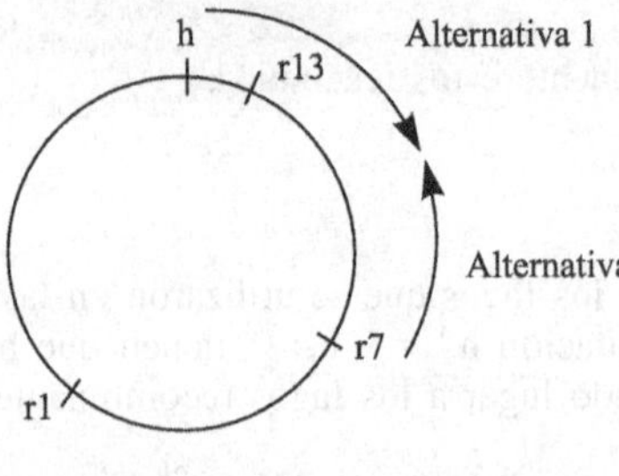

y lo mismo ocurre con las alternativas 2 y 3. Nos falta información para ubicar el gen r13 entre h y r7, o entre h y r1.

9.13. Mediante la infección múltiple de mutantes sencillos y mutantes dobles del fago T2 de *E. coli*, Hershey y Chase estudiaron la recombinación de las mutaciones h^+/h (amplitud de huésped), rl^+/rl (lisis rápida) y m^+/m (calvas de lisis pequeñas), obteniendo los siguientes porcentajes:

Cruce	+	h	r	m	hr	hm	mr	hmr
h × m × rl	25	18	15	20	4	10	5	3
hm × mrl × hrl	3	6	5	10	17	19	14	26

a) ¿Podría explicar por qué en la infección múltiple de mutantes sencillos el mayor porcentaje corresponde a fagos normales y el menor a triple mutantes?

b) ¿Podría explicar los diferentes resultados obtenidos en los dos cruces?

Solución

a) Cuando dos o más virus infectan una bacteria, éstos sufren varias rondas de replicación, liberándose varios cientos de partículas víricas. En el proceso, los ADN de los virus pueden recombinar entre sí, tanto h × h, como h × m, etc. En un modelo muy simple, supongamos que, aproximadamente, hay igual numero de moleculas de cada tipo de virus, 1/3. En una primera ronda, se podrán dar las siguientes recombinaciones:

Cruce	Probabilidad	Resultado
h × h	1/9	1/9 de h
r × r	1/9	1/9 de r
m × m	1/9	1/9 de m
h × r	1/9	1/18 de h r más 1/18 de + +
r × h	1/9	1/18 de h r más 1/18 de + +
h × m	1/9	1/18 de h m más 1/18 de + +
m × h	1/9	1/18 de h m más 1/18 de + +
r × m	1/9	1/18 de r m más 1/18 de + +
m × r	1/9	1/18 de r m más 1/18 de + +

En total tendríamos 3/9 de virus normales (+ +), es decir, un 33,3 %, y 1/9 de cada uno de los virus con una o con dos mutaciones, es decir un 11,1 %.

Estos virus, a su vez, podrían recombinar entre sí (también cabe la posibilidad de que tres virus recombinen al mismo tiempo) lo que daría lugar a una disminución del porcentaje de los virus normales (+ +) y de los doble mutantes, a la aparición de un pequeño porcentaje de virus triple mutantes y a un aumento de los virus sencillos, lo que explicaría los datos encontrados por Harshey y Chase.

b) Los datos se pueden considerar simétricos, ya que el mayor número de triple mutantes y el menor número de normales es la situación contraria la que se da en el primer cruce. La aparición de virus normales no se daría en una primera ronda de entrecruzamientos, sino después de que aparecieran mutantes sencillos.

9.14. Foss y Sthal llevaron a cabo infecciones mixtas entre una cepa normal del fago T4, otra con mutaciones que afectaban a la morfología de la calva (r67, lisis rápida y tu45, calva túrbida) y una cepa que después de incubarla a 37° C era incapaz de formar halos cuando se exponía a cloroformo (e4). Como consecuencia de la infección mixta de fagos e4, r67, tu45 y silvestres, obtuvieron los siguientes resultados:

e	r	tu	3.311
+	r	tu	70
e	+	tu	185
e	r	+	35
+	+	tu	43
+	r	+	228
e	+	+	62
+	+	+	5.993

Indique:

a) Cuál es el orden de los genes.

b) Cuál es su distancia.

c) Calcule la interferencia y el coeficiente de coincidencia.

Solución

a) La elaboración de los datos para obtener el mapa de los tres genes es similar a lo que vimos en organismos eucariotas. Primero habrá que ordenar las clases complementarias, sumarlas y averiguar el orden de los genes, teniendo en cuenta las clases paternas y las DR.

e	r	tu	3.311	NR	
+	+	+	5.993		9.304
e	+	+	62	RI	
+	r	tu	70		132
e	r	+	35	DR	
+	+	tu	43		78
e	+	tu	185	RII	
+	r	+	228		413

Dado que la clase menos frecuente es (e r +) y (+ + tu), si comparamos con las clases paternas deduciremos que el gen tu es el central, por lo que reordenaremos los datos para calcular la distancia entre los genes:

e	tu	r	3.311	NR	
+	+	+	5.993		9.304
e	+	+	62	R e-tu	
+	tu	r	70		132
e	tu	+	185	R tu-r	
+	+	r	228		413
e	+	r	35	DR	
+	tu	+	43		78

b) Las distancias entre e-tu y tu-r serán,

$$(\text{e-tu})\ \frac{132 + 78}{9.927} = 0{,}0211 \qquad (\text{tu-r})\ \frac{413 + 78}{9.927} = 0{,}0495$$

c) Ahora podemos calcular si hay interferencia y el CC. El número esperado de DR es $0{,}0211 \times 0{,}0495 \times 9927 = 10{,}37$, que es mucho menor que el número observado, 78. Es decir, hay interferencia negativa, siendo el CC superior a 1,

$$\frac{78}{10{,}37} = 7{,}52$$

La razón de esta interferencia negativa es en parte consecuencia de los distintos ciclos de replicación que tienen los fagos dentro de la bacteria infectada y de las multiples posibilidades de entrecruzamiento entre las moleculas hereditarias de los fagos.

9.15. Streisinger y Franklin estudiaron mutaciones que afectaban al gen h (de amplitud de huésped) en el fago T2. Las cepas mutantes podían crecer en las cepas B y B/2 de *E. coli*, mientras que las cepas silvestres no crecían en B/2. Calcularon la frecuencia de recombinación entre mutaciones, encontrando los siguientes porcentajes:

h10 × h0	0,29	h10 × h37	0,26	h11 × h0	1,68	h11 × h10	1,76
h11 × h23	1,59	h11 × h24	0,50	h11 × h37	1,57	h23 × h0	0,33
h23 × h10	0,019	h23 × h37	0,34	h24 × h0	1,19	h24 × h10	1,03
h24 × h37	1,29	h37 × h0	0,004				

a) Sitúe las distintas mutaciones en un mapa.

b) ¿Son todos los datos congruentes?

Solución

a) Situemos primero las mutaciones más alejadas y luego ordenemos los restantes pares de mutaciones, teniendo en cuenta que son más fiables las distancias cortas que las largas:

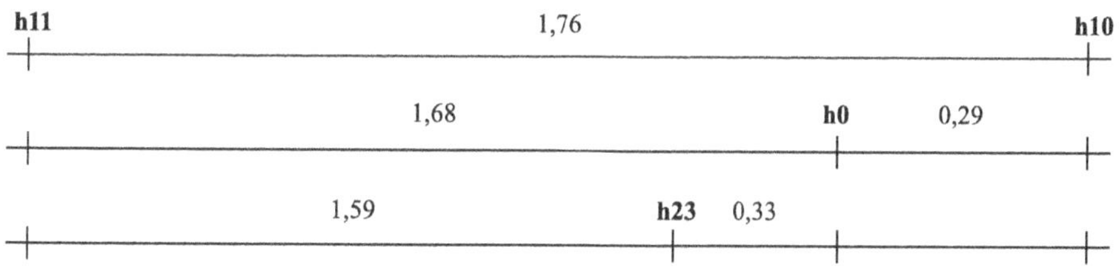

Aquí surge la primera incongruencia: h23 no puede estar tan alejado de h10, ya que la frecuencia de recombinación entre h23 y h10 es sólo de 0,019; tendrá que estar más próximo. Sigamos con el siguiente dato,

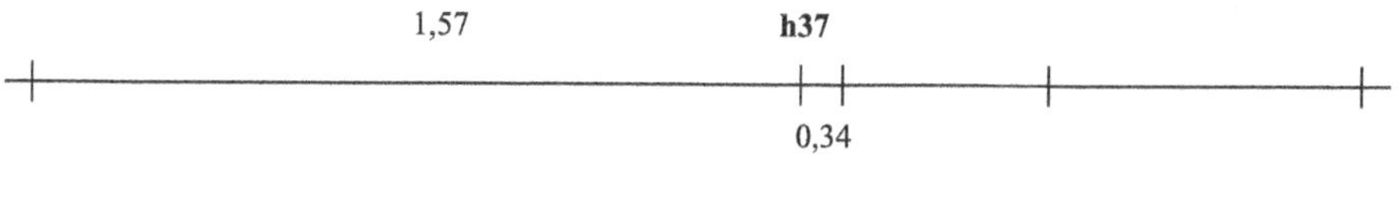

A h37 le ocurre algo parecido respecto de h0, del que está a una distancia de 0,004.

En este caso, h24 está algo más próximo a h10 (1,03) que a h0 (1,19). Teniendo en cuenta lo anterior, vamos a reordenar las posiciones de estos seis genes:

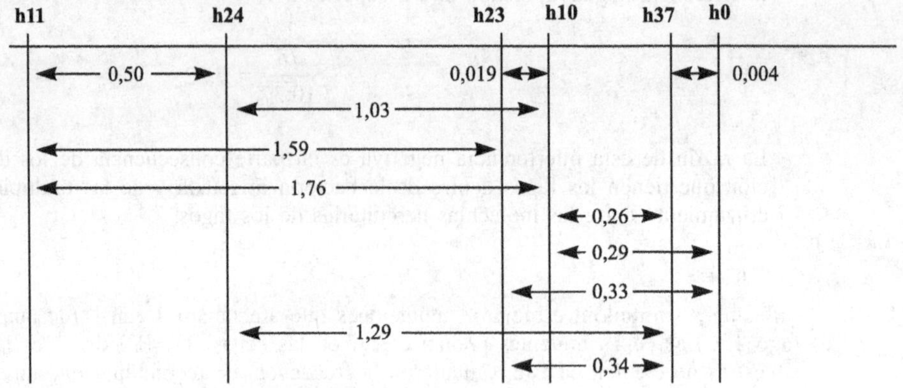

b) Todas estas distancias son congruentes en principio. Las tres que no hemos puesto (h11 × h0, h11 × h37 y h24 × h0) no encajan muy bien.

CAPÍTULO 10

PATRONES DE HERENCIA NO MENDELIANA

Dentro de esta denominación se pueden incluir procesos genéticos de origen diverso, pero que dan lugar a patrones de herencia que no se ajustan a las proporciones mendelianas. Entre otros se pueden citar,

- La transmisión de genes sometidos a procesos **epigenéticos**, cuya expresión varía y se mantiene a lo largo del desarrollo en el receptor, por ejemplo, los genes que presentan **impronta genómica o paterna,** que se heredan de forma silenciosa de uno de los padres y completamente activos del otro. En la mayoría de los casos se debe a la metilación específica de residuos CpG de uno de los dos alelos (paterno o materno), que se mantiene a lo largo de la embriogénesis y en las células somáticas del adulto.
- La herencia de **caracteres complejos**, que no se ajustan a las proporciones mendelianas, normalmente por depender de varios genes (carácter multifactorial), por presentar penetración y expresividad variable, y por estar sujetos a una fuerte influencia ambiental.
- La transmisión de padres a hijos de genes que no se encuentran en los cromosomas nucleares. Es el caso de:
    - Genes situados en los cromosomas de cloroplastos y mitocondrias, cuyas mutaciones pueden dar lugar a efectos fenotípicos en sus portadores (también llamada **herencia citoplásmica, herencia materna** o **herencia de orgánulos**).
    - Genomas víricos o bacterianos endógenos, transmitidos vía citoplasma del óvulo (también llamada **herencia infecciosa**).
- La influencia de genes, fundamentalmente de la madre, que pueden o no transmitirse al hijo, a través de productos génicos (ARNm, proteínas), vía citoplasma del óvulo. Esto condiciona el desarrollo del zigoto, normalmente en sus primeras etapas, y el fenotipo del descendiente (son los genes de **influencia** o **efecto materno**).

Las características más importantes de este tipo de herencia son las siguientes,

- No sigue los patrones de herencia mendeliana vistos en los capítulos anteriores, especialmente en lo que se refiere a las proporciones en la descendencia, recibiendo un número variable de descendientes las características de uno de los padres.
- En general, presentan un tipo de **herencia uniparental**, es decir, todos o algunos de los descendientes, machos y hembras, se parecen a uno de los padres.
- Los dos cruces recíprocos no dan el mismo resultado, no obstante, hay que tener cuidado en no confundirlo con la herencia en relación con el sexo (ligada al X, limitada o influenciada por el sexo).

PROBLEMAS RESUELTOS

10.1. En el gusano de seda (*Bombix mori*) el color de los huevos puede ser normal (gris azulado oscuro, pizarroso) o castaño. Al cruzar machos normales con hembras de la raza castaño, éstas pusieron huevos sólo castaño (F_1). Al cruzar los adultos que nacieron de estos huevos, las hembras pusieron tanto huevos normales como castaño, en una proporción de 3:1 (F_2). En el cruzamiento recíproco, machos de la raza castaño con hembras normales, éstas pusieron sólo huevos normales (F_1). Al cruzar los adultos que nacieron de estos huevos, las hembras pusieron tanto huevos normales como castaño, en una proporción de 3:1 (F_2).

a) ¿De qué tipo de herencia se trata?

b) ¿Qué resultados obtendríamos si cruzáramos entre sí adultos que provienen de huevos normales o de huevos castaño de la F_2?, ¿y si cruzáramos adultos F_2 procedentes de dichos huevos normales con adultos F_2 procedentes de dichos huevos castaño?

Solución

a) Lo primero es esquematizar los datos que proporciona el problema, especificando el fenotipo de los huevos, la generación a la que pertenecen y los adultos que se cruzan:

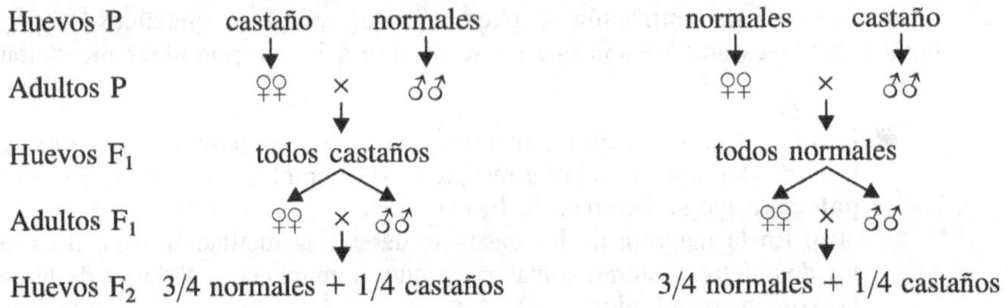

El dato más esclarecedor es que, aunque los dos cruces recíprocos dan huevos con fenotipo distinto, los adultos que salen de dichos huevos, cuando se cruzan, dan huevos de los dos tipos, en una proporción de 3:1, que corresponde a un monohibridismo. Si las dos razas, como es habitual, son razas puras, homozigotas para todos sus genes, podemos pensar en la existencia de un gen con dos alelos, uno para huevos de fenotipo normal (c^+) y otro para huevos de fenotipo castaño (c). Los genotipos de los individuos serían:

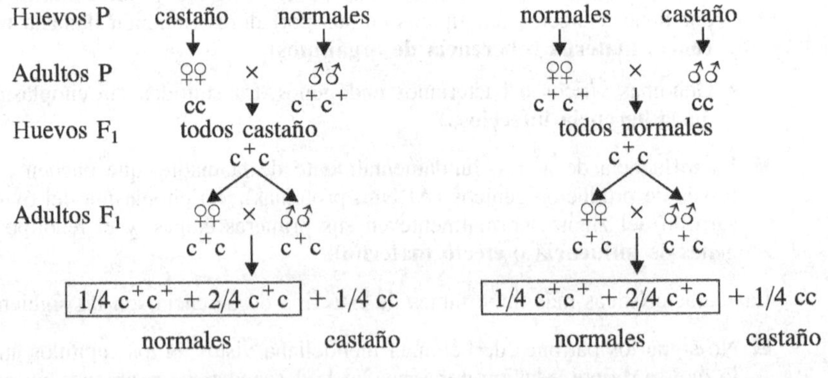

El alelo normal (c^+) sería dominante sobre el alelo para castaño (c), pero el fenotipo de los huevos de la F_1, aun siendo de genotipo heterozigoto (c^+c), dependería del genotipo (cc) de la madre. Sería un caso de efecto materno, la madre cc acumularía alguna sustancia que daría el color castaño al huevo.

b) Los adultos procedentes de huevos normales de la F_2 tendrían genotipos c^+c^+ (1/3) y c^+c (2/3) y, al cruzarlos entre sí, 5/9 de los cruces darían todos los huevos normales ($c^+c^+ \times c^+c^+$, $c^+c^+ \times c^+c$) y 4/9 darían 3/4 normales y 1/4 castaño ($c^+c \times c^+c$). Los adultos procedentes de huevos castaño tendrían el genotipo cc y, al cruzarlos entre sí, producirían todos los huevos castaño.

Si cruzáramos adultos procedentes de huevos normales con adultos procedentes de huevos castaño, el resultado dependería de la segregación de los alelos, pero si la hembra fuera cc, el color de los huevos dependería exclusivamente del genotipo de la madre, independientemente del genotipo que tuviera el huevo.

10.2. En *Drosophila*, diversas mutaciones afectan a la síntesis de los pigmentos oculares. Dos de ellas, *maroonlike* (*mal*, 1:64,8) y *rosy* (*ry*, 3:52,0) afectan a la parte final de la ruta de síntesis de la enzima xantina deshidrogenasa. El fenotipo de los dos mutantes es similar, de color pardo rojizo, pero su comportamiento en ciertos cruces es muy diferente.

Cruce 1: si se cruza una hembra normal, heterozigota (*mal*$^+$/*mal*), con un macho mutante (*mal*/¬), toda la descendencia presenta fenotipo normal.

Cruce 2: sin embargo, si se cruza una hembra normal, heterozigota (*ry*$^+$/*ry*), con un macho mutante (*ry*/*ry*) la mitad de los descendientes presentan fenotipo *rosy* y la otra mitad fenotipo normal.

a) ¿Qué explicación genética daría al resultado del cruce 1?

b) ¿Qué descendencia se esperaría en la F_2 cruzando entre sí adultos de la F_1? ¿Le ayudaría saber que si cruzamos ♀♀ de fenotipo normal, descendientes del cruce 1, con individuos mutantes (*mal*/¬), la mitad de estas hembras dan descendencia mutante y la otra mitad descendencia normal?

Solución

El comportamiento del gen *rosy* es típicamente mendeliano, el cruce de una ♀ *ry*$^+$/*ry* con un ♂ *ry*/*ry* da una descendencia 1:1, sin embargo, en el caso del gen *maroonlike*, que en teoría debería dar el mismo resultado, todos los descendientes tienen el fenotipo normal de la madre (cuadro apaisado de la F_1 en el esquema siguiente). La ayuda que proporciona el enunciado se puede esquematizar dentro del cuadro grande de la izquierda,

♀♀ mal$^+$/mal (normal) × ♂♂ mal/¬ (mutante)

↓

F_1: ♀♀ 1/2 mal$^+$/mal (normal) + 1/2 mal/mal (normal) y ♂♂ 1/2 mal$^+$/¬ (normal) + 1/2 mal/¬ (normal)

× ♂♂ mal/¬

♀♀ mal$^+$/mal × ♂♂ mal/¬	♀♀ mal/mal × ♂♂ mal/¬
1 mal$^+$/mal	1 mal/mal
1 mal /mal	1 mal/¬
1 mal$^+$/¬	
1 mal /¬	
normal	mutante

Cuando las ♀♀ de la F_1, de genotipo y fenotipo normal, se cruzan con ♂♂ mutantes, la descendencia es normal, como en el primer cruce, sin embargo, cuando se cruzan las ♀♀ de la F_1 de genotipo mutante, pero de fenotipo normal, con ♂♂ mutantes, la descendencia es mutante. Es el genotipo normal (mal$^+$/mal) de la madre el que condiciona el fenotipo de los descendientes. Sería un caso de influencia materna a través del citoplasma lo que condicionará el fenotipo de los hijos.

a) Se trata de la influencia del genotipo de la madre (mal$^+$/–) a través de alguna sustancia que pasa al huevo (vía citoplasma), de tal manera que suple la ausencia de función del genotipo mutante (mal/mal o mal/¬).

b) La descendencia en la F_2 sería la siguiente:

		♀♀	
		mal$^+$/mal	mal/mal
♂♂	mal$^+$/¬	normales[1]	♀♀ normales ♂♂ mutantes
	mal /¬	normales[1]	mutantes

[1] Independientemente de su genotipo.

Es decir, las proporciones que encontraríamos serían,

3/8 ♀♀ normales + 1/8 ♀♀ mutantes + 2/8 ♂♂ normales + 2/8 ♂♂ mutantes

10.3. *Limnaea peregra* es un caracol de agua dulce, hermafrodita, pero que puede fecundarse de manera cruzada, cuya concha puede girar hacia la derecha (dextrógira) o hacia la izquierda (sinistrógira). Sturtevant cruzó un caracol de una cepa dextrógira, que actuaba como hembra, con otro de una cepa sinistrógira, que actuaba como macho (P). Todos los descendientes (F_1) fueron dextrógiros. Al dejar que estos descendientes se autofecundaran, todos los descendientes de la F_2 fueron también dextrógiros, pero al dejar que esta F_2 se autofecundara, las tres cuartas partes de los descendientes (de la F_3) fueron dextrógiros y la cuarta parte sinistrógiros.

Al realizar el cruzamiento recíproco (hembras sinistrógiras con machos dextrógiros), toda la F_1 fue sinistrógira, pero las F_2 y F_3 dieron resultados como las F_2 y F_3 del cruce anterior.

a) ¿De qué tipo de herencia se trata?

b) ¿Cuáles son los genotipos de los caracoles que se cruzaron?

c) ¿Cuáles son las semejanzas y las diferencias con el tipo de herencia del Problema 10.1?

Solución

Lo primero será esquematizar los cruces realizados. En la primera generación (F_1), los caracoles heredan el fenotipo de quien actuó de hembra en la generación anterior. En la segunda generación (F_2), todos los caracoles son dextrógiros y, en la tercera (F_3), aparece una proporción mendeliana típica de monohibridismo, 3/4 dextrógiros + 1/4 sinistrógiros.

Por los resultados de la F_3 tenemos que suponer que el arrollamiento de la concha depende de un gen con dos alelos, uno para arrollamiento hacia la derecha y otro para arrollamiento hacia la izquierda, siendo el alelo para arrollamiento hacia la izquierda recesivo. Si asignamos los genotipos DD para dextrógiro y dd para sinistrógiro, tendremos,

P	♀♀ dextrógira DD × ♂♂ sinistrógiro dd	♀♀ sinistrógira dd × ♂♂ destrógiro DD
F_1	⚥ dextrógiras Dd	⚥ sinistrógiras Dd
F_2	⚥ dextrógiras 3/4 D– 1/4 dd	⚥ dextrógiras 3/4 D– 1/4 dd
F_3	3/4 dextró + 1/4 sinistró	3/4 dextró + 1/4 sinistró

en donde el fenotipo del caracol depende, no de su genotipo, sino del genotipo del caracol que suministra el óvulo, es decir, que actúa de madre. El genotipo del caracol que actúa como hembra condiciona el tipo de arrollamiento que va a tener el zigoto que se forme.

a) Se trata de un caso de influencia materna. También se denomina de *herencia retrasada*.

b) De acuerdo con el esquema de cruces, el fenotipo dextrógiro depende del alelo dominante y el sinistrógiro, del alelo recesivo.

c) La semejanza con el caso del Problema 10.1 es que se trata también de influencia materna. La diferencia es que aquí es el alelo dominante el que condiciona el arrollamiento de la concha en la descendencia, mientras que en el Problema 10.1 era el alelo recesivo (en homozigosis en las ♀♀) el responsable del fenotipo de la descendencia.

10.4. La cepa C_3H de ratones presenta una alta incidencia de tumores mamarios, que aparecen a partir de los cuatro meses de edad. En la cepa *I* no se conocían antecedentes de cáncer mamario, aunque sí la incidencia de algunos otros tipos de cáncer (adenoma de estómago, carcinoma de testículos, etc.). Bittner realizó los dos cruces recíprocos entre ambas cepas. En el primer cruce, ♀♀ C_3H × ♂♂ *I*, obtuvo en la F_1 36 ♀♀, de las que las 33 que sobrevivieron desarrollaron cáncer mamario a una edad media de 10 meses. En el segundo cruce, ♀♀ *I* × ♂♂ C_3H, sólo obtuvo diez descendientes, siete de los cuales desarrollaron diversos tipos de cáncer (linfoblastoma, cáncer de ovario y de testículos) al cabo de 20 a 25 meses, pero ninguno desarrolló cáncer mamario.

a) A partir de estos datos, ¿se puede afirmar algo acerca de la herencia del cáncer mamario en el ratón?

b) ¿Qué experiencias se podrían realizar para clarificar estos resultados?

Solución

a) Aunque en los dos cruces se producen diversos tipos de cáncer, todas las hembras que sobrevivieron del primer cruce desarrollaron el cáncer mamario en edad temprana, sin embargo, en el cruce recíproco ninguno de los descendientes desarrolló cáncer mamario. Esto parece indicar la influencia materna en el desarrollo de este tipo de cáncer, probablemente debido a la transmisión, vía citoplasma, de algún virus endógeno o por infección a través de la leche.

Por otro lado, respecto de los otros tipos de cáncer que se desarrollan en la cepa *I*, lo único que podemos decir es que en el primer cruce, debido a la temprana aparición del cáncer mamario, no hubo tiempo para detectarlos.

b) Una primera experiencia, para confirmar estos resultados, sería cruzar ♀♀ y ♂♂ de la cepa C_3H con ratones de una cepa normal sin incidencia de ningún tipo de cáncer. El cruce ♀♀ C_3H × ♂♂ normales daría alta incidencia de cáncer mamario, mientras que el cruce recíproco, ♀♀ normales × ♂♂ C_3H, daría toda la descendencia normal.

Para decidir entre transmisión vía citoplasma o a través de la lecha materna se podrían dar en adopción ratones recién nacidos, procedentes de hembras con cáncer mamario, a hembras normales y viceversa. Si los ratones amamantados por hembras normales no desarrollan cáncer, y los amamantados por hembras con cáncer mamario sí, quedaría claro que se trata de transmisión vía leche materna. Otra experiencia más compleja, pero posible, sería aislar virus de la cepa C_3H con los que infectar una cepa normal y observar los resultados tanto en cuanto a la aparición del cáncer mamario como en los resultados de los cruces correspondientes.

10.5. Spassky encontró una hembra de *Drosophila paulistorum* que dio lugar a 26 ♀♀ y ningún macho. Cruzando estas hembras con machos de la cepa normal «Santa Marta», estableció una cepa llamada «sex-ratio», mantenida a base de cruzar en cada generación a las hembras con machos de la cepa normal. Muy ocasionalmente, en algunos de los cruces de mantenimiento de la cepa, aparecía un pequeño porcentaje de machos. Al cruzar estos machos con hembras normales, los resultados, en cuanto al sexo de los descendientes, fueron normales, 1:1.

Compare estos datos con los del Problema 4.18 y coméntelos desde el punto de vista genético.

Solución

En el Problema 4.18, Gersheson concluye en sus experimentos que el gran exceso de hembras que encuentra en sus cruces depende de la presencia de un gen distorsionador de la segregación, situado en el cromosoma X; en la espermatogénesis, el cromosoma X segrega preferencialmente frente al Y hacia los espermatozoides. Por los datos de este problema, los machos que ocasionalmente aparecen dan proporciones sexuales normales, por lo que no puede tratarse del mismo fenómeno; son exclusivamente las hembras las que dan lugar a estas proporciones anormales. La vía de transmisión sería exclusivamente materna, a través del citoplasma del óvulo, que hace que los zigotos XY no se desarrollen. En especies neotropicales del género *Drosophila*, se da una infección por espiroplasmas (anteriormente clasificadas como espiroquetas), que se transmiten a través del citoplasma y que son responsables de la inviabilidad de los zigotos XY.

10.6. En experimentos llevados a cabo sobre la herencia de la variegación en *Phaseolus vulgaris*, Parker realizó los dos cruces recíprocos, entre una cepa normal (verde uniforme) y otra variegada, encontrando en la F_1 todas las plantas verdes cuando la planta utilizada como hembra era verde, y todas variegadas, en mayor o menor grado, cuando la planta utilizada como hembra era variegada. A continuación obtuvo la F_2, formando familias por autofecundación de algunas plantas F_1, encontrando los siguientes resultados en cuanto al número de plantas verdes o variegadas:

	F_2 del cruce ♀♀ variegada × ♂♂ verde			F_2 del cruce ♀♀ verde × ♂♂ variegado	
Familia	**Verdes**	**Variegadas**	**Familia**	**Verdes**	**Variegadas**
1-1	1	21	**3-1**	74	0
1-2	4	78	**3-2**	52	7
1-3	2	19	**3-3**	49	0
1-4	27	72	**3-4**	14	4
1-5	17	72	**3-5**	43	11

Explique genéticamente los resultados.

Solución

El resultado de la F_1 es distinto dependiendo de la planta utilizada como hembra, e igual al fenotipo de ésta. Las semillas de una planta verde dieron todas las plantas verdes, y las de una planta variegada dieron todas las plantas variegadas en mayor o menor medida. Éste es un resultado típico de herencia uniparental, en el que todos los descendientes se parecen a uno de los padres, concretamente al padre que actúa de hembra.

Al dejar que la F_1 se autofecunde, el resultado de la F_2 indica que el carácter variegado se hereda independientemente de factores nucleares. Si las plantas de la F_1 fueran híbridas en sentido mendeliano, todas las familias de la F_2 darían resultados similares y sin embargo esto no es así, se observa mucha variabilidad, con un resultado mayoritariamente igual al fenotipo de la planta utilizada como hembra en el cruce.

La variegación es la consecuencia de la presencia de zonas de tejido amarillo, deficientes en la clorofila de los cloroplastos. Esta variabilidad en cuanto al número de plantas variegadas implica una transmisión, vía citoplasma, tanto a través del saco embrionario en el cruce ♀♀ variegada × ♂♂ verde, como, en menor medida, a través de los granos de polen (gametófito masculino), en el cruce ♀♀ verde × ♂♂ variegado. En la solución del siguiente problema se clarifica más la explicación del resultado.

10.7. Semeniuk encontró en *Browallia speciosa* ramas laterales con hojas todas amarillas y ramas con hojas todas variegadas (con pequeñas áreas verdes, verde-amarillentas y gris-amarillentas). Utilizó flores de las distintas ramas para obtener una F_1 por autofecundación o para realizar cruzamientos, con los siguientes resultados:

	Fenotipo		Plantones		
	♀♀	♂♂	**Verde**	**Mosaico**	**Amarillo**
1	verde[1]		1.005		
2	mosaico[1]		310	323	24
3	amarillo[1]				295
4	verde	mosaico	1.698	3	
5	mosaico	verde	177	273	86
6	verde	amarillo	616	36	
7	amarillo	verde		12	450

[1] Autofecundación.

Explique genéticamente estos resultados.

Solución

Cuando se autofecundan flores de ramas verdes o flores de ramas amarillas el resultado es uniforme (sólo verde o sólo amarillo), lo cual puede explicarse por la uniformidad de los plastos, todos normales o todos mutantes, en estas ramas. Sin embargo, cuando se autofecunda una flor de una rama con hojas en mosaico, el resultado es que aparecen los tres tipos de plantas, verdes, amarillas o en mosaico. La presencia de los dos tipos de plastos hace que al autofecundarse, unas semillas reciban sólo plastos normales (verdes), otras, sólo mutantes (amarillas) y otras, mezcla de ambos, dando plantas variegadas.

En los cruces realizados se ve claramente que el fenotipo de la descendencia no sigue el patrón de herencia mendeliana, sino que manifiesta, fundamentalmente, el fenotipo de la planta que actuó como hembra. No obstante hay una pequeña contribución a través del gametófito masculino, el cual debe suministrar una pequeña cantidad de plastos mutantes, normales o mezcla (dependiendo de su fenotipo), que dan lugar a un pequeño porcentaje de plantas variegadas. El número de plastos suministrados debe ser pequeño, pues en los cruces 6 y 7 no aparecen plantas de fenotipo paterno, sino sólo de fenotipo materno o en mosaico.

10.8. Ciertas mutaciones en *Saccharomyces* afectan a la velocidad de crecimiento (de la división celular), de tal manera que se pueden obtener cepas de crecimiento lento. Al cruzar estas cepas con cepas de tipo silvestre (de crecimiento rápido), se obtuvieron tres tipos de resultados: 1) ascas con la mitad de las ascosporas de crecimiento rápido y la otra mitad de crecimiento lento; 2) ascas con todas las ascosporas de crecimiento rápido; y 3) ascas con todas las ascosporas de crecimiento lento.

Dé una interpretación genética a estos resultados.

Solución

El primer resultado es el que se esperaría en un organismo haploide, en el cruce entre una cepa normal y otra mutante, en donde la mitad de las ascosporas recibirían el alelo normal (crecimiento rápido) y la otra mitad, el alelo mutante (crecimiento lento).

El segundo resultado no podría explicarse por la «dominancia» de un alelo sobre el otro, ya que se trata de un organismo haploide. Sí que se podría explicar admitiendo una especie de herencia citoplásmica: las mitocondrias que recibe el zigoto de la célula normal se repartirían en las cuatro ascosporas, haciendo que todas ellas dieran lugar a colonias normales. El crecimiento lento sería el resultado de una mutación en algún gen mitocondrial, que obligaría a la levadura a un crecimiento anaerobio y, por tanto, lento.

El tercer resultado implicaría una dominancia de las mitocondrias mutantes. Requeriría una explicación mas compleja, bien porque las mitocondrías mutantes se dividen tan rápidamente que sobrepasan numéricamente a las mitocondrias normales, bien porque el ADN de los tipos mitocondriales recombinan y el ADN de las mitocondrias normales queda dañado.

10.9. En *D. melanogaster* se ha demostrado que el gen *bicoid* actúa en los primeros estadios del desarrollo embrionario. La homozigosis del alelo bcd^{E1} produce un fuerte efecto fenotípico sobre los embriones tempranos, dando lugar a la desaparición de los segmentos correspondientes a la cabeza y el tórax. En el cruce de hembras bcd^{E1}/bcd^{E1} con machos bcd^{+}/bcd^{+}, todos los embriones interrumpieron su desarrollo por carecer de cabeza y tórax, mientras que en el cruce recíproco todos los embriones fueron normales.

a) Explique estos resultados.

b) Si los embriones que provienen de hembras bcd^{E1}/bcd^{E1} no se desarrollan, ¿cómo se pueden obtener dichas hembras?

Solución

a) En los dos cruces que se mencionan, los descendientes tienen el mismo genotipo heterozigoto, bcd^{+}/bcd^{E1}, por lo que en teoría serían normales, sin embargo, sólo cuando la hembra es bcd^{E1}/bcd^{E1} se produce el desarrollo anormal del embrión. El gen *bicoid* es un gen de efecto materno, el fenotipo de los hijos, en este caso del embrión, depende del genotipo de la madre, con independencia de su propio genotipo. Los ARNm maternos del gen *bcd* se expresan en los embriones tempranos y condicionan la formación del eje antero-posterior, de forma que los embriones producidos por hembras homozigotas mutantes para *bcd* mueren, careciendo de cabeza y tórax; su efecto se produce antes de que comiencen a expresarse los genes zigóticos, por lo que el fenotipo de los embriones es independiente del genotipo propio del embrión.

b) Que la mutación del gen *bicoid* ejerza un efecto letal en los embriones de hembras homozigotas, no implica que la homozigosis del alelo mutante sea letal en homozigosis; si así fuera, no existirían hembras *bicoid*. Una hembra homozigota bcd^{E1}/bcd^{E1} vendrá del cruce de hembras bcd^{+}/bcd^{E1} y machos bcd^{+}/bcd^{E1}. En este cruce, las hembras suministrarán ARNm normal, dando lugar a que el desarrollo del embrión bcd^{E1}/bcd^{E1} sea normal.

10.10. La impronta genómica juega un papel importante en el desarrollo y su desregulación puede dar lugar a fuertes alteraciones fenotípicas. En la especie humana, la alteración en el mecanismo de impronta en el cromosoma de origen materno da lugar al síndrome de Angelman (Ang) y en el de origen paterno, al de Prader-Willy (PWS).

Relacionados con ambas enfermedades, se han descubierto varios genes sometidos a impronta, localizados en la región 15q11-q13, por ejemplo, el gen SNRPN. Este gen se expresa si viene del padre y está silenciado si viene de la madre. El promotor de este gen lleva una isla GpC, que en los individuos normales está completamente metilada en el cromosoma materno (con lo que el gen SNRPN no se expresará, por lo que se dice que está «silenciado») y sin metilar en el paterno (lo que se corresponde con la forma transcripcionalmente activa del gen).

Interprete los resultados, obtenidos mediante digestión con *Bgl*II/*Hpa*II, sobre el estado de metilación del gen SNRPN en la siguiente familia, en la que se detectan dos individuos afectados por el síndrome de Angelman.

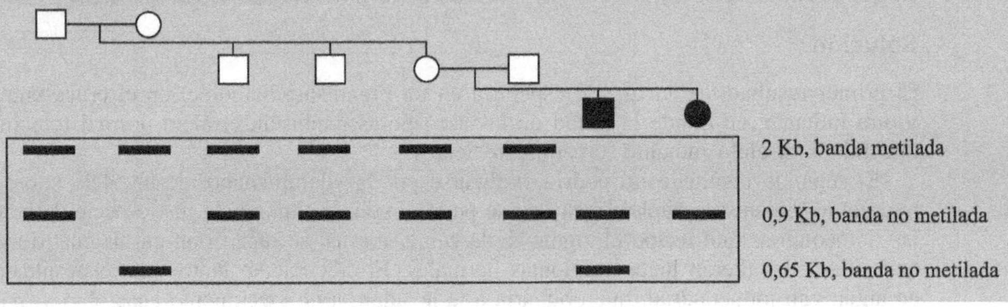

Solución

Los individuos normales de la genealogía reciben una banda completamente metilada (que en el síndrome de Angelman siempre es de origen materno), en este caso de 2kb, y una banda no metilada (que en el síndrome de Angelman siempre es de origen paterno) que puede ser en este caso de 0,9 o de 0,65kb, debido a un polimorfismo. En el caso de los individuos afectados, las bandas que se detectan no son metiladas. El varón afectado es heterozigoto para las bandas de 0,9 y de 0,65kb, y la mujer afectada, es homozigota para el alelo de 0,9kb, ello supone que la copia procedente de la madre está sin metilar por un defecto en la impronta, lo que da lugar a que el gen SNRPN sea activo en sus dos copias genómicas.

10.11. La esquizofrenia es una enfermedad que se ha clasificado, como la hipertensión o la diabetes, dentro de las enfermedades de herencia compleja, en el sentido de que no puede explicarse por la acción de un único gen, y en ella no hay correspondencia simple entre genotipo y fenotipo. Basándose en las genealogías indicadas mas abajo,

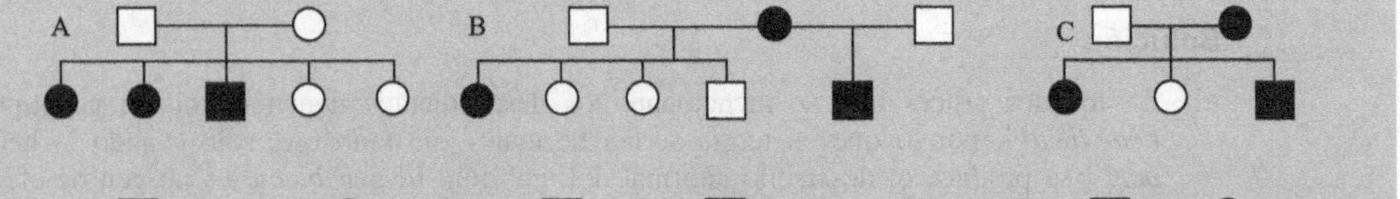

a) ¿Cuál es el tipo de herencia, dominante o recesiva?
b) ¿Se podría explicar esta herencia por un solo gen?

Solución

La esquizofrenia es un síndrome no muy frecuente, se estima que alrededor del 1 % de la población la manifiesta en alguno de sus síntomas.

a) La familia A podría ser un caso típico de herencia recesiva, en donde los dos padres son normales, pero heterozigotos. Igual podríamos decir de la familia F, pero aquí aparece un dato extraño: el par de gemelos monovitelinos en donde uno es normal y el otro afectado. Esto implica herencia no mendeliana, al menos no monogénica, o una muy fuerte influencia del ambiente en la manifestación del síndrome.

Las familias C y E se explicarían por la homozigosis, recesiva, del padre afectado y la heterozigosis del padre normal, pero también por la heterozigosis para un alelo dominante del padre afectado. Esto último parece confirmarse en las genealogías B y D. Una mujer afectada tiene hijos afectados con dos maridos, si se tratara de una enfermedad recesiva, los cuatro maridos deberían ser heterozigotos, lo cual tendría una probabilidad baja; si el 1 % de la población manifestara alguno de los síntomas del síndrome, y si éste dependiera de un gen con dos alelos, entonces la frecuencia de los heterozigotos en la población sería de 0,18[1], por lo que la probabilidad de que los cuatro maridos fueran heterozigotos sería de 0,001.

b) Realmente, por estas y otras genealogías es difícil decidir la dominancia, recesividad, o incluso si se trata de un gen o más genes. De hecho, podría haber mutaciones recesivas en un gen y dominantes en otros que produjeran los mismos síntomas.

[1] Esta frecuencia se ha obtenido de acuerdo con el cálculo de las frecuencias génicas, del Capítulo 16.

CAPÍTULO 11

ESTRUCTURA, FUNCIÓN Y VARIACIÓN DEL ADN

El objeto de este capítulo es presentar brevemente las características más importantes de la estructura, función y variación de la molécula hereditaria, el ADN.

11.1. ESTRUCTURA

De acuerdo con el modelo propuesto por Watson y Crick (1953), confirmado en multitud de experimentos desde entonces, el ADN es una molécula formada por dos cadenas, polímeros de cuatro desoxirribonucleótidos, adenina (A) y guanina (G), que son purinas, y timina (T) y citosina (C), que son pirimidinas, dispuestas en antiparalelo, de tal manera que frente a una A siempre se empareja una T y frente a una G siempre se empareja una C:

5′...-A-C-C-G-T-A-A-T-C-G-G-T-... 3′
3′...-T-G-G-C-A-T-T-A-G-C-C-A-... 5′

Esta estructura implica que en la molécula de ADN,

- La proporción de adenina es igual a la de timina y la de guanina, igual a la de citosina.
- La proporción de bases púricas (A + G) es igual a la proporción de bases pirimidínicas (T + C).

Esta estructura permite:

- La duplicación exacta de la molécula, en la que cada una de las cadenas sirve de molde para la síntesis de una cadena complementaria (**replicación semiconservativa**).
- Tanto la separación de las dos cadenas (**desnaturalización**) como la reunión de dos cadenas complementarias (**renaturalización**), que pueden tener orígenes diversos (**hibridación**).
- Almacenar un mensaje, codificado en la variación de la secuencia de los desoxirribonucleótidos (**código genético**).
- Una gran estabilidad, pero con posibilidad de sufrir cambios (**mutación**).

Debido al enorme número de nucleótidos que pueden entrar a formar parte de una molécula de ADN, el tamaño o longitud de la molécula se indica en kilobases (1Kb = 1.000 nucleótidos o pares de bases) y megabases (1Mg = 10^6 nucleótidos o pares de bases).

11.2. TIPOS DE MOLÉCULA HEREDITARIA

Todos los organismos celulares, tanto procariotas como eucariotas, tienen ADN de doble cadena como molécula hereditaria, sin embargo entre los virus se pueden encontrar cuatro variantes:

- ADN de doble cadena, por ejemplo, los fagos T.

- ADN de cadena sencilla, por ejemplo, el fago ΦX174.
- ARN de doble cadena, por ejemplo, el virus de la gripe.
- ARN de cadena sencilla, por ejemplo, el TMV.

11.3. FUNCIÓN

Como molécula que lleva información, una función esencial es la de servir de molde para la síntesis de moléculas de ARN (**transcripción**), tanto informativas (**ARNm**ensajero) como funcionales (**ARNt**ransferente, **ARNr**ibosómico), para dirigir la síntesis de proteínas (**traducción**). En organismos superiores existen además los **ARNnp** (pequeños ARN nucleares) y los **ARNcp** (pequeños ARN citoplasmáticos).

Una de las cadenas del ADN sirve de molde para la síntesis del ARNm. La polimerasa del ARN lee el ADN en dirección $3' \Rightarrow 5'$ y sintetiza complementariamente el ARNm en dirección $5' \Rightarrow 3'$.

La información está codificada en forma de tripletes de nucleótidos **(código genético)**, que especifican aminoácidos en las proteínas. Este código presenta una serie de características:

- Se lee de manera continua, sin comas ni puntuación alguna.
- Se lee no imbricado, de tres en tres.
- Es degenerado; un aminoácido puede estar codificado por más de un triplete.
- Hay tripletes de inicio (AUG, Met) y mudos (de fin de lectura: UAA, UAG y UGA).

La función básica de un gen es dirigir la **síntesis de proteínas**. El primer aminoácido que se incorpora a la proteína queda con su grupo amino terminal libre (N–) y el último, con su carboxilo terminal libre (–C). Las proteínas sintetizadas se utilizan como elementos estructurales, por ejemplo, las cadenas α y β de la hemoglobina, o como enzimas que intervienen en el metabolismo, facilitando la transformación de unos compuestos químicos concretos (metabolitos) en otros, en una determinada vía metabólica. Mediante técnicas de análisis genético se puede averiguar, en organismos sencillos como bacterias y hongos, qué genes están interviniendo en una determinada vía metabólica.

Si un gen que codifica para una enzima muta, puede dar lugar a una enzima inactiva y a la interrupción de la vía metabólica en donde intervenga, lo que tendrá consecuencias importantes: que no se produzca el metabolito final de la ruta, lo cual, si es necesario para la supervivencia provocará la muerte celular (será auxótrofo para el producto final). No obstante, si en un cultivo añadimos alguna de las sustancias de la ruta (requerimiento nutritivo) posteriores al punto interrumpido, la célula podrá sobrevivir.

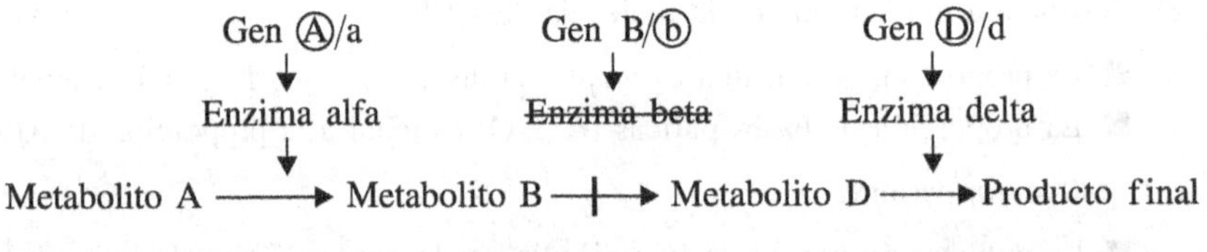

En este esquema, en donde los alelos normales de los genes A y D funcionan correctamente, el alelo mutante b del gen B, en homozigosis, produce una enzima no funcional, lo que dará lugar a un acúmulo del metabolito B y a que no se sintetice el producto final.

Si el metabolito final de la ruta no es imprescindible para la supervivencia, esta interrupción puede provocar la acumulación del metabolito anterior a la interrupción o la desviación hacia otras rutas. Alternativamente, puede ocurrir que la inactivación sea parcial y que la enzima actúe a menor velocidad.

Normalmente, un requerimiento nutritivo único indicará una interrupción en una vía metabólica lineal. Si una estirpe celular mutante presenta un requerimiento nutritivo doble, esto implicará bien la existencia de una diversificación en dos vías paralelas, posterior a la interrupción provocada por la mutación, bien la interrupción de una de las dos vías paralelas.

11.4. REGULACIÓN GÉNICA

Algunos genes dan lugar a la síntesis de proteínas de forma continua (genes constitutivos), pero la mayoría se transcriben de forma regulada en el espacio (en distintos tejidos) y en el tiempo. La regulación depende de distintos factores, especialmente de la acción de otros genes que codifican para proteínas reguladoras.

11.5. VARIACIÓN (MUTACIÓN)

En una secuencia dada de nucleótidos se pueden producir mutaciones por:

- **Inserción** o **deleción** de una base si afecta a la región codificadora, y siempre que la adición o delección no sea de tres bases o múltiplo de tres, produce un cambio de fase, o cambio de la pauta de lectura.

5′ AUG AAC AGA GGU CGA CUU CUA GUC 3′

N– Met Asn Arg Gly Arg Leu Leu Val –C

Deleción [A] ⇑

Inserción ⇓

5′ AUG AAC [G]AG AGG UCG CUU CUA GUC 3′

N– Met Asn [Glu Arg Ser] Leu Leu Val –C

- **Sustitución** de un nucleótido por otro:

  - **Transición de bases**, cuando se produce la sustitución de una purina por otra o de una pirimidina por otra. A ⇔ G o T ⇔ C, lo que da lugar a la sustitución de una pareja de bases por otra,

$$A = T \Leftrightarrow G \equiv C$$
$$T = A \Leftrightarrow C \equiv G$$

  - **Transversión de bases**, cuando se produce la sustitución de una purina por una pirimidina o viceversa. A ⇔ C, A ⇔ T, G ⇔ C o G ⇔ T, lo que da lugar a la sustitución de una pareja de bases por otra:

$$A = T \Leftrightarrow C \equiv G \qquad A = T \Leftrightarrow T = A$$
$$G \equiv C \Leftrightarrow T = A \qquad G \equiv C \Leftrightarrow C \equiv G$$

  - **Mutación sinónima (silenciosa),** cuando el cambio en una base da lugar a un codón que codifica el mismo aminoácido. Si no afecta a la eficacia del individuo se habla también de **mutación neutra.**
  - **Mutación no sinónima o con cambio de sentido,** cuando cambia el aminoácido especificado por el codón. Puede ser **conservadora** cuando el aminoácido sustituido es de la misma familia química (por ejemplo, el cambio de un aminoácido básico por otro), o **no conservadora** cuando el aminoácido sustituido pertenece a distintas familias (por ejemplo, el cambio de un aminoácido básico por uno no polar).
  - **Mutación sin sentido,** cuando da lugar a un codón mudo, de parada de lectura.

PROBLEMAS RESUELTOS

11.1. El International Human Genome Sequencing Consortium publicó en el año 2001 que el número de megabases secuenciadas en el cromosoma 1 humano es 212,2. Teniendo en cuenta que la distancia entre dos nucleótidos adyacentes es de 0,34 nm y que el peso medio de un par de bases es de 660 daltons,

a) ¿Cuál es la longitud, en número de pares de bases y en unidades métricas?

b) ¿Cuál es el peso del ADN secuenciado?

Solución

a) Una megabase es un millón de bases, luego el número de bases secuenciadas del cromosoma 1 humano es de 212.200.000. Multiplicando por 0,34 nm obtendremos la longitud de la molécula de ADN secuenciada, 72,1 mm.

b) Un dalton son $1{,}66 \times 10^{-24}$ gramos. El peso del ADN secuenciado (una doble cadena del cromosoma 1) es $2{,}32 \times 10^{-13}$ gramos.

11.2. El análisis del contenido en G ≡ C en el ADN de un genoma es importante por varios motivos (regiones con diferente densidad génica, secuencias repetidas, etc.). Si le dijeran que en el ADN de una especie bacteriana el porcentaje de timina es igual al porcentaje en G ≡ C,

a) ¿Qué porcentaje de adenina habría?

b) ¿Cuántos residuos de adenina habría, como media, en un milímetro de dicho ADN?

Solución

a) Se trata de un ADN de doble cadena de un organismo procariota. Como todo ADN de doble cadena, independientemente del porcentaje de G ≡ C que haya, la cantidad de adenina será igual a la cantidad de timina. Si el porcentaje de timina es igual al porcentaje de guanina más citosina, el porcentaje de adenina tiene que ser el 33,33 % del total.

b) Dado que la distancia entre dos nucleótidos adyacentes es de 0,34 nm, en un milímetro (un millón de nm), habrá 2.941.176 pares de bases. El número de residuos de adenina será $(2 \times 2.941.176)/3 =$ 1.960.784.

11.3. El número estimado de copias de secuencias repetidas dispersas en el genoma humano es, según el International Human Genome Sequencing Consortium, de

	N.º × 1.000	**Tamaño medio en pb**
SINE	1.558	230
LINE	868	640
LTR	443	770
Otros	297	275

Si el número total de bases secuenciadas fue de 2692,9 Mb, ¿qué porcentaje del genoma humano (secuenciado) es ADN repetido?

Solución

Multiplicando el número de copias por la longitud media de pares de bases resultan 1.336.645.000 pares de bases. Respecto de las 2.692.900.000 pares de bases secuenciadas el porcentaje es del 49,6%.

11.4. En la siguiente figura se representa el resultado, real o imaginario, de la centrifugación en gradiente de densidad de cloruro de cesio de diversos ADN, inicialmente marcados con N^{15} y replicados en un medio con N^{14}. Indique en cada caso:

a) Si el resultado está de acuerdo con alguna de las tres hipótesis sobre la replicación del ADN presentadas en el trabajo de Messelson y Sthal (conservativa, semiconservativa o dispersiva), independientemente de que sean o no correctas, o se puede considerar un resultado totalmente imaginario.

b) ¿Cuál de estos resultados se ajusta a la replicación del ADN?

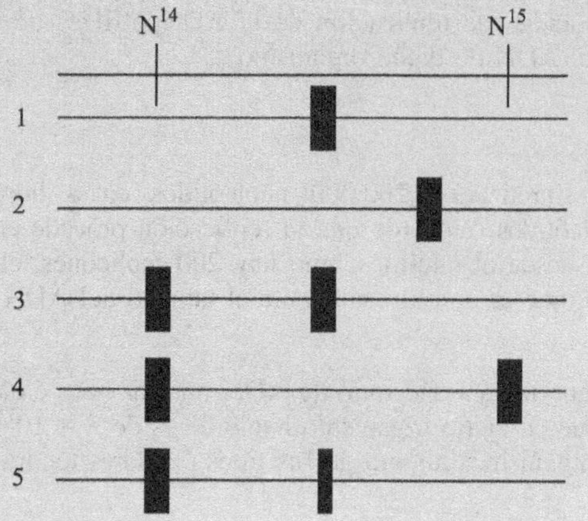

Solución

a) En la replicación conservativa, la molécula nueva será totalmente ligera (con N^{14}) y su porcentaje aumentará en las siguientes generaciones. En la replicación semiconservativa, en la primera generación cada molécula sintetizada conservará una cadena antigua (con N^{15}) y el porcentaje de cadenas pesadas disminuirá en cada generación en un 50 %. En la replicación dispersiva cada molécula sintetizada estará compuesta de fragmentos antiguos (con N^{15}) y fragmentos nuevos (con N^{14}), y su densidad irá disminuyendo en generaciones sucesivas.

Replicación conservativa.

El caso 4 es el único que encaja con este tipo de replicación, en donde aparecen dos bandas, una ligera y otra pesada, que corresponderían a las moléculas nuevas y a las moléculas viejas después de una ronda de replicación.

Los casos 1, 2, 3 y 5 no pueden ser el resultado de una replicación conservativa, ya que no aparece banda pesada.

Replicación semiconservativa.

El caso 1 podría ser el resultado de la primera ronda de replicación, en donde aparecerían moléculas híbridas de densidad intermedia.

El caso 2 no puede ser el resultado de una replicación semiconservativa. Las moléculas no pueden presentar una densidad intermedia, próxima a N^{15}.

El caso 3 podría ser el resultado de la segunda ronda de replicación, en donde las moléculas híbridas de la primera generación, de densidad intermedia, darían lugar tanto a moléculas híbridas como a moléculas ligeras.

El caso 4 tampoco es posible, ya que en la replicación semiconservativa las moléculas pesadas desaparecerían en la primera generación.

El caso 5 podría ser el resultado de una tercera o cuarta ronda de replicación, en donde disminuiría el porcentaje de las moléculas híbridas y aumentaría el de las moléculas ligeras.

Replicación dispersiva.

El caso 1 podría ser el resultado de la primera ronda de replicación, en donde aparecerían moléculas híbridas de densidad intermedia.

Los casos 2, 3, 4 y 5 no encajarían en una replicación dispersiva, ya que lo que esperaríamos en generaciones siguientes es que las moléculas fueran disminuyendo en densidad, y por tanto, la banda se iría acercando a la marca de N^{14}.

El caso 2 no encaja con ninguna de las hipótesis y es un resultado claramente imaginario, no obstante, dentro de la hipótesis dispersiva, podría tratarse de un ADN de la primera generación (híbrido, de peso intermedio) replicado con N^{15} para obtener una segunda generación.

b) Como ya se ha indicado en la respuesta anterior, únicamente los casos 1, 3 y 5 corresponderían a una replicación semiconservativa, única que se ha demostrado que es cierta.

11.5. Mediante técnicas moleculares se averiguó que en el ADN de un organismo eucariota había 200 unidades de replicación (replicones). Si la duración del periodo S en las células del tejido analizado es de 8 horas y la velocidad de replicación de la ADNpolIII es de unos 15.000 nucleótidos por minuto, ¿qué tamaño tiene al ADN de dicho organismo?

Solución

La ADNpolIII sintetizará 7.200.000 nucleótidos en 8 horas. En un replicón medio se sintetizarán 14.400.000 nucleótidos (recuerde que la replicación procede en las dos direcciones, hacia la derecha y hacia la izquierda desde el inicio). Como hay 200 replicones, el total de ADN replicado será 2.880.000.000 pb ($2{,}88 \times 10^9$), que es aproximadamente el tamaño del ADN humano.

11.6. Supongamos que la cantidad total de ADN nuclear por célula somática de cierto organismo diploide es de 10^8 pb y que en cierto organismo haploide es de 5×10^7 pb. ¿En qué momentos del ciclo biológico de estos dos organismos alguno de sus tipos celulares tendrá la misma cantidad de ADN?

Solución

El organismo diploide producirá gametos con la mitad de ADN, es decir, 5×10^7 pb, por lo que los gametos tendrán la misma cantidad de ADN que una célula somática del organismo haploide. Por otro lado, cuando el organismo haploide forme el zigoto, éste tendrá el doble del ADN de una célula somática, es decir, 10^8 pb, igual que la célula somática del organismo diploide.

11.7. En una bacteria, la secuencia codificadora de un gen tiene 1.200 pb. Si en la cadena que se transcribe hay 500 residuos de timina,

a) ¿Podemos estimar cuántos residuos de guanina hay en el ADN de dicho gen?

b) ¿Nos ayudaría saber que la proporción A + G/T + C es igual a 1 en dicha bacteria?

c) ¿O saber que la proporción A + T/G + C es igual a 1 en la cadena que se transcribe?

Razone cada una de las posibles respuestas.

Solución

a) Si en la secuencia codificadora hay 500 residuos de timina, tiene que haber otros 500 residuos de adenina, es decir, 500 pb A = T, luego los 700 pb restantes tienen que ser de G ≡ C, es decir, hay 700 residuos de guanina.

b) La proporción A + G/T + C es igual a 1 en dicha bacteria y en todo ADN de doble cadena de cualquier organismo. Las 1.200 pb son 2.400 residuos, 1.200 de purinas y 1.200 de pirimidinas. Si hay 500 residuos de timina tiene que haber 700 de citosina, luego de guanina, que es complementaria, habrá también 700 residuos.

c) Que en la cadena que se transcribe se dé precisamente la proporción A + T/G + C = 1 es un caso particular de los muchos que pueden darse. En este caso, si el número de residuos de timina es 500, tiene que haber 100 residuos de adenina, para que así, en la cadena complementaria, haya 500 residuos de adenina más 100 de timina, lo que totalizaría 600 pb A = T. Las otras 600 pb tendrán que ser de G ≡ C, luego el número de residuos de G tiene que ser 600.

11.8. En los inicios del descifrado del código genético, Ochoa y su equipo confeccionaron una serie de polímeros de ARN con la ayuda de la polinucleótido fosforilasa, a partir de ribonucleótidos en distintas proporciones. Luego, en un sistema *in vitro*, sintetizaron polipéptidos que les orientaron acerca de la correspondencia entre tripletes y aminoácidos.

a) En una experiencia encontraron un polipéptido con prolina, doble cantidad de serina y de leucina, y cuatro veces más de fenilalanina. ¿Qué nucleótidos se utilizaron, y en qué proporciones, para fabricar el polímero?

b) ¿Y si el polipéptido resultante tuviera lisina, asparagina, glutamina e histidina en igual porcentaje, y treonina y prolina en proporción doble?

Solución

a) Lo primero será comprobar qué tripletes del código codifican a los aminoácidos mencionados,

Prolina	CCU	CCC	CCA	CCG		
Serina	UCU	UCC	UCA	UCG	AGU	AGC
Leucina	CUU	CUC	CUA	CUG		
Fenilalanina	UUU	UUC				

Lo que tienen en común los cuatro aminoácidos es la presencia de uracilo y citosina. En el recuadro se señalan los tripletes que tienen exclusivamente uracilo y/o citosina. Si hubieran añadido algún otro ribonucleótido, habrían aparecido además otros aminoácidos. La polinucleótido fosforilasa sintetiza ARN uniendo los ribonucleótidos al azar (sin molde), luego la frecuencia de los tripletes que se vayan formando en el polímero dependerá de la frecuencia en la que se encuentren los dos ribonucleótidos.

Para calcular las proporciones que se utilizaron, podemos resolver la siguiente ecuación. Sea la frecuencia de citosina = a y la frecuencia de uracilo = 1-a (ya que son los dos únicos ribonucleótidos cuya frecuencia global tiene que ser del 100 %), luego la probabilidad de formación de los distintos tripletes será,

Aminoácido	Tripletes	Probabilidad
Prolina	CCU CCC	$a^2 \times (1\text{-}a) + a^3$
Serina	UCU UCC	$a \times (1\text{-}a)^2 + a^2 \times (1\text{-}a)$
Leucina	CUU CUC	$a \times (1\text{-}a)^2 + a^2 \times (1\text{-}a)$
Fenilalanina	UUU UUC	$(1\text{-}a)^3 + (1\text{-}a)^2 \times a$

Como la cantidad de fenilalanina es cuatro veces la cantidad de prolina, tendremos,

$$(1\text{-}a)^3 + (1\text{-}a)^2 \times a = 4[a^2 \times (1\text{-}a) + a^3]$$
$$1 - 3a + 3a^2 - a^3 + a - 2a^2 + a^3 = 4a^2 - 4a^3 + 4a^3$$
$$3a^2 + 2a - 1 = 0$$

Resolviendo la ecuación de 2.º grado se obtienen dos soluciones, una de ellas positiva, a = 1/3. Es decir, la proporción de los dos ribonucleótidos fue el doble de uracilo (2/3) con respecto a citosina (1/3).

b) Igual que antes, tendremos que comprobar qué tripletes codifican a cada uno de estos aminoácidos,

Lisina	AAA	AAG		
Asparagina	AAU	AAC		
Glutamina	CAA	CAG		
Histidina	CAU	CAC		
Treonina	ACU	ACC	ACA	ACG
Prolina	CCU	CCC	CCA	CCG

Los ribonucleótidos presentes en todos los aminoácidos son A y C. En recuadro se señalan los tripletes que tienen exclusivamente A y/o C. Sin necesidad de fórmulas, se comprueba que el número de A y de C que entra a formar parte de los tripletes es 12, y que el número de tripletes que codifica a los dos últimos es el doble de los cuatro primeros, luego las proporciones de A y C debieron ser iguales, el 50 % de cada uno.

11.9. De acuerdo con el enunciado del problema anterior, supongamos que se sintetiza un polímero con un 80 % de uracilo y un 20 % de guanina,

a) ¿Qué aminoácidos se incorporarían al polipéptido y en qué proporciones?

b) ¿Y si se hubiera utilizado un 75 % de adenina y un 25 % de citosina?

Solución

a) Los tripletes que se forman, su probabilidad y el aminoácido que codifican serán los siguientes,

UUU	0,512	Phe
UUC	0,128	Phe
UCU	0,128	Ser
CUU	0,128	Leu
UCC	0,032	Ser
CUC	0,032	Leu
CCU	0,032	Pro
CCC	0,008	Pro

Es decir, se incorporará el 64 % de fenilalanina, el 16 % de serina, el 16 % de leucina y el 4 % de prolina.

b) Como antes, los tripletes que se forman, su probabilidad y el aminoácido que codifican serán los siguientes,

AAA	27/64	Lys
AAC	9/64	Asn
ACA	9/64	Thr
CAA	9/64	Gln
ACC	3/64	Thr
CAC	3/64	His
CCA	3/64	Pro
CCC	1/64	Pro

Es decir, se incorporará 27/64 de lisina, 12/64 de treonina, 9/64 de asparagina, 9/64 de glutamina, 4/64 de prolina y 3/64 de histidina.

11.10. Yanofsky aisló una serie mutantes consistentes en cambios de aminoácidos en la posición 211 del polipéptido A de la triptófano sintetasa de *E. coli*. Las flechas indican las sustituciones de aminoácidos entre las proteínas analizadas.

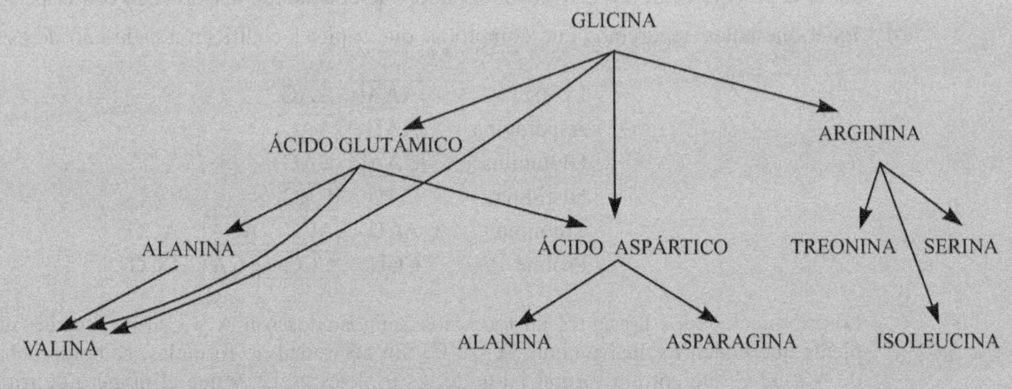

Con ayuda del código genético,

a) ¿Podría averiguar qué tripletes codifican exactamente a cada aminoácido?

b) ¿En qué pasos se necesita más de una mutación?

c) ¿En qué pasos podría haber encontrado Yanofsky mutaciones de parada?

Solución

a) En primer lugar, indicaremos todos los tripletes que codifican a cada uno de los aminoácidos.

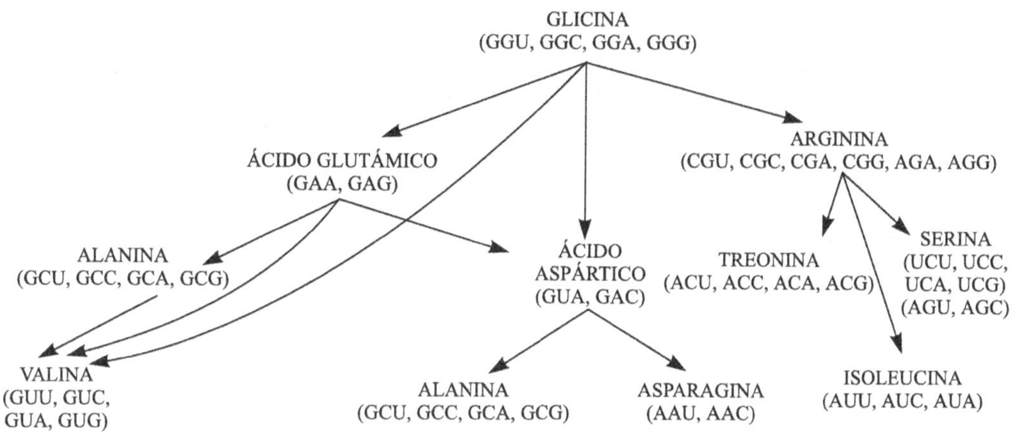

Lo lógico es pensar que los cambios se han producido por un único suceso mutacional, la sustitución de un nucleótido por otro. Si se requiere dos mutaciones, la probabilidad será mucho menor. Por otro lado, la manera más lógica para ver los cambios que se han producido es ir de abajo hacia arriba. Por ejemplo, la isoleucina tuvo que aparecer como consecuencia de la sustitución de la guanina por uracilo, para pasar del triplete AGA de la arginina al triplete AUA de la isolecucina. Cualquier otro cambio implicaría la sustitución de al menos dos nucleótidos.

Considerando fijo el triplete AGA de la arginina, para pasar a serina quedarían eliminados en este aminoácido los tripletes UCU, UCC, UCA y UCG, quedando como posibles AGU y AGC indistintamente. Para pasar a treonina quedarían eliminados los tripletes ACU, ACC y ACG, quedando sólo el ACA. Sólo el triplete GGA de la glicina daría lugar por un único cambio al triplete AGA de la arginina. Siguiendo con esta lógica, al final quedarían los siguientes tripletes,

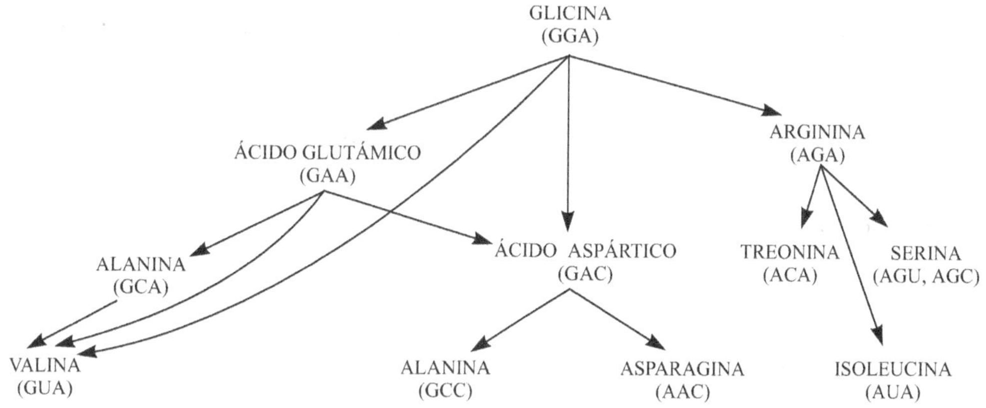

b) El único paso que implicaría más de una mutación (más de una sustitución), sería el de glicina (GGA) a Ácido aspártico (GAC).

c) Los tripletes de parada son UAA, UAG y UGA, por tanto, se podría haber encontrado tripletes de parada a partir de los siguientes tripletes de aminoácidos:

Glicina	(GGA) ⟶	(UGA)
Ácido glutámico	(GAA) ⟶	(UAA)
Arginina	(AGA) ⟶	(UGA)

11.11. En el fago ΦX174, una misma secuencia de su ADN se lee de tres maneras distintas, lo que corresponde a tres genes, uno de los cuales se inicia y otro termina en dicho fragmento. Dada la secuencia de una de las cadenas del ADN, ¿podría indicar exactamente la secuencia de los aminoácidos de las proteínas resultantes?

... 5′ G C T G G T G G A A A A T G A G G A A A T T C A A T 3′...

Solución

La secuencia dada puede corresponder a la cadena con sentido o a la cadena antisentido, a partir de la cual se transcribirán los ARNm. Busquemos primero en dicha secuencia tripletes de inicio y de parada, teniendo en cuenta que el ARNm se sintetizará en antiparalelo, es decir, la polimerasa del ARN copiará la cadena molde en dirección 3′ ⇒ 5′, sintetizando el ARNm en dirección 5′ ⇒ 3′. El triplete de inicio AUG, corresponde al triplete TAC en el ADN, pero este triplete no se encuentra en la secuencia dada, luego ésta debe corresponder a la secuencia con sentido. La secuencia antisentido, complementaria de la anterior, será,

... 3′ C G A C C A C C T T T [T A C] T C C T T T A A G T T A 5′...

en donde, leyendo en dirección 3′ − 5′, encontramos un triplete TAC (en recuadro).

Como también termina una de las proteínas, tendremos que buscar alguno de los tripletes de parada, UAA, UAG o UGA, que en el ADN corresponden a los tripletes ATT, ATC y ACT, respectivamente.

... 3′ C G A C C A C C T T T [T [A C] T] C C T T T A A G T T A 5′...

La tercera proteína utilizará una pauta de lectura distinta de las dos anteriores, por ejemplo, si empezamos por el triplete CGA, la pauta de lectura 3 coincidirá con la pauta correspondiente al triplete mudo. La pauta 2 corresponderá a la tercera proteína y la pauta 1 al triplete de inicio, por lo que tendremos resuelto el problema.

Pauta
1.
2.
3.

... 3′ C G A C C A C C T T T [T [A C] T] C C T T T A A G T T A 5′...
ARNm ... 5′ G C U G G U G G A A A A U G A G G A A A U U C A A U 3′...

De acuerdo con lo anterior tendríamos las siguientes secuencias de aminoácidos:

1. NH_2 – Met – Arg – Lys – Phe – Asn – ...
2. ... – Leu – Val – Glu – Asn – Glu – Glu – Ile – Gln – ...
3. ... – Ala – Gly – Gly – Lys – COOH

11.12. El gen *scute* de *Drosophila* está implicado en el desarrollo del sistema nervioso periférico y sus mutaciones dan lugar, entre otros efectos fenotípicos, a alteraciones en el número y disposición de las quetas escutelares. La región de inicio del ARNm del gen *scute* de *Drosophila* tiene la siguiente secuencia:

(I) .... CAAGUUCAUAACAUGAGACAAGUAAAUAAAAAAAGACAACUAGCAAUAGG ...
1 10 20 30 40 50

Mientras que la misma región perteneciente a uno de los mutantes de dicho gen es la siguiente:

(II) ...... CAAGUUCAUAACAUGAUGACAAGUAAAUAAAAAAAGACAACUAGCAAUAG ...
1 10 20 30 40 50

a) ¿Cuál será la cadena polipeptídica codificada por la secuencia (I) del ARNm del gen *scute*?
b) ¿Qué tipo de mutación aparece en la secuencia nucleotídica (II)?
c) ¿Cuál será la cadena polipeptídica codificada por la secuencia mutante (II)?

Solución

a) La cadena polipetídica codificada por la secuencia (I) será la siguiente, a partir del triplete AUG (nucleótidos 13º-15º):

CAA	GUU	CAU	AAC	AUG	AGA	CAA	GUA	AAU	AAA	AAA	AGA	CAA	CUA	GCA	AUA	GG
				met	arg	gln	val	asn	lys	lys	arg	gln	leu	ala	ile	

b) Comparando las dos secuencias se aprecia la inserción de un U entre las posiciones 16(A) y 17(G).

c) Esta inserción da lugar a que aparezcan dos codones AUG consecutivos; cualquiera de ellos podría servir para el inicio de la traducción. No obstante, el efecto más importante de la inserción es que se produce un corrimiento en la pauta de lectura, que da lugar a un corto polipéptido, al aparecer un codón de parada en las posiciones 28-30:

CAA GUU CAU AAC AUG AUG ACA AGU AAA UAA AAA AAG ACA ACU AGC AAU AGG
met met thr ser lys COOH

lo que explicaría la mutación.

11.13. Catcheside y Overton llevaron a cabo una prueba de complementación entre mutantes del gen agini-na-1 en *Neurospora crassa*, mediante la formación de heterocariontes. Las seis mutaciones dieron el siguiente patrón de complementación:

	B	C	D	E	F
A	−	−	−	−	−
B		−	+	+	+
C			−	+	−
D				−	+
E					+

donde (−) indica ausencia de complementación y (+), complementación. ¿Podría dibujar el mapa de complementación de estas mutaciones?

Solución

En *Neurospora*, un heterocarión es una célula binucleada en donde se puede estudiar la complementación entre mutaciones. Si dos mutantes complementan, el heterocarión crecerá en el medio mínimo; si no complementan, no crecerá e indicará que las dos mutaciones afectan a la misma función. Por tanto, si A no complementa, con ninguna de las otras mutaciones, las abarcará a todas ellas; si B y D complementan no se imbricarán. De esa manera se puede dibujar el siguiente mapa:

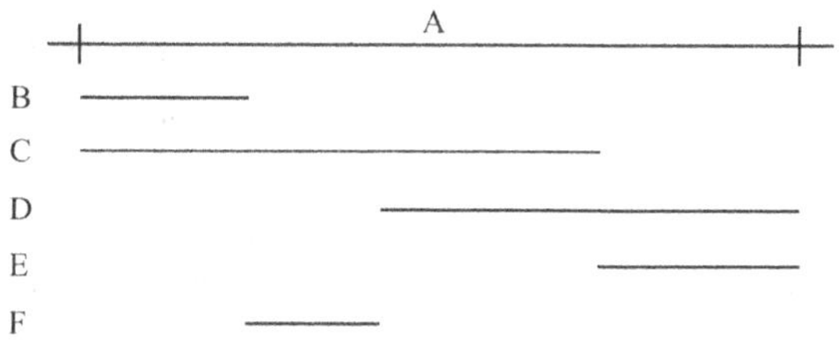

11.14. Se irradió una determinada estirpe de *E. coli* para provocar mutaciones y se sembró en un medio completo, con la dilución adecuada para que no crecieran demasiadas colonias. Mediante técnicas de transferencia a placa se realizaron tres réplicas en medios mínimos, suplementados con metionina, leucina o arginina:

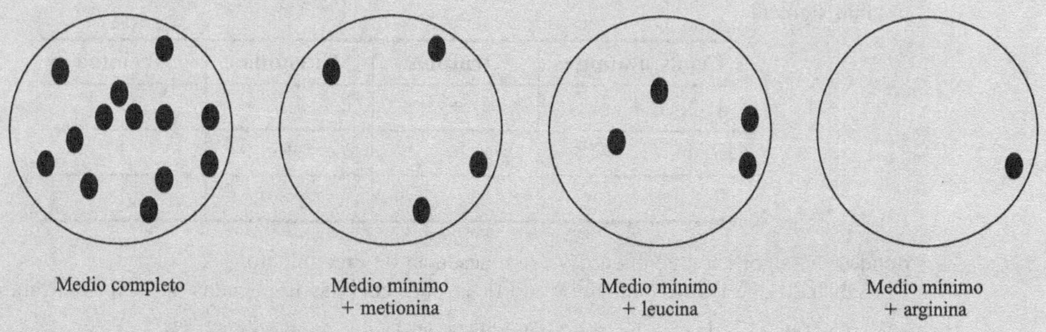

¿Podría indicar el genotipo de las colonias que aparecen en el medio completo?

Solución

Las cuatro colonias que aparecen en el medio mínimo suplementado con metionina tienen que provenir de bacterias totalmente normales o en las que la irradiación ha mutado sólo el gen de la metionina. Las demás colonias que crecen en el medio completo, pero no en este medio, tienen que haber sufrido mutación en alguno de los otros dos genes, leucina o arginina, o en ambos.

Las cuatro colonias que aparecen en el medio mínimo suplementado con leucina, siguiendo el mismo razonamiento anterior, tienen que provenir de bacterias totalmente normales o en las que la irradiación ha mutado sólo el gen de la leucina. No obstante, hay una colonia, señalada con una flecha en el dibujo que sigue, que crece tanto en el medio suplementado con metionina como con leucina, luego tiene que ser normal para los dos aminoácidos.

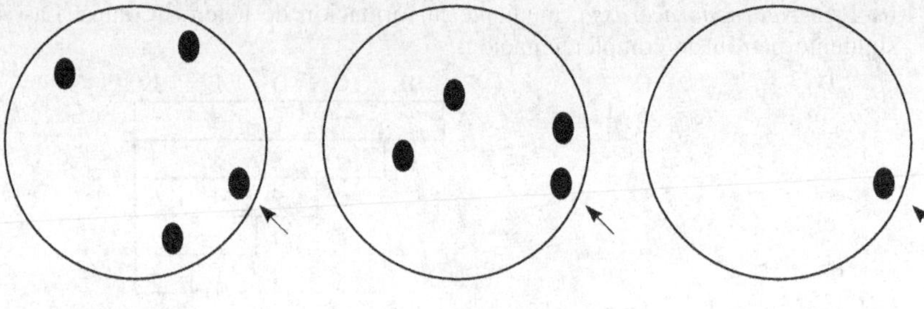

Lógicamente, si esta colonia es normal para metionina y leucina, y ha crecido en medios sin arginina, será normal para la arginina y crecerá en el medio mínimo, suplementado o no con arginina, como de hecho ocurre. Resumiendo, el genotipo de las colonias que crecen en el medio completo es,

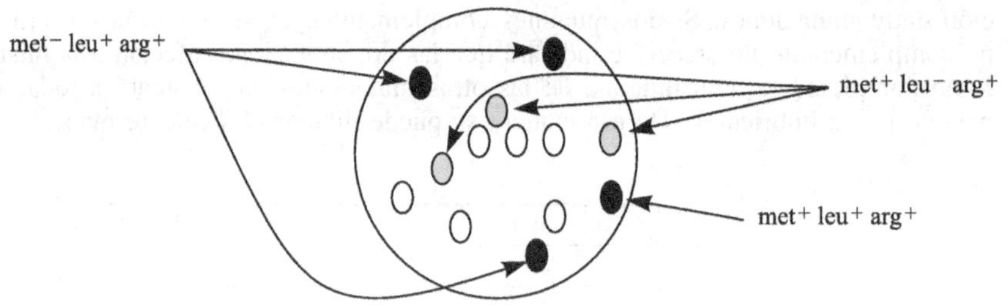

Las colonias en blanco pueden ser met^- leu^- arg^-, met^+ leu^- arg^-, met^- leu^+ arg^-, met^- leu^- arg^+, pero no pueden ser met^+ leu^+ arg^-, ya que hubieran crecido en el medio mínimo + arginina.

11.15. Beadle aisló siete cepas de *Neurospora* con mutaciones auxótrofas, localizadas en distintos cromosomas. Cuatro de ellas crecían en un medio mínimo con cualquiera de los aminoácidos ornitina, citrulina y arginina (cepas 1 a 4), dos crecían con citrulina o arginina pero no con ornitina (cepas 5 y 6), y la séptima (7) requería arginina y no respondía ni a la ornitina ni a la citrulina, tal como se indica en la tabla siguiente,

Cepas mutantes	Ornitina	Citrulina	Arginina
1, 2, 3, 4	+	+	+
5, 6	−	+	+
7	−	−	+

donde (+) significa crecimiento y (−), ausencia de crecimiento.

Sabiendo que los tres mutantes codifican para enzimas implicadas en la misma ruta metabólica,

a) ¿Cuál es el orden de los tres metabolitos en la ruta metabólica?

b) ¿En qué pasos interrumpen estos mutantes la vía metabólica?

Solución

a) El producto final es la arginina, ya que los tres mutantes crecen cuando la arginina se añade al medio. Siguiendo el mismo razonamiento, la citrulina sería el metabolito anterior, precedido por la ornitina:

Precursor ⟶ Ornitina ⟶ Citrulina ⟶ Arginina

b) Las cepas de 1 a 4 crecen en presencia de cualquiera de los tres metabolitos, luego deben llevar mutaciones que interrumpen la vía metabólica en un paso anterior a la producción de ornitina. Las cepas 5 y 6 crecen en presencia de citrulina y arginina, pero no de ornitina, luego estas dos cepas llevan un gen mutante que codifica para una enzima que cataliza el paso de ornitina a citrulina, y por el mismo razonamiento la cepa mutante 7 debe llevar un gen mutante que codifica para una enzima que cataliza el paso de citrulina a arginina.

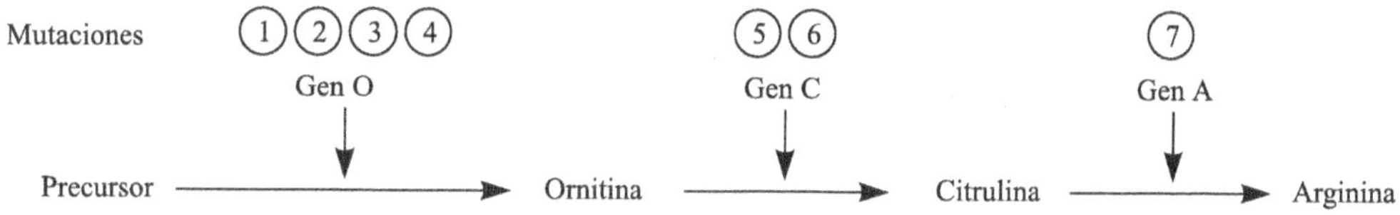

11.16. Al comprobar los requerimientos para el triptófano y el ácido nicotínico de diversas cepas de *Neurospora*, varios autores encontraron las siguientes respuestas en cuanto a su crecimiento y sustancias acumuladas,

Cepas	N	Q	OH-A	K	T	I	A	Acumulación
3416	+	−	−	−	−	−	−	ácido quinolínico
4540	+	+	−	−	−	−	−	ácido 3-OH-antranílico
31881	+	+	+	−	−	−	−	kinurenina
C-83	−	−	−	−	+	−	−	indol
10575	−	−	−	−	+	+	−	ácido antranílico
39401	+	+	+	+	+	+	−	

N = ácido nicotínico
Q = ácido quinolínico
OH-A = ácido 3-OH-antranílico
K = kinurenina.
T = triptófano
I = indol
A = ácido antranílico

Sabiendo que el ácido nicotínico es uno de los productos del catabolismo del triptófano, proponga un modelo de ruta metabólica, indicando los puntos de bloqueo de las distintas mutaciones.

Solución

Los mutantes 3416, 4540 y 31881 crecen en presencia del ácido nicotínico; el mutante 3416 crece sólo con dicho ácido; el 4540 también, si se añade al medio ácido quinolínico; y el 31881, si se añade ácido 3-OH-antranílico o cualquiera de los dos metabolitos anteriores. Además, hay que tener en cuenta los productos acumulados en cada una de las cepas mutantes: el ácido quinolínico, el ácido 3-OH-antranílico y la kinurenina, respectivamente, que son consecuencia de una interrupción de la vía metabólica. El orden de los metabolitos, a partir de la kinurenina, sería:

Kinurenina $\xrightarrow{31881}$ ácido 3-OH-antranílico $\xrightarrow{4540}$ ácido quinolínico $\xrightarrow{3416}$ ácido nicotínico

Si consideramos las cepas que crecen suplementadas con triptófano, tenemos que el mutante C-83 sólo crece con triptófano y el mutante 10575 crece, además, cuando se le suplementa con indol. Por ello y por los productos acumulados, el orden de los metabolitos precursores del triptófano será:

$$\text{Ácido antranílico} \xrightarrow{10575} \text{indol} \xrightarrow{\text{C-83}} \text{triptófano}$$

De acuerdo con lo explicado, cada una de las cepas mutantes bloqueará la ruta en los pasos indicados. Queda por explicar el comportamiento de la cepa 39401, que crece tanto con triptófano como con ácido nicotínico y sus productos intermediarios, excepto con ácido antranílico. Esto situaría la acción del gen mutado en esta cepa entre el ácido antranílico y el indol. El comportamiento diferencial entre esta cepa y la 10575, que bloquea el mismo paso, se debería, según los autores, a que el bloqueo de la síntesis de triptófano por esta cepa sería parcial, mientras que el otro mutante bloquearía totalmente el paso.

En resumen tendríamos,

$$\text{ácido antranílico} \xrightarrow{39401,\ 10575} \text{indol} \xrightarrow{\text{C-83}} \textbf{triptófano} \longrightarrow \text{kinurenina}$$

$$\text{kinurenina} \xrightarrow{31881} \text{ácido 3-OH-antranílico}$$

$$\textbf{ácido nicotínico} \xleftarrow{3416} \text{ácido quinolínico} \xleftarrow{4540} \text{ácido 3-OH-antranílico}$$

11.17. Cinco cepas mutantes de *Neurospora*, que no pueden crecer en un medio mínimo, crecen si se suplementa el medio con una o más de las siguientes sustancias nutritivas (+). Un signo (−) indica ausencia de crecimiento.

	Requerimientos sencillos										**Dobles**			
Cepa	A	B	C	D	E	F	G	H	I	J	D + I	D + E	F + G	A + G
1	−	−	−	−	−	−	−	+	−	+	+	+	−	−
2	−	+	−	−	−	−	−	+	−	+	+	+	−	−
3	−	−	−	−	+	−	−	+	−	−	−	+	−	−
4	+	+	−	−	−	−	−	+	−	+	+	+	−	+
5	−	+	−	−	−	−	−	+	−	+	+	+	+	+

a) Hacer un esquema de la ruta metabólica, indicando el paso bloqueado en cada caso.

b) ¿Cuáles de los requerimientos dobles son estrictamente imprescindibles para el crecimiento de las cepas?

Solución

a) En principio hemos de suponer que cada cepa tiene una única mutación que interrumpe la ruta, por ello, hablar de cepa o mutación será equivalente.

Vamos a ver primero qué pasa con los requerimientos sencillos. La única sustancia que permite el crecimiento de las cinco cepas es H, por lo que debe ser o un producto final o un metabolito de la ruta sin interrupciones posteriores. La cepa 3 no crece con J, luego en la cepa 3 debe haber una mutación entre J y H,

$$\text{J} \xrightarrow{③} \text{H}$$

El metabolito B debe estar en la posición anterior, ya que la cepa 1 crece tanto con J como con H,

El metabolito anterior debe ser el C, ya que no permite el crecimiento de ninguna de las cepas y además no se encuentra entre los requerimientos dobles,

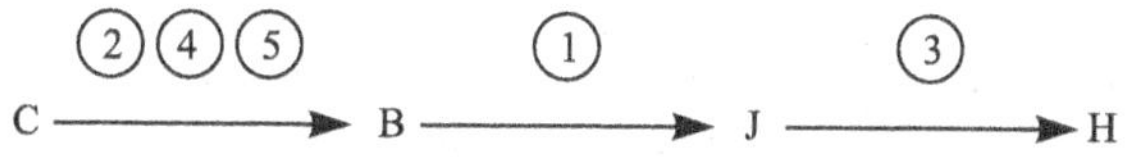

Otros metabolitos, como D, F, G e I, se comportan igual que C en cuanto a requerimientos sencillos, pero intervienen también en requerimientos dobles, al igual que A y E. Esto indica que deben intervenir en vías metabólicas en paralelo.

Con D + E siempre hay crecimiento y con D + I también, excepto en la cepa 3, luego la posición de estos metabolitos en la ruta sería (fíjese en que el metabolito E permite el crecimiento sólo de la cepa 3),

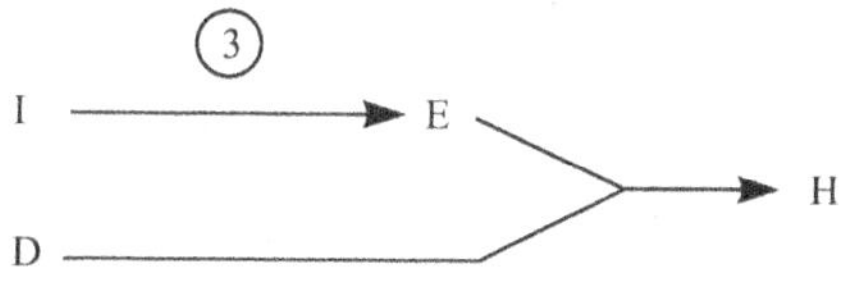

Lógicamente J, que no permite el crecimiento de la cepa 3, y B, que es anterior a J, tienen que situarse de la siguiente manera,

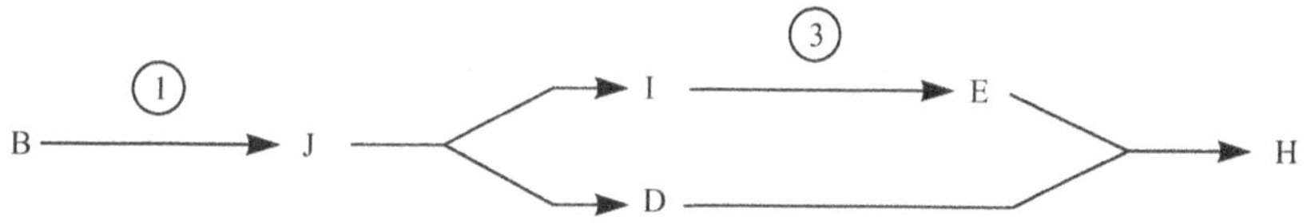

Con A + G no hay crecimiento en las cepas 1, 2 y 3, pero sí en las cepas 4 y 5, luego estos metabolitos tienen que intervenir antes que B y la mutación de la cepa 2 debe interrumpir entre ellos,

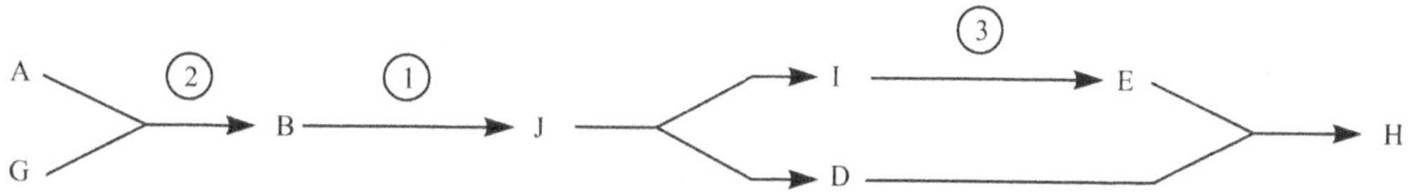

Nos queda el doble requerimiento F+G, que únicamente permite el crecimiento de la cepa 5, pero no de la 4, mientras que el metabolito A permite el crecimiento sólo de la cepa 4. Finalmente quedará C y la mutación 5 al principio de la ruta,

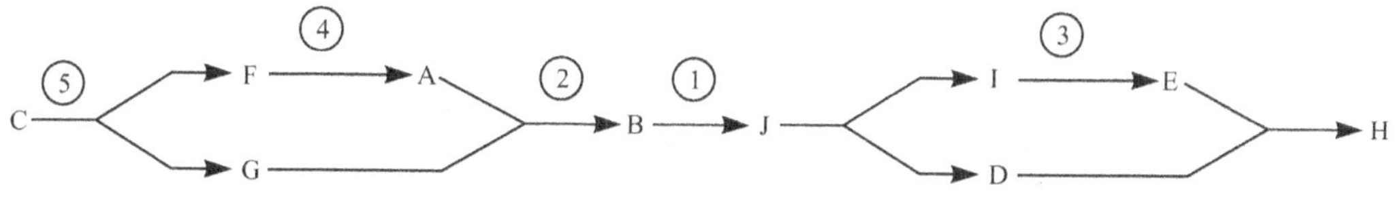

b) Estrictamente hablando, no hay ningún requerimiento doble imprescindible, ya que H permite el crecimiento de todas las cepas. En el caso de que dos vías en paralelo dieran lugar a dos productos finales, podría darse un requerimiento doble imprescindible.

11.18. El primer sistema conocido de regulación génica fue el operón lactosa de *E. coli*. Tal como se indica en el esquema siguiente, dicho operón está constituido por tres genes estructurales, *lac*Z, *lac*Y y *lac*A, que codifican para la *β*-galactosidasa, permeasa y transacetilasa, respectivamente, un gen regulador *lac*I y una región reguladora (constituida por el promotor *lac*P y el operador *lac*O).

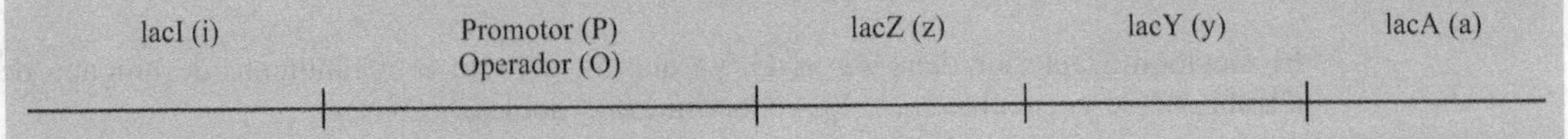

a) Interpretar los resultados indicados en las tablas siguientes, en donde se recoge la producción de *β*-galactosidasa y transacetilasa en condiciones no-inducidas e inducidas, en relación con el funcionamiento del operón [este operón es inducido por la lactosa, pero estos datos, tomados de Jacob y Monod (1961), se obtuvieron utilizando isopropil-tiogalactósido como inductor].

b) Proponga un modelo de regulación génica a partir de estos datos.

Tabla I		***β*-galactosidasa**		**Transacetilasa**	
Cepa	**Genotipo**	**Sin inductor**	**Con inductor**	**Sin inductor**	**Con inductor**
1	$i^+z^+y^+$	<0,1	100	<0,1	100
2	$i_6^- z^+y^+$	100	100	90	90
3	$i_3^- z^+y^+$	140	130	130	120
4	$i^+z_1^- y^+$/F $i_3^- z^+y^+$	<1	240	1	270
5	$i_3^- z_1^- y^+$/F $i^+z^+y_u^-$	<1	280	<1	120
6	$i_3^- z_1^- y^+$/F $i^-z^+y^+$	195	190	200	180
7	Δ_{izy}/F $i^-z^+y^+$	130	150	150	170
8	$i^sz^+y^+$	<0,1	<1	<1	<1
9	$i^sz^+y^+$/F $i^+z^+y^+$	<0,1	2	<1	3

Δ_{izy} = cepa delecionada para los genes i, z, y.

Tabla II		***β*-galactosidasa**		**Transacetilasa**	
Cepa	**Genotipo**	**Sin inductor**	**Con inductor**	**Sin inductor**	**Con inductor**
1	o^+z^+	<0,1	100		
2	o^+z^+/F $o^+z_1^-$	<0,1	105		
3	o^cz^+	15	90		
4	o^+z^+/F $o^cz_1^-$	<0,1	90		
5	$o^+z_1^-$/F o^cz^+	90	250		
6	$o^+z^+y^+$	<0,1	100	<1	100
7	$o^cz^+y^+$	25	95	15	110
8	$o^+z^+y_u^-$/F $o^cz^+y^+$	70	220	50	160
9	$o^+z_1^-y^+$/F $o^cz^+y_u^-$	180	440	<1	220
10	$i^+o_{84}^oz^+y^+$	<0,1	<0,1	<1	<1
11	$i^+o_{84}^oz^+y^+$ /F$i^-o^+z^+y^+$	1	260	2	240
12	$i^so^+z^+y^+$/F $i^+o^cz^+y^+$	190	210	150	200

Notación:
Los subíndices numéricos de los genes indican distintas mutaciones:
i^S, superrepresora;
o^c, operador constitutivo;
o^o, operador negativo;
/F..., genes incluidos en el factor F (diploides parciales).

Solución

a) Los datos recogen la expresión de los genes estructurales z (β-galactosidasa) y a (transacetilasa) de doce cepas de *E. coli* con distintos genotipos y bajo distintas condiciones de inducción. Los autores tomaron los resultados de la transacetilasa, en lugar de la permeasa, por dificultades técnicas encontradas.

En la Tabla I, los 9 genotipos incluyen el gen regulador i, y los estructurales, z e y, tanto en cepas haploides (1, 2, 3, 7 y 8), como en diploides parciales (4, 5, 6 y 9), en donde uno de los operones está en el cromosoma bacteriano y otro en el factor F. En la Tabla II los autores incluyen, además, el genotipo del operador. En todos los casos hay, al menos, un gen z normal.

Puede deducirse lo siguiente:

- Los genes estructurales *z* e *y* se expresan en operones normales sólo en presencia del inductor: Tabla I, cepa 1 y Tabla II, cepas 1, 2 y 6.
- Cuando el gen *i* está mutado, no hay represión y el sistema funciona tanto en condiciones inducidas como no inducidas: Tabla I, cepas 2, 3, 6 y 7. El efecto represor lo ejerce el gen i^+ tanto en posición *cis*, sobre el mismo cromosoma en el que se encuentra, como en *trans*, sobre genes situados en el otro cromosoma: Tabla I, cepas 1, 4 y 5, y Tabla II, cepa 11. La mutación i^s da lugar a una proteína reguladora con capacidad «superrepresora», ya que, con independencia de las condiciones de inducción, los genes estructurales no se expresan: Tabla I, cepas 8 y 9.
- En la región operadora se utilizan dos tipos de mutantes, o^c, operador constitutivo, con el que los genes se expresan siempre, tanto en presencia como en ausencia del inductor: Tabla II, cepas 3 y 7; y la mutación o^o, operador negativo, que da lugar a un operón no inducible en ninguna circunstancia: Tabla II, cepa 10. El efecto regulador del operador sólo se manifiesta en posición *cis* respecto a los genes estructurales: Tabla II, cepas 4, 5, 8 y 9.

b) Cuando todos los componentes del operón lac son normales, el gen regulador *i* codifica una proteína represora que tanto en *cis* como en *trans* interacciona con la región operadora (localizada en *cis*, junto a los genes estructurales) de forma que la expresión de los genes estructurales queda bloqueada; sólo en presencia del inductor se desbloquea.

Las mutaciones en el gen *i*, o en la región operadora, dan lugar a un sistema desregulado, ya sea por un bloqueo permanente o por la síntesis continuada de los genes estructurales.

11.19. Los genes *engrailed* (*en*), *fushi tarazu* (*ftz*) y *paired* (*prd*) actúan en las primeras fases del desarrollo embrionario de *Drosophila*. *ftz* y *prd* son genes de los llamados de la «regla par» y se expresan en los parasegmentos pares e impares respectivamente, mientras que el gen *en* se expresa en los 14 parasegmentos. Al estudiar los patrones de expresión de los genes *en* y *ftz* en embriones con distintos genotipos, se obtuvieron los siguientes resultados:

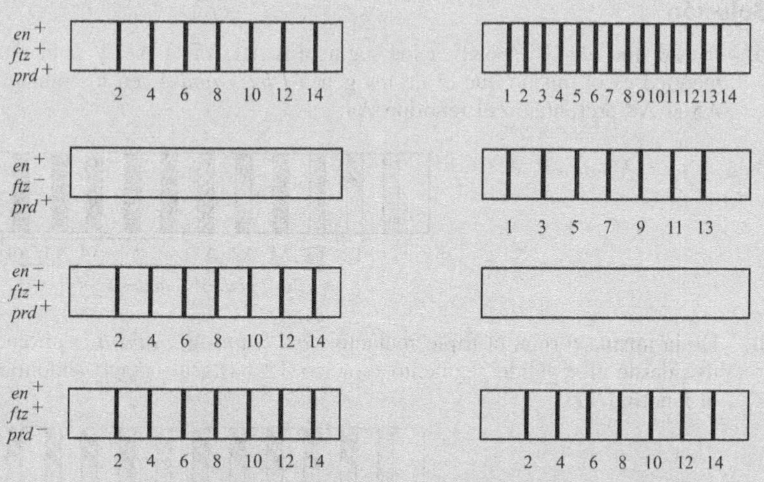

Bandas de expresión de *fushi tarazu* — Bandas de expresión de *engrailed*

A partir de estos patrones de expresión, ¿cuáles son las relaciones de epistasia entre los genes?

Solución

Se conocen ya muchos genes que actúan en las primeras etapas del desarrollo embrionario de *Drosophila*. En general, se expresan y actúan en un determinado lugar del embrión y en un determinado momento del desarrollo, de forma que la expresión de unos genes condiciona la expresión de los que actúan posteriormente.

En el caso de *ftz*, *prd* y *en*, se comprueba que *ftz* actúa epistáticamente sobre *en*, pero no al contrario. En embriones *ftz*$^-$, la expresión de *en* desaparece, mientras que en embriones *en*$^-$, la expresión de *ftz* es normal. La expresión de *ftz* es también independiente de *prd*. Ambos genes, *ftz* y *prd*, condicionan la correcta expresión de *en* a lo largo de los 14 parasegmentos, de *ftz* en los parasegmentos pares y de *prd* en los impares.

11.20. Los genes homeóticos especifican la identidad de los segmentos en *Drosophila*. El complejo *bithorax*, formado por los genes *ultrabithorax* (*Ubx*), *abdominal-A* (*abd-A*) y *abdominal-B* (*abd-B*), especifican el tercer segmento torácico (T3) y los 8 abdominales (A1-A8). La regulación espacial de los genes en el embrión es muy compleja, así, el gen *Ubx*$^+$ especifica la identidad de los segmentos T3 y A1, mientras que en los embriones *Ubx*$^-$, ambos segmentos se desarrollan como T2; el gen *abd-A*$^+$ especifica los segmentos abdominales A2-A4, mientras que en los mutantes *abd-A*$^-$, estos segmentos se desarrollan como A1, y en los dobles mutantes *Ubx*$^-$ *abd-A*$^-$, los segmentos de T3 a A4 se desarrollan como T2.

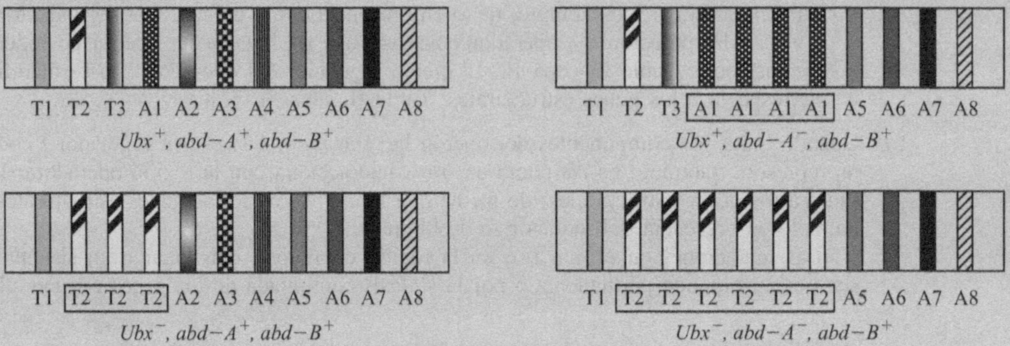

Sabiendo que el gen *abd-B* especifica los segmentos abdominales A5-A8,

a) ¿Qué patrones seguirán los embriones *abd-B*$^-$?

b) ¿Y cuál es el triple mutante *Ubx*$^-$, *abd-A*$^-$, *abd-B*$^-$?

Solución

a) Puesto que *abd-B* especifica los segmentos del A5 al A8, y si el modo de acción de este gen homeótico es el mismo que el de los genes *Ubx* y *abd-A*, en los mutantes *abd- B*$^-$ los segmentos del A5 al A8 presentarán el fenotipo A4,

b) De la misma forma, el triple mutante *Ubx*$^-$, *abd-A*$^-$, *abd-B*$^-$, al tener afectados todos los segmentos, desde el segundo segmento torácico T2 hasta el octavo abdominal, excepto el T1, presentarán el fenotipo T2:

CAPÍTULO 12

INGENIERÍA GENÉTICA

La Ingeniería genética abarca una amplia gama de técnicas relacionadas con la manipulación del ADN, como son su amplificación por PCR, clonación, secuenciación, hibridación molecular, transferencia génica entre organismos o especies, etc. Estas técnicas se utilizan para el análisis de regiones discretas del genoma o bien para el estudio del genoma en su conjunto (lo que actualmente se denomina **genómica**). Vamos a referirnos especialmente a las técnicas y métodos relacionados con la construcción de mapas físicos, dada la importancia que tienen en el cartografiado genético, haciendo ocasionalmente mención de algunas otras.

12.1. MAPAS FÍSICOS

Dentro de los mapas físicos se incluyen distintas categorías, técnicas y conceptuales, encaminadas a localizar determinadas secuencias de ADN a lo largo de un cromosoma o de un fragmento de ADN. En algunos casos, la localización de determinadas secuencias a lo largo de un cromosoma sirve para «balizar» al genoma. A continuación se detallan algunos de los mapas físicos más utilizados en el análisis genético molecular.

12.1.1. Mapas de restricción

Se basan en la localización de los sitios diana de las enzimas de restricción utilizadas a lo largo de una secuencia de ADN. Estas enzimas son endonucleasas que reconocen secuencias específicas en el ADN, normalmente de 4 a 6 pares de bases con simetría rotacional, y producen roturas en las dos cadenas. Por ejemplo, una de las enzimas más utilizadas, la denominada *Eco*RI, reconoce la siguiente secuencia y produce dos roturas simétricas en los puntos que indican las flechas,

```
          ⇓
5′---------GAATTC--------3′
3′---------CTTAAG--------5′
               ⇑
```

A continuación se da una breve relación de distintas enzimas de restricción tipo II y de las secuencias diana de corte que reconocen.

*Alu*I	AGCT	*Kpn*I	GGTACC
*Bam*HI	GGATCC	*Pst*I	CTGCAG
*Hae*III	GGCC	*Pvu*I	CGATCG
*Hin*dIII	AAGCTT	*Xho*I	CTCGAG

Los mapas de restricción se obtienen normalmente de regiones cromosómicas o cromosomas de pequeño tamaño, como los plásmidos bacterianos. Las distancias a las que se sitúan los puntos de corte son normalmente del orden de las kilobases. También pueden confeccionarse los denominados **mapas de restricción de rango amplio**, que abarcan grandes regiones cromosómicas. Se construyen con enzimas que, como *Not*I, son de corte infrecuente, generando fragmentos cercanos a un centenar de kilobases.

Para construir un mapa de restricción se pueden seguir distintos procedimientos, por ejemplo, mediante el método de las digestiones dobles o mediante digestiones parciales.

El método de las **digestiones dobles** consiste en digerir la región cromosómica problema con las enzimas de interés, tanto en digestiones simples de cada enzima, como en digestiones dobles de las dos enzimas a la vez. De la comparación del tamaño de los fragmentos generados en las digestiones simples y dobles se puede deducir los distintos sitios de corte.

Supongamos, por ejemplo, que partimos de un fragmento linear de ADN de 18 kb, y que deseamos hacer un mapa de restricción con las enzimas *Eco*RI, *Hin*dIII y *Pst*I. Al realizar las digestiones simples y dobles se obtienen fragmentos de ADN de los tamaños (todos ellos expresados en kb) a continuación expuestos (Tabla 12.1).

Tabla 12.1

Resultado de las digestiones simples y dobles de un ADN linear de 18 kb con las enzimas *Eco*RI, *Hin*dIII y *Pst*I

Digestión simple			Digestión doble		
*Eco*RI	*Hin*dIII	*Pst*I	*Eco*RI *Hin*dIII	*Eco*RI *Pst*I	*Hin*dIII *Pst*I
12	9,5	9	7	9	5,5
6	5	7	5	4	5
	3,5	2	3,5	3	4
			2,5	2	2
					1,5

Del estudio del tamaño de los fragmentos podemos deducir lo siguiente: *Eco*RI produce dos fragmentos, luego sólo tiene un sitio de corte,

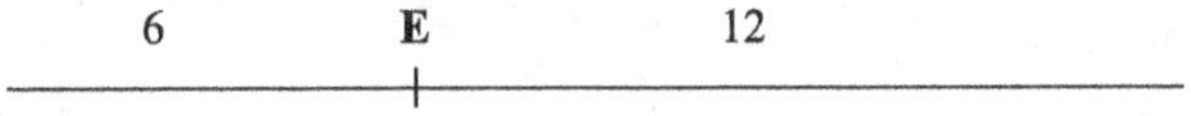

*Hin*dIII y *Pst*I producen cada una 3 fragmentos, lo que indica que tienen dos puntos de corte. Comenzando por *Pst* I, la digestión doble *Eco*RI/*Pst*I da lugar a cuatro fragmentos, dos de ellos, de 2 y 4 kb, indicarían que el fragmento *Eco*RI de 6 kb es cortado por *Pst*I en cualquiera de los dos sitios abajo indicados,

o bien:

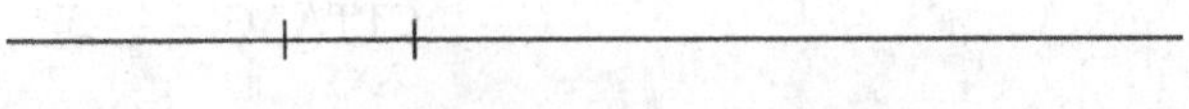

Para poder decidir entre estas dos alternativas, hemos de considerar que la digestión simple *Pst*I produce un fragmento de 2 kb, pero no de 4 kb, luego la primera alternativa es la correcta. Siguiendo el mismo razonamiento para el fragmento *Eco*RI de 12 kb, el mapa quedaría como sigue:

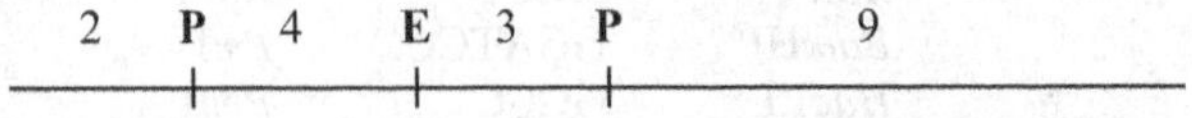

Para localizar los dos sitios *Hin*dIII seguiremos un razonamiento similar. Un corte *Hin*dIII en el fragmento *Eco*RI de 6 kb podría explicar los dos fragmentos de 3,5 y 2,5 kb generados en la digestión doble *Eco*RI/*Hin*dIII. De éstos, el de 3,5 sería el más distal. De la misma forma, un corte *Hin*dIII en el fragmento *Eco*RI de 12 kb podría explicar los dos fragmentos de 5 y 7 kb, generados en la digestión doble *Eco*RI/*Hin*dIII, de los cuales el de 5 kb sería el más distal:

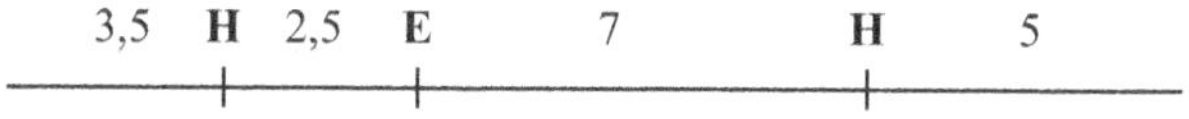

Uniendo los sitios de corte de las tres enzimas tendríamos el mapa completo.

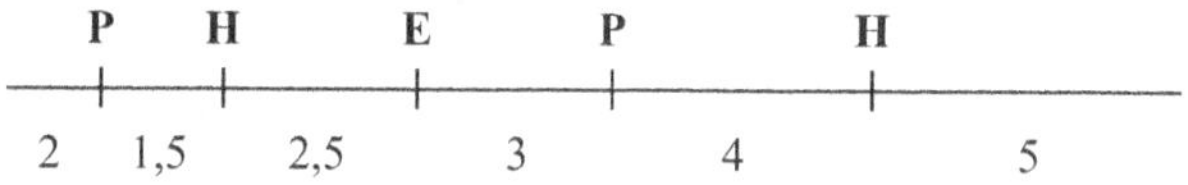

El método de la **digestión parcial** se basa en que si la reacción enzimática no se lleva hasta la digestión total del ADN, se obtienen fragmentos de distintos tamaños, lo que dependerá de si cada uno de los sitios diana es cortado o no por la enzima. La interpretación de los resultados se simplifica si uno de los extremos 5′ del ADN problema se marca, por ejemplo, con ^{32}P. Supongamos que partimos del fragmento de 18 kb del caso anterior y lo sometemos a digestión parcial con *Pst*I, obtendríamos los siguientes fragmentos,

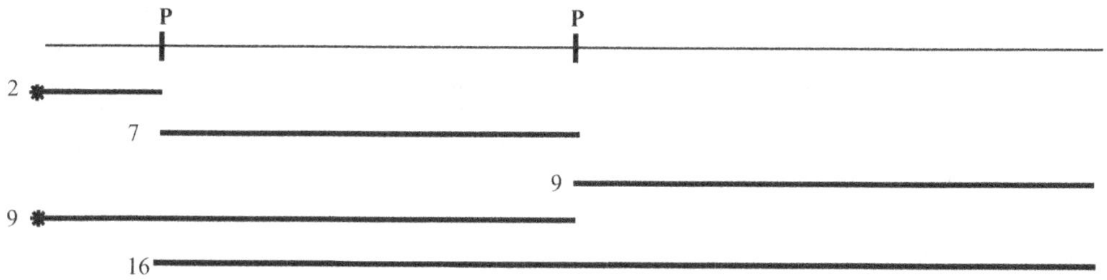

Si después de separar los fragmentos por electroforesis se realiza una autorradiografía, se revelarán como marcados sólo los fragmentos de 2✱ y 9✱ kb, indicativos de los sitios de corte.

12.1.2. Mapas de «contigs»

Estos mapas son de gran utilidad para el análisis genómico. Para entender bien lo que es un «contig», hay que introducir primero los conceptos de **clon** y **genoteca**.

Si se inserta un fragmento del ADN problema en un plásmido bacteriano (como pUC, BACs, etc.), en un virus (como los retrovirus), o incluso en un cromosoma artificial de levadura (YAC), de forma que al introducirlos en bacterias o células eucariotas puedan replicarse muchas veces, obteniendo muchas copias idénticas del fragmento, el resultado es un **clon.** Este proceso se denomina *clonación*.

Una **genoteca** es el conjunto de clones que contiene el genoma de una especie, de un cromosoma o de una región cromosómica. Se pueden también construir genotecas a partir de los ARNm que se expresan en un determinado tejido o momento del desarrollo de una especie, éstas son las llamadas *genotecas de ADNc*.

Un mapa físico de «contigs» es un conjunto ordenado de clones que cubren ininterrumpidamente una región cromosómica. Supongamos que disponemos de 15 clones (de secuencia desconocida) pertenecientes a una región dada del genoma, obtendremos un «contig» si conseguimos imbricar unos con otros todos los clones.

Supongamos un conjunto de clones desordenados,

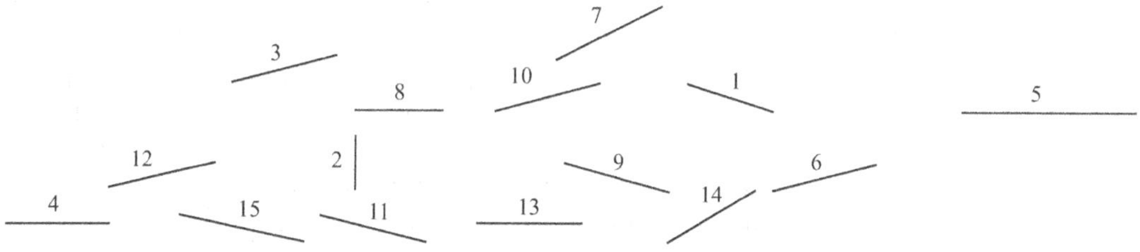

Su imbricación y ordenación dará lugar al siguiente esquema,

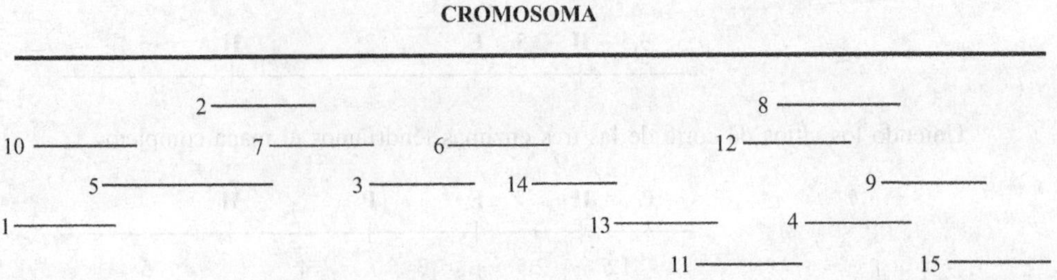

Se puede llegar a construir estos mapas usando distintos procedimientos, por ejemplo, se pueden secuenciar los extremos de cada uno de los clones y buscar aquéllos que tengan secuencias comunes, o bien, mediante marcadores moleculares (como veremos en el capítulo próximo) buscar los clones que contengan los mismos marcadores.

12.1.3. Mapas de células híbridas

Se puede conseguir la fusión de células somáticas humanas y de ratón, o hámster, en ciertas condiciones experimentales. Cuando se fusionan las células, los núcleos también lo hacen, pero son inestables y a través de sucesivas mitosis los cromosomas humanos se van perdiendo al azar. Se pueden obtener así bancos o paneles de líneas celulares híbridas independientes, en las que en cada una de ellas se habrá fijado uno o más cromosomas humanos. Estas líneas híbridas se utilizan para determinar si dos genes o marcadores moleculares están ligados, y asignarlos a un cromosoma o grupo de ligamiento.

12.2. HIBRIDACIÓN MOLECULAR

Son técnicas basadas en la hibridación entre cadenas complementarias de ADN. Por su utilidad práctica destaca el método de **Southern**, que permite la identificación de secuencias o genes. Para ello el ADN problema, que puede ser el genoma completo de una especie digerido con enzimas de restricción, se somete a electroforesis en gel y una vez desnaturalizado se pasa a un filtro de nylon donde las cadenas de ADN simples quedan atrapadas. La hibridación se producirá entre el ADN de cadena sencilla fijado en el filtro y una sonda (que es una secuencia conocida de ADN) marcada. La sonda sólo hibridará si en el ADN problema existe una cadena complementaria. La detección del híbrido se puede realizar por métodos autorradiográficos o colorimétricos, dependiendo del tipo de marcaje de la sonda.

12.3. PCR (REACCIÓN EN CADENA DE LA POLIMERASA)

Este sencillo método, de gran importancia en Ingeniería genética, permite la amplificación de un fragmento de ADN comprendido entre dos secuencias de cebadores (o *primers*). Para llevar a cabo una reacción de PCR sólo se necesita disponer de los cebadores y de los elementos necesarios para la replicación del ADN, por ejemplo, la polimerasa *Taq*, una polimerasa de ADN que resiste altas temperaturas, y los cuatro desoxirribonucleótidos trifosforilados.

PROBLEMAS RESUELTOS

12.1. La enzima de restricción *Not*I reconoce la secuencia GCGGCCGC. Si la utilizamos para fragmentar una molécula de ADN,

a) ¿Cuál sería el tamaño medio de los fragmentos si se trata de ADN humano (contenido en A = T, aproximadamente en un 60 %) y de ADN de *Sarcina lutea* (contenido en A = T, aproximadamente en un 25 %)?

b) ¿En qué caso el tamaño medio de los fragmentos sería mayor? Razone su respuesta.

c) ¿Cuántos fragmentos obtendríamos con el genoma humano (tamaño aproximado: $2{,}9 \times 10^9$ pb)?

Solución

a) La probabilidad de encontrar en un ADN una secuencia dada depende del tamaño de dicha secuencia y de la frecuencia en ese ADN de los nucleótidos que lo forman. Si el ADN humano tiene un 60 % de A = T, tendrá un 40 % de G ≡ C, luego habrá un 20 % de G y un 20 % de C. La probabilidad de que se forme dicha secuencia, GCGGCCGC, será de $0{,}2^8 = 0{,}00000256$. Dicha secuencia se encontrará, como media, cada $1/0{,}00000256 = 390.625$ nucleótidos, es decir, el tamaño medio de los fragmentos será de unas 390 kb.

Como el ADN de *Sarcina* tiene una mayor contenido de G ≡ C (75 %), la probabilidad de que se forme dicha secuencia será $0{,}375^8 = 0{,}000391$. Dicha secuencia se encontrara, como media, cada $1/0{,}000391 = 2.557$ nucleótidos; es decir, el tamaño medio de los fragmentos será de unas 2,5 kb.

b) El tamaño medio sería mayor en el ADN humano por el menor porcentaje de G y C.

c) En el genoma humano se obtendrían $2.900.000/390{,}6 \approx 7.425$ fragmentos.

12.2. Suponga que tiene dos muestras de ADN, una de un plásmido bacteriano, que lleva insertado el gen X de una especie eucariota (carril I), que se digiere con *Eco*RI, y otra de ADN genómico de dicha especie eucariota (carril II), que se digiere también con *Eco*RI. Se realiza un Southern blot, utilizando como sonda un fragmento de ADN de dicho gen X. Interprete los resultados indicados en la figura.

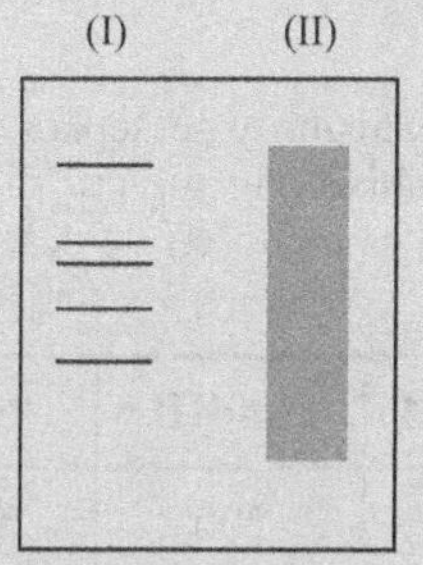

Fragmentos de ADN obtenidos en el gel de electroforesis

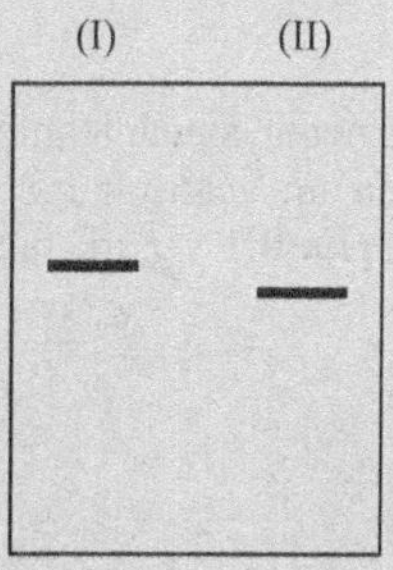

Fragmentos de ADN obtenidos en el filtro del Southern blot

Solución

En el cuadro de la izquierda se esquematizan los resultados de la digestión de las dos muestras de ADN con *Eco*RI, visualizados en un gel de electroforesis. El ADN del carril I, que procede de un plásmido, es de pequeño tamaño (del orden de las Kb) de forma que al digerir con *Eco*RI se obtienen unas cuantas bandas, correspondientes a los distintos fragmentos de ADN producidos. En el carril II, debido a que los genomas de los eucariotas son de gran tamaño (del orden de las Mb), al digerir con una enzima de restricción se forma un número de fragmentos muy elevado que, en una electroforesis convencional en geles de agarosa, se visualizan como una mancha o borrón continuo (en inglés, *smear*), a lo largo de toda la carrera del ADN en el gel.

Cuando se hace la transferencia del ADN al filtro y se hibrida con una sonda adecuada (en este caso la sonda es un fragmento del gen X contenido en el ADN del plásmido y en el genoma eucariota), la sonda sólo hibridará con el fragmento de ADN complementario, lo que corresponde a las dos bandas que aparecen en el cuadro de la derecha de la figura; el distinto tamaño de las dos bandas, reconocible por la distinta distancia recorrida en el gel, se debe a que el gen está situado en los dos genomas en fragmentos *Eco*RI de distinto tamaño.

12.3. La ataxia de Friedreich es una enfermedad asociada al gen FRDA, localizado en el cromosoma 9 humano. En uno de los intrones está insertado un elemento transponible *Alu*. Supongamos que tenemos dos sondas, una correspondiente a uno de los exones del gen y la otra al elemento *Alu*. Si se realiza un Southern blot con cada una de las sondas:

a) ¿Cuántas bandas se espera encontrar en cada caso?

b) ¿Qué resultados cabría esperar si se utilizan las mismas sondas pero a partir de ADN procedente de primates, *Drosophila*, *Caenorhabditis elegans* y *E. coli*?

Solución

a) Cuando se utiliza la sonda del exón, es de esperar que se obtenga una o dos bandas (dependiendo de donde corte la enzima de restricción utilizada para digerir el ADN genómico), correspondientes a la hibridación de la sonda con el gen FRDA.

Cuando se utiliza como sonda el elemento *Alu*, se espera un borrón o *smear*, puesto que el número de secuencias *Alu* en el genoma humano es enorme (superior al millón de copias).

b) Si el Southern se realiza con ADN de especies distintas del de la sonda utilizada, los resultados dependerán de la existencia o no de una secuencia igual a la de la sonda en la especie problema y, en caso de que exista, dependerá de que tenga la suficiente similitud en su secuencia como para que la hibridación sea positiva.

En el caso de la sonda de un exón, es probable que dé resultados positivos en primates, por ser especies filogenéticamente cercanas a la especie humana, y negativos en *E. coli*, ya que al ser una especie tan alejada, probablemente no contenga dicho gen o, si lo tiene, es probable que esté tan divergido que no se consiga la hibridación. En el caso de *Drosophila* y *C. elegans*, como en muchas otras especies, se ha demostrado la existencia de un gen homólogo, con lo que los resultados serán positivos siempre que se utilicen condiciones relajadas de hibridación.

En el caso de las secuencias *Alu* sólo se obtendrán resultados positivos en primates, puesto que en el resto de las especies no se encuentra dicho tipo de elemento transponible.

12.4. Se fragmenta mecánicamente el ADN de un organismo y se separa un fragmento de 1100 pb, que se clona en un vector para su multiplicación y análisis. Se digiere dicho fragmento con tres enzimas, *Eco*RI, *Hin*dIII y *Pst*I, tanto en digestiones simples como en dobles, obteniéndose los siguientes fragmentos:

	***Eco*RI**	***Hin*dIII**	***Pst*I**
***Eco*RI**	200 250 650	200 100 150 650	200 250 150 500
***Hin*dIII**		300 800	300 300 500
***Pst*I**			600 500

Símbolos: *Eco*RI (E); *Hin*dIII (H); *Pst*I (P)

¿Cuál sería el mapa de restricción de dicho fragmento?

Solución

Para llegar rápidamente a la solución, primero veremos qué enzima rompe en menos fragmentos el ADN, por ejemplo, *Hin*dIII, y dibujaremos un pequeño mapa sobre el que situar los resultados de las otras digestiones.

Cuando actúan *Hin*dIII y *Eco*RI, el fragmento de 300 que ha dejado *Hin*dIII, *Eco*RI lo rompe en dos fragmentos de 200 y 100; el fragmento de 800 lo rompe en dos de 150 y 650. Para situar estos puntos de corte en el mapa anterior, tendremos que comprobar qué ocurre cuando actúa sólo *Eco*RI: se produce dos fragmentos de 200 y 650, y un tercero de 250, que, lógicamente, *Hin*dIII rompe en dos de 100 y 150, luego la situación de los puntos de corte tiene que ser,

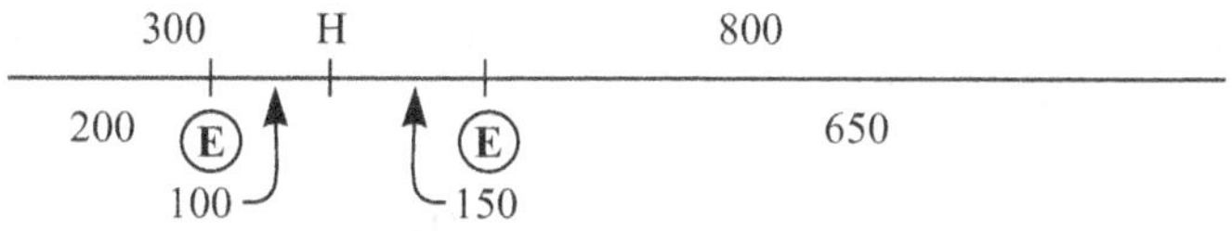

Para situar los puntos de corte de *Pst*I podemos comprobar que en la digestión doble con *Hin*dIII, el fragmento de 300 se conserva y el de 800 se resuelve en dos de 300 y 500. Como *Pst*I produce sólo dos fragmentos de 500 y 600, podemos situar el punto de corte,

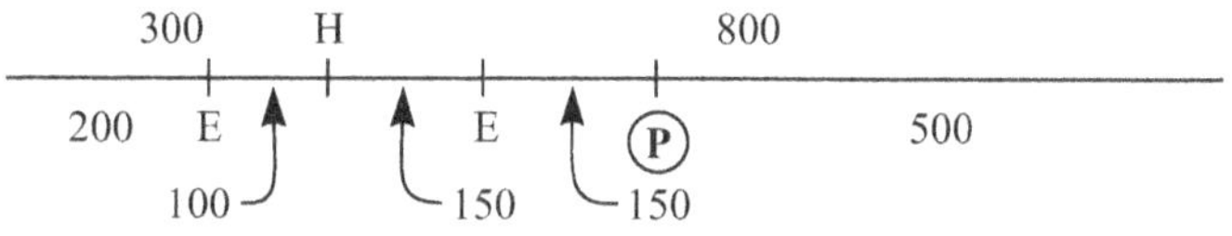

que sería el mapa de restricción definitivo.

12.5. El plásmido pπ25.7 BWC contiene el elemento transponible P de *Drosophila melanogaster*, clonado en el vector pBR322, insertado en los sitios *Hin*dIII-*Sal*I del «polilinker». Al realizar la digestión del fragmento insertado con las enzimas *Hin*dIII, *Sal*I y *Xho*I (digestiones simples y dobles), se obtuvieron los siguientes resultados:

Simples			Dobles		
***Hin*dIII**	***Sal*I**	***Xho*I**	***Hin*dIII/*Sal*I**	***Hin*dIII/*Xho*I**	***Sal*I/*Xho*I**
5,7	6,0	6,5	3,7	5,7	4,3
0,8	0,5		1,5	0,6	1,7
			0,8	0,2	0,5
			0,5		

Símbolos: *Hin*dIII (H); *Sal*I (S); *Xho*I (X).

Nota: estas enzimas no tienen sitios de corte dentro del vector. Los tamaños de los fragmentos se dan en kb.

a) Construir el mapa.

b) ¿Qué resultados se espera encontrar en experimentos de hibridación si se utiliza como sonda el plásmido pπ25.7 BWC?

b1) En hibridación *in situ* sobre cromosomas de *D. melanogaster*.

b2) En un Southern blot de ADN genómico de dicha especie.

Solución

a) Como el cromosoma del vector es circular, las digestiones simples de *Hin*dIII y *Sal*I generarán dos fragmentos, ya que cada enzima tiene dos sitios de corte, mientras que *Xho*I, con un solo sitio de corte, generará un único fragmento. Aunque no se supiera que el vector pBR322 es circular, se deduciría por el único fragmento *Xho*I producido.

Al estar integrado el fragmento genómico en los sitios *Hin*dIII y *Sal*I, las digestiones simples de ambas enzimas cortarán en el punto de integración del fragmento genómico en el vector y en otro específico del fragmento insertado,

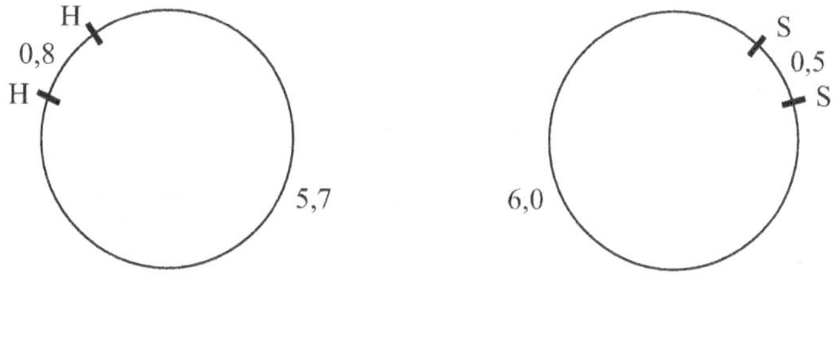

Con lo que el mapa conjunto para las dos enzimas (confirmado por los resultados de las digestiones dobles de ambas), sería,

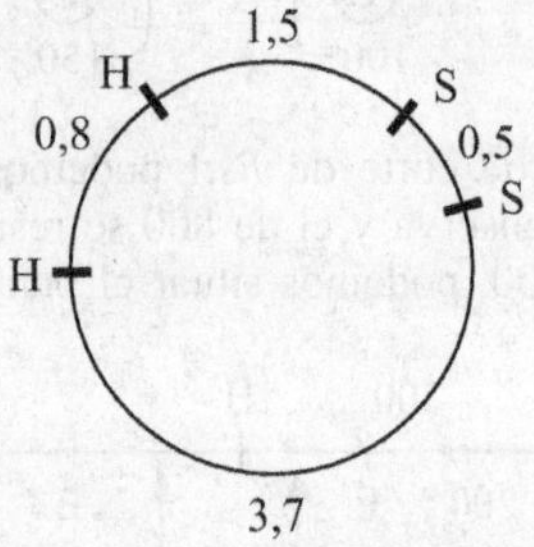

en donde el fragmento de 3,7 kb corresponde al plámido pBR322 que se inserta en los sitios *Hin*dIII-*Sal*I.

Por último, *Xho* I tiene un solo punto de corte, por lo que el resultado de la digestión es un fragmento linearizado del plásmido de 6,5 kb. Para localizar la posición del lugar *Xho*I recurriremos a las digestiones dobles con los otros dos enzimas. El fragmento de 0,8 kb de *Hind*III aparece en la digestión doble con *Xho*I escindido en dos fragmentos de 0,6 y 0,2, por lo que podemos suponer que *Xho*I corta dentro de ese fragmento *Hind*III. Ahora bien, tenemos dos posibilidades,

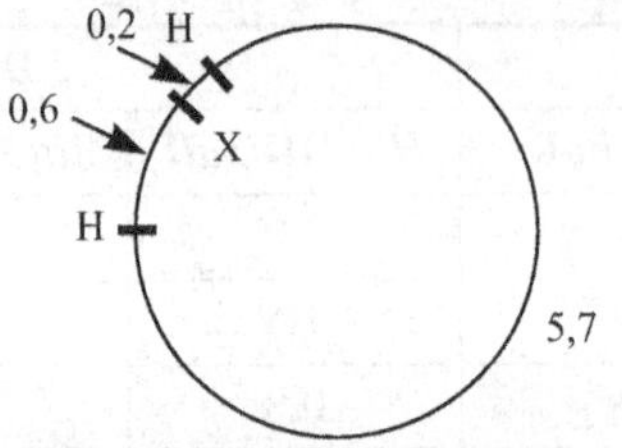

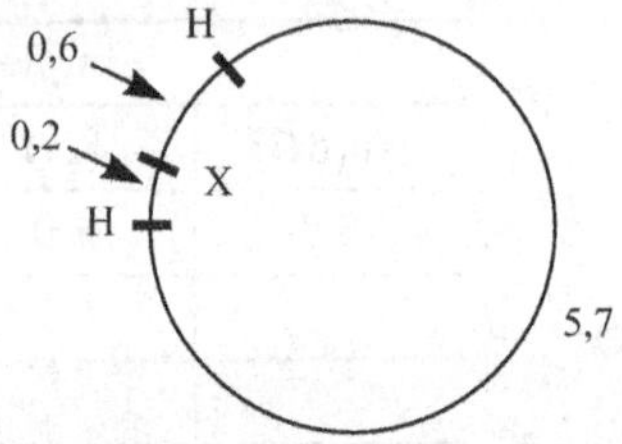

Pero al analizar la digestión doble *Sal*I/*Xho*I, podemos comprobar que aparece un fragmento de 1,7 (que podría ser la suma de los fragmentos de 1,5 [que aparecen en la digestión *Hind*III/*Sal*I] y de 0,2 [*Hind*III/ *Xho*I]) y otro de 4,3 (3,7 + 0,6), con lo que la posición de *Xho*I y el mapa en conjunto queda de la siguiente manera,

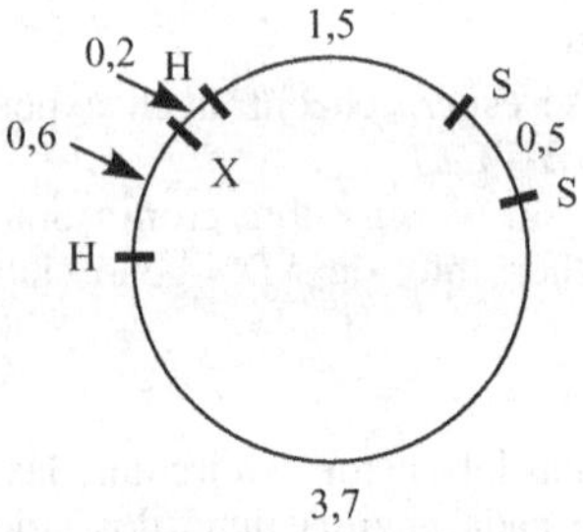

b1) El plásmido pπ25.7 BWC lleva insertado el elemento transponible P de *D. melanogaster*. Al utilizarlo en una hibridación *in situ* sobre cromosomas de dicha especie, se obtendrá un número variable de sitios de hibridación dependiendo del número de elementos P que contenga la cepa utilizada.

b2) En un Southern blot los resultados dependerán del tipo de enzima utilizada para digerir el ADN genómico de *D. melanogaster*.

Si se utiliza una enzima que corta, además, en dos sitios internos del elemento P, generará, en cada caso, un fragmento constante, que dará lugar a una sola banda, tanto más intensa cuanto mayor sea el número de copias de dicho elemento, y a muchos fragmentos variables, con parte del elemento P y una cola más o menos larga de ADN genómico de *D. melanogaster*, que generarán multitud de bandas muy débiles.

Si la enzima corta fuera del elemento, se producirán fragmentos de distintos tamaños, por lo que muy probablemente se obtendrá bandas débiles, tantas como elementos haya en la cepa utilizada.

12.6. El clon DsC3, obtenido de una genoteca de *Drosophila subobscura*, construida en el fago λ, lleva un fragmento de 12 kb en el que está contenido el gen *Antennapedia*. Con objeto de realizar un mapa de restricción de dicho fragmento con las enzimas *Eco*RI, *Sal*I y *Bam*HI, se realizaron digestiones simples y dobles. De acuerdo con los resultados obtenidos, construir el mapa.

Simples			Dobles		
***Eco*RI**	***Sal*I**	***Bam*HI**	***Eco*RI/*Sal*I**	***Eco*RI/*Bam*HI**	***Sal*I/*Bam*HI**
5,0	11,0	7,9	4,0	5,0	6,9
3,9	1,0	3,2	3,9	3,0	3,2
2,8		0,9	2,8	2,6	1,0
0,3			1,0	0,9	0,9
			0,3	0,3	
				0,2	

Símbolos: *Eco*RI (*E*); *Sal*I (*S*); *Bam*HI (*B*).

Nota: los tamaños de las bandas se dan en kb.

Solución

Consideremos la digestión con *Sal*I. Como el fragmento de ADN es lineal, los dos fragmentos que se obtienen se generan por un solo sitio de corte. El mismo razonamiento es aplicable al resto de las digestiones.

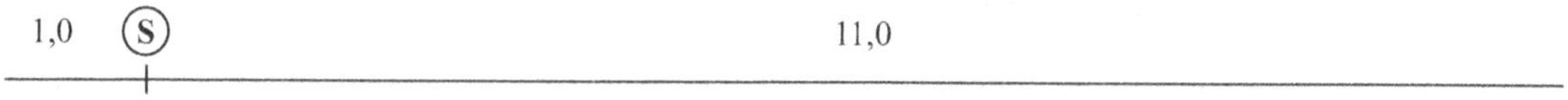

La digestión con *Bam*HI genera tres fragmentos, de 7,9, 3,2 y 0,9. Como en la digestión doble *Sal*I/*Bam*HI aparece un fragmento de 1,0 y otro de 6,9, el fragmento de 7,9 puede ser la suma de estos dos. Los otros dos fragmentos, de 3,2 y 0,9, que aparecen tanto en la digestión simple con *Bam*HI como en la doble con *Sal*I, se pueden situar en dos posiciones alternativas,

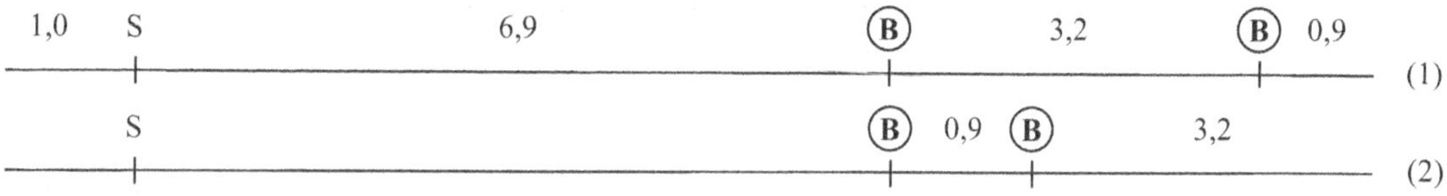

Para ver cuál de las dos alternativas es la correcta, consideremos las digestiones simples de *Eco*RI y las dobles de *Eco*RI/*Bam*HI.

*Eco*RI da lugar a un fragmento de 3,9, que se mantiene en la doble *Eco*RI/*Sal*I, sin embargo, en la doble *Eco*RI/*Bam*HI aparecen dos fragmentos de 0,9 y de 3,0 que podrían corresponder al fragmento de 3,9 cortado por la enzima *Bam*HI. El fragmento de 0,2 encajaría entre dos sitios *Eco*RI/*Bam*HI,

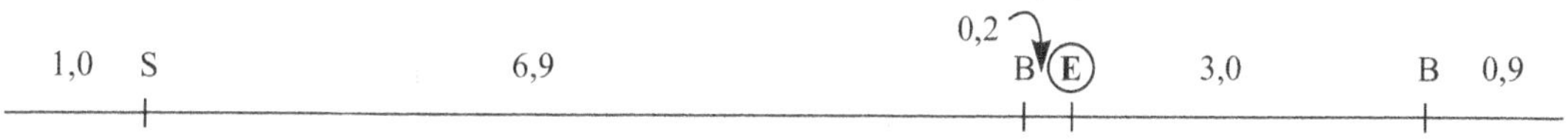

Por otra parte, *Eco*RI presenta un fragmento de 5 kb y en la digestión doble *Eco*RI/*Sal*I aparece una nueva banda de 4 kb. Esto permitirá situar el segundo sitio *Eco*RI,

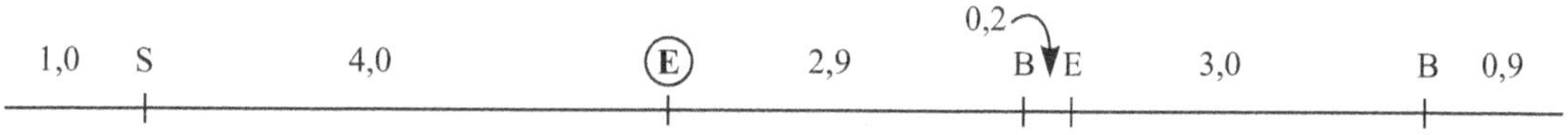

El tercer sitio *Eco*RI, lógicamente tendrá que dejar dos fragmentos de 2,8 y 0,3. Situándolo en donde se indica,

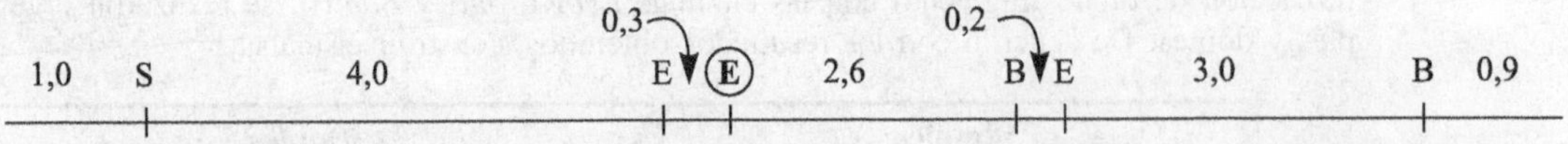

quedan así explicados todos los fragmentos producidos por las digestiones simples y dobles.

12.7. Se realizó un mapa de restricción de la región genómica de 23,6 kb, en donde se encuentra el gen BCRA1[1], flanqueada por los sitios *Eco*RI y *Bam*HI, del ADN de una mujer enferma de cáncer que tenía una deleción de 14 kb en esa región respecto de la región normal. Se realizaron digestiones simples y dobles con los enzimas *Eco*RI, *Hin*dIII, *Bam*HI y *Eco*RV, con los siguientes resultados,

Simples				Dobles					
EI	*H*	*B*	*EV*	*EI/H*	*EI/B*	*EI/EV*	*H/B*	*H/EV*	*B/RV*
14,5	11,9	13,7	9,5	11,9	13,7	9,5	11,9	9,5	9,5
9,1	8,4	9,9	7,4	8,4	9,1	6,7	8,4	6,7	6,7
	3,3		6,7	2,6	0,8	5,0	3,3	3,3	4,2
				0,7		2,4		2,4	3,2
								1,7	

Símbolos: *Eco*RI (*EI*); *Hin*dIII (*H*); *Bam*HI (*B*); *Eco*RV (*EV*).

Nota: los tamaños de las bandas se dan en kb.

El punto en donde se produjo la deleción de 14 kb se encuentra en el fragmento *Eco*RI/*Bam*HI de 0,8 kb. Se dispone de dos sondas, la C, que abarca dicho fragmento, y la A, que abarca el fragmento *Hin*dIII/*Eco*RV de 1,7 kb.

a) Construir el mapa.

b) Utilizando las sondas C y A indicadas, determinar (mediante Southern blot) qué fragmentos se obtendrían en la mujer enferma y en individuos sanos, en la digestión doble *Bam*HI/*Hin*dIII (asumiendo que en el fragmento de 14 kb, que está delecionado en la mujer, no hay sitios de corte para estas enzimas).

Solución

a) De acuerdo con los datos que nos da el problema, *Eco*RI tiene un solo sitio de corte,

La digestión con *Bam*HI también origina un único sitio de corte. De acuerdo con la digestión doble *Eco*RI/*Bam*HI, se situará muy cerca del sitio *Eco*RI,

ya que el fragmento de 13,7 de la digestión sencilla de *Bam*H1 se mantiene y el de 9,9 se escinde en dos, de 9,1 y de 0,8.

[1] Uno de los genes de predisposición al cáncer de mama.

Para situar los dos sitios de restricción de *Hin*dIII, puede servir de referencia la digestión doble *Eco*RI/*Hin*dIII,

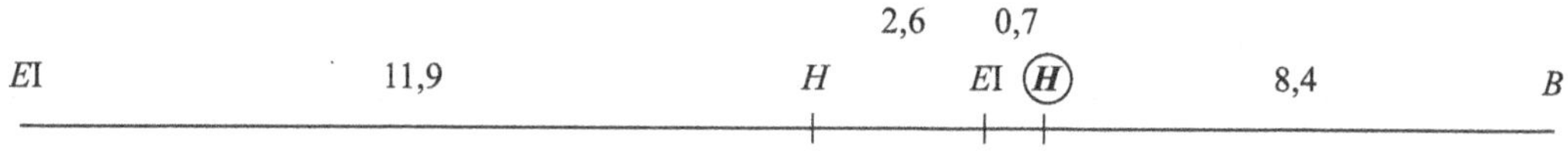

Los fragmentos de 11,9 y 8,4 de la digestión simple *Hin*dIII se mantienen en la digestión doble *Eco*RI/*Hin*dIII, mientras que el fragmento de 3,3 se escinde en dos de 2,6 y 0,7. Sabemos que el orden es el indicado porque 11,9 + 2,6 = 14,5, que es uno de los fragmentos simples de *Eco*RI, y 0,7 + 8,4 = 9,1, que es el otro fragmento *Eco*RI.

Luego el mapa conjunto de estas tres enzimas sería,

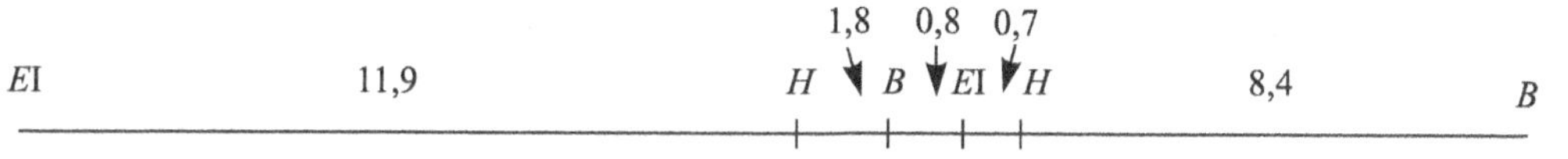

(1)

Por otro lado, para situar los sitios *Eco*RV consideremos las digestiones sencillas de *Eco*RI y *Eco*RV, y las dobles de dichas enzimas. El fragmento *Eco*RI de 9,1 podría corresponder con los dos fragmentos de 6,7 y 2,4 de la digestión doble, por lo que podría quedar de la siguiente manera,

El fragmento de 14,5 de *Eco*RI podría también corresponder con los dos fragmentos de 9,5 y 5,0 de la digestión doble, por lo que podría quedar de la siguiente manera,

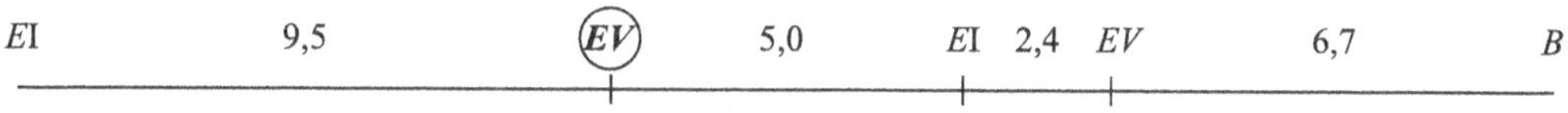

Así quedarían explicados los tres fragmentos de la digestión simple de *Eco*RV, 9,5, 7,4 (5,0 + 2,4) y 6,7. Reunamos ahora este mapa con el anterior (1), lo que daría lugar a,

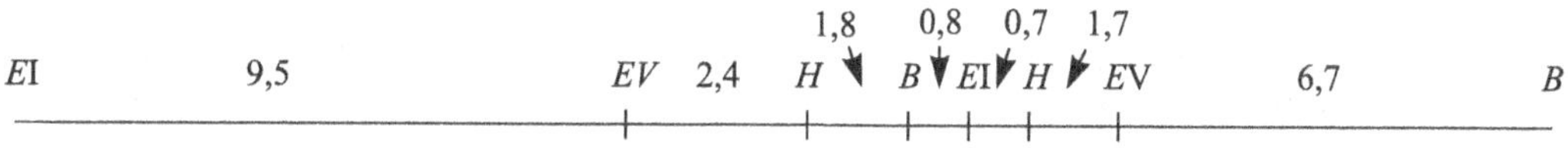

Que sería el mapa final.

b) Este mapa corresponde al de una mujer que tiene una deleción de 14 kb entre los sitios *Bam*HI y *Eco*RI del fragmento de 0,8 kb. Es decir, la distancia entre *B* y *E*I en un individuo normal sería de 14,8 kb.

Los fragmentos visualizados con Southern blot en la mujer enferma serán de 1,5 kb con la sonda C (es decir, el fragmento *B*-*E*I-*H*, obtenido en la digestión doble *Bam*HI/*Hin*dIII) y de 8,4 kb con la sonda A (es decir, el fragmento *H*-*E*V-*B*), mientras que en una persona sana, al llevar el fragmento de 14 kb, los tamaños serán de 15,5 con la sonda C y de 8,4 kb con la sonda A, este último coincide con el de la mujer enferma.

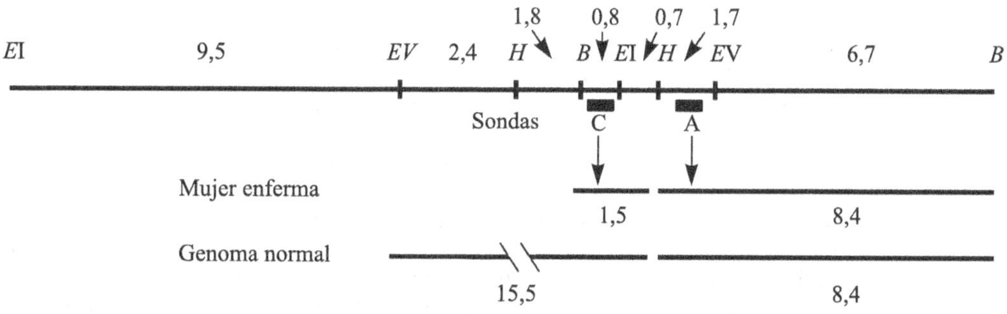

12.8. Para realizar un mapa físico de 8 clones, se procedió a la secuenciación de sus extremos con los resultados siguientes:

```
TTATTCGA ——\\1—————— CCGAGCAG    GCATCAGT ——————\\2—————— GGTATATT

GGTTGCCA ——\\3—————— GCATCAGT    AGAGCTAT ——————\\4—————— TTTTTTAT

CCGAGCAG ——\\5—————— GTCATACC    GTCATACC ——————\\6—————— GGTTGCCA

ATATGGAG ——\\7—————— TACGGGAA    CCCTATTT ——————\\8—————— GGGGGGGG
```

Construya el mapa de «contig».

Solución

Para construir el mapa hay que buscar aquellas secuencias que sean iguales en dos clones, para poderlos imbricar.

```
           1
TTATTCGA ——— CCGAGCAG  5                                 3
             CCGAGCAG ——— GTCATACC           GGTATATT ——— GCATCAGT
                          GTCATACC ——— GGTATATT          GCATCAGT ——— GGTTGCCA
                                    6                               2
```

De los 8 clones analizados, 5 forman un «contig», comparten dos a dos una secuencia de 8 pares de bases. La probabilidad de compartir 8 pares de bases por azar es muy baja, $(1/4)^8 = 1,5 \times 10^{-5}$, y será aún menor a medida que se secuencie un mayor número de bases de los extremos de cada clon. Los clones 4, 7 y 8 no pertenecen al mismo «contig».

12.9. Se quiere construir una genoteca genómica de una especie bacteriana, cuyo ADN tiene aproximadamente 4×10^6 pb. Si el vector disponible para construir la genoteca es el EMBL3, derivado del fago λ, que admite fragmentos de 14 kb de promedio,

a) ¿Cuántos clones tendrá que tener la genoteca para que esté representado todo el genoma de la bacteria?

b) ¿Cuántos clones tendría que tener la genoteca para que un fragmento dado esté contenido en la misma, con una probabilidad del 95 %?

c) Si en lugar del genoma bacteriano quisiéramos hacer una genoteca del genoma humano, ¿cuáles serían las respuestas de los apartados anteriores? Y si en lugar del vector EMBL3 se utilizaran YAC, ¿cuál de los dos vectores parece más adecuado?

Solución

a) Si el tamaño del genoma de la especie bacteriana es 4×10^6 pb (4×10^3 kb), y el tamaño promedio del ADN insertado en cada clon de la genoteca es de 14 kb, el número mínimo de clones independientes para que estuviera representado teóricamente todo el genoma sería,

$$n = (4 \times 10^3)/14 = 285,7 \text{ clones}$$

b) Sin embargo, el número de clones que tiene que contener la genoteca problema, para que una determinada secuencia esté representada, tiene que ser mayor que el indicado en el apartado anterior. Debido a errores de muestreo, unas secuencias pueden estar repetidas en la genoteca, mientras que otras pueden no estar. Clarke y Carbon (1976) propusieron la siguiente ecuación, que nos da el número de clones que tiene que tener una determinada genoteca (N) para encontrar un determinado fragmento con una determinada probabilidad:

$$N = \frac{\ln(1 - P)}{\ln\left(1 - \frac{1}{n}\right)}$$

siendo P la probabilidad, n el número mínimo de fragmentos, y $1/n$ la probabilidad de encontrar un fragmento dado entre los n fragmentos, que se dispone.

En el caso anterior, para una probabilidad de 0,95, N sería,

$$N = \frac{\ln(1 - 0{,}95)}{\ln\left(1 - \frac{1}{287{,}5}\right)} = 854{,}4 \text{ clones}$$

c) Como el tamaño del genoma humano es 3×10^9 pb, el valor de n para el vector EMBL3 sería 214.285,7 y el valor de $N = 641.941{,}1$, que resulta un número de clones muy elevado y daría lugar a una genoteca de muy difícil manejo. Si se utilizarán YAC, como el tamaño medio del ADN que se inserta es al menos de un orden de magnitud mayor, aproximadamente de unas 200 kb, tendríamos que $n = 15.000$ y N = 44.934,5, con lo que la genoteca sería mucho más fácil de rastrear.

12.10. Supongamos que una región de 2 Mb del genoma de *C. elegans* se ha fragmentado y clonado en 20 YAC. Disponemos de una colección de 13 STS (*véase* el Capítulo 13) de la que sabemos que pertenece a dicha región cromosómica, pero cuya localización exacta desconocemos. En la tabla siguiente se da una relación de la presencia (+) o ausencia (−) de cada uno de los STS en cada uno de los YAC.

STS \ YAC	1	2	3	4	5	6	7	8	9	10	11	12	13	14	15	16	17	18	19	20
1′	−	−	−	−	+	−	−	+	+	+	−	−	−	−	−	−	−	−	−	−
2′	−	−	−	−	−	−	−	−	−	+	−	−	+	−	−	−	−	−	−	−
3′	−	+	+	−	−	−	−	−	−	−	−	−	−	+	−	−	−	−	−	−
4′	−	−	−	−	−	−	−	−	−	−	−	−	+	−	−	−	−	+	−	−
5′	−	−	−	−	+	+	+	−	+	−	−	−	−	−	−	−	−	−	−	−
6′	+	−	+	+	−	−	−	−	−	−	+	−	−	−	−	−	−	−	−	−
7′	−	−	−	−	−	−	−	−	−	−	−	−	−	−	+	+	−	−	−	+
8′	−	−	−	+	−	−	−	−	−	−	+	+	−	−	−	−	−	−	−	−
9′	−	−	−	−	−	−	−	−	−	−	−	−	−	−	−	−	−	+	+	−
10′	−	−	−	−	−	−	−	−	−	−	−	−	−	−	−	+	+	−	−	−
11′	−	−	−	−	−	+	+	−	−	−	−	−	−	−	−	−	−	−	−	−
12′	−	+	−	−	−	+	+	−	−	−	−	−	−	+	−	−	−	−	−	−
13′	−	−	−	−	−	−	−	−	−	−	−	+	−	−	+	−	−	−	−	−

a) Construir el mapa físico de YAC así como la disposición de los STS en el cromosoma.

b) ¿Cuántos «contig» hay?

Solución

a) Los STS son secuencias únicas del genoma que pueden detectarse mediante PCR. La presencia de un STS en dos o más YAC indica que esos YAC tienen regiones comunes, por ejemplo, mediante el STS 1′ sabemos que los clones 5, 8, 9 y 10 se pueden imbricar. A su vez, el YAC 10 contiene también el STS 2′, el cual a su vez está presente en el YAC 13, de forma que ambos clones 10 y 13 se pueden imbricar. Siguiendo este razonamiento llegaríamos al siguiente esquema:

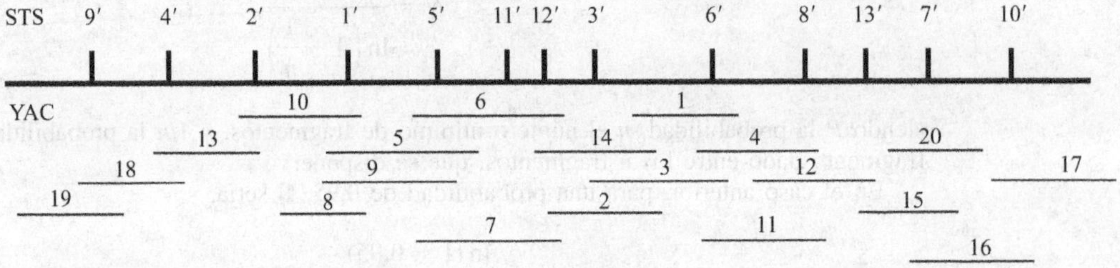

b) Hay un solo «contig», ya que cada uno de los YAC tiene en común con cualquier otro al menos un STS.

12.11. El mapa de restricción de la región cromosómica en donde se localiza el gen *dhf* de *D. melanogaster*, ortólogo del gen de la ataxia de Friedreich en humanos, es el siguiente:

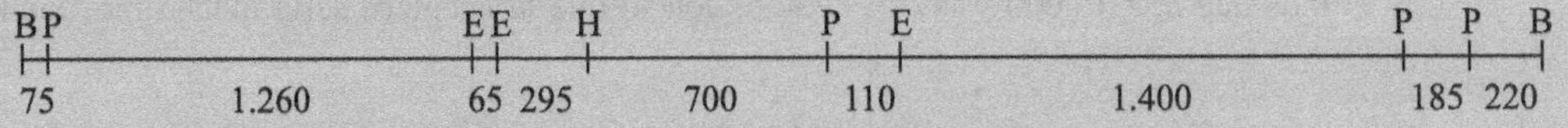

Símbolos: *Bam*HI (B); *Eco*RI (E); *Hin*dIII (H); *Pst*I (P).

Nota: los fragmentos se dan en pb.

Se clonaron varios fragmentos de dicha región genómica en el vector pUC18, obteniéndose clones de distintos tamaños (del C1 al C4),

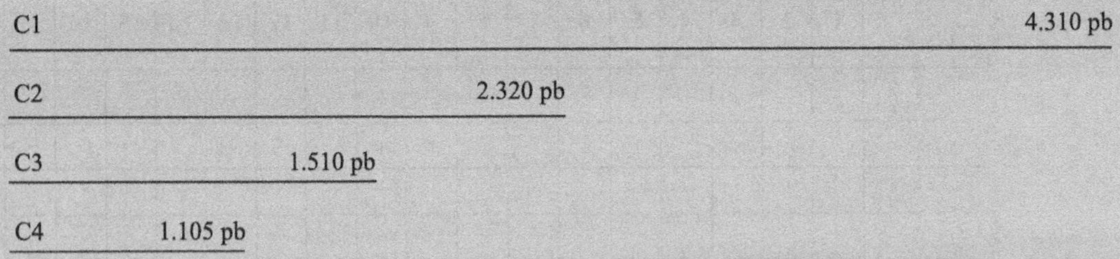

conteniendo cada uno de ellos uno o más sitios de restricción, tal como se señala a continuación,

	*Bam*HI	*Pst*I	*Eco*RI	*Hin*dIII
C1	4.310	2.320 1.510 220 185 75	1.805 1.335 1.105 65	2.615 1.695
C2	–	2.320	1.260 995 65	1.620 700
C3	–	1.510	1.400 110	–
C4	–	995 110	1.105	810 295

Los signos (–) indican que la enzima no corta dentro del fragmento.

Con estos datos construya el mapa físico de los cuatro clones.

Solución

El clon C1 que cubre toda la región, es un fragmento de 4.310 pb, clonado en un sitio *Bam*HI en el vector pUC18. Puede comprobarse que los fragmentos obtenidos con cada una de las enzimas se corresponden con el mapa de restricción de la región. Los clones C2 y C3 se corresponden con fragmentos de 2.302 pb y 1.510 pb, respectivamente, clonados ambos en un sitio *Pst*I del vector; y el C4, en un sitio *Eco*RI. El análisis de los sitios internos de restricción de cada uno de estos clones nos da la solución siguiente:

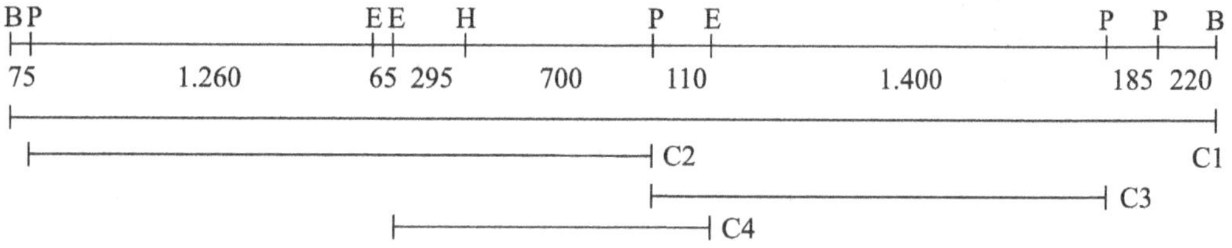

12.12. En un estudio en la levadura *Saccharomyces cerevisiae* sobre la caracterización fisiológica y molecular del gen de la cadena pesada de la «clatrina» (CHC1)[2], se obtuvieron dos clones, el CHC1 y el KEX1, de la región donde se localiza dicho gen.

a) Construir el mapa de restricción de los dos clones a partir de los resultados de las digestiones simples y dobles con las enzimas *Bgl*I, *Pst*I y *Eco*RI (para simplificar se ha tomado sólo una porción de cada clon). El clon CHC1 está flanqueado por dos sitios *Bgl*I, y el KEX1, por *Bgl*I y *Eco*RI.

b) ¿Están los dos clones imbricados? Si lo están, ¿qué método podría seguirse para confirmar los resultados?

Clon CHC1

*Bgl*I	*Eco*RI	*Pst*I	*Bgl*I/*Eco*RI	*Bgl*I/*Pst*I	*Eco*RI/*Pst*I
5.000	4.125	5.625	3.000	5.000	3.625
1.875	2.000	1.250	2.000	1.250	2.000
	750		1.125	625	750
			750		500

Clon KEX1

*Bgl*I	*Eco*RI	*Pst*I	*Bgl*I/*Eco*RI	*Bgl*I/*Pst*I	*Eco*RI/*Pst*I
2.505	2.190	2.065	2.190	1.690	1.500
1.875	1.125	1.690	1.125	1.250	875
	875	625	750	815	690
	190		190	625	625
			125		500
					190

Símbolos: *Bgl*I (B); *Pst*I (P); *Eco*RI (E).

Nota: los fragmentos se dan en pb.

[2] Proteínas que recubren ciertas vesículas.

Solución

a) Mapa del clon CHC1: *Bgl*I tiene un solo sitio de corte,

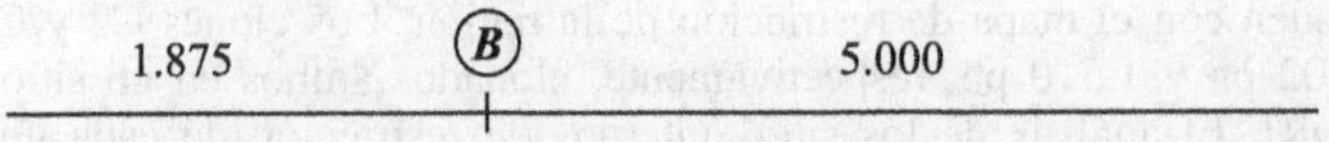

*Pst*I presenta también un solo sitio de corte, y en la digestión doble *Bgl*I/*Pst*I se conserva el fragmento de 5.000 pb, lo que indica que el sitio de corte de *Pst*I debe estar dentro del fragmento de 1.875 que se escindiría en dos de 1.250 y 625, respectivamente, lo que también concuerda con el tamaño de los fragmentos procedentes de la digestión simple *Pst*I, de 1.250 y 5.625.

La enzima *Eco*RI presenta dos sitios de restricción. Considerando su acción conjunta con *Bgl*I, cada uno de ellos se sitúa en los fragmentos de 5.000 y de 1.875 respectivamente, ya que en la digestión doble de ambas enzimas aparecen cuatro fragmentos: de 750 + 1.125 = 1.875, y de 3.000 + 2.000 = 5.000.

Además, como en la digestión sencilla de *Eco*RI aparecen tres fragmentos de 750, 4.125 y 2.000, los puntos de corte para esta enzima tienen que ser necesariamente (añadiendo los sitios flanqueantes),

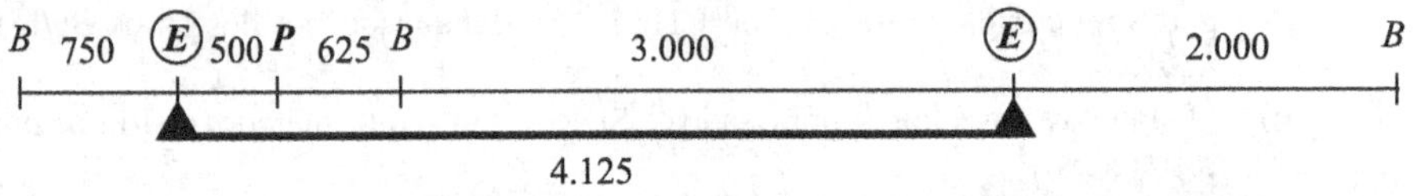

Pasemos ahora a descifrar el mapa del clon KEX1:

*Bgl*I tiene un solo sitio de corte:

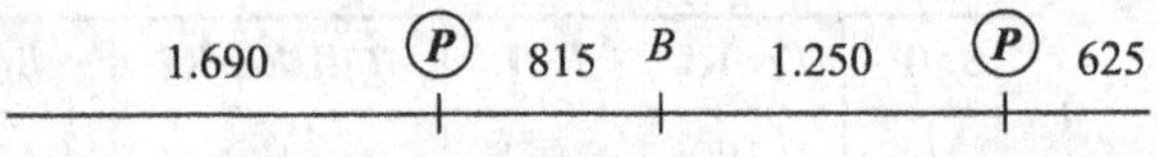

*Pst*I tiene dos sitios de corte que pueden escindir el fragmento *Bgl*I de 2.505 en dos de 1.690 y 815, y el de 1875 en dos de 1250 y 625 pb respectivamente, de tal manera que queden dos fragmentos de 1.690 y de 625, y un tercer fragmento de 2.065 (815 + 1.250). La posición de estos cortes debe ser, de acuerdo con el tamaño de los fragmentos obtenidos en la digestión simple con esta enzima,

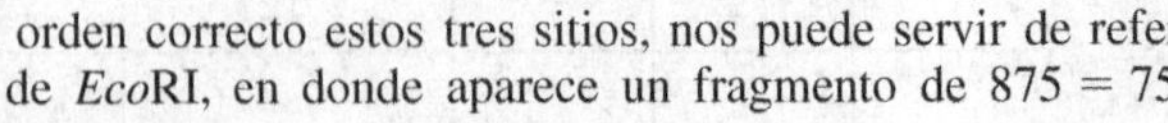

Por último, falta por situar las posiciones de los sitios de restricción de *Eco*RI. Esta enzima presenta tres sitios de corte, que da lugar a cuatro fragmentos en la restricción simple. Tomando como referencia el mapa obtenido con *Bgl*I, dos sitios de corte *Eco*RI en el fragmento de 2.505 *Bgl*I darían lugar a los fragmentos de 2.190, 190 y 125, obtenidos en las digestiones dobles con ambas enzimas. Un solo sitio de corte *Eco*RI en el fragmento de 1.875 *Bgl*I, daría lugar a los fragmentos de 1.125 y 750, respectivamente

Para situar en el orden correcto estos tres sitios, nos puede servir de referencia los resultados de la digestión simple de *Eco*RI, en donde aparece un fragmento de 875 = 750 + 125, luego dos de los sitios *Eco*RI serían:

Para situar el tercer sitio de corte, las digestiones dobles *Eco*RI/*Pst*I nos ayudan a localizarlo:

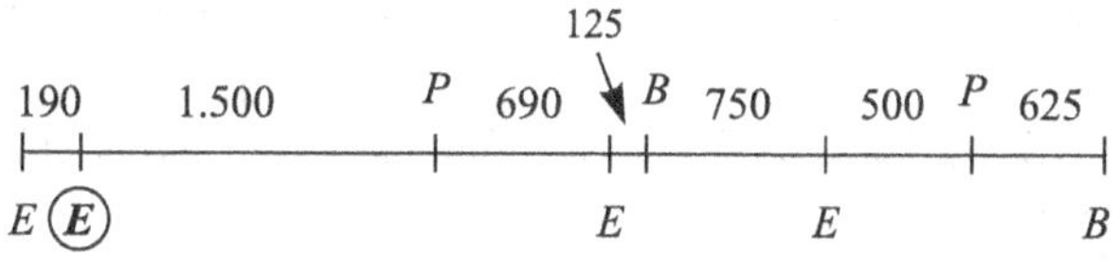

Con lo que así quedaría el mapa completo del clon KEX1 (añadidos los dos sitios flanqueantes).

b) Si comparamos los dos mapas, podemos observar que ambos clones comparten tres fragmentos de restricción. En el caso del clon KEX1, sabemos que está flanqueado por dos sitios *Bgl*I, *Eco*RI y, aunque no conocemos la polaridad, podemos asumir que se sitúan tal como se ha indicado en el esquema.

Las regiones imbricadas serían:

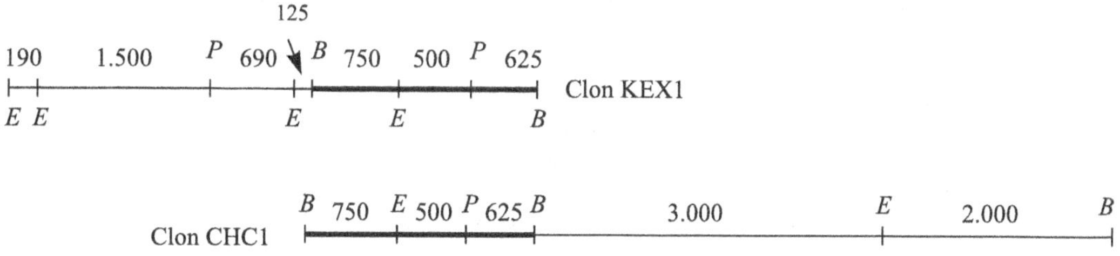

Para confirmar que ambos clones están imbricados, puede realizarse un Southern blot. En el caso del presente estudio, los autores utilizaron como sonda el fragmento *Bgl*I de 1875 kb, que cubre la región imbricada. Los resultados positivos de la hibridación en ambos clones confirmaron que dicha región corresponde al mismo fragmento genómico.

12.13. Se realizó un mapa físico de la región Xq25 del genoma humano, que contiene el gen XLP (síndrome linfoproliferativo, una rara inmunodeficiencia que confiere susceptibilidad al virus Epstein-Barr), a partir de una minigenoteca de cósmidos, construida a partir de un YAC que cubre dicha región. Se utilizó el método de Southern blot, tomando como sondas uno o más fragmentos de restricción de cada uno de los cósmidos. En la tabla se recogen los resultados de las hibridaciones, en donde el signo (+) representa resultado positivo de hibridación y (−), que no ha habido hibridación.

a) Construir el mapa físico de la región y determinar el orden de los marcadores en el cromosoma X.

b) ¿Consiguieron los autores ordenar los cósmidos en un solo «contig»? Razone la respuesta.

Sondas \ Clones	1818	1D10	E8	64	C8	1N5	1U8	E079	B0920	A8	IZ4	P1213
IS12	−	−	−	−	−	−	+	+	−	−	−	−
E8.6	−	−	−	+	+	+	−	−	−	−	−	−
E11r	−	−	−	−	−	−	−	+	−	−	−	−
JL17	−	−	−	−	−	−	−	+	+	−	−	−
DF83	−	−	+	+	+	+	−	−	−	−	−	−
B0920.7	−	−	−	−	−	−	−	−	+	−	−	−
ID10B2	−	+	+	−	−	−	−	−	−	−	−	−
D10T3	−	+	+	+	−	−	−	−	−	−	−	−
A8E8	−	−	−	−	−	−	−	−	−	+	+	−
ID10T7	+	+	−	−	−	−	−	−	−	−	−	−
FH96	−	−	−	−	−	−	−	−	−	+	+	+

Solución

a) Teniendo en cuenta las señales de hibridación recogidas en la tabla, el mapa físico sería:

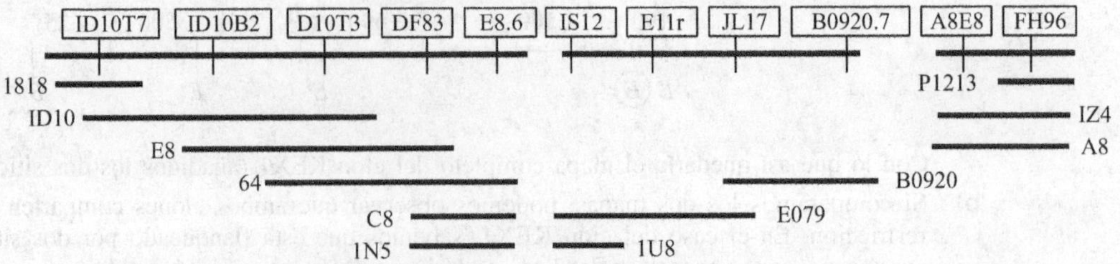

b) Hay tres «contig», uno formado por la serie 1818-1N5, otro por 1U8-B0920 y un tercero con A8-P1213. Con los marcadores disponibles no se puede saber cómo se relacionan los tres «contigs» entre sí, ni el orden relativo de todas las sondas sobre el cromosoma.

12.14. Un primer paso para localizar uno de los genes más importantes en la determinación del tamaño del fruto, el gen *fw2.2* de *Lycopersicum sculentum*, fue realizar un mapa físico de una región del cromosoma 2, flanqueada por los marcadores CD66 y TG361 del tipo RFLP, que potencialmente incluía dicho gen. Se disponía de una genoteca de YAC de tomate (de la que se seleccionaron seis de dicha región), y una serie de sondas del tipo RFLP distribuidas entre CD66 y TG361. El análisis de la hibridación (+) o no (−) de las sondas en cada uno de los YAC dio el siguiente resultado,

Sondas \ YAC	173.A12	325.B3	264.C9	185.F7	355.A6	212.F8
CD66	−	+	−	−	−	−
HSF24	+	−	+	−	+	−
TG686	+	−	+	−	+	−
TG687	+	−	+	−	+	−
TG167	+	−	+	+	−	+
TG91	+	+	−	−	+	−
TG361	−	−	−	−	−	−

a) ¿De qué forma se pudieron seleccionar los seis YAC?

b) Construya el mapa físico de los YAC, indicando el posible orden de los marcadores RFLP en el cromosoma 2 del tomate.

Solución

a) Puesto que se disponía de una serie de sondas (CD66, HSF24, etc.) de la región de interés, el método más sencillo era utilizarlas para hacer un rastreo en la genoteca de YAC del tomate.

b) Para construir el mapa de la región flanqueada por los marcadores CD66 y TG361, tendremos en cuenta qué sondas hibridan con qué YAC.

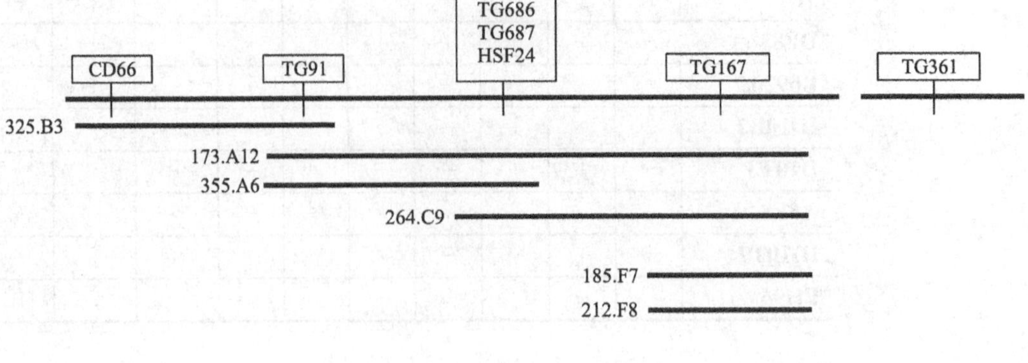

12.15. Supongamos que disponemos de un panel de células híbridas formado por 7 líneas independientes (de la A a la G), en las que se hubieran fijado los siguientes cromosomas humanos,

Líneas híbridas		A	B	C	D	E	F	G
Cromosomas	3	+		+			+	
	9		+				+	
	11				+	+		+
	17	+			+			
	22		+			+		

y se quiere cartografiar 5 marcadores genéticos (I-V). Sabiendo que el signo (+) indica la presencia de ese marcador en la línea celular y (−) su ausencia, ¿en qué cromosoma está localizado cada uno de los marcadores?

Líneas híbridas		A	B	C	D	E	F	G
Marcadores	I	+	−	+	−	−	+	−
	II	−	+	−	−	−	+	−
	III	−	−	−	+	+	−	+
	IV	+	−	+	−	−	+	−
	V	−	−	−	+	+	−	+

Solución

Los marcadores I y IV parecen estar ligados, ya que los dos están presentes en las líneas híbridas A, C y F, y no se encuentran en las demás. Esto implica que se localizan necesariamente en el cromosoma 3, que es el único cromosoma común a las tres líneas celulares. Por el mismo razonamiento los marcadores III y V están ligados, y se localizan en el cromosoma 11, común a las tres líneas celulares. El marcador II no presenta ligamiento con ninguno de los otros y, al detectarse en las líneas híbridas B y F, tiene que encontrarse en el cromosoma 9. En los cromosomas 17 y 22 no se encuentra ninguno de los marcadores utilizados.

12.16. Con objeto de identificar los límites de una deleción en cuatro pacientes que presentaban el síndrome 18q−, que se caracteriza por retraso mental, sordera, defectos en el desarrollo etc., se prepararon paneles de células somáticas híbridas a partir de linfoblastos de cada uno de los afectados. En las células híbridas resultantes se analizó la presencia de una serie de STS mediante PCR, previamente cartografiados en esa región, tal como se indica en el siguiente esquema,

Cromosomas 18q

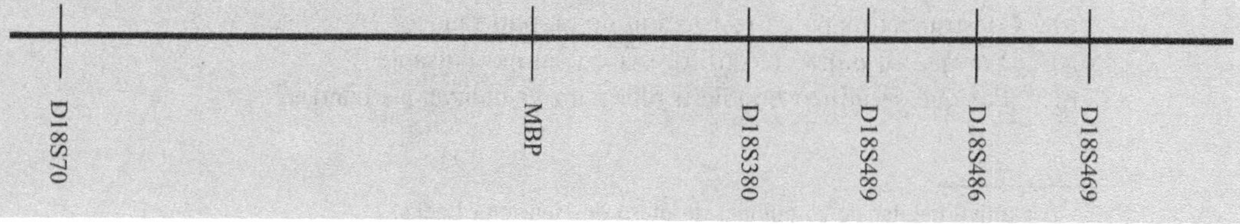

Los resultados de las PCR se indican a continuación:

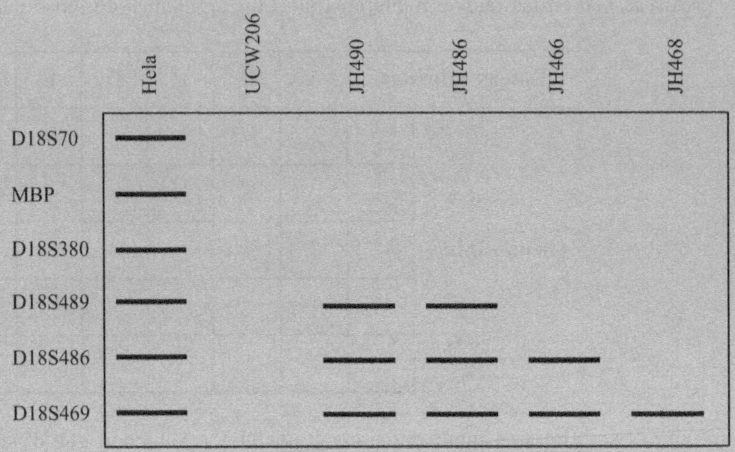

La presencia de una banda de ADN en el gel de electroforesis indica que el marcador está presente en el correspondiente cultivo celular. Como control positivo los autores tomaron células HeLa[3] y como control negativo, la línea celular de hámster UCW206. Las líneas JH490, JH486, JH466 y JH468 corresponden a cada uno de los pacientes analizados.

¿Cuáles son los límites de la deleción en cada uno de los afectados?

Solución

En los paneles de células híbridas se seleccionan uno o más cromosomas humanos, en este caso se seleccionó el cromosoma 18. Si el cromosoma seleccionado es el que lleva la deleción, se podrá determinar en él los limites de la misma. Como se dispone de una batería de marcadores tipo STS (puntos del genoma exactamente localizados, que pueden ser amplificados por PCR) de la región en estudio, bastará realizar las amplificaciones correspondientes con cada pareja de cebadores (y visualizar los correspondientes fragmentos de ADN amplificados mediante electroforesis en gel de agarosa) en cada una de las líneas celulares de los afectados, así como de los controles positivos (las células HeLa no llevan deleciones en esa zona y por tanto deben dar siempre resultados positivos) y controles negativos (células UCW206 de hámster con las que se construyeron los paneles de células híbridas y que no deben amplificar el ADN con ninguno de los cebadores).

Como se puede observar, los afectados JH490 y JH486, que corresponden a una madre y a su hija, presentan una deleción del mismo tamaño, que al menos incluye los marcadores D18S70, MBP y D18S380; la deleción del afectado JH466 abarca además el marcador D18S489, y el JH468 abarca además el marcador D18S465

12.17. Para construir un mapa de restricción de amplio rango de la región *lin*-29-*unc*-52 de *Caenorhabditis elegans*, se digirió ADN genómico de una cepa silvestre con las siguientes enzimas de restricción de corte infrecuente: *Asc*I, *Not*I, *Sfi*I y *Sse*387II. Los fragmentos de las digestiones simples y dobles se separaron por electroforesis en campo pulsante y se visualizaron mediante Southern blot utilizando dos sondas adyacentes, la F42G4 y la F29C12, localizadas en el fragmento con sitios de corte *Sse*387II-*Sse*387II. En el esquema propuesto se indican los resultados de las digestiones simples.

De las digestiones dobles se obtuvieron los siguientes datos:

- El fragmento *Sse*387II-*Sse*387II, de 220 kb, se mantiene intacto en todas las digestiones dobles.
- En la digestión doble *Asc*I-*Not*I se visualiza, en un Southern blot, una banda de 350 kb.
- En las digestiones dobles de *Sfi*I-*Asc*I y *Sfi*I-*Not*I se mantienen intactas las bandas de 500 kb y 620 kb, respectivamente.

a) Construir el mapa de restricción de amplio rango.
b) ¿Por qué se utilizó electroforesis en campo pulsante?
c) ¿Por qué se utilizó Southern blot para visualizar las bandas?

[3] Cultivo celular de carcinoma de útero de Henrietta Lacks.

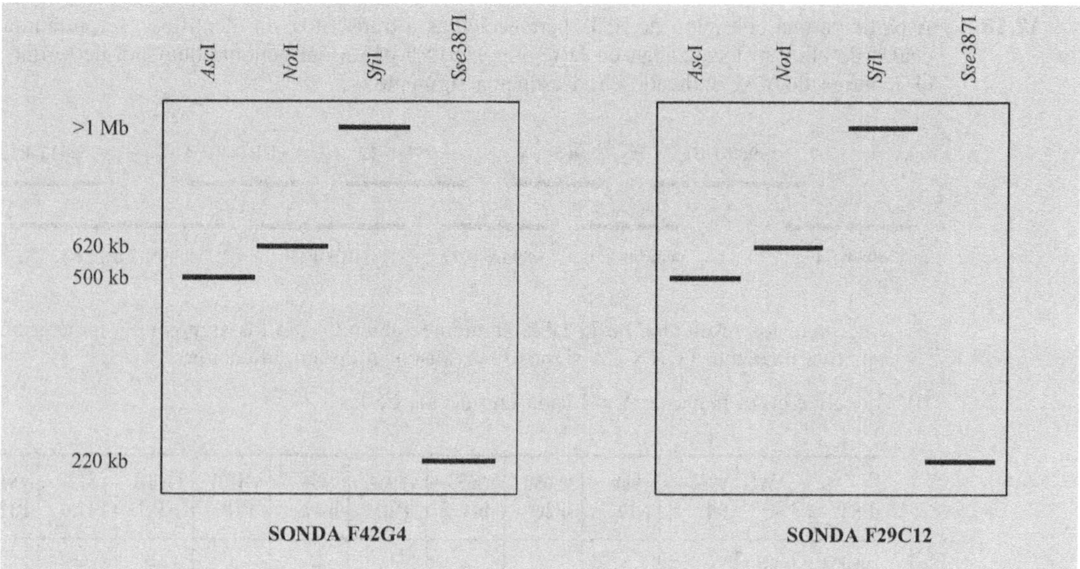

Símbolos: *Asc*I (A); *Not*I (N); *Sfi*I (Sf); *Sse*387II (Ss).

Solución

a) Dado que las sondas utilizadas están localizadas adyacentemente en el fragmento *Sse*387II-*Sse*387II, los dos sitios *Sse*387II se pueden representar de la siguiente manera:

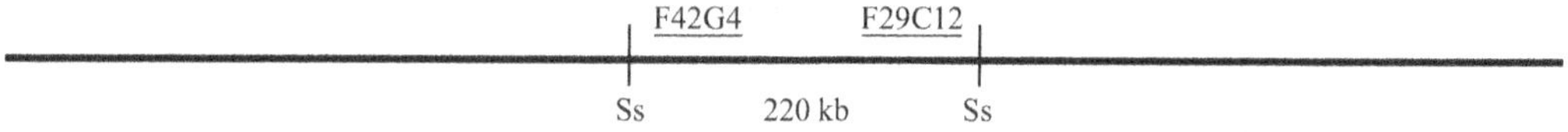

Al realizar este mapa hay que tener en cuenta que sólo se visualizan los fragmentos que hibridan con las sondas. Como el fragmento *Sse*387II-*Sse*387II se mantiene intacto en las digestiones dobles, esto significa que ninguna de las otras enzimas corta dentro.

Por otra parte al digerir con *Asc*I, las sondas detectan una banda de 500 kb, al digerir con *Not*I, una de 620 kb, y en la digestión doble de ambas enzimas, un fragmento de 350 kb, luego,

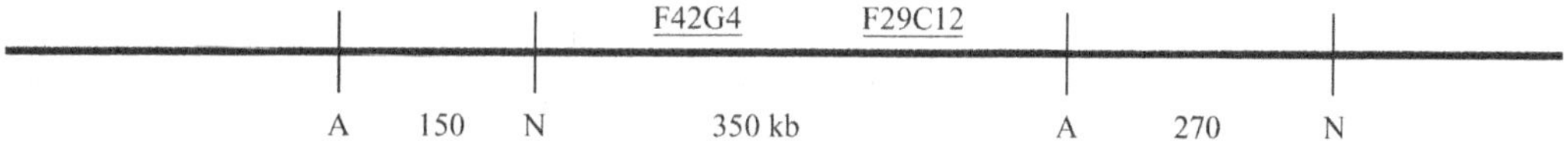

El fragmento *Sse*387II-*Sse*387II, como ya hemos indicado, está incluido dentro del fragmento *Not*I-*Asc*I, pero con los datos disponibles no podemos saber su localización exacta. De igual forma, sabemos que *Sfi*I corta fuera del entorno creado por los tres enzimas anteriores, pero tampoco podemos saber su localización exacta.

En definitiva, el mapa de rango amplio quedaría como sigue,

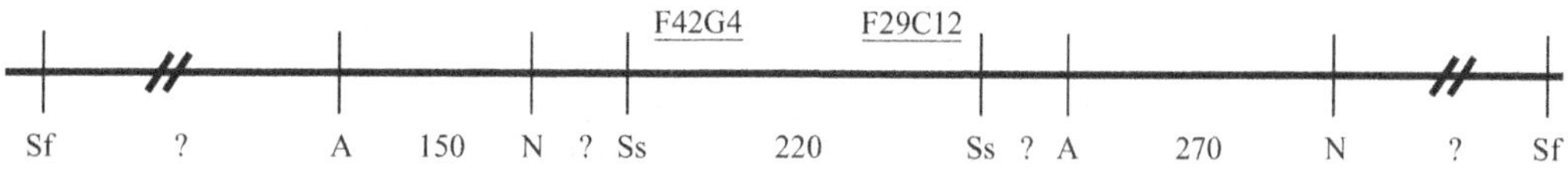

b) Cuando los fragmentos de ADN son superiores a 50 kb no pueden resolverse mediante electroforesis convencional, hay que recurrir a otras metodologías, por ejemplo, a la electroforesis en campo pulsante.

c) Cuando se parte de ADN genómico, al digerir con una enzima de restricción se genera tal cantidad de fragmentos, que en el gel de electroforesis éstos se visualizan como una mancha continua de ADN a lo largo de la carrera y no como bandas discretas. El Southern blot permite visualizar bandas específicas mediante la hibridación con una sonda de la región de interés.

12.18. A partir de una colección de EST, pertenecientes a transcritos sin identificar, se pretendía determinar cuáles de ellos se localizaban en la región 11p15.5-p15.3 del genoma humano, de la que se disponía el «contig» de YAC indicado en el esquema siguiente:

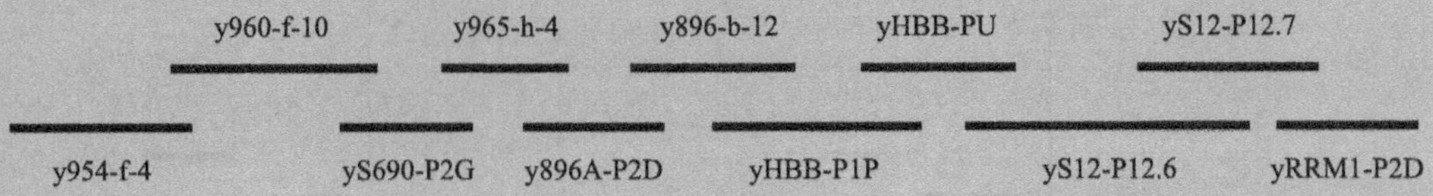

a) Interprete los resultados de la tabla siguiente sabiendo que los signos (+) indican amplificación positiva mediante PCR y los signos (−), ausencia de amplificación.

b) Localice en el mapa de YAC cada uno de los EST.

EST \ YAC	y954-f-4	y960-f-10	yS690-P2G	y965-h-4	y896A-P2D	y896-b-12	yHBB-P1P	yHBB-PU	yS12-P12.6	yS12-P12.7	yRRM1-P2D
SHGC-14653	−	−	−	−	−	−	+	−	−	−	−
SHGC-10494	−	−	−	−	−	−	+	−	−	−	−
SHGC-12842	−	−	−	−	−	−	−	−	−	+	−
SHGC-14668	−	−	−	−	−	−	−	−	−	+	−
A005K17	+	−	−	−	−	−	−	−	−	−	−
A008Q26	−	−	−	−	−	−	−	+	−	−	−
WI-5997	−	−	−	−	−	−	−	+	−	−	−
WI-17590	−	−	−	−	−	+	−	−	−	−	−
WI-17827	−	−	−	−	−	−	−	+	−	−	−
WI-11766	−	−	−	−	−	−	−	+	−	−	−
A006P43	−	+	+	−	−	−	−	−	−	−	−
SGC-33270	−	−	−	−	−	+	−	−	−	−	−

Solución

a) Los EST son secuencias obtenidas a partir de cDNA de una determinada especie, secuenciados al azar. Son, pues, tramos de ADN de los que se sabe que codifican proteínas, pero de los que normalmente se desconoce su localización. Como se conoce su secuencia, se puede diseñar para cada uno de ellos una pareja de cebadores. Si se prepara una reacción de PCR con un par de cebadores relativos a un determinado EST y se añade como molde el ADN total de la especie, se obtendrá un amplificado, debido a que los cebadores permitirán la amplificación de aquella región del genoma donde se localice el EST correspondiente.

Si en lugar del ADN genómico se utiliza como molde el ADN procedente de un determinado YAC, solamente se producirá amplificación del ADN si el EST se localiza dentro de ese YAC. Así se procedió en este caso, se realizaron reacciones de PCR con cada uno de los EST y ADN molde de cada uno de los YAC que formaban el «contig». En la mayoría de los casos los resultados fueron negativos (−), solamente cuando el EST estuvo dentro del «contig» se produjo amplificación (+).

b) De acuerdo con lo visto en el punto anterior, los EST se localizarán en los siguientes puntos:

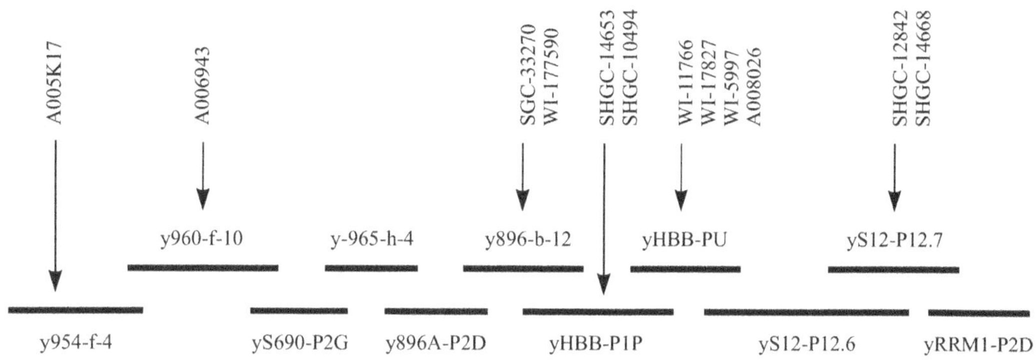

CAPÍTULO 13

ANÁLISIS DE LA SEGREGACIÓN DE MARCADORES MOLECULARES

Un marcador mendeliano es cualquier elemento hereditario que en una población presente variabilidad, con dos o más alternativas (alelos), y se transmita mendelianamente. Entre los marcadores mendelianos se incluyen, en primer lugar, los **marcadores morfológicos**, que normalmente hacen referencia a un gen con variantes alélicas que afectan a un carácter, dando lugar a distintas alternativas fenotípicas. Por ejemplo, el color de las semillas del guisante puede ser verde o amarillo. Estos marcadores han sido los más utilizados en el análisis genético y ha sido el objeto de varios capítulos anteriores.

Otros, como los **marcadores citológicos**, hacen referencia a cromosomas con algún tipo de «señal» que se pueda visualizar en el microscopio óptico y que se han visto en el Capítulo 7, como roturas, duplicación o ausencia de algún segmento dado, e incluso ausencia o duplicación de cromosomas completos; zonas engrosadas o constreñidas; duplicación o inversión de bandas.

En este tema vamos a tratar específicamente de los marcadores moleculares. Son aquéllos en los que la variabilidad se detecta en el ámbito molecular, fundamentalmente en proteínas o en el ADN. En la mayoría de los casos, las distintas alternativas (alelos) de una secuencia de ADN se visualizan como una serie de bandas con diferente migración en un gel de electroforesis, tratado con los reactivos adecuados. Entre los marcadores en los que se detectan cambios en las proteínas o en distintos productos del metabolismo, se incluyen los **marcadores bioquímicos, inmunológicos** y **alozímicos**.

En los últimos años, la Ingeniería genética ha hecho posible la detección de numerosos **marcadores moleculares**, que se corresponden directamente con secuencias específicas del ADN, entre los que se pueden citar:

- **RFLP** (polimorfismo en la longitud de los fragmentos de restricción).
- **VNTR** (variación en el número de repeticiones en tándem), también llamados **minisatélites**.
- **STR** (variación en el número de repeticiones cortas en tándem), también llamados **microsatélites**.
- **RAPD** (fragmentos de ADN polimórfico amplificados al azar).
- **AFLP** (polimorfismo en la longitud de los fragmentos amplificados).
- **SNP** (polimorfismo de un solo nucleótido).
- **STS** (secuencias específicas de sitio).
- **EST** (secuencias específicas de expresión).

13.1. MARCADORES BIOQUÍMICOS (DESDE 1909)

Son aquéllos en los que los cambios en el ADN se detectan en el producto proteico. Por ejemplo, la fenilcetonuria, enfermedad que provoca retraso mental por acumulación del ácido fenilpirúvico, se produce por una mutación en el gen que codifica para la enzima fenilalanina hidroxilasa, que actúa en el catabolismo de la fenilalanina. La detección se realiza mediante pruebas bioquímicas que midan bien la actividad enzimática de la fenilalanina hidroxilasa, bien el nivel de fenilalanina. Mientras que los individuos homozigotos para el alelo normal presentan aproximadamente 1 mg/ml de fenilalanina en sangre, en los homozigotos para la mutación alcanzan hasta 50 mg/ml, y se hereda como una enfermedad autosómica recesiva.

13.2. MARCADORES INMUNOLÓGICOS (DESDE 1910)

Son aquéllos que determinan proteínas implicadas en reacciones antígeno-anticuerpo. Los más importantes son los llamados grupos sanguíneos (ABO, Rh, etc.) y los miembros de la familia de antígenos celulares HLA (desde 1970).

13.3. MARCADORES ALOZÍMICOS (DESDE 1960)

Los cambios en la secuencia del ADN pueden dar lugar a cambios en la secuencia de los aminoácidos de las proteínas, lo que puede alterar su carga neta y por tanto su movilidad electroforética. Los distintos alelos del gen se identifican como bandas teñidas en geles de electroforesis. Por ejemplo, la enzima alcohol deshidrogenasa (*Adh*), necesaria para el metabolismo del alcohol, presenta dos variantes alozímicas en *Drosophila melanogaster*, la F («rápida», en inglés *fast*) y la S («lenta», en inglés *slow*). Estos dos alelos se identifican tal como se indica en la Figura 13.1.

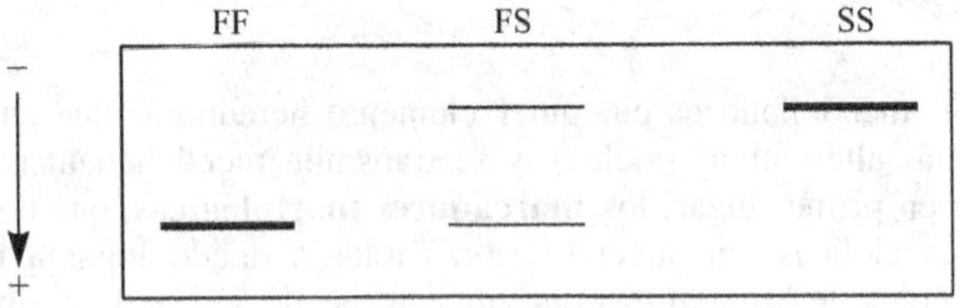

Figura 13.1. Bandas electroforéticas de homozigotos FF y SS, y heterozigotos FS, para la enzima alcohol deshidrogenasa.

Los homozigotos para el alelo rápido (FF) o para el alelo lento (SS) presentan una banda y los heterozigotos (FS), dos bandas, indicando su comportamiento codominante. Los marcadores moleculares se transmiten de acuerdo con los principios mendelianos y en la gran mayoría de los casos presentan una relación de codominancia entre los alelos, ya que en el heterozigoto se detectan ambos.

En el caso anterior de la *Adh*, la enzima actúa como un monómero, pero en otras enzimas su actividad depende de la formación de homodímeros, homotrímeros e incluso de homotetrámeros, que se detectan por el número de bandas del heterozigoto (3, 4 o 5, respectivamente) (Figura 13.2).

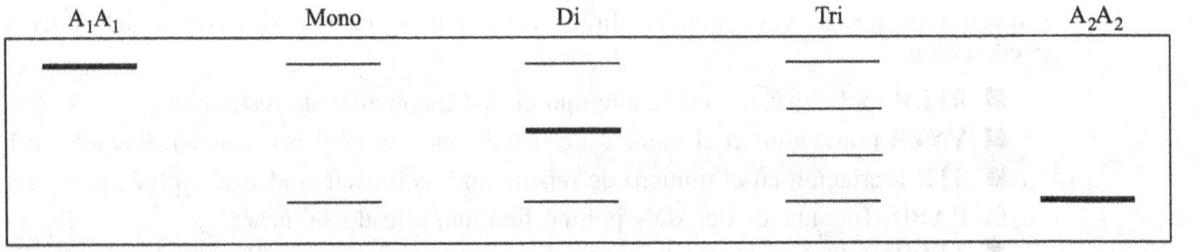

Figura 13.2. Bandas electroforéticas de heterozigotos para enzimas que actúan como monómeros, dímeros o trímeros.

13.4. MARCADORES DE ADN

■ **RFLP** (polimorfismo en la longitud de los fragmentos de restricción) (desde 1975).

Se producen como consecuencia de un cambio en una base dentro de la diana de una enzima de restricción tipo II (ver 12.1.1). Estas enzimas son endonucleasas que reconocen en los ácidos nucleicos una secuencia, normalmente de seis pares de bases. Un cambio en una base da lugar a que la enzima no reconozca ese sitio de restricción, generándose un polimorfismo de presencia/ausencia para dicho sitio de restricción.

En el siguiente ejemplo se aplica la técnica de PCR para detectar los dos alelos originados por un cambio nucleotídico. En el exón 1 del gen del receptor de la dopamina D3 se localiza un sitio de restricción para la enzima *Msc*I. Utilizando cebadores próximos a la diana de restricción se puede amplificar, mediante PCR, un fragmento de ADN de 304 pb. Si después se somete el producto de la amplificación a la digestión con *Msc*I, tendremos dos resultados posibles: a) que la enzima reconozca la diana de restricción, por lo que el corte generará dos fragmentos (alelo 1), o bien b) que la enzima no corte el fragmento (alelo 2). Ambos tipos de alelos se pueden visualizar en una electroforesis en gel de agarosa, debido a la distinta movilidad electroforética de los fragmentos. En muchos casos los fragmentos no se pueden visualizar directamente, siendo necesaria la utilización de sondas moleculares en un Southern blot (Figura 13.3).

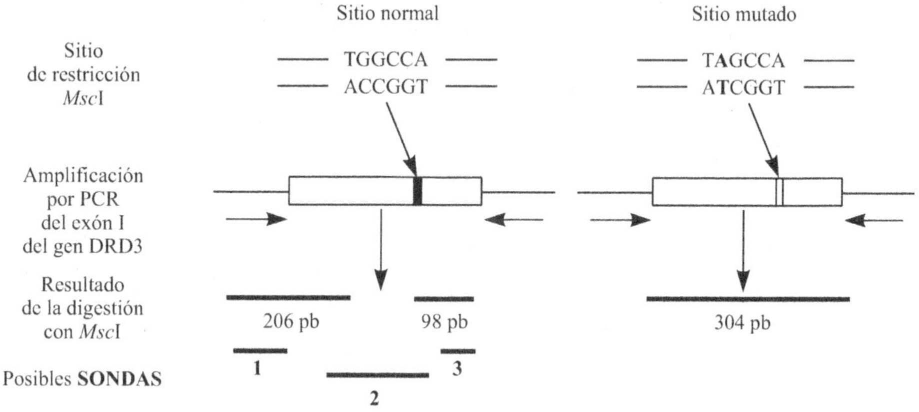

Figura 13.3. Fragmentos generados por la enzima de restricción *Msc*I cuando reconoce el sitio de restricción (normal) o no lo reconoce (mutado).

La sonda 1 hibridará con los fragmentos de 206 pb y 304 pb.
La sonda 2 hibridará con los tres fragmentos.
La sonda 3 hibridará con los fragmentos de 98 pb y 304 pb.

De acuerdo con la sonda utilizada, en el Southern blot veremos los resultados mostrados en la Figura 13.4.

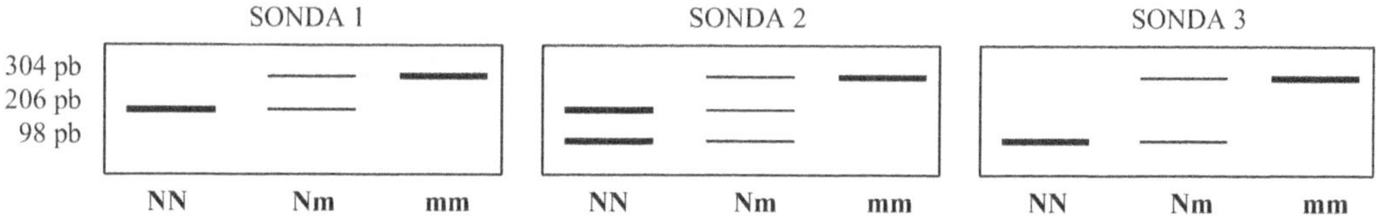

Figura 13.4. Bandas electroforéticas de homozigotos para el sitio de restricción normal (NN) o mutado (mm), y para heterozigotos (Nm), detectadas con tres sondas.

Utilizando la sonda 2, en esta familia tendríamos lo que se muestra en la Figura 13.5.

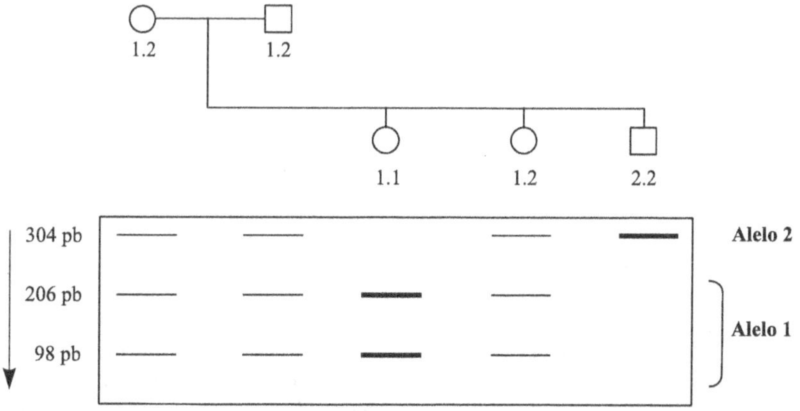

Figura 13.5. Análisis de la transmisión de los alelos para el sitio de restricción *Msc*I en una hipotética familia.

Al igual que se genera un polimorfismo por pérdida de un sitio de restricción, también se puede generar un polimorfismo por ganancia de un sitio de restricción.

- **VNTR** (variación en el número de repeticiones en tándem) (desde 1985).

  También se denominan **minisatélites**. Consisten en repeticiones de secuencias de ADN, con un número variable de repeticiones entre individuos. Por ejemplo, en la especie humana suelen estar compuestos por módulos de entre 15 a 100 pb, que forman bloques de secuencias de 1 a 20 kb. Se suelen analizar mediante Southern blot y, en algunos casos, se puede amplificar la región que contiene las repeticiones con cebadores externos mediante PCR, como veremos en los microsatélites. Cada alelo se caracteriza por el número de repeticiones, lo que se identifica por su tamaño en un Southern blot. El principal problema es que no se puede determinar con exactitud el número de *loci*.

- **STR** (variación en el número de repeticiones cortas en tándem) (desde 1989).

  También se denominan **microsatélites**. En el genoma de los eucariotas se observa la presencia de repeticiones, en general cortas, de uno a cuatro nucleótidos, formando bloques de pequeño tamaño, repartidos a lo largo de todos los cromosomas. Estas regiones son muy variables en cuanto al número de repeticiones. Así, si se analiza el número de repeticiones de uno de los microsatélites mas frecuentes, el CA(n) (en donde *n* indica el número de veces que está repetida la secuencia CA), para un *locus* determinado se podrían encontrar, por ejemplo, individuos con 16, 30 o 40 repeticiones, o combinaciones de éstas. La manera de detectarlos, tal como se indica en el esquema siguiente, es amplificar, mediante PCR, dicha región, y mediante electroforesis identificar cada uno de los alelos por sus diferentes tamaños.

CA(16)	CA(30)	CA(40)
—CACA...CACA—	—CACA...CACA—	—CACA...CACA—
—GTGT...GTGT—	—GTGT...GTGT—	—GTGT...GTGT—
→ ←	→ ←	→ ←
Alelo 1 (A1)	Alelo 2 (A2)	Alelo 3 (A3)

Suponiendo que se utilizan cebadores (→) de 20 nt (nucleótidos), los tamaños de los distintos alelos amplificados será de (*véase* Figura 13.6),

$$\text{Alelo 1: } 20 + 20 + (2 \times 16) = 72 \text{ pb}$$

$$\text{Alelo 2: } 20 + 20 + (2 \times 30) = 100 \text{ pb}$$

$$\text{Alelo 3: } 20 + 20 + (2 \times 40) = 120 \text{ pb}$$

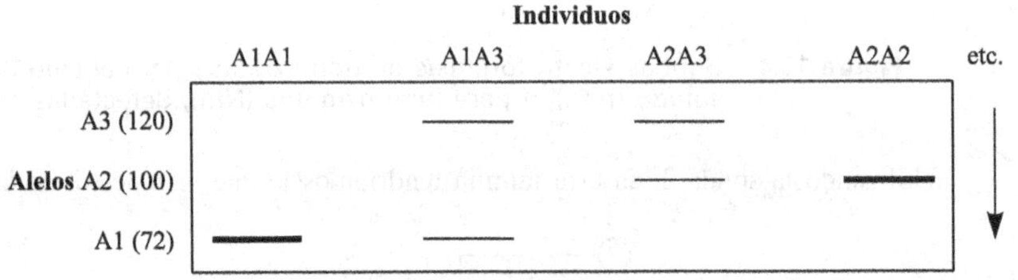

Figura 13.6. Bandas electroforéticas de microsatélites de diversos genotipos.

Tanto los mini como los microsatélites son muy polimórficos (varios alelos para cada *locus*) y por ello muy informativos. Al igual que los RFLP presentan codominancia.

- **RAPD** (fragmentos de ADN polimórfico amplificados al azar) (desde 1990).

  Un método rápido para detectar variabilidad en la secuencia de un ADN consiste en amplificarlo por PCR utilizando un solo cebador diseñado al azar. Este cebador, de unos 10 nucleótidos, de menor tamaño que los utilizados en las PCR convencionales, podrá hibridar en distintos puntos del genoma de un individuo. Sólo cuando tales secuencias hibriden en la orientación adecuada y estén separadas a una distancia amplificable, darán como resultado una serie de productos amplificados, de distinto tamaño, visualizables como bandas en un gel de electroforesis.

  Supongamos que se utiliza el cebador TCGGCGATAG en una molécula de ADN, que hibridará en el proceso de amplificación allí donde encuentre una secuencia complementaria, de la siguiente manera:

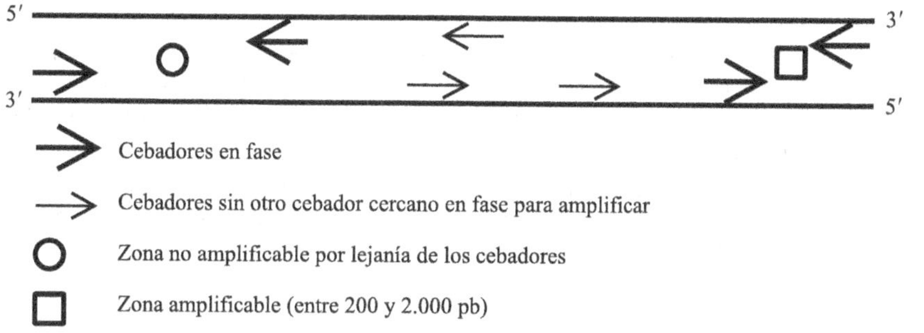

Algunas bandas aparecen siempre (señaladas en la Figura 13.7 con flechas), mientras que otras serán específicas de cada individuo, transmitiéndose mendelianamente a sus descendientes (presencia o ausencia de la banda).

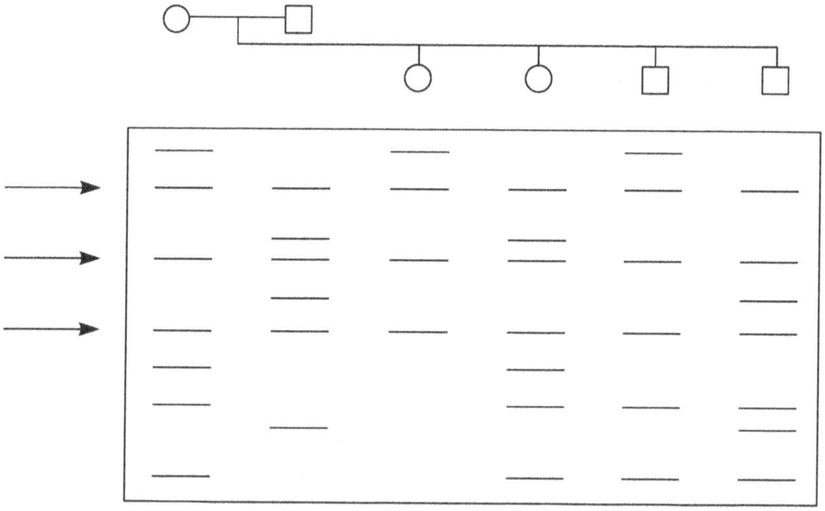

Figura 13.7. Análisis de RAPD en una hipotética familia, con bandas comunes a todos sus miembros y bandas específicas de individuo.

A diferencia de otros marcadores moleculares, este polimorfismo presenta relaciones de dominancia, ya que no se pueden diferenciar fácilmente los individuos con dos copias (homozigotos para una secuencia dada) de los que sólo tienen una copia (heterozigotos). Además, una banda dada no es asimilable a un *locus*, ya que no siempre indica el mismo punto del genoma.

- **AFLP** (polimorfismo en la longitud de fragmentos amplificados) (desde 1993).

  Como en los RFLP, se parte de la digestión del ADN problema con enzimas de restricción. La diferencia radica en la forma de obtener dichos fragmentos. Mediante un ingenioso método basado en la ligación de los extremos a adaptadores específicos y amplificación por PCR, se obtiene una colección de fragmentos similares a los obtenidos con RAPD, que se pueden visualizar en un gel de electroforesis (Figura 13.7). Como en el caso de los RAPD, las distintas bandas se transmiten normalmente de forma dominante.

- **SNP** (polimorfismo de un solo nucleótido) (desde 1998).

  La detección del cambio de un solo nucleótido en una secuencia de ADN se puede realizar siguiendo distintas metodologías:

  - Los **SSCP** son polimorfismos que se detectan por la distinta movilidad electroforética que presentan las moléculas de ADN de cadena sencilla, debido a que los cambios en un solo nucleótido inducen variación en la conformación espacial de las mismas.

    Si el individuo no presenta cambios, como cada cadena tiene una composición distinta (complementaria) de nucleótidos, podrá adquirir una conformación distinta, dando lugar en el gel a dos bandas. Si el individuo es heterozigoto para el cambio en un solo par de bases, se podrán observar hasta cuatro bandas.
  - Los **ASO** son polimorfismos basados en la hibridación con secuencias cortas de ADN, «oligos», que permiten discriminar alelos de un gen que se diferencian en una sola posición nucleotídica.

- **STS** (secuencias específicas de sitio).
  Son secuencias únicas en el genoma, que se pueden amplificar por PCR. De forma operacional un STS no es más que una pareja de cebadores que permiten la amplificación de una determinada secuencia genómica mediante PCR. Son muy útiles en la construcción de mapas físicos.
- **EST** (secuencias específicas de expresión).
  Son secuencias cortas (de 100 a 300 pb) correspondientes a secuencias parciales de ADNc. Son secuencias procedentes de ARNm, de las que muchas veces se desconoce su origen y localización.
  Los «biochips» permiten la detección masiva de estos tipos de cambios.

PROBLEMAS RESUELTOS

13.1. *Salix eriocephala* es una planta potencialmente importante en cultivos rotatorios intensivos. Aravanapoulos et al. decidieron estudiar el determinismo genético de esta planta, analizando su variabilidad enzimática. Una de las enzimas, la shikimato deshidrogenasa, presentó un patrón de bandas característico en el gel de electroforesis, con carriles con una banda rápida (F), con una lenta (S) o con las dos (M).

	Cruces	F	M	S
1	E269 × E263	10	11	12
2	E16 × E263	0	15	18

a) ¿Cuál es el tipo de herencia de esta enzima?
b) ¿Cuál es el genotipo de las variedades que se cruzaron?

Solución

a) El patrón de bandas que presenta la shikimato deshidrogenasa es característico de una enzima monomérica, con dos alelos, uno rápido y otro lento. Los homozigotos F y S para cada alelo (con genotipos FF y SS, respectivamente) presentarán la banda correspondiente, y el heterozigoto M (genotipo FS), las dos. El cruce 1 da un patrón con tres fenotipos, característico del cruce de dos heterozigotos:

$$FS \times FS = 1/4\ F\ (FF) + 2/4\ M\ (FS) + 1/4\ S\ (SS)$$

Realizada una prueba de χ^2, ésta da un valor de 3,91, que con 2 g.l. no se diferencia significativamente de lo esperado ($0,2 > P > 0,1$).

b) Si las dos cepas, E269 y E263, son heterozigotas (F/S), la cepa E16 tiene que ser homozigota para el alelo lento (S), ya que cruzada con la E263 (F/S) da una proporción de 1:1, típica del cruce de un homozigoto por un heterozigoto.

13.2. Kristjansson estudió la herencia de las haptoglobinas en el cerdo (proteínas que se unen a la hemoglobina en el suero). Mediante electroforesis en gel del suero de cerdo, y tiñendo con los reactivos adecuados, encontró únicamente seis fenotipos:

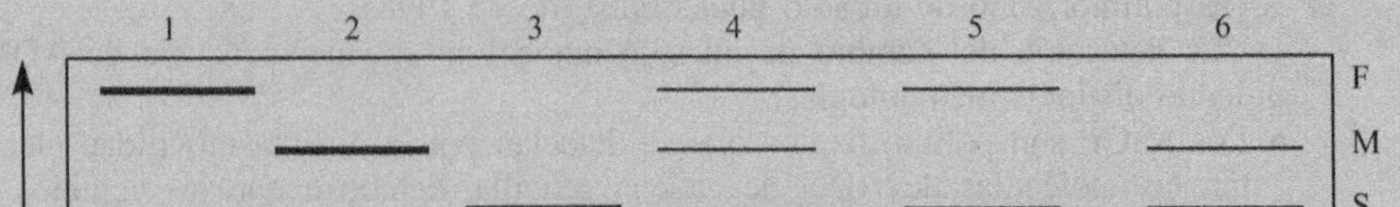

a) ¿Cuál es el control genético de las haptopglobinas?
b) Si cruzáramos un cerdo con el fenotipo 4 con una cerda con el fenotipo 6, ¿qué tipos de descendientes obtendríamos y en qué proporciones?
c) ¿Sería posible obtener un cerdo con el fenotipo (bandas) 1 + 2 + 3? Razone la respuesta.

Solución

a) Por las bandas que aparecen, está claro que se trata de un gen con tres alelos, de manera que los cerdos 1, 2 y 3 serían homozigotos para las bandas F, M y S respectivamente, mientras que los restantes serían heterozigotos, F/M (4), F/S (5) y M/S (6).

b) Si realizamos el cruce ♂ F/M (4) × ♀ M/S (6), obtendríamos:

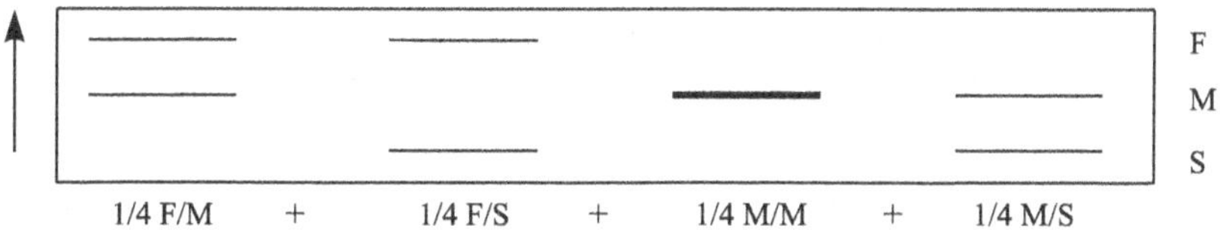

c) No sería posible obtener un individuo con las tres bandas mediante cruces, ya que se trataría de un individuo con tres alelos, lo cual no es posible en un organismo diploide; para cada *locus* sólo puede haber dos alelos. No obstante, hipotéticamente, se podría obtener un cerdo transgénico con tres genes, manifestando los tres alelos.

13.3. Mediante electroforesis en geles de almidón se detectaron cinco patrones distintos de cinco proteínas séricas, de la A a la E (β-globulinas) en el ganado vacuno:

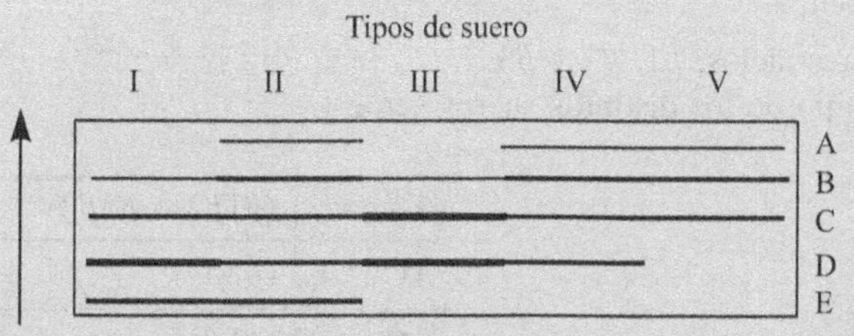

A pesar del pequeño número de descendientes por cruce, se pudo reunir una serie de datos de distintos cruces, que fueron los siguientes,

Cruces	**Tipos de suero**				
	I	**II**	**III**	**IV**	**V**
I × II	2	3			
I × IV	2	3	1		
I × V		1			
II × III	2			3	
II × IV		3		2	3
II × V		2			2
III × III			2		
III × IV			9	5	
III × V				2	
IV × V				8	6
V × V					8

a) ¿Podría deducir cuántos alelos están implicados en la herencia de estas proteínas?

b) Indique el genotipo de cada uno de los patrones detectados.

Solución

Los cinco tipos de suero se diferencian por la ausencia de alguna de las cinco proteínas. Los sueros I y III carecen de la proteína A; los sueros III y IV carecen de la proteína E; y el suero V no tiene las proteínas D y E.

Tengamos presente los tipos de proteínas de cada suero y el resultado de los cruces. Por ejemplo, queda claro que el suero IV comparte proteínas de los sueros III y V, y que el resultado de los cruces III × III, III × IV, III × V, IV × V y V × V es coherente con un control genético simple, con dos alelos, por ejemplo, $\beta1$ y $\beta2$, de tal manera que el genotipo $\beta1\beta1$ daría el suero tipo III, el $\beta2\beta2$ daría el suero tipo V y el heterozigoto $\beta1\beta2$ daría el suero tipo IV.

En cuanto al suero tipo II, y siguiendo el mismo razonamiento, éste comparte las proteínas de V y de I; si el tipo I fuera homozigoto $\beta3\beta3$, el tipo II sería heterozigoto $\beta2\beta3$. No obstante, al comprobar los cruces en donde intervienen los sueros tipo I y II, algunos resultados no son tan claros.

El resultado del cruce II × V ($\beta2\beta3 \times \beta2\beta2$) es coherente, ya que sólo puede dar II ($\beta2\beta3$) y V ($\beta2\beta2$).

El cruce II × IV ($\beta2\beta3 \times \beta1\beta2$) puede dar IV ($\beta1\beta2$), II ($\beta2\beta3$), V ($\beta2\beta2$) y ($\beta1\beta3$). Aunque este último no aparece, los otros resultados son coherentes.

El cruce II × III ($\beta2\beta3 \times \beta1\beta1$) puede dar IV ($\beta1\beta2$) y ($\beta1\beta3$); como aparece el tipo I, podríamos asignarle además del genotipo $\beta3\beta3$, dicho genotipo $\beta1\beta3$.

El resultado del cruce I × V ($\beta3\beta3 \times \beta2\beta2$) es coherente.

En cuanto al cruce I × IV, para que dé el tipo III ($\beta1\beta1$), tendría que ser ($\beta1\beta3 \times \beta1\beta2$). Esto está de acuerdo con el resultado del cruce II × III y no contradice el resultado del cruce I × V.

Por último, el resultado del cruce I × II ($\beta1\beta3 \times \beta2\beta3$), aunque no aparezca el tipo IV, es coherente.

En resumen,

a) Habría tres alelos, $\beta1$, $\beta2$ y $\beta3$.

b) El genotipo de los distintos sueros sería:

I	($\beta1\beta3$ o $\beta3\beta3$)
II	($\beta2\beta3$)
III	($\beta1\beta1$)
IV	($\beta1\beta2$)
V	($\beta2\beta2$)

13.4. Se realizó un cruce entre la cepa A, homozigota para los alelos «rápidos» de la *fosfoglucomutasa-2* (*PGM-2*), *malato deshidrogenasa* (*MDH*) y *β-glucosidasa* (*β-GAL*), y la cepa B, homozigota para los alelos «lentos» de las mismas enzimas. La «imagen» electroforética de las dos cepas fue similar para cada una de las tres enzimas:

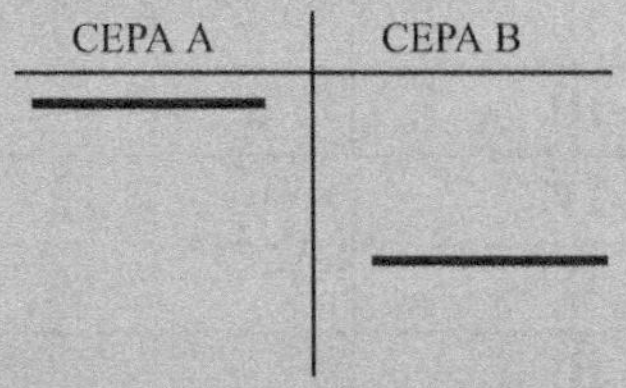

Al cruzar ambas cepas, la F_1 dio las siguientes imágenes electroforéticas para cada una de las enzimas:

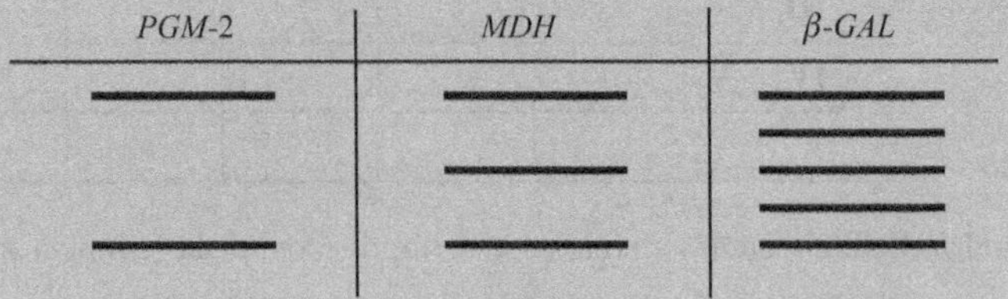

a) ¿Cómo se podrían interpretar dichas imágenes?

b) ¿Qué patrones y proporciones obtendríamos si analizáramos varios individuos de la F_2 en cada caso?

Solución

a) La primera imagen de las cepas A y B, nos confirma que éstas son homozigotas para las tres enzimas, para los alelos rápidos la cepa A y para los alelos lentos la cepa B.

Si cruzamos A × B, para la enzima *PGM-2* se obtienen dos bandas, una rápida y otra lenta, que corresponde a un heterozigoto para los dos alelos, indicando que la enzima es monomérica. La enzima *MDH* formará dímeros (dimérica) para ser funcional, con lo cual se forman dímeros con las dos enzimas rápidas, dímeros híbridos, con una enzima rápida y otra lenta, y dímeros con las dos enzimas lentas. Por último, la enzima *β-GAL* es una enzima que forma tetrámeros (tetramérica), dando lugar a cinco bandas correspondientes a tetrámeros con las cuatro enzimas rápidas, tres rápidas y una lenta, dos rápidas y dos lentas, una rápida y tres lentas, y cuatro lentas.

b) Para la enzima *PGM-2*, obtendríamos en la F_2,

1/4 FF 2/4 FS 1/4 SS

Para la enzima *MDH* obtendríamos,

1/4 FF 2/4 FS 1/4 SS

Y finalmente para la β-GAL:

1/4 FF 2/4 FS 1/4 SS

13.5. Al analizar la variabilidad alozímica del álamo temblón (*Populus tremuloides*), se encontraron 14 *loci* polimórficos y 6 monomórficos. Entre los *loci* polimórficos se analizó la herencia de la aconitasa (aco-1) y la peroxidasa (per-1), ambas monoméricas, con un alelo lento (S) y un alelo rápido (F). Dos de las cepas que se cruzaron dieron los siguientes resultados:

Enzima	Cruce	Resultado		
		F	F/S	S
Aco-1	GRS7 (A^F/A^S) × 347 (A^F)	55	42	
Per-1	GRS7 (P^F/P^S) × 347 (P^F/P^S)	24	45	22

Para averiguar si estos dos *loci* estaban ligados, se cruzaron estas dos cepas, encontrándose el siguiente resultado:

$$GRS7\ (A^F/A^S)(P^F/P^S) \times 347\ (A^F)(P^F/P^S)$$

$$14\ (A^F/A^F)(P^F/P^F)$$

$$10\ (A^F/A^S)(P^F/P^F)$$

$$23\ (A^F/A^F)(P^F/P^S)$$

$$22\ (A^F/A^S)(P^F/P^S)$$

$$14\ (A^F/A^F)(P^S/P^S)$$

$$8\ (A^F/A^S)(P^S/P^S)$$

a) ¿Cuál es la diferencia entre una enzima monomérica y una enzima monomórfica?

b) ¿Cómo se heredan los dos *loci*?

c) ¿Es su transmisión independiente?

Solución

a) Una enzima monomérica es una proteína que realiza su función sin formar complejos con otras proteínas iguales, sin formar estructuras cuaternarias. Una enzima monomórfica es aquella que presenta una sola configuración espacial.

b) El modo de herencia en ambas enzimas es codominante.

c) Para ver si la transmisión de estos dos genes es independiente, se puede construir un cuadro con los gametos producidos por cada variedad y comprobar el resultado teórico con los datos observados.

		Gametos GRS7			
		A^FP^F	**A^FP^S**	**A^SP^F**	**A^SP^S**
Gametos 347	**A^FP^F**	$A^F/A^F\ P^F/P^F$ (1)	$A^F/A^F\ P^F/P^S$ (2)	$A^F/A^S\ P^F/P^F$ (4)	$A^F/A^S\ P^F/P^S$ (5)
	A^FP^S	$A^F/A^F\ P^F/P^S$ (2)	$A^F/A^F\ P^S/P^S$ (3)	$A^F/A^S\ P^F/P^S$ (5)	$A^F/A^S\ P^S/P^S$ (6)

	Genotipo		**Esperado**	**Observado**
1	$A^F/A^F\ P^F/P^F$	1/8	11,375	14
2	$A^F/A^F\ P^F/P^S$	2/8	22,750	23
3	$A^F/A^F\ P^S/P^S$	1/8	11,375	14
4	$A^F/A^S\ P^F/P^F$	1/8	11,375	10
5	$A^F/A^S\ P^F/P^S$	2/8	22,750	22
6	$A^F/A^S\ P^S/P^S$	1/8	11,375	8

La concordancia entre los valores observados y esperados es tan buena que no vale la pena realizar un chi cuadrado. Podemos afirmar que los dos genes se transmiten independientemente.

13.6. *Avena strigosa* es una especie diploide (2n = 14) en la que se estudió la herencia de una serie de isozimas y sus relaciones de ligamiento en dos variedades, A y B, de distinto origen geográfico. Para la *β-galactosidasa alcalina* (*Bgl1*), la variedad A presentaba el alelo lento (*b2*) y la variedad B, el alelo rápido (*b1*). Para la *Esterasa-s* (*Ests*), la variedad A presentaba el alelo medio (*e2*) y la variedad B el alelo rápido (*e1*). Existe otro alelo en la variedad C, el lento (*e3*), indicado en la siguiente figura.

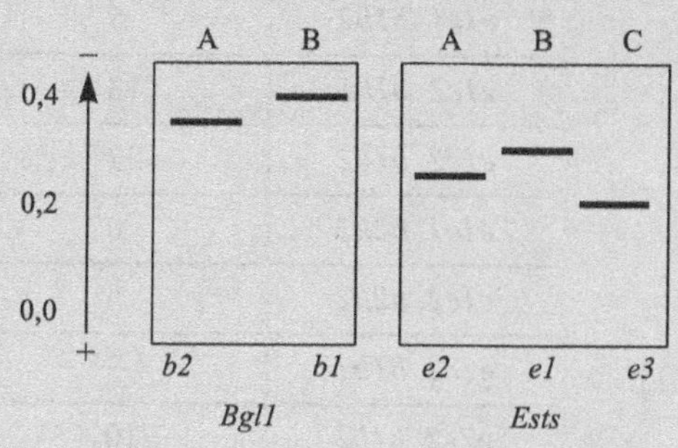

Al cruzar las variedades A y B se encontró la siguiente segregación en la F_2:

A B
e2e2 b2b2 × *e1e1 b1b1*

F_1 *e1e2 b1b2*

F_2	*e1e1*	*b1b1*	16
	e1e1	*b1b2*	5
	e1e2	*b1b1*	13
	e1e2	*b1b2*	27
	e1e1	*b2b2*	0
	e1e2	*b2b2*	5
	e2e2	*b1b1*	3
	e2e2	*b1b2*	10
	e2e2	*b2b2*	17

a) ¿Cómo se heredan estas isozimas?

b) ¿Se trasmiten independientemente o están ligadas?

Solución

a) En primer lugar hay que comprobar la segregación de cada uno de los alelos de las dos isozimas. Debido a que la visualización de las isozimas es codominante (una banda para los homozigotos y dos bandas para los heterozigotos), podremos contabilizar directamente las proporciones genotípicas.

	Esterasa-s	**β-galactosidasa alcalina**
Homozigotos 1-1	21	32
Heterozigotos 1-2	45	42
Homozigotos 2-2	30	22

Lo que cabe esperar del cruce de dos heterozigotos en la F_1 es una segregación genotípica 1:2:1. Realizado un χ^2 para la *Esterasa-s*, se obtiene un valor de 1,83 (0,5 > P > 0,3) y para la *β-galactosidasa*, un valor de 3,04 (0,3 > P > 0,2), por lo que aceptamos que las dos isozimas segregan correctamente como monohibridismos.

b) Vamos a ver cómo se transmiten. Si se trata del cruce de dos variedades, heterozigotas para dos genes independientes con alelos codominantes, *e1e2 b1b2*, esperaríamos una proporción de 1:2:2:4:1:2:1:2:1.

Genotipo	Observado	Esperado
e1e1 b1b1	16	6 (1/16)
e1e1 b1b2	5	12 (2/16)
e1e2 b1b1	13	12 (2/16)
e1e2 b1b2	27	24 (4/16)
e1e1 b2b2	0	6 (1/16)
e1e2 b2b2	5	12 (2/16)
e2e2 b1b1	3	6 (1/16)
e2e2 b1b2	10	12 (2/16)
e2e2 b2b2	17	6 (1/16)

Como ningún valor esperado es menor de 5, podemos realizar una prueba de χ^2 cuyo valor dará 53,3, que con gl = 8 da una P << 0,05. Queda claro que los dos genes no se transmiten independientemente sino que están ligados.

Hay otro modo de comprobar el ligamiento o la independencia de los genes, y es contabilizar el número de gametos que dieron lugar a los individuos de la F_2. Las 96 plantas recibieron 192 gametos. El resultado debería ser el mismo para los cuatro tipos de gametos (48) y, sin embargo, como se ve en el siguiente cuadro, hay un exceso de gametos *e1b1* y *e2b2*, que son las combinaciones que se presentan en los abuelos, lo que indica el ligamiento de estos genes, y un menor número de *e1b2* y *e2b1*, que lógicamente son el resultado de la recombinación.

Genotipos	Adultos observados	Tipo y número de gametos que los formó			
		e1b1	***e1b2***	***e2b1***	***e2b2***
e1e1 b1b1	16	32			
e1e1 b1b2	5	5	5		
e1e2 b1b1	13	13		13	
e1e2 b1b2	27	13,5	13,5	13,5	13,5
e1e1 b2b2	0		0		
e1e2 b2b2	5		5		5
e2e2 b1b1	3			6	
e2e2 b1b2	10			10	10
e2e2 b2b2	17				34
Total	96	63,5	23,5	42,5	62,5

Con este método, como podemos identificar todos los gametos que han dado lugar a los individuos de la F_2, se puede calcular directamente la frecuencia de recombinación,

$$\frac{23,5 + 42,5}{192} = 0,34$$

13.7. Se han descrito tres especies del género *Paulownia* (Escrofulariaceas), *P. fortunei* y *P. kawakamii*, con una amplia distribución en la China continental, y *P. taiwaniana*, endémica de Taiwán. Se ha propuesto que dicha especie arbórea es en realidad un híbrido de las otras dos. Aunque su reproducción es fundamentalmente entomógama, su propagación en Taiwán es exclusivamente vegetativa. Para confirmar la propuesta, Finkeldey analizó la segregación, entre otras, de dos isozimas: la SKDH (shikimato deshidrogenasa) y la IDH-B (isocitrato-deshidrogenasa), encontrando lo siguiente:

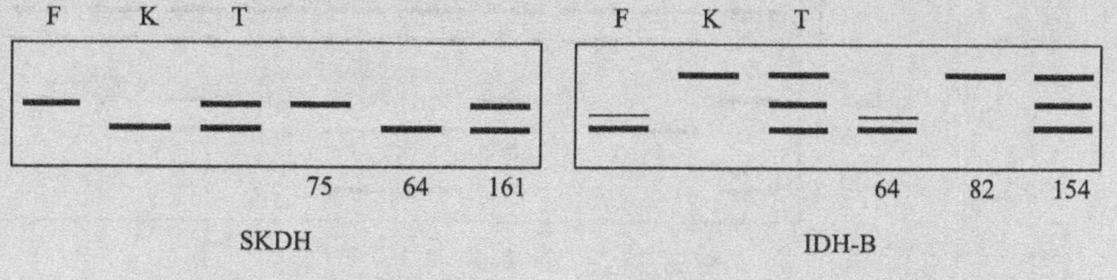

Nota: Los tres carriles de la izquierda, F, K y T, se refieren a las tres especies analizadas, y los tres carriles de la derecha, al resultado del análisis de 300 semillas de un árbol de la especie taiwanesa.

Este esquema se repite al menos en otras dos enzimas.

a) ¿Están de acuerdo estos resultados con la hipótesis propuesta?

b) ¿Se hubiera llegado a las mismas conclusiones si la especie taiwanesa se hubiera propagado sexualmente?

Solución

a) Queda claro, por las bandas que aparecen en los geles, que la especie taiwanesa puede ser un híbrido de las otras dos, ya que presenta los mismo alelos. Aunque la especie taiwanesa se ha propagado vegetativamente, sus flores pueden fecundarse y producir semillas. El análisis de las 300 semillas demuestra que la planta analizada era heterozigota para los dos alelos que se encuentran en una u otra de las especies continentales. La proporción que aparece, 1:2:1, es la típica de la autofecundación de un heterozigoto.

b) Si la planta se hubiera propagado por semillas, en lugar de por esqueje, el análisis no hubiera sido tan consistente. Se hubieran encontrado situaciones muy diversas, con plantas homozigotas para uno o algunos de los alelos de una o de la otra especie. El hecho de haberse propagado la especie vegetativamente mantuvo el genotipo del híbrido invariable y permitió confirmar que la especie *P. taiwaniana* provenía del cruce de las dos especies continentales.

13.8. En *Arabidopsis thaliana* se encuentran 5 isozimas de la aspartato aminotransferasa (AAT1-AAT5). Al analizar diversas plantas para dos de estas enzimas, la AAT2 (citosólica) y la ATT3 (cloroplástica), se encontraron los siguientes patrones de bandas,

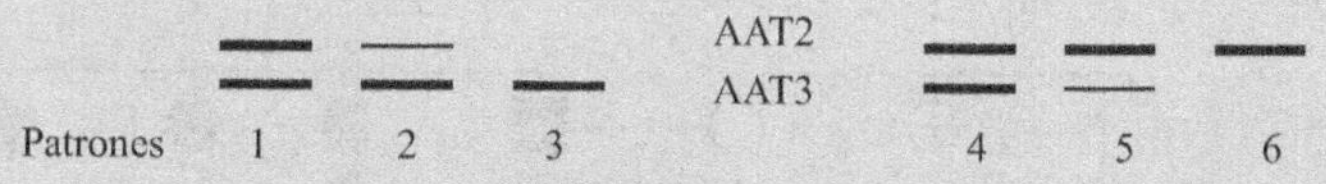

Al autofecundarse plantas con el patrón de bandas 2 se obtuvieron los siguientes patrones y descendientes: 17(1):25(2):8(3), y al autofecundarse plantas con el patrón de bandas 5 se obtuvieron los siguientes patrones y descendientes: 9(4):26(5):11(6).

¿Podría indicar el genotipo de todos los individuos implicados y la relación entre los alelos de cada gen?

Solución

Al autofecundarse plantas con el patrón 2, todos los descendientes presentan la misma banda para la isozima cloroplástica, y una segregación próxima a 1:2:1 para la isozima citosólica ($\chi^2 = 3{,}24$, 2 g.l., $P \approx 0{,}20$), lo que corresponde al resultado de la autofecundación de un heterozigoto con codominancia. En el caso de la planta con el patrón de bandas 5 ocurre algo parecido, ya que se demuestra homozigosis para la enzima citosólica y heterozigosis para la enzima cloroplástica ($\chi^2 = 0{,}96$, 2 g.l., $0{,}70 > P > 0{,}50$). Las plantas 1, 3, 4 y 6 serían homozigotas para las dos enzimas, para uno u otro alelo, y 2 y 5 serían homozigotas para una enzima y heterozigotas para la otra.

13.9. Para ampliar el número de marcadores genéticos útiles en el estudio genómico de *Eucalyptus grandis* y *Eucalyptus urophylla*, se llevó a cabo un estudio de RAPD. Utilizando el cebador aleatorio Z11 de 10 nucleótidos, se analizaron dos clones de las dos especies (carriles 1 y 2) que se cruzaron, obteniéndose diez individuos F_1 (carriles 3 al 12), con los siguientes patrones de bandas,

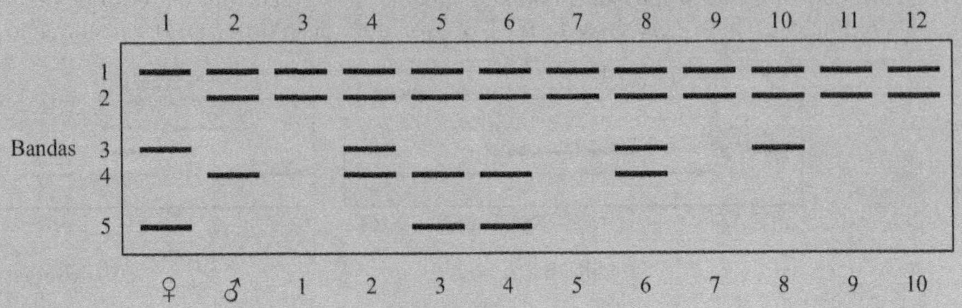

Indique el modo de herencia de estos marcadores.

Solución

La banda superior (1) es común a todos los individuos y, como los dos padres presentan dicha banda, los dos serán homozigotos para dicho fragmento, o al menos uno homozigoto y el otro heterozigoto. Podría ser que los dos fueran heterozigotos, pero en ese caso la probabilidad de que los 10 hijos presentaran la banda 1 es pequeña $[(3/4)^{10} = 0{,}056]$. La banda 2 no se encuentra en la ♀ pero si en el ♂, y en homozigosis, ya que todos los hijos reciben dicho marcador. Si el ♂ fuera heterozigoto, la probabilidad de que todos los hijos recibieran dicho alelo sería $(1/2)^{10} \approx 0{,}001$. El patrón de la banda 2 puede ser una confirmación de la dominancia de estos marcadores.

Las bandas 3, 4 y 5 sólo se encuentran en uno de los padres, y además en heterozigosis, ya que hay hijos que presentan la banda y otros que no. Probablemente, los fragmentos se sitúan en cromosomas distintos, ya que en principio no se aprecia asociación entre la ausencia/presencia de una banda, y la presencia/ausencia de otra en un padre y en los hijos.

13.10. La displasia de cadera es una enfermedad hereditaria frecuente en los perros, con incidencia variable, pero elevada, según las razas. Wang y col. llevaron a cabo un análisis en una familia de perros utilizando RAPD para identificar marcadores genéticos asociados con esta enfermedad. Se utilizaron 200 cebadores, de los que únicamente un 5 % dio fragmentos de ADN polimórficos. A continuación se muestra el resultado con tres de éstos (r55, r105 y OPW9) en 12 perros emparentados, en donde ■ indica el perro afectado y ⊞ el perro al que clínicamente se le ha detectado displasia.

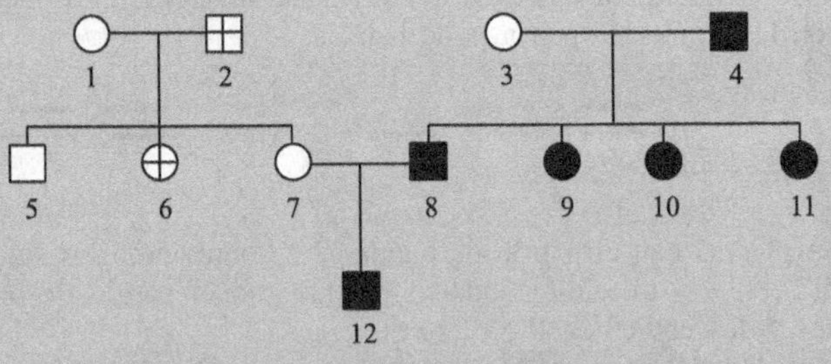

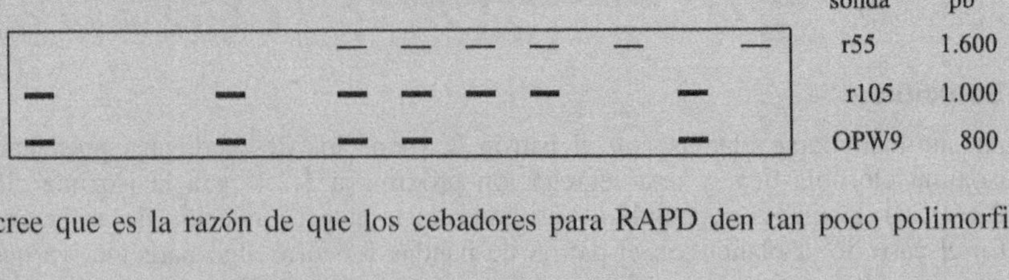

a) ¿Cuál cree que es la razón de que los cebadores para RAPD den tan poco polimorfismo en los perros?

b) ¿Qué relaciones detecta entre las bandas que aparecen con los distintos cebadores y los perros analizados?

Solución

a) Aunque los RAPD suelen dar muchas bandas, como en los perros suele haber mucha consanguinidad, generada por los repetidos cruces consanguíneos para mantener la «pureza» de la raza, presentan, en general, poca variabilidad genética.

b) El cebador OPW9 tiene que estar relacionado con el sexo del individuo, ya que en todos los machos se detecta la banda de 800 pb, mientras que está ausente en todas las hembras. Se podría suponer que se encuentra en el cromosoma Y. El cebador r55 detecta un RAPD que está en la hembra 3 y que se transmite a todos sus hijos y a su único nieto. Por último, el cebador r105 parece que podría estar relacionado con la displasia de cadera, ya que 5 de los 8 perros diagnosticados clínicamente presentan polimorfismo para dicho cebador.

13.11. Para determinar el parentesco y reconstruir la estructura genética de poblaciones de felinos del ecosistema del Serengeti (África oriental), se decidió utilizar la huella del ADN (*fingerprinting*). Debido a que las sondas humanas que normalmente se utilizan dan poca variación en gatos y otros felinos, se comprobó la variabilidad en el ADN, al digerirlo con la endonucleasa *Pst*I e hibridarlo con la sonda inisatélite FCI11, en una serie de gatos domésticos no emparentados y de familias, con los siguientes resultados,

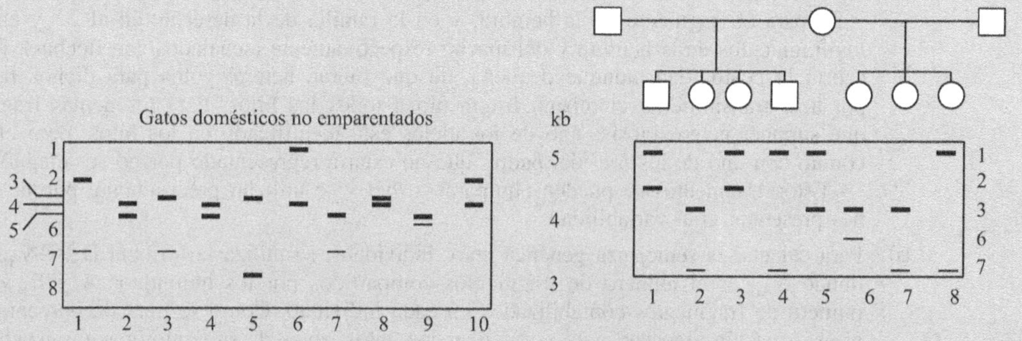

a) ¿Cuáles son los genotipos de los machos con los que se cruzó la hembra?

b) ¿Cuál es el modo de herencia de estos marcadores?

Solución

a) Los 18 gatos analizados presentan dos bandas, que indican, con toda probabilidad, heterozigosis para los alelos de un marcador. Los minisatélites normalmente hibridan en distintos lugares cromosómicos, con un número variable de alelos en cada *locus*, sin embargo, el modo de herencia en la familia de gatos, donde en todos los individuos se detectan dos bandas, parece indicar que, en este caso, se trata de un *locus* con varios alelos, de hecho los autores hablan de un *locus* muy variable con 13 alelos. Asumiendo un solo *locus*, para comprobar cuáles de los alelos que están segregando en estas familias vienen de los machos, y teniendo en cuenta que cada uno de los hijos recibe dos bandas y la madre sólo puede suministrar las bandas 1 o 3, las bandas 2 y 7 tienen que venir del macho de la izquierda, y las bandas 6 y 7, del macho de la derecha.

b) Como hemos indicado antes, la hembras y los machos de la familia tienen que ser heterozigotos para los fragmentos correspondientes, ya que si la hembra fuera homozigota para uno o para los dos, todos los hijos recibirían uno o los dos fragmentos.

13.12. Para determinar el parentesco en el ratón almizcleño (*Ondatra zibethicus*), se utilizó la huella del ADN, digiriendo éste con la enzima *Hae*III y utilizando la sonda minisatélite 33.15 en dos poblaciones de laboratorio, con los siguientes resultados (únicamente se consideran los fragmentos diagnóstico, los que vienen de un solo padre):

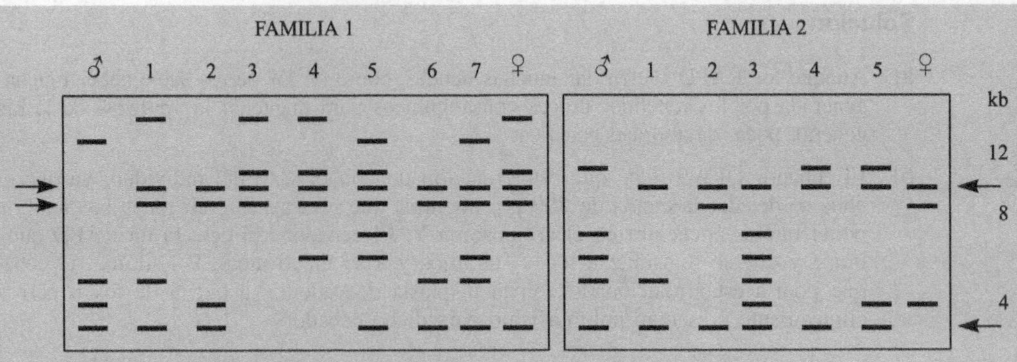

a) ¿Cuál es el modo de herencia de estos marcadores?
b) ¿Cuál es la semejanza genética entre los individuos de las dos familias?

Solución

a) En la familia de la izquierda se detectan diez fragmentos de distinto tamaño, y en la familia de la derecha, ocho. Si alguno de los padres fuera homozigoto para alguno de los fragmentos, todos los hijos recibirían dicho fragmento, lo que ocurre en la familia de la izquierda con los fragmentos 4.º y 5.º para el fragmento de la hembra, y en la familia de la derecha, en el 2.º y en el último, para los fragmentos de la hembra y del macho respectivamente (señalados con flechas). Por supuesto que cabría la posibilidad, aunque pequeña, de que fueran heterozigotos para dichos fragmentos y que por azar transmitieran el mismo fragmento a todos los hijos. Para los demás fragmentos tenemos que suponer heterozigosis; uno de los alelos está identificado en los hijos, pero el otro podría ser común con uno de los *loci* del padre, que no estaría representado por no ser diagnóstico.

Estos fragmentos se pueden equiparar a *loci* y se utilizan precisamente porque en las poblaciones presentan gran variabilidad.

b) Para calcular la semejanza genética entre individuos, se utiliza la fórmula $D = 2N_{AB}/(N_A + N_B)$, en donde N_{AB} es el número de fragmentos compartidos por los individuos A y B, y N_A y N_B es el número de fragmentos contabilizados en cada individuo. Como se trata de porcentajes, se utiliza la transformación arcoseno para normalizar los datos, antes de su comprobación estadística.

Los valores de D (no transformados) para las comparaciones entre padres y F_1, entre hermanos y entre padre de una familia con hijos de la otra, son los siguientes,

Comparación	Familia 1	Familia 2
♂/hijos	34,00 % (7)[1]	48,43 % (5)
♀/hijos	62,03 % (7)	46,98 % (5)
Hijos/hijos	58,98 % (21)	60,00 % (10)
♂(1)-F_1(2)		27,71 % (5)
♀(1)-F_1(2)		57,55 % (5)
♂(2)-F_1(1)	38,58 % (7)	
♀(2)-F_1(1)	58,49 % (7)	

[1] Entre paréntesis, el número de valores utilizados.

13.13. Para determinar los coeficientes de parentesco en el ganado vacuno de un área, mantenida con un sistema de cruces completamente cerrado, se digirió su ADN con la enzima *Hae*III y se utilizó la sonda M13mp18, recuperándose el siguiente patrón de bandas minisatélites (se muestran 18 individuos de los 155 analizados):

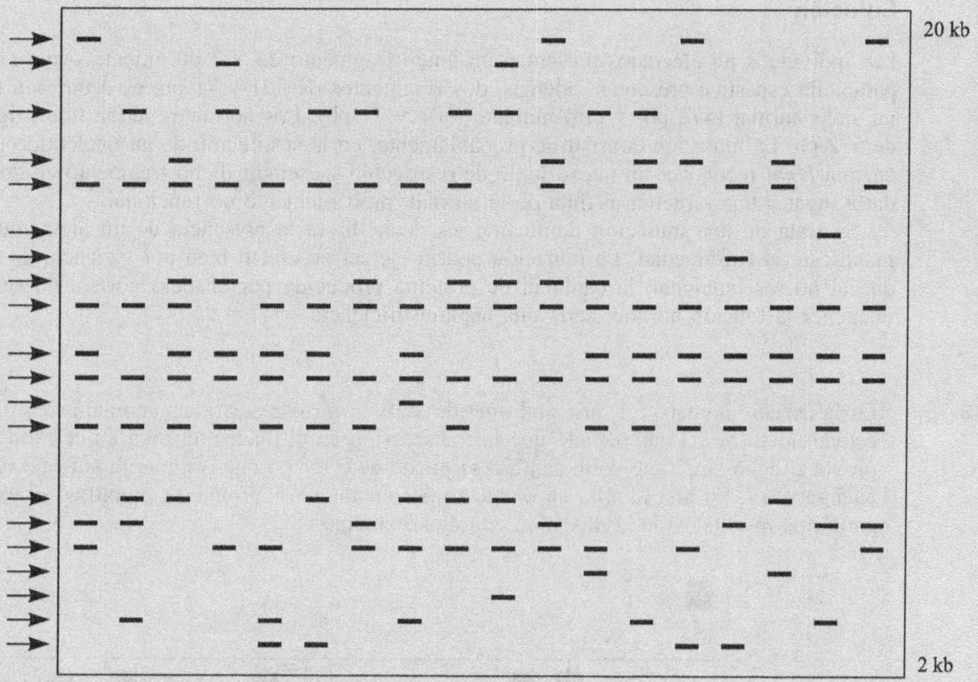

Nota: las flechas indican los 20 minisatélites contabilizados.
¿Cuál es la semejanza genética entre estos individuos?

Solución

Para calcular la semejanza genética, utilizaremos la fórmula $D = 2N_{AB}/(N_A + N_B)$, en donde N_{AB} es el número de fragmentos compartidos por los individuos A y B, y N_A y N_B es el número de fragmentos contabilizados en cada individuo. En total, con estos datos hay que hacer 153 comparaciones, luego se halla la media de todas los valores de D calculados. El valor resultante es 60,95 %.

13.14. La paraplejia espástica es una rara enfermedad neurodegenerativa, producida por la mutación del gen SPG4. En el grupo familiar que se indica a continuación, en donde alguno de sus miembros presenta la enfermedad (en negro), se aisló ADN genómico y se amplificó una región de 572 pb de dicho gen, y se digirió con la enzima *Hpn*I. Los resultados fueron los siguientes:

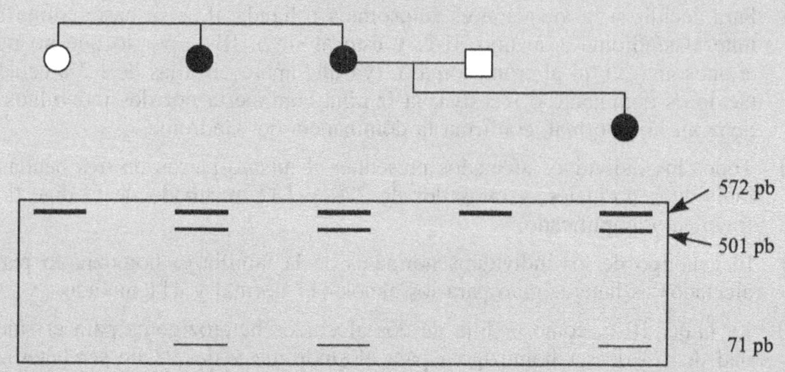

¿Cómo se hereda esta enfermedad?

Solución

Los individuos no afectados presentan un único fragmento de 572 pb, mientras que los afectados por la paraplejia espástica presentan, además, dos fragmentos de 501 y 71 pb, es decir, son heterozigotos para un alelo normal (572 pb) y otro mutante (501 y 71 pb). Los normales serían homozigotos para el alelo de 572 pb. La mutación consistiría, probablemente, en la sustitución de un nucleótido que permitiría a la enzima *Hpn*I reconocer un nuevo lugar de restricción y escindir dicho fragmento en dos. Esta sustitución daría lugar a una proteína distinta de la normal, probablemente no funcional.

Se trata de una mutación dominante, es decir, basta la presencia de un alelo mutante para que se manifieste la enfermedad. La mutación podría ejercer su efecto bien por ganancia de función, bien porque al no ser funcional, la cantidad de proteína producida por el alelo normal no sería suficiente para mantener la función normal; sería una haploinsuficiencia.

13.15. En la especie humana, el raro síndrome de Witkop provoca distintas anomalías en órganos de origen ectodérmico. Se ha demostrado que la transversión en el nucleótido 605 en el exón 2 del gen *MSX*1 provoca dicho síndrome. Este cambio se puede detectar porque origina un sitio de restricción para la enzima *Nhe*I. En una familia en donde se presentaba el síndrome, se amplificó el exón 2 y se analizaron los resultados de la digestión con dicho enzima.

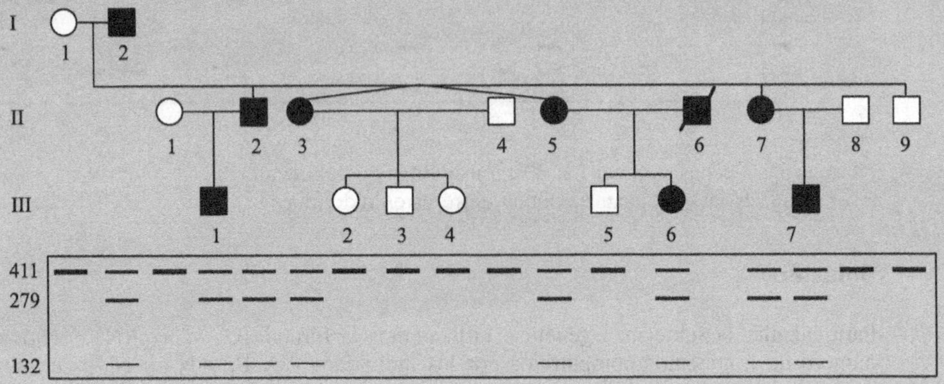

a) ¿La mutación es autosómica o ligada al sexo, dominante o recesiva?

b) Explique el patrón de bandas que se obtuvo.

c) Indique los genotipos de todos los miembros de la familia.

d) Si III-6 se casa con III-7, ¿cuál es la probabilidad de que tenga un hijo no afectado?

Solución

a) Para decidir si la mutación es autosómica o ligada al sexo, basta comprobar que el varón I-2 transmite el síndrome a su hijo, II-2, y éste al suyo, III-1, por lo que no puede ser ligada al sexo (al cromosoma X), ni al cromosoma Y (ya que aparecen hijas de I-2 afectadas). En cuanto a si la mutación es dominante o recesiva, la familia compuesta por dos individuos afectados, II-5 × II-6, que tiene un hijo normal, confirma la dominancia del síndrome.

b) Todos los individuos afectados presentan el mismo patrón de tres bandas, una de 411 pb, como los individuos normales, y otras dos de 279 y 132, resultado de la digestión por la enzima *Nhe*I del fragmento amplificado.

c) El genotipo de los individuos normales de la familia es homozigoto para el alelo 411, y el de los afectados es heterozigoto para los alelos 411 normal y 411 mutado.

d) La mujer III-6, como es hija de dos afectados heterozigotos para el síndrome, tiene una probabilidad de 1/3 de ser homozigota para el síndrome y de 2/3 de ser heterozigota. El varón III-7 tiene que ser necesariamente heterozigoto. La probabilidad de que la mujer transmita un alelo normal es de 1/3 (es decir, de 1/2 × 2/3) y la del varón, de 1/2, luego la probabilidad de que tengan un hijo no afectado, 411-411, es de 1/3 × 1/2 = 1/6.

13.16. La α-N-acetilgalactosaminidasa (α-NAGA) es una enzima lisosomal cuya falta de actividad parece asociada a ciertas manifestaciones neurológicas. Todos los casos se han detectado al encontrar en la orina oligosacáridos anormales. En la familia adjunta se amplificó el exón 8 del gen α-NAGA y se digirió con la enzima *Tag*I, obteniéndose los siguientes resultados:

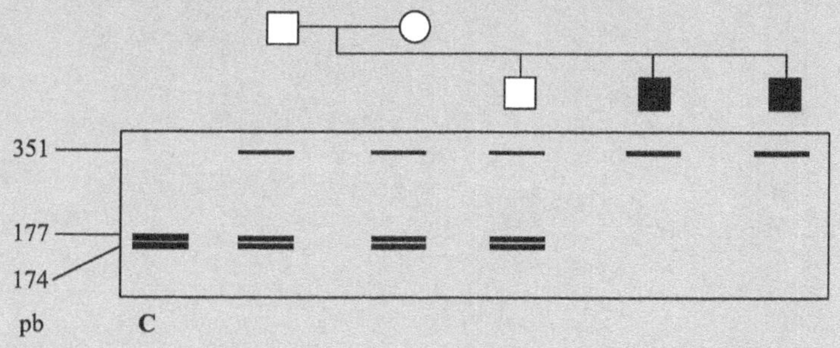

Símbolos: control (C).

¿Cuál es el genotipo de los individuos analizados?

Solución

El individuo control, ajeno a la familia, presenta dos bandas de 177 y 174 pb. Como se amplificó el exón 8 y se digirió con la enzima *Taq*I, en este amplificado debe haber un sitio de restricción para la enzima. Los individuos sanos de la familia presentan esas dos bandas, más otra de 351 pb, probablemente consecuencia de la ausencia de la diana para la enzima *Taq*I, y serían heterozigotos. Los dos individuos afectados sólo presentan la banda de 351 pb, es decir, son homozigotos para una mutación que debe anular el sitio de restricción de la *Taq*I. El individuo control sería homozigoto para el alelo normal, 177-174.

CAPÍTULO 14

UTILIZACIÓN DE LOS MARCADORES MOLECULARES EN EL ANÁLISIS GENÉTICO

Los marcadores moleculares son muy útiles en el cartografiado genético. El análisis de ligamiento entre un gen problema y una batería de marcadores permitirá la adscripción de dicho gen a un cromosoma o grupo de ligamiento, y si se tienen suficientes marcadores, la adscripción a un determinado *locus* cromosómico, sin embargo, para ello se necesita haber cartografiado previamente los marcadores a lo largo de los cromosomas.

14.1. CARTOGRAFIADO DE MARCADORES MOLECULARES

Se utilizan los mismos procedimientos que se siguen para la adscripción a un grupo de ligamiento o para el cartografiado de genes, en donde las distancias genéticas se miden en frecuencias de recombinación. Se han construido mapas de marcadores moleculares del genoma humano, y de numerosas especies animales y vegetales. Los marcadores moleculares pueden ser RFLP, AFLP, microsatélites, etc., de cualquiera de los tipos que vimos en el Capítulo 13 (incluidos los bioquímicos y alozímicos). Estos mapas pueden construirse a gran escala, es decir, integrando un gran número de marcadores a lo largo de los cromosomas de una especie.

En el primer mapa a gran escala de RFLP del genoma humano, Donis-Keller et al. localizaron 393 RFLP a lo largo de los 22 autosomas y del cromosoma X, mediante el estudio en el CEPH (Centre d'Etude du Polymorphisme Humain) de los patrones de herencia en familias. Por ejemplo, el patrón de herencia del RFLP CRI-1265 en la familia 1341 fue el de la Figura 14.1.

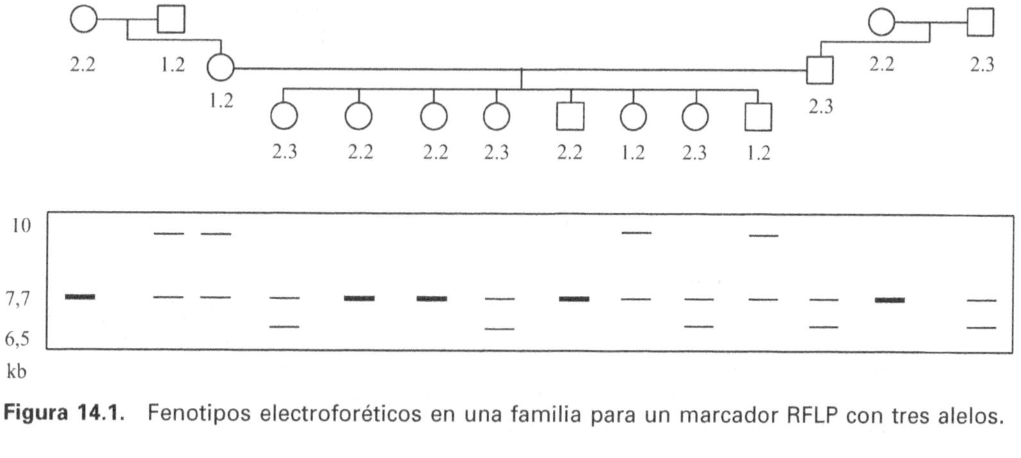

Figura 14.1. Fenotipos electroforéticos en una familia para un marcador RFLP con tres alelos.

Los tres alelos se detectan utilizando la sonda CRI-1265, después de haber digerido el ADN con la endonucleasa *Taq*I.

Esta familia es muy informativa, ya que permite deducir para cada hijo de qué abuelo vienen sus alelos. Mediante el estudio de la segregación conjunta de todos los RFLP, tomados de dos en dos, se puede determinar si dos marcadores cualesquiera están en el mismo o en distinto cromosoma, y si están en el mismo cromosoma, determinar su distancia en frecuencias de recombinación, tal como se ha visto en los capítulos 5 y 6.

Sin embargo, en la especie humana, la estima de la frecuencia de recombinación entre dos *loci* es normalmente difícil de establecer debido al bajo número de hijos que componen una familia. Por ello se han desarrollado estadísticos que tratan de resolver el problema, aplicables no sólo a la especie humana sino a todas aquellas especies en las que el número de descendientes en los cruzamientos sea reducido. Uno de los más utilizados es el «lod score» (Z), que estima la razón de las probabilidades de dos situaciones alternativas:

1. Que los dos *loci* estén ligados, con una valor de frecuencia de recombinación igual a θ (zeta).
2. Que los dos *loci* sean independientes, siendo entonces la frecuencia de recombinación θ igual a 0,5.

Z es el logaritmo de la razón entre estas dos probabilidades.

Supongamos que en la familia 1341 del CEPH, se quiere comprobar el ligamiento del marcador A (con los alelos A_1 y A_2) con el marcador B (con los alelos B_1 y B_2) y que la segregación en la familia informativa es la mostrada en la Figura 14.2.

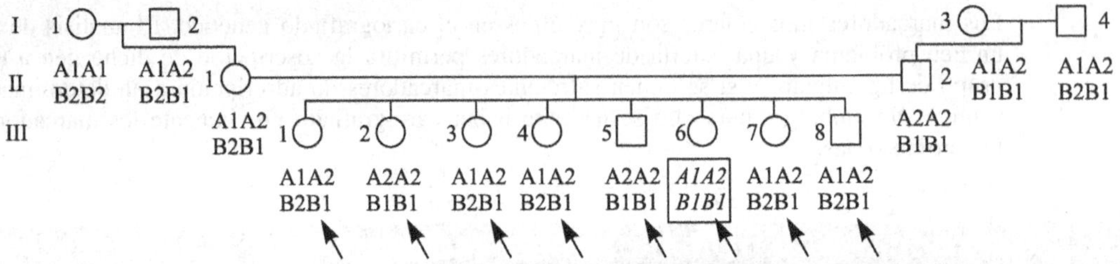

Figura 14.2. Estudio de la transmisión en una familia de dos marcadores, A y B, cada uno con dos alelos, 1 y 2, para el cálculo del «lod score».

Todos los individuos de la generación III recibirán del padre II-2 la combinación A_2B_1, necesariamente (señalada con una flecha). De la madre pueden recibir cuatro combinaciones: A_1B_1, A_1B_2, A_2B_1 o A_2B_2. Se pueden proponer dos hipótesis alternativas: que los dos marcadores se transmitan independientemente o que estén ligados.

Si se transmiten independientemente, las cuatro combinaciones que puede producir la madre se transmitirán con igual probabilidad (1/4) a los hijos, como si la frecuencia de recombinación fuera r = 0,5.

Si están ligados, dependiendo de su proximidad, unas combinaciones se transmitirán con mayor frecuencia que otras, de hecho, sabemos que la madre II-1 recibe la combinación A_1B_2 de su madre y por tanto A_2B_1 de su padre. Los 8 individuos de la generación III reciben precisamente las combinaciones A_1B_2 o A_2B_1 de la madre, excepto el sexto descendiente (hija, en recuadro en la Figura 14.2), que recibe la A_1B_1. Es probable que esta combinación sea recombinante y que las combinaciones que reciben el resto de sus hermanos sean no recombinantes. Si estos genes se encuentran ligados, tendremos que la madre II-1 presentará el genotipo,

$$\frac{A_1B_2}{A_2B_1}$$

por lo que las combinaciones A_1B_2 y A_2B_1 serán no recombinante, y las A_1B_1 y A_2B_2 serán recombinantes.

La probabilidad de que se produzca la combinación que indica la Figura 14.2 será igual a la probabilidad de que dicha hija reciba el gameto recombinado, que es θ, multiplicada por la probabilidad de que el resto de sus hermanos reciban gametos no recombinados, que en este caso es $(1 - \theta)^7$. A dicha probabilidad la dividiremos por la probabilidad de que las distintas combinaciones que reciben los hijos se hayan producido al azar, es decir, de que los genes no estén ligados. En este caso la frecuencia de recombinación es r = 0,5. El logaritmo de dicho cociente se denomina Z,

$$Z(\theta) = \log_{10}\left[\frac{\theta^m(1-\theta)^{n-m}}{0{,}5^n}\right]$$

Siendo:

m = el número de recombinantes.
n = el número total de individuos analizados.

Por ejemplo, para una frecuencia de recombinación del 5 % entre A y B (es decir, un valor de $\theta = 0{,}05$), tendremos,

$$Z(\theta) = \log_{10}\left[\frac{0{,}05^1(1-0{,}05)^7}{0{,}5^8}\right] = 0{,}95$$

y para distintos posibles valores de θ, tendremos,

θ	005	0,1	0,2	0,3	0,4	0,5
Z	0,95	1,09	1,03	0,80	0,45	0,0

Z puede tener valores positivos y negativos, los positivos indican ligamiento y los negativos ausencia de ligamiento (independencia). En nuestro caso el valor de Z es positivo y alcanza el valor más alto para una frecuencia de recombinación del 0,1. Esto indica que los dos marcadores están ligados a una distancia aproximada de 10 cM.

Pero, ¿tiene significación estadística el valor de Z igual a 1,09? Se acepta que el «lod score» no es significativo para valores de Z entre +3 y −2. Para valores mayores de 3 se admite ligamiento y para menores de −2, independencia. En nuestro caso los datos no son concluyentes, puesto que Z es menor que 3. Se tendría que analizar más familias y reunir los datos, sumarlos, ya que este estadístico lo permite. En el caso particular que estamos tratando se estudió la segregación de los marcadores en 23 familias informativas, por lo que se pudieron cartografiar consistentemente.

En el ejemplo que hemos utilizado, los marcadores se encontraban en fase conocida y, por tanto, hemos aplicado la fórmula anterior. En el caso de que no se conozca la asociación entre el marcador problema (la enfermedad) y un determinado alelo del marcador polimórfico, tendríamos que considerar las dos posibilidades, de tal manera que la ecuación quedaría,

$$Z(\theta) = \log_{10}\left[\frac{1}{2}\times\frac{\theta^m(1-\theta)^{n-m}}{0{,}5^n} + \frac{1}{2}\times\frac{\theta^{n-m}(1-\theta)^m}{0{,}5^n}\right]$$

14.2. CARTOGRAFÍA DE GENES CON MARCADORES MOLECULARES

Una vez obtenidos los mapas de marcadores moleculares, éstos nos sirven de referencia para la cartografía de los genes, por ejemplo, en el caso de la siguiente genealogía, en donde se muestra la transmisión de una enfermedad autosómica dominante (símbolos en negro) y la de un marcador, como un microsatélite con cuatro alelos (A1, A2, A3 y A4, representados cada uno de ellos por una banda en el gel de electroforesis).

Al comparar los individuos sanos y enfermos de la genealogía con su patrón de bandas, se ve que en todos los casos los individuos enfermos presentan el alelo A1. Podemos pues deducir, en principio, que el gen causante de esa enfermedad está estrechamente ligado a dicho marcador molecular (*véase* la Figura 14.3).

Sin embargo, si el gen de la enfermedad se localiza más lejos del marcador, se pueden dar fenómenos de recombinación, pudiéndose establecer la distancia entre ambos mediante el método de «lod score» que hemos desarrollado en el apartado anterior. Por ejemplo, si el individuo III-1, en lugar de ser A_1A_3 fuera A_2A_3, esto implicaría que en la madre (II-1) se ha producido una recombinación entre el cromosoma que lleva A_1 y el alelo de la enfermedad, y el cromosoma que lleva el alelo A_2 y el alelo normal, por lo que tendríamos siete descendientes no recombinantes y uno recombinante, pudiéndose aplicar el método «lod score» para estimar la intensidad del ligamiento.

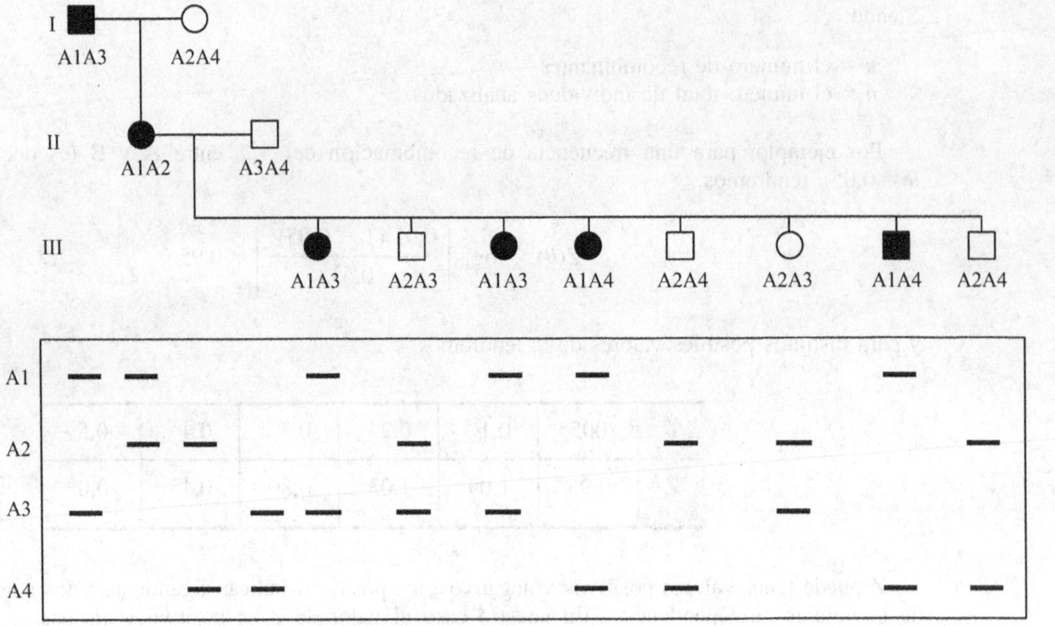

Figura 14.3. Segregación conjunta de un alelo para enfermedad y un marcador molecular polimórfico.

En otros casos, la estima de las frecuencias de recombinación se puede obtener, tal como se vio en el Capítulo 6, realizando los cruces adecuados. Supongamos, por ejemplo, que estudiamos en el guisante la herencia conjunta del carácter de la semilla amarillo/verde (V/v) y de un marcador molecular ligado, en este caso un RAPD, que genera en los materiales analizados dos alelos identificables por la presencia (alelo R^+) o ausencia (alelo R^-) de una banda de ADN. Si realizamos los siguientes cruzamientos:

$$\frac{V\ R^+}{V\ R^+} \times \frac{v\ R^-}{v\ R^-}$$

$$\Downarrow$$

$$\frac{V\ R^+}{V\ R^-} \times \frac{v\ R^-}{v\ R^-}$$

$$\Downarrow$$

$$\begin{array}{lr} V\ R^+ & 265 \\ v\ R^- & 275 \\ V\ R^- & 32 \\ v\ R^+ & 28 \end{array}$$

Se puede estimar la frecuencia entre ambos marcadores, como se hace habitualmente, por el cociente $(32 + 28)/600 = 0{,}1$.

Otra forma de utilizar marcadores moleculares en el cartografiado genético se realiza mediante el análisis de haplotipos, es decir, mediante el estudio de la transmisión conjunta de una serie de marcadores situados en el mismo cromosoma en los miembros de una familia.

Por ejemplo, para localizar el gen responsable de la ataxia de Friedreich, se realizó un estudio de ligamiento entre esta enfermedad autosómica recesiva y los siguientes marcadores: los RFLP (112/MS, 112/MSP, 26P, DR47 y ALDH1) y los microsatélites (GS2 y GS4). Se analizaron los haplotipos de estos marcadores en 274 familias, de las cuales sólo en seis se detectó recombinación. En la familia de la Figura 14.4, se observa la segregación de los cromosomas materno y paterno. Los hijos afectados 6 y 7 reciben todos los marcadores del 2.º cromosoma materno y del 2.º paterno, señalados con una flecha. En el caso del individuo II-3, el cromosoma paterno es el mismo que el de sus hermanos afectados, pero el materno ha recombinado entre los marcadores GS2 y 26P, teniendo en común con sus hermanos afectados sólo el segmento 26P-DR47-ADLH1 (dentro del cuadro pequeño), lo cual indica que en ese segmento se encuentra, probablemente, el gen de la ataxia.

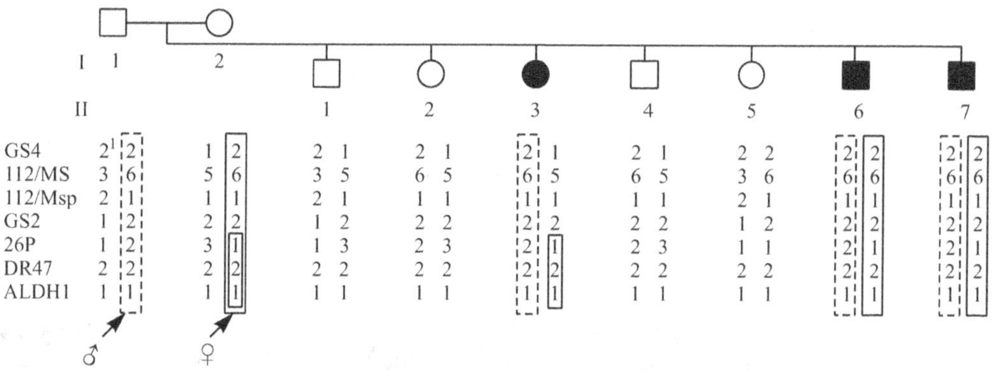

[1] El número indica el alelo detectado del marcador polimórfico correspondiente.

Figura 14.4. Haplotipos para diversos marcadores moleculares en una familia con afectados por la ataxia de Friedreich, que permite detectar su ligamiento con alguno de ellos.

14.3. HERRAMIENTAS EN LA IDENTIFICACIÓN BIOLÓGICA

Los marcadores moleculares referidos al ADN están actualmente sustituyendo a los marcadores de tipo morfológico o proteico, en la identificación de muestras de material biológico, de individuos o de especies. En el caso de la especie humana, los marcadores moleculares tienen actualmente una importancia enorme en medicina forense, en pruebas de paternidad, en la identificación de productos biológicos comerciales, etc. Son las llamadas «pruebas de ADN», que tratan de la identificación de un individuo por el análisis de su ADN. Pueden ser tan precisas que también se han denominado «huella genética». En un principio se utilizaron los VNTR descritos por Jeffreys (1985), pero éstos tienen el inconveniente de que no es posible asignar a bandas alelos concretos. Los microsatélites, y recientemente los SNP, son herramientas más utilizadas.

Por ejemplo, supongamos que en un caso de asesinato se dispone de tres marcadores microsatélites, de los que el A, tiene tres alelos, A_1, A_2 y A_3, el B, dos alelos, B_1 y B_2, y el C, cinco alelos, C_1, C_2, C_3, C_4 y C_5. Se comprueba que entre las «huellas del crimen», un resto de sangre, un pelo, restos de piel en las uñas de la víctima, etc., tienen el genotipo A_1A_3, B_2B_2 y C_1C_5. Al analizar el ADN de una serie de sospechosos se comprueba que uno de ellos tiene idéntico genotipo, ¿podría concluirse que éste es el culpable? Podría contestarse que sí, pero hay que tener en cuenta que ambos, la huella y el presunto culpable, pueden tener el mismo genotipo por azar.

Para obviar este problema se puede recurrir a la razón bayesiana de probabilidad (LR), que en este caso nos dará la probabilidad del «hallazgo científico» asumiendo que el individuo es culpable [P(E/C)] respecto de la probabilidad de que sea inocente [P(E/I)]:

$$LR = \frac{P(E/C)}{P(E/I)}$$

Para hacer estos cálculos se necesita conocer cuál es la frecuencia de cada uno de los alelos de los *loci* A, B y C en la población a la que pertenece el sospechoso. Si las frecuencias son:

Locus A	Frecuencia	*Locus* B	Frecuencia	*Locus* C	Frecuencia
A_1	0,3	B_1	0,7	C_1	0,1
A_2	0,2	B_2	0,3	C_2	0,2
A_3	0,5			C_3	0,2
				C_4	0,45
				C_5	0,05

la probabilidad de que el sospechoso tenga por azar el genotipo A1A3 B2B2 C1C5 (asumiendo que la población está en equilibrio de Hardy-Weinberg) será,

$$P(E/I) = (2 \times 0,3 \times 0,5)(0,3 \times 0,3)(2 \times 0,1 \times 0,05) = 0,00027$$

y la razón bayesiana de probabilidad (LR) será,

$$LR = 1/0,00027 = 3.703$$

Esto significa que hay una probabilidad de 3.703 a 1 de que el individuo sea culpable. Por encima de 1.000 veces a 1 ya se acepta como una sólida evidencia de culpabilidad. Si en lugar de utilizar tres marcadores se utilizan más, se puede llegar a tener probabilidades mucho mayores de 10.000, 100.000, etc., a 1, pero, evidentemente, nunca a la certeza matemática.

PROBLEMAS RESUELTOS

14.1. En el cruce de una hembra y un macho de *Anopheles culicifacies*, se analizó en los descendientes la presencia de los electromorfos *Fast* (F) y *Slow* (S) del gen de la enzima málico (*Me*), y el fenotipo del color de los ojos, obteniéndose los siguientes resultados:

♀♀	normales	0	40	43
	white	0	0	0
♂♂	normales	4	0	40
	white	47	0	3

a) ¿Cuál es el genotipo de los mosquitos que se cruzaron?

b) ¿Podría explicar genéticamente los resultados del cruce?

Solución

a) Analicemos cada carácter por separado. En cuanto al color de los ojos, todas las hembras presentan el color normal, mientras que, aproximadamente, la mitad de los machos son normales y la otra mitad tienen ojos blancos (*white*). La única posibilidad de que aparezca este resultado es que la hembra sea heterozigota para el color de los ojos y los machos normales, estando este gen ligado al cromosoma X.

En cuanto a la enzima, la mitad de las hembras son heterozigotas F/S y la otra mitad homozigotas S/S, mientras que entre los machos, la mitad aproximadamente es F y la otra mitad es S, no habiendo heterozigotos. Que los machos no presenten heterozigotos implica que este gen está también en el cromosoma X. La hembra que se cruzó sería heterozigota para los dos alelos, F y S, mientras que el macho sería hemizigoto para el alelo S.

Para determinar el genotipo de la hembra, concretamente, para saber en qué fase se encontraban asociados los alelos de los dos genes, hay que comprobar lo que recibieron los machos de su madre. Hay un exceso de machos normales para el color de los ojos con el alelo S y de machos con ojos blancos con el alelo F, luego el genotipo de los mosquitos que se cruzaron es,

$$\text{♀}\ \frac{M^S\ \ w^+}{M^F\ \ w} \times \text{♂}\ \frac{M^S\ \ w^+}{\neg}$$

b) En los resultados del cruce se aprecia recombinación entre los dos cromosomas de la hembra. Un número pequeño de machos recibe un cromosoma X con el alelo normal y el alelo F, y otros reciben el alelo blanco y el alelo S. De aquí podemos estimar la frecuencia de recombinación entre estos dos genes,

$$\frac{4 + 3}{94} = 0,0745$$

14.2. Weeden y Marx llevaron a cabo un mapa de ligamiento de 15 *loci* isoenzimáticos en *Pisum sativum*. En el cruce entre una cepa homozigota para los alelos *Fast* (F) de las enzimas *Amilasa-1* (*Amy-1*) y *Esterasa-2* (*Est-2*) con otra homozigota para los alelos *Slow* (S) de las mismas enzimas, se obtuvo una F_2 con los siguientes resultados.

		Amy-1		
		A^F	**A^F/A^S**	**A^S**
Est-2	**E^F**	8	11	2
	E^F/E^S	13	35	12
	E^2	1	13	13

¿Cuál es la frecuencia de recombinación entre estos dos *loci*?

Solución

Se trata de la F_2 de un dihibridismo, en donde los dos genes presentan codominancia, por lo que podemos distinguir los 9 genotipos posibles. El cruce paterno sería el siguiente:

$$P \quad E^FE^F\ A^FA^F \times E^SE^S\ A^SA^S$$

$$F_1 \quad E^FE^S\ A^FA^S$$

Fenotipos F_2					
Est-2	**Amy-1**	**Genotipos**	**Frecuencias**	**Observado**	**Esperado**
E^F	A^F	$E^FE^F\ A^FA^F$	1/16	8	6,75
E^F/E^S	A^F	$E^FE^S\ A^FA^F$	2/16	13	13,5
E^F	A^F/A^S	$E^FE^F\ A^FA^S$	2/16	11	13,5
E^F/E^S	A^F/A^S	$E^FE^S\ A^FA^S$	4/16	35	27,0
E^S	A^F	$E^SE^S\ A^FA^F$	1/16	1	6,75
E^S	A^F/A^S	$E^SE^S\ A^FA^S$	2/16	13	13,5
E^F	A^S	$E^FE^F\ A^SA^S$	1/16	2	6,75
E^S/E^S	A^S	$E^FE^S\ A^SA^S$	2/16	12	13,5
E^S	A^S	$E^SE^S\ A^SA^S$	1/16	13	6,75

Para ver si hay ligamiento, hay que realizar una prueba de chi cuadrado, comprobando la segregación de cada enzima y restando los valores de chi cuadrado del valor de chi cuadrado global,

Enzimas	**χ^2**	**g.l.**
Esteresa	2,31	2
Amilasa	1,56	2
Suma	3,87	4
Dihibridismo	17,30	8
Diferencia	13,43	4

lo que la diferencia da una $P \approx 0{,}01$, es decir, los dos genes se encuentran ligados.

Para hallar la frecuencia de recombinación sin utilizar programas informáticos, se puede estimar el número y tipo de gametos que da lugar a cada genotipo.

$$\begin{array}{ccc} P & F_1 & F_1 \times F_1 \\ \dfrac{E^F\ A^F}{E^F\ A^F} \times \dfrac{E^S\ A^S}{E^S\ A^S} = & \dfrac{E^F\ A^F}{A^S\ A^S}; & \dfrac{E^F\ A^F}{E^S\ A^S} \times \dfrac{E^F\ A^F}{E^S\ A^S} \end{array}$$

Genotipos	Observados	Tipo de gametos			
		E^FA^F	E^FA^S	E^SA^F	E^SA^S
$E^FE^F\ A^FA^F$	8	16			
$E^FE^S\ A^FA^F$	13	13		13	
$E^FE^F\ A^FA^S$	11	11	11		
$E^FE^S\ A^FA^S$	35	17,5	17,5	17,5	17,5
$E^SE^S\ A^FA^F$	1			2	
$E^SE^S\ A^FA^S$	13			13	13
$E^FE^F\ A^SA^S$	2		4		
$E^FE^S\ A^SA^S$	12		12		12
$E^SE^S\ A^SA^S$	13				26
TOTAL	108	57,5	44,5	45,5	68,5

Lógicamente, los gametos E^FA^S y E^SA^F son recombinantes, por lo que la distancia entre ambos genes será,

$$\frac{44{,}5 + 45{,}5}{216} = 0{,}417$$

No obstante, también se puede aplicar la fórmula de Allard para un dihibridismo con dominancia (*véase* el Capítulo 5). Considerando que los genes se encuentran en fase de acoplamiento, se puede obtener una buena aproximación reuniendo los valores experimentales para obtener los cuatro valores empleados en la fórmula,

$$\begin{aligned} a &= E^F - \ A^F - = 8 + 13 + 11 + 35 = 67 \\ b &= E^F - \ A^SA^S = 2 + 12 = 14 \\ c &= E^SE^S\ A^F - = 1 + 13 = 14 \\ d &= E^SE^S\ A^SA^S = 13 \end{aligned}$$

$(14 \times 14)/(67 \times 13) = 0{,}2250$, que da una frecuencia de recombinación de 0,306. Este valor es prácticamente el mismo que dan los autores (0,31) aplicando el programa LINKAGE-1 y también aplicando la fórmula de Allard para un F_2 con codominancia de los dos genes (0,308).

14.3. Para localizar el *locus* de la β-amilasa (*Am3*) en la soja cultivada (*Glycine max*), se llevó a cabo un cruzamiento entre una cepa homozigota para el alelo rápido de la amilasa (F/F), deficiente para la clorofila (y12/y12) y con pilosidad gris (t/t), con una cepa silvestre de soja (*Glycine soja*) de genotipo S/S, Y12/Y12 y T/T, con los siguientes resultados en la F_2:

	F	F/S	S
Y–	56	421	254
yy	168	59	2

	F	F/S	S
T–	108	382	237
tt	116	98	19

Y– T– 636 **Y– tt** 90 **yy T–** 95 **yy tt** 139

Indique cuáles son las relaciones de ligamiento entre estos genes.

Solución

Lo primero será encontrar las proporciones mendelianas de un dihibridismo con dominancia (T/t, Y12/y12) y con codominancia (*Am3*^{F}/*Am3*^{S}):

	F	F/S	S
Y–	56/**180**	421/**360**	254/**180**
yy	168/ **60**	59/**120**	2/ **60**

	F	F/S	S
T–	108/**180**	382/**360**	237/**180**
tt	116/ **60**	98/**120**	19/ **60**

Y– T– 636/**540** **Y– tt** 90/**180** yy T– 95/**180** **yy tt** 139/**60**

En negrita figuran los valores esperados, que a simple vista se ve que son muy diferentes de los observados. Se puede afirmar que los tres genes se encuentran ligados, el gen de la amilasa se encuentra en fase de repulsión con los otros dos y éstos (Y12 y T), en fase de acoplamiento.

Aplicando la fórmula de Allard (*véase* el Capítulo 5) obtenemos las siguientes frecuencias de recombinación:

β-amilasa - deficiencia de clorofila	0,09
β-amilasa - pilosidad gris	0,275
deficiencia de clorofila - pilosidad gris	0,22

lo que da lugar al siguiente mapa,

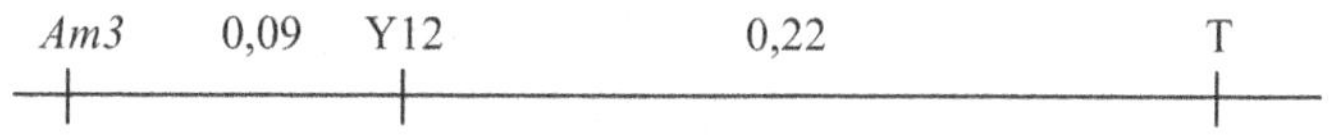

14.4. En *Anopheles quadrimaculatus* se cartografió la enzima isocitrato deshidrogenasa-2 (*Idh-2*), con dos alelos (132 y 100), respecto de los marcadores fenotípicos sin bandas (*st*) y antenas cortas (*Sa*, letal en homozigosis). Se reunieron los datos de cruzamientos prueba de varias familias, obteniéndose los siguientes resultados:

	Fenotipos	A	B
1	st^+ $Idh\text{-}2^{132}$ Sa	156	208
2	st^+ $Idh\text{-}2^{132}$ Sa^+	120	70
3	st^+ $Idh\text{-}2^{100}$ Sa	10	1
4	st $Idh\text{-}2^{132}$ Sa	11	9
5	st^+ $Idh\text{-}2^{100}$ Sa^+	12	7
6	st $Idh\text{-}2^{132}$ Sa^+	7	2
7	st $Idh\text{-}2^{100}$ Sa	116	72
8	st $Idh\text{-}2^{100}$ Sa^+	149	199

[A] Del cruce ♀♀ heterozigotas × ♂♂ homozigotos recesivos.
[B] Del cruce ♂♂ heterozigotos × ♀♀ homozigotas recesivas.

a) ¿Cuál es el genotipo de los padres en cada caso?

b) ¿Cuál es la distancia de los genes implicados.

c) ¿Cómo interpretaría las diferencias entre los dos cruces recíprocos?

Solución

a) El genotipo de los padres, uno heterozigoto y el otro homozigoto, teniendo en cuenta las clases más numerosas, sería,

$$\frac{st^+\ \ Idh\text{-}2^{132}\ \ Sa}{st\ \ Idh\text{-}2^{100}\ \ Sa^+} \times \frac{st\ \ Idh\text{-}2^{100}\ \ Sa^+}{st\ \ Idh\text{-}2^{100}\ \ Sa^+}$$

b) Como se trata de un cruce prueba, ordenaremos los genes y realizaremos el cálculo de las distancias de manera tradicional.

Teniendo en cuenta el genotipo del heterozigoto y los doble recombinantes (las clases menos numerosas, 3 y 6), el orden de los genes es el dado, con el gen para la *Idh*-2 en el centro.

Clases	A	B
Paternas	305	407
Rec. st-Idh	23	16
Rec. Idh-Sa	236	142
Dobles	17	3

Intervalo	♀♀ (A)	♂♂ (B)
Frec. st-Idh	6,9	3,3
Frec. Idh-Sa	43,5	25,5

c) Las diferencias que se aprecian entre los dos cruces en cuanto a la distancia entre los genes es notable. Cuando se cruzan hembras heterozigotas (A), las frecuencias de recombinación son prácticamente el doble que cuando se cruzan machos heterozigotos (B). No obstante, la interferencia en ambos casos es similar. Para las hembras se detectan 17 doble recombinantes y se esperan, $0{,}069 \times 0{,}435 \times 581 = 17{,}44$, y para los machos se detectan 3 y se esperan $0{,}033 \times 0{,}255 \times 568 = 4{,}78$.

14.5. La construcción de mapas de ligamiento es una herramienta poderosa para el estudio de los genomas. En la rana parda japonesa (*Rana japónica*) se estudió la herencia y determinación de grupos de ligamiento de varias isozimas y un marcador fenotípico (ojos negros). Se cruzaron hembras homozigotas de fenotipo silvestre con machos heterozigotos (Blk blk) de ojos negros. En uno de los casos que se presenta, segregaba para una enzima, la malato deshidrogenasa-2 (*MDH*-2), y en otro, para una aspartato aminotransferasa (*ATT*-1). En ambos casos la segregación se refiere a dos alelos, *Fast* (F) y *Slow* (S):

	MDH-2		*ATT*-1	
	Ojos negros	**Silvestre**	**Ojos negros**	**Silvestre**
F	8	15	4	77
F/S	3	10	80	4

¿Qué se puede deducir de los datos?

Solución

Lo que estamos buscando es el ligamiento entre un marcador fenotípico y dos enzimas. Vamos a analizar cada enzima por separado. En el caso de la enzima *MDH*-2, los resultados indican que la segregación del marcador fenotípico se desvía significativamente de lo que cabría esperar: observado, 11 de ojos negros y 25 de ojos normales, frente al esperado, 18 de ojos negros y 18 de ojos normales. El chi cuadrado da una valor de 5,4, que con 1 g.l. da diferencias significativas ($0{,}05 > P > 0{,}01$). En cuanto a la enzima *MDH*-2 las bandas que aparecen indican que el cruce fue FF × FS. El resultado (23F: 13F/S), está de acuerdo con una proporción 1:1 ($\chi^2 = 2{,}8$, g.l. $= 1$, $P \approx 0{,}10$).

En cuanto a la asociación entre ambos caracteres, si éstos se encontraran en el mismo cromosoma, podría tratarse del siguiente cruce (hemos asociado el alelo F con el marcador dominante y el S con el recesivo, pero podríamos haber hecho lo contrario y el resultado habría sido el mismo),

$$\frac{MDH\text{-}2^F\ Blk}{MDH\text{-}2^S\ blk} \times \frac{MDH\text{-}2^F\ blk}{MDH\text{-}2^F\ blk}$$

De acuerdo con las supuestas relaciones de ligamiento, tendríamos que haber encontrado la siguiente desigualdad,

$$\underbrace{MDH\text{-}2^{F}\ \text{Blk} + MDH\text{-}2^{F/S}\ \text{blk}}_{\text{no recombinantes}} \neq \underbrace{MDH\text{-}2^{F}\ \text{blk} + MDH\text{-}2^{F/S}\ \text{Blk}}_{\text{recombinantes}}$$

Sin embargo, los datos nos dicen lo contrario, $8 + 10 = 15 + 3$, luego ambos genes no están ligados.

Para la enzima *ATT*-1, igual que para la enzima anterior, el cruce tuvo que darse entre un homozigoto y un heterozigoto, concordando los datos en cada caso, marcador fenotípico y marcador enzimático, con una segregación 1:1.

Sin embargo, en cuanto a la asociación entre estos genes, parece claro, por los datos, que están ligados. Los valores más numerosos corresponden a la asociación entre la ATT-1^F + silvestre y ATT-$1^{F/S}$ + ojos negros, es decir, el genotipo de las ranas que se cruzaron fue,

$$\frac{ATT\text{-}1^S\ Blk}{ATT\text{-}1^F\ blk} \times \frac{ATT\text{-}1^F\ blk}{ATT\text{-}1^F\ blk}$$

de tal manera que los no recombinantes (ATT-$1^{F/S}$ Blk + ATT-1^F blk) suman 157, mientras que los recombinantes (ATT-$1^{F/S}$ blk + ATT-1^F Blk) suman 8, valores realmente muy distintos. De estos datos podemos calcular la frecuencia de recombinación entre ambos *loci*, $8/165 = 0{,}048$.

14.6. En *Drosophila melanogaster* el gen de la *Esterasa* 6 se encuentra en el 3er cromosoma y presenta dos alelos, el rápido ($Est6^F$) y el lento ($Est6^S$). El cruce con una cepa multigénica, homozigota para el alelo $Est6^S$, indica que dicho gen se encuentra entre los marcadores recesivos *hairy* (*h*, 3:26,5; con microquetas extra en las alas) y *thread* (*th*, 3:43,2; con arista no ramificada). Para precisar su situación se obtuvieron hembras procedentes del cruce $hh\ thth\ Est6^SEst6^S \times h^+h^+\ th^+th^+\ Est6^FEst6^F$, las cuales se cruzaron con machos $hh\ thth\ Est6^SEst6^S$. Se analizó en 149 individuos, que presentaban una de las dos mutaciones morfológicas utilizadas (*hairy* o *thread*), el *locus* de la Esterasa, con los siguientes resultados:

	$Est6^F/Est6^S$	$Est6^S$
hairy	47	26
thread	31	45

a) ¿Cuál de los *loci* morfológicos está mas cerca del gen de la *Esterasa*?

b) Represente el mapa con las distancias entre los tres genes.

Solución

a) Ya que estos genes están ligados, el cruce fue el siguiente,

$$\text{♀♀}\ \frac{h\quad E^S\quad th}{h^+\quad E^F\quad th^+} \times \text{♂♂}\ \frac{h\quad E^S\quad th}{h\quad E^S\quad th}$$

Como resultado del mismo se obtendrían 8 tipos de gametos, que unidos al gameto masculino $h\ E^S\ th$, darían lugar a las siguientes clases fenotípicas:

h	E^S	th	no recombinantes
$+$	E^F/E^S	$+$	
h	E^F/E^S	$+$	recombinantes entre *h-Est*
$+$	E^S	th	
h	E^S	$+$	recombinantes entre *Est-th*
$+$	E^F/E^S	th	
h	E^F/E^S	th	doble recombinantes
$+$	E^S	$+$	

De aquí deducimos que las 47 moscas *hairy* E^F/E^S más las 45 moscas *thread* E^S se han producido por recombinación entre el *locus hairy* y el *locus* de la *Esterasa*. Las 26 moscas *hairy* E^S y las 31 moscas *thread* E^F/E^S se han producido por recombinación entre el *locus* de la *Esterasa* y el gen *thread*, es decir,

$$\frac{47 + 45}{149} \times 100 = 61{,}74\,\% \qquad \frac{26 + 31}{149} \times 100 = 38{,}26\,\%$$

serán los porcentajes relativos de recombinación entre *h* y *Est*, y entre *Est* y *th*, respectivamente, en el conjunto de los datos analizados (hay que tener en cuenta que los porcentajes se obtienen sólo respecto de las moscas que son *h* o *th*, no respecto del total). Estos porcentajes nos indican que *thread* es el mutante morfológico más próximo al *locus* de la *Esterasa*.

b) Para situar a estos tres genes en el mapa, con sus distancias medidas en frecuencias de recombinación, hemos de tener en cuenta las unidades de mapa entre *hairy* y *thread* que nos da el enunciado, que son: $43{,}2 - 26{,}5 = 16{,}7$ u.m. De acuerdo con los porcentajes anteriores, los *loci hairy* y *Est* se encuentran a una distancia de $16{,}7 \times 0{,}6174 = 10{,}3$ unidades de mapa, y los *loci Est* y *thread*, a $16{,}7 \times 0{,}3826 = 6{,}4$ unidades de mapa.

14.7. En la construcción de un mapa de RAPD en *Anopheles gambiae* se utilizaron los marcadores del R1 al R36; de éstos, el R12 y R25 se localizan en el cromosoma 2 y se identifican por la presencia o ausencia de una banda. Al cruzar una hembra, resultante del cruce de las cepas SUA y WE, con un macho WE se obtuvieron 44 descendientes. El análisis de la presencia o ausencia de bandas en cada uno de los individuos dio los siguientes resultados:

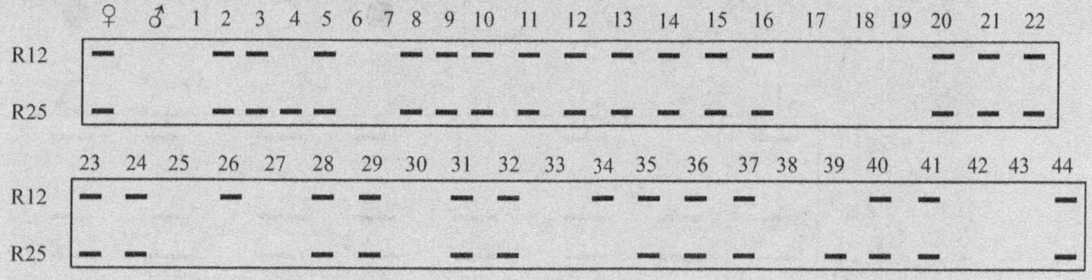

a) Interprete los resultados, indicando los genotipos de cada individuo.

b) Calcule la frecuencia de recombinación entre ambos *loci*.

c) ¿Qué patrón de bandas se esperaría si los RAPD R12 y R25 se localizaran en distintos cromosomas?

Solución

a) El macho no presenta ninguno de los dos fragmentos, luego la característica de la cepa WE es la ausencia de dichos fragmentos. La hembra es un híbrido de las cepas SUA y WE; como presenta los dos fragmentos, tiene que ser heterozigota para cada uno de ellos, ya que la cepa WE no se los suministró, además, si la hembra hubiera sido homozigota para estos fragmentos, los 44 hijos los habrían recibido.

Denominando la presencia de los fragmentos como (+) y la ausencia como (−), habrá cuatro genotipos posibles:

$\frac{R12+ \quad R25+}{R12- \quad R25-}$ genotipo de la hembra y de 27 hijos (con dos bandas)

$\frac{R12+ \quad R25-}{R12- \quad R25-}$ genotipo recombinante, hijos 26 y 34

$\frac{R12- \quad R25+}{R12- \quad R25-}$ genotipo recombinante, hijos 4 y 39

$\frac{R12- \quad R25-}{R12- \quad R25-}$ genotipo del macho y de 13 hijos (sin bandas)

b) Por los genotipos identificados como recombinantes, la frecuencia de recombinación entre estos *loci* es de 4/44 = 0,091.

c) Si los dos RAPD se situaran en cromosomas distintos, se transmitirían independientemente, por lo que en este cruce cabría esperar un 25 % de cada tipo (+ +, + −, − + y − −).

14.8. La atrofia retinal progresiva (PRA) en los perros es similar a la retinitis pigmentosa (RE) humana. Con el objeto de buscar mutaciones causantes de dicho síndrome en los perros, se realizó un estudio de ligamiento tomando como gen candidato el gen de la opsina, que es uno de los que interviene en la RE humana. Para ello, se estudió la segregación de un RFLP del gen de la opsina y de la atrofia retinal en la familia de perros indicada en la figura siguiente. En el esquema se representa el patrón de bandas obtenido, digiriendo el ADN de cada miembro de la familia con la enzima *Hha*I e hibridando posteriormente con una sonda del gen de la opsina.

a) Indique los genotipos de los individuos de la familia.

b) ¿Interviene el gen de la opsina en la atrofia retinal progresiva de los perros?

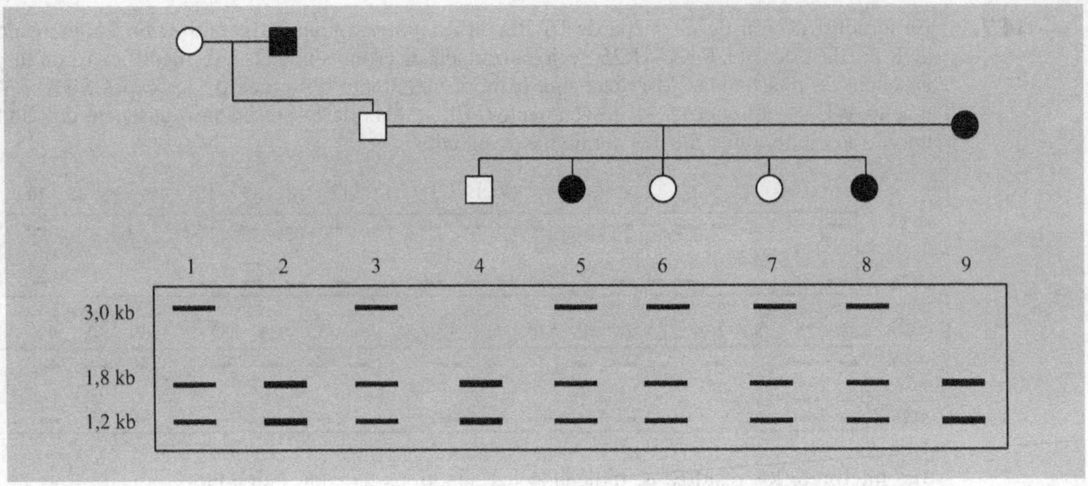

Solución

a) La sonda de la opsina detecta dos alelos en el ADN de los perros digerido con *Hha*I. El alelo 1 es un fragmento de 3 kb no digerido y alelo 2, producto de la digestión por la enzima, presenta dos fragmentos de 1,8 y 1,2 kb, por tanto, el genotipo de los individuos de la familia es,

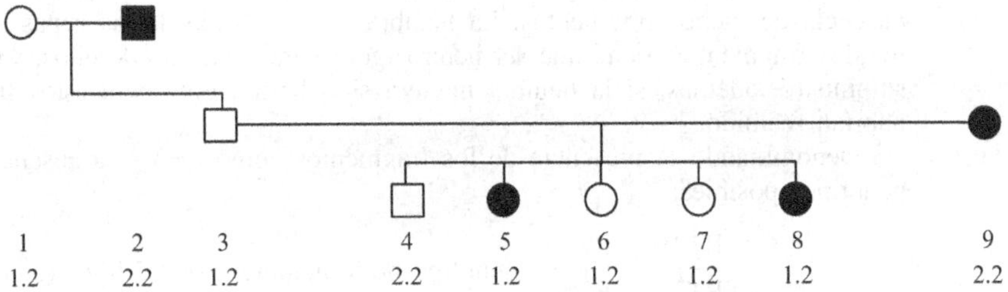

b) Si asumimos que hay asociación entre el gen de la opsina y la mutación causante de la PRA canina en esta familia, los genotipos de los perros que intervienen serían los siguientes:

$$♀(1)\ \frac{+\quad 1}{+\quad 2} \times ♂(2)\ \frac{PRA\quad 2}{PRA\quad 2}$$

$$\downarrow$$

$$♂(3)\ \frac{+\quad 1}{PRA\quad 2} \times ♀(9)\ \frac{PRA\quad 2}{PRA\quad 2}$$

$$\downarrow$$

$$♂(4)\ \frac{+\quad 2}{PRA\quad 2} \times ♀(5)\ \frac{PRA\quad 1}{PRA\quad 2}\ ♀(6)\ \frac{+\quad 1}{PRA\quad 2}\ ♀(7)\ \frac{+\quad 1}{PRA\quad 2}\ ♀(8)\ \frac{PRA\quad 1}{PRA\quad 2}$$

Los perros 4, 5 y 8 tendrían que ser recombinantes.

Para estimar si hay o no ligamiento, tendríamos que calcular los valores de la puntuación LOD, que serían los siguientes,

0,1	0,2	0,3	0,4	0,5
−1,59	−0,78	−0,37	−0,13	0

Los valores negativos son indicio de ausencia de ligamiento. Aunque el valor mínimo no llega a −2, podemos considerar que no están ligados.

14.9. La hipotricosis de Marie-Unna (MU) es una alopecia congénita, autosómica dominante, que da lugar a la pérdida del pelo en la infancia. Para localizar dicho gen se realizó un análisis de ligamiento con microsatélites a lo largo de todo el genoma, localizándolo en el cromosoma 8. En la familia que aparece a continuación, en donde más de la mitad están afectados, se detallan los haplotipos de cada individuo.

Basándose en dichos datos,

a) ¿Cuáles serían los individuos afectados?

b) ¿Cuál sería la región crítica donde está situado el gen?

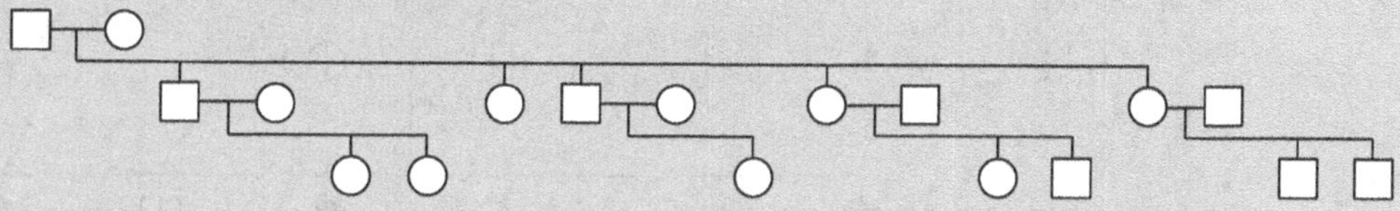

TEL	1	2	3	4	5	6	7	8	9	10	11	12	13	14	15	16	17	18
D8S277	22	98	29	23	23	92	29	29	42	94	29	24	29	22	29	22	29	29
549	42	21	22	32	22	23	42	42	22	22	22	23	22	22	42	23	22	22
258	22	15	21	21	21	12	21	21	31	13	21	21	21	21	21	12	11	12
280	43	34	33	43	33	34	43	33	44	34	43	51	53	41	43	54	53	54
1786	82	36	23	74	24	37	83	23	83	38	83	42	43	82	83	46	43	48
1752	62	75	27	47	27	74	67	27	26	72	67	48	47	68	67	22	27	26
1734	11	21	12	11	11	21	12	12	11	21	12	21	22	11	12	11	12	11
1739	55	25	52	73	53	27	52	52	34	23	52	35	32	55	52	54	52	45
1771	85	86	58	55	55	85	88	58	67	86	88	88	88	88	58	88	88	85
1839	13	84	38	28	88	82	18	38	23	82	18	84	88	14	38	32	28	23
1810	53	11	31	44	14	14	51	31	14	11	51	55	51	55	31	33	31	33
CEN																		

Solución

a) Ya que se trata de una enfermedad dominante, tendremos que buscar los afectados en aquellos individuos que presenten marcadores (haplotipos) comunes (indicados en recuadro).

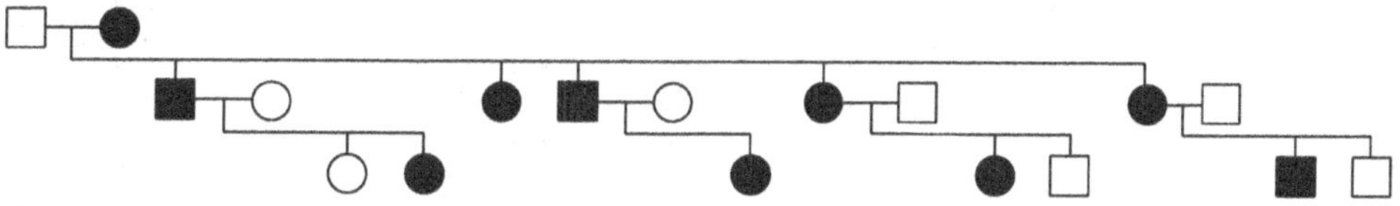

TEL	1	2	3	4	5	6	7	8	9	10	11	12	13	14	15	16	17	18
D8S277	22	98	29	23	23	92	29	29	42	94	29	24	29	22	29	22	29	29
549	42	21	22	32	22	23	42	42	22	22	22	23	22	22	42	23	22	22
258	22	15	21	21	21	12	21	21	31	13	21	21	21	21	21	12	11	12
280	43	34	33	43	33	34	43	33	44	34	43	51	53	41	43	54	53	54
1786	82	36	23	74	24	37	83	23	83	38	83	42	43	82	83	46	43	48
1752	62	75	27	47	27	74	67	27	26	72	67	48	47	68	67	22	27	26
1734	11	21	12	11	11	21	12	12	11	21	12	21	22	11	12	11	12	11
1739	55	25	52	73	53	27	52	52	34	23	52	35	32	55	52	54	52	45
1771	85	86	58	55	55	85	88	58	67	86	88	88	88	88	58	88	88	85
1839	13	84	38	28	88	82	18	38	23	82	18	84	88	14	38	32	28	23
1810	53	11	31	44	14	14	51	31	14	11	51	55	51	55	31	33	31	33
CEN																		

b) Para acotar la región crítica donde está situado el gen, tenemos que buscar recombinantes que nos permitan eliminar marcadores. En el individuo 5 se detecta una recombinación entre los marcadores 1771 y 1839 (señalados con una flecha), como él es normal, se pueden descartar los marcadores 1839 y 1810 como asociados a la enfermedad; igualmente, en el individuo 18 encontramos los marcadores 277 y 549 (señalados con una flecha), que también podemos descartar como asociados a la enfermedad; luego la región crítica se encuentra entre los marcadores 549 y 1839.

14.10. El pseudohipoaldosterismo tipo II (PHA2) es una rara enfermedad que afecta a la presión sanguínea (hipertensión). Se analizaron individuos de una familia que presentaba la enfermedad (en negro), para una serie de marcadores moleculares polimórficos (D12S) del extremo distal del cromosoma 12, a fin de localizar genes responsables de la enfermedad. Vista la genealogía, indicar:

a) Si la enfermedad es dominante o recesiva.

b) ¿Podría reconstruir el genotipo para los marcadores moleculares polimórficos en los individuos fallecidos de la generación I?

c) ¿Qué marcadores moleculares (qué haplotipos) están asociados con la enfermedad?

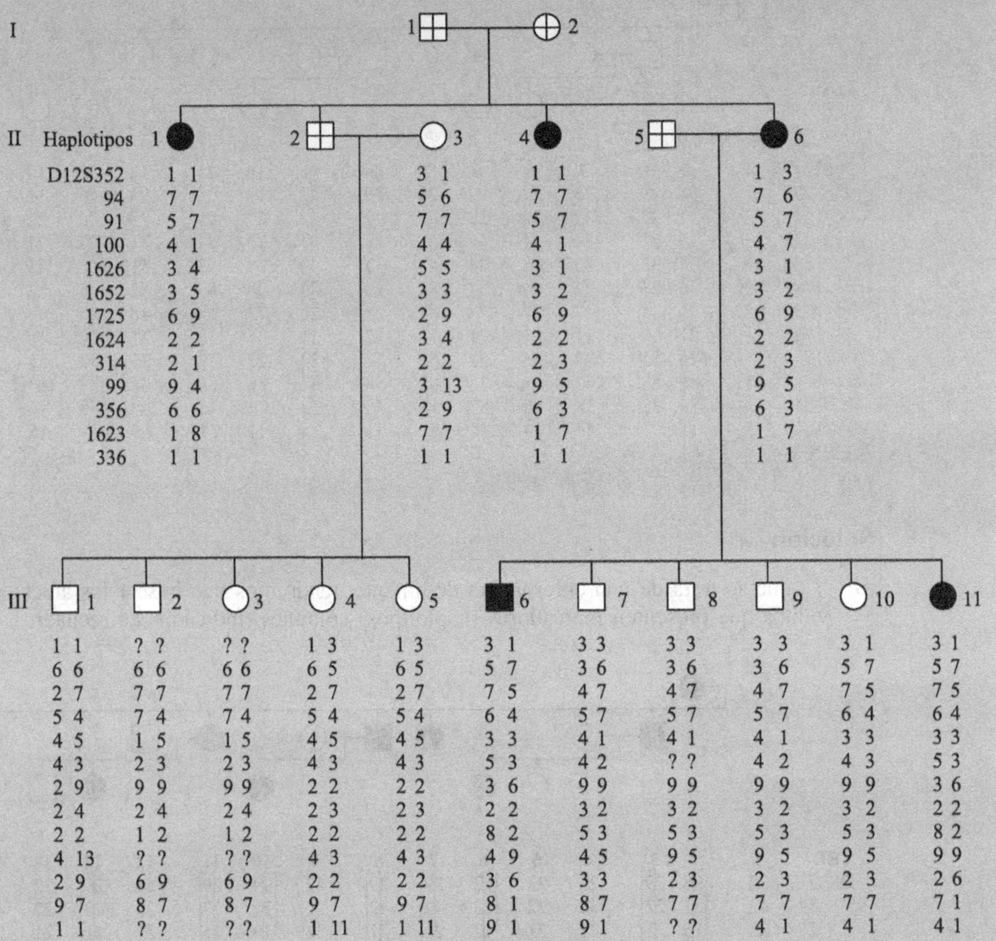

Haplotipos	II-1	II-3	II-4	II-6
D12S352	1 1	3 1	1 1	1 3
94	7 7	5 6	7 7	7 6
91	5 7	7 7	5 7	5 7
100	4 1	4 4	4 1	4 7
1626	3 4	5 5	3 1	3 1
1652	3 5	3 3	3 2	3 2
1725	6 9	2 9	6 9	6 9
1624	2 2	3 4	2 2	2 2
314	2 1	2 2	2 3	2 3
99	9 4	3 13	9 5	9 5
356	6 6	2 9	6 3	6 3
1623	1 8	7 7	1 7	1 7
336	1 1	1 1	1 1	1 1

III-1	III-2	III-3	III-4	III-5	III-6	III-7	III-8	III-9	III-10	III-11
1 1	? ?	? ?	1 3	1 3	3 1	3 3	3 3	3 3	3 1	3 1
6 6	6 6	6 6	6 5	6 5	5 7	3 6	3 6	3 6	5 7	5 7
2 7	7 7	7 7	2 7	2 7	7 5	4 7	4 7	4 7	7 5	7 5
5 4	7 4	7 4	5 4	5 4	6 4	5 7	5 7	5 7	6 4	6 4
4 5	1 5	1 5	4 5	4 5	3 3	4 1	4 1	4 1	3 3	3 3
4 3	2 3	2 3	4 3	4 3	5 3	4 2	? ?	4 2	4 3	5 3
2 9	9 9	9 9	2 2	2 2	3 6	9 9	9 9	9 9	9 9	3 6
2 4	2 4	2 4	2 3	2 3	2 2	3 2	3 2	3 2	3 2	2 2
2 2	1 2	1 2	2 2	2 2	8 2	5 3	5 3	5 3	5 3	8 2
4 13	? ?	? ?	4 3	4 3	4 9	4 5	9 5	9 5	9 5	9 9
2 9	6 9	6 9	2 2	2 2	3 6	3 3	2 3	2 3	2 3	2 6
9 7	8 7	8 7	9 7	9 7	8 1	8 7	7 7	7 7	7 7	7 1
1 1	? ?	? ?	1 11	1 11	9 1	9 1	? ?	4 1	4 1	4 1

Solución

a) La genealogía no da mucha información para deducir la dominancia o recesividad de la enfermedad. Si la enfermedad es recesiva y rara, los individuos I-1 y I-2 tienen que ser heterozigotos, lo mismo que el individuo II-5, mientras que si la enfermedad es dominante, bastaría con que uno de los individuos de la generación I presentara la enfermedad, lo que no se pudo confirmar, pues los dos habían fallecido en el momento de confeccionar la genealogía. En principio, tiene algo más de probabilidad de ser dominante que recesiva. Las otras dos cuestiones que plantea el problema nos ayudarán a resolver esta cuestión.

b) La reconstrucción de los genotipos de los individuos fallecidos hay que hacerla comparando cuidadosamente los datos disponibles, y pensando en los fenómenos de segregación y recombinación.

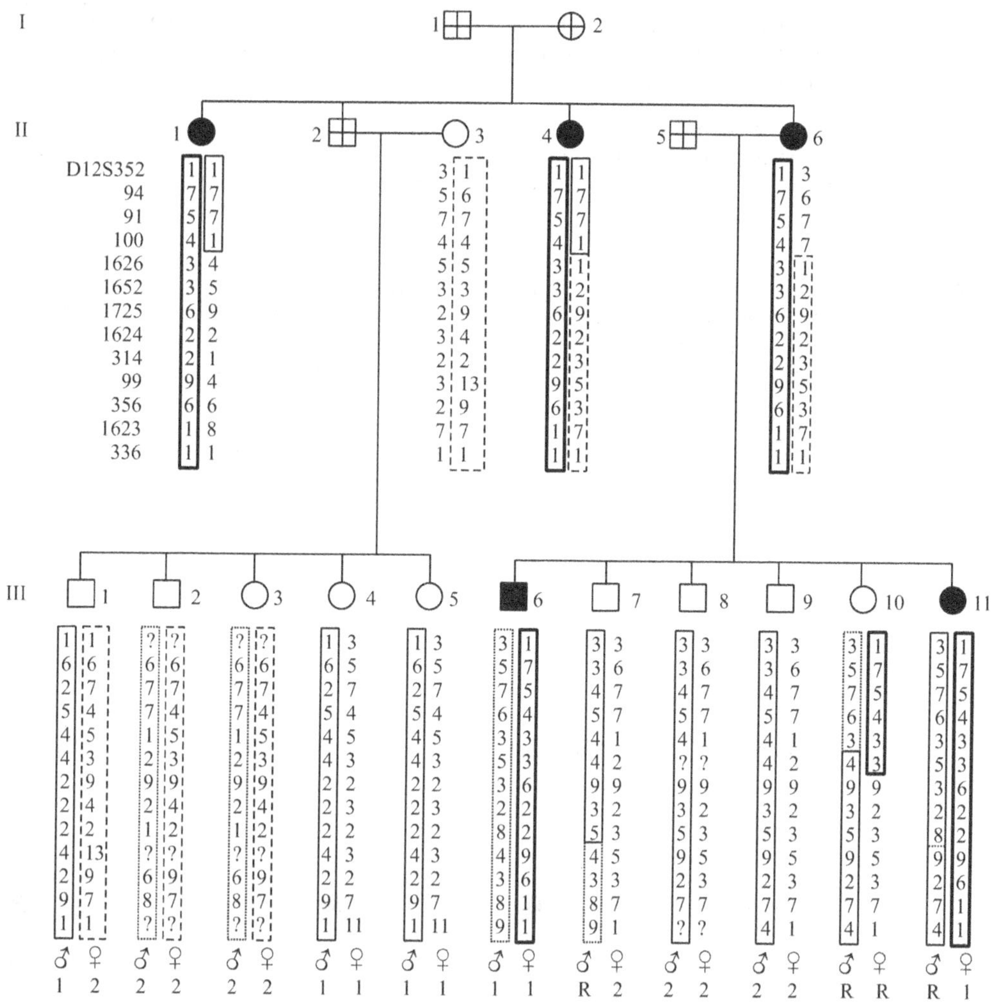

Los cromosomas, o fragmentos de cromosomas, que tienen la misma secuencia de marcadores se han enmarcado dentro de rectángulos con los mismos tipos de línea. La reconstrucción de los genotipos de los fallecidos es posible a partir de los haplotipos de los hijos. El genotipo del varón II-2 estaría compuesto por los haplotipos ♂1 y ♂2 de sus hijos, ya que los haplotipos ♀1 y ♀2 vienen necesariamente de II-3. El varón II-5 tendría los cromosomas ♂1 y ♂2 de sus hijos. Las posiciones dudosas (?) de algunos haplotipos se resuelven al compararlos con haplotipos de los primos (hijos del matrimonio II-5 × II-6).

La reconstrucción de los padres I-1 y I-2, sin tener en cuenta el sexo, podría ser la siguiente:

1	3	1	1
7	6	7	6
7	7	5	2
1	7	4	5
4	1	3	4
5	2	3	4
9	9	6	2
2	2	2	2
1	3	2	2
4	5	9	4
6	3	6	2
8	7	1	9
1	1	1	1

El haplotipo enmarcado con línea continua gruesa es el que presentan todos los individuos afectados. Ya que los haplotipos homólogos son distintos en todos los casos, podemos asegurar que la mutación es dominante.

c) Los marcadores moleculares asociados a la enfermedad se pueden deducir del individuo III-10. Éste recibe parte de los marcadores que reciben sus hermanos afectados (1-7-5-4-3-3) pero, al ser normal, el gen no debe estar asociado a dichos marcadores, sino a los restantes.

14.11. Con objeto de localizar el gen de la CDAII (anemia congénita diseritropoyética), se realizó un estudio de ligamiento utilizando 145 marcadores microsatélites, que representaban el 50 % del genoma. Localizado en el brazo q del cromosoma 20, se utilizaron una serie de marcadores, cuyo mapa de ligamiento se representa en la siguiente figura, para precisar su posición.

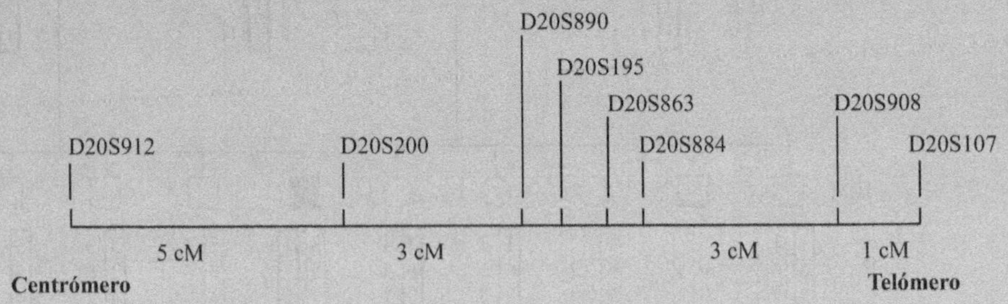

A continuación se representa el análisis de los haplotipos en tres de las trece familias analizadas:

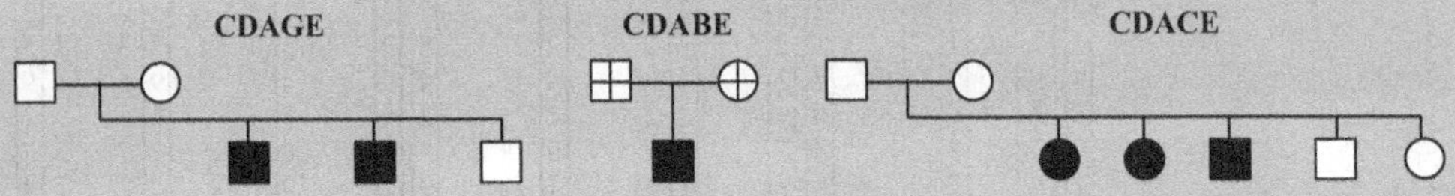

CEN	1	2	3	4	5	6	7	8	9	10	11	12	13
912	21	34	24	23	14	11	12	21	21	21	21	11	12
200	13	12	12	11	32	12	11	11	11	11	11	11	11
890	12	12	12	11	32	12	12	11	11	11	11	11	11
195	13	22	12	12	32	11	11	21	21	21	21	11	11
863	12	12	11	11	22	11	31	22	23	23	23	23	23
884	23	41	24	24	31	11	33	12	13	13	13	23	23
908	12	43	14	14	23	12	11	12	11	21	11	21	21
107	12	22	12	12	22	12	22	12	12	22	12	12	12
TEL													

a) A partir de los datos de la familia CDAGE, los autores afirman que el límite centromérico de la región crítica viene definido por el marcador D20S890. ¿Por qué? Razone su respuesta.

b) De igual forma, a partir del análisis de la familia CDACE, los autores afirman que el límite telomérico es D20S908. ¿Por qué? Razone su respuesta.

c) En relación con estos resultados, ¿qué información proporciona la familia consanguínea CABDE, entre dos primos hermanos?

Solución

a) Los afectados 3 y 4 de la familia CDAGE tienen en común una serie de marcadores de origen paterno y materno (en recuadros en la figura siguiente, con línea punteada o continua) que no se encuentran en el hermano normal (5). En el afectado 3 se detecta una recombinación entre los marcadores 890 y 195, más próximos al centrómero. Todos los marcadores anteriores, en dirección al centrómero, no tienen que ver con la enfermedad.

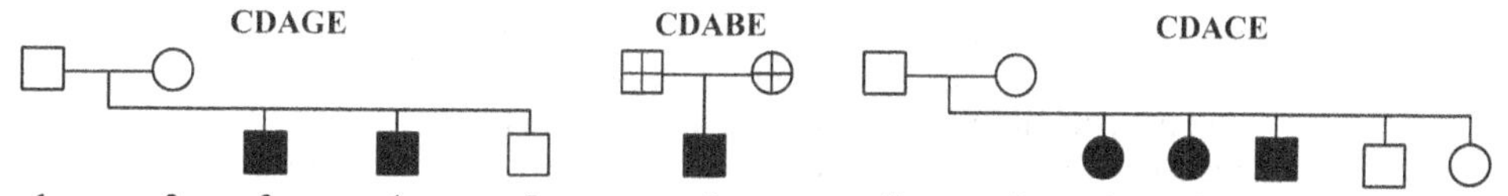

	1	2	3	4	5	6	7	8	9	10	11	12	13
CEN													
912	2 1	3 4	2 4	2 3	14	11	1 2	2 1	2 1	2 1	2 1	1 1	1 2
200	1 3	1 2	1 2	1 1	32	12	1 1	1 1	1 1	1 1	1 1	1 1	1 1
890	1 2	1 2	1 2	1 1	32	12	1 2	1 1	1 1	1 1	1 1	1 1	1 1
195	1 3	2 2	1 2	1 2	32	11	1 1	2 1	2 1	2 1	2 1	1 1	1 1
863	1 2	1 2	1 1	1 1	22	11	3 1	2 2	2 3	2 3	2 3	2 3	2 3
884	2 3	4 1	2 4	2 4	31	11	3 3	1 2	1 3	1 3	1 3	2 3	2 3
908	1 2	4 3	1 4	1 4	23	12	1 1	1 2	1 1	2 1	1 1	2 1	2 1
107	1 2	2 2	1 2	1 2	22	12	2 2	1 2	1 2	2 2	1 2	1 2	1 2
TEL													

b) En la familia CDACE, los afectados 9, 10 y 11 comparten los cromosoma de origen paterno y materno (en recuadros, con línea punteada o continua). En el afectado 10 se detecta una recombinación entre los marcadores 884 y 908, lo que señala el límite telomérico de la región crítica. También se detecta recombinación en los no afectados 12 y 13, que no hace más que confirmar el límite telomérico de la región crítica.

Todo ello lleva a proponer la localización del gen entre los marcadores 890 y 908.

c) Una vez localizada la región crítica, la familia CDABE, entre dos primos hermanos, confirma que la región crítica se encuentra entre los marcadores 890 y 908, ya que dicha región es homozigota en dicho afectado, como corresponde a un cruzamiento consanguíneo.

14.12. Utilizando el cartografiado por homozigosidad, Saar et al. localizaron en el cromosoma 9 humano uno de los genes que da lugar a la anemia de Fanconi (FA), enfermedad autosómica recesiva. Se llevó a cabo un análisis de los descendientes entre tío y sobrina debido a la presencia de dos hijos afectados.

a) ¿Podría indicar cuáles son los afectados?

b) Uno de los objetivos del análisis fue confirmar y precisar la región crítica, ¿qué zona de la región crítica se puede eliminar?

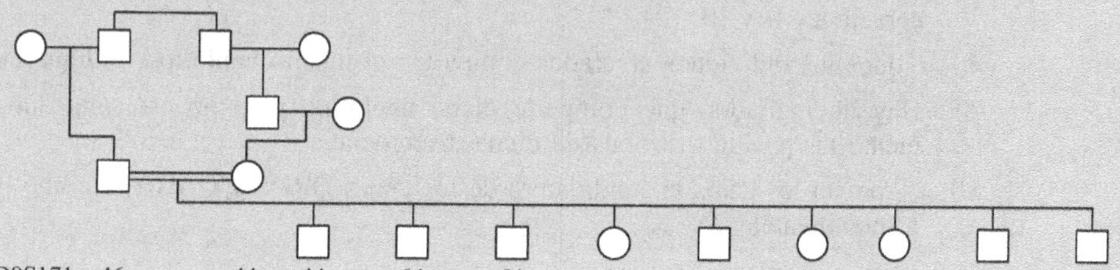

D9S171	46	44	44	64	64	64	44	44	44	64	44
1678	44	47	47	44	44	44	44	44	47	44	47
104	61	62	62	16	16	16	66	66	62	16	62
1874	35	34	34	53	53	54	33	33	34	53	34
175	22	21	22	22	21	21	22	22	21	22	21

Solución

a) Los afectados (individuos marcados en negro) tienen que ser homozigotos para los marcadores que vienen de los padres.

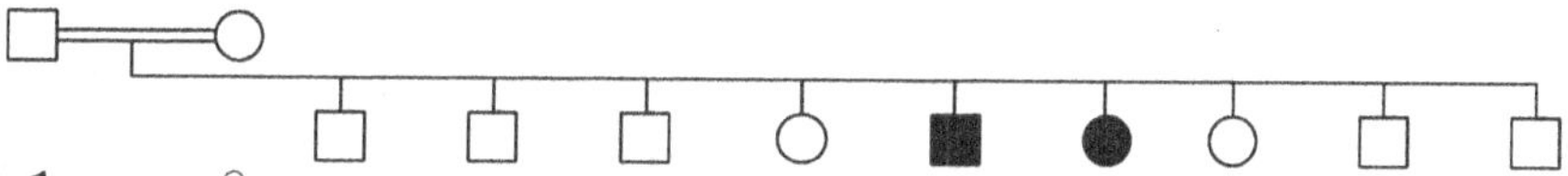

	♂	♀	1	2	3	4	5	6	7	8	9
D9S171	46	44	44	64	64	64	44	44	44	64	44
1678	44	47	47	44	44	44	44	44	47	44	47
104	61	62	62	16	16	16	66	66	62	16	62
1874	35	34	34	53	53	54	33	33	34	53	34
175	22	21	22	22	21	21	22	22	21	22	21

b) Para precisar la región crítica y eliminar algún marcador se ha de comprobar qué recombinaciones se han dado en los padres en la región crítica (señalados con flechas en el esquema). La única recombinación informativa es la que recibe el hijo 1. De su padre recibe los marcadores críticos (en recuadro) que en los afectados se encuentran en homozigosis y de la madre, los marcadores 4-7-2-4 más el marcador 2 de la región crítica, por recombinación. Es decir, el hijo es homozigoto para el marcador (D9S)175, igual que lo son los afectados y, sin embargo, no está afectado, luego los marcadores asociados son los restantes (4-4-6-3), pudiéndose eliminar dicho marcador.

14.13. En la figura adjunta se representa una genealogía en la que algunos de sus miembros padecen distintos trastornos mentales (I-1, psicosis NOS; II-1, esquizofrenia; II-7, III-1 y III-2, trastorno esquizoafectivo). Se realizó un estudio de ligamiento con marcadores del cromosoma 4, entre los que destacaban los posibles genes candidatos DRD5 (receptor 5 de la dopamina) y GABAβ1 (receptor β1 del ácido γ-aminobutírico), obteniéndose los siguientes haplotipos.

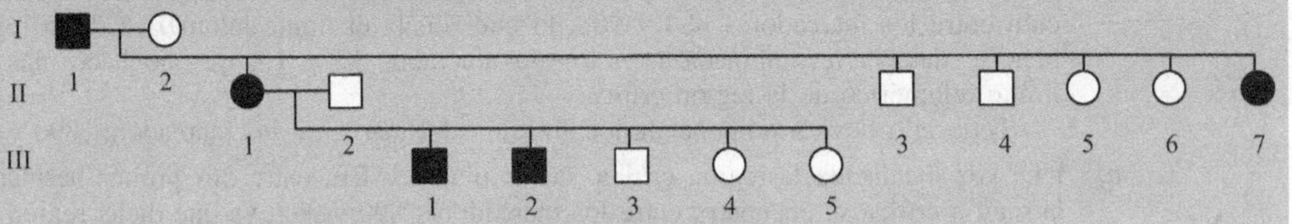

TEL														
A2C	22	21	21	12	11	12	11	12	11	22	22	22	22	21
D4S412	24	34	44	12	41	42	41	42	41	23	23	43	23	44
D4S394	15	11	51	52	12	15	15	15	12	11	11	51	11	11
DRD5	25	49	24	17	21	27	41	47	41	59	59	24	59	24
D4S403	24	16	26	66	26	26	66	66	66	41	41	26	41	26
D4S404	12	23	13	22	12	12	32	32	32	22	22	13	12	13
GABAβ1	24	41	24	33	23	23	23	43	43	24	41	21	24	21
CEN														

a) Indique los entrecruzamientos habidos en los cromosomas que reciben los individuos de las generaciones II y III.

b) Todos los individuos afectados comparten el mismo haplotipo, indique cuál es.

c) Hay un individuo que comparte dicho haplotipo pero no está afectado. Indique cuál es y comente las posibles razones de dicha discordancia.

d) ¿Apoyan los datos la candidatura de los genes DRD5 y GABAβ1 como implicados en estos trastornos mentales?

Solución

a) En la figura adjunta se indican los puntos de entrecruzamientos habidos (◀ ▶) en los progenitores.

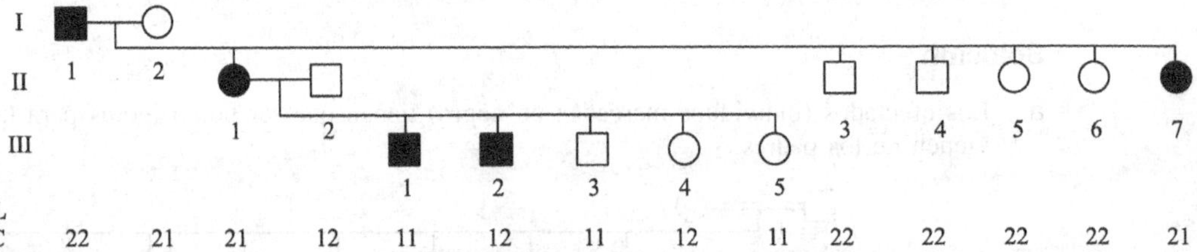

TEL														
A2C	22	21	21	12	11	12	11	12	11	22	22	22	22	21
D4S412	24	34	44	12	41	42	41	42	41	23	23	43	23	44
D4S394	15	11	51	52	12	15	15	15	12	11	11	51	11	11
DRD5	25	49	24	17	21	27	41	47	41	59	59	24	59	24
D4S403	24	16	26	66	26	26	66	66	66	41	41	26	41	26
D4S404	12	23	13	22	12	12	32	32	32	22	22	13	12	13
GABAβ1	24	41	24	33	23	23	23	43	43	24	41	21	24	21
CEN														

b) El haplotipo compartido por todos los afectados se indica dentro de los rectángulos.

c) El individuo II-5 comparte el mismo haplotipo que los afectados y, sin embargo, no lo está. Puede deberse a muchas causas, entre las que cabe destacar la gran influencia del ambiente en la manifestación de caracteres que afectan al comportamiento, la variabilidad en cuanto a su expresión (hay tres condiciones patológicas en la genealogía) y la penetración incompleta de estos genes.

d) Analizando en detalle los puntos de entrecruzamiento se detectan tres individuos no afectados que tienen el marcador GABAβ1 II-3, II-6 y III-3 (además del II-5), que por recombinación se ha separado del haplotipo crítico. Es probable que dicho gen candidato no esté asociado con las patologías, sin embargo, todos los individuos afectados, y el II-5 no afectado, comparten el marcador DRD5.

14.14. Para cartografiar genes responsables de la ausencia de virulencia en *Phytophthora infestans* (hongo patógeno de la patata), se aisló ADN de cepas virulentas y no virulentas. Mediante la generación de AFLP se comprobó su segregación en cepas no virulentas (−), con el gen dominante *Avr4*, y virulentas (+), encontrándose lo siguiente:

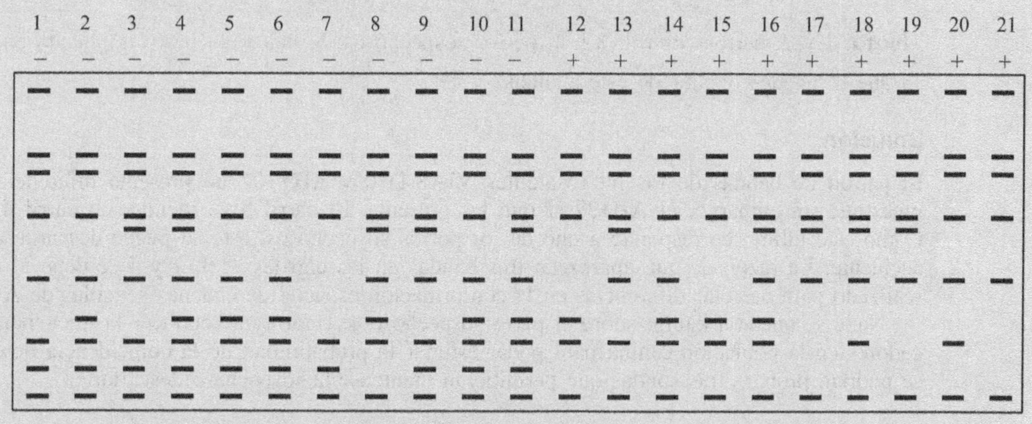

a) ¿Hay asociación entre la no virulencia y alguno de los fragmentos generados?

b) En las cepas analizadas aparece una excepción, ¿podría explicar el origen de dicha excepción?

Solución

a) La flecha indica el único fragmento AFLP que no se encuentra en ninguna cepa virulenta y sí en 10 de las 11 cepas no virulentas. Todos los otros fragmentos se encuentran en todas las cepas analizadas, o en unas sí y en otras no, pero de modo aleatorio, luego parece que hay asociación entre la ausencia de virulencia y dicho fragmento.

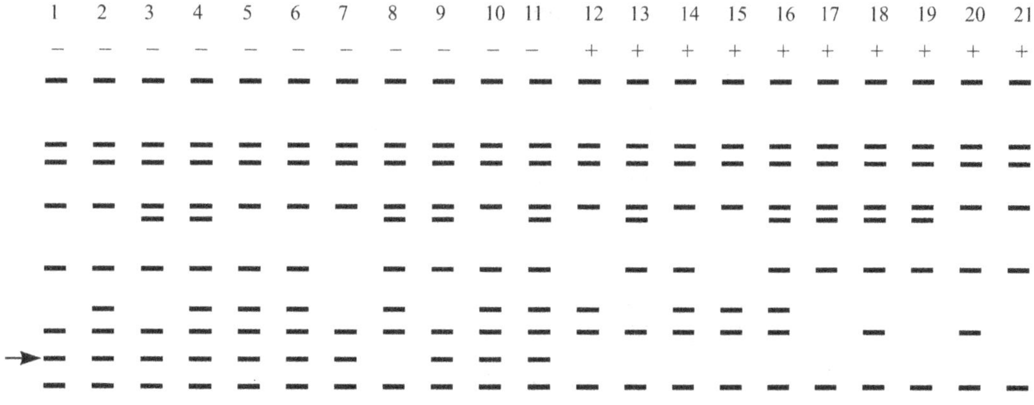

b) La excepción es la cepa no virulenta 8, que no está asociada a dicho fragmento, probablemente debido a un fenómeno de recombinación.

14.15. Un perro que ocasionó un accidente grave a un motociclista y huyó antes de ser identificado, dejó en la rueda de la moto un mechón de pelo, del que se pudo extraer ADN para su posterior análisis. A dos perros que vivían en las proximidades, sospechosos de haber provocado el accidente, se les extrajo sangre y se estudió la presencia de tres microsatélites caninos polimórficos, AHT107, AHT137 y VIAS-D10. El resultado del análisis, utilizando electroforesis para detectar SSCP (polimorfismos en la conformación de cadenas sencillas del ADN), fue el siguiente:

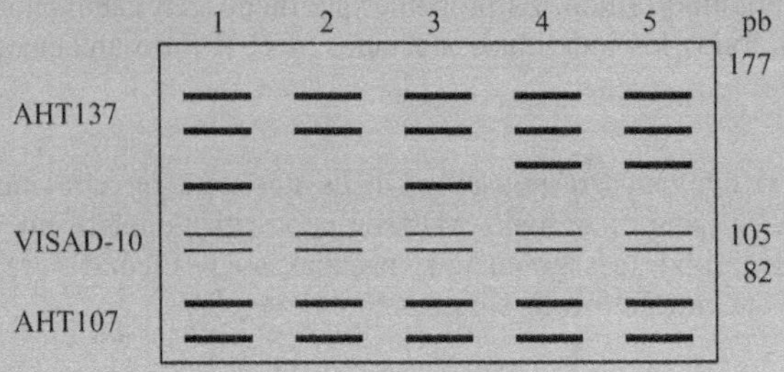

Nota: 1 y 2: perros control; 3 y 4: perros sospechosos; 5: pelos del perro implicado en el accidente. ¿Qué se puede concluir de este análisis?

Solución

El patrón de bandas de los microsatélites VIAS-D10 y AHT107 no presenta diferencias en las cinco muestras, sin embargo, el AH137 sí que las presenta. El carril 5 es idéntico al carril 4, pero no al 3. Como este último corresponde a uno de los perros sospechosos, éste se puede descartar como autor del accidente. La razón de que aparezcan tres bandas en los carriles 1, 3, 4 y 5 se debe al tipo de análisis realizado para detectar diferencias en la conformación espacial de cadenas sencillas de ADN (SSCP).

Nada se puede asegurar sobre el perro sospechoso 4. Habría que conocer la frecuencia de estos marcadores en la población canina para poder estimar la probabilidad de la coincidencia detectada, también se podrían probar otras sondas que permitieran mantener la sospecha o descartarla.

14.16. Jeffreys fue el primero en utilizar sondas minisatélites para determinar el parentesco en un caso que tuvo resonancia internacional. Un muchacho ganés, pero nacido en el Reino Unido, había ido a ver a su padre a Ghana, al volver, las autoridades de inmigración denegaron su entrada, aduciendo que podía no ser hijo de su madre. Un análisis con 17 marcadores genéticos convencionales (grupos

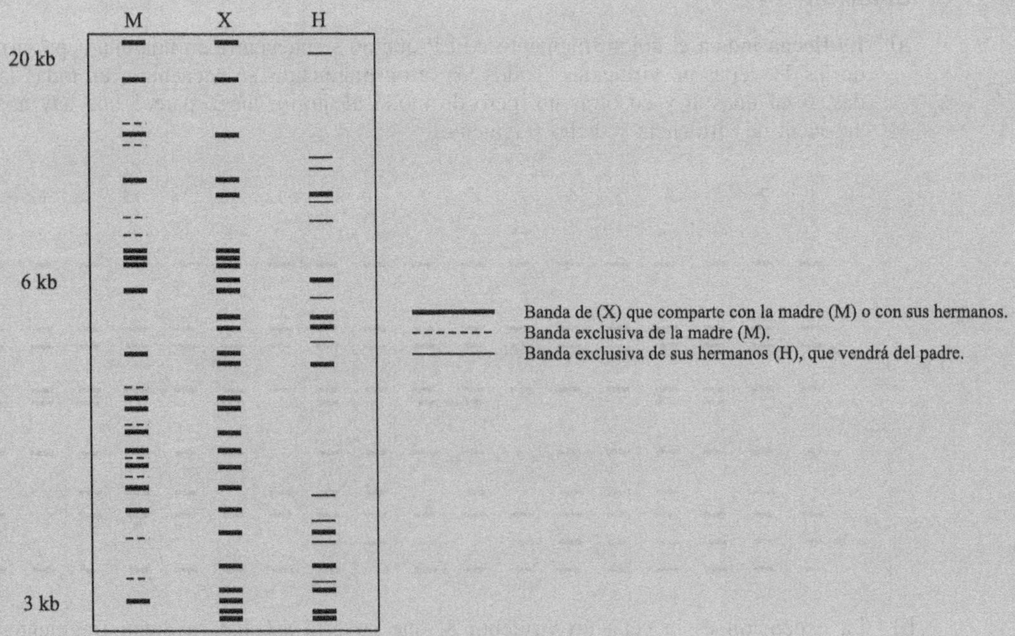

sanguíneos, proteínas) no daba la seguridad de que fuera hijo o sobrino de la mujer que afirmaba ser su madre. A partir de muestras de ADN de sangre de un individuo no emparentado, de la madre (M), de dos hijos y una hija (H), y del muchacho en disputa (X), digeridas con *Hinf*I, se preparó una hibridación en Southern blot con dos sondas que detectaban cada una un grupo diferente de minisatélites. En la figura se muestran las bandas obtenidas con la sonda 33.15 (una de las sondas empleadas) en la madre (M), en el muchacho en disputa (X) y en los hijos (H) (la de éstos reunidas en una sola carrera).

Sabiendo que el número total de bandas visualizadas por ambas sondas en el individuo X y en la madre fue de 61, de las cuales 40 eran comunes con su madre, y que 39 bandas que están en los hijos (H) no se encontraron en la madre,

¿De qué forma resolvió el análisis de *fingerprinting* el «caso del inmigrante».

Solución

Aunque hay diversas aproximaciones para resolver este problema, vamos a seguir la propuesta por Jeffreys en este caso.

En primer lugar, no se conoce el patrón de bandas correspondiente al padre, pero se puede deducir, a partir del patrón de bandas que presentan los hijos, ya que el número de fragmentos heredados específicamente del padre es 39 sobre un total de 61. Evidentemente, hay que suponer que el padre tiene un número de fragmentos similar al de la madre, por lo que los fragmentos específicos del padre deben ser más de 39. Si el padre es homozigoto para un determinado fragmento, la probabilidad de transmitirlo a los hijos es de 1, pero si es heterozigoto la probabilidad de no transmitirlo a sus tres hijos, es de $(1/2)^3 = 1/8$. Luego el número de fragmentos específicos del padre será $39 \times 8/7 = 45$.

Si el padre tiene 45 fragmentos específicos sobre un total de 61, los 16 fragmentos diferentes serán compartidos con la madre. De aquí se deduce que, si los padres no presentan parentesco, la probabilidad de que compartan un fragmento por azar, como dos individuos cualesquiera de la población, será de $16/61 = 0{,}26$.

Aplicando este mismo razonamiento a los fragmentos que comparten el muchacho X y su madre, la probabilidad de que compartan un fragmento por azar será de 0,26; como de los 40 fragmentos que comparten, 16 son comunes con el padre, quedan aproximadamente 25 fragmentos específicos de la madre, por tanto, la probabilidad de que compartan 25 fragmentos por azar será $0{,}26^{25} = 2 \times 10^{-15}$. Esta probabilidad es tan baja, que es lógico pensar en un estrecho parentesco genético entre el muchacho X y su madre.

CAPÍTULO 15

CARACTERES CUANTITATIVOS

Las diferencias básicas entre un carácter cualitativo, como los utilizados en muchos de los temas anteriores, y uno cuantitativo son, básicamente, las que figuran en la Tabla 15.1.

Tabla 15.1 **Principales diferencias entre un carácter cuantitativo y otro cualitativo**

Cuantitativo	Cualitativo
Estatura en la especie humana	Pigmentación: «normal»/«albino» (ausencia de pigmentación)
Expresión continua, siguiendo una distribución en campana	Expresión discreta, con clases perfectamente discontinuas
Varios genes implicados	Uno o unos pocos genes, identificables mendelianamente
Gran influencia del ambiente sobre su expresión	Poca o ninguna influencia del ambiente

Todo ello hace normalmente imposible la identificación de los genes responsables de un carácter cuantitativo por métodos mendelianos. Esto no implica que cada uno de los genes que interviene no siga las leyes mendelianas, simplemente, en la mayoría de los casos, no podemos atribuir a un carácter dado un genotipo concreto. El análisis de estos caracteres se basa en la utilización de técnicas estadísticas que nos permitan medir la variabilidad y realizar una partición, o atribución de porcentajes, de dicha variabilidad a diversas causas.

15.1. CARACTERES CUANTITATIVOS Y GENES MENDELIANOS

En algunos casos, si un carácter cuantitativo depende de unos pocos genes, no muy influenciados por el ambiente, es posible seguir su herencia por métodos mendelianos clásicos. De acuerdo con la Hipótesis de East, estos genes tendrán efectos pequeños y similares entre sí, que se sumarán en el fenotipo. De hecho, este tipo especial de caracteres cuantitativos sirvió para establecer las primeras hipótesis sobre su herencia. El conjunto de genes que controlan estos caracteres recibe el nombre de **factores múltiples** o **polímeros**.

Supongamos que la altura de una planta depende de tres genes, A/a, B/b y C/c, cuyos alelos presentan relaciones aditivas. Distinguiremos los alelos como «grandes» (A) o como «pequeños» (a) en función de su mayor o menor contribución al carácter. Asignemos a los alelos «grandes» el valor de 10 cm, y a los alelos «pequeños», el valor de 5 cm, de tal manera que el efecto de:

$$A = B = C = 10 \text{ cm} \quad \text{y} \quad a = b = c = 5 \text{ cm}$$

Un genotipo dado dará lugar a un fenotipo que será la suma de los efectos de cada alelo. Así:

$$AaBBCc = 10 + 5 + 10 + 10 + 10 + 5 = 50 \text{ cm}$$

Si estos tres genes se encuentran en cromosomas distintos, y por ello se transmiten independientemente, el resultado del cruce entre un padre «alto» AABBCC y un padre «bajo» aabbcc será:

Padres AABBCC (60 cm) × aabbcc (30 cm)
F_1 AaBbCc (45 cm)

Para deducir el resultado en la F_2 utilizaremos la binomial $(1/2 + 1/2)^6$, en donde 1/2 + 1/2 indica la probabilidad de que cada uno de los alelos sea grande (A) o pequeño (a); el exponente, el número de alelos que intervienen; y el número combinatorio de cada uno de los términos, la proporción correspondiente (Tabla 15.2).

Tabla 15.2 **Proporciones genotípicas y fenotípicas de acuerdo con el binomio $(1/2 + 1/2)^6$**

Proporción	Genotipo	Fenotipo	Constitución
1/64	AABBCC	60 cm	1 genotipo, con 6 alelos «grandes» y 0 «pequeños»
6/64	AABBC**c**	55 cm	6 genotipos, con 5 alelos «grandes» y 1 «pequeño»
	AABB**c**C		
	AAB**b**CC		
	AA**b**BCC		
	A**a**BBCC		
	aABBCC		
15/64	AABB**cc**	50 cm	15 genotipos, con 4 alelos «grandes» y 2 «pequeños»
	etc.		
20/64	AAB**bcc**	45 cm	20 genotipos, con 3 alelos «grandes» y 3 «pequeños»
	etc.		
15/64	AA**bbcc**	40 cm	15 genotipos, con 2 alelos «grandes» y 4 «pequeños»
	etc.		
6/64	A**abbcc**	35 cm	6 genotipos, con 1 alelo «grande» y 5 «pequeños»
	etc.		
1/64	**aabbcc**	30 cm	1 genotipo, con 0 alelos «grandes» y 6 «pequeños»

Los números combinatorios también los podemos encontrar utilizando el llamado Triángulo de Tartaglia o de Pascal:

$$\begin{array}{ccccccccccccc} & & & & & & 1 & & & & & & \\ & & & & & 1 & & 1 & & & & & \\ & & & & 1 & & 2 & & 1 & & & & \\ & & & 1 & & 3 & & 3 & & 1 & & & \\ & & 1 & & 4 & & 6 & & 4 & & 1 & & \\ & 1 & & 5 & & 10 & & 10 & & 5 & & 1 & \\ 1 & & 6 & & 15 & & 20 & & 15 & & 6 & & 1 \end{array}$$

en donde cada número es la suma de los dos números que están inmediatamente en la fila superior a izquierda y derecha.

15.2. CARACTERES CUANTITATIVOS Y PARÁMETROS ESTADÍSTICOS

La mayoría de los caracteres cuantitativos siguen una distribución normal (en campana o de Gauss), con pocos individuos extremos, muy altos o muy bajos, y muchos en la zona intermedia. Este tipo de distribución tiene dos importantes parámetros que vamos a utilizar: la media aritmética ($\bar{x}$) y la varianza (V)[1] del carácter en un conjunto de individuos,

$$\bar{x} = \frac{\sum_{i=1}^{n} X_i}{n}; \qquad V = \frac{\sum_{i=1}^{n} (X_i - \bar{X})^2}{n-1} = \frac{\sum_{i=1}^{n} X_i^2}{n-1} - \frac{\left(\sum_{i=1}^{n} X_i\right)^2}{n(n-1)}$$

en donde X_i representa el valor del carácter en cada individuo i y n el número de individuos que entran en el cálculo. $\bar{x}$ indica el valor medio del carácter en el conjunto de los individuos y V (varianza) la desviación media, respecto de la media ($\bar{x}$), al cuadrado. La raíz cuadrada de la varianza se denomina *desviación típica* (σ o s).

Para un carácter dado, por ejemplo la altura, la variabilidad en un conjunto de individuos se mide por su varianza, también llamada *varianza fenotípica* o *total* (V_P, donde la P viene de la palabra inglesa *Phenotype*; o V_T). El valor de esta varianza dependerá tanto de los genes que contribuyen a la altura en cada individuo como al efecto del ambiente sobre la expresión de esos genes. Por ello, se puede realizar una primera partición de la varianza en dos componentes: aquella parte (aquel porcentaje) de la variabilidad de la que son responsables los genes y aquélla que se debe al ambiente.

En ciertos casos es posible calcular esta primera partición comparando las varianzas de un conjunto de individuos genéticamente idénticos (gemelos monovitelinos o individuos muy consanguíneos) con otro conjunto genéticamente variable. En los primeros, la varianza estimada será exclusivamente debida al ambiente (V_E; donde la E viene de la palabra inglesa *Environmental*, ambiental), mientras que en los segundos, la varianza será debida tanto al ambiente como a las diferencias que haya entre ellos ocasionadas por los genes. La diferencia entre ambas nos dará el porcentaje de varianza atribuible al genotipo (V_G). Además, debido a que la relación entre el genotipo y el ambiente puede no ser proporcional, habría que añadir la interacción entre el genotipo y el ambiente, medida por la covarianza:

$$V_P = V_G + V_E + 2 \operatorname{cov} GE$$

Una segunda partición es la que se puede hacer con la varianza genética (V_G). Los genes pueden contribuir al carácter de tres maneras:

1. Por el hecho de que cada alelo contribuye al carácter en cierta medida. Dicho de otro modo, por el valor con que cada alelo contribuye al carácter, cuya suma constituye la varianza aditiva (V_A).
2. Entre los alelos de un gen se pueden establecer relaciones de dominancia, herencia intermedia, etc. Estas relaciones podrán modificar, incrementando o disminuyendo, el valor de la suma de los valores de los genes. En su conjunto recibe el nombre de *varianza de la dominancia* (V_D).

[1] Para designar el segundo momento de la distribución, la varianza, se suele emplear σ^2, pero también s^2 y, en nuestro caso, V.

3. Entre los genes se pueden establecer interacciones, epistasias, etc., que también podrán modificar la suma de los valores de los genes. En su conjunto reciben el nombre de *varianza de la interacción* (V_I). Por ello,

$$V_P = V_A + V_D + V_I + V_E$$

15.3. ESTIMA DE LA HEREDABILIDAD DE UN CARÁCTER CUANTITATIVO

El componente más importante de la V_P es la V_A, ya que es la única que se transmite de padres a hijos. Se puede estimar relativamente bien comparando, en una serie de familias, la media del carácter de padre y madre respecto de la media del carácter en los hijos. Esta comparación nos permite obtener el valor de la regresión entre padres e hijos (b_{HP}, valor de la regresión de los hijos respecto de los padres) o lo que es lo mismo, el porcentaje del parecido entre padres e hijos.

Este parecido expresará el porcentaje V_A/V_P, ya que los padres trasmiten a sus hijos no genotipos, sino genes a través de los gametos y, por tanto, transmiten el valor de éstos. En los hijos se recompondrán sus propios genotipos, con nuevas relaciones entre alelos (V_D), y entre genes (V_I), y con una influencia del ambiente (V_E) específica de los hijos que, lógicamente, será distinta a la que recibieron los padres.

Por todo lo anterior, el cociente V_A/V_P se denomina **heredabilidad** (h^2) o porcentaje de la variabilidad de un carácter que se transmite de padres a hijos. Ésta se denomina *heredabilidad en sentido estricto*, para diferenciarla de la *heredabilidad en sentido amplio* (H), que es el cociente V_G/V_P, o porcentaje de la varianza genética respecto de la total.

Teniendo en cuenta los parámetros anteriores ($\bar{x}$ y V), disponemos de las herramientas para estimar el efecto de la selección artificial sobre un carácter cuantitativo. Al seleccionar por aumento, o por disminución, del valor de un carácter cuantitativo, la altura de una planta por ejemplo, se escogen (se seleccionan) como padres de la siguiente generación los individuos más altos, o más bajos. De éstos, podemos calcular su $\bar{x}S$ (S por «seleccionados»). La diferencia entre $\bar{x}S$ y $\bar{x}P$ (P por «población») nos dará el **diferencial de selección** que estamos aplicando. Los hijos de los padres seleccionados constituyen la F_1, de los que obtendremos la media del carácter ($\bar{x}F_1$). La diferencia entre P y F_1 nos dará la **respuesta** a la selección practicada. La heredabilidad del carácter la podemos hallar,

$$\frac{\text{Respuesta}}{\text{Diferencial de selección}} = \frac{\bar{x}F_1 - \bar{x}P}{\bar{x}S - \bar{x}P} = \text{heredabilidad}$$

Esta heredabilidad se llama heredabilidad realizada o conseguida. De hecho se pueden establecer una serie de equivalencias,

$$h^2 = \frac{V_A}{V_P} = b_{HP} = \frac{\bar{x}F_1 - \bar{x}P \text{ (respuesta)}}{\bar{x}S - \bar{x}P \text{ (diferencial de selección)}}$$

15.4. CARTOGRAFÍA DE LOS *LOCI* DE CARACTERES CUANTITATIVOS (QTL)

Los marcadores moleculares, presentados en el Capítulo 13, se están utilizando profusamente en la cartografía de los genes que controlan caracteres cuantitativos (QTL, *Quantitative Trait Locus*). Se trata de analizar la segregación conjunta de determinados marcadores, tipo RFLP, microsatélite o cualquiera de los descritos hasta ahora, y el carácter cuantitativo problema.

El modo de análisis es calcular el «lod score», pero de manera algo distinta a como se explicó en el Capítulo 14. En el cruce de dos variedades que difieren en el carácter a analizar, el peso, el número de quetas o la producción de leche, se obtiene una numerosa F_2. El carácter se mide individualmente. Se estiman valores de «lod score» del valor de cada individuo respecto de una serie de marcadores moleculares polimórficos, es decir, suponiendo distintas distancias en frecuencia de recombinación entre el posible QTL y cada uno de los marcadores. Aquellos «lod score» que resulten significativos, indicarán la presencia de un QTL a la correspondiente distancia de uno de los marcadores. La complejidad del análisis hace imposible proponer problemas asequibles en este libro.

PROBLEMAS RESUELTOS

15.1. Suponga que la diferencia en altura entre dos variedades de maíz, una que crece hasta los 2 m y otra hasta los 1,6 m, se debe a dos factores múltiples, independientes. Si se cruzan estas dos variedades,

a) ¿Cuáles serán los fenotipos y los genotipos de la F_1 y de la F_2?

b) ¿Qué proporción de los individuos de la F_2 tendrá la misma altura que los padres?

c) ¿Qué proporción de los individuos de la F_2 podrá constituir razas puras?

d) ¿Sería posible obtener una variedad de más de dos metros?

Solución

a) Si son dos los factores (genes) que intervienen, podríamos llamar a éstos A_1/a_1 y A_2/a_2. El cruce sería,

P		$A_1A_1\ A_2A_2 \times a_1a_1\ a_2a_2$	
		2 m 1,6 m	
F_1		$A_1a_1\ A_2a_2$	
		1,8	
F_2	1/16	$A_1A_1\ A_2A_2$	2,0 m
	4/16	$A_1A_1\ A_2a_2$, $A_1A_1\ a_2A_2$..., etc	1,9 m
	6/16	$A_1A_1\ a_2a_2$, $A_1a_1\ A_2a_2$..., etc	1,8 m
	4/16	$A_1a_1\ a_2a_2$, $a_1A_1\ a_2a_2$..., etc	1,7 m
	1/16	$a_1a_1\ a_2a_2$	1,6 m

b) Únicamente los homozigotos $A_1A_1\ A_2A_2$ y $a_1a_1\ a_2a_2$, el 2/16, tendrán la misma altura que los padres.

c) Sólo aquellas plantas homozigotas para todos sus genes podrán constituir una raza pura, es decir el 4/16,

$A_1A_1\ A_2A_2$
$A_1A_1\ a_2a_2$
$a_1a_1\ A_2A_2$
$a_1a_1\ a_2a_2$

d) No sería posible obtener una variedad de más de 2 metros, no se mencionan genes que permitan una mayor altura.

15.2. Supongamos que la diferencia entre dos variedades de cebada es que una produce una media de 18 granos por planta y la otra, una media de 42 granos. Al cruzar las dos variedades, las plantas de la F_1 produjeron una media de 30 granos. Al analizar una abundante F_2, obtenida por autofecundación de la F_1, se pudieron diferenciar siete tipos de plantas por su producción de granos:

Granos por planta	Porcentaje
42	1,56
38	9,37
34	23,44
30	31,25
26	23,44
22	9,37
18	1,56

a) ¿Cuántos genes están implicados en la producción de granos?

b) Por problemas de encamado, el agricultor desea una variedad pura que produzca no más de 30 granos por planta, ¿se podría obtener dicha variedad?

Solución

a) El resultado de la F_1 nos está indicando que la producción de granos depende de un genotipo aditivo, ya que el número medio de granos de la F_1 es exactamente la media de las dos variedades que se han cruzado.

De acuerdo con lo anterior, podemos imaginar la existencia de genes con alelos para número grande y para número pequeño de granos. Si hay siete clases, el binomio $(1/2 + 1/2)^6$ nos da la fórmula para comprobar el resultado de la F_2, ya que dará lugar a siete términos (tantos como el exponente más uno). Los números combinatorios del binomio, en porcentaje, serán,

1	0,015625
6	0,09375
15	0,234375
20	0,3125
15	0,234375
6	0,09375
1	0,015625

que coinciden con los porcentajes de la F_2.

Es decir, podemos suponer la existencia de tres genes, A_1/a_1, A_2/a_2, A_3/a_3. El genotipo a_1a_1 a_2a_2 a_3a_3 daría lugar a plantas con 18 granos, por lo que cada alelo pequeño explicaría 3 granos. El genotipo A_1A_1 A_2A_2 A_3A_3 daría lugar a plantas con 42 granos, por lo que cada alelo grande explicaría 7 granos.

b) Si el agricultor desea una variedad que le dé 30 granos lo va a tener difícil. De acuerdo con el efecto de cada uno de los alelos, los genotipos que darían 30 granos serían combinaciones de tres alelos grandes y tres pequeños, por ejemplo,

$$A_1A_1\ A_2a_2\ a_3a_3$$
$$A_1A_1\ a_2a_2\ A_3a_3$$
$$A_1a_1\ A_2a_2\ A_3a_3$$

por lo que, en cualquier caso, no se podría obtener una variedad, homozigota, que diera 30 granos, ya que siempre habrá al menos un gen en heterozigosis que segregará para los dos alelos. Lo que podría hacerse es tener dos variedades, una de 26 granos (por ejemplo A_1A_1 a_2a_2 a_3a_3) y otra de 34 granos (por ejemplo, A_1A_1 A_2A_2 a_3a_3) de tal manera que las semillas resultantes del cruce darían plantas de 30 granos. Este cruce habría que hacerlo en cada generación.

15.3. Se estima que en la especie humana las diferencias en el color de la piel entre blancos y negros dependen, al menos, de tres genes con sus correspondientes alelos. Suponiendo transmisión independiente y aditividad de dichos genes,

a) ¿Cuántos tipos de descendientes podría haber en un matrimonio en el que ambos contrayentes tienen un padre blanco (aabbcc) y una madre negra (AABBCC).

b) ¿Cuál es la probabilidad de que el primer hijo sea como su abuela negra?

c) ¿Cuál es la probabilidad de que el primer hijo tenga el mismo color de piel que su padre?

Solución

a) El genotipo de los dos contrayentes será AaBbCc, luego el cruce dará lugar a $(1/2 + 1/2)^6$ genotipos distintos, es decir, siete.

b) La probabilidad de que un hijo (da igual que sea el primero o el último) tenga el genotipo de la abuela negra dependerá de que se una un gameto masculino ABC, cuya probabilidad es de $(1/2)^3 = 0{,}125$, con un gametos femenino del mismo tipo, es decir, $0{,}125 \times 0{,}125 = 0{,}015625$.

c) Para que un hijo tenga el mismo color de piel que su padre, tiene que recibir tres alelos grandes y tres pequeños. Utilizando el binomio $(1/2 + 1/2)^6$, el término que nos da la probabilidad de tal suceso es,

$$\binom{6}{3}\left(\frac{1}{2}\right)^3\left(\frac{1}{2}\right)^3 = 20 \times 0{,}125 \times 0{,}125 = 0{,}3125$$

15.4. Algunas variedades de soja presentan clorosis (deficiencia en la incorporación de hierro) cuando se cultivan en suelos calcáreos. Weis estimó el grado de clorosis por métodos químicos, encontrando una diferencia neta entre variedades eficientes en la absorción de hierro y variedades no eficientes (cloróticas). Realizando cruces comprobó si había diferencias genéticas entre las variedades.

	Grado de clorosis					
Variedad	**0**	**1**	**2**	**3**	**4**	**5**
Eficiente	114[1]	9	1			
No eficiente		8	25	54	73	76
Eficientes × no eficiente	87	5				

[1] Número de plantas.

En otra serie de cruces entre plantas eficientes y no eficientes los descendientes se clasificaron de acuerdo con los criterios del grado de clorosis, encontrado un total de 886 eficientes, grado de clorosis 0, y 305 no eficientes, con grados de clorosis del 1 al 5.

a) ¿Cómo se hereda la eficiencia en la incorporación de hierro?

b) En la tabla se ven clasificadas plantas de las variedades eficientes y de las resultantes del cruce entre ambas, con el mismo grado de clorosis que las no eficientes, ¿en qué sentido afecta esto a la interpretación sobre el modo de herencia de la eficiencia en la incorporación del hierro? Explique los resultados experimentales.

Solución

a) Se trata de un carácter con expresividad variable, aunque también sería correcto decir que se expresa cuantitativamente. Las plantas presentan la *cualidad* de ser eficientes en la absorción de hierro o de no serlo, como dos alternativas del carácter «absorción de hierro». En ese sentido vemos que la gran mayoría de las plantas F_1 son totalmente eficientes (casi el noventa y cinco por ciento) y el resto tiene un grado de clorosis pequeño. En cuanto a los resultados de la F_2, la proporción está de acuerdo con un monohibridismo con dominancia: 3/4 (893) eficientes + 1/4 (298) no eficientes. Parece claro que la eficiencia en la incorporación del hierro depende de un gen con dos alelos, siendo el alelo eficiente dominante, pero con un grado de expresión algo variable.

b) La imbricación del grado de clorosis entre algunas plantas eficientes y otras no eficientes, o el distinto grado de clorosis de las no eficientes, puede indicar un cierto grado de expresividad variable, no obstante, ninguna planta no eficiente presenta un grado de clorosis cero.

15.5. Utilizando el triángulo de Pascal,

1.ª							1							
2.ª						1		1						
3.ª					1		2		1					
4.ª				1		3		3		1				
5.ª			1		4		6		4		1			
6.ª		1		5		10		10		5		1		
7.ª	1		6		15		20		15		6		1	

¿A qué tipo de distribución corresponde cada una de las filas? Considere tanto distribuciones de caracteres cuantitativos como segregaciones mendelianas.

Solución

Fila 1.ª Una sola clase puede corresponder a la F_1 del cruce de dos variedades que difieren en una característica, con dominancia de uno de los alelos o con herencia intermedia.

Fila 2.ª Dos clases con proporciones iguales pueden corresponder a un cruzamiento prueba o retrógrado, de la F_1 con el padre homozigoto recesivo.

Fila 3.ª Tres clases en la proporción 1/4:2/4:1/4 corresponde tanto a la F_2 de un monohibridismo, en donde la relación entre los alelos sea de codominancia o herencia intermedia. Desde un punto de vista cuantitativo se trataría de un gen con dos alelos con efecto aditivo.

Fila 4.ª Cuatro clases en la proporción 1/8:3/8:3/8:1/8 correspondería, por ejemplo, al cruce AaBb × aaBb, en donde los distintos alelos contribuyen de manera aditiva al carácter, pero con mayor valor para los alelos «grandes», A y B, que para los alelos «pequeños», a y b. También encontraríamos dicha proporciones si el alelo A fuera dominante sobre el a y B/b presentara herencia intermedia o codominancia.

Fila 5.ª Cinco clases en la proporción 1/16:4/16:6/16:4/16:1/16 correspondería a la F_2 de un dihibridismo (AABB × aabb), en donde los dos genes se comportan de manera aditiva, $(1/2 + 1/2)^4$.

Fila 6.ª Seis clases en la proporción 1/32:5/32:10/32:10/32:5/32:1/32 correspondería, por ejemplo, al cruce AaBbCc × AaBbcc, en donde los tres genes se comportan de manera aditiva.

Fila 7.ª Siete clases en la proporción 1/64:6/64:15/64:20/64:15/64:6/64:1/64 correspondería a la F_2 de un trihibridismo (AABBCC × aabbcc), en donde los tres genes se comportan aditivamente, $(1/2 + 1/2)^6$.

15.6. Nilsson-Ehle desarrolló varias cepas puras de trigo cuyos granos presentaban una gradación de color desde blanco (ausencia de pigmento) hasta rojo oscuro. Propuso la hipótesis de la existencia de tres genes, con dos alelos, uno para el color rojo y otro para la ausencia de color. Suponiendo que los alelos «rojos» tienen un efecto igual y aditivo, ¿cuál sería el resultado en la F_1 y en la F_2 del cruce de dos variedades extremas, una de granos blancos y otra de granos de color rojo oscuro?

a) Suponiendo aditividad.

b) Suponiendo que la relación entre los alelos es de dominancia y la de los genes de aditividad.

Solución

a) Podemos denominar a los genes con sus alelos R para rojo y r para blanco. De acuerdo con la existencia de tres genes, podemos denominar como $R_1 = R_2 = R_3$ y $r_1 = r_2 = r_3$ a sus correspondientes alelos. El cruce sería,

Genotipo	$R_1R_1R_2R_2R_3R_3$ × $r_1r_1r_2r_2r_3r_3$	
Fenotipo	rojo oscuro × blanco	
F_1	$R_1r_1R_2r_2R_3r_3$	
	rojo intermedio	

Aplicando el binomio $(1/2 + 1/2)^6$, o los coeficientes del Triángulo de Pascal, en la F_2 tendríamos,

1/64	6 alelos R y 0 r
6/64	5 alelos R y 1 r
15/64	4 alelos R y 2 r
20/64	3 alelos R y 3 r
15/64	2 alelos R y 4 r
6/64	1 alelos R y 5 r
1/64	0 alelos R y 6 r

con fenotipos desde rojo oscuro hasta blanco.

b) Si en cada gen, el alelo R fuera dominante sobre el r, tendríamos,

Genotipo	$R_1R_1R_2R_2R_3R_3$ × $r_1r_1r_2r_2r_3r_3$
Fenotipo	rojo oscuro × blanco
F_1	$R_1r_1R_2r_2R_3r_3$
	rojo oscuro

Y en la F_2 obtendríamos las proporciones de un trihibridismo con dominancia, es decir,

27/64	R_1-	R_2-	R_3-	Rojo oscuro	(27/64)
9/64	R_1-	R_2-	$r_3\ r_3$		
9/64	R_1-	$r_2\ r_2$	R_3-	Rojo	(27/64)
9/64	$r_1\ r_1$	R_2-	R_3-		
3/64	R_1-	$r_2\ r_2$	$r_3\ r_3$		
3/64	$r_1\ r_1$	R_2-	$r_3\ r_3$	Rojo claro	(9/64)
3/64	$r_1\ r_1$	$r_2\ r_2$	R_3-		
1/64	$r_1\ r_1$	$r_2\ r_2$	$r_3\ r_3$	Blanco	(1/64)

15.7. En cierto rebaño de vacas se calcularon las varianzas de dos caracteres que presentaban distribución continua, el contenido en grasa de la leche y el peso de los terneros recién nacidos. Los valores fueron los siguientes:

Varianza	% de grasa	Peso
Total	106,0	125 kg
Ambiental	57,0	65 kg
Aditiva	42,4	30 kg

a) Calcular la heredabilidad en sentido estricto y en sentido amplio para cada carácter.
b) ¿Cuál de los caracteres respondería mejor a la presión de selección?

Solución

a) La heredabilidad en sentido estricto, h^2, es el porcentaje de V_A (varianza aditiva) respecto de la V_T (varianza total), mientras que la heredabilidad en sentido amplio, H, es el porcentaje de la V_G (varianza genética) respecto de la V_T.

La V_A nos la proporciona el problema. La V_G será la V_T menos la V_E (varianza ambiental), luego disponemos de todos los datos para obtener los valores que nos piden,

% de grasa	Peso
$h^2 = 42{,}4/106 = 0{,}40$	$h^2 = 30/125 = 0{,}24$
$H^2 = (106\text{-}57)/106 = 0{,}46$	$H^2 = (125\text{-}65)/125 = 0{,}48$

b) Aunque la heredabilidad en sentido amplio, H, es parecida en los dos caracteres, la heredabilidad en sentido estricto es mayor en el carácter porcentaje de grasas, luego responderá mejor a la presión de selección. El parecido en las H nos está indicando que el porcentaje de la V_D (varianza de la dominancia) y V_I (varianza de la interacción) es mayor en el carácter peso, que tiene menor V_A.

15.8. El granjero propietario de las vacas del problema anterior, decide practicar selección artificial para incrementar el contenido en grasa de la leche de sus vacas. Selecciona como padres de la generación siguiente vacas que dan un 12 % más de grasa que el conjunto de sus vacas.

¿En cuánto se incrementaría el porcentaje de grasa en la generación siguiente?

Solución

La heredabilidad realizada es igual al cociente entre la respuesta conseguida y el diferencial de selección practicado. Despejando la respuesta conseguida, tendremos,

$$\text{Respuesta conseguida} = h^2 \times \text{diferencial de selección} = 0{,}4 \times 12\,\% = 4{,}8\,\%$$

15.9. East realizó cruces entre *Nicotiana langsdorjfii* y *Nicotiana alata* para estudiar la herencia de la longitud de la corola. Las clases paternas presentaban las siguientes distribuciones:

	Clase central (en mm)										
	19	**22**	**. . .**	**73**	**76**	**79**	**82**	**85**	**88**	**91**	**94**
N. l.	23	97									
N. a.				3	8	10	11	8	5	3	1

siendo los resultados del cruce los siguientes:

	Clase central (en mm)														
	22	25	28	31	34	37	40	43	46	49	52	55	58	61	64
F_1					1	4	24	16	1						
F_2	1	1	5	35	52	58	45	35	13	6	2	1	0	1	1

a) Calcule los parámetros estadísticos de las dos poblaciones, de la F_1 y de la F_2.

b) Explique los parámetros obtenidos desde el punto de vista de la Genética Cuantitativa.

Solución

a) Los parámetros estadísticos usuales en el análisis de un carácter cuantitativo son la media ($\bar{x}$) y la varianza (V). Aplicando las fórmulas indicadas anteriormente, los valores de estos parámetros en la experiencia de East son los siguientes:

Variedad	Media	Varianza
N. l.	21,24	1,41
N. a.	81,75	26,19
F_1	40,78	4,97
F_2	37,76	31,43

b) *N. alata* tiene una media claramente mayor que *N. langsdorjfii*, lo que se corresponde con el mayor valor de la varianza. La media de la F_1 es aproximadamente intermedia respecto de las medias de los padres, lo que estaría de acuerdo con la hipótesis de East. En la F_2 la media se mantiene aproximadamente igual a la media de la F_1, pero el valor de la varianza aumenta muchísimo. El genotipo de las plantas de la F_1 debe ser relativamente uniforme, lo que se refleja en una varianza pequeña; probablemente, los alelos que vienen de los padres dan lugar a un elevado porcentaje de heterozigosis, con alelos de una y de la otra especie, siendo dicha situación prácticamente igual para todas las plantas de la F_1; sin embargo, en la F_2 se observa una enorme dispersión de los datos alrededor de la media, incluso mayor que en la especie *N. alata*, debido a la segregación de los alelos «pequeños» o «grandes» de cada gen y a la transmisión de los genes, lo que propicia la formación de genotipos extremos, con combinaciones de genes próximos a una y otra especie.

Una manera de cuantificar, y comparar medias y varianzas de distinta magnitud, como en este caso, es calcular el coeficiente de variabilidad (CV), que es el cociente entre la dispersión (raíz cuadrada de la varianza) y la media multiplicado por cien:

Variedad	CV
N. l.	5,59
N. a.	6,26
F_1	5,47
F_2	14,85

Se ve que, a pesar de las diferencias entre las dos especies, su variabilidad es similar. Donde ésta aumenta extraordinariamente es en la F_2, debido a la segregación de los genes de las dos especies.

15.10. *Drosophila melanogaster* presenta en el tórax cuatro macroquetas, aunque algunos individuos pueden presentar alguna queta extra. Se realizó un experimento de selección artificial para aumentar el número de estas quetas extra, obteniendo un aumento espectacular de la media después de 22 generaciones,

Línea	Inicial	Gen. 22.ª
1SP	0,30	9,24
2SP	0,19	11,99

Para analizar los resultados se cruzaron moscas de la generación 22.ª con moscas de una cepa isogénica (ISO), homozigota para todos sus genes, que presentaba una media de quetas extra de 0,81, con los siguientes resultados:

	Cruce	F_1	F_2
1	0,81 × 9,24	3,29	3,35
2	0,81 × 11,99	2,41	4,82

En el primer cruce (ISO × 1SP), tanto la F_1 como la F_2 son algo menores que la media de los dos padres ($\bar{x} = 5{,}025$), pero similares entre sí, sin embargo, en el segundo cruce (ISO × 2SP), la F_1 tiene una media claramente menor que la media de los padres ($\bar{x} = 6{,}4$), mientras que en la F_2 la media aumenta respecto de la F_1. El estudio de la distribución de estas F_2 ayudó a encontrar la explicación de este comportamiento diferente de las dos líneas seleccionadas,

Número	0	1	2	3	4	5	6	7	8	9	10	11	12	13	14	15	16
1SP	29	60	132	128	156	115	74	33	16	5							
2SP	30	62	102	131	115	66	15	25	38	42	30	19	17	13	7	3	2

¿Cuál sería la explicación genética de estos resultados?

Solución

Si representamos en un eje de coordenadas las distintas clases (número de quetas extra en el eje de abcisas) y el número de moscas de cada clase (en el eje de ordenadas), la distribución de la línea 1SP es bastante uniforme y se parece a una distribución normal, mientras que en la línea 2SP aparece claramente una bimodalidad, dos distribuciones imbricadas, que podría interpretarse por la existencia de un gen mendeliano recesivo, que en heterozigosis no afecta al número de macroquetas extra, pero que en homozigosis produce un aumento de quetas extra. En la F_1 todas las moscas serían heterozigotas para dicho alelo recesivo y en la F_2 aproximadamente la cuarta parte sería homozigota, manifestando un mayor número de quetas extra y dando lugar a dicha distribución bimodal. Sería un ejemplo de la acción conjunta de un genotipo polímero, responsable de la variación continua del número de quetas extra, y de un gen mendeliano que aumenta el número de quetas extra.

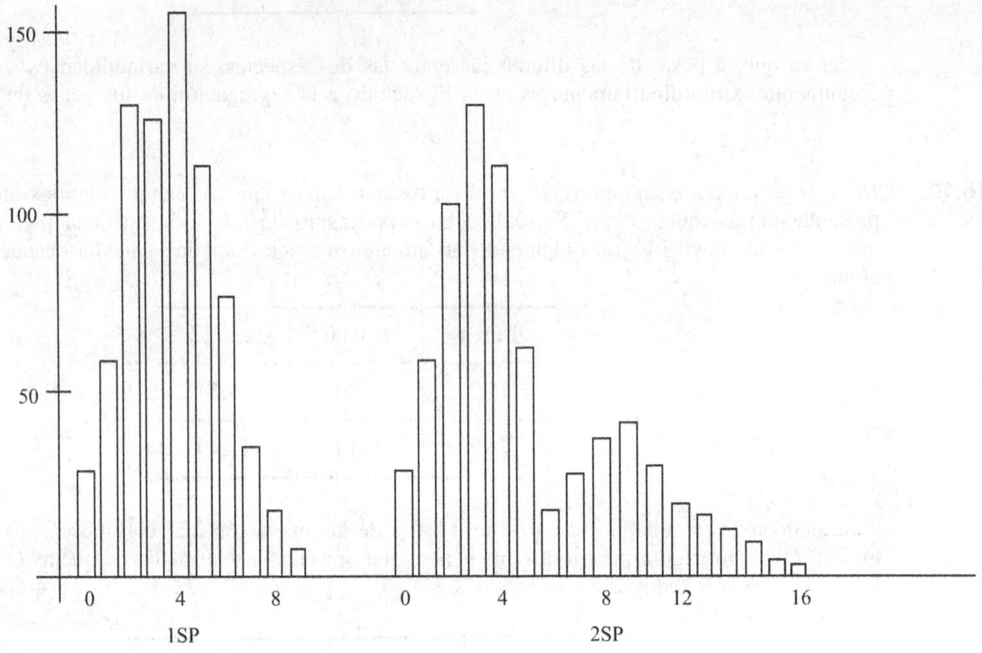

15.11. En el experimento de selección artificial por aumento del número de macroquetas dorsocentrales de *Drosophila* del Problema 15.10, se obtuvieron las siguientes distribuciones en las generaciones 8.ª y 9.ª,

	Número de quetas extra							
	0	1	2	3	4	5	6	7
8.ª	1	5	54	44	63	9	—	—
9.ª	—	1	21	41	96	13	3	1

El criterio de selección fue escoger en cada generación las 32 moscas con mayor número de quetas extra como padres de la siguiente generación.

a) ¿Cuál fue la heredabilidad conseguida?

b) ¿Cuál es el porcentaje de V_A?

c) Si la heredabilidad se mantiene, que es lo más probable, ¿cual sería la respuesta en la generación siguiente aplicando el mismo criterio de selección?

Solución

a) Para calcular la heredabilidad hay que tener en cuenta los parámetros de las poblaciones 8.ª y 9.ª,

Generación	$\bar{x}$ (*V*) Población	$\bar{x}$ Padres seleccionados
8.ª	3,079 (1,034)	4,281
9.ª	3,636 (0,827)	

Aplicando la fórmula para obtener la heredabilidad realizada, tendremos,

$$h^2 = \frac{3{,}636 - 3{,}079}{4{,}281 - 3{,}079} = 0{,}463$$

b) La varianza aditiva (V_A) se expresa como porcentaje respecto de la varianza total. La varianza total o fenotípica de la generación 8.ª es 1,034, por tanto,

$$h^2 = \frac{V_A}{V_T}$$

despejando:

$$V_A = h^2 \times V_T = 0{,}463 \times 1{,}034 \times 100 = 47{,}87\,\%$$

que sería el porcentaje de la variabilidad explicada por la varianza aditiva. El resto, el 52,13 %, es atribuible tanto a la varianza ambiental, (V_E), como a parte de la varianza genética que no se transmite a la descendencia ($V_D + V_I$).

c) Para calcular la respuesta a la selección en la generación 10.ª, hemos de tener en cuenta la fórmula de la heredabilidad, ya que,

$$h^2 = \frac{\mathrm{R}}{\mathrm{S}}$$

despejando:

$$\text{Respuesta} = h^2 \times \text{selección}$$

La media de quetas extra de las 32 moscas con más quetas de la generación 9.ª, que serán los padres de la siguiente generación, es 4,6875, luego,

$$\text{Respuesta} = 0{,}463 \times (4{,}6875 - 3{,}636) = 0{,}487$$

Como partimos de una media de 3,636, obtendremos en la generación siguiente una media de 3,636 + 0,487 = 4,123 quetas extra.

CAPÍTULO 16

LOS GENES EN LAS POBLACIONES

La técnica mendeliana para estudiar la herencia de los caracteres se basa en el cruce de individuos, con fenotipos distintos, y en el análisis de su descendencia. Se estudia la herencia en un contexto familiar.

El estudio de la herencia en un contexto poblacional requiere desarrollar modelos teóricos y utilizar técnicas estadísticas. Requiere cuantificar la variabilidad genética en el conjunto de los individuos que forman una población, sus frecuencias alélicas y genotípicas, y estudiar las causas que mantienen o modifican dichas frecuencias.

16.1. LEY DE HARDY-WEINBERG

La Ley de Hardy-Weinberg (H-W) es un modelo nulo, que permite estudiar las causas que intervienen en el mantenimiento o en la modificación de las frecuencias génicas y genotípicas en las poblaciones, es decir, en el conjunto de los genes de una población o de una especie, en un momento dado o a lo largo del tiempo.

Dada una población ideal, de tamaño infinito, cerrada (sin procesos migratorios), con apareamiento aleatorio entre sus miembros (panmixia), en donde los genes no sufren mutación y los distintos alelos de un gen confieren la misma eficacia a sus portadores (no hay selección), las frecuencias alélicas y genotípicas no variarán a lo largo de las generaciones.

La razón de esta estabilidad es simple. En el modelo más sencillo, un gen con dos alelos A_1 y A_2, y con genotipos A_1A_1, A_1A_2 y A_2A_2, presentará las frecuencias mostradas en la Tabla 16.1.

Tabla 16.1 Frecuencias alélicas y genotípicas

Alelos	A_1		A_2
Frecuencias	p		q
Genotipos	A_1A_1	A_1A_2	A_2A_2
Frecuencias	p^2	$2pq$	q^2

Siendo $p + q = 1$ y $(p + q)^2 = p^2 + 2pq + q^2 = 1$.

16.2. CÁLCULO DE LAS FRECUENCIAS GÉNICAS

Para caracterizar genéticamente una población hay que conocer las frecuencias génicas (alélicas). Su cálculo, según se trate de genes autosómicos, ligados al sexo, dominantes o recesivos, se realiza de la siguiente manera.

Genes autosómicos codominantes o con herencia intermedia:

Debido a que por la relación entre los alelos se pueden distinguir los tres genotipos, A_1A_1, A_1A_2 y A_2A_2, el cálculo de sus frecuencias es directo. Se suma el número de individuos que sabemos que son heterozigotos y el doble de los individuos homozigotos para un alelo dado, y se divide esto por el total de individuos multiplicado por 2 (ya que cada individuo lleva dos alelos).

$$A_1(p) = \frac{2 \times \text{número de } A_1A_1 + \text{número de } A_1A_2}{2 \times \text{número total}}$$

Para calcular la frecuencia del otro alelo (q) haremos lo mismo o restaremos de 1 (ya que $q = 1 - p$).

Una vez calculadas las frecuencias alélicas, comprobaremos, mediante una prueba de χ^2, con 1 g.l., si el número de individuos esperado de acuerdo con H-W y el número observado difieren o no significativamente (Tabla 16.2).

Tabla 16.2

Cálculo del número de genotipos esperado de acuerdo con Hardy-Weinberg, para compararlo con el número observado

Genotipo	Número esperado por H-W	Número observado
A_1A_1	$p^2 \times$ total	Número de A_1A_1
A_1A_2	$2pq \times$ total	Número de A_1A_2
A_2A_2	$q^2 \times$ total	Número de A_2A_2

Si no hay diferencias significativas será un indicio, pero sólo un indicio, de que la población está en equilibrio, es decir, de que en la población no han actuado factores que modifiquen las frecuencias alélicas.

Si en lugar de considerar el modelo simple, de un gen con dos alelos, consideramos un modelo mas realista, con varios alelos, la situación no varía sustancialmente (Tabla 16.3).

Tabla 16.3

Frecuencia alélicas y genotípicas en el caso de varios alelos

Alelos	Frecuencias	Genotipos	Frecuencias
A_1	p	A_1A_1	p^2
A_2	q	A_2A_2	q_2
A_3	r	A_3A_3	r^2
etc.	etc.	A_1A_2	$2pq$
		A_1A_3	$2pr$
		A_2A_3	$2qr$
		etc.	etc.

Siendo $p + q + r = 1$ y $(p + q + r)^2 = p^2 + q^2 + r^2 + 2pq + 2pr + 2qr = 1$

Genes autosómicos con dominancia:

Si no se distinguen los homozigotos dominantes (AA) de los heterozigotos (Aa), no podremos calcular directamente las frecuencias alélicas. Una forma indirecta es suponer que la población está en equilibrio (es decir, que el número de individuos observado y el esperado por H-W coinciden) y como la frecuencia de los homozigotos recesivos es,

$$q^2 = \text{frecuencia de aa}$$

la frecuencia del alelo recesivo será,

$$q = \sqrt{\text{frecuencia de aa}}$$

con lo que se obtiene una estima de la frecuencia del alelo recesivo *a*.

Cuando se consideran más de dos alelos, y las relaciones entre ellos no es exclusivamente de codominancia o de herencia intermedia, el cálculo de las frecuencias alélicas y la comprobación del equilibrio de H-W se complica algo (*véase* el Problema 16.9).

Genes ligados al X (o al Z) codominantes o con herencia intermedia:

Para genes ligados al X (o al Z) hay que tener en cuenta la estructura genotípica de la población (Tabla 16.4).

Tabla 16.4 **Estructura genotípica de una población para un gen ligado al sexo**

Hembras	Machos
A_1A_1, A_1A_2, A_2A_2	A_1, A_2
p^2, $2pq$, q^2	p, q

La frecuencia de los fenotipos de los machos nos da directamente la frecuencia de los alelos. Si la población está en equilibrio de H-W, no detectaremos diferencias significativas en las hembras entre el número esperado, teniendo en cuenta las frecuencias alélicas de los machos, y el número observado.

Para una estima conjunta de las frecuencias alélicas hay que tener en cuenta que en las hembras (o en los machos, en especies con determinación ZW) se encuentran las dos terceras partes de los alelos de un gen dado y, por ello, el cálculo de las frecuencias alélicas tiene que hacerse de acuerdo con las fórmulas,

$$A_2 = q = \frac{2C + B + E}{2N_h + N_m} \quad \text{o} \quad A_2 = q = \frac{2Q + H + S}{3}$$

siendo

B = número de genotipos A_1A_2.
C = número de genotipos A_2A_2.
E = número de genotipos A_2Y.
N_h = número de hembras.
N_m = número de machos.

Q = frecuencia de A_2A_2.
H = frecuencia de A_1A_2.
S = frecuencia de A_2Y.

Genes ligados al X (o al Z) con dominancia:

Una fórmula eficiente para calcular las frecuencias alélicas en las hembras es,

$$q = \frac{-D + \sqrt{D^2 + 4(2N_h + N_m)(2C + E)}}{2(2N_h + N_m)}$$

en donde D = número de genotipos A_1Y.

16.3. MODIFICACIÓN DE LAS FRECUENCIAS GÉNICAS O GENOTÍPICAS

Teniendo en cuenta las condiciones ideales para que se cumpla el equilibrio de Hardy-Weinberg, las excepciones al modelo nos permiten averiguar las causas que lo modifican en las poblaciones reales y que dan lugar al cambio de las frecuencias alélicas y/o genotípicas.

- Un alelo presente en la población desaparece y se convierte en otro por **mutación**, con el consiguiente cambio de las frecuencias alélicas de la población. Como en principio cualquier alelo puede mutar a cualquier otro, se puede establecer el siguiente equilibrio,

$$A_1(p) \underset{v}{\overset{u}{\rightleftarrows}} A_2(q)$$

en donde u es la tasa de mutación directa, de A_1 a A_2, y v la tasa de mutación retrógrada, de A_2 a A_1. El equilibrio se alcanzará cuando el número de alelos A_1 que pasa a A_2 ($p \times u$) sea igual al número de alelos A_2 que pasa a A_1 ($q \times v$), es decir, cuando $p \times u = q \times v$, por lo que sustituyendo $q = (1 - p)$ o $p = (1 - q)$, tendremos,

$$p = \frac{v}{u + v} \quad \text{y} \quad q = \frac{u}{u + v}$$

Debido a que las tasas de mutación (por gen y por generación) son muy bajas, los cambios en frecuencias alélicas por mutación son lentísimos.

■ La **migración** de los individuos de una población puede aumentar o disminuir la frecuencia de los alelos de la misma, de hecho, tiene efectos similares a la mutación, pero en un orden de escala muy superior. Si emigran individuos, desaparecen con ellos sus alelos de la población. Si entran individuos en una población, aparecen en ésta nuevos alelos. En uno y otro caso podrá haber cambios en las frecuencias alélicas de la población.

La tasa de cambio por gen y por generación depende del porcentaje de migrantes y de la frecuencia de sus alelos. En un modelo simple, llamado continente ⇒ isla, en donde el sentido de la migración es unidireccional y sólo queda afectada la población de la isla, el cambio en las frecuencias alélicas será el siguiente,

$$p_{t+1} = p_i(1 - m) + mp_c$$

en donde p_{t+1} es la nueva frecuencia de A_1 en la isla en la generación $t + 1$, después de la migración, p_i es la frecuencia de A_1 en los habitantes de la isla antes de la migración, p_c es la frecuencia de A_1 en los habitantes del continente antes de la migración, y m es la tasa de migración (en tantos por 1) de migrantes del continente respecto de los habitantes de la isla, que lógicamente quedarán después de la migración en $(1 - m)$.

Si se conocen los cambios en frecuencias alélicas habidos como consecuencia de la migración, se puede estimar la tasa de migración despejando m.

■ La **selección natural** puede disminuir la frecuencia de ciertos alelos que confieren menos eficacia a sus portadores, permitiendo, en contrapartida, que aumenten otros. En el modelo más simple, un gen con dos alelos, si la selección (s) actúa en contra de un alelo recesivo[1], disminuirá el número de los genotipos A_2A_2 en una fracción s,

Genotipos	A_1A_1	A_1A_2	A_2A_2
Frecuencias	p_0^2	$2p_0q_0$	q_0^2
Eficacia	1	1	$1 - s$

La siguiente generación tendrá una frecuencia igual al producto de la eficacia por la frecuencia de la generación anterior,

$$p_0^2 + 2p_0q_0 + q_0^2(1 - s) = \boxed{p_0^2 + 2p_0q_0 + q_0^2} - sq_0^2 = (1 - sq_0^2)$$

es decir, por efecto de la selección la frecuencia de los genotipos A_2A_2 (q_0^2) disminuirá en un valor igual al producto de su frecuencia por el coeficiente de selección s.

La frecuencia del alelo A_2 en la generación siguiente será,

La mitad de los alelos de A_1A_2 ($2p_0q_0$) es A_2

Genotipos A_2A_2 que quedan después de la selección

$$A_2(q_1) = \frac{p_0q_0 + q_0^2(1 - s)}{1 - sq_0^2}$$

Generación siguiente después de la selección

[1] La recesividad se refiere aquí al efecto de los alelos sobre la eficacia biológica, no en cuanto a sus efectos fenotípicos.

y el cambio de la frecuencia de A_2, o incremento (positivo o negativo) de q_0 (Δq_0), será,

$$\Delta q_0 = q_1 - q_0 = \frac{p_0 q_0 + q_0^2(1 - s)}{1 - sq_0^2} - q_0 = -\frac{sq_0^2(1 - q_0)}{1 - sq_0^2}$$

Para llegar a la fórmula final hay que sustituir p_0 por su igual $(1 - q_0)$.

En este caso el Δq_0 es negativo, ya que la selección elimina genotipos A_2A_2.

- Las poblaciones son de tamaño finito, lo que da lugar a que los gametos que pasan de una generación a la siguiente estén sujetos a errores de muestreo; por azar pueden pasar a la siguiente generación más alelos de un tipo que de otro, por lo que sus frecuencias pueden variar aleatoriamente, lo que recibe el nombre de **deriva genética.** En una población dada, el efecto de la deriva será tanto mayor cuanto menor sea su tamaño y puede dar lugar a que un alelo desaparezca y el otro quede fijado. No obstante, en un conjunto de muchas poblaciones, lo que variará serán las frecuencias genotípicas, aumentando los homozigotos, sin que varíen las frecuencias alélicas en el conjunto.
- Los individuos no se aparean totalmente al azar sino que lo hacen siguiendo ciertos criterios de semejanza, **apareamiento selectivo,** o de parentesco, **apareamiento consanguíneo**. El apareamiento no aleatorio (selectivo o consanguíneo), al igual que la deriva genética, modifica las frecuencias genotípicas, aumentando los homozigotos sin que varíen en un conjunto de poblaciones las frecuencias alélicas. El apareamiento no aleatorio es una consecuencia del tamaño finito de las poblaciones.

16.4. CÁLCULO DEL COEFICIENTE DE CONSANGUINIDAD INDIVIDUAL

En una genealogía es posible calcular el coeficiente de consanguinidad individual, que es equivalente a la probabilidad de que un individuo dado sea homozigoto debido al parentesco de sus padres (Figura 16.1).

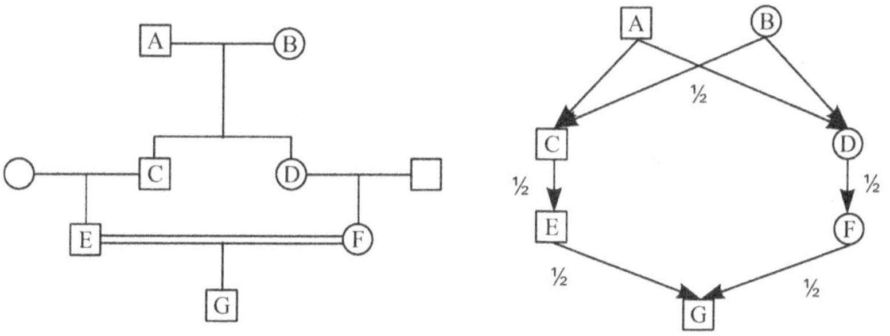

Figura 16.1. Izquierda: Genealogía del cruce entre dos primos hermanos. Derecha: Individuos de la genealogía que generan consanguinidad (A y B) y la transmiten a G.

En la Figura 16.1 (izquierda) se representa una genealogía, del matrimonio consanguíneo entre dos primos hermanos, E y F. Para calcular el coeficiente de consanguinidad de su hijo G, es decir, la probabilidad de que G sea homozigoto para genes que reciba de sus antepasados, en la parte de la derecha se representa de qué manera A y B, los bisabuelos de G, le transmiten sus genes por dos vías para encontrarse en el individuo G y dar lugar a homozigosis, así como la probabilidad de cada suceso de transmisión. En estos esquemas se omiten, lógicamente, los individuos que no pueden pasar a G sus genes por dos vías.

Si el individuo A es heterozigoto, A_1A_2, la probabilidad de que sus hijos C y D reciban el mismo alelo, A_1 o A_2, es de 1/2; de que C transmita a E el alelo que recibe de A es de 1/2, y así sucesivamente en los demás casos. La probabilidad de que G reciba el mismo alelo de A es el producto de todas las probabilidades parciales, o $(1/2)^5 = 0{,}03125$. De hecho hemos establecido un sendero a través del cual G recibe de A réplica del mismo alelo, es decir, consanguinidad. Dicho sendero está compuesto por cinco individuos. Si comenzamos el sendero en G y seguimos en el sentido de las agujas del reloj, éste está compuesto por E C $\underline{A}$ D F, siendo A quien genera la consanguinidad, que se subraya. Lo mismo podríamos decir de B.

Como a G, la consanguinidad le viene de A o le viene de B, la probabilidad de que sea homozigoto para cualquiera de los alelos de A o de B es la suma de las probabilidades que genera cada sendero, es decir, $2 \times (1/2)^5 = 0{,}0625$.

Para calcular el coeficiente de consanguinidad en una genealogía hay que seguir una serie de reglas prácticas:

- Un sendero no puede pasar dos veces por el mismo individuo.
- El sendero se recorre en una sola dirección (en el sentido de las agujas del reloj, por ejemplo).
- Todo individuo que reciba alelos de un antecesor por dos vías y los transmita por dos vías al individuo problema será origen de consanguinidad para éste.
- En el caso de genes ligados al sexo, se eliminarán aquellos senderos en donde haya dos varones consecutivos, ya que el primer varón pasará al segundo el cromosoma Y, con lo que se interrumpirá la transmisión del cromosoma X que viene de un antecesor; así mismo, en los senderos en donde participen varones, se reducirá el número de componentes del sendero en un número igual al de varones, no consecutivos, que haya en el sendero, ya que un varón recibe de su madre un cromosoma X que transmite obligatoriamente a su hija.

En la solución de los Problemas 16.14 y 16.15 encontrará nuevas precisiones para el cálculo del coeficiente de consanguinidad individual.

PROBLEMAS RESUELTOS

16.1. Dada una población en equilibrio de Hardy-Weinberg, ¿cuál es la frecuencia del alelo A_1 si la frecuencia de los homozigotos A_2A_2 es:

a) 0,49. b) 0,04. c) 25 %. d) 36 %.

Solución

Si la frecuencia del alelo A_1 es (p), la de A_2 es (q), entonces, la frecuencia de los homozigotos A_2A_2 será q^2, luego q será igual a la raíz cuadrada de la frecuencia de los homozigotos A_2A_2 y p será lo que resta hasta 1.

a) Frecuencia del alelo $A_2 = q = \sqrt{0{,}49} = 0{,}7$, luego A_1 (p) = 0,3.
b) Frecuencia del alelo $A_2 = q = \sqrt{0{,}04} = 0{,}2$, luego A_1 (p) = 0,8.
c) Frecuencia del alelo $A_2 = q = \sqrt{0{,}25} = 0{,}5$, luego A_1 (p) = 0,5.
d) Frecuencia del alelo $A_2 = q = \sqrt{0{,}36} = 0{,}6$, luego A_1 (p) = 0,4.

16.2. Dada una población en equilibrio de Hardy-Weinberg, supongamos que la frecuencia del alelo A_1 es de 0,7 y la del alelo A_2, de 0,3.

a) ¿Qué porcentaje de la población será homozigota?
b) ¿Cuáles serán las frecuencias génicas y genotípicas después de una generación, si dejamos que se crucen sólo los heterozigotos.

Solución

a) Homozigotos $A_1A_1 + A_2A_2 = p^2 + q^2 = 0{,}7^2 + 0{,}3^2 = 0{,}58$ o el 58 %.
b) Si dejamos que se crucen sólo los heterozigotos tendremos, $A_1A_2 \times A_1A_2 = 1/4\ A_1A_1 + 2/4\ A_1A_2 + 1/4\ A_2A_2$, es decir, la frecuencia de A_1 = frecuencia de A_2 = 0,5.

16.3. Supongamos que una población está en equilibrio de Hardy-Weinberg, ¿cuál sería la frecuencia de los heterozigotos Aa si la frecuencia del fenotipo dominante es 0,19?

Solución

El fenotipo dominante lo forman los homozigotos AA más los heterozigotos Aa, luego

$$AA(p^2) + Aa(2pq) = 0{,}19; \qquad aa(q^2) = 1 - 0{,}19 = 0{,}81$$

La frecuencia del alelo a sería $q = \sqrt{0{,}81} = 0{,}9$. La frecuencia del alelo A sería $1 - 0{,}9 = 0{,}1$, por tanto, la frecuencia del heterozigoto Aa sería $2pq = 2 \times 0{,}1 \times 0{,}9 = 0{,}18$.

16.4. Se inició una población experimental de *Drosophila melanogaster*, con un 50 % de individuos normales y un 50 % de individuos mutantes para el color del ojo recesivo *caramel* (cml; 2:71,2). Después de varios meses, se tomó una muestra de 2.000 moscas, de las que sólo 10 presentaban el fenotipo mutante.

a) ¿Cuál es la frecuencia del alelo *caramel* en la población?

b) ¿Cuál es la estructura genética de la población?

Solución

a) Como el mutante *caramel* es recesivo, las moscas que manifiestan dicho fenotipo son homozigotas, luego la frecuencia de moscas homozigotas en la población será 10/2.000 = 0,005. La frecuencia del alelo mutante será,

$$cml = \sqrt{0{,}005} = 0{,}07071 = 7{,}071\,\%$$

b) La frecuencia del alelo normal será $cml^+ = 1 - 0{,}07071 = 0{,}92929$, por tanto, la estructura genética de la población será la siguiente,

Genotipos	Frecuencias	Número
homozigotos normales	$0{,}92929^2 = 0{,}8636$	1.727
heterozigotos	$2 \times 0{,}92929 \times 0{,}07071 = 0{,}1314$	263
homozigotos *caramel*	0,005	10

16.5. Disponemos de una serie de poblaciones, con el siguiente número de individuos:

	A_1A_1	A_1A_2	A_2A_2
I	430	480	90
II	423	456	121
III	640	320	40
IV	130	1.950	7.920

a) Sin hacer ningún tipo de cálculo, ¿puede opinar sobre cuál de estas cuatro poblaciones está en equilibrio de Hardy-Weinberg?

b) Compruebe su opinión calculando qué poblaciones se encuentran en equilibrio.

Solución

b) Para comprobar si dichas poblaciones se encuentran en equilibrio de Hardy-Weinberg, es decir, si el número de cada uno de los genotipos coincide con el número esperado de acuerdo con Hardy-Weinberg, lo primero que hay que hacer es estimar las frecuencias de los dos alelos y, con dicha frecuencia, obtener el número esperado de acuerdo con Hardy-Weinberg:

Población I. Frec. de $A_1 = \frac{2 \times 430 + 480}{2 \times 1.000} = 0{,}67$. Frec. de $A_2 = 0{,}33$:

Genotipo	Número esperado	Número observado	χ^2
A_1A_1	$0{,}67^2 \times 1.000 = 448{,}9$	430	0,8
A_1A_2	$2 \times 0{,}67 \times 0{,}33 \times 1.000 = 442{,}2$	480	3,2
A_2A_2	$0{,}33^2 \times 1.000 = 108{,}9$	90	3,3

χ^2 total = 7,3, con 1 g.l., $0{,}01 > P > 0{,}001$

Población II. Frec. de $A_1 = \frac{2 \times 423 + 456}{2 \times 1.000} = 0{,}651$. Frec. de $A_2 = 0{,}349$:

Genotipo	Número esperado	Número observado	χ^2
A_1A_1	$0{,}651^2 \times 1.000 = 423{,}8$	423	0,0015
A_1A_2	$2 \times 0{,}651 \times 0{,}349 \times 1.000 = 454{,}4$	456	0,0056
A_2A_2	$0{,}349^2 \times 1.000 = 121{,}8$	121	0,0052

χ^2 total = 0,012, con 1 g.l., $P \approx 0{,}90$

Población III. Frec. de $A_1 = \frac{2 \times 640 + 320}{2 \times 1.000} = 0{,}8$. Frec. de $A_2 = 0{,}2$:

Genotipo	Número esperado	Número observado	χ^2
A_1A_1	$0{,}8^2 \times 1.000 = 640$	640	0
A_1A_2	$2 \times 0{,}8 \times 0{,}2 \times 1.000 = 320$	320	0
A_2A_2	$0{,}2^2 \times 1.000 = 40$	40	0

χ^2 total = 0

Población IV. Frec. de $A_1 = \frac{2 \times 130 + 1.950}{2 \times 10.000} = 0{,}1105$. Frec. de $A_2 = 0{,}8895$:

Genotipo	Número esperado	Número observado	χ^2
A_1A_1	$0{,}1105^2 \times 10.000 = 122{,}1$	130	0,51
A_1A_2	$2 \times 0{,}1105 \times 0{,}8895 \times 10.000 = 1.965{,}8$	1.950	0,13
A_2A_2	$0{,}8895^2 \times 10.000 = 7.912{,}1$	7.920	0,01

χ^2 total = 0,65, con 1 g.l., $0{,}50 > P > 0{,}30$

La población I no se encuentra en equilibrio, mientras que las restantes sí.

16.6. En una población numerosa, hay un 36 % de ratones con pelaje rojo y un 64 % con pelaje negro. A partir exclusivamente de estos datos,

a) ¿Se puede deducir qué alelo es dominante y cuál recesivo?

b) ¿Se pueden calcular sus frecuencias?

Solución

a) No se puede deducir qué alelo es dominante y cuál recesivo, ya que si el alelo para rojo fuera el dominante, el alelo para negro tendría una frecuencia de $q = \sqrt{0,64} = 0,8$ y el alelo para rojo, de $p = 0,2$, lo que estaría de acuerdo con las frecuencias fenotípicas, $0,2^2 + 2 \times 0,2 \times 0,8 = 0,36$. Pero también sería cierto lo contrario, ya que si el alelo para rojo fuera el recesivo, tendría una frecuencia de $q = \sqrt{0,36} = 0,6$ y el alelo para negro, de $p = 0,4$, que también estaría de acuerdo con las frecuencias fenotípicas, $0,4^2 + 2 \times 0,4 \times 0,6 = 0,64$.

b) Se pueden calcular sus frecuencias en ambos supuestos, pero sin saber cuál de los supuestos coincide con la realidad.

16.7. En una población dada, la frecuencia del genotipo homozigoto recesivo es ocho veces menor que la frecuencia de los heterozigotos, ¿cuál es la frecuencia del alelo dominante en dicha población?

Solución

Si multiplicamos por ocho la frecuencia de los homozigotos recesivos, la igualaremos a la frecuencia de los heterozigotos:

$$8 \times q^2 = 2pq$$
$$8 \times q\cancel{q} = 2p\cancel{q} \qquad \text{simplificando,}$$
$$4q = p$$
$$4(1 - p) = p \qquad \text{sustituyendo } q \text{ por su igual } (1 - p)\text{:}$$
$$4 - 4p = p$$
$$4 = 5p$$
$$p = 4/5 = 0,8$$

16.8. En la Unión Europea, la frecuencia de individuos albinos en la población es, aproximadamente, de 1 por cada 20.000 nacidos vivos.

a) Supongamos que los matrimonios entre una persona pigmentada y otra no pigmentada (albina) se producen al azar (sin tener en cuenta la pigmentación de la piel), ¿cuál es la probabilidad de que se den dichos tipos de matrimonios y de que nazcan descendientes albinos?

b) ¿Qué proporción de los albinos de la población tendrán los dos padres normales?

Solución

a) Si la frecuencia de albinos en la población es $q^2 = \dfrac{1}{20.000}$, la frecuencia del alelo albino será $q = \sqrt{\dfrac{1}{20.000}} = 0,0071$ y la frecuencia del alelo normal, $p = 0,9929$.

La probabilidad de que nazca un albino en el matrimonio entre una persona pigmentada y otra no pigmentada depende de que la persona pigmentada sea heterozigota para el albinismo, y por tanto será,

Se pueden producir dos tipos de matrimonios: ♂ albino × ♀ pigmentada y ♂ pigmentado × ♀ albina → 2

Frecuencia de albino y pigmentado → q^2 (aa) × $2pq$ (Aa)

Probabilidad de que el hijo sea albino → $1/2$

$$2 \times \underset{\text{aa}}{q^2} \times \underset{\text{Aa}}{2pq} \times 1/2$$

La probabilidad de que se den matrimonios entre personas albinas y pigmentadas es,

$$2 \times q^2 \times 2pq + 2 \times q^2 \times p^2$$

luego el cociente nos dará la probabilidad de que nazcan hijos albinos de ese tipo de matrimonio.

$$\frac{2 \times q^2 \times 2pq \times 1/2}{2 \times q^2 \times 2pq + 2 \times q^2 \times p^2}$$

simplificando, $$\frac{2pq \times 1/2}{2pq + p^2}$$

$$\frac{q}{2q + p}$$

sustituyendo p por su igual, $$\frac{q}{2q + (1 - q)}$$

simplificando, $$\frac{q}{q + 1} = 0{,}00702$$

b) La probabilidad de que nazca un individuo albino de un matrimonio en el que los dos son pigmentados, depende de que los dos sean heterozigotos, es decir:

$$2pq \times 2pq \times 1/4 = 4p^2q^2 \times 1/4 = p^2q^2$$

Como la frecuencia de individuos albinos en la población es q^2, tendremos,

$$\frac{p^2q^2}{q^2} = p^2 = 0{,}986$$

es decir, el 98,6 % de los albinos de la población habrá nacido de parejas en las que los dos eran pigmentados.

16.9. Beckman y Kallstenius llevaron a cabo un análisis de los grupos sanguíneos ABO y Rh entre estonios, separando los resultados de las zonas occidental (costa e islas próximas) y oriental (próximas a Rusia) encontrando lo siguiente,

	A	B	AB	O	Rh+	Rh−
Parte occidental	14	17	3	20	41	13
Parte oriental	43	16	4	34	74	23

Nota: datos ligeramente modificados.

a) ¿Cuáles son las frecuencias alélicas de cada grupo sanguíneo?
b) ¿Se encuentran las dos poblaciones en equilibrio de Hardy-Weinberg?
c) ¿Hay diferencias significativas entre las dos muestras?

Solución

a) Para la parte occidental, en el caso del grupo sanguíneo ABO, como el alelo O es recesivo, no podremos calcular directamente las frecuencias alélicas.

Siendo la frecuencia de los tres alelos en la población,

$$A = p; \quad B = q; \quad O = r$$

las frecuencias fenotípicas serán,

Fenotipos	**A**	**B**	**AB**	**O**
Genotipos	AA + AO	BB + BO	AB	OO
Frecuencias	$p^2 + 2pr$	$q^2 + 2qr$	$2pq$	r^2

$$\text{OO} = r^2, \text{ luego } r = \sqrt{\text{OO}} = \sqrt{\frac{20}{54}} = 0{,}6086.$$

Como $\text{B}- + \text{OO} = q^2 + 2qr + r^2 = (q + r)^2$, despejando q tendremos,

$$q = \sqrt{\text{B} + \text{OO}} - r; \qquad q = \sqrt{\frac{17 + 20}{54}} - 0{,}6086 = 0{,}2192$$

Igualmente $\text{A}- + \text{OO} = p^2 + 2pr + r^2 = (p + r)^2$, despejando p tendremos,

$$p = \sqrt{\text{A} + \text{OO}} - r; \qquad p = \sqrt{\frac{14 + 20}{54}} - 0{,}6086 = 0{,}1849$$

La suma de las frecuencias de los tres alelos tiene que ser igual a 1, sin embargo, 0,6086 + 0,2192 + 0,1849 = 1,0127. Como la suma da un valor mayor que 1 (podría haber dado menor que 1) se aplica la corrección de Bernstein, siendo $D = 1 - (p + q + r)$:

$$p^* = p(1 + D/2); \quad q^* = q(1 + D/2); \quad r^* = (r + D/2)(1 + D/2)$$

en donde D es la diferencia respecto de 1 con su signo.

En nuestro caso tendremos,

$$D = -0{,}0127$$
$$p^* = 0{,}1849(1 - 0{,}0127/2) = 0{,}184$$
$$q^* = 0{,}2191(1 - 0{,}0127/2) = 0{,}218$$
$$r^* = (0{,}6086 - 0{,}0127/2)(1 - 0{,}0126/2) = 0{,}598$$

La suma de estas frecuencias corregidas da un valor igual a 1. Si la corrección no diera una suma igual o muy próxima a 1, se podría aplicar de nuevo la corrección con el nuevo valor de D.

Para el grupo sanguíneo Rh, ya que la relación entre los alelos es de dominancia, hay que suponer que la población está en equilibrio, por lo que,

$$\text{Rh}^- = \sqrt{\frac{13}{54}} = 0{,}491$$

Para la parte oriental, en el caso del grupo sanguíneo ABO y aplicando la misma metodología que antes, tendremos,

$$p^* = 0{,}296; \quad q^* = 0{,}125; \quad r^* = 0{,}579$$

Y para el grupo sanguíneo Rh,

$$\text{Rh}^- = \sqrt{\frac{23}{97}} = 0{,}487$$

En conjunto tendremos:

Fenotipos	A	B	O	Rh+	Rh−
Occidental	0,184	0,218	0,598	0,51	0,49
Oriental	0,296	0,125	0,579	0,51	0,49

b) Para realizar una prueba de chi cuadrado, hemos de calcular los valores esperados teniendo en cuenta las frecuencias alélicas y el número de individuos analizados,

Número esperado de fenotipos en la población occidental:

A = $(p^2 + 2pr)$N = $(0{,}184^2 + 2 \times 0{,}184 \times 0{,}598)54 = 13{,}71$.

B = $(q^2 + 2qr)$N = $(0{,}218^2 + 2 \times 0{,}218 \times 0{,}598)54 = 16{,}65$.

AB = $2pq \times$ N = $2 \times 0{,}184 \times 0{,}218 \times 54 = 4{,}33$.

O = $r^2 \times$ N = $0{,}598^2 \times 54 = 19{,}31$.

Las diferencias entre los valores observados y esperados son mínimas, luego podemos considerar que la población se encuentra en equilibrio.

Número esperado de fenotipos en la población oriental:

A = $(p^2 + 2pr)$N = $(0{,}296^2 + 2 \times 0{,}296 \times 0{,}579)97 = 41{,}75$.

B = $(q^2 + 2qr)$N = $(0{,}125^2 + 2 \times 0{,}125 \times 0{,}579)97 = 15{,}56$.

AB = $2pq \times$ N = $2 \times 0{,}125 \times 0{,}296 \times 97 = 7{,}18$.

O = $r^2 \times$ N = $0{,}579^2 \times 97 = 32{,}52$.

En este caso las diferencias son también pequeñas, aunque algo mayores que antes, con un chi cuadrado igual a 1,52, que con 1 g.l.[2] da $0{,}30 > P > 0{,}20$.

c) Para ver si hay diferencias significativas entre las dos muestras, una manera relativamente sencilla de hacerlo es utilizar un test de independencia en una tabla 2 × 2. Para ello podemos agrupar los datos de varias maneras:

	A + B + AB	O	Total
Occidental	34(a)	20(b)	54(a + b)
Oriental	63(c)	34(d)	97(c + d)
Total	97(a + c)	54(b + d)	151(a + b + c + d = n)

Aquí hemos reunido los grupos A, B y AB.

El modo de operar es el siguiente:

$$\chi^2 = \frac{(ad - bc)^2 n}{(a + b)(c + d)(a + c)(b + d)} = \frac{(34 \times 34 - 20 \times 63)^2 151}{(54 \times 97 \times 54 \times 97)} = 0{,}059$$

que con un grado de libertad, no da diferencias significativas.

[2] Aunque hay cuatro clases, tendremos sólo un grado de libertad, ya que hay que quitar un grado de libertad por las clases, otro por los parámetros (las frecuencias de los alelos se calculan a partir de los valores fenotípicos) y otro por el total.

Sin embargo, si agrupamos A + AB respecto de B + O o B + AB respecto de A + O, y calculamos los correspondientes chi cuadrado, tendremos:

	A + AB	B + O	Total	B + AB	A + O	Total
Occidental	17	37	54	20	34	54
Oriental	47	50	97	20	77	97
Total	64	87	151	40	111	151
	$\chi^2 = 4{,}09$			$\chi^2 = 4{,}80$		

que con un grado de libertad resultan significativos.

Es decir, en la población oriental hay una mayor frecuencia del alelo A y una menor frecuencia del B, significativamente, mientras que no hay diferencias respecto del fenotipo O.

16.10. La hemofilia es una enfermedad ligada al cromosoma X, que afecta a la coagulación de la sangre y de la que existen dos tipos, la A (defectos en el factor VIII) es mucho más frecuente que la B (deficiencia del factor IX). En la especie humana se estima que hay 1 varón afectado por cada 10.000 sanos. Durante mucho tiempo se creyó que la hemofilia no se daba en la mujer. Indique al menos dos razones que van en contra de esta falsa creencia.

Solución

Si en la especie humana hay un varón afectado por cada 10.000 sanos, este dato nos da directamente la frecuencia del alelo para la hemofilia tipo A, que será $q = 1 \times 10^{-4}$, y la del alelo normal, $p = 0{,}9999$. Si la población está en equilibrio, la frecuencia de las mujeres hemofílicas será $q^2 = (0{,}0001)^2 = 1 \times 10^{-8}$, es decir, de una mujer cada cien millones. Esta baja frecuencia podría ser una de las razones para no encontrar mujeres hemofílicas. Si a estos cálculos añadimos el hecho de que una mujer hemofílica tiene que provenir de la unión entre una mujer heterozigota (cuya frecuencia sería $2pq = 2 \times 0{,}9999 \times 0{,}0001 \approx 0{,}0002$) y un varón hemofílico, y que los varones hemofílicos tenían, no hace muchos años, poca esperanza de vida y difícilmente alcanzaban la edad adulta, tendríamos otra de las razones.

16.11. Diversos análisis de poblaciones de gatos de distintas poblaciones dieron los siguientes resultados en relación con los fenotipos negro, amarillo y carey:

	Chicago	Francia rural	Melbourne	New York	París
♀♀ **negras**	86	250	50	80	476
♀♀ **carey**	48	103	14	26	56
♀♀ **amarillas**	8	2	0	2	3
♂♂ **negros**	97	211	23	97	319
♂♂ **amarillos**	28	34	9	18	28

Teniendo en cuenta que las hembras «carey» son heterozigotas n/a, ¿están las poblaciones en equilibrio de Hardy-Weinberg?

Solución

Para ver si estas poblaciones están en equilibrio de Hardy-Weinberg, como se trata de genes ligados al X, hay que estimar las frecuencias alélicas de acuerdo con la fórmula,

$$A_2(q) = \frac{2C + B + E}{2N_h + N_m}$$

Aplicando esta fórmula para la población de Chicago, el alelo amarillo tendría la siguiente frecuencia,

$$A_2(q) = \frac{2 \times 8 + 48 + 28}{2 \times 142 + 125} = 0{,}225$$

	Chicago	Francia rural	Melbourne	New York	París
Alelo negro	0,775	0,852	0,856	0,855	0,936
Alelo amarillo	0,225	0,148	0,144	0,145	0,064

Una vez calculadas las frecuencias alélicas, habrá que estimar los valores esperados de los distintos fenotipos y realizar una prueba de χ^2, con 2 g.l.

		Chicago		Francia rural		Melbourne		New York		París	
		Obs.	**Esp.**	**Obs.**	**Esp.**	**Obs.**	**Esp.**	**Obs.**	**Esp.**	**Obs.**	**Esp.**
1	♀♀ **nn**	86	85,3	250	257,9	50	46,9	80	78,9	476	469,2
2	♀♀ **na**	48	49,5	103	89,3	14	15,8	26	26,8	56	63,6
3	♀♀ **aa**	8	7,2	2	7,7	0	1,3	2	2,3	3	2,2
4	♂♂ **n**	97	96,9	211	208,8	23	27,4	97	98,3	319	325,0
5	♂♂ **a**	28	36,2	34	36,2	9	4,6	18	16,7	28	22,0
	χ^2	0,15		6,7		6,6		0,2		3,1	
	P	$P \approx 0{,}9$		$0{,}05 > P > 0{,}01$		$0{,}05 > P > 0{,}01$		$P \approx 0{,}9$		$P \approx 0{,}20$	

Realmente, las diferencias entre los valores observados y esperados son pequeñas. Las únicas poblaciones con diferencias significativas son las de Francia rural, en donde quizás el exceso de hembras heterozigotas carey pueda deberse a preferencias humanas por dicho fenotipo, y la población de Melbourne, en donde la contribución mayor al χ^2 total viene del exceso de machos amarillos. Debido a que el tamaño de la muestra es pequeño, es posible que esto haya tenido influencia.

16.12. En la especie humana se ha estimado que la frecuencia de mutación directa de algunos genes responsables de condiciones patológicas es del orden de $0{,}5 \times 10^{-5}$. Las frecuencias de mutación retrógrada suelen ser de 5 a 10 veces menores. Con estos datos, y teniendo en cuenta sólo la tasa de mutación, ¿cuáles serían las frecuencias en el equilibrio? Comente sus resultados.

Solución

De acuerdo con el equilibrio entre la mutación directa y la retrógrada, $p \times u = q \times v$, en donde p es la frecuencia del alelo normal; u, la tasa de mutación directa; q, la frecuencia del alelo mutante; y v, la tasa de mutación retrógrada, la frecuencia de p sería,

$$\text{límite superior: } 0{,}1 \times 10^{-5}/(0{,}1 \times 10^{-5} + 0{,}5 \times 10^{-5}) = 0{,}17$$
$$\text{límite inferior: } 0{,}5 \times 10^{-6}/(0{,}5 \times 10^{-6} + 0{,}5 \times 10^{-5}) = 0{,}09$$

lo que da unas frecuencias anormalmente bajas para el alelo normal y, por consiguiente, anormalmente elevadas para el alelo mutante. Lógicamente, hay otros factores que están interviniendo en este equilibrio, siendo el más importante la menor eficacia biológica de los alelos mutantes.

16.13. Imagine que llegan 200 inmigrantes para establecerse en Santa Helena, una pequeña isla (122 km^2) en medio del Océano Atlántico, con unos 5.000 habitantes. Suponga que entre los nativos de Santa Helena la frecuencia del grupo sanguíneo MN es M = 0,65 y N = 0,35, mientras que entre los inmigrantes la frecuencia es de M = 0,3 y N = 0,7.

¿Cuáles serán las frecuencias alélicas en la siguiente generación?

Solución

La tasa de migración será 200/(5.000 + 200) = 0,0384. Aplicando la fórmula:

$$p_{t+1} = p_t(1 - m) + mp_c$$

tendremos,

$$p_{t+1} = 0{,}65(1 - 0{,}0384) + 0{,}0384 \times 0{,}3$$

$$p_{t+1} = 0{,}6262 \text{ (M)}$$

que sería la nueva frecuencia alélica del alelo M después de la migración.

16.14. En la mejora del ganado equino se realizaron una serie de cruzamientos, indicados en la figura siguiente. Calcule el coeficiente de consanguinidad de la yegua X,

a) Para un *locus* autosómico.

b) Para un *locus* ligado al sexo.

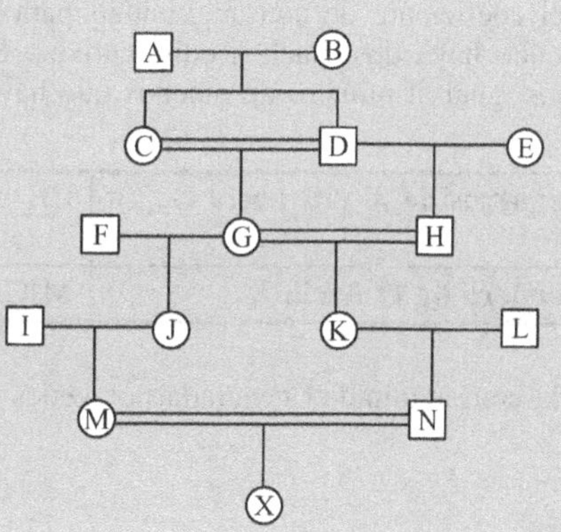

Solución

Para calcular la consanguinidad hemos de construir un árbol en donde figuren sólo los animales que la generan o a través de los cuales pasan genes de una generación anterior a otra posterior, es decir, hay que eliminar E, F, I y L.

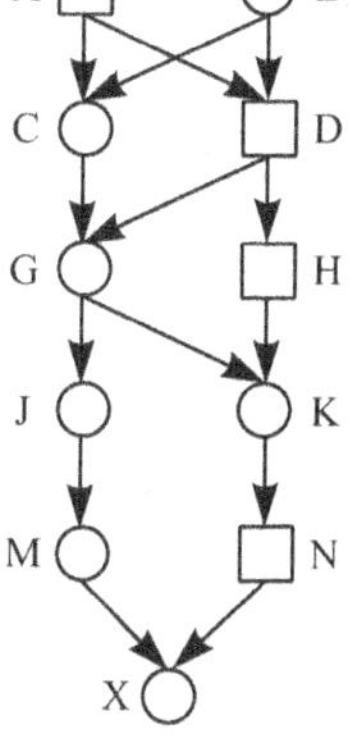

a) Para un *locus* autosómico hay que tener en cuenta que la yegua G recibe consanguinidad de sus antecesores, A y B, y genera consanguinidad hacia X por dos vías. Por tanto, tendremos,

Senderos de $\underline{A}$ y $\underline{B}$ hacia G	$C\underline{A}D = (1/2)^3 = 0{,}125$ $C\underline{B}D = (1/2)^3 = 0{,}125$ Total = 0,25
Sendero de $\underline{G}$ hacia X	$MJ\underline{G}KN = (1/2)^5\ (1 + 0{,}25) = 0{,}0390625$[1]
Senderos hacia X	$MJGC\underline{A}DHKN = (1/2)^9 =$ 0,001953125 $MJGC\underline{B}DHKN = (1/2)^9 =$ 0,001953125 $MJG\underline{D}HKN = (1/2)^7 =$ 0,0078125 Total = 0,05078125

[1] G, como antecesor de X, le transmitirá consanguinidad por dos vías y, además, la que recibe de A y de B,

Consanguinidad que genera sólo G → $(1/2)^5$ + Consanguinidad que recibe de A y B, y transmite G → $(1/2)^5 \times (0{,}25)$ = $(1/2)^5\ (1 + 0{,}25)$

G, en los otros senderos, sólo es vehículo de los alelos que recibe y que transmite con una probabilidad de 1/2.

Es decir, cualquier *locus* autosómico tendrá una probabilidad del 5,08 % de ser homozigoto, o el 5,08 % de los genes de la yegua X serán homozigotos para alelos recibidos de los antecesores.

b) Para calcular el coeficiente de consanguinidad para un *locus* ligado al sexo, hay que eliminar los senderos en donde haya dos machos consecutivos. En los senderos restantes habrá que reducir el número de pasos igual al número de machos que haya en el sendero.

Senderos de A y B hacia G	$C\underline{B} = (1/2)^2 = 0{,}25$ Total = 0,25
Sendero de G hacia X	$MJ\underline{G}K = (1/2)^4\ (1 + 0{,}25) = 0{,}078125$

En este caso, la consanguinidad generada por genes ligados al sexo es mayor que para genes autosómicos.

16.15. La Casa Española de los Austrias comienza con el casamiento de Juana, hija de los Reyes Católicos, con Felipe de la casa de Ausburgo. En las generaciones siguientes, las dos familias procuraron casamientos entre ellos, dando lugar a la siguiente genealogía,

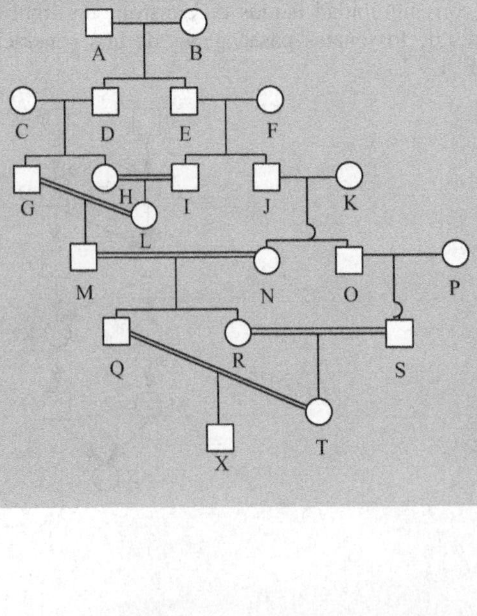

En donde **A, Felipe I (el Hermoso); B, Juana I (la Loca);** C, Isabel de Portugal; **D, Carlos I;** E, Fernando I, Archiduque de Austria; F, Ana de Hungría; **G, Felipe II;** H, María; I, Maximiliano II, Emperador; J, Carlos, Duque de Estiria y Carintia; K, María de Baviera; L, Ana de Austria; **M, Felipe III;** N, Margarita de Austria; O, Fernando II, Emperador; P, María Ana de Baviera; **Q, Felipe IV;** R, Mariana; S, Fernando III, Emperador; T, Mariana; **X, Carlos II (el Hechizado)**

Calcular la consanguinidad generada en X.

Solución

Lo primero será eliminar los individuos que no van a generar consanguinidad, que resulta ser sólo el P (María Ana de Baviera). A continuación, habrá que calcular la consanguinidad de aquellos individuos que pueden recibir de antepasados y transmitirla, es decir, de M, y luego, todos los senderos que generan en X consanguinidad, que son,

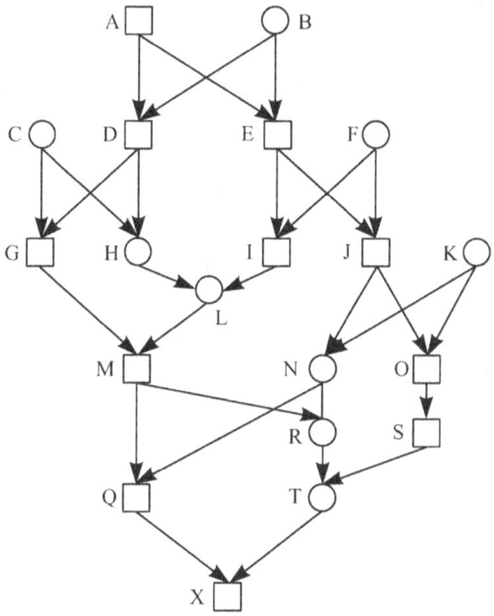

Para M			
GCHL	$(1/2)^4$	=	0,0625
GDHL	$(1/2)^4$	=	0,0625
GDAEIL	$(1/2)^6$	=	0,015625
GDBEIL	$(1/2)^6$	=	0,015625
	Total	=	0,15625
Para X de M			
QMRT	$(1/2)^4(1{,}15625)$	=	0,072265625
Para X			
QNRT	$(1/2)^4$	=	0,0625
QNJOST	$(1/2)^6$	=	0,015625
QNKOST	$(1/2)^6$	=	0,015625
QMLIEJNRT	$(1/2)^9$	=	0,001953125
QMLIFJNRT	$(1/2)^9$	=	0,001953125
QMLIEJOST	$(1/2)^9$	=	0,001953125
QMLIFJOST	$(1/2)^9$	=	0,001953125
QNJEILMRT	$(1/2)^9$	=	0,001953125
QNJFILMRT	$(1/2)^9$	=	0,001953125
QMGDAEJNRT	$(1/2)^{10}$	=	0,0009765625
QMGDBEJNRT	$(1/2)^{10}$	=	0,0009765625
QMGDAEJOST	$(1/2)^{10}$	=	0,0009765625
QMGDBEJOST	$(1/2)^{10}$	=	0,0009765625
QNJEADGMRT	$(1/2)^{10}$	=	0,0009765625
QNJEBDGMRT	$(1/2)^{10}$	=	0,0009765625
QMLHDAEJNRT	$(1/2)^{11}$	=	0,00048828125
QMLHDBEJNRT	$(1/2)^{11}$	=	0,00048828125
QMLHDAEJOST	$(1/2)^{11}$	=	0,00048828125
QMLHDBEJOST	$(1/2)^{11}$	=	0,00048828125
QNJEADHLMRT	$(1/2)^{11}$	=	0,00048828125
QNJEBDHLMRT	$(1/2)^{11}$	=	0,00048828125
	Total	=	0,1865234375

Es decir, la consanguinidad generada en M ya era superior al 15 % y la generada en X, superior al 18 %.

En esta genealogía no se genera consanguinidad para genes ligados al cromosoma X, ya que en todos los senderos hay dos varones consecutivos.

16.16. En una granja aislada aparece una mutación en un gato. La población es de 24 gatos y la mutación aparecida no afecta a su eficacia biológica.

a) ¿Cuál es la probabilidad de que el nuevo alelo quede fijado?, ¿y de que se pierda?

b) ¿Cuál sería la respuesta si el gen estuviera ligado al sexo?

Solución

a) En dicha población habrá 48 copias del gen autosómico correspondiente. Por efecto de la deriva genética, la probabilidad de que se fije será de 1/48 y de que se pierda, de 47/48.

b) Si estuviera ligado al sexo, y suponiendo igual número de machos que de hembras, el número de alelos en esta población sería de 36 y, por tanto, 1/36 y 35/36 serían las respuestas.

16.17. La mutación recesiva alas vestigiales (vg) confiere poca eficacia a sus portadores. Solamente el 63,6 % de los huevos puestos por parejas homozigotas para dicho gen llegan a adulto. Suponiendo que la selección afecte sólo a este aspecto de la eficacia,

a) ¿Cuál sería la frecuencia del alelo vestigial en dos generaciones sucesivas a partir de las moscas obtenidas por el cruce de heterozigotos vg^+vg?

b) ¿Cómo quedaría la estructura genética de la población?

Solución

a) Si llega a adulto sólo el 63,6 % de los descendientes, esto implica que el coeficiente de selección (s) tiene un valor de 0,364 (los eliminados). La frecuencia de las moscas obtenidas de un cruce de dos heterozigotos será de 1/4 vg^+vg^+ + 2/4 vg^+vg + 1/4 $vgvg$, es decir, $p = q = 0{,}5$. Aplicando la fórmula para estimar el incremento de q, tendremos,

$$\Delta q = -\frac{sq_0^2(1-q_0)}{1-sq_0^2} = -\frac{0{,}364 \times 0{,}5^2(1-0{,}5)}{1-0{,}364 \times 0{,}5^2} = -0{,}05$$

Las frecuencias alélicas en la siguiente generación serán $p = 0{,}55$ y $q = 0{,}45$. Con estas frecuencias alélicas, en la segunda generación el $\Delta q = -0{,}0438$, por lo que las frecuencias alélicas quedarán en $p = 0{,}5938$ y $q = 0{,}4062$.

b) Con las frecuencias alélicas obtenidas, la frecuencia de los distintos genotipos después de haber actuada la selección será,

vg^+vg^+	vg^+vg	$vgvg$
p^2	$2pq$	q^2
35,26 %	48,24 %	16,50 %

APÉNDICE A

CÓDIGO GENÉTICO

UUU Phe	**UCU Ser**	UAU Tyr	UGU Cys
UUC	**UCC**	UCC	UGC
UUA Leu	**UCA**	UAA Parada	UGA Parada
UUG	**UCG**	UAG Parada	UGG Trp
CUU	CCU Pro	CAU His	CGU Arg
CUC	CCC	CAC	CGC
CUA	CCA	CAA Gln	CGA
CUG	CCG	CAG	CGG
AUU Ile	ACU Thr	AAU Asn	**AGU Ser**
AUC	ACC	AAC	**AGC**
AUA	ACA	AAA Lys	AGA Arg
AUG Met	ACG	AAG	AGG
GUU Val	GCU Ala	GAU Asp	GGU Gly
GUC	GCC	GAC	GGC
GUA	GCA	GAA Glu	GGA
GUG	GCG	GAG	GGG

APÉNDICE

B

DISTRIBUCIÓN DE CHI CUADRADO

Grados de libertad	Probabilidad					
	0,90	**0,50**	**0,10**	**0,05**	**0,01**	**0,001**
1	0,02	0,46	2,71	3,84	6,64	10,83
2	0,21	1,39	4,60	5,99	9,21	13,82
3	0,58	2,37	6,25	7,82	11,34	16,27
4	1,06	3,36	7,78	9,49	13,28	18,47
5	1,61	4,35	9,24	11,07	15,09	20,52
10	4,87	9,34	15,99	18,31	23,21	29,59
50	37,69	49,34	63,17	67,51	76,15	86,66

BIBLIOGRAFÍA

CAPÍTULO 2

BAKER, E. G. S. (1937): A family pedigree for appendicitis. *J. Heredity*, 28:187-191.

BORK, J. M., *et al.* (2001): Usher syndrome 1D and nonsyndromic autosomal recessive deafness DFNB12 are caused by allelic mutations of the novel cadherin-like gene *CDH23*. *Am. J. Hum. Genet.*, 68:26-37.

CASPARI, E. (1943): Genes affecting testis color in *Ephestia kühniella Z. Genetics*, 28:286-294.

DETLEFSEN, A. A. and ROBERTS, E. (1918): On a back cross in mice involving three allelomorphic pairs of characters. *Genetics*, 3:573-598.

HMANI, M., *et al.* (1999): A novel locus for Usher syndome type II, USH2B, maps to chromosome 3 at p23-24.2. *Eur. J. Hum. Genet.*, 7:363-367.

LINDSTROM E. W. (1925): Inheritance in tomatoes. *Genetics*, 10:305-317.

MCCLINTIC, B. S. (1935): Five generations of polydactylism. *J. Heredity*, 26:141-144.

MCKUSICK, V. A. (1990): Mendelian inheritance in man. 9th ed. *The Johns Hopkins University Press*. http://www.ncbi.nlm.nih.gov/entrez/query.fcgi?db=OMIM.

MENDEL, G. (1866): Experimentos de hibridación en plantas. Traducción al castellano por A. Prevosti en «Principios de Genética», por E. W. Sinnott, L. C. Dunn y T. Dobzhansky (1961). Ed. Omega. Barcelona.

UDA, H. (1919): On the relations between blood color and cocoon color in silkworms, with special reference to Mendel's law of heredity. *Genetics*, 4:395-416

CAPÍTULO 3

BREITENBECHER, J. K. (1921): The genetic evidence of a multiple (triple) allelomorph system in *Bruchus* ans its relation to sex-limited inheritance. Genetics, 6:65-90.

CAVALLI-SFORZA, L. L. y BODMER, W. F. (1981): Genética de poblaciones humanas. Ed. Omega. Barcelona.

CHAO, L. F. (1928): Linkage studies in rice. *Genetics*, 13:133-169.

CHESLEY, P. and DUNN, L. C. (1936): The inheritance of taillessness (anury) in the house mouse. *Genetics*, 21:525-536.

CLARKE, A. E., JONES, H. A. and LITTLE, T. M. (1944): Inheritance of bulb color in the onion. *Genetics*, 29:569-575.

COLLINS, J. L. and KERNS, K. R. (1946): Inheritance of three leaf types in the pineapple. *J. Heredity*, 37:123-128.

COYNE, D. P. and STEADMAN, J. R. (1977): Inheritance and association of some traits in a *Phaseolus vulgaris* L. cross. *J. Heredity*, 68:60-62.

DETLEFSEN, J. A. and ROBERTS, E. (1918): On a back cross in mice involving three allelomorphic pairs of characters. *Genetics*, 3:573-598.

DICKIES, M. M. (1962): A new viable yellow mutation in the house mouse. *J. Heredity*, 53:84-86.

IBSEN, H. L. (1933): Cattle inheritance I. Color. *Genetics*, 18:441-480.

KERRIGAN, A. M. (1934): The inheritance of the crescent and twin spot marking in *Xiphophorus helleri*. *Genetics*, 19:581-599.

LEWONTIN, R. C. and DUNN, L. C. (1960): The evolutionary dynamics of a polymorphism in the house mouse. *Genetics*, 45:705-722.

LINDSTROM, E. W. (1924): Complementary genes for chlorophyll development in maize and their linkage relations. *Genetics*, 9:305-326.

OWEN, F. C. (1927): Inheritence studies in soybeans. I. Cotyledon color. *Genetics*, 12:441-448.

SOKOLOFF, A., H. M. Slatis and J. Stanley (1960): The black mutation in *Tribolium castaneum*. *J. Heredity*, 51:131-135.

TEMPLETON, J. W., STEWART, A. P. and FLETCHER, W. S. (1977): Coat color genetics in the Labrador retriever. *J. Heredity*, 68:134-136.

WARE, J. O., BENEDICT, L. I. and ROLFE, W. H. (1947): A recessive naked-seed caracter in upland cotton. *J. Heredity*, 38:313-320.

WASTELL, L. E. (1935): A case of chlorophyll deficiency in rice. *J. Heredity*, 26:85-87.

WIEBE, G. A. (1934): Complementary factors in Barley giving a lethal progeny. *J. Heredity*, 25:272-274.

CAPÍTULO 4

AIDA, T. (1921): On the inheritance of color in a fresh-water fish, *Aplocheilus latipes* Temmick and Schlegel, with special reference to sex-linked inheritance. *Genetics*, 6:554-573.

DAVENPORT, C. B. (1930): Sex linkage in man. *Genetics*, 15:401-444.

FRASER, A. C. and GORDON, M. (1929): The genetics of platypoecilus. II. The linkage of two sex-linked characters. *Genetics*, 14:160-179.

GERSHENSON, S. (1928): A new sex-ratio abnormality in *Drosophila obscura*. *Genetics*, 13:488-507.

HUTT, F. B. (1959): Sex-linked dwarfism in the fowl. *J. Heredity*, 50:209-221.

HYDE, R. R. (1916): Two new members of a sex-linked multiple (sextuple) allelomorph system. *Genetics*, 1:535-580.

IBSEN, H. L. (1916): Tricolor inheritance. III. Tortoiseshell cats. *Genetics*, 1:377-386.

KOMAI, T. and SHIGERU AÉ, A. (1953): Genetic studies of the pierid butterfly *Colias hyale poliographus*. *Genetics*, 38:65-72.

LAIDLAW, H. H., EL BANDY, M. A. and TUCKER, K. W. (1964): Five new eye-color mutants in the honey bee. *J. Heredity*, 55:207-210.

LAIDLAW, H. H., GREEN, M. M. and KERR, W. E. (1953): Genetics of several eye color mutants in the honey bee. *J. Heredity*, 44:246-250.

CAPÍTULO 5

ALLARD, R. W. (1956): Formulas and tables to facilitate the calculation of recombination values in heredity. *Hilgardia*, 24:235-278.

BLIXT, S. (1974): The Pea. p. 181-221. En R. C. King (Ed.) *Handbook of Genetics*, Volume 2. Plenum Press. New York.

CHAO, L. F. (1928): Linkage studies in rice. *Genetics*, 13:133-169.

DUNN, L. C. (1920): Linkage in mice and rats. *Genetics*, 5:325-343.

HOLLANDER, W. F. (1938): A sex difference in linkage intensity of three autosomal factors in the domestic pigeon. *Genetics*, 23:24-27.

IMMER, F. R. (1930): Formulae and tables for calculating linkage intensities. *Genetics*, 15:81-98.

KIKUDOME, G. Y. (1959): Studies on the phenomenon of preferential segregation in maize. *Genetics*, 44:815-831.

MACARTHUR, J. W. (1926): Linkage studies with the tomato. *Genetics*, 11:387-405.

MACARTHUR, J. W. (1928): Linkage studies with the tomato. II. Three linkage groups. *Genetics*, 13:410-420.

ROBERTSON, D. W. (1928): Linkage studies in barley. *Genetics*, 14:1-36.

ROSS, M. H. and COCHRAN, D. G. (1966): Genetic variability in the German Cockroach. *J. Heredity*, 57:221-226.

STANSFIELD, W. D. (1992): *Genética*, 3.ª ed., p. 152. McGraw-Hill. México.

STURTEVANT, A. H. (1925): The effects of unequal crossing over at the bar locus in *Drosophila*. *Genetics*, 10:117-147.

CAPÍTULO 6

ALTENBURG, E. (1916): Linkage in *Primula sinensis*. *Genetics*, 1:354-366.

BRIDGES, C. B. (1917): Deficiency. *Genetics*, 2:445-465.

CURRENCE, T. M. (1938): The relation of the first chromosome pair to date of fruit ripening in the tomato (*Lycopersicum esculentum*). *Genetics*, 23:1-11.

KOSAMBI, D. D. (1944): The estimation of map distance from recombination values. *Ann. Eugen.* 12:172-175.

LANE, P. W. (1963): Whirler mice. A recessive behavior mutation in likage group VIII. *J. Heredity*, 54:263-266.

MACARTHUR, J. W. (1926): Linkage studies with the tomato. *Genetics*, 11:387-405.

PETERSON, P. A. (1959): Linkage of fruit shape and color genes in capsicum. *Genetics*, 44:407-419.

PHILLIPS, R. J. (1956): The linkages of congenital hydrocephalus in the house mouse. *J. Heredity*, 47:302-303.

RUNNER, M. N. (1959): Linkage of brachypodism, a new member of linkage group V of the house mouse. *J. Heredity*, 50:81-84.

CAPÍTULO 7

BAKER, R. H. and SAKAI, R. K. (1976): Male determining factor on chromosome 3 in the mosquito, *Culex tritaeniorhynchus*. *J. Heredity*, 67:289-294.

DOBZHANSKY, T. H. and STURTEVANT, A. H. (1938): Inversions in the chromosomes of *Drosophila pseudoobscura*. *Genetics*, 23:28-64.

KING, J. R. and BAMFORD, R. (1937): The chromosome number in Ipomoea and related genera. *J. Heredity*, 28:278-282.

KRIMBAS, C. B. and POWELL, J. R. (Ed.) (1992): Drosophila inversion polymorphism. CRC Press. London.

PAYNE, F. (1924): Crossover modifiers in the third chromosome of *Drosophila melanogaster*. *Genetics*, 9:327-342.

SNELL, G. D. (1946): An analysis of translocations in the mouse. *Genetics*, 31:157-180.

YUNIS, J. J. and PRAKASH, O. (1982): The origin of man: A chromosomal pictorial legacy. *Science*, 215:1525-1530.

CAPÍTULO 8

BRANCH HOWE, Jr. H. (1956): Crossing over and nuclear passing in *Neurospora crassa*. *Genetics*, 41:610-622.

FINCHAM, J. R. S. (1971): Using fungi to study genetic recombination. Oxford Biology Readers, Eds. J. J. Head and O.E. Lowenstein. Oxford University Press.

HOULAHAN, Mary B., BEADLE, G. W. and CALHOUN H. G. (1949): Linkage studies with biochemical mutants of Neurospora crassa. *Genetics*, 34:493-507.

JONES, R. N. and RICKARDS, G. K. (1990): Practical genetics. Open University Press.

LINDEGREN, C. C. and LINDEGREN, G. (1942): Locally specific patterns of chromatid and chromosome interference in *Neurospora*. *Genetics*, 27:1-24.

MITCHELL, M. B. (1959): Detailed análisis of a *Neurospora* cross. *Genetics*, 44:847-856.

YU-SUN, C. C. C. (1964): Biochemical and morphological mutants of *Ascobolus inmersus*. *Genetics*, 50:987-998.

CAPÍTULO 9

DEWITT, S. K. and ADELBERG, E. A. (1962): The occurrence of a genetic transposition in a strain of *Escherichia coli*. *Genetics*, 47:577-585.

FOSS, H. M. and STHAL, F. W. (1963): Circularity of the genetic map of bacteriophage T4. *Genetics*, 48:1659-1672.

HERSHEY, A. D. and CHASE, M. (1951): Genetic recombination and heterozygosis in bacteriophage. *Cold Spring Harbor Symp*, 16:471-479.

HERSHEY, A. D. and ROTMAN, R. (1949): Genetic recombination between host-range and plaque-type mutants of bacteriophage in single bacterial cells. *Genetics*, 34:44-71.

LEVINTHAL, C. and VISCONTI, N. (1953): Growth and recombination in bacterial viruses. *Genetics*, 38:500-511.

NESTER, E. W., SHAFER, M. and LEDERBERG, J. (1963): Gene linkaje in DNA transfer: A cluster of genes concerned with aromatic biosíntesis in *Bacillus subtilis*. *Genetics*, 38:529-551.

STREISINGER, G. and FRANKLIN, N. C. (1956): Mutation and recombination at the host range genetic region of phage T2. C.S.H.S.Q.B, XXI:103-111.

CAPÍTULO 10

BITTNER, J. J. (1936): The spontaneous tumor incidence in mice. *J. Heredity*, 27:391-393.

DAVENPORT, C. B. (1930): Sex linkage in man. Genetics, 15:401-444,

FROHNHÖFER, H. G. and NÜSSLEIN-VOLHRAD, C. (1986): Organization of anterior pattern in the *Drosophila* embryo by maternal gene *bicoid*. *Nature*, 324:120-125.

GLASSMAN, E. and MITCHELL, H. K. (1959): Maternal effect of ma-1^+ on xanthine dehydrogenase of *Drosophila melanogaster*. *Genetics*, 44:547-554.

LEVINSON, D. F., *et al.* (1998): Genome scan of schizophrenia. *Am. J. Psychiatry*, 155:741-750.

MALOGOLOWKIN, G. (1958): Maternally inherited «sex ratio» conditions in *Drosophila willistoni* and *Drosophila palistorum*. *Genetics*, 43:274-286.

OHTA T., *et al.* (1999): Molecular mechanism of Angelman syndrome in two large families involves an imprinting mutation. *Am J Hum Genet*, 64:385-396.

PARKER, J. E. (1934): Inheritance of a leaf variegation in the common bean. *J. Heredity*, 25:165-170.

SEMENIUK, P. (1976): Transmission of plastids in *Browallia*. *J. Heredity*, 67:61-62.

STURTEVANT, A. H. (1923): Inheritance of direction of coiling in *Limnaea*. *Science*, 58:269-270.

UDA, H. (1923): On «Maternal inheritance». *Genetics*, 8:322-335.

CAPÍTULO 11

Beadle, G. W. (1946): Genes and chemistry of the organism. *Am. Scientist*, 34:31-53. (Reimpreso en J. H. Taylor, Selected papers on molecular genetics. *Academic Press*, pp. 17-49.)

BONNER, D. M. (1951): Gene-enzyme relationships in *Neurospora*. Cold Spring Harbor Symposia on Quantitative Biology. XVI: 143-157.

CATCHESIDE, D. G. and OVERTON, A. (1958): Complementation between alleles in heterocaryons. C.S.H.S.Q.B., XXIII:137-140.

International Human Genome Sequencing Consortium (2001): Initial sequencing and analysis of the human genome. *Nature*, 409:860-921.

JACOB, F., and MONOD, J. (1961): Genetic regulatory mechanisms in the synthesis of proteins. *J. Mol. Biol.*, 3:318-356.

LAWRENCE, P. A. (1992): The making of a fly. The genetics of animal design. Blackwell Scientific Publications. Oxford.

CAPÍTULO 12

ALPERT, K. B. and TANKSLEY, S. D. (1996): High-resolution mapping and isolation of a yeast artificial chromosome contig containing *fw.2.2*: A major fruit weight quantitative trait locus in tomato. *Proc. Natl. Acad. Sci.*, USA, 93:15503-15507.

BLANCA, J. M. (2001): Caracterización y análisis molecular de la zona homóloga, en *D. melanogaster* de la ataxia de Friedreich. Tesis Doctoral. Universitat de València.

BROWNING H., BERKOWITZ, L., MADEJ, C., PAULSEN, J. E., ZOLAN, M. E. and STROME, S. (1996): Macrorestriction analysis of *Caenorhabditis elegans*. *Genetics*, 144:609-619.

CAÑIZARES, J. (1997): Análisis molecular de la region crítica del gen FRDA y caracterización de su homólogo en Drosophila. Tesis doctoral. Universitat de València.

CLARKE, L. and CARBON, J. (1976): A colony bank containing synthetic Col E1 hybrid plasmids representative of the entire *E. coli genome*. Cell 9:91.

LAMARTINE J., *et al.* (1997): Physical map and cosmid contig encompassing a new interstitial deletion of the X-linked Lymphoproliferative syndrome region. *Eur. J. Hum. Genet.*, 6:342-351.

LEMMON, S. K., FREUND, C., CONLEY, K. and JONES, E. W. (1990): Genetic instability of clathrin-deficient strains of *S. cerevisiae*. *Genetics*, 124:27-38.

O'HARE, K. and RUBIN, G. M. (1983): Structures of P transposable elements and their sites of insertion and excision in the *D. melanogaster genome*. Cell, 34:25-35.

PÉREZ ALONSO, M. (1989): Aislamiento y caracterización molecular del gen *Antennapedia* de *D. subobscura*. Tesis Doctoral. Universitat de València

SCHWIENBACHER C., *et al.* (1997): Refined subchromosomal location of 21 expressed sequence tags from unknown genes at region 11p15. *Eur. J. Hum. Genet.*, 5:214-217.

STRATHDEE G., *et al.* (1997): Molecular characterization of patients with 18q23 deletions. *Am. J. Hum. Genet.*, 60:860-868.

SWENSEN, J., *et al.* (1997): Identification of a 14 kb deletion involving the promoter region of BRCA1 in a breast cancer family. *Human Molecular Genetics*, 6:1513-1517.

CAPÍTULO 13

ARAVANOPOULOS, F. A., ZSUFFA, L. and CHONG, K. X. (1994): Inheritance of isozymes in *Salix eriocephala Michx*. *J. Heredity*, 85:381-388.

BAKKER, H. D., *et al.* (2001): Human α-N-acetilgalactosaminidasa (α-NAGA) deficiency: no association with neuroaxonal dystrophy? *E. J. Human Genetics*, 9:91-96

BÜRGER, J., *et al.* (2000): Hereditary spastic paraplegia caused by mutations in the *SPG*4 *gene*. *E. J. Human Genetics*, 8:771-776.

FINKELDEY, R. (1992): Inheritance of isozyme phenotypes of the native *Paulownia spp. In Taiwan. J. Heredity*, 83:140-143.

GILBERT, D. A., *et al.* (1991): Analytical DNA fingerprinting in Lions: Parentage, genetic diversity, and kinship. *J. Heredity*, 82:378-386.

GRATTAPAGLIA, D. and SEDEROFF, R. (1994): Genetic linkage maps of *Eucalyptus grandis* and *Eucalyptus urophylla* using a pseudo-testcross: Mapping strategy and RAPD markers. *Genetics*, 137:1121-1137.

HOFFMAN, D. L. (1999): Inheritance and linkage relationships of morphological and isozyme *loci* in As-genome diploid Oat (*Avena* spp.). *J. Heredity*, 90:446-452.

JUMLONGRAS, *et al.* (2001): A nonsense mutation in MSX1 causes witkop syndrome. *Am. J. Hum. Genet.*, 69:67-74.

KRISTJANSSON, F. K. (1961): Genetic control of three haptoglobins in pigs. *Genetics*, 46:907-910.

LIU, Z. and FURNIER, G. R. (1993): Inheritance and linkage of allozymes and restriction fragment length polymorphisms in trembling aspen. *J. Heredity*, 84:419-424.

MANNEN, H., *et al.* (1993): Genetic similarity using DNA fingerprinting in cattle to determine relationship coefficient. *J. Heredity*, 84:166-169.

MARINELLI, L., MESSIER, F., and PLANTE, Y. (1992): Use of DNA fingerprinting to determine parentage in muskrats (*Ondatra zibethicus*). *J. Heredity*, 83:356-360.

MÜLLER, S., *et al.* (1999): Use of canine microsatellite polymorphims in forensic examinations. *J. Heredity*, 90:55-56.

SMITHIES, O. and HICKMAN, C. G. (1958): Inherited variations in the serum proteins of cattle. *Genetics*, 43:374-385.

WANG, X., *et al.* (1999): Analysis of randomly amplified polymorphic DNA (RAPD) for identifying genetic markers associated with canine hip dysplasia. *J. Heredity*, 90:99-103.

CAPÍTULO 14

ADAK, T., *et al.* (1988): X-Linkage of malic enzyme in *Anopheles culicifacies species B. J. Heredity*, 79:37-39.

ASHERSON, *et al.* (1998): A study of chromosome 4p markers and dopamine D5 receptor gene in schizophrenia and bipolar disorder. *Molecular Psychiatry*, 3:310-320.

DIMOPOULOS, G., *et al.* (1996): Integrated map of the *Anopheles gambiae*: Use of RAPD polymorphisms for genetic, cytogenetic and STS landmarks. *Genetics*, 143:953-960.

DISSE-NICODÈME, S., *et al.* (2000): A new locus on chromosome 12P13.3 for Pseudohypoaldosterism type II, an autosomal dominant form of hypertension. *Am. J. Hum. Genet.*, 67:302-310.

DONIS-KELLER, *et al.* (1987): A genetic linkage map of human genome. *Cell*, 51:319-337.

GASPARINI, P., *et al.* (1997). Localization of the congenital Dyserythropoietic anemia II locus to chromosome 20q11.2 by genomewide search. *Am. J. Hum. Genet.*, 61:1112-1116.

JEFFREYS, A. J., BROOKFIELD, J. F. Y. and SEMEONOFF, R. (1985): Positive identification of an immigration test-case using DNA fingerprints. *Genetics*, 317:818-819.

KIANG, Y. T. and CHIANG, Y. C. (1988): Mapping the β-amilase locus (AM3) on Soybean linkage group 1 chromosome. *J. Heredity*, 79:107-109.

KIM, S. S., NARANG, S. K. and SEAWRIGHT, J. A. (1987): Genetic polymorphism, mapping and characterization of isocitrate dehydrogenase in *Anopheles quadrimaculatus*. *J. Heredity*, 78:187-190.

LEE, T. VAN DER, *et al.* (2001): Mapping of avirulence genes in *Phytophthora infestans* with amplified fragment length polymorphism markers selected by bulked segregant analysis. *Genetics*, 157:949-956.

LEFEVRE, P., *et al.* (2000): Linkage of Marie-Unna hypotrichosis locus to chromosome 8p21 and exclusion of 10 genes including the hairless gene by mutation analysis. *Eu. J. Hum. Genet.*, 8:273-279.

MÜLLER, S., *et al.* (1999): Use of canine microsatellite polymorphisms in forensic examinations. *J. Heredity*, 90:55-56.

RAY, K., *et al.* (1999). Strategies for identification of mutations causing hereditary retinal diseases in dogs: Evaluation of opsin as a candidate. *J. Heredity*, 90:133-137.

SAAR, K., *et al.* (1998): Localisation of a Fanconi anaemia gene to chromosome 9p. *Eu. J. Hum. Genet.*

SUMIDA, M. and NISHIOKA (2000): Genetick linkage in the Japanese brown frog (*Rana japónica*). *J. Heredity*, 91:1-7.

WEEDEN, N. F. and MARX, G. A. (1987): Further genetic analysis and linkage relationships of isozyme loci in the pea. *J. Heredity*, 78:153-159.

WRIGHT, T. R. F. (1963): The genetics of an esterase in *Drosophila melanogaster. Genetics*, 48:787-801.

CAPÍTULO 15

EAST E. M. (1916): Inheritance in crosses between *Nicotiana langsdroffii* and *Nicotiana alata. Genetics*, 1:164-174

MÉNSUA, J. L. (1970): Estudio genético de la variabilidad de un carácter que se manifiesta según un modelo. Tesis Doctoral. Universitat de Barcelona.

WEISS, M. W. (1943): Inheritance and physiology of efficiency in iron utilization in soybeans. *Genetics*, 28:253-268.

CAPÍTULO 16

BECKMAN, L. and KALLSTENIUS, P. (1959): Blood groups of Estonians. *J. Heredity*, 50:287-289.

DREUX, Ph. (1967): Gene frecquencis in the cat population of Paris. *J. Heredity*, 58:89-92.

DREUX, Ph. (1968): Gene frecquencis in the cat population of a French rural district. *J. Heredity*, 59:37-39.

HALDANE, J. B. S. (1949): The rate of mutation of human genes. Proc. 8th. Internat. Congre. *Genetics, Hereditas* (Suppl. Vol.): 267-273.

MOFFATT, B. W. (1968). Cat gene frequencies in two Australian cities. *J. Heredity*, 59:209-211.

RIBO, G. (1972): Valor selectivo del mutante *caramel* de *Drosophila melanogaster*, procedente de una población natural. Tesis Doctoral. Universitat de Barcelona.

TODD, N. B. (1966): Gene frequencies in the cat population of New York city. *J. Heredity*, 57:185-187.

TODD, N. B. (1969): Cat gene frequencies in Chicago and other populations of the United States. *J. Heredity*, 60:273-277.

WARREN, H. C. (1917): Numerical effects of natural selection acting upon mendelian characters. *Genetics*, 2:305-312.

ÍNDICE POR MATERIAS

Se han confeccionado dos tipos de índice, uno por materias y otro de los organismos mencionados, pero referidos siempre a los problemas en donde se mencionan. Debido a la brevedad de la parte teórica, no se ha considerado la confección de un índice de los temas tratados, pensando que sería suficiente la especificación de los temas que figura en el Contenido.

ÍNDICE DE ORGANISMOS MENCIONADOS